世界数学精品译丛

Elliptic Partial Differential Equations of Second Order

二阶椭圆型偏微分方程（第二版修订版）

□ David Gilbarg
Neil S. Trudinger 著

□ 叶其孝 王耀东 任朝佐 刘西垣
吴兰成 顾永耕 方惠中 译

□ 王耀东 校订

高等教育出版社·北京

图字：01-2014-1011 号

图书在版编目（CIP）数据

二阶椭圆型偏微分方程：第二版修订版 /（美）吉尔巴格（David Gilbarg），（美）特鲁丁格（Neil S. Trudinger）著；叶其孝等译．-- 北京：高等教育出版社，2016. 11（2022.7 重印）
（世界数学精品译丛）
书名原文：Elliptic Partial Differential Equations of Second Order
ISBN 978-7-04-046455-9

Ⅰ. ①二… Ⅱ. ①吉… ②特… ③叶… Ⅲ. ①二阶－椭圆型方程－偏微分方程 Ⅳ. ① O175.23

中国版本图书馆 CIP 数据核字（2016）第 219232 号

策划编辑 王丽萍　　责任编辑 李 鹏 吴晓丽　　封面设计 王凌波
版式设计 童 丹　　责任校对 陈旭颖　　责任印制 赵 振

出版发行 高等教育出版社
社　　址 北京市西城区德外大街4号
邮政编码 100120
印　　刷 高教社（天津）印务有限公司
开　　本 787mm×1092mm 1/16
印　　张 32.75
字　　数 610千字
购书热线 010-58581118
咨询电话 400-810-0598

网　　址 http://www.hep.edu.cn
http://www.hep.com.cn
网上订购 http://www.hepmall.com.cn
http://www.hepmall.com
http://www.hepmall.cn

版　　次 2016 年11月第 1 版
印　　次 2022 年 7 月第 2 次印刷
定　　价 89.00元

物 料 号 46455-00

本书第一版由北京大学数学系的五位同志和中国科学院数学研究所的两位同志共同翻译: 叶其孝译第 1 章和第 13—15 章; 任朝佐译第 2—4 章; 刘西垣译第 5—6 章; 吴兰成译第一版前言和第 7—8 章; 王耀东译第 10—12 章; 顾永耕、方惠中译第 16 章。(以上章号对应最新版章号。)

王耀东同志按照英文第二版的第三次印刷修订版对全书做了校订, 补译了新版前言、第 9 章、第 17 章、后记以及各章增加的内容。

第三次印刷修订版前言

该修订版是在《二阶椭圆型偏微分方程》1983 年第二版的基础上进行的，它也对应于 1989 年出版的俄文版，在该版本中我们对 1984 年之前的版本作了本质上的更新. 增加的内容关系到 Nikolai Krylov 的导数 Hölder 估计，这一估计为椭圆型 (和抛物型) 高维完全非线性方程的古典理论进一步发展提供了基本要素. 在我们的陈述中采用了 Luis Caffarelli 对于 Krylov 的方法所做的简化.

非线性二阶椭圆型方程的理论在过去的十五年内不断丰富，作为本书的简短后记，我们简要介绍了某些主要的进展. 虽然完整的论述至少需要另外一部专著，本书现在的大部分篇幅也已经问世二十多年了，我们还是希望本书能够继续充当既有和未来发展的背景资料.

自从第一版出版以来我们受惠于世界各地的众多同行. 特别高兴的是近年来我们建立和恢复了跟俄罗斯同行的友好关系，诸如 Olga Ladyzhenskaya, Nina Ural'tseva, Nina Ivochkina, Nikolai Krylov 和 Mikhail Safonov，他们在这一领域做出了如此大量的贡献. Ennico De Giorgi 四十年前的重大发现开启了高维非线性理论研究的大门，他在 1996 年与世长辞，我们谨在此表示沉痛哀悼.

1997 年 10 月　　David Gilbarg　　Neil S. Trudinger

第二版前言

在这一版中我们做了少许修订, 增加的新材料包含了对应线性和非线性理论近来发展的两章. 我们感激第一版的许多使用者, 他们的评论以不同方式对本版有所贡献. Pei Hsu 和 L. F. Tam 帮助校对了清样, Gary Lieberman 给了特别的建议, 我们在此向他们致谢.

1983 年 7 月

David Gilbarg　斯坦福
Neil S. Trudinger　堪培拉

第一版前言

本书打算写成一本基本上自足的书, 阐述二阶拟线性椭圆型偏微分方程的部分理论, 着重于有界区域上的 Dirichlet 问题. 它来源于作者在斯坦福大学为研究生课程所写的讲义, 但出版时所包含的材料大大超出了这些课程的范围. 增加了一些预备性章节, 诸如位势理论、泛函分析等题目, 试图使本书能够为更广大的读者所接受. 首要的是, 我们希望本书的读者能对椭圆型方程研究中发展起来并已成为分析学科组成部分的大量创造性的精致技巧获得正确的评价.

过去几年里在本书的形成过程中我们得到了许多学者的帮助. 特别地, 我们要感谢 L. M. Simon 给我们的有益讨论, 以及他在 15.4 节到 15.8 节中的贡献; 还要感谢 J. M. Cross, A. S. Geue, J. Nash, P. Trudinger 和 B. Turkington 在评注和校正方面所给予的帮助; 感谢 G. Williams 在 10.5 节, A. S. Geue 在 10.6 节的贡献; 感谢斯坦福的 Isolde Field 和堪培拉的 Anna Zalucki 花了很多精力准确无误地打印了手稿. 作者与本书相关的研究工作也部分地得到 National Science Foundation 的支持.

1977 年 8 月

David Gilbarg　　Neil S. Trudinger
斯坦福　　堪培拉

注: 第二版包含新增加的第 9 章. 因此上面提及的 15.4 节到 15.8 节是本版的 16.4 节到 16.8 节, 而 10.5 节和 10.6 节分别为本版的 11.5 节和 11.6 节.

目　录

第一部分　线 性 方 程

第 1 章　引论

概要

本书的主要目的是系统展开二阶拟线性椭圆型方程的一般理论以及为此而需要的线性理论. 这就意味着我们将要处理边值问题 (首先是 Dirichlet 问题) 的可解性以及与线性方程

$$Lu \equiv a^{ij}(x)D_{ij}u + b^i(x)D_iu + c(x)u = f(x), \quad i,j = 1,2,\ldots,n \tag{1.1}$$

和拟线性方程

$$Qu \equiv a^{ij}(x,u,Du)D_{ij}u + b(x,u,Du) = 0 \tag{1.2}$$

的解有关的一般性质, 这里 $Du = (D_1u,\ldots,D_nu)$, 其中 $D_iu = \dfrac{\partial u}{\partial x_i}, D_{ij}u = \dfrac{\partial^2 u}{\partial x_i \partial x_j}$, 等等, 而且求和约定是不讲自明的. 这些方程的椭圆性是通过下列事实来表明的, 即在各个变元的定义域中, 系数矩阵 $[a^{ij}]$ (在每种情形中) 是正定的. 如果矩阵 $[a^{ij}]$ 的最大特征值和最小特征值的比 γ 有界, 我们就把这个方程叫作一致椭圆型的. 我们将处理非一致和一致椭圆型方程.

线性椭圆型方程的古典原型当然是 Laplace 方程

$$\Delta u = \sum D_{ii}u = 0$$

及其相应的非齐次方程 Poisson 方程 $\Delta u = f$. 拟线性椭圆型方程最著名的例子可能就是在求最小面积问题中提出来的极小曲面方程

$$\sum D_i(D_iu/(1+|Du|^2)^{1/2}) = 0.$$

这个方程为非一致椭圆型的, 因为 $\gamma = 1 + |Du|^2$. 这些例子中的微分算子的性质促进了本书中讨论的一般类型方程的许多理论.

有关的线性理论在第 2—9 章 (以及第 12 章的一部分) 中展开. 虽然这些材料有其特别的趣味, 这里把重点还是放在应用到非线性问题上去所需要的那些方面. 因此这个理论强调关于系数的弱的假定, 从而放过了许多有关线性椭圆型方程的重要的古典和近代结果.

因为我们最终感兴趣的是方程 (1.2) 的古典解, 在某些方面所需要的是相当大一类线性方程的古典解的一个基础理论. 这是由第 6 章的 Schauder 理论提供的, 对于具有 Hölder 连续系数的 (1.1) 类方程来说, Schauder 理论是一个本质上完备的理论. 对古典解而言这类方程具有确定的存在性和正则性理论, 而对于只假定系数是连续的那些方程, 相应的结果就不再成立了.

研究古典解的一个自然的出发点是 Laplace 方程和 Poisson 方程的理论. 这是第 2 章和第 4 章的内容. 为预示以后的发展, 具有连续边值的调和函数的 Dirichlet 问题是通过下调和函数*) 的 Perron 方法来解决的. 在论证中强调最大值原理以及研究边界行为时的闸函数概念, 在后面的章节中都容易推广到更一般的情形中去. 在第 4 章中我们从 Newton 位势的分析中推得了 Poisson 方程的基本 Hölder 估计. 第 4 章的主要结果是说 (见定理 4.6, 4.8): $\mathbb{R}^n$ 的区域 Ω 中 Poisson 方程 $\Delta u = f$ 的所有 $C^2(\Omega)$ 解在任何子集 $\Omega' \subset\subset \Omega$ 中满足一致估计

$$\|u\|_{C^{2,\alpha}(\overline{\Omega}')} \leqslant C\left(\sup_{\Omega}|u| + \|f\|_{C^{\alpha}(\overline{\Omega})}\right), \tag{1.3}$$

其中 C 是一个只依赖于 α $(0 < \alpha < 1)$, 维数 n 及 $\operatorname{dist}(\Omega', \partial\Omega)$ 的常数 (记号见 4.1 节). 对于取充分光滑边值的解, 只要边界 $\partial\Omega$ 也充分光滑, 就可以把这个内估计 (因为 $\Omega' \subset\subset \Omega$, 所以是内估计) 延拓成为*全局估计* (global estimate). 在第 4 章中只对超平面和球面边界建立了直到边界的估计, 但就以后的应用来说这些就够了.

线性二阶椭圆型方程古典解理论的最高峰是在 Schauder 理论中达到的, 这个理论以修改过的而且发展了的形式在第 6 章中展开. 本质上说, 这个理论是把

*) 译者注: 在本书中我们统一采用下述译名:

harmonic	调和
subharmonic	下调和
superharmonic	上调和
subsolution	下解
supersolution	上解
subfunction	下函数
superfunction	上函数

位势理论的结果推广到具有 Hölder 连续系数的方程类 (1.1) 中去. 它是通过一个简单然而基本的方法来完成的, 这个方法是: 在单个点上固定首项系数的值, 得到一个常系数方程, 把原方程局部地看作是这个常系数方程的扰动. 基于上面提到的 Poisson 方程的估计进行仔细地计算就得出 (1.1) 的任何 $C^{2,\alpha}$ 解的同一不等式 (1.3), 其中常数 C 现在还依赖于系数的界和 Hölder 常数. 此外还依赖于系数矩阵 $[a^{ij}]$ 在 Ω 中的最大和最小特征值. 这些结果被叙述为以加权内部范数表示的内估计 (定理 6.2), 而在边界数据充分光滑的情形, 则被叙述为以全局范数表示的全局估计 (定理 6.6). 这里我们遇到了先验估计这个重要且经常用到的概念; 也就是说, 对一类问题的所有可能的解都成立 (以给定的数据表出) 的一个估计, 即使前提并不保证这样的解的存在性. 本书的主要部分就是专门用来建立各种问题的先验的界.

在第 6 章的一些应用中可以看到这些先验估计的重要性, 其中包括用连续性的方法建立 Dirichlet 问题的可解性 (定理 6.8) 以及在适当的光滑性假定下证明 C^2 解的更高阶的正则性 (定理 6.17, 6.19). 在这两种情形中这种估计对于某类解提供了必需的紧致性, 由此就容易推出所要的结果.

我们评述一下第 6 章的另外几个特征, 虽然它们对本书后面的发展说来并不需要, 但却扩大了基本 Schauder 理论的范围. 在 6.5 节中我们看到对于连续边值问题以及适当广泛的一类区域, (1.1) 的 Dirichlet 问题可解性的证明可以完全用内估计来完成, 从而简化了理论的结构. 6.6 节的结果把 Dirichlet 问题的存在性理论推广到了某类非一致椭圆型方程. 这里我们看到边界的几何性质和在边界处的退化椭圆性之间的一些关系如何确定边值的连续性假定. 基于闸函数论证的这些方法预示着第二部分中非线性方程的类似的 (但更深入的) 结果. 在 6.7 节中我们把 (1.1) 的理论推广到正则斜导数问题上去. 这个方法基本上是对早先处理 Poisson 方程的边界条件和 Schauder 理论 (但是不用闸函数的论证) 的外推.

在上述考虑中, 特别是在存在性理论和闸函数论证中, 算子 L (当 $c \leqslant 0$ 时) 的最大值原理起着本质的作用. 这是二阶椭圆型方程的一个特别的特征, 它简化并加强了二阶椭圆型方程的理论. 关于最大值原理的基本事实, 以及比较方法的例证性应用都包括在第 3 章中. 最大值原理提供了一般理论的最早和最简单的先验估计. 相当重要的是第 4 和第 6 章中所有的先验估计完全可以从基于最大值原理的比较论证中推得, 而不用任何 Newton 位势或积分.

线性问题的另一种而且是更一般的不用位势理论的方法可以像第 8 章所讲的那样用基于广义解或弱解的 Hilbert 空间方法来得到. 更具体地说, 设 L' 是由

$$L'u \equiv D_i(a^{ij}(x)D_ju + b^i(x)u) + c^i(x)D_iu + d(x)u$$

定义的主部是散度形式的二阶微分算子. 如果系数都充分光滑, 则这个算子显然可归入第 6 章所讨论的类中. 但是, 即使系数属于更广泛的函数类而且 u 只是弱可微的 (在第 7 章的意义下), 我们仍然能够在适当的函数类中定义 $L'u = g$ 的弱解或广义解. 特别, 如果系数 a^{ij}, b^i, c^i 在 Ω 中有界可测, 而且 g 是 Ω 中的可积函数, 如果 $u \in W^{1,2}(\Omega)$ (就像第 7 章中定义的那样) 并且对一切检验函数 $v \in C_0^1(\Omega)$ 有

$$\int_\Omega [(a^{ij}D_j u + b^i u)D_i v - (c^i D_i u + du)v]dx = -\int_\Omega gv dx, \tag{1.4}$$

我们就把 u 叫作 $L'u = g$ 在 Ω 中的弱解或广义解. 显然, 如果系数和 g 都充分光滑并且 $u \in C^2(\Omega)$, 则 u 也是古典解.

现在我们也可以说广义 Dirichlet 问题

$$在\ \Omega\ 中\ L'u = g, \quad 在\ \partial\Omega\ 上\ u = \varphi$$

的弱解 u 了, 如果 u 是满足 $u - \varphi \in W_0^{1,2}(\Omega)$ 的一个弱解, 其中 $\varphi \in W^{1,2}(\Omega)$. 假定 $[a^{ij}]$ 的最小特征值在 Ω 中有正下界, 在弱的意义下

$$D_i b^i + d \leqslant 0, \tag{1.5}$$

而且还有 $g \in L^2(\Omega)$, 在定理 8.3 中我们发现广义 Dirichlet 问题有唯一解 $u \in W^{1,2}(\Omega)$. 条件 (1.5) 是与 (1.1) 中 $c \leqslant 0$ 相类似的条件, 它保证了 $L'u \geqslant 0$ $(\leqslant 0)$ 的弱解的最大值原理 (定理 8.1), 因此保证了广义 Dirichlet 问题解的唯一性. 然后, 从算子 L' 的 Fredholm 二择一性质得出解的存在性 (定理 8.6), 在 Hilbert 空间 $W_0^{1,2}(\Omega)$ 中应用 Riesz 表示定理就证明了这定理.

第 8 章的主要部分是处理弱解的正则性. (1.4) 中系数的附加的正则性蕴涵着解属于更高的 $W^{k,2}$ 空间 (定理 8.8, 8.10). 如果系数充分正则, 从第 7 章的 Sobolev 嵌入定理就得到弱解实际上就是古典解. 当边界数据充分光滑时, 把内部正则性延拓到边界就得到这些解的全局正则性 (定理 8.13, 8.14).

对于非线性理论, 弱解的正则性理论和相应的逐点估计是基本的. 这些结果提供了非线性问题中典型的 "自助法" (bootstrap) 的论证的出发点. 简言之, 这里的想法是从一个拟线性方程的弱解出发, 把它们看成是把这些解代入到系数中去而得到的有关的线性方程的弱解, 然后继续改进这些解的正则性. 重新从后来得到的解出发, 重复这个过程, 使进一步的正则性仍得到保证, 如此等等. 直到原来的弱解最终被证明是适当光滑的. 这是较古老的变分问题的正则性证明的实质, 它对这里介绍的非线性理论来说无疑也是本质的.

对于非线性理论说来, 非常重要的弱解的 Hölder 估计在第 8 章中从基于 Moser 迭代技巧的 Harnack 不等式推导出来 (定理 8.17, 8.18, 8.20, 8.24). 这些

结果推广了 De Giorgi 的基本的 Hölder 先验估计, De Giorgi 的估计是多于两个自变量的拟线性方程理论的最早的突破. 论证是以从 (1.4) 中适当选取检验函数而导出的弱解 v 的积分估计为依据的. 在本书大多数估计的推导中检验函数的技巧是支配性的课题.

在这一版中我们对于第 8 章增加了正则边界点的 Wiener 准则, 特征值和特征函数, 以及线性散度结构方程解的一阶导数的 Hölder 估计.

我们以新的一章即第 9 章结束第一部分, 这一章涉及线性椭圆型方程的强解. 这些解是这样的解, 它们至少在弱的意义下具有二阶导数, 并且几乎处处满足 (1.1). 本章中两条线索交织在一起. 一条是对于 Sobolev 空间 $W^{2,n}(\Omega)$ 中的解的 Aleksandrov 的最大值原理和一个相关的界 (定理 9.1), 并借此把第 3 章的某些基本结果推广到非古典解. 在本章后面, 这些结果用来建立各种逐点估计, 其中包括近来 Krylov 和 Safonov 的 Hölder 估计和 Harnack 估计 (定理 9.20, 9.22; 推论 9.24, 9.25). 本章的另一条线索是二阶线性椭圆型方程的 L^p 理论, 它类似于第 6 章的 Schauder 理论. 对于 Poisson 方程的基本估计, 即 Calderon-Zygmund 不等式 (定理 9.9) 通过 Marcinkiewicz 内插定理推导出来, 而非使用 Fourier 变换方法. 在 Sobolev 空间 $W^{2,p}(\Omega)$, $1 < p < \infty$ 的内部和全局估计在定理 9.11, 9.13 中建立, 并且在定理 9.15 和推论 9.18 中应用到强解的 Dirichlet 问题.

本书的第二部分大部分讲述拟线性方程的 Dirichlet 问题和有关的估计. 一部分结果是关于一般算子 (1.2) 的, 而其余的主要是应用到散度形式的算子

$$Qu \equiv \operatorname{div} \mathbf{A}(x, u, Du) + \mathbf{B}(x, u, Du) \tag{1.6}$$

的, 其中 $\mathbf{A}(x, z, p)$ 和 $\mathbf{B}(x, z, p)$ 分别是定义在 $\Omega \times \mathbb{R} \times \mathbb{R}^n$ 上的向量和数量函数.

第 10 章把最大值原理和比较原理 (类似于第 3 章中的结果) 推广到拟线性方程的解和下解. 我们特别要提到 $Qu \geqslant 0\ (=0)$ 的解的先验界, 其中 Q 是一个散度形式的算子, 满足一些比椭圆性更一般的结构条件 (定理 10.9).

第 11 章为下几章解 Dirichlet 问题提供了基本的框架. 我们主要处理古典解, 而方程可以是一致或非一致椭圆型的. 在适当一般的假定下, 具有光滑边界的区域 Ω 中 $Qu = 0$ 的边值问题的任何全局光滑解 u, 可以看作对于任一 $\alpha \in (0,1)$ 从 $C^{1,\alpha}(\overline{\Omega})$ 到 $C^{1,\alpha}(\overline{\Omega})$ 的紧致算子 T 的一个不动点 $u = Tu$. 在应用中, 对于任何的 $u \in C^{1,\alpha}(\overline{\Omega})$, 由 Tu 定义的函数是把 u 代入 Q 的系数中而得到的线性问题的唯一解. 如果对于有关的连续方程族 $u = T(u;\sigma), 0 \leqslant \sigma \leqslant 1$, 其中 $T(u;1) = Tu$ 的解能在 $C^{1,\alpha}(\overline{\Omega})$ 中建立一个先验的界, 那么, (在第 11 章中证明的) Leray-Schauder 不动点定理蕴涵着边值问题解的存在性 (定理 11.4, 11.6). 对于广泛的一类 Dirichlet 问题, 这种先验界的建立是第 13—15 章的目标.

为了对可能的解 u 得到所需要的先验界, 一般的方法包括逐次估计 $\sup\limits_{\Omega}|u|$,

$\sup\limits_{\partial\Omega}|Du|, \sup\limits_{\Omega}|Du|$ 和 $\|u\|_{C^{1,\alpha}(\overline{\Omega})}$ (对于某个 $\alpha > 0$) 等四步. 每一步都事先假定了前一步的估计, 根据 Leray-Schauder 定理, 最后的关于 $\|u\|_{C^{1,\alpha}(\overline{\Omega})}$ 的界完成了存在性的证明.

如同已经谈到的那样, 在第 10 章中讨论关于 $\sup\limits_{\Omega}|u|$ 的界. 在以后各章中这个界或者假定在假设中, 或者蕴涵在方程的性质中.

两个自变量的方程 (第 12 章) 在理论中占有特殊的地位. 部分原因是因为对这种方程已经发展了有特色的方法, 另一部分原因是因为两个自变量的某些结果对于多于两个自变量的方程是不成立的. 拟保角映射的方法以及基于散度结构方程的论证 (参看第 11 章) 都可用到两个变量的方程上去, 而且相对说来容易得到所要的 $C^{1,\alpha}$ 先验估计, 从这个先验估计容易得到 Dirichlet 问题的解.

特别有意思的是两个变量的一致椭圆型线性方程的解满足一个只依赖于椭圆性常数和系数的界, 而不要任何正则性假定的 $C^{1,\alpha}$ 先验估计 (定理 12.4). 对于多于两个变量的方程来说, 这样一种 $C^{1,\alpha}$ 估计, 或者甚至在同样的一般条件下梯度界的存在性都是不知道的. 二维理论的另一个特别的特征是对于任意的椭圆型方程

$$au_{xx} + 2bu_{xy} + cu_{yy} = 0 \tag{1.7}$$

的解 u, 存在一个先验的 C^1 界 $|Du| \leqslant K$, 其中 u 在有界凸区域 Ω 的闭包上连续, 而且在 $\partial\Omega$ 上取边值 $\varphi, \partial\Omega$ 满足常数为 K 的有界斜率 (或三点) 条件. 这个古典的结果通常是根据鞍面的 Radó 定理来证明的, 在引理 12.6 中给出了一个初等的证明. 已经说过的梯度的界 —— 这个界对于一般的拟线性方程 (1.7) 的所有解 u 成立, 其中 $a = a(x, y, u, u_x, u_y)$, 等等, 并且在 $\partial\Omega$ 上满足 $u = \varphi$ —— 把这个 Dirichlet 问题化为定理 12.5 中讨论过的一致椭圆型方程的情形. 在定理 12.7 中, 假定了系数的局部 Hölder 连续性和边界数据的有界倾斜条件 (对数据没有进一步的光滑性限制), 我们就得到 (1.7) 的一般 Dirichlet 问题的解.

第 13, 14 和 15 章讲述包含在上面叙述过的存在性方法中的梯度估计的推导. 在第 13 章中我们证明 Ladyzhenskaya 和 Ural'tseva 关于拟线性椭圆型方程导数的 Hölder 估计的基本结果. 在第 14 章中我们研究拟线性椭圆型方程的解在边界上的梯度估计. 在考虑了一般的以及凸的区域后, 我们叙述了 Serrin 的理论, 它把广义边界曲率条件和 Dirichlet 问题的可解性联系起来了. 特别是从第 11, 13 和 14 章的结果能得出极小曲面方程的 Dirichlet 问题的可解性的 Jenkins 和 Serrin 判别准则, 也就是说, 对于光滑区域以及任意的光滑边值, 极小曲面方程是可解的当且仅当边界 (关于内法向的) 平均曲率在每一点非负 (定理 14.14).

在第 15 章中建立了拟线性方程解 u 的梯度界的全局和内部估计. 遵循 Bernstein 的老方法的一个改进, 我们对一类方程 —— 既包括满足自然增长条件的一

致椭圆型方程, 也包括与规定平均曲率的方程有共同结构性质的方程, 推导了用 $\sup_{\partial\Omega}|Du|$ 表示的 $\sup_{\Omega}|Du|$ 的估计 (定理 15.2). 对于限制更多的一类方程, 我们方法的一个变种给出了内部梯度估计 (定理 15.3). 我们还考虑了散度形式的一致和非一致椭圆型方程 (定理 15.6, 15.7 和 15.8), 在这些情形中, 通过适当的检验函数的论证, 我们推得了与一般情形相比是不同类型的系数条件下的梯度估计. 我们选择了一些用来说明理论的范围的存在定理来结束第 15 章. 这些定理都是通过应用第 10, 14 和 15 章的先验估计的各种组合, 并且适当选择可以应用定理 11.8 的一族问题而得到的.

在第 16 章中我们集中于规定平均曲率的方程, 并导出梯度的内估计 (定理 16.5), 从而使我们能够对只假定连续边值的 Dirichlet 问题导出存在性定理 (定理 16.8, 16.10). 我们还考虑了一组两个变量的方程, 在某种意义下这组方程和规定平均曲率的方程的关系与第 12 章中一致椭圆型方程和 Laplace 方程的关系是一样的. 确实, 借助于拟保角映射的一个推广了的概念, 我们导出了一阶和二阶导数的内估计. 二阶导数的估计对极小曲面方程的解提供了熟知的 Heinz 曲率估计的一个推广 (定理 16.20), 而且蕴涵着 Bernstein 的著名结果的一个推广 (推论 16.19), Bernstein 的结果是: 两个变量的极小曲面方程的整函数解必定是线性函数. 然而, 定理 16.5 和 16.20 的显著的特征或许是下列方法, 与其在区域 Ω 中讨论问题, 不如在由解 u 的图像给出的超曲面 S 上讨论问题, 并且去发掘在切线梯度和 S 上的 Laplace 算子以及 S 的平均曲率之间的各种关系.

这一版还增加了新的最后一章, 第 17 章, 这一章讲述完全非线性方程, 它吸纳了关于 Monge-Ampère 和 Bellman-Pucci 型方程的近来的工作. 这些方程的一般形式是

$$F[u] = F(x, u, Du, D^2u) = 0, \tag{1.8}$$

并且包含了形式如 (1.1) 和 (1.2) 的线性和拟线性方程作为特殊情形. 函数 F 对于 $(x, z, p, r) \in \Omega \times \mathbb{R} \times \mathbb{R}^n \times \mathbb{R}^{n\times n}$ 定义, 这里 $\mathbb{R}^{n\times n}$ 表示实对称 $n \times n$ 矩阵的线性空间. 方程 (1.8) 是椭圆型的, 如果导数 F_r 是正定矩阵. 连续性方法 (定理 17.8) 把对于 (1.8) 的 Dirichlet 问题的可解性归结为对于某个 $\alpha > 0$ 建立 $C^{2,\alpha}(\bar{\Omega})$ 估计, 即在对于拟线性方程所要求的一阶导数估计之外, 对于完全非线性方程我们还需要二阶导数估计. 对于两个变量的方程 (定理 17.9, 17.10), 一致椭圆型方程 (定理 17.14, 17.15) 和 Monge-Ampère 型方程 (定理 17.19, 17.20, 17.26), 此类估计都已经建立, 并且特别说来, 在此基础上, Evans, Krylov, Lions (定理 17.17, 17.18) 对于一致椭圆型方程, Krylov, Caffarelli, Nirenberg, Spruck (定理 17.23) 对于 Monge-Ampère 型方程, 近来得到了 Dirichlet 问题的可解性的结果.

我们对读者提出某些指导来结束本概要. 本书的材料不是按严格的逻辑次

序安排的. 因此在正规情形下 Poisson 方程的理论 (第 4 章) 应该跟在 Laplace 方程 (第 2 章) 的后面. 但是由于最大值原理的结果 (第 3 章) 是很基本的而且为了使读者有早一点碰到某些变系数的一般问题的机会, 所以把这些内容插在第 2 章之后. 事实上, 直到第 6 章的存在性理论时, 才用到一般的最大值原理. 基本的泛函分析材料 (第 5 章) 对于 Schauder 理论来说只在少数几点上是需要的: 除了证明定理 6.15 中的 Fredholm 二择一性质外, 只要压缩映像原理和 Banach 空间的基本概念就够了. 为了在第二部分中应用到非线性问题中去, 只要知道第 6 章 1—3 节的结果就够了. 如果读者有兴趣, 直接从第 8 章的 L^2 理论开始学习线性理论更好些; 这要假定有泛函分析 (第 5 章) 和弱可微函数计算 (第 7 章) 方面的初步知识. 第 8 章正则性理论中的 Harnack 不等式和 Hölder 估计直到第 13 章才有应用.

两个变量的拟线性方程的理论 (第 12 章) 本质上是独立于第 7—11 章的, 只要假定 Schauder 不动点定理 (定理 11.1), 它就可以接着第 6 章来念, 拟保角映射的方法在第 16 章中再次碰到, 但在其他方面, 余下的章节是不依赖于第 12 章的. 因此在第 11 章中有了非线性理论的基本轮廓以后, 读者可以直接读第 13—17 章的 n 个变量的理论. 第 16 章大部分是与第 13—15 章独立的. 第 6 章和第 9 章为第 17 章的大部分提供了充足的预备知识.

进一步的附注

除了假定基本的实分析和线性代数以外, 本书的材料几乎完全是自封的. 因而, 位势理论和泛函分析的很多初步结论, 以及关于 Sobolev 空间和不动点定理的结果, 对许多读者说来将是熟悉的, 虽然在定理 11.6 中不用拓扑度的 Leray-Schauder 定理的证明很可能不是众所周知的. 为了完整起见还证明了许多建立得很好的辅助结果, 诸如第 6 章的内插不等式和延拓引理.

本书与 Ladyzhenskaya 和 Ural'tseva [LU4] 以及 Morrey [MY5] 的专著有相当大的重叠. 本书在某些分析技巧以及在非线性理论中强调非一致椭圆型方程方面与 [LU4] 不同. 不同于 [MY5] 的是本书不直接涉及变分问题和变分方法. 本书还包含了自那两本书出版以来所发展的材料. 另一方面, 在许多方面受到更多的限制. 没有包括方程组, 非 Dirichlet 边界条件的非线性问题、单调算子理论以及基于几何测度理论方面的课题.

在一些常常完全是技术性的问题上我们永远不去追求最大的一般性, 特别是关于连续模、估计、积分条件等方面. 我们把自己限于由幂函数决定的条件: 例如, Hölder 连续性而不是 Dini 连续性, 在第 8 章中是 L^p 空间而不是 Orlicz 空间, 是用 $|p|$ 的幂表示的结构条件而不是更一般的 $|p|$ 的函数, 等等. 适当修改一下证明, 读者通常都能作出合适的推广.

历史材料和参考文献主要在每章末尾的评注中讨论. 这不是为了完整而是为了补充正文以及更好地看待正文. 更为详尽的文献的述评, 至少到 1968 年为止, 包括在 Miranda [MR2] 中. 每章附加的习题也是为了补充正文; 希望这些对于读者将是有用的练习.

基本记号

$\mathbb{R}^n$: n 维 Euclid 空间, $n \geqslant 2$, 其点为 $x = (x_1, \ldots, x_n), x_i \in \mathbb{R}$ (实数); $|x| = \left(\sum x_i^2\right)^{1/2}$; 若 $\mathbf{b} = (b_1, \ldots, b_n)$ 是一个有序 n 重数, 则 $|\mathbf{b}| = \left(\sum b_i^2\right)^{1/2}$.

$\mathbb{R}^n_+$: $\mathbb{R}^n$ 中的半空间 $= \{x \in \mathbb{R}^n | x_n > 0\}$.

∂S: 点集 S 的边界; $\overline{S} = S$ 的闭包 $= S \cup \partial S$.

$S - S' : \{x \in S | x \notin S'\}$.

$S' \subset\subset S : S'$ 在 S 中具有紧闭包; S' 严格包含在 S 中.

$\Omega : \mathbb{R}^n$ 的一个真开子集, 不必有界; Ω 是一个区域, 如果它还是连通的; $|\Omega| = \Omega$ 的体积.

$B(y) : \mathbb{R}^n$ 中, 中心在 y 的球; $B_r(y)$ 是中心在 y、半径为 r 的开球.

$\omega_n : \mathbb{R}^n$ 中的单位球的体积 $= \dfrac{2\pi^{n/2}}{n\Gamma(n/2)}$.

$D_i u = \partial u/\partial x_i, D_{ij} u = \partial^2 u/\partial x_i \partial x_j$, 等等; $Du = (D_1 u, \ldots, D_n u) = u$ 的梯度; $D^2 u = [D_{ij} u] =$ 二阶导数 $D_{ij} u$ 构成的矩阵, $i, j = 1, 2, \ldots, n$.

$\boldsymbol{\beta} = (\beta_1, \ldots, \beta_n), \beta_i =$ 整数 $\geqslant 0, |\boldsymbol{\beta}| = \sum \beta_i$, 是一个多重指标; 我们定义

$$D^{\boldsymbol{\beta}} u = \frac{\partial^{|\boldsymbol{\beta}|} u}{\partial x_1^{\beta_1} \cdots \partial x_n^{\beta_n}}.$$

$C^0(\Omega)(C^0(\overline{\Omega})) : \Omega(\overline{\Omega})$ 上的连续函数构成的集合.

$C^k(\Omega)$: 由 Ω 中具有所有 $\leqslant k$ 阶连续导数的函数构成的集合 ($k =$ 整数 $\geqslant 0$ 或 $k = \infty$).

$C^k(\overline{\Omega}) : C^k(\Omega)$ 中具有所有 $\leqslant k$ 阶导数可以连续延拓到 $\overline{\Omega}$ 上去的函数构成的集合.

$\operatorname{supp} u : u$ 的支集, $u \neq 0$ 的集合的闭包.

$C_0^k(\Omega) : C^k(\Omega)$ 中的在 Ω 中具有紧支集的函数集合.

$C = C(*, \ldots, *)$ 表示只依赖于出现在括号中的量的常数. 在给定的上下文中, 同一个字母 C (一般地) 将用来表示依赖于同一组变量的不同的常数.

第一部分

线性方程

第 2 章　Laplace 方程

设 Ω 是 $\mathbb{R}^n$ 中的区域, u 是 $C^2(\Omega)$ 函数, u 在 Laplace 算子下的像用 Δu 表示, 定义为

$$\Delta u = \sum_{i=1}^{n} D_{ii}u = \operatorname{div} Du. \tag{2.1}$$

如果函数 u 在 Ω 中满足

$$\Delta u = 0 \quad (\geqslant 0, \leqslant 0), \tag{2.2}$$

则称 u 在 Ω 中调和 (下调和, 上调和). 在本章中我们推导调和、下调和与上调和函数的某些基本性质, 我们用它去研究 Laplace 方程 $\Delta u = 0$ 的古典 Dirichlet 问题的可解性. 正如第 1 章中所提到的, Laplace 方程和它的非齐次形式 Poisson 方程是线性椭圆型方程的基本模型.

这里我们的出发点是 $\mathbb{R}^n$ 中熟知的散度定理. 设 Ω_0 是一个具有 C^1 边界 $\partial\Omega_0$ 的有界区域, 并设 $\boldsymbol{\nu}$ 表示 $\partial\Omega_0$ 的单位外法向. 于是, 对 $C^1(\overline{\Omega}_0)$ 中的任一向量场 $\mathbf{w}$, 我们有

$$\int_{\Omega_0} \operatorname{div} \mathbf{w} dx = \int_{\partial\Omega_0} \mathbf{w} \cdot \boldsymbol{\nu} ds, \tag{2.3}$$

其中 ds 表示 $\partial\Omega_0$ 中的 $n-1$ 维面积元素. 特别, 如果 u 是 $C^2(\overline{\Omega}_0)$ 函数, 在 (2.3) 中取 $\mathbf{w} = Du$, 我们就有

$$\int_{\Omega_0} \Delta u dx = \int_{\partial\Omega_0} Du \cdot \boldsymbol{\nu} ds = \int_{\partial\Omega_0} \frac{\partial u}{\partial \nu} ds. \tag{2.4}$$

(对于散度定理的更一般的阐述, 请参看 [KE2].)

2.1. 平均值不等式

我们第一个定理是恒等式 (2.4) 的一个推论, 它包括熟知的调和、下调和及上调和函数的平均值性质.

定理 2.1 设 $u \in C^2(\Omega)$ 在 Ω 中满足 $\Delta u = 0$ $(\geqslant 0, \leqslant 0)$. 则对任何一个球 $B = B_R(y) \subset\subset \Omega$, 有

$$u(y) = (\leqslant, \geqslant)\frac{1}{n\omega_n R^{n-1}}\int_{\partial B} uds, \tag{2.5}$$

$$u(y) = (\leqslant, \geqslant)\frac{1}{\omega_n R^n}\int_B udx. \tag{2.6}$$

于是, 对于调和函数, 定理 2.1 断言在球 B 中心的函数值等于展布在曲面 ∂B 和 B 本身上的两个积分平均值, 这些结果通称平均值定理, 实际上也刻画了调和函数的特征 (见定理 2.7).

证明 设 $\rho \in (0, R)$, 把恒等式 (2.4) 应用到球 $B_\rho = B_\rho(y)$ 上. 我们得到

$$\int_{\partial B_\rho} \frac{\partial u}{\partial \nu} ds = \int_{B_\rho} \Delta u dx = (\geqslant, \leqslant)\ 0.$$

引进径向和角度坐标 $r = |x - y|, \omega = \dfrac{x-y}{r}$, 并记 $u(x) = u(y + r\omega)$, 我们就有

$$\begin{aligned}\int_{\partial B_\rho} \frac{\partial u}{\partial \nu} ds &= \int_{\partial B_\rho} \frac{\partial u}{\partial r}(y + \rho\omega) ds = \rho^{n-1}\int_{|\omega|=1} \frac{\partial u}{\partial r}(y + \rho\omega) d\omega \\ &= \rho^{n-1}\frac{\partial}{\partial \rho}\int_{|\omega|=1} u(y + \rho\omega) d\omega = \rho^{1-n}\frac{\partial}{\partial \rho}\left[\rho^{n-1}\int_{\partial B_\rho} uds\right] \\ &= (\geqslant, \leqslant)\ 0.\end{aligned}$$

所以对任一 $\rho \in (0, R)$,

$$\rho^{1-n}\int_{\partial B_\rho} uds = (\leqslant, \geqslant) R^{1-n}\int_{\partial B_R} uds.$$

又因

$$\lim_{\rho \to 0} \rho^{1-n}\int_{\partial B_\rho} uds = n\omega_n u(y),$$

由此得出关系式 (2.5). 为了得到立体的平均值不等式, 亦即关系式 (2.6), 我们把 (2.5) 写成如下形式:

$$n\omega_n \rho^{n-1} u(y) = (\leqslant, \geqslant)\int_{\partial B_\rho} ud\rho, \quad \rho \leqslant R,$$

关于 ρ 从 0 到 R 积分, 立刻得出关系式 (2.6). □

2.2. 最大值和最小值原理

借助于定理 2.1, 对于下调和函数可以导出强最大值原理, 而对于上调和函数可以导出强最小值原理.

定理 2.2 设在 Ω 中 $\Delta u \geqslant 0$ $(\leqslant 0)$, 并设存在一点 $y \in \Omega$, 使得 $u(y) = \sup\limits_{\Omega} u$ $(\inf\limits_{\Omega} u)$. 则 u 是常数. 因而一个调和函数不能有内部最大值或最小值, 除非它是常数.

证明 设在 Ω 中 $\Delta u \geqslant 0, M = \sup\limits_{\Omega} u$ 并定义

$$\Omega_M = \{x \in \Omega | u(x) = M\}.$$

由假设 Ω_M 非空. 进而因为 u 连续, 故 Ω_M 相对于 Ω 是闭的. 设 z 是 Ω_M 中任一点, 在球 $B = B_R(z) \subset\subset \Omega$ 中对下调和函数 $u - M$ 应用平均值不等式 (2.6). 因此得到

$$0 = u(z) - M \leqslant \frac{1}{\omega_n R^n} \int_B (u - M) dx \leqslant 0,$$

于是在 $B_R(z)$ 中 $u = M$. 所以 Ω_M 相对于 Ω 也是开的. 因此 $\Omega_M = \Omega$. 用 $-u$ 代替 u 就得到上调和函数的结果. □

强最大值和最小值原理直接蕴涵全局的估计, 亦即下面的弱最大值和最小值原理.

定理 2.3 设 $u \in C^2(\Omega) \cap C^0(\overline{\Omega})$, 在 Ω 中 $\Delta u \geqslant 0$ $(\leqslant 0)$. 假设 Ω 有界, 则

$$\sup_{\Omega} u = \sup_{\partial\Omega} u \ (\inf_{\Omega} u = \inf_{\partial\Omega} u). \tag{2.7}$$

因此, 对于调和函数 u,

$$\inf_{\partial\Omega} u \leqslant u(x) \leqslant \sup_{\partial\Omega} u, \quad x \in \Omega.$$

现在从定理 2.3 推出有界区域中 Laplace 方程和 Poisson 方程的古典 Dirichlet 问题的唯一性定理.

定理 2.4 设 $u, v \in C^2(\Omega) \cap C^0(\overline{\Omega})$ 在 Ω 中满足 $\Delta u = \Delta v$, 在 $\partial\Omega$ 上 $u = v$. 则在 Ω 中 $u = v$.

证明 设 $w = u - v$. 则在 Ω 中 $\Delta w = 0$, 并在 $\partial\Omega$ 上 $w = 0$. 从定理 2.3 就得到在 Ω 中 $w = 0$. □

注意由定理 2.3 我们还得到: 如果 u 和 v 分别是调和与下调和函数, 在边界 $\partial\Omega$ 上相同, 则在 Ω 中 $v \leqslant u$. 因此, 有下调和这个术语. 对于上调和函数, 相应的附注也是正确的. 在本章的稍后, 我们使用 $C^2(\Omega)$ 下调和及上调和函数的这个性质把它们的定义扩充到更大一类函数上去. 在下章, 当我们对一般椭圆型方程讨论最大值原理时, 将提供定理 2.2, 2.3 和 2.4 的另一证明方法 (也可参看习题 2.1).

2.3. Harnack 不等式

定理 2.1 的一个进一步的推论是调和函数的下述 Harnack 不等式.

定理 2.5 设 u 是 Ω 中一个非负调和函数. 则对任一有界子域 $\Omega' \subset\subset \Omega$, 存在一个只依赖于 n, Ω' 和 Ω 的常数 C, 使得

$$\sup_{\Omega'} u \leqslant C \inf_{\Omega'} u. \tag{2.8}$$

证明 设 $y \in \Omega, B_{4R}(y) \subset \Omega$. 则对任二点 $x_1, x_2 \in B_R(y)$, 由不等式 (2.6) 我们有

$$u(x_1) = \frac{1}{\omega_n R^n} \int_{B_R(x_1)} u dx \leqslant \frac{1}{\omega_n R^n} \int_{B_{2R}(y)} u dx,$$

$$u(x_2) = \frac{1}{\omega_n (3R)^n} \int_{B_{3R}(x_2)} u dx \geqslant \frac{1}{\omega_n (3R)^n} \int_{B_{2R}(y)} u dx.$$

所以得到

$$\sup_{B_R(y)} u \leqslant 3^n \inf_{B_R(y)} u. \tag{2.9}$$

现在设 $\Omega' \subset\subset \Omega$, 并选 $x_1, x_2 \in \overline{\Omega}'$ 使得 $u(x_1) = \sup_{\Omega'} u, u(x_2) = \inf_{\Omega'} u$. 设 $\Gamma \subset \Omega'$ 是连接 x_1 和 x_2 的闭弧, 选 R 使得 $4R < \operatorname{dist}(\Gamma, \partial\Omega)$. 由 Heine-Borel 定理, Γ 能被有限的 N (仅依赖于 Ω' 和 Ω) 个半径为 R 的球所覆盖. 在每个球中应用估计 (2.9), 并合并所得的不等式, 就得到

$$u(x_1) \leqslant 3^{nN} u(x_2).$$

因此估计 (2.8) 成立, 其中 $C = 3^{nN}$. □

注意 (2.8) 中的常数是相似正交变换下的不变量. 齐次椭圆型方程弱解的 Harnack 不等式在第 8 章中建立.

2.4. Green 表示

作为存在性考虑的序幕, 我们来导出散度定理的进一步的推论, 即 Green 恒等式. 设 Ω 是一个区域, 对于它, 散度定理成立, 并设 u 和 v 是 $C^2(\overline{\Omega})$ 函数. 我们在恒等式 (2.3) 中选 $\mathbf{w} = vDu$ 就得到 Green 第一恒等式:

$$\int_\Omega v\Delta u dx + \int_\Omega Du \cdot Dv dx = \int_{\partial\Omega} v\frac{\partial u}{\partial\nu} ds. \tag{2.10}$$

在 (2.10) 中交换 u 和 v 并且相减, 我们得到 Green 第二恒等式:

$$\int_\Omega (v\Delta u - u\Delta v) dx = \int_{\partial\Omega} \left(v\frac{\partial u}{\partial\nu} - u\frac{\partial v}{\partial\nu}\right) ds. \tag{2.11}$$

Laplace 方程当 $n > 2$ 时有轴对称的解 r^{2-n}, 而当 $n = 2$ 时有轴对称的解 $\log r, r$ 是与一固定点的径向距离. 从 (2.11) 继续推导, 我们在 Ω 中固定一点 y 并引进 Laplace 方程的正规化的基本解:

$$\Gamma(x-y) = \Gamma(|x-y|) = \begin{cases} \dfrac{1}{n(2-n)\omega_n}|x-y|^{2-n}, & n > 2, \\ \dfrac{1}{2\pi}\log|x-y|, & n = 2. \end{cases} \tag{2.12}$$

经过简单计算我们有

$$\begin{aligned} D_i\Gamma(x-y) &= \frac{1}{n\omega_n}(x_i - y_i)|x-y|^{-n}; \\ D_{ij}\Gamma(x-y) &= \frac{1}{n\omega_n}\{|x-y|^2\delta_{ij} - n(x_i-y_i)(x_j-y_j)\}|x-y|^{-n-2}. \end{aligned} \tag{2.13}$$

显然, 对于 $x \neq y, \Gamma$ 是调和的. 为了后面的目的, 我们指出下面的导数估计:

$$\begin{aligned} |D_i\Gamma(x-y)| &\leqslant \frac{1}{n\omega_n}|x-y|^{1-n}; \\ |D_{ij}\Gamma(x-y)| &\leqslant \frac{1}{\omega_n}|x-y|^{-n} \\ |D^\beta\Gamma(x-y)| &\leqslant C|x-y|^{2-n-|\beta|}, \quad C = C(n, |\beta|). \end{aligned} \tag{2.14}$$

在 $x = y$ 处的奇性妨碍我们使用 Γ 来代替 Green 第二恒等式 (2.11) 中的 v, 克服这个困难的一个方法是用 $\Omega - \overline{B}_\rho$ 代替 Ω, 这里, 对充分小的 $\rho, B_\rho = B_\rho(y)$. 于是能够从 (2.11) 得出

$$\begin{aligned} \int_{\Omega - B_\rho} \Gamma\Delta u dx = &\int_{\partial\Omega} \left(\Gamma\frac{\partial u}{\partial\nu} - u\frac{\partial\Gamma}{\partial\nu}\right) ds \\ &+ \int_{\partial B_\rho} \left(\Gamma\frac{\partial u}{\partial\nu} - u\frac{\partial\Gamma}{\partial\nu}\right) ds. \end{aligned} \tag{2.15}$$

现在

$$\begin{aligned}\int_{\partial B_\rho} \Gamma \frac{\partial u}{\partial \nu} ds &= \Gamma(\rho) \int_{\partial B_\rho} \frac{\partial u}{\partial \nu} ds \\ &\leqslant n\omega_n \rho^{n-1} \Gamma(\rho) \sup_{B_\rho} |Du| \to 0, \quad \text{当 } \rho \to 0 \text{ 时;} \\ \int_{\partial B_\rho} u \frac{\partial \Gamma}{\partial \nu} ds &= -\Gamma'(\rho) \int_{\partial B_\rho} u ds \quad (\text{回忆 } \boldsymbol{\nu} \text{ 是 } \Omega - B_\rho \text{ 的外法向}) \\ &= \frac{-1}{n\omega_n \rho^{n-1}} \int_{\partial B_\rho} u ds \to -u(y), \quad \text{当 } \rho \to 0 \text{ 时.}\end{aligned}$$

因此, 在 (2.15) 中令 ρ 趋于零, 就得到 Green 表示公式:

$$\begin{aligned}u(y) = &\int_{\partial \Omega} \left(u \frac{\partial \Gamma}{\partial \nu}(x-y) - \Gamma(x-y) \frac{\partial u}{\partial \nu} \right) ds \\ &+ \int_\Omega \Gamma(x-y) \Delta u dx \quad (y \in \Omega).\end{aligned} \tag{2.16}$$

对于有界可积函数 f, 积分 $\int_\Omega \Gamma(x-y) f(x) dx$ 称为具有密度 f 的 Newton 位势. 如果 u 在 $\mathbb{R}^n$ 中具有紧支集, 则 (2.16) 得出经常有用的表示公式

$$u(y) = \int \Gamma(x-y) \Delta u(x) dx. \tag{2.17}$$

对于调和函数 u, 我们也得到表示

$$u(y) = \int_{\partial \Omega} \left(u \frac{\partial \Gamma}{\partial \nu}(x-y) - \Gamma(x-y) \frac{\partial u}{\partial \nu} \right) ds \quad (y \in \Omega). \tag{2.18}$$

因为上面的被积函数无穷次可微, 并且事实上还关于 y 解析, 由此推出 u 在 Ω 中也解析. 这样一来, 调和函数在它的定义域中到处是解析的, 因此由它在任一开子集中的值所唯一确定.

现在假设 $h \in C^1(\overline{\Omega}) \cap C^2(\Omega)$ 在 Ω 中满足 $\Delta h = 0$, 那么再一次用 Green 第二恒等式 (2.11), 就得到

$$-\int_{\partial \Omega} \left(u \frac{\partial h}{\partial \nu} - h \frac{\partial u}{\partial \nu} \right) ds = \int_\Omega h \Delta u dx. \tag{2.19}$$

记 $G = \Gamma + h$, 并把 (2.16) 与 (2.19) 相加, 于是得到关于 Green 表示公式的一个更一般的形式:

$$u(y) = \int_{\partial \Omega} \left(u \frac{\partial G}{\partial \nu} - G \frac{\partial u}{\partial \nu} \right) ds + \int_\Omega G \Delta u dx. \tag{2.20}$$

如果此外在 $\partial\Omega$ 上 $G=0$, 我们有

$$u(y)=\int_{\partial\Omega}u\frac{\partial G}{\partial\nu}ds+\int_{\Omega}G\Delta u dx, \tag{2.21}$$

并且把函数 $G=G(x,y)$ 叫作区域 Ω 的 (Dirichlet) Green 函数, 有时也叫作 Ω 的第一类 Green 函数. 按照定理 2.4, Green 函数是唯一的, 而从公式 (2.21), 它的存在性蕴涵着 $C^1(\overline{\Omega})\cap C^2(\Omega)$ 调和函数的一个表示, 用它的边值表出.

2.5. Poisson 积分

当区域 Ω 是一个球时, Green 函数能够通过像法显式地确定, 并且导出有名的球中调和函数的 Poisson 积分表示, 即, 设 $B_R=B_R(0)$ 并且对于 $x\in B_R, x\neq 0$ 设

$$\overline{x}=\frac{R^2}{|x|^2}x \tag{2.22}$$

表示它关于 B_R 的反演点; 如果 $x=0$, 取 $\overline{x}=\infty$. 于是容易证实 B_R 的 Green 函数由下式给出:

$$G(x,y)=\begin{cases}\Gamma(|x-y|)-\Gamma\left(\dfrac{|y|}{R}|x-\overline{y}|\right), & y\neq 0,\\ \Gamma(|x|)-\Gamma(R), & y=0.\end{cases} \tag{2.23}$$

$$=\Gamma(\sqrt{|x|^2+|y|^2-2x\cdot y})-\Gamma\left(\sqrt{\left(\frac{|x||y|}{R}\right)^2+R^2-2x\cdot y}\right)$$

$$\text{对所有 } x,y\in B_R,\quad x\neq y.$$

由 (2.23) 定义的函数 G 具有性质:

$$G(x,y)=G(y,x),\quad G(x,y)\leqslant 0,\quad x,y\in\overline{B}_R. \tag{2.24}$$

而且, 直接计算表明, 在 $x\in\partial B_R$ 处, G 的法向导数为

$$\frac{\partial G}{\partial\nu}=\frac{\partial G}{\partial|x|}=\frac{R^2-|y|^2}{n\omega_n R}|x-y|^{-n}\geqslant 0. \tag{2.25}$$

因此, 如果 $u\in C^2(B_R)\cap C^1(\overline{B}_R)$ 调和, 由 (2.11) 就有 Poisson 积分公式:

$$u(y)=\frac{R^2-|y|^2}{n\omega_n R}\int_{\partial B_R}\frac{u ds_x}{|x-y|^n}. \tag{2.26}$$

公式 (2.26) 的右端叫作 u 的 Poisson 积分. 一个简单的逼近论证表明, Poisson 积分公式对于 $u\in C^2(B_R)\cap C^0(\overline{B}_R)$ 仍然成立. 注意取 $y=0$, 就重新得到调和

函数的平均值定理. 实际上本章中所有前面的定理都能够作为 $\Omega = B_R(0)$ 时的表示式 (2.21) 的推论而导出.

为了建立球的古典 Dirichlet 问题解的存在性, 我们需要表示式 (2.26) 的逆结果, 现在就证明它.

定理 2.6 设 $B = B_R(0)$, 并设 φ 是 ∂B 上的连续函数. 那么由

$$u(x) = \begin{cases} \dfrac{R^2 - |x|^2}{n\omega_n R} \displaystyle\int_{\partial B} \dfrac{\varphi(y) ds_y}{|x-y|^n}, & x \in B, \\ \varphi(x), & x \in \partial B \end{cases} \tag{2.27}$$

定义的函数 u 属于 $C^2(B) \cap C^0(\overline{B})$, 并在 B 中满足 $\Delta u = 0$.

证明 由 (2.27) 定义的 u 在 B 中调和是显然的, 这是根据这样的事实: G, 因而 $\dfrac{\partial G}{\partial \nu}$, 关于 x 是调和的, 或者它可以用直接计算来证实. 为了建立 u 在 ∂B 上的连续性, 我们对特殊情形 $u = 1$ 使用 Poisson 公式 (2.26) 来求得恒等式

$$\int_{\partial B} K(x,y) ds_y = 1, \quad \text{对所有 } x \in B, \tag{2.28}$$

其中 K 是 Poisson 核:

$$K(x,y) = \frac{R^2 - |x|^2}{n\omega_n R |x-y|^n}, \quad x \in B, \quad y \in \partial B. \tag{2.29}$$

当然, (2.28) 中的积分能够直接求值, 但这是一个复杂的计算. 现在设 $x_0 \in \partial B$, 并设 ε 是一个任意正数. 选 $\delta > 0$, 使当 $|x - x_0| < \delta$ 时 $|\varphi(x) - \varphi(x_0)| < \varepsilon$, 并设在 ∂B 上 $|\varphi| \leqslant M$. 于是, 如果 $|x - x_0| < \delta/2$, 由 (2.27) 和 (2.28) 就有

$$\begin{aligned} |u(x) - u(x_0)| &= \left| \int_{\partial B} K(x,y)(\varphi(y) - \varphi(x_0)) ds_y \right| \\ &\leqslant \int_{|y-x_0| \leqslant \delta} K(x,y) |\varphi(y) - \varphi(x_0)| ds_y \\ &\quad + \int_{|y-x_0| > \delta} K(x,y) |\varphi(y) - \varphi(x_0)| ds_y \\ &\leqslant \varepsilon + \frac{2M(R^2 - |x|^2) R^{n-2}}{(\delta/2)^n}. \end{aligned}$$

现在如果 $|x - x_0|$ 充分小, 显然有 $|u(x) - u(x_0)| < 2\varepsilon$, 因此 u 就在 x_0 连续, 所以 $u \in C^0(\overline{B})$ 正如所需. □

我们指出前面的论证是局部的; 即, 如果 φ 在 ∂B 上仅仅是有界可积的, 而在 x_0 是连续的, 那么当 $x \to x_0$ 时 $u(x) \to \varphi(x_0)$.

2.6. 收敛性定理

现在考虑 Poisson 积分公式的一些直接推论. 不过, 下面三个定理对于后面的讨论并不是必需的. 我们首先证明调和函数实际上能够用它的平均值性质来表征.

定理 2.7 一个 $C^0(\Omega)$ 函数 u 是调和的, 当且仅当对每一个球 $B = B_R(y) \subset\subset \Omega$, 它满足平均值性质,

$$u(y) = \frac{1}{n\omega_n R^{n-1}} \int_{\partial B} u ds. \tag{2.30}$$

证明 由定理 2.6, 对任何一个球 $B \subset\subset \Omega$, 存在一个调和函数 h, 使得在 ∂B 上 $h = u$. 于是差 $w = u - h$ 是在 B 的任何球上满足平均值性质的一个函数; 所以定理 2.2, 2.3 和 2.4 的最大值原理和唯一性结果可以应用于 w, 因为平均值不等式是在这些定理的推导中所用到的调和函数的唯一的性质. 因此在 B 中 $w = 0$, 所以 u 在 Ω 中必是调和函数. □

作为前面定理的直接推论, 我们有

定理 2.8 调和函数的一致收敛序列的极限是调和的.

从定理 2.8 可见, 如果 $\{u_n\}$ 在有界区域 Ω 中是一个调和函数序列, 具有在 $\partial\Omega$ 上一致收敛到一个函数 φ 的连续边值 $\{\varphi_n\}$, 那么序列 $\{u_n\}$ (由最大值原理) 一致收敛到一个在 $\partial\Omega$ 上具有边值 φ 的调和函数. 借助于 Harnack 不等式 (定理 2.5), 我们也能够从定理 2.8 导出 Harnack 收敛定理.

定理 2.9 设 $\{u_n\}$ 在区域 Ω 中是一个单调增加的调和函数序列, 并设对某点 $y \in \Omega$, 序列 $\{u_n(y)\}$ 有界. 那么序列在任一有界子区域 $\Omega' \subset\subset \Omega$ 上一致收敛到一个调和函数.

证明 序列 $\{u_n(y)\}$ 收敛, 于是对任意 $\varepsilon > 0$, 存在一个数 N, 使得对所有 $m \geqslant n > N$, 有 $0 \leqslant u_m(y) - u_n(y) < \varepsilon$. 但是由定理 2.5, 我们必须有

$$\sup_{\Omega'} |u_m(x) - u_n(x)| < C\varepsilon,$$

其中 C 是依赖于 Ω' 和 Ω 的某常数. 从而 $\{u_n\}$ 一致收敛并且由于定理 2.8, 极限函数是调和的. □

2.7. 导数的内估计

将 Poisson 积分直接微分可以求得调和函数的导数的内估计. 另外, 这样的估计也可以从平均值定理得到. 设 u 在 Ω 中调和并且 $B=B_R(y)\subset\subset\Omega$. 因为梯度 Du 在 Ω 中也调和, 由平均值和散度定理得到

$$\begin{aligned}Du(y)&=\frac{1}{\omega_nR^n}\int_B Dudx=\frac{1}{\omega_nR^n}\int_{\partial B}u\nu ds,\\|Du(y)|&\leqslant\frac{n}{R}\sup_{\partial B}|u|,\end{aligned}$$

因此,

$$|Du(y)|\leqslant\frac{n}{d_y}\sup_{\Omega}|u|,\tag{2.31}$$

其中 $d_y=\operatorname{dist}(y,\partial\Omega)$. 在等距离地分隔开的球套中逐次应用估计 (2.31) 就得到高阶导数的估计.

定理 2.10 设 u 在 Ω 中调和, 并设 Ω' 是 Ω 的任一紧子集. 则对任一多重指标 $\boldsymbol{\alpha}$, 我们有

$$\sup_{\Omega'}|D^{\boldsymbol{\alpha}}u|\leqslant\left(\frac{n|\boldsymbol{\alpha}|}{d}\right)^{|\boldsymbol{\alpha}|}\sup_{\Omega}|u|,\tag{2.32}$$

其中 $d=\operatorname{dist}(\Omega',\partial\Omega)$.

界 (2.32) 的一个直接推论是: 对于调和函数的任一有界集合, 它们的导数在一个紧子区域上等度连续. 所以由 Arzela 定理我们知道调和函数的任一有界集合形成一个*正规族*; 即, 我们有

定理 2.11 在区域 Ω 上任一有界的调和函数序列包含一个在 Ω 的紧子区域上一致收敛于调和函数的子序列.

以前的收敛定理 (定理 2.8), 也能够从定理 2.11 直接得到.

2.8. Dirichlet 问题; 下调和函数方法

我们现在能够处理任意有界区域中古典 Dirichlet 问题的解的存在性问题了. 这里的讨论是用*下调和函数*的 Perron *方法* [PE] 来完成的, 它极大地依赖于最大值原理与球中 Dirichlet 问题的可解性. 这个方法具有许多引人注目的特色: 它是初等的, 它把内部存在问题与解的边界性质分离开来, 并且很容易推广到更一般类型的二阶椭圆型方程上去. 另外还有熟知的达到存在定理的途径, 诸如: (例如在书 [KE2] [GU] 中讨论的) 积分方程方法, 以及变分方法或者 Hilbert 空间的方法, 我们将在第 8 章中以更一般的方式来叙述它.

$C^2(\Omega)$ 下调和与上调和函数的定义可推广如下. 一个 $C^0(\Omega)$ 函数 u 称为在 Ω 中是下调和 (上调和) 的, 如果对每一个球 $B \subset\subset \Omega$ 和每一个在 B 中调和的函数 h, 在 ∂B 上满足 $u \leqslant (\geqslant)\ h$, 在 B 中我们也有 $u \leqslant (\geqslant)\ h$. 不难建立 $C^0(\Omega)$ 下调和函数的下述性质:

(i) 如果 u 在区域 Ω 中下调和, 则它在 Ω 中满足强最大值原理; 又如果 v 在一个有界区域 Ω 中上调和, 并在 $\partial\Omega$ 上 $v \geqslant u$, 则或者在 Ω 上到处有 $v > u$, 或者 $v \equiv u$. 为证明后一断言, 假设相反的情形, 则在某一个点 $x_0 \in \Omega$ 上有

$$(u-v)(x_0) = \sup_{\Omega}(u-v) = M \geqslant 0,$$

并且我们可以假设存在一个球 $B = B(x_0)$, 使得在 ∂B 上 $u - v \not\equiv M$. 设 $\overline{u}, \overline{v}$ 分别表示在 ∂B 上等于 u, v 的调和函数 (定理 2.6). 容易看出

$$M \geqslant \sup_{\partial B}(\overline{u}-\overline{v}) \geqslant (\overline{u}-\overline{v})(x_0) \geqslant (u-v)(x_0) = M.$$

因此等式到处成立. 由调和函数的强最大值原理 (定理 2.2), 得到在 B 中 $\overline{u}-\overline{v} \equiv M$, 因此在 ∂B 上 $u - v \equiv M$, 它与 B 的选取矛盾.

(ii) 设 u 在 Ω 中下调和, B 是严格包含在 Ω 中的一个球. 用 $\overline{u}$ 表示在 ∂B 上满足 $\overline{u} = u$ 的 B 中的调和函数 (由 u 在 ∂B 上的 Poisson 积分给出). 我们在 Ω 中用

$$U(x) = \begin{cases} \overline{u}(x), & x \in B, \\ u(x), & x \in \Omega - B \end{cases} \tag{2.33}$$

定义 u (在 B 中) 的调和提升. 那么函数 U 也在 Ω 中下调和. 因为考虑一个任意球 $B' \subset\subset \Omega$, 设 h 在 B' 中是一个调和函数, 在 $\partial B'$ 上满足 $h \geqslant U$. 因为在 B' 中 $u \leqslant U$, 故在 B' 中就有 $u \leqslant h$, 因此在 $B' - B$ 中 $U \leqslant h$, 又因为 U 在 B 中调和, 由最大值原理可得在 $B \cap B'$ 中 $U \leqslant h$. 所以在 B' 中 $U \leqslant h$, 并且 U 在 Ω 中下调和.

(iii) 设 $u_1, u_2, \ldots, u_N$ 在 Ω 中都是下调和函数. 则函数 $u(x) = \max\{u_1(x), u_2(x), \ldots, u_N(x)\}$ 也在 Ω 中下调和. 这是下调和定义的一个平凡的推论. 对于上调和函数的相应结果可在性质 (i), (ii) 和 (iii) 中用 $-u$ 代替 u 而得到.

现在设 Ω 有界, φ 在 $\partial\Omega$ 上是一个有界函数, 一个 $C^0(\overline{\Omega})$ 下调和函数 u, 如果它在 $\partial\Omega$ 上满足 $u \leqslant \varphi$, 就称为相对于 φ 的下函数. 类似地, 一个 $C^0(\overline{\Omega})$ 上调和函数 u, 如果它在 $\partial\Omega$ 上满足 $u \geqslant \varphi$, 就称为相对于 φ 的上函数. 由最大值原理, 每一个下函数小于或等于每一个上函数. 特别, 常数函数 $\leqslant \inf_{\partial\Omega} \varphi$ $(\geqslant \sup_{\partial\Omega} \varphi)$ 是下函数 (上函数). 设 S_φ 表示相对于 φ 的下函数集合. Perron 方法的基本结果包含在下面的定理中.

定理 2.12 函数 $u(x)=\sup\limits_{v\in S_\varphi} v(x)$ 在 Ω 中调和.

证明 由最大值原理, 任一函数 $v\in S_\varphi$ 满足 $v\leqslant \sup\varphi$, 这样的 u 有明确定义. 设 y 是 Ω 中的一个任意固定的点. 由 u 的定义知, 存在一个序列 $\{v_n\}\subset S_\varphi$ 使得 $v_n(y)\to u(y)$. 用 $\max(v_n,\inf\varphi)$ 代替 v_n 我们可以假设序列 $\{v_n\}$ 有界. 现在选择 R 使得球 $B=B_R(y)\subset\subset\Omega$, 并按照 (2.33) 定义 V_n 是 v_n 在 B 中的调和提升. 那么 $V_n\in S_\varphi, V_n(y)\to u(y)$ 并且由定理 2.11, 序列 $\{V_n\}$ 包含一个子序列 $\{V_{n_k}\}$, 它在任一球 $B_\rho(y)$ $(\rho<R)$ 中一致收敛到一个在 B 中调和的函数 v. 显然在 B 中 $v\leqslant u$ 并且 $v(y)=u(y)$. 现在我们断定实际上在 B 中 $v=u$. 因为假设在某一点 $z\in B$ 上 $v(z)<u(z)$, 那么存在一个函数 $\overline{u}\in S_\varphi$, 使得 $v(z)<\overline{u}(z)$. 定义 $w_k=\max(\overline{u},V_{n_k})$, 并且也由 (2.33) 定义调和提升 W_k, 如前我们得到序列 $\{W_k\}$ 的一个子序列收敛到一个调和函数 w, 在 B 中满足 $v\leqslant w\leqslant u$, 并且 $v(y)=w(y)=v(y)$. 但是由最大值原理, 在 B 中必有 $v=w$. 这与 $\overline{u}$ 的定义相矛盾, 因此 u 在 Ω 中调和. □

前面结果给出一个调和函数, 它是古典 Dirichlet 问题: $\Delta u=0$, 在 $\partial\Omega$ 上 $u=\rho$ 的一个可能解 (prospective solution) (称为 Perron 解). 的确, 如果 Dirichlet 问题是可解的, 它的解就与 Perron 解恒等, 因为设 w 是假定的解, 那么显然 $w\in S_\varphi$, 由最大值原理, 对所有的 $u\in S_\varphi$ 就有 $w\geqslant u$. 这里我们还要指出: 代替紧致性定理 (定理 2.11), 定理 2.12 的证明能够以 Harnack 收敛定理 (定理 2.9) 作为基础 (见习题 2.10).

在 Perron 方法中, 对解的边界性质的研究本质上是和存在性问题分开的. 边值的连续假设通过闸函数的概念与边界的几何性质联系起来. 设 ξ 是 $\partial\Omega$ 的一点. 那么一个 $C^0(\overline{\Omega})$ 函数 $w=w_\xi$ 称为相对于 Ω 的在 ξ 的一个闸函数, 如果:

(i) w 在 Ω 中是上调和的;

(ii) 在 $\overline{\Omega}-\xi$ 中 $w>0; w(\xi)=0$.

闸函数的更一般的定义只要求上调和函数 w 在 Ω 中是连续和正的, 且当 $x\to\xi$ 时, $w(x)\to 0$. 本节的结果对弱闸函数也同样有效 (例如, 见 [HL, p. 168]). 闸函数概念的一个重要特征在于它是边界 $\partial\Omega$ 的一个局部性质. 亦即, 我们定义 w 是 $\xi\in\partial\Omega$ 处的一个局部闸函数, 如果存在 ξ 的一个邻域 N, 使得 w 在 $\Omega\cap N$ 中满足上面的定义. 于是相对于 Ω 的在 ξ 的一个闸函数能够定义如下: 设 B 是一个满足 $\xi\in B\subset\subset N$ 的球, 并且 $m=\inf\limits_{N-B} w>0$. 于是函数

$$\overline{w}(x)=\begin{cases}\min(m,w(x)), & x\in\overline{\Omega}\cap B,\\ m, & x\in\overline{\Omega}-B\end{cases}$$

就是一个相对于 Ω 的在 ξ 的闸函数, 这通过验证性质 (i) 和 (ii) 不难看出, 事实

上, 由下调和函数的性质 (iii) 知 $\overline{w}$ 在 $\overline{\Omega}$ 中是连续的, 并且在 Ω 中是上调和的; 性质 (ii) 可直接得出.

在一个边界点上如果存在闸函数, 该点就称为*正则点* (关于 Laplace 算子). 闸函数和解的边界性质之间的联系包含在下面引理中.

引理 2.13 *设 u 是 Ω 中用 Perron 方法 (定理 2.12) 定义的调和函数. 如果 ξ 是 Ω 的一个正则边界点, 并且 φ 在 ξ 连续, 那么当 $x \to \xi$ 时, $u(x) \to \varphi(\xi)$.*

证明 选 $\varepsilon > 0$, 并设 $M = \sup|\varphi|$. 因为 ξ 是一个正则边界点, 于是在 ξ 存在一个闸函数 w, 而由于 φ 连续, 所以存在常数 δ 和 k, 使得如果 $|x-\xi| < \delta$, 就有 $|\varphi(x) - \varphi(\xi)| < \varepsilon$, 而如果 $|x - \xi| \geqslant \delta$, 就有 $kw(x) \geqslant 2M$. 函数 $\varphi(\xi) + \varepsilon + kw, \varphi(\xi) - \varepsilon - kw$ 分别是相对于 φ 的下函数和上函数. 因此从 u 的定义和每一个上函数控制每一个下函数的事实, 我们在 Ω 中得到

$$\varphi(\xi) - \varepsilon - kw(x) \leqslant u(x) \leqslant \varphi(\xi) + \varepsilon + kw(x)$$

或

$$|u(x) - \varphi(\xi)| \leqslant \varepsilon + kw(x).$$

因为当 $x \to \xi$ 时 $w(x) \to 0$, 我们得到当 $x \to \xi$ 时 $u(x) \to \varphi(\xi)$. □

这直接导致

定理 2.14 *在一个有界区域中古典 Dirichlet 问题对任意连续边值是可解的, 当且仅当边界点全是正则点.*

证明 如果边值 φ 是连续的并且边界 $\partial\Omega$ 由正则点组成, 则前面的引理说明, 由 Perron 方法提供的调和函数是 Dirichlet 问题的解. 反之, 假设 Dirichlet 问题对所有连续边值是可解的. 设 $\xi \in \partial\Omega$, 则函数 $\varphi(x) = |x - \xi|$ 在 $\partial\Omega$ 上连续, 并且解出具有边值 φ 的在 Ω 中的 Dirichlet 问题的这一调和函数, 显然在 ξ 处是一个闸函数. 因此 ξ 是正则点, $\partial\Omega$ 的所有点都是如此. □

留下的重要问题是: 对于什么样的区域, 边界点是正则的? 原来能够通过边界的局部几何性质来叙述一般的充分条件. 我们在下面讲述某些这样的条件.

如果 $n = 2$, 考虑有界区域 Ω 的一个边界点 z_0, 并取原点在 z_0 的极坐标 r, θ. 假设有 z_0 的一个邻域 N 使得在 $\Omega \cap N$ 中定义了 θ 的一个单值分支, 或者在 $\Omega \cap N$ 的组成部分中在它的边界上有 z_0. 可以看出,

$$w = -\mathrm{Re}\,\frac{1}{\log z} = -\frac{\log r}{\log^2 r + \theta^2}$$

在 z_0 是一个 (弱) 局部闸函数, 因此 z_0 是一个正则点. 特别, 如果 z_0 是位于 Ω 外部的一个简单弧的端点, 它就是一个正则边界点. 这样一来, 在平面上一个

(有界) 区域 (它的边界点都是可以从外部用简单弧达到的) 中, 对于连续边值的 Dirichlet 问题总是可解的. 更一般地, 同样的闸函数表明, 如果区域的补集的每个组成部分包含多于一点, 则边值问题也是可解的. 这种区域的例子是由有限个简单闭曲线所围成的区域. 另外的例子是沿着一条弧有裂缝的单位圆域; 在这种情形下, 边界值能够在裂缝的相对两侧上被指定.

对于高维来说, 情况有本质的不同, Dirichlet 问题在对应的一般性条件下是不能解的. 例如, 一个属于 Lebesgue 的例子表明, 在三维空间中一个带有充分尖锐的向内尖点的闭曲面在尖点的尖端有非正则点 (例如参看 [CH]).

在有界区域 $\Omega \subset \mathbb{R}^n$ 中可解性的一个简单的充分条件是 Ω 满足*外部球条件*; 即, 对每一点 $\xi \in \partial\Omega$, 存在一个球 $B = B_R(y)$ 满足 $\overline{B} \cap \overline{\Omega} = \xi$. 如果这样的条件满足, 那么由

$$w(x) = \begin{cases} R^{2-n} - |x-y|^{2-n}, & n \geqslant 3, \\ \log \dfrac{|x-y|}{R}, & n = 2 \end{cases} \tag{2.34}$$

给出的函数 w 是在 ξ 的一个闸函数. 所以具有 C^2 边界的区域的边界点都是正则点 (见习题 2.11).

2.9. 容量

容量这个物理概念提供表征正则和例外边界点的另一种方法. 设 Ω 是 $\mathbb{R}^n$ $(n \geqslant 3)$ 中的具有光滑边界 $\partial\Omega$ 的一个有界区域, 再设 u 是 $\overline{\Omega}$ 的补集内定义的调和函数 (通常称为*电导势*), 它满足边界条件: 在 $\partial\Omega$ 上 $u = 1$, 在无穷远点 $u = 0$. 容易确立 u 的存在性, 它是在有界区域扩张序列上的调和函数 u' 的 (唯一的) 极限, 这些有界区域的内边界是 $\partial\Omega$ (在 $\partial\Omega$ 上 $u' = 1$), 而外边界 (在其上 $u' = 0$) 趋于无穷远点. 如果 Σ 表示 $\partial\Omega$ 或包围 Ω 的任何光滑闭曲面, 则定义量

$$\operatorname{cap}\Omega = -\int_\Sigma \frac{\partial u}{\partial \nu} ds = \int_{\mathbb{R}^n - \Omega} |Du|^2 dx, \quad \nu = \text{外法向量} \tag{2.35}$$

为 Ω 的容量. 在静电学中, $\operatorname{cap}\Omega$ 与 (相对于无穷远点) 具有单位电位势的导体 $\partial\Omega$ 上的总电荷相差一个常数因子.

还可以对于具有非光滑边界的区域和任何紧集定义容量, 它是逼近光滑有界区域的嵌套序列的容量的 (唯一) 极限. 可以直接给容量一个等价定义, 而不使用逼近区域 (例如, 参见 [LK]). 特别说来, 我们有变分表征

$$\operatorname{cap}\Omega = \inf_{v \in K} \int |Dv|^2, \tag{2.36}$$

其中

$$K = \{v \in C_0^1(\mathbb{R}^n) | \text{在 } \Omega \text{ 上 } v = 1\}.$$

为了研究点 $x_0 \in \partial\Omega$ 的正则性, 对于任何固定的 $\lambda \in (0,1)$ 考虑容量

$$C_j = \text{cap}\,\{x \notin \Omega \big| |x - x_0| \leqslant \lambda^j\}.$$

Wiener 准则表述为: 当且仅当级数

$$\sum_{j=0}^{\infty} C_j / \lambda^{j(n-2)} \tag{2.37}$$

发散 x_0 是 $\partial\Omega$ 的一个正则点.

对于容量的讨论和 Wiener 准则的证明, 我们建议参考文献, 例如 [KE2, LK]. 在第 8 章对于散度形式的椭圆算子的广泛类别将证明这个正则性条件.

习题

2.1. 从相对最大值必要条件的考虑来导出 $C^2(\Omega)$ 下调和函数的弱最大值原理.

2.2. 证明: 如果在 Ω 中 $\Delta u = 0$, 并且在 $\partial\Omega$ 的一个开的光滑部分上 $u = \dfrac{\partial u}{\partial \nu} = 0$, 那么 u 恒等于零.

2.3. 设 G 对于有界区域 Ω 是 Green 函数, 证明

(a) $G(x,y) = G(y,x)$ 对所有的 $x, y \in \Omega, x \neq y$ 成立;

(b) $G(x,y) < 0$ 对所有的 $x, y \in \Omega, x \neq y$ 成立;

(c) 如果 f 在 Ω 上有界可积, 则当 $x \to \partial\Omega$ 时 $\displaystyle\int_\Omega G(x,y)f(y)dy \to 0$.

2.4. (Schwarz *反射原理*) 设 Ω^+ 是半空间 $x_n > 0$ 的一个子区域, 它以超平面 $x_n = 0$ 的一个开的截面 T 作为它的边界的一部分. 假设 u 在 Ω^+ 中调和, 在 $\Omega^+ \cup T$ 中连续, 并且在 T 上 $u = 0$. 证明由

$$U(x_1, \ldots, x_n) = \begin{cases} u(x_1, \ldots, x_n), & x_n \geqslant 0, \\ -u(x_1, \ldots, x_n), & x_n < 0 \end{cases}$$

定义的函数 U 在区域 $\Omega^+ \cup T \cup \Omega^-$ 中调和, 其中 Ω^- 是 Ω^+ 在 $x_n = 0$ 上的反射 (即, $\Omega^- = \{(x_1, \ldots, x_n) \in \mathbb{R}^n | (x_1, \ldots, -x_n) \in \Omega^+\}$).

2.5. 对于在 $\mathbb{R}^n$ 中由两个同心球面所围成的环形区域, 求 Green 函数.

2.6. 设 u 在球 $B_R(0)$ 中是一个非负调和函数. 从 Poisson 积分公式推导 Harnack 不等式的下述形式:

$$\frac{R^{n-2}(R - |x|)}{(R + |x|)^{n-1}} u(0) \leqslant u(x) \leqslant \frac{R^{n-2}(R + |x|)}{(R - |x|)^{n-1}} u(0).$$

2.7. 证明一个 $C^0(\Omega)$ 函数 u 在 Ω 中下调和当且仅当它满足局部平均值不等式: 对每一个 $y \in \Omega$, 存在 $\delta = \delta(y) > 0$, 使得对所有的 $R \leqslant \delta$,

$$u(y) \leqslant \frac{1}{n\omega_n R^{n-1}} \int_{\partial B_R(y)} uds.$$

2.8. 区域 Ω 中的一个可积函数称为在 Ω 中弱调和 (弱下调和、弱上调和), 如果

$$\int_\Omega u\Delta\varphi dx = (\geqslant, \leqslant)\ 0$$

对于 $C^2(\Omega)$ 中在 Ω 中有紧支集的所有函数 $\varphi \geqslant 0$ 成立. 证明: 一个 $C^0(\Omega)$ 弱调和 (弱下调和、弱上调和) 函数必是调和 (下调和、上调和) 函数.

2.9. 证明对于 $C^2(\Omega)$ 函数 u, 以下条件等价: (i) 在 Ω 中 $\Delta u \geqslant 0$; (ii) u 在 Ω 中下调和; (iii) u 在 Ω 中弱下调和.

2.10. 用定理 2.9 代替定理 2.11 来证明定理 2.12.

2.11. 证明具有 C^2 边界 $\partial\Omega$ 的区域 Ω 满足一致外部球条件.

2.12. 证明对于满足外部锥条件的任何区域 Ω, Dirichlet 问题可解; 即, 对每一点 $\xi \in \partial\Omega$, 存在一个有限正圆锥 K, 其顶点 ξ 满足 $\overline{K} \cap \overline{\Omega} = \xi$. 把每点 $\xi \in \partial\Omega$ 取做原点, 证明能够选取形式为 $w = r^\lambda f(\theta)$ 的适当的局部闸函数, 其中 θ 是极角.

2.13. 设 u 在 $\Omega \subset \mathbb{R}^n$ 中调和, 使用导出 (2.31) 的论证来证明内部梯度的界

$$|Du(x_0)| \leqslant \frac{n}{d_0}[\sup_\Omega u - u(x_0)], \quad d_0 = \mathrm{dist}\,(x_0, \partial\Omega).$$

如果在 Ω 中 $u \geqslant 0$, 试推断

$$|Du(x_0)| \leqslant \frac{n}{d_0} u(x_0).$$

2.14. (a) 证明 Liouville 定理: 在 $\mathbb{R}^n$ 上定义并且上有界的调和函数是常数.

(b) 如果 $n = 2$, 证明 (a) 中的 Liouville 定理对于下调和函数有效.

(c) 如果 $n > 2$, 证明在 $\mathbb{R}^n$ 上定义的一个有界下调和函数不一定是常数.

2.15. 设 $u \in C^2(\overline{\Omega})$, 在 $\partial\Omega \in C^1$ 上 $u = 0$. 证明内插不等式: 对于每个 $\varepsilon > 0$,

$$\int_\Omega |Du|^2 dx \leqslant \varepsilon \int_\Omega (\Delta u)^2 dx + \frac{1}{4\varepsilon} \int_\Omega u^2 dx.$$

2.16. 用下述方法证明定理 2.12: 在每个球 $B \subset\subset \Omega$ 内求一个单调递增调和函数序列, 这些调和函数是下函数在 B 上的限制, 并且这个序列在 B 内的一个稠密点集上一致收敛到 u. 这就表明不用强最大值原理也能够证明定理 2.12 和 2.14.

2.17. 指明 (2.35) 中的体积分是有定义的, 并且证明容量定义 (2.35) 和 (2.36) 的等价性.

2.18. 设 u 在 (连通开集) $\Omega \subset \mathbb{R}^n$ 内是调和的, 并且假定 $B_c(x_0) \subset\subset \Omega$. 如果 $a \leqslant b \leqslant c$, 并且 $b^2 = ac$, 证明

$$\int_{|\omega|=1} u(x_0 + a\omega)u(x_0 + c\omega)d\omega = \int_{|\omega|=1} u^2(x_0 + b\omega)d\omega.$$

由此推断出: 如果 u 在某个点的一个邻域内是常数, 则它恒等于一个常数 (参见 [GN]).

第 3 章　古典最大值原理

本章目的是把第 2 章导出的 Laplace 算子的古典最大值原理推广到形如

$$Lu = a^{ij}(x)D_{ij}u + b^i(x)D_iu + c(x)u, \quad a^{ij} = a^{ji} \tag{3.1}$$

的线性椭圆型微分算子上去, 其中 $x = (x_1, \ldots, x_n)$ 属于 $\mathbb{R}^n$ 中的一个区域 $\Omega, n \geqslant 2$. 除非另外声明, 否则我们总假设 u 属于 $C^2(\Omega)$. 这里求和约定是遵循着重复指标指示从 1 到 n 的求和, 并且到处都如此. L 总是表示算子 (3.1).

我们采用下面的定义:

如果系数矩阵 $[a^{ij}(x)]$ 正定, L 在点 $x \in \Omega$ 就是椭圆型的; 即, 如果用 $\lambda(x)$, $\Lambda(x)$ 分别表示 $[a^{ij}(x)]$ 的最小和最大特征值, 那么

$$0 < \lambda(x)|\xi|^2 \leqslant a^{ij}(x)\xi_i\xi_j \leqslant \Lambda(x)|\xi|^2 \tag{3.2}$$

对于所有的 $\xi = (\xi_1, \ldots, \xi_n) \in \mathbb{R}^n - \{0\}$ 成立. 如果在 Ω 中 $\lambda > 0$, 那么 L 在 Ω 中就是椭圆型的, 如果对于某常数 λ_0 有 $\lambda \geqslant \lambda_0 > 0$, L 在 Ω 中就是严格椭圆型的. 如果 $\dfrac{\Lambda}{\lambda}$ 在 Ω 中有界, 我们称 L 在 Ω 中是一致椭圆型的. 这样, 算子 $D_{11} + x_1D_{22}$ 在半平面 $x_1 > 0$ 中是椭圆型的但不是一致椭圆型的, 但是在条形 $(\alpha, \beta) \times \mathbb{R}$ 中 (这里 $0 < \alpha < \beta < \infty$) 它是一致椭圆型的.

有关形为 (3.1) 的椭圆型算子的大多数结果需要附加条件, 来限制低阶项 b^iD_iu, cu 关于主项 $a^{ij}D_{ij}u$ 的相对重要性. 在本章中到处假设有条件

$$\frac{|b^i(x)|}{\lambda(x)} \leqslant \text{常数} < \infty, \quad i = 1, \ldots, n, x \in \Omega. \tag{3.3}$$

于是考虑用 $L' = \lambda^{-1}L$ 代替 L, 就能够化归到 $\lambda = 1$ 并且 b^i 有界的情形. 此外, 如果 L 是一致椭圆型的, 我们也能取 a^{ij} 有界. 注意, 如果系数 a^{ij}, b^i 在 Ω 中连续, 那么在任一有界子区域 $\Omega' \subset\subset \Omega$ 上, L 是一致椭圆型的并且 (3.3) 成立. 系数 c 也要服从一些限制, 但是这些将是变化的, 因此在一些适当的假设中再去指出.

最大值原理是二阶椭圆型方程的一个重要特性, 它把这类方程与高阶方程及方程组区别开来. 除了它们的很多应用外, 最大值原理还提供了逐点估计, 它导出比另外可用的理论更为确定的理论. 本章中大多数的结果单单基于 L 的椭圆性, 并不基于系数的其他特别的性质 (诸如光滑性). 正是这个一般性使得最大值原理在解的先验估计中, 特别是在非线性问题中, 是很有用的.

3.1. 弱最大值原理

对于很多目的来说, 有下面的弱最大值原理就足够了.

定理 3.1 设 L 在有界区域 Ω 中是椭圆型的. 假设

$$\text{在 } \Omega \text{ 中}, \ Lu \geqslant 0 \quad (\leqslant 0); \quad \text{在 } \Omega \text{ 中}, \quad c = 0, \tag{3.4}$$

其中 $u \in C^2(\Omega) \cap C^0(\overline{\Omega})$. 则 u 在 $\overline{\Omega}$ 上的最大值 (最小值) 在 $\partial\Omega$ 上达到, 即

$$\sup_{\Omega} u = \sup_{\partial\Omega} u \ (\inf_{\Omega} u = \inf_{\partial\Omega} u). \tag{3.5}$$

如果 $|b^i|/\lambda$ 在 Ω 中仅局部有界, 例如 $a^{ij}, b^i \in C^0(\Omega)$, 显然这个结果仍然正确. 还有, 如果不假定 u 在 $\overline{\Omega}$ 中连续, 结果 (3.5) 能够换成

$$\sup_{\Omega} u = \limsup_{x \to \partial\Omega} u(x) \ (\inf_{\Omega} u = \liminf_{x \to \partial\Omega} u(x)). \tag{3.6}$$

证明 不难看出, 如果在 Ω 中 $Lu > 0$, 那么强最大值原理成立; 即, u 不能在 $\overline{\Omega}$ 中达到内部最大值. 因为在这样的点 x_0 上, $Du(x_0) = 0$, 并且矩阵 $D^2u(x_0) = [D_{ij}u(x_0)]$ 非正. 但是因为 L 是椭圆型的, 所以矩阵 $[a^{ij}(x_0)]$ 正定. 因此 $Lu(x_0) = a^{ij}(x_0)D_{ij}u(x_0) \leqslant 0$, 这与 $Lu > 0$ 矛盾. (注意在这个论证中仅需要系数矩阵 $[a_{ij}]$ 的半定性.)

由假设 (3.3), $|b^i|/\lambda \leqslant b_0 =$ 常数. 于是因为 $a^{11} \geqslant \lambda$, 有一个充分大常数 γ 使得

$$Le^{\gamma x_1} = (\gamma^2 a^{11} + \gamma b^1)e^{\gamma x_1} \geqslant \lambda(\gamma^2 - \gamma b_0)e^{\gamma x_1} > 0.$$

因此, 对任何 $\varepsilon > 0$, 在 Ω 中 $L(u + \varepsilon e^{\gamma x_1}) > 0$, 按照上面就有

$$\sup_{\Omega}(u + \varepsilon e^{\gamma x_1}) = \sup_{\partial\Omega}(u + \varepsilon e^{\gamma x_1}).$$

令 $\varepsilon \to 0$, 我们看到, 正如定理断言的, $\sup_{\Omega} u = \sup_{\partial\Omega} u$. □

附注 从这个证明显然可得: 在系数矩阵 $[a^{ij}]$ 非负并且对某个 k, 比 $|b^k|/a^{kk}$ 局部有界的较弱假设下, 定理也成立.

引进下面由最大值原理所提示的术语是方便的: 在 Ω 中满足 $Lu=0$ ($\geqslant 0, \leqslant 0$) 的函数是 $Lu=0$ 在 Ω 中的解 (下解、上解). 当 L 是 Laplace 算子时, 这些术语分别对应于调和、下调和及上调和函数.

更一般地, 我们假设在 Ω 中 $c \leqslant 0$. 考虑子集 $\Omega^+ \subset \Omega$, 在其中 $u>0$, 可以看出如果在 Ω 中 $Lu \geqslant 0$, 那么在 Ω^+ 中 $L_0 u = a^{ij}D_{ij}u + b^i D_i u \geqslant -cu \geqslant 0$, 因此 u 在 $\overline{\Omega}^+$ 上的最大值必在 $\partial\overline{\Omega}^+$ 上达到, 因此也就在 $\partial\Omega$ 上达到. 于是, 记 $u^+ = \max(u,0), u^- = \min(u,0)$, 我们得到:

推论 3.2 设 L 在有界区域 Ω 中是椭圆型的. 假设在 Ω 中

$$Lu \geqslant 0\ (\leqslant 0), \quad c \leqslant 0, \tag{3.7}$$

其中 $u \in C^0(\overline{\Omega})$. 那么

$$\sup_\Omega u \leqslant \sup_{\partial\Omega} u^+ \ (\inf_\Omega u \geqslant \inf_{\partial\Omega} u^-). \tag{3.8}$$

如果在 Ω 中 $Lu=0$, 那么

$$\sup_\Omega |u| = \sup_{\partial\Omega} |u|. \tag{3.9}$$

在这个推论中, 条件 $c \leqslant 0$ 一般不能放松到允许 $c>0$. 这是显然的, 因为问题: $\Delta u + \kappa u = 0$, 在 $\partial\Omega$ 上 $u=0$, 存在正特征值 κ. 弱最大值原理的一个直接而重要的应用是问题的唯一性和解对它的边值的连续依赖性. 从推论 3.2 自动地推出对于算子 L 的古典 Dirichlet 问题的唯一性结果.

定理 3.3 设 L 在 Ω 中是椭圆型的, 在 Ω 中 $c \leqslant 0$. 假设 u 和 v 是 $C^2(\Omega) \cap C^0(\overline{\Omega})$ 函数, 在 Ω 中满足 $Lu = Lv$, 在 $\partial\Omega$ 上 $u=v$. 那么在 Ω 中 $u=v$. 如果在 Ω 中 $Lu \geqslant Lv$ 且在 $\partial\Omega$ 上 $u \leqslant v$, 则在 Ω 中 $u \leqslant v$.

3.2. 强最大值原理

虽然弱最大值原理对大多数应用来说已足够了, 但是, 有一个强的, 排除了非平凡内部最大值假设的最大值原理常常是必要的. 我们将使用下面经常有用的边界点引理来对于局部一致椭圆型算子得到这一结果. 区域 Ω 称为在 $x_0 \in \partial\Omega$ 满足内部球条件, 如果存在一个球 $B \subset \Omega$, 使 $x_0 \in \partial B$ (即, Ω 的补集在 x_0 点满足外部球条件).

引理 3.4 假设 L 在 Ω 中是一致椭圆型的, $c=0$ 并且 $Lu \geqslant 0$. 设 $x_0 \in \partial\Omega$ 使得

(i) u 在 x_0 连续;

(ii) 对所有的 $x \in \Omega, u(x_0) > u(x)$;

(iii) $\partial\Omega$ 在 x_0 满足内部球条件.

那么 u 在 x_0 的外法向导数如果存在, 必满足严格的不等式

$$\frac{\partial u}{\partial \nu}(x_0) > 0. \tag{3.10}$$

如果 $c \leqslant 0$ 并且 c/λ 有界, 只要 $u(x_0) \geqslant 0$, 则同样的结果成立. 如果 $u(x_0)=0$, 则无论 c 的符号如何, 同样的结果成立.

证明 因为在 x_0 处 Ω 满足内部球条件, 故存在一个球 $B = B_R(y) \subset \Omega$, 使 $x_0 \in \partial B$. 对 $0<\rho<R$, 我们引进由下式定义的一个辅助函数:

$$v(x) = e^{-\alpha r^2} - e^{-\alpha R^2},$$

其中 $r = |x-y| > \rho$, 而 α 是一个待定的正常数. 直接计算得

$$\begin{aligned} Lv(x) &= e^{-\alpha r^2}[4\alpha^2 a^{ij}(x_i-y_i)(x_j-y_j) - 2\alpha(a^{ii}+b^i(x_i-y_i))] + cv \\ &\geqslant e^{-\alpha r^2}[4\alpha^2\lambda(x)r^2 - 2\alpha(a^{ii}+|\mathbf{b}|r)+c], \quad \mathbf{b}=(b^1,\ldots,b^n). \end{aligned}$$

由假设 $a^{ii}/\lambda, |\mathbf{b}|/\lambda$ 和 c/λ 是有界的. 因此可选 α 足够大使得 $Lv \geqslant 0$ 在环形区域 $A = B_R(y) - B_\rho(y)$ 上到处成立. 因为在 $\partial B_\rho(y)$ 上 $u-u(x_0)<0$, 故存在常数 $\varepsilon>0$, 使得在 $\partial B_\rho(y)$ 上 $u-u(x_0)+\varepsilon v \leqslant 0$. 这个不等式也在 $\partial B_R(y)$ 上满足 (这里 $v=0$). 这样, 在 A 中就有 $L(u-u(x_0)+\varepsilon v) \geqslant -cu(x_0) \geqslant 0$, 并且在 ∂A 上 $u-u(x_0)+\varepsilon v \leqslant 0$. 现在弱最大值原理 (推论 3.2) 蕴涵 $u-u(x_0)+\varepsilon v \leqslant 0$ 在 A 到处成立. 在 x_0 取法向导数, 我们就得到所要的

$$\frac{\partial u}{\partial \nu}(x_0) \geqslant -\varepsilon\frac{\partial v}{\partial \nu}(x_0) = -\varepsilon v'(R) > 0. \qquad \square$$

更一般地, 无论法向导数是否存在, 我们得到

$$\liminf_{x\to x_0} \frac{u(x_0)-u(x)}{|x-x_0|} > 0, \tag{3.11}$$

其中, 对某个固定的 $\delta>0$, 向量 x_0-x 与 x_0 处法线之间的夹角小于 $\pi/2-\delta$.

虽然内部球条件能够被稍稍放松, 可是 $\partial\Omega$ 在 x_0 没有适当的光滑性是不可能断定 (3.11) 的. 例如, 设 $L=\Delta$ 并且 Ω 是 $\mathbb{R}^2$ 的第一象限, 在其中 $u = \mathrm{Re}\,(z/\log z) < 0$. 一个简单的计算表明, 在靠近 $z=0$ 处 $\partial\Omega \subset C^1$ 并且 $u_x(0,0)=0$, 所以 (3.11) 不成立.

我们现在能够推导下面的 E. Hopf [HO1] 的强最大值原理.

定理 3.5 设 L 在区域 Ω (不必有界) 中是一致椭圆型的, $c=0$ 并且 $Lu \geqslant 0$ ($\leqslant 0$). 那么, 如果 u 在 Ω 内部达到它的最大值 (最小值), u 就是常数. 如果 $c \leqslant 0$ 并且 c/λ 有界, 那么除非它是常数, 否则 u 在 Ω 内部不能达到非负最大值 (非正最小值).

如果 L 仅是局部一致椭圆型的并且 $|b^i|/\lambda, c/\lambda$ 仅是局部有界的, 这个结论显然保持有效.

证明 如果我们假设, 与定理相反, u 不是常数并且它的最大值 $M \geqslant 0$ 在 Ω 的内部达到, 那么 $u < M$ 的集合 Ω^- 满足 $\Omega^- \subset \Omega$ 及 $\partial\Omega^- \cap \Omega \neq \varnothing$. 设 x_0 是 Ω^- 中的一点, 它到 $\partial\Omega^-$ 比到 $\partial\Omega$ 更近. 考虑以 x_0 为心的最大的球 $B \subset \Omega^-$. 于是对某一点 $y \in \partial B$ 有 $u(y)=M$, 而在 B 内 $u<M$. 由前面引理推出 $Du(y) \neq 0$, 这在内部最大值点 y 上是不可能的. □

如果在某点 $c<0$, 那么定理的常数显然为零. 同时, 若在内部最大 (最小) 点处有 $u=0$, 则由定理的证明知不管 c 的正负都有 $u \equiv 0$.

不用定理 3.1 和引理 3.4 而直接去证明强最大值原理当然是可能的 (例如看 [MR2]).

另外类型的边值问题的唯一性定理是引理 3.4 和定理 3.5 的推论, 特别, 对于古典 Neumann 问题, 我们有下面的唯一性定理.

定理 3.6 设 $u \in C^2(\Omega) \cap C^0(\overline{\Omega})$ 是 $Lu=0$ 在有界区域 Ω 中的一个解, 其中 L 是一致椭圆型的, $c \leqslant 0, c/\lambda$ 有界并且 Ω 在 $\partial\Omega$ 的每一点上满足内部球条件. 如果在 $\partial\Omega$ 上处处定义了法向导数并且在 $\partial\Omega$ 上 $\dfrac{\partial u}{\partial \nu}=0$, 那么 u 在 Ω 中是常数. 如果在 Ω 中某点上还有 $c<0$, 那么 $u \equiv 0$.

证明 如果 $u \neq$ 常数, 我们可以假设函数 u 或者 $-u$ 在 $\partial\Omega$ 的一点 x_0 上达到一个非负最大值 M, 并且在 Ω 内部小于 M (根据强最大值原理). 在 x_0 应用引理 3.4, 我们就推出 $\dfrac{\partial u}{\partial \nu}(x_0) \neq 0$, 与假设矛盾. □

定理 3.6 的结果也可以推广到混合边值和斜导数问题 (见习题 3.1). 当 $\partial\Omega$ 有隅角或棱线时, 在那里 u 的导数没有定义, 即使假设 u 在 $\overline{\Omega}$ 上连续, 这些结果在所说的一般性之下也是不真的 (见习题 3.8 (a)).

3.3. 先验的界

最大值原理也为有界区域中的非齐次方程 $Lu=f$ 的解提供了一个简单的逐点估计. 我们要指出, 只有椭圆性常数和系数的界被包含在内. 这成为在非线性问题中的一个重要的考虑.

定理 3.7 设在有界区域 Ω 中 $Lu \geqslant f\ (=f)$, 其中 L 是椭圆型的, $c \leqslant 0$, 并且 $u \in C^0(\overline{\Omega}) \cap C^2(\Omega)$. 那么

$$\sup_{\Omega} u(|u|) \leqslant \sup_{\partial\Omega} u^+(|u|) + C \sup_{\Omega} \frac{|f^-|}{\lambda} \left(\frac{|f|}{\lambda}\right), \tag{3.12}$$

其中 C 是一个仅依赖于 Ω 的直径和 $\beta = \sup |\mathbf{b}|/\lambda$ 的常数. 特别, 如果 Ω 位于两个相距 d 的平行平面之间, 那么 (3.12) 成立, 其中 $C = e^{(\beta+1)d} - 1$.

证明 设 Ω 位于板形区域 $0 < x_1 < d$ 中, 并令 $L_0 = a^{ij}D_{ij} + b^iD_i$. 对于 $\alpha \geqslant \beta + 1$, 我们有

$$L_0 e^{\alpha x_1} = (\alpha^2 a^{11} + \alpha b^1) e^{\alpha x_1} \geqslant \lambda(\alpha^2 - \alpha\beta) e^{\alpha x_1} \geqslant \lambda.$$

设

$$v = \sup_{\partial\Omega} u^+ + (e^{\alpha d} - e^{\alpha x_1}) \sup_{\Omega} \frac{|f^-|}{\lambda}.$$

于是, 因为 $Lv = L_0 v + cv \leqslant -\lambda \sup_{\partial\Omega}(|f^-|/\lambda)$,

$$L(v-u) \leqslant -\lambda\left(\sup_{\Omega}\frac{|f^-|}{\lambda} + \frac{f}{\lambda}\right) \leqslant 0 \quad (\text{在 } \Omega \text{ 中}),$$

并且在 $\partial\Omega$ 上 $v - u \geqslant 0$. 因此, 对于 $C = e^{\alpha d} - 1$ 和 $\alpha \geqslant \beta + 1$, 对 $Lu \geqslant f$ 的情况我们得到所要的结果,

$$\sup_{\Omega} u \leqslant \sup_{\Omega} v = \sup_{\partial\Omega} u^+ + C \sup_{\Omega} \frac{|f^-|}{\lambda}.$$

用 $-u$ 代替 u, 即得到 $Lu = f$ 情形的 (3.12). □

定理 3.7 在第 8 和 9 章将会加强, 以按照 f 的积分范数提供 $\sup u$ 的类似的估计.

当条件 $c \leqslant 0$ 不满足时, 只要区域 Ω 充分窄小, 仍然可能断言一个类似于 (3.12) 的先验的界.

推论 3.8 设在有界区域 Ω 中 $Lu = f$, 其中 L 是椭圆型的, $u \in C^0(\overline{\Omega}) \cap C^2(\Omega)$. 设 C 是定理 3.7 的常数, 并设

$$C_1 = 1 - C \sup_{\Omega} \frac{c^+}{\lambda} > 0, \tag{3.13}$$

那么

$$\sup_{\Omega} |u| \leqslant \frac{1}{C_1}\left(\sup_{\partial\Omega}|u| + C \sup_{\Omega} \frac{|f|}{\lambda}\right). \tag{3.14}$$

附注 因为 $C = e^{(\beta+1)d} - 1$ 是 (3.12) 中常数的一个可能的值, 其中 d 是包含 Ω 的任一板形区域的宽度, 故条件 (3.13) 在任一充分窄小的区域中将被满足, 在这个区域中量 $|\mathbf{b}|/\lambda$ 和 c/λ 上有界. 如果 $c^+ \equiv 0$ (即 $c \leqslant 0$), 那么 $C_1 = 1$ 而 (3.14) 变成 (3.12).

证明 把 $Lu = (L_0 + c)u = f$ 改写为形式

$$(L_0 + c^-)u = f' \equiv f + (c^- - c)u = f - c^+ u.$$

从 (3.12) 得到

$$\begin{aligned}\sup_\Omega |u| &\leqslant \sup_{\partial\Omega} |u| + C \sup_\Omega \frac{|f'|}{\lambda} \\ &\leqslant \sup_{\partial\Omega} |u| + C\left(\sup_\Omega \frac{|f|}{\lambda} + \sup_\Omega |u| \sup_\Omega \frac{c^+}{\lambda}\right).\end{aligned}$$

这个不等式和 (3.13) 蕴涵 (3.14). □

推论 3.8 的一个直接推论是在充分小区域中 Dirichlet 问题解的唯一性 (当然假定量 $|\mathbf{b}|/\lambda$ 和 c/λ 有固定上界).

3.4. Poisson 方程的梯度估计

只要对方程附加上一些条件, 最大值原理还能用来导出解的导数的估计. 为了说明方法, 我们对 Poisson 方程来求这种估计. 这里导出的结果对于较后的发展并不需要.

设在立方体 $Q = \{x = (x_1, \ldots, x_n) \in \mathbb{R}^n \| x_i| < d, i = 1, \ldots, n\}$ 中 $\Delta u = f, u \in C^2(Q) \cap C^0(\overline{Q})$, 并且 f 在 Q 中有界. 使用比较论证, 我们将导出估计

$$|D_i u(0)| \leqslant \frac{n}{d} \sup_{\partial Q} |u| + \frac{d}{2} \sup_Q |f|, \quad i = 1, \ldots, n. \tag{3.15}$$

在半立方体

$$Q' = \{(x_1, \ldots, x_n) \| x_i| < d, \quad i = 1, \ldots, n-1, 0 < x_n < d\}$$

中考虑函数

$$\varphi(x', x_n) = \frac{1}{2}[u(x', x_n) - u(x', -x_n)],$$

其中 $x' = (x_1, \ldots, x_{n-1})$ 和 $x = (x', x_n)$. 可以看出 $\varphi(x', 0) = 0, \sup_{\partial Q'} |\varphi| \leqslant M = \sup_{\partial Q} |u|$, 并且在 Q' 中 $|\Delta\varphi| \leqslant N = \sup_Q |f|$. 再考虑函数

$$\psi(x', x_n) = \frac{M}{d^2}[|x'|^2 + x_n(nd - (n-1)x_n)] + N\frac{x_n}{2}(d - x_n).$$

显然在 $x_n = 0$ 上 $\psi(x', x_n) \geqslant 0$, 而在 $\partial Q'$ 的其余部分上 $\psi \geqslant M$; 还有 $\Delta\psi = -N$. 因此在 Q' 中 $\Delta(\psi \pm \varphi) \leqslant 0$, 在 $\partial Q'$ 上 $\psi \pm \varphi \geqslant 0$, 从它由最大值原理推出, 在 Q' 中 $|\varphi(x', x_n)| \leqslant \psi(x', x_n)$. 在 φ 和 ψ 的表达式中置 $x' = 0$, 然后用 x_n 去除并令 x_n 趋于零, 就得到

$$|D_n u(0)| = \lim_{x_n \to 0} \left| \frac{\varphi(0, x_n)}{x_n} \right| \leqslant \frac{n}{d} M + \frac{d}{2} N,$$

它就是 $i = n$ 时所断言的估计 (3.15). 用相应的方法可推出 $i = 1, \ldots, n-1$ 的结果. 如果 $f = 0$, (3.15) 为调和函数梯度界 (2.31) 提供了一个 (本质上) 独立的证明.

从 (3.15) 我们推断出在任一区域 Ω 中 $\Delta u = f$ 的有界解 u 满足估计

$$\sup_\Omega d_x |Du(x)| \leqslant C(\sup_\Omega |u| + \sup_\Omega d_x^2 |f(x)|), \tag{3.16}$$

其中 $d_x = \operatorname{dist}(x, \partial\Omega), C = C(n)$. 因为如果 $x \in \Omega$, 并且 Q 是一个中心在 x、边长为 $d = d_x/\sqrt{n}$ 的立方体, 则从 (3.15) 就有不等式

$$\begin{aligned} d_x |Du(x)| &\leqslant C(\sup_{\partial Q} |u| + d^2 \sup_Q |f|) \\ &\leqslant C(\sup_\Omega |u| + \sup_\Omega d_y^2 |f(y)|). \end{aligned}$$

(这里我们用同一字母 C 表示仅依赖于 n 的常数.)

在如上的同样一般情形下, 我们现在用类似的比较论证来导出 Poisson 方程解的梯度连续模的估计.

仍设 $u \in C^2(Q) \cap C^0(\overline{Q})$ 是立方体 Q 中 $\Delta u = f$ 的一个解, 令 $M = \sup_Q |u|, N = \sup_Q |f|$. 设 Q' 是 $\mathbb{R}^{n+1}$ 中的一个区域, 由下式定义:

$$Q' = \{(x_1, \ldots, x_{n-1}, y, z) | |x_1| < d/2, i = 1, \ldots, n-1, \quad 0 < y, z < d/4\},$$

并设在 Q' 中定义函数

$$\varphi(x', y, z) = \frac{1}{4}[u(x', y+z) - u(x', y-z) - u(x', -y+z) + u(x', -y-z)].$$

引进 $n+1$ 个变量 $x_1, \ldots, x_{n-1}, y, z$ 的椭圆型算子

$$L \equiv \sum_{i=1}^{n-1} \frac{\partial^2}{\partial x_i^2} + \frac{1}{2}\frac{\partial^2}{\partial y^2} + \frac{1}{2}\frac{\partial^2}{\partial z^2},$$

我们看到在 Q' 中 $|L\varphi| \leqslant N$. 在 Q' 上我们还有: (i) $\varphi(x', 0, z) = \varphi(x', y, 0) = 0$; (ii) 在 $|x_i| = d/2$ $(i = 1, \ldots, n-1)$ 上 $|\varphi| \leqslant M$; (iii) $|\varphi(x', d/4, z)| \leqslant \mu z$ 和

$|\varphi(x',y,d/4)| \leqslant \mu y$, 其中, 在 Q' 中 $|Du| \leqslant \mu, \mu$ 是根据 (3.16) 用 M 和 N 给出. 现在在 Q' 中选择一个比较函数, 其形式为

$$\psi(x',y,z) = \frac{4M|x'|^2}{d^2} + \frac{4\mu}{d}yz + kyz\log\frac{2d}{y+z}, \tag{3.17}$$

其中 k 是待定的正常数. 我们首先观察到在 $\partial Q'$ 上 $|\varphi| \leqslant \psi$. 因为

$$L\psi = \frac{8(n-1)}{d^2}M + k\left(-1 + \frac{yz}{(y+z)^2}\right) \leqslant \frac{8(n-1)M}{d^2} - \frac{3}{4}k,$$

我们知道只要

$$k \geqslant \frac{4}{3}(N + 8(n-1)M/d^2),$$

就有 $L\psi \leqslant -N$.

对于这样选择的 k, 函数

$$\psi(x',y,z) = \frac{4M|x'|^2}{d^2} + yz\left(\frac{4\mu}{d} + k\log\frac{2d}{y+z}\right)$$

满足条件: 在 Q' 中 $L(\psi \pm \varphi) \leqslant 0$, 在 $\partial Q'$ 上 $\psi \pm \varphi \geqslant 0$. 因此在 Q' 中 $|\varphi| \leqslant \psi$. 在这个不等式中令 $x' = 0$, 然后除以 z 并令 z 趋于零, 得到

$$\begin{aligned}\frac{1}{2}|u_y(0,y) - u_y(0,-y)| &= \lim_{z\to 0}\frac{|\varphi(0,y,z)|}{z} \\ &\leqslant \frac{4\mu}{d}y + ky\log\frac{2d}{y}.\end{aligned} \tag{3.18}$$

稍稍修改一下论证就能够对 $|D_iu(0,x_n) - D_iu(0,-x_n)|$ 导出类似的估计 (其中 $D_i = \partial/\partial x_i, i = 1,\ldots,n-1$). 我们定义

$$\varphi(\hat{x},y,z) = \frac{1}{4}[u(\hat{x},y,z) - u(\hat{x},-y,z) - u(\hat{x},y,-z) + u(\hat{x},-y,-z)],$$

其中 $\hat{x} = (x_1,\ldots,x_{n-2})$. 在区域

$$Q' = \{(x_1,\ldots,x_{n-2},y,z)||x_i| < d/2, i = 1,\ldots,n-2, 0 < y,z < d/2\}$$

中, 我们选择一个类似于 (3.17) 的比较函数, 其形式为

$$\psi(\hat{x},y,z) = \frac{4M|\hat{x}|^2}{d^2} + yz\left(\frac{4\mu}{d} + \overline{k}\log\frac{2d}{y+z}\right),$$

其中 μ 和 $\overline{k}$ 是常数, 使得在 Q' 中成立 $|Du| \leqslant \mu$ 和

$$\overline{k} \geqslant \frac{2}{3}[N + 8(n-2)M/d^3].$$

容易验证在 Q' 中 $\Delta(\psi \pm \varphi) \leqslant 0$, 在 $\partial Q'$ 上 $\psi \pm \varphi \geqslant 0$, 从它们推得, 在 Q' 中 $|\varphi| \leqslant \psi$. 如同上面一样, 如果在这个不等式中置 $\hat{x} = 0$, 然后除以 y 并令 y 趋于零, 就得到

$$\begin{aligned}\frac{1}{2}|D_{n-1}u(0,z) - D_{n-1}u(0,-z)| &= \lim_{y\to 0}\frac{|\varphi(0,y,z)|}{y} \\ &\leqslant \frac{4\mu}{d}z + \overline{k}z\log\frac{2d}{z}.\end{aligned} \tag{3.19}$$

如果用 $D_i\ (i = 1, \ldots, n-2)$ 代替 D_{n-1}, 可得相同结果. 我们注意与 (3.18) 的论证不同, (3.19) 的证明不需要引进 $\mathbb{R}^{n+1}$ 中的一个算子.

现在如果在 $\mathbb{R}^n$ 的区域 Ω 中 $\Delta u = f$, 我们就能从 (3.18) 和 (3.19) 得到 $|Du(x) - Du(y)|$ 的一个估计, 其中 x 和 y 是 Ω 的任何两点. 设

$$d_x = \operatorname{dist}(x, \partial\Omega), \quad d_y = \operatorname{dist}(y, \partial\Omega),$$

并且 $d_{x,y} = \min(d_x, d_y)$. 假设 $d_x \leqslant d_y$ 因而 $d_x = d_{x,y}$. 首先假设

$$|x-y| \leqslant d = d_x/2\sqrt{n},$$

并考虑连接 x 和 y 的线段. 取这个线段的中点作为原点并旋转坐标轴使得 x 和 y 位于 x_n 轴上, 它们在新坐标系中是 $x = (0, x_n), y = (0, -x_n)$. 立方体 $Q = \{(x_1, \ldots, x_n) | |x_i| < d, i = 1, \ldots, n\}$ 位于 Ω 中, 它到 $\partial\Omega$ 的距离大于 $d_x/2$. 在 Q 中可以直接应用 (3.16), (3.18) 和 (3.19) 得到对某个常数 $C = C(n)$ 有

$$d^2\frac{|Du(x) - Du(y)|}{|x-y|} \leqslant C(\sup_Q |u| + d^2\sup_Q |f|)\log\frac{2d}{|x-y|}.$$

因此

$$d_{x,y}^2\frac{|Du(x) - Du(y)|}{|x-y|} \leqslant C(\sup_\Omega |u| + \sup_\Omega d_x^2|f(x)|)\log\frac{d_{x,y}}{|x-y|}.$$

如果 x, y 是 Ω 中使得 $|x-y| > d$ 的点, 则从 (3.16) 有

$$d_{x,y}^2\frac{|Du(x) - Du(y)|}{|x-y|} \leqslant C(\sup_\Omega |u| + \sup_\Omega d_x^2|f(x)|).$$

合并这些结果, 我们就得到

$$d_{x,y}^2\frac{|Du(x) - Du(y)|}{|x-y|} \leqslant C(\sup_\Omega |u| + \sup_\Omega d_x^2|f(x)|)\left(\left|\log\frac{d_{x,y}}{|x-y|}\right| + 1\right),$$

其中 C 是仅依赖于 n 的常数.

前面的结果汇总在如下的定理中.

定理 3.9 设 $u \in C^2(\Omega)$ 在 Ω 中满足 Poisson 方程 $\Delta u = f$. 那么

$$\sup_\Omega d_x |Du(x)| \leqslant C(\sup_\Omega |u| + \sup_\Omega d_x^2 |f(x)|),$$

而对 Ω 中所有的 x, y $(x \neq y)$, 有

$$d_{x,y}^2 \frac{|Du(x) - Du(y)|}{|x - y|} \leqslant C(\sup_\Omega |u| + \sup_\Omega d_x^2 |f(x)|) \left(\left| \log \frac{d_{x,y}}{|x-y|} \right| + 1 \right), \tag{3.20}$$

其中 $C = C(n), d_x = \operatorname{dist}(x, \partial\Omega), d_{x,y} = \min(d_x, d_y)$.

尽管它的证明有初等的特性, 这个定理实质上却是很强的, 除非对 f 作进一步的连续性假设, 否则估计 (3.20) 是不能改进的. 假如 f 有界, 则对第 8 章意义下的弱解, 定理 3.9 也成立 (见习题 8.4).

对于 Hölder 连续的 f, 上面结果的推广在第 4 章中是用其他方法处理的, 虽然使用本节的比较方法也能得到这些推广 (见 [BR1, 2]).

3.5. Harnack 不等式

最大值原理为两个变量的一致椭圆型方程的一般 Harnack 不等式提供了一个初等的证明. 设 $D_\rho = D_\rho(0)$ 表示中心在原点、半径为 ρ 的开圆域, 我们以下述形式叙述这个结果.

定理 3.10 设 u 是

$$Lu = au_{xx} + 2bu_{xy} + cu_{yy} = 0$$

在圆域 D_R 中的一个非负 C^2 解, 并设 L 在 D_R 中是一致椭圆型的. 则在所有的点 $z = (x, y) \in D_{R/4}$ 上, 我们有不等式

$$Ku(0) \leqslant u(z) \leqslant K^{-1} u(0), \tag{3.21}$$

其中 K 是一个仅依赖于椭圆模数 $\mu = \sup_D \Lambda/\lambda$ 的常数.

证明 我们首先指出, 因为方程 $Lu = 0$ 和模数 μ 在相似变换下是不变量, 故只需在单位圆域 $D = D_1$ 中证明这个定理就够了. 因为在 D 中 $u \geqslant 0$, 强最大值原理 (定理 3.5) 蕴涵或者 $u \equiv 0$, 或者在 D 中 $u > 0$. 于是假设是后者就够了. 考虑在 D 中的集合 G, 其中 $u > u(0)/2$, 并设 $G' \subset G$ 是包含 0 的部分. 从最大值原理可以看出 $\partial G' \cap \partial D$ 非空, 因此不失一般性可假设点 $Q = (0, 1)$ 在 $\partial G'$ 中. 用

$$v_\pm(x, y) = \pm x + \frac{3}{4} - k\left(y - \frac{1}{2}\right)^2$$

定义函数 v_+ 与 v_-, 其中 k 是一个正常数. 抛物线 $\Gamma_\pm : v_\pm = 0$ 在 D 中有顶点 $\left(\mp\frac{3}{4}, \frac{1}{2}\right)$ 和公共轴 $y = \frac{1}{2}$. 如果 k 是充分大 ($k \geqslant 3$ 就够了), 在 D 中使 $v_\pm > 0$ 的区域 $P_\pm$ 有交 $P_+ \cap P_-$, 它由弧 Γ_+, Γ_- 所围成, 全部位于 D 的上半部分内 (见图 1). 在 $P_\pm$ 中, 函数 $v_\pm$ 显然满足不等式 $0 < v_\pm < \frac{7}{4}$.

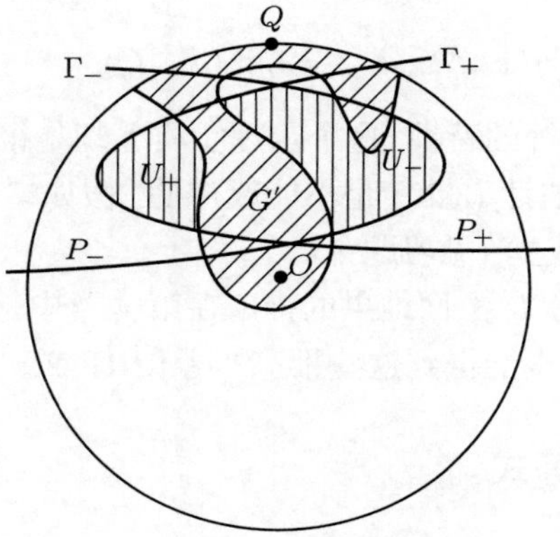

图 1

令 $E_\pm = \exp(\alpha v_\pm)$, 其中 α 是一个待定正常数, 经直接计算发现在 D 中, 如果 $\alpha \geqslant 2k\mu$, 就有

$$\begin{aligned} LE_\pm &= E_\pm \left\{ \alpha^2 \left[a \mp 4bk \left(y - \frac{1}{2} \right) + 4ck^2 \left(y - \frac{1}{2} \right)^2 \right] - 2\alpha kc \right\} \\ &\geqslant E_\pm(\alpha^2\lambda - 2\alpha k\Lambda) \geqslant 0. \end{aligned}$$

所以, 对如此选取的 α, 函数

$$w_\pm = (E_\pm - 1)/(e^{7\alpha/4} - 1) \tag{3.22}$$

具有性质:

$$\text{在 } D \text{ 中 } Lw_\pm \geqslant 0, \quad \text{在 } \Gamma_\pm \text{ 上 } w_\pm = 0, \quad \text{在 } P_\pm \text{ 中 } 0 < w_\pm < 1.$$

现在设 z 是 $P_+ \cap P_-$ 中的任一点. 于是或者 (i) $u \geqslant u(0)/2$ 和 $z \in \overline{G}$, 或者 (ii) z 位于 $P_+ - \overline{G}$ 的一部分 U_+ 中, 使得 $\partial U_+ \subset \Gamma_+ \cup \partial G$; 或者 (iii) z 位于 $P_- - G$ 的一部分 U_- 中, 使得 $\partial U_- \subset \Gamma_- \cup \partial G$ (见图 1). 这些是仅有的选择, 因为或者 $P_+ \cap P_- \subset G'$, 或者 $\partial G'$ 分离 $P_+ \cup P_-$. (二维性的使用在这里是本质的.)

在情形 (ii) 和 (iii) 中, 我们有

$$\begin{aligned} &u-\frac{1}{2}u(0)w_{\pm}=\frac{1}{2}u(0)(1-w_{\pm})>0 \quad (\text{在 } \partial G\cap\partial U_{\pm} \text{ 上}),\\ &u-\frac{1}{2}u(0)w_{\pm}=u>0 \qquad\qquad\qquad\quad (\text{在 } \Gamma_{\pm}\cap\partial U_{\pm} \text{ 上}). \end{aligned}$$

这样一来, 在 $\partial U_{\pm}$ 上 $u-\frac{1}{2}u(0)w_{\pm}>0$. 因为 $L\left(u-\frac{1}{2}u(0)w_{\pm}\right)\leqslant 0$, 我们推断出

$$u(z)>\frac{1}{2}u(0)\min(w_{+}(z),w_{-}(z)),\quad \forall z\in P_{+}\cap P_{-}.$$

特别, 在线段 $y=\frac{1}{2},|x|\leqslant\frac{1}{2}$ 上, 我们有

$$u\left(x,\frac{1}{2}\right)>K_1u(0),\quad \forall x\in\left[-\frac{1}{2},\frac{1}{2}\right], \tag{3.23}$$

其中

$$\begin{aligned} K_1&=\frac{1}{2}(e^{\alpha/4}-1)(e^{7\alpha/4}-1)\\ &=\frac{1}{2}\inf_{|x|\leqslant 1/2}\left[w_{+}\left(x,\frac{1}{2}\right),w_{-}\left(x,\frac{1}{2}\right)\right]. \end{aligned}$$

现在我们定义另一个类似于 (3.22) 的比较函数. 即, 令 $v=y+1-6x^2$, 考虑区域

$$P=\left\{(x,y)\in D\,\middle|\,v(x,y)>0,y<\frac{1}{2}\right\}.$$

P 由线段 $y=\frac{1}{2},|x|\leqslant\frac{1}{2}$ 以及具有顶点 $(0,-1)$ 并通过点 $\left(\pm\frac{1}{2},\frac{1}{2}\right)$ 的抛物线 $v=0$ 的弧 Γ 所围成. 如前, 适当选取仅依赖于 μ 的 $\beta>0$, 函数

$$w=(e^{\beta v}-1)/(e^{3\beta/2}-1)$$

具有性质:

$$\text{在 } D \text{ 中 } Lw\geqslant 0;\quad \text{在 } \Gamma \text{ 上 } w=0;\quad \text{在 } P \text{ 中 } 0<w<1.$$

从 (3.23) 得到: 在 ∂P 上 $u-K_1u(0)w>0$, 又因 $L(u-K_1u(0)w)\leqslant 0$, 从最大值原理就得到

$$u(z)>K_1u(0)w(z),\quad \forall z\in P.$$

注意到 $D_{1/3}\subset P$, 并令 $K_2=\inf\limits_{D_{1/3}}w$, 就得到

$$u(z)>K_1K_2u(0)=Ku(0),\quad \forall z\in D_{1/3}. \tag{3.24}$$

显然 K 仅依赖于 μ.

现在如果 $z\in D_{1/4}$, 圆域 $D_{3/4}(z)$ 包含在 D 中, 把不等式 (3.24) 应用于圆域 $D_{1/4}(z)$, 就推出

$$u(0)>Ku(z),\quad \forall z\in D_{1/4}.$$

把这个不等式与 (3.24) 结合起来, 我们得到

$$Ku(0)<u(z)<K^{-1}u(0),\quad \forall z\in D_{1/4}.$$ □

从 (3.21) 直接得到

$$\sup_{D_{R/4}} u\leqslant \kappa \inf_{D_{R/4}} u, \tag{3.25}$$

其中 $\kappa=1/K^2$. 使用定理 2.5 中的同样链式论证, 对于 $\mathbb{R}^2$ 中任意区域, 我们得到下面的 Harnack 不等式.

推论 3.11 设在区域 $\Omega\subset\mathbb{R}^2$ 中定理 3.10 的假设成立. 则对任一有界子区域 $\Omega'\subset\subset\Omega$, 存在一个仅依赖于 Ω,Ω' 和 μ 的常数 κ, 使得

$$\sup_{\Omega'} u\leqslant \kappa\inf_{\Omega'} u. \tag{3.26}$$

如果我们考虑更一般的椭圆型方程

$$Lu=a^{ij}D_{ij}u+b^iD_iu+cu=0,\quad c\leqslant 0, i,j=1,2, \tag{3.27}$$

其中算子 L 的系数有界并且 $\lambda\geqslant\lambda_0>0$, 定理 3.10 的证明在单位圆域 D 中 (稍加修改) 仍然有效; 结论仍然相同, 但是现在常数 K 依赖于系数在 D 中的界以及 μ. 因此, 在叙述半径为 R 的圆域中的类似结果时, 常数 K 除依赖其他量之外将依赖于 R (见习题 3.4).

作为 Harnack 不等式 (3.21) 的推论, 有下面的 Liouville 定理.

推论 3.12 如果方程 $Lu=au_{xx}+2bu_{xy}+cu_{yy}=0$ 在 $\mathbb{R}^2$ 中是一致椭圆型的, u 是一个下 (或上) 有界的解, 在全平面上有定义, 那么 u 是常数.

证明 假设 $\inf u=0$, 因而对任意 $\varepsilon>0$, 某一 z_0, 有 $u(z_0)<\varepsilon$. 在每个 disc$D_{2R}(z_0)$ 中, 由 (3.21) 知对所有 $z\in D_R(z_0)$ 有 $u(z)<K\varepsilon$. 因为 K 为独立于 R 的常数, 对所有 $z\in\mathbb{R}^2$ 有 $u(z)<K\varepsilon$, 令 $\varepsilon\to 0$ 即得结论. □

在第 9 章有 Harnack 不等式 (定理 3.10) 证明的延伸和推论 3.12 的高维情形. 其他 Harnack 不等式, 离散形式的方程与一些重要应用见第 8 和 13 章.

3.6. 散度形式的算子

我们简短地考查一下散度形式的算子的情形来结束本章. 在很多情形下考虑这些算子比考虑形式为 (3.1) 的算子更为自然. 最简单的这种情形是

$$Lu = D_j(a^{ij} D_i u). \tag{3.28}$$

较后将有必要考虑主部是散度形式的更一般的算子. L 在 Ω 中称为椭圆型的, 如果对所有的 $x \in \Omega$, 系数矩阵 $[a^{ij}(x)]$ 是正定的.

显然, 当系数 a^{ij} 充分光滑时, 有关最大值原理的一些结果同样能很好地应用于算子 (3.28). 然而, 当情形不是这样时, 或者, 像在非线性问题中那样, 当作出有关系数光滑性的定量假设 (例如, 它们的导数有界), 常常是不适宜的时候, 本章中前面部分本质上是代数的方法就不能应用, 而必须用积分方法来代替, 后者对于 L 的散度结构更为自然.

对于方程 $Lu = 0$, 如果系数和函数 u 所属的类型比之 (3.28) 中形式上所允许的那些更为广泛, 则 $Lu = 0$ 的解 (下解, 上解) 所满足的关系式 $Lu = 0$ ($\geqslant 0, \leqslant 0$) 仍可定义. 这样, 如果系数 a^{ij} 有界可测, 并且 $u \in C^1(\Omega)$, 那么, 在广义意义下, 如果

$$\int_\Omega a^{ij}(x) D_i u D_j \varphi dx = 0 \quad (\leqslant 0, \geqslant 0) \tag{3.29}$$

对所有非负的函数 $\varphi \in C_0^1(\Omega)$ 成立, 就称 u 在 Ω 中满足 $Lu = 0$ ($\geqslant 0, \leqslant 0$). 应用散度定理容易看出: 当 $a^{ij} \in C^1(\Omega)$ 和 $u \in C^2(\Omega)$ 时, 这等价于 $Lu = 0$ ($\geqslant 0, \leqslant 0$). 在以后各章中将对更广泛更合适的函数空间来定义广义解.

弱最大值原理是 (3.29) 的一个直接推论. 因为设 u 对所有 $\varphi \in C_0^1(\Omega), \varphi \geqslant 0$ 满足

$$\int_\Omega a^{ij} D_i u D_j \varphi dx \leqslant 0, \tag{3.30}$$

并设和我们的断言相反, 有 $\sup\limits_\Omega u > \sup\limits_{\partial\Omega} u = u_0$, 那么, 对某常数 $c > 0$, 存在一个子区域 $\Omega' \subset\subset \Omega$, 在其中 $v = u - u_0 - c > 0$, 而在 $\partial\Omega'$ 上 $v = 0$. 关系式 (3.30) 在用 v 代替 u 并对在 Ω' 中 $\varphi = v$、在别处 $\varphi = 0$ 的 φ 仍然正确. (如定义的 $\varphi \notin C_0^1(\Omega)$, 但是用 $C_0^1(\Omega)$ 中的函数去逼近这个 φ 时就能够看出 (3.30) 成立.) 由此得到

$$\int_{\Omega'} a^{ij} D_i v D_j v dx \leqslant 0,$$

并且因为 $[a^{ij}]$ 是正定的, 因此我们推出在 Ω' 中 $Dv = 0$. 因为在 $\partial\Omega'$ 上 $v = 0$, 我们得到在 Ω' 中 $v = 0$. 这与 v 的定义矛盾. 这就建立了弱最大值原理.

对于散度结构算子, 较强的和更一般的最大值原理将在后面几章中介绍. 除了已经提到的这两类算子处理方法上的差别之外, 还应当注意到当系数具有弱光滑性条件时, 对于算子 (3.1) 和 (3.28), 与最大值原理有关的结果常常也是不同的. 例如, 对散度形式 (3.28) 的一致椭圆型算子, 甚至当系数在内部任意光滑并且连续到边界时引理 3.4 也未必是正确的 (见习题 3.9).

评注

在这里所证明的边界点引理 (引理 3.4) 是属于 Hopf [HO5] 的; 仅在比较函数的选择上有所不同的一个独立的证明已由 Oleinik [OL] 得到. 若 $\partial\Omega$ 有 Dini 连续法线, 当系数满足同样的假设时, 结果仍然有效 [KH]. [ND] 提供了在一类包括 Lipschitz 域在内的域上 Neumann 问题的唯一性证明. 一般来说, 对于散度形式的严格一致椭圆型方程, 即使系数在边界点上连续, 引理 3.4 也是不正确的 (见习题 3.9), 但是如果系数在一个邻域中 Hölder 连续, 它就是正确的 (Finn-Gilbarg [FG1]).

对于满足内部锥条件而不是内部球条件的区域, 与引理 3.4 相类似的结果已由 Oddson [OD] 和 Miller [ML1, 3] 得到. 他们证明了 (3.11) 和更精确的结果: 用 $|x-x_0|^\mu$ 代替 $|x-x_0|$, 指数 μ 仅依赖于锥角和椭圆性常数 (这里向量 $x-x_0$ 位于在 x_0 所假定的内部锥的一个固定子锥的内部). 这些本质上强的结果基于 Pucci [PU2] 的极值椭圆型算子 (extremal elliptic operator).

在定理 3.5 的一般性下的最大值原理首先是由 Hopf [HO1] 证明的. 在更多限制的假设下更早的结果可参考 [PW], p. 156, 其中也讨论了最大值原理的各种各样的扩充, 在第 8 章和第 9 章中研究了它们的某些结果.

3.4 节基于 Brandt [BR1, 2] 的想法, 他证明了二阶椭圆型和抛物型方程古典解的线性理论的许多结果, 包括第 4 章和第 6 章的能够从使用最大值原理的比较论证推导出来的更深刻的估计. 与 3.4 节中一样, 其方法需要适当 (一般来说不是显然的) 选择比较函数, 用它们去估计差商, 因此得到导数的估计.

Harnack 不等式 (定理 3.10) 和某些推广属于 Serrin [SE1]. 这似乎是用最大值原理的 Harnack 不等式的第一个证明. Bers 和 Nirenberg [BN] 用完全不同的较深的方法推导了很相似的结果.

Liouville 定理 (推论 3.12) 与非正曲率曲面上的 Bernstein 的一个几何定理有关 (见 [HO4]), 它蕴涵任一椭圆型方程 $au_{xx}+2bu_{xy}+cu_{yy}=0$ 的完全解 u 若在 $r\to\infty$ 时 $u=o(r)$, 则必是常数. 特别有趣的是: 方程仅需是逐点椭圆型的. 在这种一般性的情况下, 已有反例表明推论 3.12 失效. Bernstein 的结果也是基于最大值原理的, 但是论证十分不同, 并且更多是几何的.

习题

3.1. 设 L 在有界区域 Ω 中满足定理 3.6 的条件, 并设在 Ω 中 $Lu=0$.

(a) 设 $\partial\Omega = S_1 \cup S_2$ (S_1 非空), 并设在 S_2 的每点上满足内部球条件. 假设 $u \in C^2(\Omega)\cap C^1(\Omega\cup S_2)\cap C^0(\overline{\Omega})$ 满足混合边界条件

$$在\ S_1\ 上\ u=0, \quad 在\ S_2\ 上\ \sum \beta_i D_i u = 0,$$

其中向量 $\boldsymbol{\beta}(x)=(\beta_1(x),\dots,\beta_n(x))$ 在每一点 $x\in S_2$ 有一个非零法分量 (对内部球). 则 $u\equiv 0$.

(b) 设 $\partial\Omega$ 满足内部球条件, 并设 $u\in C^2(\Omega)\cap C^1(\overline{\Omega})$ 满足正则斜导数边界条件

$$在\ \partial\Omega\ 上\ \alpha(x)u+\sum \beta_i(x)D_i u = 0.$$

其中 $\alpha(\boldsymbol{\beta}\cdot\boldsymbol{\nu})>0, \boldsymbol{\nu}=$ 外法向. 则 $u\equiv 0$.

3.2. (a) 如果 L 是椭圆型的, 在区域 Ω 中 $Lu\geqslant 0$ ($\leqslant 0$) 及 $c<0$, 那么 u 不能取到内部正最大值 (负最小值). (关于系数 b^i 未做假设.)

(b) 如果在有界区域 Ω 中 L 是椭圆型的, $c<0$, 并且 $u\in C^2(\Omega)\cap C^0(\overline{\Omega})$ 在 Ω 中满足 $Lu=f$, 那么

$$\sup_{\Omega}|u| \leqslant \sup_{\partial\Omega}|u| + \sup_{\Omega}|f/c|.$$

3.3. 设在外部区域 $r>r_0$ 中 $Lu=au_{xx}+bu_{xy}+cu_{yy}=0, L$ 是一致椭圆型的. 证明如果 u 一方有界, 那么 u 当 $r\to\infty$ 时有极限 (可能是无穷) (参看 [GS]). [在扩张到无穷的适当环形区域中应用 Harnack 不等式.] 使用这个结果去证明 Liouville 定理 (推论 3.12).

3.4. 设 u 是

$$Lu \equiv a^{ij}D_{ij}u+b^iD_iu+cu=0, \quad c\leqslant 0, \quad i,j=1,2$$

的非负解, 其中 L 的系数满足不等式

$$\Lambda/\lambda \leqslant \mu, \quad |b^i/\lambda|, \quad |c/\lambda|\leqslant \nu \quad (\mu,\nu=\ 常数).$$

证明 Harnack 不等式 (3.21), 其中 $K=K(\mu,\nu)$, 以及推论 3.11, 其中 $\kappa=\kappa(\mu,\nu,\Omega,\Omega')$.

3.5. 假设在有孔的圆域 $D_0: 0<r<r_0$ 中, 习题 3.4 中关于 L 的条件都满足, 并设在 D_0 中 $Lu=0$. 证明如果 u 一方有界, 那么当 $r\to 0$ 时 u 有极限 (可能是无穷) (参看 [GS]).

3.6. 设 $u\in C^2(\Omega)\cap C^0(\overline{\Omega})$ 是

$$Lu\equiv a^{ij}D_{ij}u+b^iD_iu+cu=f, \quad c\leqslant 0$$

在 $\mathbb{R}^n$ 的有界 C^1 区域 Ω 中的一个解, 并且在 $x_0 \in \partial\Omega$ 满足 $\overline{B}_R(y) \cap \overline{\Omega} = x_0$ 时的外部球条件. 设 λ, Λ 是正常数使得

$$\begin{aligned}&a^{ij}(x)\xi_i\xi_j \geqslant \lambda|\xi|^2, \quad \forall x \in \Omega, \xi \in \mathbb{R}^n,\\ &|a^{ij}|, |b^j|, |c| \leqslant \Lambda.\end{aligned}$$

如果 $\varphi \in C^2(\overline{\Omega})$ 并且在 $\partial\Omega$ 上 $u = \varphi$, 证明 u 在 x_0 满足 Lipschitz 条件

$$|u(x) - u(x_0)| \leqslant K|x - x_0|, \quad x \in \Omega,$$

其中 $K = K(\lambda, \Lambda, R, \operatorname{diam}\Omega, \sup\limits_{\Omega}|f|, |\varphi|_{2;\Omega})$. 因此可断言当 $u \in C^1(\overline{\Omega})$ 并且 $\partial\Omega$ 充分光滑时 K 提供了 u 在 $\partial\Omega$ 上的梯度的界 (参看 [CH], p. 343). 如果 c 的符号未加限制, 证明: 只要 K 还依赖于 $\sup\limits_{\Omega}|u|$, 则同样的结果成立.

3.7. (a) 设前一习题中的算子 L 有在原点 Hölder 连续的系数 a^{ij}; 在 $|x| < r_0$ 中对某常数 K 有 $|a^{ij}(x) - a^{ij}(0)| \leqslant K|x|^{\alpha}, \alpha > 0$. 假设在有孔球 $0 < r \leqslant r_0$ 中 $Lu \geqslant 0$ $(c \equiv 0)$, 并设当 $r \to 0$ 时,

$$u = \begin{cases} o(\log r), & n = 2, \\ o(r^{2-n}), & n > 2, \end{cases}$$

试证明

$$\limsup_{x \to 0} u(x) \leqslant \sup_{|x| = r_0} u(x), \tag{3.31}$$

等式仅当 u 是常数时成立.

(b) 如果 $n > 2$, 证明若系数 a^{ij} 在 $x = 0$ 连续, 并当 $r \to 0$ 时对某一个 $\delta > 0, u = o(r^{2-n+\delta})$, 则 (a) 中的同样结果成立 (参看 [GS]).

3.8. 考虑方程

$$L_n u \equiv a^{ij} D_{ij} u = 0, \quad a^{ij} = \delta^{ij} + g(r)\frac{x_i x_j}{r^2}, \quad i, j = 1, \ldots, n. \tag{3.32}$$

证明 $L_n u = 0$ 有一个轴对称解 $u = u(r), r \neq 0$, 它满足常微分方程

$$\frac{u''}{u'} = \frac{1 - n}{r(1 + g)}.$$

(a) 如果 $n = 2$, 并且 $g(r) = -2/(2 + \log r)$, 证明方程 (3.32) 在圆域 $D: 0 \leqslant r \leqslant r_0 = e^{-3}$ 中是一致椭圆型的, 在原点有连续的系数, 并且在有孔圆域 $D - \{0\}$ 中具有不满足 (3.31) 的有界解 $a + b/\log r$.

(b) 如果 $n > 2$, 并且 $g(r) = -[1 + (n-1)\log r]^{-1}$, 证明 (3.32) 在 $0 \leqslant r \leqslant r_0 = e^{-1}$ 中是一致椭圆型的, 并且在原点有连续系数. 证明对应的解 $u = u(r)$ 满足条件: 当 $r \to 0$ 时 $u = o(r^{2-n})$, 但不满足 (3.31).

(c) 如果 $n > 2$, 确定一个函数 $g(r)$ 使得 (3.32) 是一致椭圆型的, 并且有一个在 $r = 0$ 连续的但不满足 (3.31) 的有界解.

3.9. 设 $w = z\exp[-(\log(1/|z|))^{1/2}]$, 考虑关系式 $w_{\bar{z}} = \nu(z)w_z$, 其中

$$\frac{\partial}{\partial z} = \frac{1}{2}\left(\frac{\partial}{\partial x} - i\frac{\partial}{\partial y}\right), \quad \frac{\partial}{\partial \bar{z}} = \frac{1}{2}\left(\frac{\partial}{\partial x} + i\frac{\partial}{\partial y}\right).$$

证明 $u = \operatorname{Re} w = x\exp[-(\log(1/r))^{1/2}]$ 满足散度形式的一致椭圆型方程

$$(au_x + bu_y)_x + (bu_x + cu_y)_y = 0,$$

其中的系数, 在原点 $a \to 1, b \to 0, c \to 1$, 在 $0 < r < 1$ 是正则的. 注意 $u(0,0) = 0$, 当 $x > 0$ 时 $u(x,y) > 0$ 并且 $u_x(0,0) = 0$. 与引理 3.4 进行比较.

3.10. 设 L 是习题 3.6 中的算子, 但是没有任何关于系数 c 的符号的条件. 假设存在一个函数 v, 使得在 Ω 内 $v > 0$, 并且 $Lv \leqslant 0$. 那么, 如果 $Lu \geqslant 0$, 证明函数 $w = u/v$ 在 Ω 内不能达到非负最大值, 除非它是常数.

第 4 章　Poisson 方程和 Newton 位势

在第 2 章中我们引进了 Laplace 方程的基本解 Γ, 由下式给出:

$$\Gamma(x-y)=\Gamma(|x-y|)=\begin{cases}\dfrac{1}{n(2-n)\omega_n}|x-y|^{2-n}, & n>2,\\ \dfrac{1}{2\pi}\log|x-y|, & n=2.\end{cases} \tag{4.1}$$

对于区域 Ω 上一个可积函数 f, f 的 Newton 位势是 $\mathbb{R}^n$ 上由下式定义的函数 w:

$$w(x)=\int_\Omega \Gamma(x-y)f(y)dy. \tag{4.2}$$

从 Green 表示公式 (2.16) 我们看到, 当 $\partial\Omega$ 充分光滑时, 一个 $C^2(\overline{\Omega})$ 函数可以表示为一个调和函数和它的 Laplace 的 Newton 位势之和, 因此毫不奇怪, 通过 f 的 Newton 位势的研究能够充分实现 Poisson 方程 $\Delta u=f$ 的研究. 本章主要从事 Newton 位势的导数估计, 除了导出 Poisson 方程古典 Dirichlet 问题的存在定理之外, 这些估计构成了第 6 章中讨论的线性椭圆型方程的 Schauder 方法或位势理论方法的基础.

4.1. Hölder 连续性

如果 (4.2) 中的函数 f 属于 $C_0^\infty(\Omega)$, 记

$$\begin{aligned}w(x)&=\int_\Omega \Gamma(x-y)f(y)dy=\int_{\mathbb{R}^n}\Gamma(x-y)f(y)dy\\&=\int_{\mathbb{R}^n}\Gamma(z)f(x-z)dz,\end{aligned}$$

我们看出函数 w 属于 $C^\infty(\overline{\Omega})$. 另一方面, 如果只假设 f 连续, Newton 位势 w 就不一定二次可微. 人们发现便于研究的一类函数 f 就是 Hölder 连续函数类, 我们现在来介绍它.

设 x_0 是 $\mathbb{R}^n$ 中的一点, 而 f 是定义在包含 x_0 的有界区域 D 上的一个函数. 假设 $0<\alpha<1$, 我们称 f 在 x_0 具有指数 α 的 Hölder 连续性, 如果等式

$$[f]_{\alpha;x_0} = \sup_D \frac{|f(x)-f(x_0)|}{|x-x_0|^\alpha} \tag{4.3}$$

是有限的. 我们称 $[f]_{\alpha;x_0}$ 是 f 关于 D 在 x_0 的 α-Hölder 系数. 显然, 如果 f 在 x_0 Hölder 连续, 那么 f 在 x_0 连续, 当 (4.3) 对 $\alpha=1$ 为有限时, 则称 f 在 x_0 Lipschitz 连续.

例 函数 f 在 $B_1(0)$ 上由 $f(x)=|x|^\beta, 0<\beta<1$ 给出, 在 $x=0$ 具有指数 β 的 Hölder 连续性, 当 $\beta=1$ 时 Lipschitz 连续.

Hölder 连续的概念不难推广到整个 D 上 (不必有界). 我们称 f 在 D 中具有指数 α 的 Hölder 连续性, 如果量

$$[f]_{\alpha;D} = \sup_{\substack{x,y\in D\\ x\neq y}} \frac{|f(x)-f(y)|}{|x-y|^\alpha}, \quad 0<\alpha\leqslant 1 \tag{4.4}$$

是有限的; 称 f 在 D 中具有指数 α 的局部 Hölder 连续性, 如果 f 在 D 的紧子集上具有指数 α 的 Hölder 连续性. 如果 D 是紧的, 这两个概念显然一致. 而且, 请注意, 局部 Hölder 连续性是比紧子集中逐点 Hölder 连续性更强的性质. 一个局部 Hölder 连续的函数, 假如它也在 D 中有界, 它在 D 中将是逐点 Hölder 连续的.

Hölder 连续性原来是连续性的一个定量的尺度, 特别适合于偏微分方程的研究. 在某种意义下, 可以把它看成是分数次可微性. 这暗示着把熟知的可微函数空间的自然放宽. 设 Ω 是 $\mathbb{R}^n$ 中的开集, k 是非负整数. 定义 Hölder 空间 $C^{k,\alpha}(\overline{\Omega})(C^{k,\alpha}(\Omega))$ 是 $C^k(\overline{\Omega})(C^k(\Omega))$ 的一个子空间, 它由 k 阶偏导数在 Ω 中具有指数 α 的 Hölder 连续性 (局部 Hölder 连续性) 的函数构成. 为了简单起见我们记

$$C^{0,\alpha}(\Omega)=C^\alpha(\Omega), \quad C^{0,\alpha}(\overline{\Omega})=C^\alpha(\overline{\Omega}),$$

无论什么时候, 用到这个记号时 α 都理解为 $0<\alpha<1$, 除非另外声明.

同样, 令

$$C^{k,0}(\Omega)=C^k(\Omega), \quad C^{k,0}(\overline{\Omega})=C^k(\overline{\Omega}),$$

对于 $0 \leqslant \alpha \leqslant 1$, 我们就可以把 $C^k(\Omega)(C^k(\overline{\Omega}))$ 空间包括在 $C^{k,\alpha}(\Omega)(C^{k,\alpha}(\overline{\Omega}))$ 空间之中. 我们也用 $C_0^{k,\alpha}(\Omega)$ 表示在 $C^{k,\alpha}(\Omega)$ 上的在 Ω 中具有紧支集的函数的空间.

我们令

$$\begin{aligned} [u]_{k,0;\Omega} &= |D^k u|_{0;\Omega} = \sup_{|\beta|=k} \sup_{\Omega} |D^\beta u|, \quad k = 0,1,2,\ldots, \\ [u]_{k,\alpha;\Omega} &= [D^k u]_{\alpha;\Omega} = \sup_{|\beta|=k} [D^\beta u]_{\alpha;\Omega}. \end{aligned} \tag{4.5}$$

用这些拟范数能够分别定义空间 $C^k(\overline{\Omega})$ 和 $C^{k,\alpha}(\overline{\Omega})$ 上的有关范数

$$\begin{aligned} \|u\|_{C^k(\overline{\Omega})} &= |u|_{k;\Omega} = |u|_{k,0;\Omega} = \sum_{j=0}^{k} [u]_{j,0;\Omega} = \sum_{j=0}^{k} |D^j u|_{0;\Omega}, \\ \|u\|_{C^{k,\alpha}(\overline{\Omega})} &= |u|_{k,\alpha;\Omega} = |u|_{k;\Omega} + [u]_{k,\alpha;\Omega} = |u|_{k;\Omega} + [D^k u]_{\alpha;\Omega}. \end{aligned} \tag{4.6}$$

在 $C^k(\overline{\Omega}), C^{k,\alpha}(\overline{\Omega})$ 上引进非量纲的范数有时是有用的, 特别在本章. 如果 Ω 有界, $d = \operatorname{diam}\Omega$, 我们令

$$\begin{aligned} \|u\|'_{C^k(\overline{\Omega})} &= |u|'_{k;\Omega} = \sum_{j=0}^{k} d^j [u]_{j,0;\Omega} = \sum_{j=0}^{k} d^j |D^j u|_{0;\Omega}; \\ \|u\|'_{C^{k,\alpha}(\overline{\Omega})} &= |u|'_{k,\alpha;\Omega} = |u|'_{k;\Omega} + d^{k+\alpha}[u]_{k,\alpha;\Omega} \\ &= |u|'_{k;\Omega} + d^{k+\alpha}[D^k u]_{\alpha;\Omega}. \end{aligned} \tag{4.6$'$}$$

空间 $C^k(\overline{\Omega})$, $C^{k,\alpha}(\overline{\Omega})$ 在分别赋予相应的范数后是 Banach 空间 (见第 5 章).

这里我们指出, Hölder 连续函数之积仍然是 Hölder 连续的. 实际上, 如果 $u \in C^\alpha(\overline{\Omega}), v \in C^\beta(\overline{\Omega})$, 我们有 $uv \in C^\gamma(\overline{\Omega})$, 其中 $\gamma = \min(\alpha, \beta)$, 并且

$$\begin{aligned} \|uv\|_{C^\gamma(\overline{\Omega})} &\leqslant \max(1, d^{\alpha+\beta-2\gamma}) \|u\|_{C^\alpha(\overline{\Omega})} \|v\|_{C^\beta(\overline{\Omega})}; \\ \|uv\|'_{C^\gamma(\overline{\Omega})} &\leqslant \|u\|'_{C^\alpha(\overline{\Omega})} \|v\|'_{C^\beta(\overline{\Omega})}. \end{aligned} \tag{4.7}$$

对于本书中感兴趣的区域 Ω, 当 $k + \alpha < k' + \alpha'$ 时包含关系 $C^{k',\alpha'}(\overline{\Omega}) \subset C^{k,\alpha}(\overline{\Omega})$ 一定成立. 然而应当注意, 一般来说这样的关系是不真的, 例如, 考虑尖点区域

$$\Omega = \{(x,y) \in \mathbb{R}^2 | y < |x|^{1/2}, x^2 + y^2 < 1\};$$

并且对某个 $\beta, 1 < \beta < 2$, 设 $y > 0$ 时 $u(x,y) = (\operatorname{sgn} x) y^\beta, y \leqslant 0$ 时 $u(x,y) = 0$. 显然 $u \in C^1(\overline{\Omega})$. 然而, 如果 $1 > \alpha > \beta/2$, 容易看到 $u \notin C^\alpha(\overline{\Omega})$, 因此 $C^1(\overline{\Omega}) \not\subset C^\alpha(\overline{\Omega})$.

4.2. Poisson 方程的 Dirichlet 问题

我们证明: 如果 f 在有界区域 Ω 中有界且 Hölder 连续, 则 Poisson 方程的古典 Dirichlet 问题在 Laplace 方程可解的同样边界条件下 (定理 2.14) 可以求解. 首先我们需要有界区域中 Newton 位势的某些可微性结果.

在下面算子 D 总是关于变量 x 的.

引理 4.1 设 f 在 Ω 中有界可积, 并设 w 是 f 的 Newton 位势. 则 $w \in C^1(\mathbb{R}^n)$, 并且对任何 $x \in \Omega$,

$$D_i w(x) = \int_\Omega D_i \Gamma(x-y) f(y)dy, \quad i = 1, \ldots, n. \tag{4.8}$$

证明 由对 $D\Gamma$ 的估计 (2.14), 函数

$$v(x) = \int_\Omega D_i \Gamma(x-y) f(y)dy$$

有明确定义. 为证明 $v = D_i w$, 我们固定一个函数 $\eta \in C^1(\mathbb{R})$, 满足 $0 \leqslant \eta \leqslant 1, 0 \leqslant \eta' \leqslant 2$, 当 $t \leqslant 1$ 时 $\eta(t) = 0$, 当 $t \geqslant 2$ 时 $\eta(t) = 1$, 并对 $\varepsilon > 0$ 定义

$$w_\varepsilon(x) = \int_\Omega \Gamma \eta_\varepsilon f(y)dy, \quad \Gamma = \Gamma(x-y), \quad \eta_\varepsilon = \eta\left(\frac{|x-y|}{\varepsilon}\right).$$

显然 $w_\varepsilon \in C^1(\mathbb{R}^n)$, 并且

$$v(x) - D_i w_\varepsilon(x) = \int_{|x-y| \leqslant 2\varepsilon} D_i \left\{(1-\eta_\varepsilon)\Gamma\right\} f(y)dy,$$

所以

$$\begin{aligned} |v(x) - D_i w_\varepsilon(x)| &\leqslant \sup|f| \int_{|x-y|\leqslant 2\varepsilon} \left(|D_i\Gamma| + \frac{2}{\varepsilon}|\Gamma|\right) dy \\ &\leqslant \sup|f| \begin{cases} \dfrac{2n\varepsilon}{n-2}, & n > 2, \\ 4\varepsilon(1 + |\log 2\varepsilon|), & n = 2. \end{cases} \end{aligned}$$

从而当 $\varepsilon \to 0$ 时 w_ε 和 $D_i w_\varepsilon$ 分别在 $\mathbb{R}^n$ 中一致收敛到 w 和 v. 因此 $w \in C^1(\mathbb{R}^n)$ 和 $D_j w = v$. □

引理 4.2 设 f 在 Ω 中有界且局部 Hölder 连续 (具有指标 $\alpha \leqslant 1$), 又设 w 是 f 的 Newton 位势. 则 $w \in C^2(\Omega)$, 在 Ω 中 $\Delta w = f$, 并对任何 $x \in \Omega$,

$$\begin{aligned} D_{ij} w(x) = &\int_{\Omega_0} D_{ij}\Gamma(x-y)(f(y) - f(x))dy \\ &-f(x)\int_{\partial\Omega_0} D_i\Gamma(x-y)\nu_j(y)ds_y, \quad i, j = 1, \ldots, n; \end{aligned} \tag{4.9}$$

其中 Ω_0 是任一包含 Ω 的区域, 对于它, 散度定理成立, 并且 f 在 Ω 外边延拓为零.

证明 由对 $D^2\Gamma$ 的估计 (2.14) 和 f 在 Ω 中的逐点 Hölder 连续性, 函数

$$u(x) = \int_{\Omega_0} D_{ij}\Gamma(f(y) - f(x))dy - f(x)\int_{\partial\Omega_0} D_i\Gamma\nu_j(y)ds_y$$

有明确定义. 设 $v = D_i w$, 并对 $\varepsilon > 0$ 定义

$$v_\varepsilon(x) = \int_\Omega D_i\Gamma\eta_\varepsilon f(y)dy,$$

其中 η_ε 是在前面引理中引进的函数. 显然 $v_\varepsilon \in C^1(\Omega)$, 求微分, 假如 ε 充分小, 就得到

$$\begin{aligned} D_j v_\varepsilon(x) &= \int_\Omega D_j(D_i\Gamma\eta_\varepsilon)f(y)dy \\ &= \int_{\Omega_0} D_j(D_i\Gamma\eta_\varepsilon)(f(y) - f(x))dy \\ &\quad + f(x)\int_{\Omega_0} D_j(D_i\Gamma\eta_\varepsilon)dy \\ &= \int_{\Omega_0} D_j(D_i\Gamma\eta_\varepsilon)(f(y) - f(x))dy \\ &\quad - f(x)\int_{\partial\Omega_0} D_i\Gamma\nu_j(y)ds_y. \end{aligned}$$

因此, 相减, 假如 $2\varepsilon < \operatorname{dist}(x, \partial\Omega)$ 就得

$$\begin{aligned} &|u(x) - D_j v_\varepsilon(x)| \\ &= \left|\int_{|x-y|\leqslant 2\varepsilon} D_j\{(1-\eta_\varepsilon)D_i\Gamma\}(f(y) - f(x))dy\right| \\ &\leqslant [f]_{\alpha;x}\int_{|x-y|\leqslant 2\varepsilon}\left(|D_{ij}\Gamma| + \frac{2}{\varepsilon}|D_i\Gamma|\right)|x-y|^\alpha dy \\ &\leqslant \left(\frac{n}{\alpha} + 4\right)[f]_{\alpha;x}(2\varepsilon)^\alpha. \end{aligned}$$

从而 $D_j v_\varepsilon$ 在 Ω 的紧子集上当 $\varepsilon \to 0$ 时一致收敛到 u, 并且因为在 Ω 中 v_ε 一致收敛到 $v = D_i w$, 我们就得到 $w \in C^2(\Omega)$ 并且 $u = D_{ij}w$. 最后, 在 (4.9) 中令 $\Omega_0 = B_R(x)$, 对充分大的 R 有

$$\Delta w(x) = \frac{1}{n\omega_n R^{n-1}} f(x)\int_{|x-y|=R} \nu_i(y)\nu_i(y)ds_y = f(x). \qquad \square$$

从引理 4.1, 4.2 和定理 2.14, 我们现在能够得出

定理 4.3　设 Ω 是一个有界区域, 并设 $\partial\Omega$ 的每点 (关于 Laplace 算子) 正则. 那么, 如果 f 是 Ω 中有界局部 Hölder 连续函数, 则古典 Dirichlet 问题: 在 Ω 中 $\Delta u = f$, 在 $\partial\Omega$ 上 $u = \varphi$, 对于任意连续边值 φ 都是唯一可解的.

证明　我们定义 w 是 f 的 Newton 位势, 并令 $v = u - w$. 于是问题: 在 Ω 中 $\Delta u = f$, 在 $\partial\Omega$ 上 $u = \varphi$, 等价于问题: 在 Ω 中 $\Delta v = 0$, 在 $\partial\Omega$ 上 $v = \varphi - w$, 根据定理 2.14 得到它的唯一可解性. □

在 Ω 是一个球的情形, 例如说 $B = B_R(0)$, 从 Poisson 积分公式 (定理 2.6) 和引理 4.1, 4.2 可推得定理 4.3. 而且解有显式

$$u(x) = \int_{\partial B} K(x,y)\varphi(y)ds_y + \int_B G(x,y)f(y)dy, \tag{4.10}$$

其中 K 是 Poisson 核 (2.29), 而 G 是 Green 函数 (2.23).

4.3. 二阶导数的 Hölder 估计

下面的引理在理论的以后发展中提供了基本的估计.

引理 4.4　设 $B_1 = B_R(x_0), B_2 = B_{2R}(x_0)$ 是 $\mathbb{R}^n$ 中的同心球. 假设 $f \in C^\alpha(\overline{B}_2), 0 < \alpha < 1$, 并设 w 是 f 在 B_2 中的 Newton 位势. 那么 $w \in C^{2,\alpha}(\overline{B}_1)$ 并且

$$|D^2 w|'_{0,\alpha;B_1} \leqslant C|f|'_{0,\alpha;B_2}, \tag{4.11}$$

即,

$$|D^2 w|_{0;B_1} + R^\alpha [D^2 w]_{\alpha;B_1} \leqslant C(|f|_{0;B_2} + R^\alpha [f]_{\alpha;B_2}),$$

其中 $C = C(n,\alpha)$.

证明　对任一 $x \in B_1$, 由公式 (4.9) 我们有

$$D_{ij}w(x) = \int_{B_2} D_{ij}\Gamma(x-y)(f(y)-f(x))dy - f(x)\int_{\partial B_2} D_i\Gamma(x-y)\nu_j(y)ds_y,$$

于是由 (2.14),

$$\begin{aligned}|D_{ij}w(x)| &\leqslant \frac{|f(x)|}{n\omega_n}R^{1-n}\int_{\partial B_2} ds_y + \frac{[f]_{\alpha;x}}{\omega_n}\int_{B_2}|x-y|^{\alpha-n}dy \\ &\leqslant 2^{n-1}|f(x)| + \frac{n}{\alpha}(3R)^\alpha [f]_{\alpha;x} \\ &\leqslant C_1(|f(x)| + R^\alpha [f]_{\alpha;x}),\end{aligned} \tag{4.12}$$

其中 $C_1 = C_1(n,\alpha)$.

其次, 对任一其他点 $\overline{x} \in B_1$, 再次用公式 (4.9), 我们有

$$D_{ij}w(\overline{x}) = \int_{B_2} D_{ij}\Gamma(\overline{x}-y)(f(y)-f(\overline{x}))dy \\ -f(\overline{x})\int_{\partial B_2} D_i\Gamma(\overline{x}-y)\nu_j(y)ds_y.$$

记 $\delta = |x-\overline{x}|, \xi = \frac{1}{2}(x+\overline{x})$, 从而通过相减得到

$$\begin{aligned}&D_{ij}w(\overline{x}) - D_{ij}w(x) \\ &= f(x)I_1 + (f(x)-f(\overline{x}))I_2 + I_3 + I_4 + (f(x)-f(\overline{x}))I_5 + I_6,\end{aligned}$$

其中积分 I_1, I_2, I_3, I_4, I_5 和 I_6 为

$$\begin{aligned}
I_1 &= \int_{\partial B_2} (D_i\Gamma(x-y) - D_i\Gamma(\overline{x}-y))\nu_j(y)ds_y, \\
I_2 &= \int_{\partial B_2} D_i\Gamma(\overline{x}-y)\nu_j(y)ds_y, \\
I_3 &= \int_{B_\delta(\xi)} D_{ij}\Gamma(x-y)(f(x)-f(y))dy, \\
I_4 &= \int_{B_\delta(\xi)} D_{ij}\Gamma(\overline{x}-y)(f(y)-f(\overline{x}))dy, \\
I_5 &= \int_{B_2-B_\delta(\xi)} D_{ij}\Gamma(x-y)dy, \\
I_6 &= \int_{B_2-B_\delta(\xi)} (D_{ij}\Gamma(x-y) - D_{ij}\Gamma(\overline{x}-y))(f(\overline{x})-f(y))dy.
\end{aligned}$$

这些积分的估计能够如下得到:

$$\begin{aligned}
|I_1| &\leqslant |x-\overline{x}|\int_{\partial B_2} |DD_i\Gamma(\hat{x}-y)|ds_y \quad \text{对 } x \text{ 和 } \overline{x} \text{ 之间的某点 } \hat{x}, \\
&\leqslant \frac{n^2 2^{n-1}|x-\overline{x}|}{R}, \quad \text{因为对 } y \in \partial B_2 \text{ 有 } |\hat{x}-y| \geqslant R, \\
&\leqslant n^2 2^{n-\alpha}\left(\frac{\delta}{R}\right)^\alpha, \text{ 因为 } \delta = |x-\overline{x}| < 2R. \\
|I_2| &\leqslant \frac{1}{n\omega_n}R^{1-n}\int_{\partial B_2} ds_y = 2^{n-1}. \\
|I_3| &\leqslant \int_{B_\delta(\xi)} |D_{ij}\Gamma(x-y)||f(x)-f(y)|dy \\
&\leqslant \frac{1}{\omega^n}[f]_{\alpha;x}\int_{B_{3\delta/2}(x)} |x-y|^{\alpha-n}dy
\end{aligned}$$

$$= \frac{n}{\alpha}\left(\frac{3\delta}{2}\right)^{\alpha}[f]_{\alpha;x}.$$

$$|I_4| \leqslant \frac{n}{\alpha}\left(\frac{3\delta}{2}\right)^{\alpha}[f]_{\alpha;\overline{x}} \quad \text{与 } I_3 \text{ 的估计相同}.$$

分部积分给出

$$\begin{aligned}
|I_5| &= \left|\int_{\partial(B_2-B_\delta(\xi))} D_i\Gamma(x-y)\nu_j(y)ds_y\right| \\
&\leqslant \left|\int_{\partial B_2} D_i\Gamma(x-y)\nu_j(y)ds_y\right| + \left|\int_{\partial B_\delta(\xi)} D_i\Gamma(x-y)\nu_j(y)ds_y\right| \\
&\leqslant 2^{n-1} + \frac{1}{n\omega_n}\left(\frac{\delta}{2}\right)^{1-n}\int_{\partial B_\delta(\xi)} ds_y = 2^n.
\end{aligned}$$

$$\begin{aligned}
|I_6| &\leqslant |x-\overline{x}|\int_{B_2-B_\delta(\xi)} |DD_{ij}\Gamma(\hat{x}-y)||f(\overline{x})-f(y)|dy \\
&\qquad\qquad \text{对 } x \text{ 和 } \overline{x} \text{ 之间的某点 } \hat{x}, \\
&\leqslant c\delta\int_{|y-\xi|\geqslant\delta} \frac{|f(\overline{x})-f(y)|}{|\hat{x}-y|^{n+1}}dy, \quad c = n(n+5)/\omega_n \\
&\leqslant c\delta[f]_{\alpha;\overline{x}}\int_{|y-\xi|\geqslant\delta} \frac{|\overline{x}-y|^{\alpha}}{|\hat{x}-y|^{n+1}}dy \\
&\leqslant c\left(\frac{3}{2}\right)^{\alpha}2^{n+1}\delta[f]_{\alpha;\overline{x}}\int_{|y-\xi|\geqslant\delta} |\xi-y|^{\alpha-n-1}dy \\
&\qquad\qquad \text{因为 } |\overline{x}-y| \leqslant \frac{3}{2}|\xi-y| \leqslant 3|\hat{x}-y|, \\
&\leqslant \frac{c'}{1-\alpha}2^{n+1}\left(\frac{3}{2}\right)^{\alpha}\delta^{\alpha}[f]_{\alpha;\overline{x}}, \quad c' = n^2(n+5).
\end{aligned}$$

把各项集中在一起, 这样我们有

$$|D_{ij}w(\overline{x}) - D_{ij}w(x)| \leqslant C_2(R^{-\alpha}|f(x)| + [f]_{\alpha;x} + [f]_{\alpha;\overline{x}})|x-\overline{x}|^{\alpha}, \tag{4.13}$$

其中 C_2 是仅依赖于 n 和 α 的常数. 于是结合 (4.12) 与 (4.13) 得到所要求的估计. □

附注 如果 Ω_1, Ω_2 是使得 $\Omega_1 \subset B_1, \Omega_2 \subset B_2$ 的区域, 并且 $f \in C^{\alpha}(\overline{\Omega}_2)$, 而 w 是 f 在 Ω_2 上的 Newton 位势, 那么在 (4.11) 中用 Ω_1, Ω_2 分别代替 B_1, B_2 时引理 4.4 显然仍旧正确; 即,

$$|D^2w|'_{0,\alpha;\Omega_1} \leqslant C|f|'_{0,\alpha;\Omega_2}.$$

Poisson 方程解的 Hölder 估计可直接从引理 4.4 得到.

定理 4.5 设 $u \in C_0^2(\mathbb{R}^n), f \in C_0^\alpha(\mathbb{R}^n)$, 在 $\mathbb{R}^n$ 中满足 Poisson 方程 $\Delta u = f$. 那么 $u \in C_0^{2,\alpha}(\mathbb{R}^n)$, 并且如果 $B = B_R(x_0)$ 是包含 u 的支集的任一球, 我们就有

$$\begin{aligned} &|D^2u|'_{0,\alpha;B} \leqslant C|f|'_{0,\alpha;B}, \quad C = C(n,\alpha), \\ &|u|'_{1;B} \leqslant CR^2|f|_{0;B}, \quad C = C(n). \end{aligned} \tag{4.14}$$

证明 由表示式 (2.17),

$$u(x) = \int_{\mathbb{R}^n} \Gamma(x-y)f(y)dy, \tag{4.15}$$

于是从引理 4.1 和 4.4 以及 f 在 B 中有紧支集的事实分别得到 Du 和 D^2u 的估计. 而 $|u|_{0;B}$ 的估计从 (4.15) 立即得到. □

为了得到 Poisson 方程解的下述内部 Hölder 估计, 能够通过各种方法去掉 u 具有紧支集这个限制. (也见习题 4.4.)

定理 4.6 设 Ω 是 $\mathbb{R}^n$ 中的一个区域, 并设 $u \in C^2(\Omega), f \in C^\alpha(\Omega)$ 在 Ω 中满足 Poisson 方程 $\Delta u = f$. 则 $u \in C^{2,\alpha}(\Omega)$, 并对任何两个同心球 $B_1 = B_R(x_0), B_2 = B_{2R}(x_0) \subset\subset \Omega$, 我们有

$$|u|'_{2,\alpha;B_1} \leqslant C(|u|_{0;B_2} + R^2|f|'_{0,\alpha;B_2}), \tag{4.16}$$

其中 $C = C(n,\alpha)$.

证明 或者用 Green 表示式 (2.16), 或者用引理 4.2, 对于 $x \in B_2$, 能把 u 写成 $u(x) = v(x) + w(x)$, 其中 v 在 B_2 中调和, w 是 f 在 B_2 中的 Newton 位势. 由定理 2.10, 引理 4.1 和 4.4, 我们有

$$\begin{aligned} &R|Dw|_{0;B_1} + R^2|D^2w|'_{0,\alpha;B_1} \leqslant CR^2|f|'_{0,\alpha;B_2}, \\ &R|Dv|_{0;B_1} + R^2|D^2v|'_{0,\alpha;B_1} \leqslant C|v|_{0;B_2} \leqslant C(|u|_{0;B_2} + R^2|f|_{0;B_2}). \end{aligned}$$

最后的不等式当 $n > 2$ 时直接从 $v = u - w$ 得到. 当 $n = 2$ 时可把 u 考虑成 Poisson 方程在 $\mathbb{R}^3$ 的一个球中的解, 用同样的方法得到这个不等式. 结合这些不等式就得到所要的 u 的估计. □

内估计 (4.16) 的一个直接推论是 Poisson 方程 $\Delta u = f$ 解的任何有界集的二阶导数在紧子区域上的等度连续性. 所以由 Arzela 定理我们得到紧性结果 (定理 2.11) 推广到 Poisson 方程解的一个扩充.

推论 4.7 当 $f \in C^\alpha(\Omega)$ 时, Poisson 方程 $\Delta u = f$ 在 Ω 中的解的任一有界序列必包含一个子序列, 在紧子区域上一致收敛到一个解.

有时更为可取的是内估计 (4.16) 的另一 (等价的) 公式, 用某种内部范数 (它在后面是有用的) 表出. 对于 $x, y \in \Omega, \Omega$ 可以是 $\mathbb{R}^n$ 的任何真开子集, 记 $d_x = \operatorname{dist}(x, \partial\Omega), d_{x,y} = \min(d_x, d_y)$. 对 $u \in C^k(\Omega), C^{k,\alpha}(\Omega)$, 定义下面的量, 它们类似于全局拟范数及范数 (4.5), (4.6):

$$\begin{aligned}
&[u]^*_{k,0;\Omega} = [u]^*_{k;\Omega} = \sup_{\substack{x\in\Omega\\|\beta|=k}} d_x^k |D^\beta u(x)|, \quad k = 0,1,2,\ldots;\\
&|u|^*_{k;\Omega} = |u|^*_{k,0;\Omega} = \sum_{j=0}^{k} [u]^*_{j;\Omega};\\
&[u]^*_{k,\alpha;\Omega} = \sup_{\substack{x,y\in\Omega\\|\beta|=k}} d_{x,y}^{k+\alpha} \frac{|D^\beta u(x) - D^\beta u(y)|}{|x-y|^\alpha}, \quad 0 < \alpha \leqslant 1;\\
&|u|^*_{k,\alpha;\Omega} = |u|^*_{k;\Omega} + [u]^*_{k,\alpha;\Omega};
\end{aligned} \tag{4.17}$$

在这种记法下,

$$[u]^*_{0;\Omega} = |u|^*_{0;\Omega} = |u|_{0;\Omega}.$$

我们指出 $|u|^*_{k;\Omega}$ 和 $|u|^*_{k,\alpha;\Omega}$ 分别是 $C^k(\Omega)$ 和 $C^{k,\alpha}(\Omega)$ 的子空间上的范数, 在这些子空间上这些范数是有限的. 如果 Ω 有界并且 $d = \operatorname{diam}\Omega$, 那么显然这些内部范数和全局范数 (4.6) 有关系

$$|u|^*_{k,\alpha;\Omega} \leqslant \max(1, d^{k+\alpha})|u|_{k,\alpha;\Omega}. \tag{4.17$'$}$$

如果 $\Omega' \subset\subset \Omega$ 和 $\sigma = \operatorname{dist}(\Omega', \partial\Omega)$, 那么

$$\min(1, \sigma^{k+\alpha})|u|_{k,\alpha;\Omega'} \leqslant |u|^*_{k,\alpha;\Omega}. \tag{4.17$''$}$$

这里引进量

$$|f|^{(k)}_{0,\alpha;\Omega} = \sup_{x\in\Omega} d_x^k |f(x)| + \sup_{x,y\in\Omega} d_{x,y}^{k+\alpha} \frac{|f(x)-f(y)|}{|x-y|^\alpha} \tag{4.18}$$

也是方便的. 它是后面要定义的某种范数的一个特殊情形.

从定理 4.6 我们现在能对任意区域导出一个内估计, 它将在第 6 章中以非常相似的方式推广到椭圆型方程上去.

定理 4.8 设 $u \in C^2(\Omega), f \in C^\alpha(\Omega)$ 在 $\mathbb{R}^n$ 的一个开集 Ω 中满足 $\Delta u = f$. 则

$$|u|^*_{2,\alpha;\Omega} \leqslant C(|u|_{0;\Omega} + |f|^{(2)}_{0,\alpha;\Omega}), \tag{4.19}$$

其中 $C = C(n, \alpha)$.

证明 如果或者 $|u|_{0;\Omega}$ 或者 $|f|_{0,\alpha;\Omega}^{(2)}$ 是无穷, 则估计 (4.19) 是平凡的. 否则对 $x \in \Omega, R = \frac{1}{3}d_x, B_1 = B_R(x), B_2 = B_{2R}(x)$, 对任何一阶导数 Du 和二阶导数 D^2u, 有

$$\begin{aligned} d_x|Du(x)| + d_x^2|D^2u(x)| &\leqslant (3R)|Du|_{0;B_1} + (3R)^2|D^2u|_{0;B_1} \\ &\leqslant C(|u|_{0;B_2} + R^2|f|'_{0,\alpha;B_2}) \quad \text{由 } (4.16), \\ &\leqslant C(|u|_{0;\Omega} + |f|_{0,\alpha;\Omega}^{(2)}). \end{aligned}$$

因此得到

$$|u|_{2;\Omega}^* \leqslant C(|u|_{0;\Omega} + |f|_{0,\alpha;\Omega}^{(2)}). \tag{4.20}$$

为估计 $[u]_{2,\alpha;\Omega}^*$, 设 $x, y \in \Omega, d_x \leqslant d_y$. 于是

$$\begin{aligned} & d_{x,y}^{2+\alpha}\frac{|D^2u(x) - D^2u(y)|}{|x-y|^\alpha} \\ & \leqslant (3R)^{2+\alpha}[D^2u]_{\alpha;B_1} + 3^\alpha(3R)^2(|D^2u(x)| + |D^2u(y)|), \\ & \leqslant C(|u|_{0;B_2} + R^2|f|'_{0,\alpha;B_2}) + 6[u]_{2;\Omega}^* \quad \text{由 } (4.16) \\ & \leqslant C(|u|_{0;\Omega} + |f|_{0,\alpha;\Omega}^{(2)}) \quad \text{由 } (4.20). \end{aligned}$$

于是得到估计 (4.19). □

前面的结果给出了 Du, D^2u 及 D^2u 的 Hölder 系数在紧子集中的界, 用 (4.19) 的右端的界表出, 因此它是 Poisson 方程解的紧致性结果的基础. 特别, 推论 4.7 也是定理 4.8 的一个直接推论. 以后将指出后者蕴涵着解和它们的一阶导数和二阶导数在紧子集上的等度连续性.

利用紧致性结果 (推论 4.7), 我们现在能够对于无界的 f, 导出 Poisson 方程 $\Delta u = f$ 的一个存在定理.

定理 4.9 设 B 是 $\mathbb{R}^n$ 中的一个球, f 是一个 $C^\alpha(B)$ 函数, 对某个 $\beta, 0 < \beta < 1$ 有 $\sup\limits_{x\in B} d_x^{2-\beta}|f(x)| \leqslant N < \infty$. 则存在唯一的函数 $u \in C^2(B) \cap C^0(\overline{B})$ 在 B 中满足 $\Delta u = f$, 在 ∂B 上 $u = 0$. 而且, u 满足估计

$$\sup_{x\in B} d_x^{-\beta}|u(x)| \leqslant CN, \tag{4.21}$$

其中常数 C 仅依赖于 β.

证明 估计 (4.21) 可从一个简单的闸函数论证推得. 即, 设 $B = B_R(x_0), r = |x - x_0|$, 并令

$$w(x) = (R^2 - r^2)^\beta.$$

通过直接计算, 当 $r < R$ 时我们有

$$\begin{aligned}\Delta w(x) &= -2\beta(R^2-r^2)^{\beta-2}[n(R^2-r^2)+2(1-\beta)r^2] \\ &\leqslant -4\beta(1-\beta)R^2(R^2-r^2)^{\beta-2} \\ &\leqslant -\beta(1-\beta)R^\beta(R-r)^{\beta-2}.\end{aligned}$$

现在假设在 B 中 $\Delta u = f$, 在 ∂B 上 $u = 0$. 因为 $d_x = R - r$, 由假设我们有

$$|f(x)| \leqslant N d_x^{\beta-2} = N(R-r)^{\beta-2} \leqslant -C_0 N \Delta w,$$

其中 $C_0 = [\beta(1-\beta)R^\beta]^{-1}$. 于是

$$\text{在 } B \text{ 中}\quad \Delta(C_0 N w \pm u) \leqslant 0, \qquad \text{在 } \partial B \text{ 上}\quad C_0 N w \pm u = 0.$$

所以, 由最大值原理, 对于 $x \in B$ 有

$$|u(x)| \leqslant C_0 N w(x) \leqslant C N d_x^\beta, \tag{4.22}$$

它蕴涵着具有常数 $C = 2/\beta(1-\beta)$ 的 (4.21).

最后证明 u 的存在性, 我们设

$$f_m = \begin{cases} m, & f \geqslant m, \\ f, & |f| \leqslant m, \\ -m, & f \leqslant -m, \end{cases}$$

并设 $\{B_k\}$ 是充满 B 的同心球序列, 使得在 B_k 中 $|f| \leqslant k$. 定义 u_m 如下: 在 B 中满足 $\Delta u_m = f_m$, 在 ∂B 上 $u_m = 0$.

由 (4.21) 我们有

$$\sup_{x\in B} d_x^{-\beta}|u_m(x)| \leqslant C \sup_{x\in B} d_x^{2-\beta}|f_m(x)| \leqslant CN,$$

于是序列 $\{u_m\}$ 一致有界, 当 $m \geqslant k$ 时在 B_k 中 $\Delta u_m = f$. 因此把推论 4.7 逐次应用到球 B_k 的序列上, 故 $\{u_m\}$ 的一个子序列在 B 中收敛到 $C^2(B)$ 函数 u, 它在 B 中满足 $\Delta u = f$. 由此可得 $|u(x)| \leqslant C N d_x^\beta$, 因此在 ∂B 上 $u = 0$. □

用反例容易证明如果 $\beta \leqslant 0$ 则定理 4.9 失效. 我们注意这个定理可以推广到比球更为一般的区域上去 (见习题 4.6). 同样, 对于具有正则点的任意区域, Poisson 方程 $\Delta u = f$ 的古典 Dirichlet 问题对于满足某种可积性条件的无界的 f 是可解的 (见习题 4.3).

4.4. 在边界上的估计

定理 4.8 将在第 6 章中用于线性椭圆型方程内部 Hölder 估计的推导. 然而为了建立存在定理所需要的全局估计, 我们需要定理 4.8 的一个能够应用到区域 Ω 和半空间的交集上的形式. 首先我们导出 Newton 位势的 Hölder 估计 (引理 4.4) 的一个适当的推广. 在下文中用 $\mathbb{R}^n_+$ 表示半空间 $x_n > 0, T$ 是超平面 $x_n = 0$; $B_2 = B_{2R}(x_0), B_1 = B_R(x_0)$ 是中心在 $x_0 \in \overline{\mathbb{R}}^n_+$ 的球, 我们设

$$B_2^+ = B_2 \cap \mathbb{R}^n_+, \quad B_1^+ = B_1 \cap \mathbb{R}^n_+.$$

引理 4.10 设 $f \in C^\alpha(\overline{B}_2^+)$, 并设 w 是 B_2^+ 中 f 的 Newton 位势. 则 $w \in C^{2,\alpha}(\overline{B}_1^+)$ 并且

$$|D^2 w|'_{0,\alpha;B_1^+} \leqslant C|f|'_{0,\alpha;B_2^+}, \tag{4.23}$$

其中 $C = C(n, \alpha)$.

证明 假设 B_2 与 T 相交, 因为否则这个结果已经包含在引理 4.4 中了. 取 $\Omega_0 = B_2^+$, 对于 $D_{ij}w$, 表示 (4.9) 成立. 如果 i 或者 $j \neq n$, 那么边界积分

$$\int_{\partial B_2^+} D_i\Gamma(x-y)\nu_j(y)ds_y \left(= \int_{\partial B_2^+} D_j\Gamma(x-y)\nu_i(y)ds_y\right)$$

在 T 上的部分为 0, 因为在这里 ν_i 或 $\nu_j = 0$. 于是在引理 4.4 中对于 $D_{ij}w$ 的估计 (i 或 $j \neq n$), 当用 B_2^+ 代替 B_2、用 $B_\delta(\xi) \cap B_2^+$ 代替 $B_\delta(\xi)$ 和用 $\partial B_2^+ - T$ 代替 ∂B_2 时确实可同前面一样地进行. 最后我们能够从方程 $\Delta w = f$ 以及当 $k = 1, \ldots, n-1$ 时 $D_{kk}w$ 的估计来估计 $D_{nn}w$. □

定理 4.11 设 $u \in C^2(B_2^+) \cap C^0(\overline{B}_2^+), f \in C^\alpha(\overline{B}_2^+)$, 在 B_2^+ 中满足 $\Delta u = f$, 在 T 上 $u = 0$. 则 $u \in C^{2,\alpha}(\overline{B}_1^+)$ 并且有

$$|u|'_{2,\alpha;B_1^+} \leqslant C(|u|_{0;B_2^+} + R^2|f|'_{0,\alpha;B_2^+}), \tag{4.24}$$

其中 $C = C(n, \alpha)$.

证明 设 $x' = (x_1, \ldots, x_{n-1}), x^* = (x', -x_n)$ 并且定义

$$f^*(x) = f^*(x', x_n) = \begin{cases} f(x', x_n), & x_n \geqslant 0, \\ f(x', -x_n), & x_n \leqslant 0. \end{cases}$$

假设 B_2 与 T 相交; 否则定理 4.6 蕴涵着 (4.24). 令 $B_2^- = \{x \in \mathbb{R}^n | x^* \in B_2^+\}$ 并且 $D = B_2^+ \cup B_2^- \cup (B_2 \cap T)$. 则 $f^* \in C^\alpha(\overline{D})$ 并且

$$|f^*|'_{0,\alpha;D} \leqslant 2|f|'_{0,\alpha;B_2^+}.$$

现在定义

$$w(x) = \int_{B_2^+} [\Gamma(x-y) - \Gamma(x^*-y)] f(y)dy \tag{4.25}$$
$$= \int_{B_2^+} [\Gamma(x-y) - \Gamma(x-y^*)] f(y)dy,$$

我们有 $w(x',0)=0$ (见习题 2.3(c)) 以及在 B_2^+ 中 $\Delta w = f$. 注意到

$$\int_{B_2^+} \Gamma(x-y^*) f(y)dy = \int_{B_2^-} \Gamma(x-y) f^*(y)dy,$$

于是得到

$$w(x) = 2\int_{B_2^+} \Gamma(x-y) f(y)dy - \int_D \Gamma(x-y) f^*(y)dy.$$

设 $w^*(x) = \int_D \Gamma(x-y) f^*(y)dy$, 用引理 4.4 后面的附注 (在其中令 $\Omega_1 = B_1^+, \Omega_2 = D$) 就有

$$|D^2 w^*|'_{0,\alpha;B_1^+} \leqslant C|f^*|'_{0,\alpha;D} \leqslant 2C|f|'_{0,\alpha;B_2^+}.$$

把此式与引理 4.10 结合起来, 我们得到

$$|D^2 w|'_{0,\alpha;B_1^+} \leqslant C|f|'_{0,\alpha;B_2^+}. \tag{4.26}$$

现在设 $v = u - w$. 则在 B_2^+ 中 $\Delta v = 0$, 在 T 上 $v = 0$. 通过反射, v 可延拓成 B_2 中的一个调和函数 (习题 2.4), 因此从调和函数的内部导数估计 (定理 2.10) 就推得估计 (4.24). □

附注 如果除了定理 4.11 的假设外, u 还在 $B_2^+ \cup T$ 中具有紧支集, 我们从 (4.26) 可得到较简单的估计 (推广了 (4.14))

$$|D^2 u|'_{0,\alpha;B_2^+} \leqslant C|f|'_{0,\alpha;B_2^+}. \tag{4.27}$$

在这种情形下我们有表示

$$u(x) = w(x) = \int_{B_2^+} [\Gamma(x-y) - \Gamma(x^*-y)] f(y)dy. \tag{4.28}$$

得到一个与定理 4.8 相类似的结果将是有用的, 在这个结果中直到一个超平面边界块这个估计都是有效的. 为此目的我们引进与 (4.17) 和 (4.18) 相类似的某些部分内部范数和拟范数. 设 Ω 是 $\mathbb{R}_+^n$ 中的真开子集, 在 $x_n = 0$ 上具有开边界部分 T. 对 $x, y \in \Omega$, 我们记

$$\overline{d}_x = \operatorname{dist}(x, \partial\Omega - T), \quad \overline{d}_{x,y} = \min(\overline{d}_x, \overline{d}_y).$$

我们定义下面的量:

$$
\begin{aligned}
&[u]^*_{k,0;\Omega\cup T}=[u]^*_{k;\Omega\cup T}=\sup_{\substack{x\in\Omega\\|\beta|=k}}\overline{d}_x^k|D^\beta u(x)|,\quad k=0,1,2,\dots;\\
&|u|^*_{k;\Omega\cup T}=|u|^*_{k,0;\Omega\cup T}=\sum_{j=0}^k[u]^*_{j;\Omega\cup T};\\
&[u]^*_{k,\alpha;\Omega\cup T}=\sup_{\substack{x,y\in\Omega\\|\beta|=k}}\overline{d}_{x,y}^{k+\alpha}\frac{|D^\beta u(x)-D^\beta u(y)|}{|x-y|^\alpha},\quad 0<\alpha\leqslant 1;\\
&|u|^*_{k,\alpha;\Omega\cup T}=|u|^*_{k;\Omega\cup T}+[u]^*_{k,\alpha;\Omega\cup T};\\
&|u|^{(k)}_{0,\alpha;\Omega\cup T}=\sup_{x\in\Omega}\overline{d}_x^k|u(x)|+\sup_{x,y\in\Omega}\overline{d}_{x,y}^{k+\alpha}\frac{|u(x)-u(y)|}{|x-y|^\alpha}.
\end{aligned}
\tag{4.29}
$$

我们现在能够叙述:

定理 4.12 设 Ω 是 $\mathbb{R}^n_+$ 中的一个开集, 在 $x_n=0$ 上具有边界部分 T, 并设 $u\in C^2(\Omega)\cap C^0(\Omega\cup T), f\in C^\alpha(\Omega\cup T)$ 在 Ω 中满足 $\Delta u=f$, 在 T 上 $u=0$. 则

$$|u|^*_{2,\alpha;\Omega\cup T}\leqslant C(|u|_{0;\Omega}+|f|^{(2)}_{0,\alpha;\Omega\cup T}),\tag{4.30}$$

其中 $C=C(n,\alpha)$.

这个结果是从定理 4.11 用与从定理 4.6 得到定理 4.8 的同样方法得到的; 因此略去证明的细节.

定理 4.11 和 4.12 为 Poisson 方程的解在边界的超平面部分上提供了一个正则性结果. 更一般地, 如果 Ω 是一个有界区域, $f\in C^\alpha(\overline{\Omega}), u\in C^2(\Omega)\cap C^0(\overline{\Omega})$, 在 Ω 中 $\Delta u=f$ 并且如果 $\partial\Omega$ 和 u 的边界充分光滑, 就可推出 $u\in C^{2,\alpha}(\overline{\Omega})$. 这个结果实质上是 Kellogg 定理 [KE1], 在第 6 章中将作为我们讨论线性椭圆型方程的一个副产物来建立. 然而在 Ω 是一个球的情形却能够直接从定理 4.11 导出.

定理 4.13 设 B 是 $\mathbb{R}^n$ 中的一个球, $\overline{B}$ 上的函数 u 和 f 满足 $u\in C^2(B)\cap C^0(\overline{B}), f\in C^\alpha(\overline{B})$, 在 B 中 $\Delta u=f$, 在 ∂B 上 $u=0$. 则 $u\in C^{2,\alpha}(\overline{B})$.

证明 通过平移我们可以假设 ∂B 经过原点. 反演映射 $x\to x^*=x/|x|^2$ 是 $\mathbb{R}^n-\{0\}$ 到自身上的一个双边连续、光滑的映射, 它把 B 映到半空间 B^* 上. 此外, 如果 $u\in C^2(B)\cap C^0(\overline{B})$, 由

$$v(x)=|x|^{2-n}u\left(\frac{x}{|x|^2}\right)\tag{4.31}$$

定义 u 的 Kelvin 变换, 它属于 $C^2(B^*)\cap C^0(\overline{B}^*)$ 并且满足 (见习题 4.7)

$$\begin{aligned}\Delta_{x^*}v(x^*) &= |x^*|^{-n-2}\Delta_x u(x), \quad x^*\in B^*, x\in B \\ &= |x^*|^{-n-2}f\left(\frac{x^*}{|x^*|^2}\right), \quad x^*\in B^*.\end{aligned} \tag{4.32}$$

因此定理 4.11 能够应用于 Kelvin 变换 v, 并且因为通过变换, ∂B 的任一点都可以取做原点, 故得到 $u\in C^{2,\alpha}(\overline{B})$. □

推论 4.14 设 $\varphi\in C^{2,\alpha}(\overline{B}), f\in C^\alpha(\overline{B})$. 那么 Dirichlet 问题: 在 B 中 $\Delta u=f$, 在 ∂B 上 $u=\varphi$, 对于函数 $u\in C^{2,\alpha}(\overline{B})$ 是唯一可解的.

证明 记 $v=u-\varphi$, 这个问题就化为问题: 在 B 中 $\Delta v=f-\Delta\varphi$, 在 ∂B 上 $v=0$, 由定理 4.3, 这个问题对于 $v\in C^2(B)\cap C^0(\overline{B})$ 是可解的. 所以由定理 4.13, 对于 $v\in C^{2,\alpha}(\overline{B})$ 是可解的. □

作为定理 4.13 证明的一个副产物, 我们看到引理 4.4 在下述意义下可以改进, 即, 如果 $f\in C^\alpha(\overline{B})$, 则它在 B 中的 Newton 位势将属于 $C^{2,\alpha}(\overline{B})$.

4.5. 一阶导数的 Hölder 估计

经常把 Poisson 方程写成形式

$$\Delta u = \operatorname{div}\mathbf{f} = D_i f^i, \quad \mathbf{f}=(f^1,\ldots,f^n), \tag{4.33}$$

其中密度函数是一个散度. 对应的解的估计可以归结为前面几节的估计, 并且具有后面有用的推广.

如果 $\mathbf{f}\in C^{1,\alpha}(\Omega)$, 则显然 $\operatorname{div}\mathbf{f}$ 的 Newton 位势的估计和前面得到的 (4.33) 的解的估计是相同的, 只要处处把 f 替换为 $\operatorname{div}\mathbf{f}$. 如果 Ω 是充分光滑的, 我们有

$$\int_\Omega \Gamma(x-y)\operatorname{div}\mathbf{f}(y)dy = \int_\Omega D\Gamma(x-y)\cdot\mathbf{f}(y)dy + \int_{\partial\Omega}\Gamma(x-y)\mathbf{f}\cdot\boldsymbol{\nu}ds_y,$$

于是 $\operatorname{div}\mathbf{f}$ 在 Ω 内的 Newton 位势与由

$$w(x) = D\int_\Omega \Gamma(x-y)\mathbf{f}(y)dy = D_j\int_\Omega \Gamma(x-y)f^j(y)dy \tag{4.34}$$

给定的调和函数相差一个调和函数. 当 $\mathbf{f}$ 在 Ω 内有紧支集时表达式 (4.34) 与 $\operatorname{div}\mathbf{f}$ 的 Newton 位势恒等. 我们发现当 $\mathbf{f}$ 仅仅可积时仍然有定义, 在这种情形 (4.34) 可以当作 $\operatorname{div}\mathbf{f}$ 在 Ω 内的 Newton 位势的定义. 如果 $\mathbf{f}$ 还是 Hölder 连续

的, 那么 w 在 Ω 内的一阶导数 (跟在引理 4.2 中一样) 由下式给定:

$$D_i w(x) = \int_\Omega D_{ij}\Gamma(x-y)(f^j(y)-f^j(x))dy - f^j(x)\int_{\partial\Omega} D_i\Gamma(x-y)\nu_j ds_y, \quad (4.35)$$

这些导数可以像在引理 4.4 中那样进行估计. 于是沿用引理 4.4 的记号我们就有

$$|Dw|'_{0,\alpha;B_1} \leqslant C|\mathbf{f}|'_{0,\alpha;B_2}, \quad C = C(n,\alpha). \quad (4.36)$$

由此我们可以推断出一个 $C^{1,\alpha}$ 内估计:

定理 4.15 设 Ω 是 $\mathbb{R}^n$ 内的一个区域, 而 u 满足 Poisson 方程 (4.33), 其中 $\mathbf{f} \in C^\alpha(\Omega), 0 < \alpha < 1$. 则对任意两个同心球 $B_1 = B_R(x_0), B_2 = B_{2R}(x_0) \subset\subset \Omega$ 我们有

$$|u|'_{1,\alpha;B_1} \leqslant C(|u|_{0;B_2} + R|\mathbf{f}|'_{0,\alpha;B_2}), \quad C = C(n,\alpha). \quad (4.37)$$

证明跟定理 4.6 的一样, 只需在推理中用 (4.36) 代替 (4.11).

对应的边界估计能够用类似方式推导出来. 如果 B_1 和 B_2 跟引理 4.10 中一样, 则位势 (4.34) 有由 (4.35) 给定的一阶导数, (4.35) 中的 Ω 换成 $\Omega = B_2^+$, 我们由此得到估计

$$|Dw|'_{0,\alpha;B_1^+} \leqslant C|\mathbf{f}|'_{0,\alpha;B_2^+}, \quad C = C(n,\alpha). \quad (4.38)$$

为了得到 (4.33) 的在 $x_n = 0$ 上等于零的解的类似于定理 4.11 的定理 $C^{1,\alpha}$ 估计, 我们进行该定理证明中运用的基于反射的方法. 用

$$G(x,y) = \Gamma(x-y) - \Gamma(x-y^*) = \Gamma(x-y) - \Gamma(x^*-y)$$

表示半空间 $\mathbb{R}_+^n$ 的 Green 函数, 并且考虑

$$\begin{aligned} v(x) &= -\int_{B_2^+} D_y G(x,y)\cdot\mathbf{f}(y)dy \quad D_y = (D_{y_1},\dots,D_{y_n}) \qquad (4.39)\\ &= \int_{B_2^+} D\Gamma(x-y)\cdot\mathbf{f}(y)dy + \int_{B_2^+} D_y\Gamma(x^*-y)\mathbf{f}(y)dy. \end{aligned}$$

对于每个 $i = 1,\dots,n$, 用 v_i 表示由

$$v_i(x) = \int_{B_2^+} D_i\Gamma(x-y)f^i(y)dy + \int_{B_2^+} D_{y_i}\Gamma(x^*-y)f^i(y)dy$$

给定的 v 的分量. 我们看到 v 和 v_i 在 $T = B_2 \cap \{x_n = 0\}$ 上取值为零. 现在假定 $\mathbf{f} \in C^\alpha(\overline{B_2^+})$, 并且对于 $\mathbf{f}$ 关于 $x_n = 0$ 做偶延拓, 仍旧用 $\mathbf{f}$ 表示延拓后的函数. 那么对于 $i = 1,\dots,n-1$, 像在定理 4.11 的证明中一样我们有

$$v_i(x) = D_i\left[2\int_{B_2^+}\Gamma(x-y)f^i(y)dy - \int_{B_2^+\cup B_2^-}\Gamma(x-y)f^i(y)dy\right]. \quad (4.40)$$

而由于

$$\int_{B_2^+} D_{y_n}\Gamma(x^*-y)f^n(y)dy = \int_{B_2^-} D_n\Gamma(x-y)f^n(y)dy,$$

当 $i=n$ 时我们得到

$$v_n(x) = D_n\int_{B_2^+\cup B_2^-}\Gamma(x-y)f^n(y)dy. \tag{4.41}$$

现在把 (4.36) 和 (4.38) 应用到 (4.40) 和 (4.41) 就得到

$$|Dv|'_{0,\alpha;B_1^+} \leqslant C|\mathbf{f}|'_{0,\alpha;B_2^+}, \quad C=C(n,\alpha). \tag{4.42}$$

定理 4.16 设 $u\in C^0(\overline{B_2^+})$ 满足 Poisson 方程 (4.33), 其中 $\mathbf{f}\in C^\alpha(\overline{B_2^+})$, 并且假定在 $B_2\cap\{x_n=0\}$ 上 $u=0$. 则

$$|u|'_{1,\alpha;B_1^+} \leqslant C(|u|_{0;B_2^+}+R|\mathbf{f}|'_{0,\alpha;B_2^+}), \quad C=C(n,\alpha). \tag{4.43}$$

从 (4.42) 出发通过定理 4.11 证明中的结束部分的推理就得到证明.

对于 (4.33) 的解可以叙述类似于定理 4.3, 4.13 和推论 4.14 的结果. 细节留给读者.

前面的结果还可以推广到形式为

$$\Delta u = g + \operatorname{div}\mathbf{f} \tag{4.44}$$

的方程, 其中的 $\mathbf{f}$ 是 Hölder 连续的, 而 g 是有界的和可积的. 我们注意 g 的 Newton 位势的一阶导数对于每个 $\alpha<1$ 满足一个 Hölder 估计 (见问题 4.8(a) 以及定理 3.9). 从对于 Newton 位势的这个估计得到 (4.44) 的解的对应于 (4.37) 和 (4.43) 的形式为

$$|u|'_{1,\alpha;B_1} \leqslant C(|u|_{0;B_2}+R^2|g|_{0;B_2}+R|\mathbf{f}|'_{0,\alpha;B_2}), \tag{4.45}$$

$$|u|'_{1,\alpha;B_1^+} \leqslant C(|u|_{0;B_2^+}+R^2|g|_{0;B_2^+}+R|\mathbf{f}|'_{0,\alpha;B_2^+}) \tag{4.46}$$

的 $C^{1,\alpha}$ 估计, 其中的 $C=C(n,\alpha)$.

附注 如果 $g\in L^p(\Omega)$, 其中 $p=n/(1-\alpha)$, 则在 (4.45), (4.46) 右端包含 g 的项可以换成 $R^{1+\alpha}\|g\|_p$ (见习题 4.8(b)).

评注

本章的 Hölder 估计本质上属于 Korn [KR1].

在引理 4.2 中, Hölder 连续性能够用 Dini 连续性代替, 于是如果

$$|f(x)-f(y)|\leqslant\varphi(|x-y|),\tag{4.47}$$

其中

$$\int_{0+}\varphi(r)r^{-1}dr<\infty,$$

f 的 Newton 位势便是 Poisson 方程 $\Delta u=f$ 的一个 C^2 解 (见习题 4.2). 然而, 如果 f 仅仅连续, Newton 位势就不一定二次可微.

加权的内部范数和拟范数 (4.17), (4.29) 采自 Douglis 和 Nirenberg [DN]. 部分内部范数和拟范数 (4.29) 的主要作用是通过直接仿效内部估计的证明来简化边界估计的推导 (例如, 见定理 4.12 和引理 6.4).

习题

4.1. (a) 证明 (4.7).

(b) 如果 $f\in C^{\alpha}(\mathbb{R})$ 及 $g\in C^{\beta}(\Omega)$, 证明 $f\circ g\in C^{\alpha\beta}(\Omega)$.

4.2. 如果 f 在 Ω 中 Dini 连续 (即 f 满足 (4.47)), 证明引理 4.2.

4.3. 如果 f 的有界性用对某个 $p>n/2, f\in L^p(\Omega)$ 代替, 证明定理 4.3 仍然成立 (见引理 7.12).

4.4. 应用表示式 (2.17) 于 $v(x)=u(x)\eta(|x-x_0|/R)$, 从定理 4.5 推导定理 4.6, 其中 η 是满足下列条件的截断函数: $\eta\in C^2(\mathbb{R})$, 当 $r\leqslant 3/2$ 时 $\eta(r)=1$, 当 $r\geqslant 2$ 时 $\eta(r)=0$.

4.5. 证明 Laplace 方程的立体平均值不等式 (2.6) 到 Poisson 方程的下述推广. 设 $u\in C^2(\Omega)\cap C^0(\overline{\Omega})$, 在 Ω 中满足 $\Delta u=(\geqslant,\leqslant)f$. 则对于任一球 $B=B_R(y)\subset\Omega$, 我们有

$$u(y)=(\leqslant,\geqslant)\left\{\frac{1}{|B|}\int_B udx-\frac{1}{n\omega_n}\int_B f(x)\Theta(r,R)dx\right\},\quad r=|x-y|,$$

其中

$$\Theta(r,R)=\begin{cases}\dfrac{1}{n-2}(r^{2-n}-R^{2-n})-(R^2-r^2)/2R^n, & n>2,\\ \log(R/r)-\dfrac{1}{2}(1-r^2/R^2), & n=2.\end{cases}$$

4.6. 如果用一个任意有界 C^2 区域代替球 B, 证明定理 4.9 (使用引理 14.16 和比较函数 $d^{\beta}\eta$, 其中 η 是一个适当的截断函数, 而 d 是距离函数).

4.7. 设在 $\Omega\subset\mathbb{R}^n$ 中 $\Delta u=f$. 证明: 对 $x/|x|^2\in\Omega$, 由

$$v(x)=|x|^{2-n}u(x/|x|^2)$$

定义的 u 的 Kelvin 变换满足

$$\Delta v(x) = |x|^{-n-2} f(x/|x|^2).$$

4.8. 设 w 是 f 在 $B = B_R(x_0)$ 内的 Newton 位势.

(a) 如果 $f \in L^\infty(B)$, 证明对于每个 $0 < \alpha < 1$, $Dw \in C^\alpha(\mathbb{R}^n)$, 并且

$$[Dw]_{\alpha;B} \leqslant C(n,\alpha) R^{1-\alpha} \|f\|_{\infty;B}.$$

(b) 如果 $f \in L^p(B)$, 其中 $p = n/(1-\alpha), 0 < \alpha < 1$, 证明 $Dw \in C^\alpha(\mathbb{R}^n)$, 并且

$$[Dw]_{\alpha;B} \leqslant C(n,\alpha) \|f\|_{p;B}.$$

4.9. (a) 对于满足 $|\alpha| = 2$ 的 α, 设 P 是二阶齐次调和多项式, 满足 $D^\alpha P \neq 0$ (例如 $P = x_1 x_2, D_{12} P = 1$). 选择 $\eta \in C_0^\infty(\{x||x| < 2\})$, 满足条件: 当 $|x| < 1$ 时 $\eta = 1$. 令 $t_k = 2^k$, 再设当 $k \to \infty$ 时 $c_k \to 0$, 并且 $\sum c_k$ 发散. 定义

$$f(x) = \sum_0^\infty c_k \Delta(\eta P)(t_k x).$$

证明 f 是连续的, 但是 $\Delta u = f$ 在原点的任何邻域内没有 C^2 解.

(b) 对于满足条件 $|\alpha| = 3$ 的 α, 选择一个三阶齐次调和多项式 Q, 使得 $D^\alpha Q \neq 0$. η, t_k 和 c_k 跟 (a) 中的一样, 定义

$$u(x) = \sum_0^\infty c_k \eta(t_k x) Q(x) = \sum_0^\infty c_k (\eta Q)(t_k x)/t_k^3.$$

则有

$$\Delta u = g(x) = \sum_0^\infty c_k \Delta(\eta Q)(t_k x)/t_k.$$

证明 $g \in C^1$, 但是在原点的任何邻域内 $u \notin C^{2,1}$. 因此引理 4.4 对于 $\alpha = 1$ 不成立.

4.10. 设 $u \in C_0^2(B)$ 在 $B = B_R(x_0)$ 内满足 $\Delta u = f$. 证明

$$\text{(a) } |u|_0 \leqslant \frac{R^2}{2n}|f|_0; \quad \text{(b) } |D_i u|_0 \leqslant R|f|_0, \quad i = 1, \ldots, n.$$

因此在 (4.14) 中, $|u|'_{1;B} \leqslant 3R^2 |f|_{0;B}$.

第 5 章 Banach 空间和 Hilbert 空间

这一章为第 6 和第 8 章研究线性椭圆型方程解的存在性提供所需要的泛函分析材料. 这些材料是已经精通基本泛函分析的读者所熟悉的, 但是, 我们将只假定读者对初等线性代数及度量空间的理论有一些了解. 除非另外指出, 否则本书中用到的一切线性空间都假设定义在实数域上. 可是, 如果用复数域代替实数域, 这一章的理论几乎可以不改变地搬用.

设 $\mathscr{V}$ 是 $\mathbb{R}$ 上的线性空间. $\mathscr{V}$ 上的范数 (模) 是一个映射 $p:\mathscr{V}\to\mathbb{R}$ (今后我们记 $p(x)=\|x\|=\|x\|_{\mathscr{V}}, x\in\mathscr{V}$), 满足

(i) 对所有的 $x\in\mathscr{V}, \|x\|\geqslant 0, \|x\|=0$ 当且仅当 $x=0$;

(ii) 对所有的 $\alpha\in\mathbb{R}, x\in\mathscr{V}, \|\alpha x\|=|\alpha|\|x\|$;

(iii) 对所有的 $x,y\in\mathscr{V}, \|x+y\|\leqslant\|x\|+\|y\|$ (三角不等式).

线性空间 $\mathscr{V}$ 赋予范数后称为赋范线性空间. 当度量 ρ 定义成

$$\rho(x,y)=\|x-y\|,\quad x,y\in\mathscr{V}$$

时, 赋范线性空间 $\mathscr{V}$ 是度量空间. 从而, 如果 $\|x_n-x\|\to 0$, 则序列 $\{x_n\}\subset\mathscr{V}$ 收敛于元素 $x\in\mathscr{V}$. 还有, 如果当 $m,n\to\infty$ 时 $\|x_n-x_m\|\to 0$, 则 $\{x_n\}$ 是 Cauchy 序列. 如果 $\mathscr{V}$ 完备, 也就是每一 Cauchy 序列收敛, 则称 $\mathscr{V}$ 为 Banach 空间.

例 (i) 在标准范数

$$\|x\|=\left(\sum_{i=1}^{n}x_i^2\right)^{\frac{1}{2}},\quad x=(x_1,\ldots,x_n)$$

之下, Euclid 空间 $\mathbb{R}^n$ 是 Banach 空间.

(ii) 对于有界区域 $\Omega \subset \mathbb{R}^n$, 在第 4 章中引进的等价范数 (4.6) 或 (4.6)$'$ 之下, Hölder 空间 $C^{k,\alpha}(\overline{\Omega})$ 是 Banach 空间 (见习题 5.1, 5.2).

(iii) Sobolev 空间 $W^{k,p}(\Omega), W_0^{k,p}(\Omega)$ (见第 7 章).

在偏微分方程中存在定理常常可化成适当函数空间中的方程的可解性. 对于线性椭圆型方程的 Schauder 理论, 我们将使用 Banach 空间中算子方程的两个基本存在定理, 即压缩映象原理和 Fredholm 二择一性质.

5.1. 压缩映象原理

赋范线性空间 $\mathscr{V}$ 到自身的映射 T 称为压缩映射, 如果存在一数 $\theta < 1$ 使得

$$\text{对所有的 } x, y \in \mathscr{V}, \|Tx - Ty\| \leqslant \theta \|x - y\|. \tag{5.1}$$

定理 5.1 Banach 空间 $\mathscr{B}$ 中的压缩映射 T 有唯一的不动点, 即方程 $Tx = x$ 存在唯一的解 $x \in \mathscr{B}$.

证明 (逐次逼近法.) 设 $x_0 \in \mathscr{B}$ 并按照 $x_n = T^n x_0, n = 1, 2, \ldots$ 定义序列 $\{x_n\} \subset \mathscr{B}$. 如果 $n \geqslant m$, 则根据三角不等式得到

$$\begin{aligned}
\|x_n - x_m\| &\leqslant \sum_{j=m+1}^{n} \|x_j - x_{j-1}\| \\
&= \sum_{j=m+1}^{n} \|T^{j-1}x_1 - T^{j-1}x_0\| \\
&\leqslant \sum_{j=m+1}^{n} \theta^{j-1}\|x_1 - x_0\| \quad (\text{根据 } (5.1)) \\
&\leqslant \frac{\|x_1 - x_0\|\theta^m}{1-\theta} \to 0 \quad (\text{当 } m \to \infty).
\end{aligned}$$

从而序列 $\{x_n\}$ 是 Cauchy 序列, 并且由于 $\mathscr{B}$ 完备, 它收敛于一元素 $x \in \mathscr{B}$. 显然 T 也是连续映射, 所以还有

$$Tx = \lim Tx_n = \lim x_{n+1} = x,$$

这个 x 就是 T 的不动点, x 的唯一性直接从 (5.1) 得出. □

在定理 5.1 的叙述中, 空间 $\mathscr{B}$ 显然能用任一闭子集代替.

5.2. 连续性方法

设 $\mathscr{V}_1$ 和 $\mathscr{V}_2$ 都是赋范线性空间. 线性映射 $T:\mathscr{V}_1\to\mathscr{V}_2$ 是有界的, 如果量

$$\|T\|=\sup_{x\in\mathscr{V}_1,x\neq 0}\frac{\|Tx\|_{\mathscr{V}_2}}{\|x\|_{\mathscr{V}_1}} \tag{5.2}$$

是有限的. 容易证明映射 T 有界当且仅当它是连续的. 有界线性映射的可逆性有时可通过下述定理从一个类似映射的可逆性推知, 这个定理在应用中通称连续性方法.

定理 5.2 设 $\mathscr{B}$ 是 Banach 空间, $\mathscr{V}$ 是赋范线性空间, 并设 L_0, L_1 是从 $\mathscr{B}$ 到 $\mathscr{V}$ 中的有界线性算子. 对每一 $t\in[0,1]$, 令

$$L_t=(1-t)L_0+tL_1,$$

并设存在一常数 C 使得对 $t\in[0,1]$, 成立

$$\|x\|_{\mathscr{B}}\leqslant C\|L_tx\|_{\mathscr{V}}, \tag{5.3}$$

则 L_1 把 $\mathscr{B}$ 映上 $\mathscr{V}$ 当且仅当 L_0 把 $\mathscr{B}$ 映上 $\mathscr{V}$.

证明 假设对某 $s\in[0,1]$, L_s 是映上的. 按 (5.3), L_s 是一对一的, 所以逆映射 $L_s^{-1}:\mathscr{V}\to\mathscr{B}$ 存在. 对 $t\in[0,1]$ 和 $y\in\mathscr{V}$, 方程 $L_tx=y$ 等价于方程

$$L_sx=y+(L_s-L_t)x=y+(t-s)L_0x-(t-s)L_1x,$$

而后者又等价于方程

$$x=L_s^{-1}y+(t-s)L_s^{-1}(L_0-L_1)x.$$

如果

$$|s-t|<\delta=[C(\|L_0\|+\|L_1\|)]^{-1},$$

由 $Tx=L_s^{-1}y+(t-s)L_s^{-1}(L_0-L_1)x$ 给出的 $\mathscr{B}$ 到自身中的映射 T 显然是一个压缩映射, 所以映射 L_t 对所有满足 $|s-t|<\delta$ 的 $t\in[0,1]$ 是映上的. 把 [0,1] 区间分成长度小于 δ 的子区间, 我们看出: 只要对任一固定的 $t\in[0,1]$, 特别是对于 $t=0$ 或 $t=1$, 映射 L_t 是映上的, 则对一切 $t\in[0,1]$, L_t 也是映上的. □

5.3. Fredholm 二择一性质

设 $\mathscr{V}_1$ 和 $\mathscr{V}_2$ 都是赋范线性空间. 映射 $T:\mathscr{V}_1\to\mathscr{V}_2$ 称为紧的 (或完全连续的), 如果 T 把 $\mathscr{V}_1$ 中有界集映为 $\mathscr{V}_2$ 中的相对紧集, 或等价地: T 把 $\mathscr{V}_1$ 中有界序

列映为 $\mathscr{V}_2$ 中含有收敛子序列的序列. 由此得出紧的线性映射也是连续的, 但一般说来其逆不真, 除非 $\mathscr{V}_2$ 是有限维的. Fredholm 二择一性质 (或 Riesz-Schauder 原理) 涉及空间 $\mathscr{V}$ 到自身的紧线性算子, 并且是有限维空间的线性映射理论的一个推广.

定理 5.3 设 T 是赋范线性空间 $\mathscr{V}$ 到自身中的一紧线性映射. 那么, 或者 (i) 齐次方程

$$x - Tx = 0$$

有非平凡解 $x \in \mathscr{V}$, 或者 (ii) 对每个 $y \in \mathscr{V}$, 方程

$$x - Tx = y$$

有唯一确定的解 $x \in \mathscr{V}$. 而且, 在情形 (ii), 已断定其存在性的算子 $(I - T)^{-1}$ 也是有界的.

定理 5.3 的证明依赖于以下 Riesz 的简单结果.

引理 5.4 设 $\mathscr{V}$ 是赋范线性空间, $\mathscr{M}$ 是 $\mathscr{V}$ 的真闭子空间. 则对任一 $\theta < 1$, 存在一个元素 $x_\theta \in \mathscr{V}$, 满足 $\|x_\theta\| = 1$ 且 $\operatorname{dist}(x_\theta, \mathscr{M}) \geqslant \theta$.

证明 设 $x \in \mathscr{V} - \mathscr{M}$. 因 $\mathscr{M}$ 是闭的, 我们得到

$$\operatorname{dist}(x, \mathscr{M}) = \inf_{y \in \mathscr{M}} \|x - y\| = d > 0.$$

从而存在一个元素 $y_\theta \in \mathscr{M}$ 使得

$$\|x - y_\theta\| \leqslant \frac{d}{\theta},$$

这样一来, 定义

$$x_\theta = \frac{x - y_\theta}{\|x - y_\theta\|},$$

我们得到 $\|x_0\| = 1$ 且对任一 $y \in \mathscr{M}$,

$$\|x_\theta - y\| = \frac{\|x - y_\theta - \|y_\theta - x\|y\|}{\|y_\theta - x\|} \geqslant \frac{d}{\|y_\theta - x\|} \geqslant \theta. \qquad \square$$

如果 $\mathscr{V} = \mathbb{R}^n$, 显然选 x_θ 与 $\mathscr{M}$ 正交, 可取 $\theta = 1$. 在任一 Hilbert 空间中这也是可能的, 但是一般说来, 引理 5.4 虽然肯定了 "接近正交" 于 $\mathscr{M}$ 的元素的存在性, 却不能改进到允许 $\theta = 1$.

定理 5.3 的证明 把我们的证明分成四步是合适的.

(1) 设 $S=I-T$, 其中 I 是恒等映射, 并设

$$\mathscr{N}=S^{-1}(0)=\{x\in\mathscr{V}|Sx=0\}$$

是 S 的零空间. 则存在常数 K 使得对所有的 $x\in\mathscr{V}$ 有

$$\operatorname{dist}(x,\mathscr{N})\leqslant K\|Sx\|. \tag{5.4}$$

证明 设结果不真. 则存在一个序列 $\{x_n\}\subset\mathscr{V}$ 满足 $\|Sx_n\|=1$ 和 $d_n=\operatorname{dist}(x_n,\mathscr{N})\to\infty$. 选一个序列 $\{y_n\}\subset\mathscr{N}$ 使得

$$d_n\leqslant\|x_n-y_n\|\leqslant 2d_n.$$

于是如果

$$z_n=\frac{x_n-y_n}{\|x_n-y_n\|},$$

便有 $\|z_n\|=1$ 和 $\|Sz_n\|\leqslant d_n^{-1}\to 0$, 因此序列 $\{Sz_n\}$ 收敛于 0. 但是因为 T 紧, 如有必要, 通过讨论子序列, 可以假定序列 $\{Tz_n\}$ 收敛于一个元素 $y_0\in\mathscr{V}$. 因为 $z_n=(S+T)z_n$, 于是我们也得到 $\{z_n\}$ 收敛于 y_0, 从而 $y_0\in\mathscr{N}$. 但是这导致矛盾, 因为

$$\begin{aligned}\operatorname{dist}(z_n,\mathscr{N})&=\inf_{y\in\mathscr{N}}\|z_n-y\|\\&=\|x_n-y_n\|^{-1}\inf_{y\in\mathscr{N}}\|x_n-y_n-\|x_n-y_n\|y\|\\&=\|x_n-y_n\|^{-1}\operatorname{dist}(x_n,\mathscr{N})\geqslant\frac{1}{2}.\end{aligned}$$ □

(2) 设 $\mathscr{R}=S(\mathscr{V})$ 是 S 的值域. 则 $\mathscr{R}$ 是 $\mathscr{V}$ 的闭子空间.

证明 设 $\{x_n\}$ 是 $\mathscr{V}$ 中一序列, 它们的像 $\{Sx_n\}$ 收敛于元素 $y\in\mathscr{V}$. 为了证明 $\mathscr{R}$ 是闭的, 我们必须证明对某元素 $x\in\mathscr{V}, y=Sx$. 由我们以前的结果, 序列 $\{d_n\}$ 有界, 这里 $d_n=\operatorname{dist}(x_n,\mathscr{N})$. 取 $y\in\mathscr{N}$ 如前, 并记 $w_n=x_n-y_n$, 从而我们得到序列 $\{w_n\}$ 有界, 而序列 $\{Sw_n\}$ 收敛于 y. 因为 T 是紧的, 如有必要, 通过讨论子序列, 我们可以假定序列 $\{Tw_n\}$ 收敛于一个元素 $w_0\in\mathscr{V}$. 所以序列 $\{w_n\}$ 本身收敛于 $y+w_0$, 又根据 S 的连续性, 我们得到 $S(y+w_0)=y$. 从而 $\mathscr{R}$ 是闭的. □

(3) 如果 $\mathscr{N}=\{0\}$, 则 $\mathscr{R}=\mathscr{V}$. 也就是说, 如果定理 5.3 中情况 (i) 不发生, 则情况 (ii) 为真.

证明 根据我们以前的结果, 由 $\mathscr{R}_j=S^j(\mathscr{V}), j=1,2,\ldots$ 定义的集合 $\mathscr{R}_j$ 构成 $\mathscr{V}$ 的一个非增的闭子空间序列. 假设这些空间中没有两个重合. 那么每

一个都是它前一个的真子空间. 所以按照引理 5.4, 存在序列 $\{y_n\} \subset \mathscr{V}$ 使得 $y_n \in \mathscr{R}_n, \|y_n\| = 1$ 且

$$\operatorname{dist}(y_n, \mathscr{R}_{n+1}) \geqslant \frac{1}{2}.$$

这样, 如果 $n > m$ 就有

$$Ty_m - Ty_n = y_m + (-y_n - Sy_m + Sy_n) = y_m - y$$

对某个 $y \in \mathscr{R}_{m+1}$ 成立. 所以 $\|Ty_m - Ty_n\| \geqslant \frac{1}{2}$, 与 T 的紧性矛盾. 从而存在一个整数 k 使得 $\mathscr{R}_j = \mathscr{R}_k$ 对所有的 $j \geqslant k$ 成立. 到这时我们还没有利用条件: $\mathscr{N} = \{0\}$. 现在设 y 是 $\mathscr{V}$ 的一个任意的元素. 于是 $S^k y \in \mathscr{R}_k = \mathscr{R}_{k+1}$, 从而对某个 $x \in \mathscr{V}, S^k y = S^{k+1} x$ 成立. 因此 $S^k(y - Sx) = 0$, 因为 $S^{-k}(0) = S^{-1}(0) = 0$, 从而 $y = Sx$. 所以对所有的 $j, \mathscr{R} = \mathscr{R}_j = \mathscr{V}$ 成立. □

(4) 如果 $\mathscr{R} = \mathscr{V}$, 则 $\mathscr{N} = \{0\}$. 从而或者情况 (i) 或者情况 (ii) 发生.

证明 这时令 $\mathscr{N}_j = S^{-j}(0)$ 来定义一个非降闭子空间序列 $\{\mathscr{N}_j\}$. $\mathscr{N}_j$ 的闭性由 S 的连续性推出. 利用与第 (3) 步用过的基于引理 5.4 的类似论证法, 我们得到对所有的 $j \geqslant$ 某个整数 l, $\mathscr{N}_j = \mathscr{N}_l$ 成立. 于是, 如果 $\mathscr{R} = \mathscr{V}$, 任一元素 $y \in \mathscr{N}_l$ 将对某个 $x \in \mathscr{V}$ 满足 $y = S^l x$. 从而 $S^{2l}x - 0$, 因此 $x \in \mathscr{N}_{2l} = \mathscr{N}_l$, 由此 $y = S^l x = 0$. 这样第 (4) 步证完. □

在情况 (ii) 中算子 $S^{-1} = (I - T)^{-1}$ 的有界性从第 (1) 步与 $\mathscr{N} = \{0\}$ 推出. 注意, 在第 (1) 步和第 (2) 步一开头就取 $\mathscr{N} = \{0\}$ 能使证明略微简化, 而且第 (4) 步与前面的步骤是无关的. 这样, 定理 5.3 完全得证. □

从定理 5.3 和引理 5.4 可推出紧线性算子谱的某些性质. 如果 $\mathscr{V}$ 中存在非零元素 x (称为特征向量) 满足 $Tx = \lambda x$, 就称数 λ 为 T 的特征值. 很明显属于不同特征值的特征向量必然是线性无关的. 算子 $S_\lambda = \lambda I - T$ 的零空间的维数称为 λ 的重数. 如果 $\lambda \neq 0, \in \mathbb{R}$ 不是 T 的特征值, 从定理 5.3 推出, 预解算子 $R_\lambda = (\lambda I - T)^{-1}$ 是有明确定义的、把 $\mathscr{V}$ 映上自身的有界线性映射. 从引理 5.4 我们可以推出下述结果.

定理 5.5 赋范线性空间到自身中的紧线性映射 T 具有特征值的一个可数集合, 这些特征值没有极限点, $\lambda = 0$ 可能是例外. 每一个非零特征值有有限的重数.

证明 假设存在特征值序列 $\{\lambda_n\}$ 满足 $\lambda_n \to \lambda \neq 0$, 这些 λ_n 以及对应的线性无关的特征向量序列 $\{x_n\}$ 不一定互不相同. 设 $\mathscr{M}_n$ 是由 $\{x_1, \ldots, x_n\}$ 张成的闭子空间. 由引理 5.4, 存在序列 $\{y_n\}$ 使得 $y_n \in \mathscr{M}_n, \|y_n\| = 1$ 和 $\operatorname{dist}(y_n, \mathscr{M}_{n-1}) \geqslant$

$\frac{1}{2}$ $(n=2,3,\ldots)$. 如果 $n>m$, 我们有

$$\begin{aligned}\lambda_n^{-1}Ty_n-\lambda_m^{-1}Ty_m &= y_n+(-y_m-\lambda_n^{-1}S_{\lambda_n}y_n+\lambda_m^{-1}S_{\lambda_m}y_m)\\ &= y_n-z, \quad \text{其中 } z\in\mathscr{M}_{n-1}.\end{aligned}$$

因为, 如果 $y_n=\sum_{j=1}^{n}\beta_j x_j$, 则

$$y_n-\lambda_n^{-1}Ty_n=\sum_{j=1}^{n}\beta_j(1-\lambda_n^{-1}\lambda_j)x_j\in\mathscr{M}_{n-1},$$

类似地, $S_{\lambda_m}y_m\in\mathscr{M}_m$. 因而我们有

$$\|\lambda_n^{-1}Ty_n-\lambda_m^{-1}Ty_m\|\geqslant\frac{1}{2},$$

和前提 $\lambda_n\to\lambda\neq 0$ 结合起来, 它与算子 T 的紧性矛盾. 所以我们开始的假设是错误的, 这蕴涵着定理的正确性. □

5.4. 对偶空间和共轭

为了完整起见, 我们在这里指出几个在本书中仅在 Hilbert 空间中将被证明和用到的结果. 设 $\mathscr{V}$ 是赋范线性空间. $\mathscr{V}$ 上的泛函是一个从 $\mathscr{V}$ 到 $\mathbb{R}$ 中的映射. $\mathscr{V}$ 上全体有界线性泛函的空间称为 $\mathscr{V}$ 的对偶空间, 并记为 $\mathscr{V}^*$. 容易证明在范数

$$\|f\|_{\mathscr{V}^*}=\sup_{x\neq 0}\frac{|f(x)|}{\|x\|} \tag{5.5}$$

之下 $\mathscr{V}^*$ 是一个 Banach 空间.

例 $\mathbb{R}^n$ 的对偶空间同构于 $\mathbb{R}^n$ 自身.

$\mathscr{V}^*$ 的对偶空间, 记为 $\mathscr{V}^{**}$, 称为 $\mathscr{V}$ 的二次对偶. 很明显, 对 $f\in\mathscr{V}^*$, 用 $Jx(f)=f(x)$ 给出的映射 $J:\mathscr{V}\to\mathscr{V}^{**}$ 是 $\mathscr{V}$ 到 $\mathscr{V}^{**}$ 中的一个保范的线性一对一映射. 如果 $J\mathscr{V}=\mathscr{V}^{**}$, 则称 $\mathscr{V}$ 是*自反的*. 自反的 Banach 空间具有某些性质, 使得它一般说来比 Banach 空间更适用于微分方程. 在第 7 章中要引进的 Sobolev 空间 $W^{k,p}(\Omega)$ 当 $p>1$ 时是自反的, 但第 4 章的 Hölder 空间 $C^{k,\alpha}(\overline{\Omega})$ 是非自反的.

设 T 是两个 Banach 空间 $\mathscr{B}_1$ 和 $\mathscr{B}_2$ 之间的有界线性映射. T 的*共轭*, 记为 T^*, 是

$$(T^*g)(x)=g(Tx), \quad g\in\mathscr{B}_2^*, x\in\mathscr{B}_1 \tag{5.6}$$

定义的 $\mathscr{B}_2^*$ 和 $\mathscr{B}_1^*$ 之间的一个有界线性映射. 设 $\mathscr{N}, \mathscr{R}, \mathscr{N}^*, \mathscr{R}^*$ 分别表示 T, T^* 的零空间和值域, 只要 $\mathscr{R}$ 是闭的, 就成立关系式

$$\mathscr{R} = \mathscr{N}^{*\perp} = \{y \in \mathscr{B}_2 | g(y) = 0, \text{对所有的 } g \in \mathscr{N}^*\},$$
$$\mathscr{R}^* = \mathscr{N}^{\perp} = \{f \in \mathscr{B}_1^* | f(x) = 0, \text{对所有的 } x \in \mathscr{N}\}.$$

还有, T 的紧性蕴涵 T^* 的紧性. 这两个结果的证明, 参看, 例如 [YO]. 从而我们看出, 如果对 Banach 空间 $\mathscr{B}$ Fredholm 二择一性质的第 (i) 种情况成立, 那么方程 $x - Tx = y$ 对 $x \in \mathscr{B}$ 可解当且仅当对满足 $T^*g = g$ 的所有 $g \in \mathscr{B}^*$, 成立 $g(y) = 0$. 最后的这一结果将直接在 Hilbert 空间中建立.

5.5. Hilbert 空间

我们在这里介绍第 8 章中处理线性椭圆型算子所需要的 Hilbert 空间理论. 线性空间 $\mathscr{V}$ 上的数 (或内) 积是一个映射 $q : \mathscr{V} \times \mathscr{V} \to \mathbb{R}$ (今后我们记 $q(x, y) = (x, y)$ 或 $(x, y)_{\mathscr{V}}, x, y \in \mathscr{V}$), 它满足

(i) 对所有的 $x, y \in \mathscr{V}, (x, y) = (y, x)$.

(ii) 对所有的 $\lambda_1, \lambda_2 \in \mathbb{R}, x_1, x_2, y \in \mathscr{V}$,

$$(\lambda_1 x_1 + \lambda_2 x_2, y) = \lambda_1 (x_1, y) + \lambda_2 (x_2, y).$$

(iii) 对所有的 $x \neq 0, \in \mathscr{V}, (x, x) > 0$.

线性空间 $\mathscr{V}$ 赋予内积后称为内积空间或准 Hilbert 空间. 对于 $x \in \mathscr{V}$, 记 $\|x\| = (x, x)^{1/2}$, 我们有下述不等式:

Schwarz 不等式

$$|(x, y)| \leqslant \|x\| \|y\|; \tag{5.7}$$

三角不等式

$$\|x + y\| \leqslant \|x\| + \|y\|; \tag{5.8}$$

平行四边形定律

$$\|x + y\|^2 + \|x - y\|^2 = 2(\|x\|^2 + \|y\|^2). \tag{5.9}$$

特别地, 内积空间 $\mathscr{V}$ 是赋范线性空间. 完备的内积空间定义为 Hilbert 空间.

例 (i) 在内积

$$(x, y) = \sum x_i y_i, \quad x = (x_1, \ldots, x_n), \quad y = (y_1, \ldots, y_n)$$

之下, Euclid 空间 $\mathbb{R}^n$ 是 Hilbert 空间.

(ii) Sobolev 空间 $W^{k,2}(\Omega)$ (见第 7 章).

5.6. 投影定理

内积空间中的两元素 x 和 y, 如果 $(x,y)=0$, 则称为正交的 (或垂直的). 给定内积空间的子集 $\mathscr{M}$, 我们用 $\mathscr{M}^{\perp}$ 表示与 $\mathscr{M}$ 的每个元素都正交的元素的集合. 下述定理断言在 Hilbert 空间中任一元素到一个闭子空间上的正交投影的存在性.

定理 5.6 设 $\mathscr{M}$ 是 Hilbert 空间 $\mathscr{H}$ 的一个闭子空间. 则对每一 $x\in\mathscr{H}$, 有 $x=y+z$, 其中 $y\in\mathscr{M}, z\in\mathscr{M}^{\perp}$.

证明 如果 $x\in\mathscr{M}$, 则置 $y=x, z=0$. 所以可假设 $\mathscr{M}\neq\mathscr{H}, x\notin\mathscr{M}$. 定义

$$d=\operatorname{dist}(x,\mathscr{M})=\inf_{y\in\mathscr{M}}\|x-y\|>0$$

并设 $\{y_n\}\subset\mathscr{M}$ 是极小化序列, 即 $\|x-y_n\|\to d$. 运用平行四边形定律我们得到

$$4\left\|x-\frac{1}{2}(y_m+y_n)\right\|^2+\|y_m-y_n\|^2=2(\|x-y_m\|^2+\|x-y_n\|^2),$$

因为 $\frac{1}{2}(y_m+y_n)\in\mathscr{M}$, 所以当 $m,n\to\infty$ 时, 有 $\|y_m-y_n\|\to 0$; 即序列 $\{y_n\}$ 收敛 (因为 $\mathscr{H}$ 完备). 因为 $\mathscr{M}$ 是闭的, 还有 $y=\lim y_n\in\mathscr{M}$ 及 $\|x-y\|=d$.

现在记 $x=y+z$, 其中 $z=x-y$. 为完成证明, 我们必须证明 $z\in\mathscr{M}^{\perp}$. 对任一 $y'\in\mathscr{M}$ 及 $\alpha\in\mathbb{R}$, 我们有 $y+\alpha y'\in\mathscr{M}$, 因而

$$\begin{aligned}d^2&\leqslant\|x-y-\alpha y'\|^2=(z-\alpha y',z-\alpha y')\\&=\|z\|^2-2\alpha(y',z)+\alpha^2\|y'\|^2.\end{aligned}$$

于是, 因为 $\|z\|=d$, 我们得到对所有的 $\alpha>0$,

$$|(y',z)|\leqslant\frac{\alpha}{2}\|y'\|^2,$$

从而对所有的 $y'\in\mathscr{M}, (y',z)=0$. 所以 $z\in\mathscr{M}^{\perp}$. □

元素 y 称为 x 在 $\mathscr{M}$ 上的正交投影. 定理 5.6 还证明了 $\mathscr{H}$ 的任一真闭子空间与 $\mathscr{H}$ 的某个元素正交.

5.7. Riesz 表示定理

Riesz 表示定理规定了 Hilbert 空间上的有界线性泛函作为内积的这个极为有用的特性.

定理 5.7 对 Hilbert 空间 $\mathscr{H}$ 上的每一个有界线性泛函 F, 存在唯一确定的元素 $f \in \mathscr{H}$, 使得对所有的 $x \in \mathscr{H}$, 有 $F(x) = (x, f)$, 并且 $\|F\| = \|f\|$.

证明 设 $\mathscr{N} = \{x | F(x) = 0\}$ 是 F 的零空间. 如果 $\mathscr{N} = \mathscr{H}$, 取 $f = 0$, 结果得证. 否则, 因为 $\mathscr{N}$ 是 $\mathscr{H}$ 的闭子空间, 按定理 5.6, 存在一个元素 $z \neq 0, \in \mathscr{H}$, 使得对所有的 $x \in \mathscr{N}, (x, z) = 0$. 所以 $F(z) \neq 0$, 此外, 对任何 $x \in \mathscr{H}$,

$$F\left(x - \frac{F(x)}{F(z)}z\right) = F(x) - \frac{F(x)}{F(z)}F(z) = 0,$$

因而元素 $x - \dfrac{F(x)}{F(z)}z \in \mathscr{N}$. 这意味着

$$\left(x - \frac{F(x)}{F(z)}z, z\right) = 0,$$

即,

$$(x, z) = \frac{F(x)}{F(z)}\|z\|^2,$$

所以 $F(x) = (f, x)$, 其中 $f = zF(z)/\|z\|^2$. f 的唯一性是容易证明的, 留给读者. 为证明 $\|F\| = \|f\|$, 根据 Schwarz 不等式, 我们首先有

$$\|F\| = \sup_{x \neq 0} \frac{|(x, f)|}{\|x\|} \leqslant \sup_{x \neq 0} \frac{\|x\|\|f\|}{\|x\|} = \|f\|;$$

其次,

$$\|f\|^2 = (f, f) = F(f) \leqslant \|F\|\|f\|,$$

因为 $\|f\| \leqslant \|F\|$, 所以 $\|F\| = \|f\|$. □

定理 5.7 表明, Hilbert 空间的对偶空间可与空间自身恒等, 从而 Hilbert 空间是自反的.

5.8. Lax-Milgram 定理

Riesz 表示定理对于处理变分形式的线性椭圆型方程, 即它们是某个重积分的 Euler-Lagrange 方程, 是足够了. 对于一般散度结构的方程, 我们需要一个属于 Lax-Milgram 的定理, 它稍微推广了定理 5.7 的结果. Hilbert 空间 $\mathscr{H}$ 上的双线性形式 $\mathbf{B}$ 称为有界的, 如果存在一个常数 K 使得对所有的 $x, y \in \mathscr{H}$,

$$|\mathbf{B}(x, y)| \leqslant K\|x\|\|y\|; \tag{5.10}$$

$\mathbf{B}$ 称为强迫的, 如果存在一个数 $\nu > 0$ 使得对所有的 $x \in \mathscr{H}$,

$$\mathbf{B}(x, x) \geqslant \nu\|x\|^2. \tag{5.11}$$

内积本身就是有界、强迫的双线性形式的一个特例.

定理 5.8 设 $\mathbf{B}$ 是 Hilbert 空间 $\mathscr{H}$ 上的有界强迫的双线性形式. 则对每一有界线性泛函 $F \in \mathscr{H}^*$, 存在唯一的元素 $f \in \mathscr{H}$, 使得对所有 $x \in \mathscr{H}$,

$$\mathbf{B}(x, f) = F(x).$$

证明 由于定理 5.7, 存在一个用 $\mathbf{B}(x, f) = (x, Tf)$, 对所有 $x \in \mathscr{H}$ 定义的线性映射 $T : \mathscr{H} \to \mathscr{H}$. 而且根据 (5.10), $\|Tf\| \leqslant K\|f\|$, 因而 T 是有界的. 由 (5.11) 我们得到 $\nu\|f\|^2 \leqslant \mathbf{B}(f, f) = (f, Tf) \leqslant \|f\|\|Tf\|$, 因而对所有的 $f \in \mathscr{H}$,

$$\nu\|f\| \leqslant \|Tf\| \leqslant K\|f\|.$$

这个估计蕴涵 T 是一对一的、有闭的值域 (见习题 5.3) 而且 T^{-1} 是有界的. 假设 T 不是映上 $\mathscr{H}$ 的, 则存在一个元素 $z \neq 0$, 对所有的 $f \in \mathscr{H}$ 满足 $(z, Tf) = 0$. 选择 $f = z$, 我们得到 $(z, Tz) = \mathbf{B}(z, z) = 0$, 按 (5.11) 它蕴涵 $z = 0$. 从而 T^{-1} 是 $\mathscr{H}$ 上有界线性映射. 于是对所有的 $x \in \mathscr{H}$ 和某个唯一的 $g \in \mathscr{H}$, 我们有 $F(x) = (x, g) = \mathbf{B}(x, T^{-1}g)$ 成立, 取 $f = T^{-1}g$, 结论得证. □

5.9. Hilbert 空间中的 Fredholm 二择一性质

定理 5.3 和定理 5.5 当然可用到 Hilbert 空间中的紧算子上去. 现在我们对 Hilbert 空间来导出先前关于 Banach 空间中共轭的附注. 借助定理 5.7, 我们用略微不同的方式来定义共轭. 如果 T 是 Hilbert 空间 $\mathscr{H}$ 中的有界线性算子, 它的共轭 T^* 由下式定义: 对所有的 $x, y \in \mathscr{H}$,

$$(T^*y, x) = (y, Tx), \tag{5.12}$$

T^* 也是 $\mathscr{H}$ 中的有界线性映射. 显然, $\|T^*\| = \|T\|$, 其中

$$\|T\| = \sup_{x \neq 0} \|Tx\|/\|x\|.$$

引理 5.9 如果 T 是紧的, 则 T^* 也是紧的.

证明 设 $\{x_n\}$ 是 $\mathscr{H}$ 中满足 $\|x_n\| \leqslant M$ 的序列. 则

$$\begin{aligned}\|T^*x_n\|^2 &= (T^*x_n, T^*x_n) = (x_n, TT^*x_n)\\ &\leqslant \|x_n\|\|TT^*x_n\| \leqslant M\|T\|\|T^*x_n\|,\end{aligned}$$

因而 $\|T^*x_n\| \leqslant M\|T\|$; 即是说, 序列 $\{T^*x_n\}$ 也是有界的. 所以, 因 T 是紧的, 如有必要通过讨论子序列, 我们可假定序列 $\{TT^*x_n\}$ 收敛. 但是这样, 当

$m, n \to \infty$ 时,

$$\begin{aligned}\|T^*(x_n - x_m)\|^2 &= (T^*(x_n - x_m), T^*(x_n - x_m)) \\ &= (x_n - x_m, TT^*(x_n - x_m)) \\ &\leqslant 2M\|TT^*(x_n - x_m)\| \to 0.\end{aligned}$$

因为 $\mathscr{H}$ 完备, 于是序列 $\{T^*x_n\}$ 收敛, 所以 T^* 是紧的. □

引理 5.10　*T 的值域的闭包是 T^* 的零空间的正交补.*

证明　设 $\mathscr{R} = T$ 的值域, $\mathscr{N}^* = T^*$ 的零空间. 如果 $y = Tx$, 则对所有的 $f \in \mathscr{N}^*$, 我们有 $(y, f) = (Tx, f) = (x, T^*f) = 0$, 所以 $\mathscr{R} \subset \mathscr{N}^{*\perp}$, 又因 $\mathscr{N}^{*\perp}$ 是闭的, 于是 $\overline{\mathscr{R}} \subset \mathscr{N}^{*\perp}$. 现在假设 $y \notin \overline{\mathscr{R}}$. 根据投影定理 (定理 5.6), $y = y_1 + y_2$, 其中 $y_1 \in \overline{\mathscr{R}}, y_2 \in \overline{\mathscr{R}}^{\perp} - \{0\}$. 从而对所有的 $x \in \mathscr{H}$, 有 $(y_2, Tx) = (T^*y_2, x) = 0$, 因此 $y_2 \in \mathscr{N}^*$. 所以 $(y_2, y) = (y_2, y_1) + \|y_2\|^2 = \|y_2\|^2$, 并且 $y \notin \mathscr{N}^{*\perp}$. □

注意引理 5.10 无论 T 是否紧都是有效的. 把引理 5.9 与引理 5.10 同定理 5.3 与定理 5.5 结合起来, 就得到下面关于 Hilbert 空间中紧算子的 Fredholm 二择一性质.

定理 5.11　*设 $\mathscr{H}$ 是 Hilbert 空间, T 是 $\mathscr{H}$ 到自身中的紧映射. 则存在一个可数集 $\Lambda \subset \mathbb{R}$, 它没有极限点, 但 $\lambda = 0$ 可能为例外, 使得: 如果 $\lambda \neq 0, \lambda \notin \Lambda$, 那么方程*

$$\lambda x - Tx = y, \quad \lambda x - T^*x = y \tag{5.13}$$

对每一 $y \in \mathscr{H}$ 都有唯一确定的解 $x \in \mathscr{H}$, 并且逆映射 $(\lambda I - T)^{-1}, (\lambda I - T^*)^{-1}$ 是有界的. 如果 $\lambda \in \Lambda$, 映射 $\lambda I - T, \lambda I - T^*$ 的零空间有正的有限的维数, 并且方程 (5.13) 可解, 当且仅当在第一种情况下 y 与 $\lambda I - T^*$ 的零空间正交, 而在另一种情况下 y 与 $\lambda I - T$ 的零空间正交.

5.10. 弱紧性

设 $\mathscr{V}$ 是一赋范线性空间. 如果 $f(x_n) \to f(x)$ 对于对偶空间 $\mathscr{V}^*$ 中所有的 f 成立, 则称序列 $\{x_n\}$ 弱收敛于元素 $x \in \mathscr{V}$. 根据 Riesz 表示定理 (定理 5.7), Hilbert 空间 $\mathscr{H}$ 中一序列 $\{x_n\}$ 如果对所有的 $y \in \mathscr{H}$, 成立 $(x_n, y) \to (x, y)$, 就弱收敛于 $x \in \mathscr{H}$. 下面的结果在 Hilbert 空间中研究微分方程时是有用的.

定理 5.12　*Hilbert 空间中的有界序列包含弱收敛的子序列.*

证明　我们首先假设 $\mathscr{H}$ 是可分的, 并设序列 $\{x_n\} \subset \mathscr{H}$ 满足 $\|x_n\| \leqslant M$. 设 $\{y_m\}$ 是 $\mathscr{H}$ 的稠密子集. 通过 Cantor 对角线手续, 我们得到初始序列的一个子

序列 $\{x_{n_k}\}$ 满足 $(x_{n_k}, y_m) \to \alpha_m \in \mathbb{R}\ (k \to \infty)$. 从而用 $f(y_m) = \alpha_m$ 定义的映射 $f: \{y_m\} \to \mathbb{R}$ 可延拓为 $\mathscr{H}$ 上的有界线性泛函 f, 所以, 根据 Riesz 表示定理, 存在一个元素 $x \in \mathscr{H}$, 对所有的 $y \in \mathscr{H}$, 当 $k \to \infty$ 时满足 $(x_{n_k}, y) \to f(y) = (x, y)$. 所以子序列 $\{x_{n_k}\}$ 弱收敛于 x.

为把结论推广到任意的 Hilbert 空间 $\mathscr{H}$, 我们设 $\mathscr{H}_0$ 是序列 $\{x_n\}$ 的线性包的闭包. 那么, 根据我们前面的论证, 存在一个子序列 $\{x_{n_k}\} \subset \mathscr{H}_0$ 和一个元素 $x \in \mathscr{H}_0$, 对所有的 $y \in \mathscr{H}_0$, 满足 $(x_{n_k}, y) \to (x, y)$. 但是按照定理 5.5, 我们对任意的 $y \in \mathscr{H}$, 有 $y = y_0 + y_1$, 其中 $y_0 \in \mathscr{H}_0, y_1 \in \mathscr{H}_0^{\perp}$. 所以对所有的 $y \in \mathscr{H}$, 有 $(x_{n_k}, y) = (x_{n_k}, y_0) \to (x, y_0) = (x, y)$, 因而像要求的一样 $\{x_{n_k}\}$ 弱收敛于 x. □

定理 5.12 证明的第一部分能自动地推广到具有可分对偶空间的自反 Banach 空间上去 (见习题 5.4). 然而对任意自反 Banach 空间, 这个结论也是成立的 (见 [YO]).

评注

本章的材料是标准的, 能够在诸如 [DS], [EW] 和 [YO] 等泛函分析教科书中找到.

习题

5.1. 证明: 第 4 章引入的 Hölder 空间 $C^{k,\alpha}(\overline{\Omega})$ 在等价范数 (4.6) 或 (4.6)′ 下是 Banach 空间.

5.2. 证明: 按照

$$C_*^{k,\alpha}(\Omega) = \{u \in C^{k,\alpha}(\Omega) | |u|_{k,\alpha;\Omega}^* < \infty\}$$

定义的内部 Hölder 空间 $C_*^{k,\alpha}(\Omega)$ 在 (4.17) 给出的内部范数下是 Banach 空间.

5.3. 设 $\mathscr{B}$ 是 Banach 空间, 对某个 $K \subset \mathbb{R}, T$ 是对所有 $x \in \mathscr{B}$ 满足

$$\|x\| \leqslant k\|Tx\|$$

的 $\mathscr{B}$ 到自身中的有界线性映射. 证明 T 的值域是闭的.

5.4. 证明可分自反 Banach 空间中的有界序列包含弱收敛子序列.

第 6 章　古典解; Schauder 方法

这一章讨论二阶线性椭圆型方程的理论, 它本质上是位势理论的一个推广. 它基于下面的基本见解: 即具有 Hölder 连续系数的方程在局部上可以作为常系数方程的扰动来处理. 根据这个事实, Schauder [SC4, 5] 得以创立全局的理论, 我们在这里介绍它的一个推广. 这个方法的基础是把位势理论中的解的先验估计, 推广到具有 Hölder 连续系数的方程上去. 这些估计提供了紧性结果, 它们对于存在性和正则理论是必需的, 并且由于适用于关于系数的相对弱假设下的古典解, 它们在随后的非线性理论中起到了重要的作用.

整个这一章中, 我们把方程

$$Lu = a^{ij}(x)D_{ij}u + b^i(x)D_iu + c(x)u = f(x), \quad a^{ij} = a^{ji} \tag{6.1}$$

记成 $Lu = f$, 其中系数和 f 都定义在开集 $\Omega \subset \mathbb{R}^n$ 中, 除非另外声明, 否则算子 L 总是严格椭圆型的; 即, 对某个正常数 λ, 成立

$$a^{ij}(x)\xi_i\xi_j \geqslant \lambda|\xi|^2, \quad \forall x \in \Omega, \quad \xi \in \mathbb{R}^n. \tag{6.2}$$

常系数方程. 在处理变系数方程 (6.1) 之前, 我们确立一个必要的预备结果, 将定理 4.8 和定理 4.12 从 Poisson 方程推广到其他常系数椭圆型方程. 我们在下面的引理中叙述这些推广, 回忆在 (4.17), (4.18) 和 (4.29) 中定义的内部范数, 部分内部范数和拟范数. 它们将在下面的结果以及本章后面部分中出现. 如无另外声明, 总假设本章中所有的 Hölder 指数都在 (0,1) 之间.

引理 6.1　*在方程*

$$L_0u = A^{ij}D_{ij}u = f(x), \quad A^{ij} = A^{ji} \tag{6.3}$$

中, 设 $[A^{ij}]$ 是常数矩阵, 对正常数 λ, Λ, 满足

$$\lambda|\xi|^2 \leqslant A^{ij}\xi_i\xi_j \leqslant \Lambda|\xi|^2, \quad \forall \xi \in \mathbb{R}^n.$$

(a) 设 $u \in C^2(\Omega), f \in C^\alpha(\Omega)$ 在 $\mathbb{R}^n$ 的开集 Ω 中满足 $L_0 u = f$. 则

$$|u|^*_{2,\alpha;\Omega} \leqslant C(|u|_{0;\Omega} + |f|^{(2)}_{0,\alpha;\Omega}), \tag{6.4}$$

其中 $C = C(n, \alpha, \lambda, \Lambda)$.

(b) 设 Ω 是 $\mathbb{R}^n_+$ 中的开子集, 在 $x_n = 0$ 上有边界部分 T, 并设 $u \in C^2(\Omega) \cap C^0(\Omega \cup T), f \in C^\alpha(\Omega \cup T)$ 在 Ω 中满足 $L_0 u = f$, 在 T 上 $u = 0$. 则

$$|u|^*_{2,\alpha;\Omega\cup T} \leqslant C(|u|_{0;\Omega} + |f|^{(2)}_{0,\alpha;\Omega\cup T}), \tag{6.5}$$

其中 $C = C(n, \alpha, \lambda, \Lambda)$.

证明 设 $\mathbf{P}$ 是一常数矩阵, 它定义一个从 $\mathbb{R}^n$ 到 $\mathbb{R}^n$ 上的非奇异线性变换 $y = x\mathbf{P}$. 设在这个变换下 $u(x) \to \widetilde{u}(y)$, 容易验证

$$A^{ij}D_{ij}u(x) = \widetilde{A}^{ij}D_{ij}\widetilde{u}(y),$$

其中 $\widetilde{\mathbf{A}} = \mathbf{P}^t\mathbf{A}\mathbf{P}$ ($\mathbf{P}^t = \mathbf{P}$ 的转置). 对一适当的正交矩阵 $\mathbf{P}, \widetilde{\mathbf{A}}$ 是一对角阵, 其对角线元素是 $\mathbf{A}$ 的特征值 $\lambda_1, \ldots, \lambda_n$. 进一步, 如果 $\mathbf{Q} = \mathbf{PD}$, 其中 $\mathbf{D}$ 是对角矩阵 $[\lambda_i^{-1/2}\delta_{ij}]$, 那么变换 $y = x\mathbf{Q}$ 把 $L_0 u = f(x)$ 变为 Poisson 方程 $\Delta\widetilde{u}(y) = \widetilde{f}(y)$, 这里在变换下 $u(x) \to \widetilde{u}(y), f(x) \to \widetilde{f}(y)$. 通过进一步的旋转可假设 $\mathbf{Q}$ 把半空间 $x_n > 0$ 变成半空间 $y_n > 0$.

因为正交矩阵 $\mathbf{P}$ 保持长度不变, 我们有

$$\Lambda^{-\frac{1}{2}}|x| \leqslant |x\mathbf{Q}| \leqslant \lambda^{-\frac{1}{2}}|x|.$$

由此推得, 如果在变换 $y = x\mathbf{Q}$ 之下, $\Omega \to \widetilde{\Omega}, v(x) \to \widetilde{v}(y)$, 则在 Ω 和 $\widetilde{\Omega}$ 上定义的范数 (4.17) 和 (4.18) 有下面不等式关系:

$$\begin{aligned} c^{-1}|v|^*_{k,\alpha;\Omega} \leqslant |\widetilde{v}|^*_{k,\alpha;\widetilde{\Omega}} \leqslant c|v|^*_{k,\alpha;\Omega}, \\ c^{-1}|v|^{(k)}_{0,\alpha;\Omega} \leqslant |\widetilde{v}|^{(k)}_{0,\alpha;\widetilde{\Omega}} \leqslant c|v|^{(k)}_{0,\alpha;\Omega}, \end{aligned} \qquad k = 0, 1, 2, \ldots, \quad 0 \leqslant \alpha \leqslant 1, \tag{6.6}$$

其中 $c = c(k, n, \lambda, \Lambda)$.

类似地, 如果 Ω 是 $\mathbb{R}^n_+$ 中的开子集, 在 $x_n = 0$ 上有边界部分 T, 它被 $y = x\mathbf{Q}$ 变到 $\mathbb{R}^n_+$ 中有边界部分 $\widetilde{T}$ 的集合 $\widetilde{\Omega}$ 中, 在 Ω 和 $\widetilde{\Omega}$ 中的范数 (4.29) 满足不等式

$$\begin{aligned} c^{-1}|v|^*_{k,\alpha;\Omega\cup T} \leqslant |\widetilde{v}|^*_{k,\alpha;\widetilde{\Omega}\cup\widetilde{T}} \leqslant c|v|^*_{k,\alpha;\Omega\cup T}, \\ c^{-1}|v|^{(k)}_{0,\alpha;\Omega\cup T} \leqslant |\widetilde{v}|^{(k)}_{0,\alpha;\widetilde{\Omega}\cup\widetilde{T}} \leqslant c|v|^{(k)}_{0,\alpha;\Omega\cup T}, \end{aligned} \tag{6.7}$$

其中的 c 是 (6.6) 中的同一常数.

为了证明引理的 (a) 部分, 我们在 $\widetilde{\Omega}$ 中应用定理 4.8 及不等式 (6.6) 得到

$$\begin{aligned}|u|^*_{2,\alpha;\Omega} &\leqslant C|\widetilde{u}|^*_{2,\alpha;\widetilde{\Omega}} \leqslant C(|\widetilde{u}|_{0;\widetilde{\Omega}} + |\widetilde{f}|^{(2)}_{0,\alpha;\widetilde{\Omega}}) \\ &\leqslant C(|u|_{0;\Omega} + |f|^{(2)}_{0,\alpha;\Omega}).\end{aligned}$$

这就是所要的结论 (6.4). (这里我们用了同一个字母 C 表示依赖于 $n, \alpha, \lambda, \Lambda$ 的常数.)

利用定理 4.12 和不等式 (6.7), 通过同样的方法可证引理的 (b) 部分. □

引理 6.1 提供了把定理 4.6 和定理 4.11 中的球上的估计从 Poisson 方程到更一般的常系数方程 (6.3) 的一个直接推广. 当然, 在后一种情况下常数 C 除了依赖于 n, α 外还依赖于 λ, Λ.

6.1. Schauder 内估计

在方程 $Lu = f$ 的研究中, 我们的第一个目标是 Schauder 内估计的推导, 这个估计在以后的存在性和正则性理论的论述中起着本质的作用. 这些估计是以对 $L_0 u = f$ 的解已在 (6.4) 中得到的结果的同类结果为根据的.

为了得到 $Lu = f$ 的解在 Ω 中的内部范数 $|u|^*_{2,\alpha;\Omega}$ 的估计, 只要得出 $|u|_{0;\Omega}$ 和 (在 (4.17) 中定义的) 拟范数 $[u]^*_{2,\alpha;\Omega}$ 的界就够了. 这正是下述内插不等式的推论.

设 $u \in C^{2,\alpha}(\Omega)$, 其中 Ω 是 $\mathbb{R}^n$ 的开子集. 则对任一 $\varepsilon > 0$, 存在常数 $C = C(\varepsilon)$, 使得

$$[u]^*_{j,\beta;\Omega} \leqslant C|u|_{0;\Omega} + \varepsilon[u]^*_{2,\alpha;\Omega}, \tag{6.8}$$

$$j = 0, 1, 2; 0 \leqslant \alpha, \beta \leqslant 1, j + \beta < 2 + \alpha;$$

$$|u|^*_{j,\beta;\Omega} \leqslant C|u|_{0;\Omega} + \varepsilon[u]^*_{2,\alpha;\Omega}, \tag{6.9}$$

这些不等式将在这一章附录 1 的引理 6.32 中证明.

为了以强的形式叙述 Schauder 估计, 也为了以后的应用, 我们在空间 $C^k(\Omega)$, $C^{k,\alpha}(\Omega)$ 上引进以下附加的内部拟范数和范数. 对实数 σ 及非负整数 k, 我们定

义

$$
\begin{aligned}
&[f]^{(\sigma)}_{k,0;\Omega} = [f]^{(\sigma)}_{k;\Omega} = \sup_{\substack{x\in\Omega\\|\beta|=k}} d_x^{k+\sigma}|D^\beta f(x)|;\\
&[f]^{(\sigma)}_{k,\alpha;\Omega} = \sup_{\substack{x,y\in\Omega\\|\beta|=k}} d_{x,y}^{k+\alpha+\sigma}\frac{|D^\beta f(x)-D^\beta f(y)|}{|x-y|^\alpha},\quad 0<\alpha\leqslant 1;\\
&|f|^{(\sigma)}_{k;\Omega} = \sum_{j=0}^{k}[f]^{(\sigma)}_{j;\Omega};\\
&|f|^{(\sigma)}_{k,\alpha;\Omega} = |f|^{(\sigma)}_{k;\Omega} + [f]^{(\sigma)}_{k,\alpha;\Omega}.
\end{aligned}
\tag{6.10}
$$

按这一记法, 当 $\sigma=0$ 时这些量与 (4.17) 中定义的那些量恒等, 所以 $[\,\cdot\,]^{(0)}=[\,\cdot\,]^*$ 和 $|\cdot|^{(0)}=|\cdot|^*$.

容易验证, 对于 $\sigma+\tau\geqslant 0$,

$$
|fg|^{(\sigma+\tau)}_{0,\alpha;\Omega}\leqslant |f|^{(\sigma)}_{0,\alpha;\Omega}|g|^{(\tau)}_{0,\alpha;\Omega}. \tag{6.11}
$$

我们现在来建立基本的 Schauder 内估计.

定理 6.2　设 Ω 是 $\mathbb{R}^n$ 的开子集, 又设 $u\in C^{2,\alpha}(\Omega)$ 是方程

$$
Lu=a^{ij}D_{ij}u+b^iD_iu+cu=f
$$

在 Ω 中的有界解, 其中 f 和系数满足下述条件. 存在正常数 λ,Λ, 使得

$$
a^{ij}\xi_i\xi_j\geqslant\lambda|\xi|^2,\quad \forall x\in\Omega,\quad \xi\in\mathbb{R}^n \tag{6.12}
$$

和

$$
|a^{ij}|^{(0)}_{0,\alpha;\Omega},\ |b^i|^{(1)}_{0,\alpha;\Omega},\ |c|^{(2)}_{0,\alpha;\Omega}\leqslant\Lambda. \tag{6.13}
$$

那么

$$
|u|^*_{2,\alpha;\Omega}\leqslant C(|u|_{0;\Omega}+|f|^{(2)}_{0,\alpha;\Omega}), \tag{6.14}
$$

其中 $C=C(n,\alpha,\lambda,\Lambda)$.

证明　根据 (6.9), 只要对 $[u]^*_{2,\alpha;\Omega}$ 证明不等式 (6.14) 就够了, 并且只要对 Ω 的紧子集证明后者就够了. 即设 $\{\Omega_i\}$ 是 Ω 的开子集序列, 使得 $\Omega_i\subset\Omega_{i+1}\subset\subset\Omega$ 和 $\bigcup\Omega_i=\Omega$. 对每个 i, $[u]^*_{2,\alpha;\Omega_i}$ 是有限的, 如果 (6.14) 在 Ω_i 中成立, 我们可以断言: 对于任何一对点 $x,y\in\Omega$, 和所有充分大的 i, 以及任何一个二阶导数 D^2u,

有

$$
\begin{aligned}
(d_{x,y}^{(i)})^{2+\alpha}\frac{|D^2u(x)-D^2u(y)|}{|x-y|^\alpha} &\leqslant [u]^*_{2,\alpha;\Omega_i}\\
&\leqslant C(|u|_{0;\Omega_i}+|f|^{(2)}_{0,\alpha;\Omega_i})\\
&\leqslant C(|u|_{0;\Omega}+|f|^{(2)}_{0,\alpha;\Omega}),
\end{aligned}
$$

其中 $d_{x,y}^{(i)}=\min[\mathrm{dist}\,(x,\partial\Omega_i),\mathrm{dist}\,(y,\partial\Omega_i)]$. 令 $i\to\infty$, 得到不等式

$$
d_{x,y}^{2+\alpha}\frac{|D^2u(x)-D^2u(y)|}{|x-y|^\alpha}\leqslant C(|u|_{0;\Omega}+|f|^{(2)}_{0,\alpha;\Omega}),\quad \forall x,y\in\Omega,
$$

这蕴涵 $[u]^*_{2,\alpha;\Omega}$ 有同一个界. 因而在下面可以假设 $[u]^*_{2,\alpha;\Omega}$ 是有限的.

为了记法方便起见用同一个字母 C 表示依赖于 n,α,λ,Λ 的常数.

设 x_0,y_0 是 Ω 中任二不同的点, 并设 $d_{x_0}=d_{x_0,y_0}=\min(d_{x_0},d_{y_0})$. 设 $\mu\leqslant\dfrac{1}{2}$ 是后面再规定其大小的一个正常数, 并令 $d=\mu d_{x_0}, B=B_d(x_0)$. 我们把 $Lu=f$ 改写成形式

$$
\begin{aligned}
a^{ij}(x_0)D_{ij}u &= (a^{ij}(x_0)-a^{ij}(x))D_{ij}u-b^iD_iu-cu+f \\
&\equiv F(x),
\end{aligned}
\tag{6.15}
$$

我们把它考虑成 B 中具有常系数 $a^{ij}(x_0)$ 的方程. 对这个方程应用引理 6.1(a), 它断言如果 $y_0\in B_{d/2}(x_0)$, 则对任何一个二阶导数 D^2u, 有

$$
\left(\frac{d}{2}\right)^{2+\alpha}\frac{|D^2u(x_0)-D^2u(y_0)|}{|x_0-y_0|^\alpha}\leqslant C(|u|_{0;B}+|F|^{(2)}_{0,\alpha;B});
$$

于是

$$
d_{x_0}^{2+\alpha}\frac{|D^2u(x_0)-D^2u(y_0)|}{|x_0-y_0|^\alpha}\leqslant \frac{C}{\mu^{2+\alpha}}(|u|_{0;B}+|F|^{(2)}_{0,\alpha;B}).
$$

另一方面, 如果 $|x_0-y_0|\geqslant d/2$,

$$
\begin{aligned}
d_{x_0}^{2+\alpha}\frac{|D^2u(x_0)-D^2u(y_0)|}{|x_0-y_0|^\alpha} &\leqslant \left(\frac{2}{\mu}\right)^\alpha[d_{x_0}^2|D^2u(x_0)|+d_{y_0}^2|D^2u(y_0)|]\\
&\leqslant \frac{4}{\mu^\alpha}[u]^*_{2;\Omega}.
\end{aligned}
$$

所以, 合并这两个不等式, 我们得到

$$
\begin{aligned}
&d_{x_0}^{2+\alpha}\frac{|D^2u(x_0)-D^2u(y_0)|}{|x_0-y_0|^\alpha}\\
&\leqslant \frac{C}{\mu^{2+\alpha}}(|u|_{0;\Omega}+|F|^2_{0,\alpha;B})+\frac{4}{\mu^\alpha}[u]^*_{2;\Omega}.
\end{aligned}
\tag{6.16}
$$

我们着手用 $|u|_{0;\Omega}$ 及 $[u]^*_{2,\alpha;\Omega}$ 来估计 $|F|^2_{0,\alpha;B}$. 我们有

$$|F|^{(2)}_{0,\alpha;B} \leqslant \sum_{i,j} |(a^{ij}(x_0) - a^{ij}(x))D_{ij}u|^{(2)}_{0,\alpha;B} + \sum_i |b^i D_i u|^{(2)}_{0,\alpha;B} + |cu|^{(2)}_{0,\alpha;B} + |f|^{(2)}_{0,\alpha;B}. \tag{6.17}$$

在估计这些项时下面的不等式是有用的. 我们记得对所有的 $x \in B, d_x (= \operatorname{dist}(x, \partial\Omega)) > (1-\mu)d_{x_0} \geqslant \dfrac{1}{2}d_{x_0}$, 因此对 $g \in C^\alpha(\Omega)$, 我们有

$$\begin{aligned} |g|^{(2)}_{0,\alpha;B} &\leqslant d^2|g|_{0;B} + d^{2+\alpha}[g]_{\alpha;B} \\ &\leqslant \frac{\mu^2}{(1-\mu)^2}[g]^{(2)}_{0;\Omega} + \frac{\mu^{2+\alpha}}{(1-\mu)^{2+\alpha}}[g]^{(2)}_{0,\alpha;\Omega} \\ &\leqslant 4\mu^2[g]^{(2)}_{0;\Omega} + 8\mu^{2+\alpha}[g]^{(2)}_{0,\alpha;\Omega} \leqslant 8\mu^2|g|^{(2)}_{0,\alpha;\Omega}. \end{aligned} \tag{6.18}$$

对每一对 i, j, 记 $(a(x_0) - a(x))D^2u = (a^{ij}(x_0) - a^{ij}(x))D_{ij}u$, 从 (6.11) 和 (6.18) 得到

$$\begin{aligned} |(a(x_0) - a(x))D^2u|^{(2)}_{0,\alpha;B} &\leqslant |a(x_0) - a(x)|^{(0)}_{0,\alpha;B}|D^2u|^{(2)}_{0,\alpha;B} \\ &\leqslant |a(x_0) - a(x)|^{(0)}_{0,\alpha;B}(4\mu^2[u]^*_{2;\Omega} + 8\mu^{2+\alpha}[u]^*_{2,\alpha;\Omega}). \end{aligned}$$

因为

$$\begin{aligned} |a(x_0) - a(x)|^{(0)}_{0,\alpha;B} &\leqslant \sup_{x\in B}|a(x_0) - a(x)| + d^\alpha[a]_{\alpha;B} \\ &\leqslant 2d^\alpha[a]_{\alpha;B} \leqslant 2^{1+\alpha}\mu^\alpha[a]^*_{0,\alpha;\Omega} \leqslant 4\Lambda\mu^\alpha, \end{aligned}$$

对于 (6.17) 中的主项, 我们就得到下面的估计:

$$\begin{aligned} &\sum_{i,j}|(a^{ij}(x_0) - a^{ij}(x))D_{ij}u|^{(2)}_{0,\alpha;B} \\ &\leqslant 32n^2\Lambda\mu^{2+\alpha}([u]^*_{2;\Omega} + \mu^\alpha[u]^*_{2,\alpha;\Omega}) \\ &\leqslant 32n^2\Lambda\mu^{2+\alpha}(C(\mu)|u|_{0;\Omega} + 2\mu^\alpha[u]^*_{2,\alpha;\Omega}). \end{aligned} \tag{6.19}$$

最后的不等式是在内插不等式 (6.8) 中令 $\varepsilon = \mu^\alpha$ 而得到的.

对每个 i, 设 $bDu = b^iD_iu$, 从 (6.18) 和 (6.13) 得到

$$\begin{aligned} |bDu|^{(2)}_{0,\alpha;B} &\leqslant 8\mu^2|bDu|^2_{0,\alpha;\Omega} \leqslant 8\mu^2|b|^{(1)}_{0,\alpha;\Omega}|Du|^{(1)}_{0,\alpha;\Omega} \\ &\leqslant 8\mu^2\Lambda|u|^*_{1,\alpha;\Omega} \leqslant 8\mu^2\Lambda(C(\mu)|u|_{0;\Omega} + \mu^{2\alpha}[u]^*_{2,\alpha;\Omega}). \end{aligned}$$

最后的不等式是在 (6.9) 中令 $\varepsilon=\mu^{2\alpha}$ 而得到的. 这样我们有

$$|b^iD_iu|_{0,\alpha;B}^{(2)}\leqslant 8n\Lambda\mu^2(C(\mu)|u|_{0;\Omega}+\mu^{2\alpha}[u]_{2,\alpha;\Omega}^*). \tag{6.20}$$

类似地, 从 (6.18), (6.11) 和 (6.9), 我们得到

$$\begin{aligned}|cu|_{0,\alpha;B}^{(2)}&\leqslant 8\mu^2|c|_{0,\alpha;\Omega}^{(2)}|u|_{0,\alpha;\Omega}^{(0)}\\&\leqslant 8\Lambda\mu^2(C(\mu)|u|_{0;\Omega}+\mu^{2\alpha}[u]_{2,\alpha;\Omega}^*).\end{aligned} \tag{6.21}$$

最后,

$$|f|_{0,\alpha;B}^{2}\leqslant 8\mu^2|f|_{0,\alpha;\Omega}^{(2)}. \tag{6.22}$$

设 C 表示仅依赖于 n,α,λ,Λ 的常数, $C(\mu)$ 表示还依赖于 μ 的常数, 合并 (6.19)—(6.22) 后就得到

$$|F|_{0,\alpha;B}^{(2)}\leqslant C\mu^{2+2\alpha}[u]_{2,\alpha;\Omega}^*+C(\mu)(|u|_{0;\Omega}+|f|_{0,\alpha;\Omega}^{(2)}).$$

把它代入 (6.16) 右端, 并利用 $\varepsilon=\mu^{2\alpha}$ 的 (6.8) 来估计 $[u]_{2;\Omega}^*$, 从 (6.16) 我们就得到

$$\begin{aligned}&d_{x_0,y_0}^{2+\alpha}\frac{|D^2u(x_0)-D^2u(y_0)|}{|x_0-y_0|^\alpha}\\&\leqslant C\mu^\alpha[u]_{2,\alpha;\Omega}^*+C(\mu)(|u|_{0;\Omega}+|f|_{0,\alpha;\Omega}^{(2)}).\end{aligned}$$

这个不等式的右端不依赖于 x_0,y_0. 对所有的 $x_0,y_0\in\Omega$ 取上确界, 得到

$$[u]_{2,\alpha;\Omega}^*\leqslant C\mu^\alpha[u]_{2,\alpha;\Omega}^*+C(\mu)(|u|_{0;\Omega}+|f|_{0,\alpha;\Omega}^{(2)}).$$

现在选取并固定 $\mu=\mu_0$, 使 $C\mu_0^\alpha\leqslant\dfrac{1}{2}$. 即得所要的估计

$$[u]_{2,\alpha;\Omega}^*\leqslant C(|u|_{0;\Omega}+|f|_{0,\alpha;\Omega}^{(2)}).$$ □

$Lu=f$ 的上述形状的内估计允许遵从条件 (6.13) 的系数和 f 是无界的. 在内估计对收敛性结果的典型应用中, 知道解和它的一、二阶导数在紧子集上的等度连续性就够了. 对于这一目的, 下述的推论通常是够用的.

推论 6.3 设 $u\in C^{2,\alpha}(\Omega), f\in C^\alpha(\overline{\Omega})$ 满足 $Lu=f$, 其中 L 在有界区域 Ω 中满足 (6.2), 并且 L 的系数在 $C^\alpha(\overline{\Omega})$ 中. 那么如果 $\Omega'\subset\subset\Omega, \operatorname{dist}(\Omega',\partial\Omega)\geqslant d$, 就存在常数 C, 使得

$$\begin{aligned}&d|Du|_{0;\Omega'}+d^2|D^2u|_{0;\Omega'}+d^{2+\alpha}[D^2u]_{\alpha;\Omega'}\\&\leqslant C(|u|_{0;\Omega}+|f|_{0,\alpha;\Omega}^{(2)}),\end{aligned} \tag{6.23}$$

其中 C 仅依赖于椭圆性常数 λ 和 L 的系数的 $C^\alpha(\overline{\Omega})$ 范数 (以及 n,α 和 Ω 的直径).

附注 这个结果的一个直接推论是: 具有局部 Hölder 连续系数和局部 Hölder 连续的 f 的椭圆型方程 $Lu = f$ 的一致有界解及其一、二阶导数在紧子集上是等度连续的. 对于具有在紧子集 $\Omega' \subset\subset \Omega$ 中有一致正下界的椭圆性常数 λ 和有一致有界的 $C^{\alpha}(\overline{\Omega}')$ 范数的系数和非齐次项 f 的任一族这类方程的解, 这个结论也同样是正确的.

6.2. 边界估计和全局估计

为了把前面的内估计延拓到整个区域上去, 必须建立起在边界附近有意义的估计. 只要解的边值以及边界本身充分光滑, 这是能够得到的. 在很多方面这些边界估计的证明是完全遵循着内估计的证明的.

作为本节的主要目标的全局估计将在 $C^{2,\alpha}$ 类的区域中建立.

定义 $\mathbb{R}^n$ 中有界区域 Ω 及其边界是 $C^{k,\alpha}$ 类的, $0 \leqslant \alpha \leqslant 1$, 如果在每一点 $x_0 \in \partial\Omega$, 存在一个球 $B = B(x_0)$ 及一个把 B 映上 $D \subset \mathbb{R}^n$ 的一对一映射 ψ, 使得:

(i) $\psi(B \cap \Omega) \subset \mathbb{R}^n_+$;

(ii) $\psi(B \cap \partial\Omega) \subset \partial\mathbb{R}^n_+$;

(iii) $\psi \in C^{k,\alpha}(B), \psi^{-1} \in C^{k,\alpha}(D)$.

区域 Ω 称为有 $C^{k,\alpha}$ 类的*边界部分* $T \subset \partial\Omega$, 如果在每一点 $x_0 \in T$, 存在一个球 $B = B(x_0)$, 在其中上述的条件满足, 并使得 $B \cap \partial\Omega \subset T$. 我们将说微分同胚 ψ 在 x_0 附近*拉直边界*.

我们特别要指出: 如果 $\partial\Omega$ 的每一点有一个邻域, 在其中 $\partial\Omega$ 是坐标 $x_1, \ldots, x_n$ 的 $n-1$ 维 $C^{k,\alpha}$ 函数的图像, 那么 Ω 是 $C^{k,\alpha}$ 区域. 如果 $k \geqslant 1$, 其逆也是正确的.

从上面定义得出: 只要 $j + \beta < k + \alpha, 0 \leqslant \alpha, \beta \leqslant 1, C^{k,\alpha}$ 类区域也是 $C^{j,\beta}$ 类区域.

定义在区域 Ω 的 $C^{k,\alpha}$ 边界部分 T 上的函数 φ, 如果对每一 $x_0 \in T$, 有 $\varphi \circ \psi^{-1} \in C^{k,\alpha}(D \cap \partial\mathbb{R}^n_+)$, 就称为属于 $C^{k,\alpha}(T)$ 类. 指出下述事实也是重要的: 如果 $\partial\Omega$ 是 $C^{k,\alpha}$ $(k \geqslant 1)$ 的, 则一个函数 $\varphi \in C^{k,\alpha}(\partial\Omega)$ 能够延拓成 $C^{k,\alpha}(\overline{\Omega})$ 中的函数, 反之, $C^{k,\alpha}(\overline{\Omega})$ 中函数有 $C^{k,\alpha}(\partial\Omega)$ 中的边界值 (见引理 6.38). 所以, 在下文中无论我们把边值 φ 看作是属于 $C^{k,\alpha}(\partial\Omega)$ 还是属于 $C^{k,\alpha}(\overline{\Omega})$ 都是无关重要的.

用不同的方式来定义 $C^{k,\alpha}(\partial\Omega)$ 上的边界范数也是可能的. 例如, 如果 $\varphi \in C^{k,\alpha}(\partial\Omega)$, 设 Φ 表示 φ 在 $\overline{\Omega}$ 的一个延拓, 并定义 $\|\varphi\|_{C^{k,\alpha}(\partial\Omega)} = \inf\limits_{\Phi} \|\Phi\|_{C^{k,\alpha}(\overline{\Omega})}$,

其中下确界是取遍所有全局延拓 Φ 的集合. 赋予这个范数后 $C^{k,\alpha}(\partial\Omega)$ 变成一个 Banach 空间. 在本书中我们将不使用弯曲边界上的函数的边界范数, 作为代替, 我们通常把一个边界函数看作是具有适当范数的在全局有定义的函数的限制.

在具有 $C^{2,\alpha}$ $(\alpha>0)$ 边界部分的区域中, 求 $Lu=f$ 的边界估计时, 我们首先在具有超平面边界部分的区域中建立这样一个估计. 为了这个目的, 我们利用下面的类似于 (6.8), (6.9) 的内插不等式. 为了它的陈述, 我们要回忆 (4.29) 中定义的部分内部范数和拟范数.

设 Ω 是 $\mathbb{R}^n_+$ 的一个开子集, 在 $x_n=0$ 上有边界部分 T, 并设 $u\in C^{2,\alpha}(\Omega\cup T)$. 那么, 对于任何 $\varepsilon>0$ 和某个常数 $C(\varepsilon)$, 我们有

$$[u]^*_{j,\beta;\Omega\cup T}\leqslant C|u|_{0;\Omega}+\varepsilon[u]^*_{2,\alpha;\Omega\cup T}, \tag{6.24}$$

$$j=0,1,2;0\leqslant\alpha,\beta\leqslant 1,j+\beta<2+\alpha,$$

$$|u|^*_{j,\beta;\Omega\cup T}\leqslant C|u|_{0;\Omega}+\varepsilon[u]^*_{2,\alpha;\Omega\cup T}. \tag{6.25}$$

这些不等式在这一章附录 1 的引理 6.34 中证明.

我们现在能够断言下述本质的局部边界估计.

引理 6.4 设 Ω 是 $\mathbb{R}^n_+$ 的一个开子集, 在 $x_n=0$ 上有边界部分 T. 假设 $u\in C^{2,\alpha}(\Omega\cup T)$ 是在 T 上满足边界条件 $u=0$ 的 $Lu=f$ 在 Ω 中的有界解. 除 (6.2) 外又假设

$$|a^{ij}|^{(0)}_{0,\alpha;\Omega\cup T},|b^i|^{(1)}_{0,\alpha;\Omega\cup T},|c|^{(2)}_{0,\alpha;\Omega\cup T}\leqslant\Lambda;\quad |f|^{(2)}_{0,\alpha;\Omega\cup T}<\infty. \tag{6.26}$$

那么

$$|u|^*_{2,\alpha;\Omega\cup T}\leqslant C(|u|_{0;\Omega}+|f|^{(2)}_{0,\alpha;\Omega\cup T}), \tag{6.27}$$

其中 $C=C(n,\alpha,\lambda,\Lambda)$.

证明 如果用字母 $\overline{d}_x$ 代替 d_x, 并且在必要时用引理 6.1(b) 和不等式 (6.24), (6.25) 代替引理 6.1(a) 和不等式 (6.8), (6.9), 那么这个定理的证明与定理 6.2 的证明是完全相同的. □

这个引理在任何一个满足 $\operatorname{dist}(\Omega',\partial\Omega-T)>0$ 的子集 $\Omega'\subset\Omega$ 中对 u 的一、二阶导数和它的二阶导数的 Hölder 系数提供了一个界. 特别, $\partial\Omega'$ 可以包含 T 的与 $\partial\Omega-T$ 有非零距离的任何一个部分.

为了把上述引理推广到具有弯曲边界部分的区域, 我们引进作为 (4.29) 的明显推广的相应的拟范数和范数. 设 Ω 是 $\mathbb{R}^n$ 中具有 $C^{k,\alpha}$ 边界部分 T 的开集. 对于 $x,y\in\Omega$, 我们令

$$\overline{d}_x=\operatorname{dist}(x,\partial\Omega-T),\quad \overline{d}_{x,y}=\min(\overline{d}_x,\overline{d}_y),$$

并对函数 $u\in C^{k,\alpha}(\Omega\cup T)$, 定义下列各量:

$$
\begin{aligned}
&[u]^*_{k,0;\Omega\cup T}=[u]^*_{k,\Omega\cup T}=\sup_{\substack{x\in\Omega\\|\beta|=k}}\overline{d}_x^k|D^\beta u(x)|,\quad k=0,1,2,\ldots;\\
&[u]^*_{k,\alpha;\Omega\cup T}=\sup_{\substack{x,y\in\Omega\\|\beta|=k}}\overline{d}_{x,y}^{k+\alpha}\frac{|D^\beta u(x)-D^\beta u(y)|}{|x-y|^\alpha},\quad 0<\alpha\leqslant 1;\\
&|u|^*_{k,0;\Omega\cup T}=|u|^*_{k;\Omega\cup T}=\sum_{j=0}^k[u]^*_{j;\Omega\cup T};\\
&|u|^*_{k,\alpha;\Omega\cup T}=|u|^*_{k;\Omega\cup T}+[u]^*_{k,\alpha;\Omega\cup T};\\
&[u]^{(k)}_{0,\alpha;\Omega\cup T}=\sup_{x\in\Omega}\overline{d}_x^k|u(x)|+\sup_{x,y\in\Omega}\overline{d}_{x,y}^{k+\alpha}\frac{|u(x)-u(y)|}{|x-y|^\alpha}.
\end{aligned}
\tag{6.28}
$$

当 $T=\varnothing$ 及 $\Omega\cup T=\Omega$ 时, 这些量归结为已在 (4.17) 和 (4.18) 中定义的内部拟范数和范数.

设 Ω 是具有 $C^{k,\alpha}$ $(k\geqslant 1,0\leqslant\alpha\leqslant 1)$ 边界部分 T 的有界区域. 假设 $\Omega\subset\subset D$, 其中 D 是一个区域, 它被 $C^{k,\alpha}$ 微分同胚 $\boldsymbol{\psi}$ 映上到 D'. 设 $\boldsymbol{\psi}(\Omega)=\Omega'$ 及 $\boldsymbol{\psi}(T)=T'$, 我们能够对 Ω' 和 T' 定义 (6.28) 中的那些量. 如果 $x'=\boldsymbol{\psi}(x),y'=\boldsymbol{\psi}(y)$, 我们看到对所有的点 $x,y\in\Omega$,

$$K^{-1}|x-y|\leqslant|x'-y'|\leqslant K|x-y|,\tag{6.29}$$

其中 K 是依赖于 $\boldsymbol{\psi}$ 和 Ω 的常数. 设在映射 $x\to x'$ 之下 $u(x)\to\widetilde{u}(x')$, 我们用 (6.29) 在计算后发现: 对于 $0\leqslant j\leqslant k,0\leqslant\beta\leqslant 1,j+\beta\leqslant k+\alpha$,

$$
\begin{aligned}
&K^{-1}|u(x)|_{j,\beta;\Omega}\leqslant|\widetilde{u}(x')|_{j,\beta;\Omega'}\leqslant K|u(x)|_{j,\beta;\Omega};\\
&K^{-1}|u(x)|^*_{j,\beta;\Omega\cup T}\leqslant|\widetilde{u}(x')|^*_{j,\beta;\Omega'\cup T'}\leqslant K|u(x)|^*_{j,\beta;\Omega\cup T};\\
&K^{-1}|u(x)|^{(\sigma)}_{0,\beta;\Omega\cup T}\leqslant|\widetilde{u}(x')|^{(\sigma)}_{0,\beta;\Omega'\cup T'}\leqslant K|u(x)|^{(\sigma)}_{0,\beta;\Omega\cup T}.
\end{aligned}
\tag{6.30}
$$

在这些不等式中 K 表示依赖于映射 $\boldsymbol{\psi}$ 及区域 Ω 的常数.

引理 6.4 以及 (6.30) 现在能够用来得到弯曲边界的局部边界估计. 为此利用全局范数 (4.6) 是合适的.

引理 6.5 设 Ω 是 $\mathbb{R}^n$ 中 $C^{2,\alpha}$ 区域, 又设 $u\in C^{2,\alpha}(\overline{\Omega})$ 是在 Ω 中 $Lu=f$, 在 $\partial\Omega$ 上 $u=0$ 的解, 其中 $f\in C^\alpha(\overline{\Omega})$. 假设 L 的系数满足 (6.2) 及

$$|a^{ij}|_{0,\alpha;\Omega},|b^i|_{0,\alpha;\Omega},|c|_{0,\alpha;\Omega}\leqslant\Lambda.\tag{6.31}$$

那么对于某个 δ, 在每一点 $x_0\in\partial\Omega$ 存在一个球 $B=B_\delta(x_0)$ 使得

$$|u|_{2,\alpha;B\cap\Omega}\leqslant C(|u|_{0;\Omega}+|f|_{0,\alpha;\Omega}),\tag{6.32}$$

其中 $C = C(n, \alpha, \lambda, \Lambda, \Omega)$.

证明 按照 $C^{2,\alpha}$ 区域的定义, 在每一点 $x_0 \in \partial\Omega$, 存在 x_0 的一个邻域 N 及一个 $C^{2,\alpha}$ 微分同胚, 它把 N 中的边界拉直. 设 $B_\rho(x_0) \subset\subset N$, 并令 $B' = B_\rho(x_0) \cap \Omega, D' = \boldsymbol{\psi}(B'), T = B_\rho(x_0) \cap \partial\Omega \subset \partial B'$ 及 $T' = \boldsymbol{\psi}(T) \subset \partial D'$ (T' 是 $\partial D'$ 的超平面部分). 在映射 $y = \boldsymbol{\psi}(x) = (\psi_1(x), \ldots, \psi_n(x))$ 之下, 设 $\widetilde{u}(y) = u(x)$ 及 $\widetilde{L}\widetilde{u}(y) = Lu(x)$, 其中

$$
\begin{aligned}
&\widetilde{L}\widetilde{u} \equiv \widetilde{a}^{ij} D_{ij}\widetilde{u} + \widetilde{b}^i D_i\widetilde{u} + \widetilde{c}\,\widetilde{u} = \widetilde{f}(y),\\
&\widetilde{a}^{ij}(y) = \frac{\partial\psi_i}{\partial x_r}\frac{\partial\psi_j}{\partial x_s} a^{rs}(x),\\
&\widetilde{b}^i(y) = \frac{\partial^2\psi_i}{\partial x_r \partial x_s} a^{rs}(x) + \frac{\partial\psi_i}{\partial x_r} b^r(x),\\
&\widetilde{c}(y) = c(x), \quad \widetilde{f}(y) = f(x).
\end{aligned}
$$

我们注意到在 D' 内

$$\widetilde{\lambda}|\xi|^2 \leqslant \widetilde{a}^{ij}\xi_i\xi_j, \quad \forall \xi \in \mathbb{R}^n,$$

其中

$$\widetilde{\lambda} = \lambda/K, \tag{6.33}$$

而 K 是仅依赖于 B' 上映射 ψ 的一个适当的正常数. 由于 (6.30), 我们也有 (对于 (6.33) 中适当选择的 K)

$$|\widetilde{a}^{ij}|_{0,\alpha;D'}, |\widetilde{b}_i|_{0,\alpha;D'}, |\widetilde{c}|_{0,\alpha;D'} \leqslant \widetilde{\Lambda} = K\Lambda; \quad |\widetilde{f}|_{0,\alpha;D'} < \infty. \tag{6.34}$$

这样, 引理 6.4 的条件对于具有超平面边界部分 T' 的区域 D' 中的方程 $\widetilde{L}\widetilde{u} = \widetilde{f}$ 是满足的. 因此我们能够断言

$$|\widetilde{u}|^*_{2,\alpha;D'\cup T'} \leqslant C(|\widetilde{u}|_{0;D'} + |\widetilde{f}|^{(2)}_{0,\alpha;D'\cup T'}),$$

其中常数 $C = C(n, \alpha, \widetilde{\lambda}, \widetilde{\Lambda})$. 从 (6.30) 推出

$$
\begin{aligned}
|u|^*_{2,\alpha;B'\cup T} &\leqslant C(|u|_{0,B'} + |f|^{(2)}_{0,\alpha;B'\cup T}) \leqslant C(|u|_{0;B'} + |f|_{0,\alpha;B'})\\
&\leqslant C(|u|_{0;\Omega} + |f|_{0,\alpha;\Omega}),
\end{aligned}
$$

其中 C 现在依赖于 $n, \alpha, \lambda, \Lambda$ 和 B'. 令 $B'' = B_{\rho/2}(x_0) \cap \Omega$ 并注意

$$\min(1,\ (\rho/2)^{2+\alpha})|u|_{2,\alpha;B''} \leqslant |u|^*_{2,\alpha;B'\cup T},$$

我们得到

$$|u|_{2,\alpha;B''} \leqslant C(|u|_{0;\Omega} + |f|_{0,\alpha;\Omega}). \tag{6.35}$$

出现在以上估计中的半径 ρ 一般说来依赖于点 $x_0 \in \partial\Omega$. 现在考虑对于所有的 $x \in \partial\Omega$ 的球 $B_{\rho/4}(x)$ 的集合. 这个集合的一个有限子集 $B_{\rho_i/4}(x_i)$ $(i = 1, 2, \ldots, N)$ 覆盖了 $\partial\Omega$. 令 $\delta = \min \rho_i/4$ 是这有限个覆盖球的最小半径. 我们断言对这个 δ 引理的结论为真. 就是说, 设 C_i 是 (6.35) 中对应于 x_i 的常数, 并设 $C = \max C_i$. 考虑任一点 $x_0 \in \partial\Omega$ 及球 $B_\delta(x_0)$. 对某个 i, 我们必有 $x_0 \in B_{\rho_i/4}(x_i)$, 所以 $B = B_\delta(x_0) \subset B_{\rho_i/2}(x_i) = B_i$. 从 (6.35) 我们得到需要的结论

$$|u|_{2,\alpha;B\cap\Omega} \leqslant |u|_{2,\alpha;B_i\cap\Omega} \leqslant C(|u|_{0;\Omega} + |f|_{0,\alpha;\Omega}),$$

其中 C 依赖于 $n, \alpha, \lambda, \Lambda$ 及 Ω. □

我们注意前面引理中常数 C 是通过 (6.30), (6.33) 和 (6.34) 中的常数 K 而依赖于区域 Ω 的, 而 K 又仅依赖于定义边界 $\partial\Omega$ 的局部表示式的映射 $\boldsymbol{\psi}$ 的 $C^{2,\alpha}$ 界. 如果映射 $\boldsymbol{\psi}$ 的界在边界上能够一致地表述 (对 $C^{2,\alpha}$ 区域这总是可能的), 那么在估计 (6.32) 的叙述中 K 就能够代替 Ω, 并且区域 Ω 也可以是无界的.

本节的主要结果是下面的定义在 $C^{2,\alpha}$ 区域上有 $C^{2,\alpha}$ 边值的解的先验全局估计.

定理 6.6　设 Ω 是 $\mathbb{R}^n$ 中的 $C^{2,\alpha}$ 区域, 又设 $u \in C^{2,\alpha}(\overline{\Omega})$ 是 $Lu = f$ 在 Ω 中的解, 其中 $f \in C^\alpha(\overline{\Omega})$, 并且 L 的系数对于正常数 λ, Λ, 满足

$$a^{ij}\xi_i\xi_j \geqslant \lambda|\xi|^2, \quad \forall x \in \Omega, \xi \in \mathbb{R}^n,$$

及

$$|a|_{0,\alpha;\Omega}^{ij}, |b^i|_{0,\alpha;\Omega}, |c|_{0,\alpha;\Omega} \leqslant \Lambda.$$

设 $\varphi(x) \in C^{2,\alpha}(\overline{\Omega})$, 又设在 $\partial\Omega$ 上 $u = \varphi$. 那么

$$|u|_{2,\alpha;\Omega} \leqslant C(|u|_{0;\Omega} + |\varphi|_{2,\alpha;\Omega} + |f|_{0,\alpha;\Omega}), \tag{6.36}$$

其中 $C = C(n, \alpha, \lambda, \Lambda, \Omega)$.

证明　只要对于在 $\partial\Omega$ 上 $u = 0$ 和 $\varphi = 0$ 的情形证明定理就够了. 也就是说, 如果令 $v = u - \varphi$, 则在 $\partial\Omega$ 上 $v = 0$ 并且 $Lv = f - L\varphi \equiv f' \in C^\alpha(\overline{\Omega})$. 把结论 (6.36) 用于具有 $\varphi = 0$ 的 v 上, 它断言

$$|v|_{2,\alpha;\Omega} \leqslant C(|v|_{0;\Omega} + |f'|_{0,\alpha;\Omega}).$$

因为 $|L\varphi|_{0,\alpha;\Omega} \leqslant C|\varphi|_{2,\alpha;\Omega}$, 就得出

$$\begin{aligned}|u|_{2,\alpha;\Omega} &\leqslant |v|_{2,\alpha;\Omega} + |\varphi|_{2,\alpha;\Omega}\\ &\leqslant C(|u|_{0;\Omega} + |\varphi|_{2,\alpha;\Omega} + |f|_{0,\alpha;\Omega}),\end{aligned}$$

这和定理中断言的一样. 在下面我们假设在 $\partial\Omega$ 上 $u=0$.

设 $x\in\Omega$. 我们考察两种可能性: (i) 对某个 $x_0\in\partial\Omega, x\in B_0=B_{2\sigma}(x_0)\cap\Omega$, 其中 $\delta=2\sigma$ 是引理 6.5 中的半径; (ii) $x\in\Omega_\sigma=\{x\in\Omega|\operatorname{dist}(x,\partial\Omega)>\sigma\}$. 在情况 (i) 中引理 6.5 蕴涵

$$|Du(x)|+|D^2u(x)|\leqslant C(|u|_0+|f|_{0,\alpha}). \tag{6.37}$$

(在这里和下面我们在无二义之处略去下标 Ω). 在情况 (ii) 中, 在 (6.23) 中令 $d=\sigma$ 之后, 从推论 6.3 我们得到带有不同常数 C 的同样的不等式. 选取两个常数 C 的较大者, 我们可以假设对 Ω 中任一点 x, (6.37) 成立, 所以关于 $|u|_2$ 的不等式也成立.

现在设 x,y 是 Ω 中两个不同的点并考虑三种可能性: (i) 对某个 x_0, 有 $x,y\in B_0$; (ii) $x,y\in\Omega_\sigma$; (iii) x 或 y 在 $\Omega-\Omega_\sigma$ 中, 但不是 x 和 y 两者都在任一 x_0 的同一个球 B_0 中. 这些就详尽无遗地记述了所有的可能性. 我们来考察 Hölder 商 $|D^2u(x)-D^2u(y)|/|x-y|^\alpha$. 在情况 (i), 引理 6.5 给出不等式

$$\frac{|D^2u(x)-D^2u(y)|}{|x-y|^\alpha}\leqslant C_1(|u|_0+|f|_{0,\alpha}).$$

在情况 (ii), 从推论 6.3 我们得到带有不同常数 C_2 的同样的不等式. 在情况 (iii), $\operatorname{dist}(x,y)>\sigma$, 因而

$$\begin{aligned}\frac{|D^2u(x)-D^2u(y)|}{|x-y|^\alpha}&\leqslant\sigma^{-\alpha}(|D^2u(x)|+|D^2u(y)|)\\&\leqslant C_3(|u|_0+|f|_{0,\alpha})\quad\text{根据 (6.37)}.\end{aligned}$$

设 $C=\max(C_1,C_2,C_3)$, 并对所有的 $x,y\in\Omega$ 取上确界, 得到

$$[D^2u]_\alpha\leqslant C(|u|_0+|f|_{0,\alpha}).$$

把这个结果与由 (6.37) 给出的 $|u|_2$ 的界合并起来, 即得

$$|u|_{2,\alpha}\leqslant C(|u|_0+|f|_{0,\alpha}),$$

这就证明了定理. □

附注 定理 6.6 的典型应用涉及一个方程或方程族的解的集合, 它的每个解满足一致估计 (6.36). 于是这个解的集合在 $C^{2,\alpha}(\overline{\Omega})$ 中的有界性保证了它们在 $C^2(\overline{\Omega})$ 中的准紧性 (见引理 6.36).

简单修改定理 6.6 中的论证可得出下面的具有 $C^{2,\alpha}$ 边界部分的区域中的局部估计.

推论 6.7 设 $\Omega \subset \mathbb{R}_n$ 是具有 $C^{2,\alpha}$ 边界部分 $T \subset \partial\Omega$ 的区域. 设 $u \in C^{2,\alpha}(\Omega \cup T)$ 是在 Ω 中 $Lu = f$, 在 T 上 $u = \varphi$ 的一个解, 其中 L 和 f 满足定理 6.6 中的条件, 又 $\varphi \in C^{2,\alpha}(\overline{\Omega})$. 那么, 如果 $x_0 \in T$ 且 $B = B_\rho(x_0)$ 是半径 $\rho < \operatorname{dist}(x_0, \partial\Omega - T)$ 的球, 我们就有

$$|u|_{2,\alpha;B\cap\Omega} \leqslant C(|u|_{0;\Omega} + |\varphi|_{2,\alpha;\Omega} + |f|_{0,\alpha;\Omega}), \tag{6.38}$$

其中 $C = C(n, \alpha, \lambda, \Lambda, B \cap \Omega)$.

容易直接把这一节和上一节的估计推广到系数和非齐次项属于 $C^{k,\alpha}$ $(k > 0)$ 的方程上去 (见习题 6.1, 6.2).

6.3. Dirichlet 问题

我们现在考虑 $\mathbb{R}^n$ 的有界区域 Ω 中的 $Lu = f$ 的 Dirichlet 问题. 我们解这个变系数方程的传统作法是通过*连续性方法* (定理 5.2) 把它化归到常系数的情形. 简要地概括起来, 这个方法在这里是这样应用的: 从 Poisson 方程 $\Delta u = f$ 的解出发, 通过联结 $\Delta u = f$ 和 $Lu = f$ 的连续方程族的解, 然后达到 $Lu = f$ 的解.

我们先处理充分光滑的区域和边值的 Dirichlet 问题. 在这种情况下, Poisson 方程和 $Lu = f$ 当 $c \leqslant 0$ 时的可解性之间的联系包含在下面的定理中.

定理 6.8 设 Ω 是 $\mathbb{R}^n$ 中的 $C^{2,\alpha}$ 区域, 并设算子 L 在 Ω 中是严格椭圆型的, 具有 $C^\alpha(\overline{\Omega})$ 系数和 $c \leqslant 0$. 那么, 如果 Poisson 方程的 Dirichlet 问题: 在 Ω 中 $\Delta u = f$, 在 $\partial\Omega$ 上 $u = \varphi$, 对所有的 $f \in C^\alpha(\overline{\Omega})$ 及所有的 $\varphi \in C^{2,\alpha}(\overline{\Omega})$, 有一个 $C^{2,\alpha}(\overline{\Omega})$ 的解, 则问题

$$在\ \Omega 中\ Lu = f, \quad 在\ \partial\Omega 上\ u = \varphi \tag{6.39}$$

也对所有这样的 f 和 φ 有一个 (唯一的) $C^{2,\alpha}(\overline{\Omega})$ 的解.

证明 按照假设条件我们可以假定 L 的系数满足条件

$$\begin{aligned} &\lambda|\xi|^2 \leqslant a^{ij}\xi_i\xi_j, \quad \forall x \in \Omega, \xi \in \mathbb{R}^n, \\ &|a^{ij}|_{0,\alpha}, |b^i|_{0,\alpha}, |c|_{0,\alpha} \leqslant \Lambda, \end{aligned} \tag{6.40}$$

其中 λ, Λ 是两个正常数. (在范数的写法中, 我们省略了下标 Ω, 它是不言自明的.) 限于考虑零边值就够了, 因为问题 (6.39) 等价于: 在 Ω 中 $Lv = f - L\varphi \equiv f'$, 在 $\partial\Omega$ 上 $v = 0$.

我们考虑方程族

$$L_t u \equiv tLu + (1-t)\Delta u = f, \quad 0 \leqslant t \leqslant 1. \tag{6.41}$$

我们注意 $L_0=\Delta, L_1=L$, 并且 L_t 的系数满足 (6.40), 这里

$$\lambda_t=\min(1,\lambda),\quad \Lambda_t=\max(1,\Lambda).$$

算子 L_t 可考虑成从 Banach 空间 $\mathfrak{B}_1=\{u\in C^{2,\alpha}(\overline{\Omega})|u=0 \text{ 在 } \partial\Omega \text{ 上}\}$ 到 Banach 空间 $\mathfrak{B}_2=C^{\alpha}(\overline{\Omega})$ 中的有界线性算子. 于是, Dirichlet 问题: 在 Ω 中 $L_tu=f$, 在 $\partial\Omega$ 上 $u=0$, 对于任意 $f\in C^{\alpha}(\overline{\Omega})$ 的可解性等价于映射 L_t 的可逆性. 设 u_t 表示这个问题的解. 由定理 3.7, 我们得到它的界

$$|u_t|_0\leqslant C\sup_{\Omega}|f|\leqslant C|f|_{0,\alpha},$$

其中 C 只依赖于 λ,Λ 和 Ω 的直径. 所以从 (6.36), 我们有

$$|u_t|_{2,\alpha}\leqslant C|f|_{0,\alpha},\tag{6.42}$$

也就是,

$$\|u\|_{\mathfrak{B}_1}\leqslant C\|L_tu\|_{\mathfrak{B}_2},$$

常数 C 与 t 无关. 因为, 根据假设条件, $L_0=\Delta$ 把 $\mathfrak{B}_1$ 映上 $\mathfrak{B}_2$, 连续性方法 (定理 5.2) 是能够运用的, 就得到了定理. □

上面定理预先假设了 Poisson 方程的 Dirichlet 问题当 Ω 及边值属于 $C^{2,\alpha}$ 类时在 $C^{2,\alpha}(\overline{\Omega})$ 中的可解性. 虽然这个结果 ——Kellogg 定理 —— 能够用位势理论的方法独立地建立起来, 但我们在这里将不假定它或者证明它, 宁可在晚些时候把它作为椭圆型理论的一个推论来导出. 可是, 在 Ω 是球的特殊情形, Kellogg 定理已经在推论 4.14 中被证明. 这就提供了球的下述存在定理.

推论 6.9 在定理 6.8 中, 设 Ω 是球 B, 并设算子 L 满足定理中相同的条件, 那么, 如果 $f\in C^{\alpha}(\overline{B})$ 和 $\varphi\in C^{2,\alpha}(\overline{B})$, 则 Dirichlet 问题: 在 B 中 $Lu=f$, 在 ∂B 上 $u=\varphi$ 就有 (唯一) 解 $u\in C^{2,\alpha}(\overline{B})$.

关于边界数据的条件可以减弱, 而给出如下的一个推广, 这在以后是有用的.

引理 6.10 设 T 是 $\mathbb{R}^n$ 中球 B 的边界部分 (可能是空的), 又设 $\varphi\in C^0(\partial B)\cap C^{2,\alpha}(T)$. 那么, 如果 L 在 B 中满足定理 6.8 的条件, 并且 $f\in C^{\alpha}(\overline{B})$, 则 Dirichlet 问题: 在 B 中 $Lu=f$, 在 ∂B 上 $u=\varphi$ 就有 (唯一) 解 $u\in C^{2,\alpha}(B\cup T)\cap C^0(\overline{B})$.

证明 如果 T 非空, 设 $x_0\in T$. 我们可以假设通过径向延拓把边界函数 φ 连续地延拓成函数 $\varphi\in C^0(B')\cap C^{2,\alpha}(\overline{G})$, 其中 B' 是包含 $\overline{B}$ 的一个球而

$G = B_\rho(x_0) \subset\subset B'$ (见引理 6.38 后面的附注 2). 设 $\{\varphi_k\}$ 是 B' 中充分光滑 (例如说, C^3) 的函数序列, 使得当 $k \to \infty$ 时

$$|\varphi_k - \varphi|_{0;B} \to 0 \quad 且 \quad |\varphi_k|_{2,\alpha;G} \leqslant C|\varphi|_{2,\alpha;G}, \tag{6.43}$$

其中 C 是与 k 无关的常数. (这样一个逼近的存在性可见引理 7.1 后面的讨论.) 对每个 k, 设 u_k 是 Dirichlet 问题: 在 B 中 $Lu = f$, 在 ∂B 上 $u = \varphi_k$ 的对应的解. 根据推论 6.9, 在 $C^{2,\alpha}(\overline{B})$ 中已知存在函数 u_k. 由最大值原理推得序列 $\{u_k\}$ 一致收敛于 $u \in C^0(\overline{B})$, 使得在 $\partial \overline{B}$ 上 $u = \varphi$. 由推论 6.3 提供的 $\{u_k\}$ 的紧性保证了这个序列在 B 的紧子集上收敛于 $Lu = f$ 的解, 所以极限函数 u 是 B 中的属于 $C^0(\overline{B})$ 的一个解. 此外, 根据推论 6.7, 在 $D = B_{\rho/2}(x_0) \cap B$ 中函数 u_k 满足估计

$$|u_k|_{2,\alpha;D} \leqslant C(|u_k|_{0;B} + |\varphi_k|_{2,\alpha;G} + |f|_{0,\alpha;B}).$$

从 (6.43) 和 Arzela 定理得出 u 在 D 中满足同一估计 (用 φ 代替 φ_k), 特别地 $u \in C^{2,\alpha}(\overline{D})$. 于是, $u \in C^{2,\alpha}(B \cup T)$, 引理得证. □

我们特别指出, 上面的引理当边值仅仅连续时给球中的 Dirichlet 问题提供了一个解; 而且这个解在 $C^0(\overline{B}) \cap C^{2,\alpha}(B)$ 类之中.

现在可以模仿第 2 章里下调和函数的 Perron 方法并把那里对调和函数得到的结果推广到 $Lu = f$ 的 Dirichlet 问题上去. 函数 $u \in C^0(\Omega)$ 称为 $Lu = f$ 在 Ω 中的下解 (上解), 如果对于每一个球 $B \subset\subset \Omega$ 和每一个在 B 中适合 $Lv = f$ 的解 v, 在 ∂B 上的不等式 $u \leqslant v$ $(u \geqslant v)$ 蕴涵着在 B 中也有 $u \leqslant v$ $(u \geqslant v)$ 成立. 若我们假设 L 满足强最大值原理并且在连续边值的球中 $Lu = f$ 的 Dirichlet 问题是可解的, 那么下解的概念和下调和函数有很多共同的性质. 特别是, 我们能断言如下的命题, 不予证明, 它的细节实质上与下调和函数的这个命题是相同的. 当 f 和 L 的系数在 $C^\alpha(\Omega)$ 中, $c \leqslant 0$, 我们只需注意在证明中要用定理 3.5 和引理 6.10 来分别代替定理 2.2 和 2.6.

(i) 函数 $u \in C^2(\Omega)$ 是下解当且仅当 $Lu \geqslant f$.

(ii) 如果 u 是有界区域 Ω 中的下解, v 是使 $v \geqslant u$ 在 $\partial\Omega$ 上成立的上解, 那么或者在整个 Ω 中 $v > u$, 或者 $v \equiv u$.

(iii) 设 u 是 Ω 中的下解, B 是使 $\overline{B} \subset \Omega$ 的球. 我们用 $\overline{u}$ 来记在 B 中 $Lu = f$, 在 ∂B 上满足条件 $\overline{u} = u$ 的解. 那么,

$$U(x) = \begin{cases} \overline{u}(x), & x \in B, \\ u(x), & x \in \Omega - B \end{cases}$$

定义的函数 U 是 Ω 中的下解.

(iv) 设 $u_1, u_2, \ldots, u_N$ 是 Ω 中的下解, 那么函数

$$u(x) = \max\{u_1(x), u_2(x), \ldots, u_N(x)\}$$

也是 Ω 中的一个下解.

对于上解显然也能够作出与 (i), (iii) 和 (iv) 中相对应的陈述.

现在设 Ω 是有界区域, φ 是 $\partial\Omega$ 上的有界函数. 如果函数 $u \in C^0(\overline{\Omega})$ 是 Ω 中的下解 (上解), 并且在 $\partial\Omega$ 上 $u \leqslant \varphi$ ($u \geqslant \varphi$), 则称 u 为相对于 φ 的下函数 (上函数). 按照上面的 (ii), 每个下函数小于或等于每个上函数. 我们用 S_φ 来表示 Ω 中相对于 φ 的下函数的集合, 并设 S_φ 非空且上有界. 例如, 当 L 在 Ω 中是严格椭圆型的, 并且它的系数和 f 有界时就是这种情形. 也就是说, 如果 Ω 位于板形区域 $0 < x_1 < d$ 之中, 那么函数

$$\begin{aligned} v^+ &= \sup|\varphi| + (e^{\gamma d} - e^{\gamma x_1})\frac{\sup|f|}{\lambda}, \\ v^- &= -\sup|\varphi| - (e^{\gamma d} - e^{\gamma x_1})\frac{\sup|f|}{\lambda} \end{aligned} \tag{6.44}$$

当正常数 γ 充分大时分别是上函数和下函数 (见定理 3.7). 上函数 v^+ 给 S_φ 的函数提供了一个上界, 而下函数 v^- 的存在性保证 S_φ 非空.

现在我们可以断言 $Lu = f$ 的 Perron 方法的基本存在性结果了, 假设 f 和 L 的系数都在 $C^\alpha(\Omega)$ 中并且 $c \leqslant 0$.

定理 6.11 函数 $u(x) = \sup\limits_{v \in S_\varphi} v(x)$ 属于 $C^{2,\alpha}(\Omega)$, 并且只要 u 有界, 它就在 Ω 中满足 $Lu = f$.

证明与定理 2.12 的证明相同, 仅在少数细节上有差别, 把它留给读者. 我们请读者注意以下事实: 在证明中所需要的解的紧性由推论 6.3 的内估计提供, 在论证中最大值原理的适当形式由定理 3.5 给出.

现在我们要确定在定理 6.11 中定义的解连续地取边值 φ 的条件. 与调和函数的情况一样, 这个问题能够用我们在有界区域 Ω 中对 $c \leqslant 0$ 的 $Lu = f$ 定义的闸函数概念来处理. 设 φ 是 $\partial\Omega$ 上的有界函数, 在 $x_0 \in \partial\Omega$ 连续. 那么 $C^0(\overline{\Omega})$ 中的函数序列 $\{w_i^+(x)\}(\{w_i^-(x)\})$ 是 Ω 中相对于 L, f 和 φ 在点 x_0 的一个上 (下) 闸函数, 如果它满足:

(i) $w_i^+(w_i^-)$ 是 Ω 中相对于 φ 的上 (下) 函数;

(ii) 当 $i \to \infty$ 时 $w_i^\pm(x_0) \to \varphi(x_0)$.

如果在一点处上、下闸函数都存在, 那么简单地以这点的闸函数相称是方便的.

闸函数的基本性质包含在下面的引理中.

引理 6.12 设 u 是按定理 6.11 定义的 Ω 中 $Lu=f$ 的解, 其中 φ 是 $\partial\Omega$ 上的有界函数, 在 x_0 连续. 如果在 x_0 存在闸函数, 则当 $x\to x_0$ 时 $u(x)\to\varphi(x_0)$.

证明 从 u 的定义和每个下函数被每个上函数界住的事实, 对所有的 i, 在 Ω 中有

$$w_i^-(x)\leqslant u(x)\leqslant w_i^+(x).$$

对任一 $\varepsilon>0$ 及所有充分大的 i, 上面的条件 (ii) 蕴涵

$$\lim_{x\to x_0} w_i^-(x)>\varphi(x_0)-\varepsilon,\quad \lim_{x\to x_0} w_i^+(x)<\varphi(x_0)+\varepsilon.$$

可以推出

$$\lim_{x\to x_0}\sup|u(x)-\varphi(x_0)|<\varepsilon,$$

所以我们断定当 $x\to x_0$ 时 $u(x)\to\varphi(x_0)$. □

我们通过下列附注来进一步阐述闸函数的概念.

附注 1 有很多有意义的情况下方程的特殊结构简化了闸函数的确定. 例如, 如果在方程 $Lu=f$ 中 $c\equiv 0, f\equiv 0$, 这种情况和 Laplace 方程相同之处在于: 在 x_0 的闸函数可以用单独一个上解 $w\in C^0(\overline{\Omega})$ 来确定, w 具有性质: 在 $\partial\Omega-x_0$ 上 $w>0$, 而 $w(x_0)=0$. 为了看出这一点, 设 $\varepsilon>0$; 于是由 φ 的有界性和它在 x_0 的连续性, 存在正常数 k_ε, 使得

$$w_\varepsilon^+\equiv\varphi(x_0)+\varepsilon+k_\varepsilon w,\quad w_\varepsilon^-\equiv\varphi(x_0)-\varepsilon-k_\varepsilon w$$

分别是 Ω 中相对于 φ 的上函数和下函数, 并且显然当 $\varepsilon\to 0$ 时 $w_\varepsilon^\pm(x_0)\to\varphi(x_0)$. 这样一来函数族 $w_\varepsilon^\pm(x)$ 确定一个闸函数.

考虑另一类方程, 设 f 和 L 的系数在 Ω 中有界. 如果函数 $w\in C^0(\overline{\Omega})\cap C^2(\Omega)$ 满足条件: (a) 在 Ω 中 $Lw\leqslant -1$; (b) 在 $\partial\Omega-x_0$ 上 $w>0, w(x_0)=0$, 这一个函数也确定 x_0 处的一个闸函数. 也就是说, 给定 $\varepsilon>0$, 则与上面一样存在正常数 k_ε, 使得在 $\partial\Omega$ 上

$$\varphi(x_0)+\varepsilon+k_\varepsilon w(x)\geqslant\varphi(x),\quad \varphi(x_0)-\varepsilon-k_\varepsilon w(x)\leqslant\varphi(x).$$

如果现在令 $k'_\varepsilon=\max(k_\varepsilon,\sup_\Omega|f-c\varphi(x_0)|)$, 函数

$$w_\varepsilon^+\equiv\varphi(x_0)+\varepsilon+k'_\varepsilon w,\quad w_\varepsilon^-\equiv\varphi(x_0)-\varepsilon-k'_\varepsilon w$$

就分别是上函数和下函数, 并定义了 x_0 处的一个闸函数. 事实上, 在 $\partial\Omega$ 上 $w_\varepsilon^+\geqslant\varphi, w_\varepsilon^-\leqslant\varphi$, 并且因为 $Lw\leqslant -1$, 故

$$L[\varphi(x_0)+\varepsilon+k'_\varepsilon w]\leqslant c(\varphi(x_0)+\varepsilon)-k'_\varepsilon\leqslant c\varphi(x_0)-k'_\varepsilon\leqslant f;$$

类似地, $L[\varphi(x_0)-\varepsilon-k'_\varepsilon w]\geqslant f$, 所以, 函数族 $w_\varepsilon^\pm$ 确定了在 x_0 关于 φ 的闸函数.

与上面的情况一样, 当 x_0 处的闸函数是由 $Lu=0$ 的一个仅依赖于 L 及区域的固定上解 w 来构造时, 我们就说 w *确定* x_0 *处的闸函数*.

附注 2 闸函数的上面的定义常常难于应用, 因为它需要构造定义在整个 Ω 上的全局的下解和上解. 于是寻求能得到所需结果的*局部闸函数*就变得必要了. 为诱导出这个概念的定义, 设 $M^+(M^-)$ 是解在 Ω 中的一个上 (下) 界, 这个解在 $x_0\in\partial\Omega$ 的边界性质正是要研究的. 那么, 函数序列 $\{w_i^+(x)\}(\{w_i^-(x)\})$ 是在 x_0 的相对于 L,f,φ 和 $M^+(M^-)$ 的一个*局部*上 (下) 闸函数, 如果存在 x_0 的开邻域 $\mathscr{N}$, 使得

(i) 在 $\mathscr{N}\cap\Omega$ 中 $w_i^+(w_i^-)$ 是上 (下) 解;

(ii) 在 $\mathscr{N}\cap\partial\Omega$ 上 $w_i^+\geqslant\varphi$ ($w_i^-\leqslant\varphi$);

(iii) 在 $\Omega\cap\partial\mathscr{N}$ 上 $w_i^+\geqslant M^+$ ($w_i^-\leqslant M^-$);

(iv) 当 $i\to\infty$ 时 $w_i^\pm(x_0)\to\varphi(x_0)$.

(特别地, 如果 $\overline{\Omega}\subset\mathscr{N}$, 函数 $w_i^\pm$ 就定义了上述全局意义下的 x_0 处的闸函数, 并且条件 (iii) 能被去掉.) 我们直接看出: 如果定理 6.11 中定义的解 u 在 Ω 中满足 $|u|\leqslant M$, 则只要存在 x_0 相对于界 $\pm M$ 的局部闸函数, 引理 6.12 仍然有效. 在本书的后面, 局部闸函数将在解的边界性质的研究中起重要的作用.

附注 3 与引理 6.12 中相同的论证表明: 闸函数确定了任一解在边界的连续性的模, 如果假设这个解的边值连续的话. 这样, 在附注 1 所考察的情况下, 如果 u 是 $Lu=f$ 的有界解, 使得当 $x\to x_0$ 时 $u(x)\to\varphi(x_0)$, 则对于任一 $\varepsilon>0$ 和一个适当的正常数 k_ε, 在 Ω 中就有

$$|u(x)-\varphi(x_0)|\leqslant\varepsilon+k_\varepsilon w(x).$$

如果 w 确定在 x_0 处的一个局部闸函数, 则同样的不等式在 x_0 的一个固定的 (与 ε 无关的) 邻域中成立.

对于方程 $Lu=f$, 与对于 Laplace 方程一样, 闸函数的存在和构造是与边界的局部性质紧密相关的. 我们用一个在以后应用中感兴趣的例子来说明, 设 L 在有界区域 Ω 内是严格椭圆型的, $c\leqslant 0$, 又设 f 和 L 的系数有界. 我们假设 Ω 在 $x_0\in\partial\Omega$ 满足外部球条件, 所以对某个球 $B=B_R(y)$, 有 $\overline{B}\cap\overline{\Omega}=x_0$. 我们证明函数

$$w(x)=\tau(R^{-\sigma}-r^{-\sigma}),\quad r=|x-y|,\tag{6.45}$$

对于适当的正常数 τ 和 σ, 在 Ω 中满足 $Lw\leqslant -1$, 因而 (根据上面的附注 1) w 确定在 x_0 处的一个闸函数. 为方便起见取 $y=0$, 从 (6.40) 和 $c\leqslant 0$ 的事实, 我

们得到对于 $x \in \Omega$,

$$\begin{aligned} L(R^{-\sigma} - r^{-\sigma}) &\leqslant \sigma r^{-\sigma-4}\left[-(\sigma+2)a^{ij}x_i x_j + r^2\left(\sum a^{ii} + b^i x_i\right)\right] \\ &\leqslant \sigma r^{-\sigma-2}\left[-(\sigma+2)\lambda + \left(\sum a^{ii} + b^i x_i\right)\right]. \end{aligned}$$

因为 Ω 及 L 的系数有界, 只要 σ 充分大, 上式右端就是负的, 并有负的上界. 所以, 对适当大的 τ 和 σ, 有 $Lw \leqslant -1$, 这正和断言的一样.

这样, 在方程 $Lu = f$ 的上述假设之下, 在每一点 $x_0 \in \partial\Omega$ 处满足外部球条件的有界区域 Ω (例如, 任何 C^2 区域), 就在每一边界点有一个闸函数, 每当规定的边值是连续的时候, 引理 6.12 就能应用. 这个事实与定理 6.11 结合起来, 我们就导出下面的一般的存在定理.

定理 6.13 设 L 在有界区域 Ω 中是严格椭圆型的, $c \leqslant 0$, 又设 f 及 L 的系数有界并属于 $C^\alpha(\Omega)$. 假设 Ω 在每一边界点上满足外部球条件. 那么, 如果 φ 在 $\partial\Omega$ 上连续, Dirichlet 问题:

$$在\ \Omega\ 中\ Lu = f, \quad 在\ \partial\Omega\ 上\ u = \varphi$$

就有 (唯一) 解 $u \in C^0(\overline{\Omega}) \cap C^{2,\alpha}(\Omega)$.

定理 6.13 可推广到更一般的域上. 特别地, L 和 f 满足同样的假设, 对满足外锥条件的域可以证明 (见习题 6.3).

如果这个定理的假设条件加强到 f 及 L 的系数属于 $C^\alpha(\overline{\Omega})$, 就能证明: 使得 Dirichlet 问题对于连续边值可解的区域, 对 Laplace 算子和 L 两者恰恰是同样的 (见评注).

我们现在转向当边界数据充分光滑时上述解的全局正则性问题. 我们看出, 在定理 6.8 的假设下, 只要同样的结论 (Kellogg 定理) 对于 Poisson 方程成立, 则 $Lu = f$ 的 Dirichlet 问题的解属于 $C^{2,\alpha}(\overline{\Omega})$. 我们现在直接从本节的结果来证明这个正则性定理.

定理 6.14 设 L 在有界区域 Ω 中是严格椭圆型的, $c \leqslant 0$, 又设 f 及 L 的系数属于 $C^\alpha(\overline{\Omega})$. 假设 Ω 是 $C^{2,\alpha}$ 区域, 并设 $\varphi \in C^{2,\alpha}(\overline{\Omega})$. 那么 Dirichlet 问题:

$$在\ \Omega\ 中\ Lu = f, \quad 在\ \partial\Omega\ 上\ u = \varphi$$

有 (唯一) 解属于 $C^{2,\alpha}(\overline{\Omega})$.

证明 因为定理 6.13 的假设条件得到满足, 可设 u 是 Dirichlet 问题的对应的解. 我们从定理 6.13 知道 $u \in C^0(\overline{\Omega}) \cap C^{2,\alpha}(\Omega)$, 所以剩下的仅仅是证明在每点 $x_0 \in \partial\Omega$, 我们有 $u \in C^{2,\alpha}(D \cap \overline{\Omega})$, 其中 D 是 x_0 的某个邻域. 因为 Ω

是 $C^{2,\alpha}$ 区域, 于是存在 x_0 的这样一个邻域 N, 它能够通过一个具有 $C^{2,\alpha}$ 逆的 $C^{2,\alpha}$ 映射 $y=\psi(x)$ 以这样的方式映到邻域 $\widetilde{N}$ 之中: $\psi(N\cap\overline{\Omega})$ 包含球 B 的闭包, $N\cap\partial\Omega$ 的包含 x_0 的部分 T 被 ψ 映到 B 的边界部分 $\widetilde{T}$ 中. 在这个映射之下方程 $Lu(x)=f(x)$ 变成定义在 B 中的方程 $\widetilde{L}\widetilde{u}(y)=\widetilde{f}(y)$. 因为映射的 $C^{2,\alpha}$ 特性, 我们有 $\varphi\to\widetilde{\varphi}\in C^{2,\alpha}(\overline{B})$, 并且 $\widetilde{L}$ 和 $\widetilde{f}$ 在 B 中满足 L 和 f 在 Ω 中满足的同样的假设; 即, $\widetilde{L}$ 在 B 中是严格椭圆型的, $\widetilde{c}\leqslant 0$, 并且 $\widetilde{f}$ 和 $\widetilde{L}$ 的系数属于 $C^{\alpha}(\overline{B})$ (见引理 6.5). 然后考虑 Dirichlet 问题: 在 B 中 $\widetilde{L}v=\widetilde{f}$, 在 ∂B 上 $v=\widetilde{u}$ 的解 v. 因为在 $\widetilde{T}\subset\partial B$ 上 $\widetilde{u}=\widetilde{\varphi}$, 在 ∂B 上我们就有 $\widetilde{u}\in C^0(\partial B)\cap C^{2,\alpha}(\widetilde{T})$. 所以, 由 Dirichlet 问题的唯一性和引理 6.10 得出 $\widetilde{u}=v\in C^0(\overline{B})\cap C^{2,\alpha}(B\cup\widetilde{T})$. 回到 Ω, 设 $D'=\psi^{-1}(B)$. 我们看出 $u\in C^{2,\alpha}(D'\cup T)$, 又因 x_0 在 $\partial\Omega$ 上是任意的, 我们就得到结论 $u\in C^{2,\alpha}(\overline{\Omega})$. □

上述结果可推广到系数、域和边值满足较弱正则性条件 (见评注).

如果算子 L 不满足 $c\leqslant 0$ 的条件, 则从简单例子熟知, $Lu=f$ 的 Dirichlet 问题一般说来不再有解. 但是, 断言 Fredholm 二择一性质还是可能的, 我们确切地叙述如下.

定理 6.15 设 $L\equiv a^{ij}D_{ij}+b^iD_i+c$ 在 $C^{2,\alpha}$ 区域 Ω 中是具有 $C^{\alpha}(\overline{\Omega})$ 系数的严格椭圆型算子. 那么, 或者 (a) 齐次问题: 在 Ω 中 $Lu=0$, 在 $\partial\Omega$ 上 $u=0$ 仅有平凡解, 在这种情形下非齐次问题: 在 Ω 中 $Lu=f$, 在 $\partial\Omega$ 上 $u=\varphi$ 对所有的 $f\in C^{\alpha}(\overline{\Omega}),\varphi\in C^{2,\alpha}(\overline{\Omega})$ 有唯一的 $C^{2,\alpha}(\overline{\Omega})$ 解; 或者 (b) 齐次问题有非平凡解, 这些解形成 $C^{2,\alpha}(\overline{\Omega})$ 的一个有限维子空间.

证明 我们看出在所说关于 f 和 φ 的假设之下, 非齐次问题: 在 Ω 中 $Lu=f$, 在 $\partial\Omega$ 上 $u=\varphi$ 等价于问题: $Lv=f-L\varphi$, 在 $\partial\Omega$ 上 $v=0$. 因而我们将只考虑具有齐次边界条件: 在 $\partial\Omega$ 上 $u=0$ 的 Dirichlet 问题, 并把算子 L 限制在线性空间

$$\mathfrak{B}=\{u\in C^{2,\alpha}(\overline{\Omega})|\text{在 }\partial\Omega\text{ 上 }u=0\}$$

上就够了.

设 σ 是适合 $\sigma\geqslant\sup\limits_{\Omega}c$ 的任一常数, 定义算子 $L_\sigma\equiv L-\sigma$. 于是, 按定理 6.14, 映射

$$L_\sigma:\mathfrak{B}\to C^{\alpha}(\overline{\Omega})$$

是可逆的. 此外, 根据估计 (6.36) 及定理 3.7, 逆映射 L_σ^{-1} 是从 $C^{\alpha}(\overline{\Omega})$ 到 $C^2(\overline{\Omega})$ 中的紧映射, 所以作为从 $C^{\alpha}(\overline{\Omega})$ 到 $C^{\alpha}(\overline{\Omega})$ 中的映射也是紧的, 然后, 考虑方程

$$u+\sigma L_\sigma^{-1}u=L_\sigma^{-1}f,\quad f\in C^{\alpha}(\overline{\Omega}),\tag{6.46}$$

在其中 $L_\sigma^{-1}: C^\alpha(\overline{\Omega}) \to C^\alpha(\overline{\Omega})$ 是紧的. 根据定理 5.3, 在 Banach 空间中紧算子上应用二择一性质, 只要齐次方程 $u+\sigma L_\sigma^{-1}u=0$ 仅有平凡解 $u=0$, (6.46) 就总有解 $u \in C^\alpha(\overline{\Omega})$. 当这个条件不满足时, 算子 $I+\sigma L_\sigma^{-1}$ 的零空间 ($I=$ 恒等算子) 是 $C^\alpha(\overline{\Omega})$ 的一个有限维子空间 (定理 5.5).

用 $Lu=f$ 的 Dirichlet 问题的术语来翻译这些叙述. 首先注意因为 L_σ^{-1} 把 $C^\alpha(\overline{\Omega})$ 映上 $\mathfrak{B}$, (6.46) 的任一解 $u \in C^\alpha(\overline{\Omega})$ 必然也属于 $\mathfrak{B}$. 所以, 用 L_σ 作用于 (6.46), 我们得到

$$Lu = L_\sigma(u+\sigma L_\sigma^{-1}u) = f, \quad u \in \mathfrak{B}. \tag{6.47}$$

这样一来, (6.46) 的解与边值问题 (6.47) 的解之间有一对一的对应, 因而我们能够得出定理中叙述的二择一性质. □

Dirichlet 问题的二择一性质的重要性在于: 它证明了唯一性是存在性的一个充分条件. 我们注意由于引理 6.18 (在下一节中证明), $Lu=f$ 的 $C^2(\overline{\Omega})$ 解也是 $C^{2,\alpha}(\overline{\Omega})$ 解, 所以 L 在 $C^2(\overline{\Omega})$ 中的零空间也是有限维的. 我们还要指出定理 5.5 蕴涵这样的事实: 那些使齐次问题 $Lu-\sigma u=0$, 在 $\partial\Omega$ 上 $u=0$ 有非平凡解的实数值 σ 的集合 Σ 是可数无穷集和离散的. 而且 (按定理 5.3), 如果 $\sigma \notin \Sigma$, Dirichlet 问题: 在 Ω 中 $L_\sigma u=f$, 在 $\partial\Omega$ 上 $u=\varphi$ 的任一解都满足估计

$$|u|_{2,\alpha} \leqslant C(|\varphi|_{2,\alpha}+|f|_{0,\alpha}),$$

其中常数 C 与 u,f,φ 无关.

6.4. 内部正则性和边界正则性

在前几节中非齐次项 f 和 L 的系数被假设成 C^α 函数, 方程 $Lu=f$ 的对应的解就在 $C^{2,\alpha}$ 类中. 我们现在研究这样的解的更高的正则性性质对于 f 及 L 的系数的光滑性的依赖性. 解的全局正则性将同样地依赖于边界和边值的光滑性.

首先我们证明: 如果 f 和 L 的系数是 C^α 的, 则 $Lu=f$ 的任一 C^2 解必然也属于类 $C^{2,\alpha}$.

引理 6.16 *设 u 是方程 $Lu=f$ 在一开集 Ω 中的 $C^2(\Omega)$ 解, 其中 f 和椭圆型算子 L 的系数是 $C^\alpha(\Omega)$ 的. 那么 $u \in C^{2,\alpha}(\Omega)$.*

证明 显然, 只要对任意球 $B \subset\subset \Omega$ 证明 $u \in C^{2,\alpha}(B)$ 就够了. 设 B 就是这样一个球, 在 B 中考虑 v 的 Dirichlet 问题:

$$L_0 v = a^{ij}D_{ij}v + b^i D_i v = f' \equiv f - cu, \ \text{在 } \partial B \text{ 上 } v=u. \tag{6.48}$$

因为, 根据假设条件, $u \in C^2(\overline{B})$, 我们有 f' 及 L_0 的系数也在 $C^\alpha(\overline{B})$ 中. 所以, 按引理 6.10, (6.48) 在 $C^{2,\alpha}(B) \cap C^0(\overline{B})$ 中存在一解 v. 由唯一性, 我们推断解 u 和 (6.48) 的解 v 在 B 中恒等, 这样就有 $u \in C^{2,\alpha}(B)$. □

我们注意到上面的结果和本节中得到的那些结果不需要对系数 c 的符号作假定.

上面的引理与 Schauder 内估计产生出下述的内部正则性定理.

定理 6.17 设 u 是方程 $Lu = f$ 在开集 Ω 中的 $C^2(\Omega)$ 解, 其中 f 及椭圆型算子 L 的系数属于 $C^{k,\alpha}(\Omega)$. 则 $u \in C^{k+2,\alpha}(\Omega)$. 如果 f 及 L 的系数属于 $C^\infty(\Omega)$, 则 $u \in C^\infty(\Omega)$.

证明 根据引理 6.16, 定理对 $k = 0$ 已被证明. 我们现在对于 $k = 1$ 来证明它. 设 v 是 Ω 上的一个函数, 用 e_l $(l = 1, \ldots, n)$ 表示 x_l 方向的单位坐标向量. 我们用

$$\Delta^h v(x) = \Delta_l^h v(x) = \frac{v(x + he_l) - v(x)}{h}$$

来定义 v 在 x 点处沿 e_l 方向的差商. 对方程

$$Lu = a^{ij} D_{ij} u + b^i D_i u + cu = f$$

的两端取差商, 我们得到

$$\begin{aligned} L(\Delta^h u) &= a^{ij} D_{ij} \Delta^h u + b^i D_i \Delta^h u + c\Delta^h u = F_h(x) \\ &\equiv \Delta^h f - (\Delta^h a^{ij}) D_{ij} \overline{u} - (\Delta^h b^i) D_i \overline{u} - (\Delta^h c)\overline{u}, \quad \overline{u} = u(x + he_l). \end{aligned} \tag{6.49}$$

这个方程中的全部差商假设都是在 $x \in \Omega$ 处对某个 $l = 1, \ldots, n$ 沿方向 e_l 取的. 因为 $f \in C^{1,\alpha}(\Omega)$ 及

$$\Delta^h f(x) = \frac{1}{h} \int_0^1 \frac{d}{dt} f(x + the_l) dt = \int_0^1 D_l f(x + the_l) dt,$$

我们看出在任何子集 $\Omega' \subset\subset \Omega$ 中对于满足 $|h| < \operatorname{dist}(\Omega', \partial\Omega)$ 的 $h, \Delta^h f \in C^\alpha(\Omega')$. 特别地, 如果 B 和 B' 是 Ω 中的球, 使得 $B' \subset B \subset\subset \Omega$ 并且 $\operatorname{dist}(B', \partial B) = h_0 > 0$, 那么对于 $0 < |h| < h_0$, 有 $\Delta^h f \in C^\alpha(\overline{B'})$, 并且存在一个一致的界: $|\Delta^h f|_{0,\alpha;B'} \leqslant$ 与 h 无关的常数. 对于差商 $\Delta^h a^{ij}, \Delta^h b^i, \Delta^h c$ 也能得到类似的界, 它们也都属于 $C^\alpha(\overline{B'})$. 因为 $u \in C^{2,\alpha}(\Omega)$ (按引理 6.16), 对于 $|h| < h_0$ 可推出 $F_h \in C^\alpha(\overline{B'})$, 而且, $|F_h|_{0,\alpha;B'} \leqslant$ 与 h 无关的常数. 再注意到界 $\sup\limits_{B'} |\Delta^h u| \leqslant \sup\limits_{B} |Du|$, 我们就能够从推论 6.3 的内估计论断函数 $\Delta^h u$ 及它的一、二阶导数 $D_i \Delta^h u, D_{ij} \Delta^h u$ $(i, j = 1, \ldots, n)$ 的集合在任何球 $B'' \subset\subset B'$ 上有界且等度连续,

所以这些集合中的每个序列包含着在 B'' 上一致收敛的子序列. 因为当 $h \to 0$ 时 $\Delta_l^h u \to D_l u$, 因而我们可以断言当 $h \to 0$ 时 $D_{ij}\Delta_l^h u \to D_{ijl}u$ 及 $u \in C^{3,\alpha}(B'')$. 因为 B'' 可以是其闭包也在 Ω 中的任意球, 我们就断定 $u \in C^{3,\alpha}(\Omega)$, 从而对于 $k=1$ 证明了定理.

为了对 $k>1$ 证明定理, 我们用对 k 的归纳法进行. 在 L 和 f 的所说假设条件下, 我们可以相应地假设 $u \in C^{k+1,\alpha}(\Omega)$, 我们希望证明 $u \in C^{k+2,\alpha}(\Omega)$. 因为 f 及 L 的系数属于 $C^{k,\alpha}(\Omega)$, 方程 $Lu=f$ 可微分 $k-1$ 次, 这样就得出一个方程 $L\widehat{u}=\widehat{f}$, 其中 $\widehat{u}=D^{\boldsymbol{\beta}}u, \boldsymbol{\beta}$ 是某个使 $|\boldsymbol{\beta}|=k-1$ 的指标, 还有这里的 $\widehat{f}$ 等于 $D^{\boldsymbol{\beta}}f$ 加上系数的阶数 $\leqslant k-1$ 的导数与 u 的阶数 $\leqslant k$ 的导数的各个乘积的和. 因而 $\widehat{f} \in C^{1,\alpha}(\Omega)$. 按照上面对 $k=1$ 的同样的论证, 我们看出 $\widehat{u} \in C^{3,\alpha}(\Omega)$, 所以像定理中宣称的一样, $u \in C^{k+2,\alpha}(\Omega)$. 最后关于解属于 $C^\infty(\Omega)$ 的断言可立即推出. □

还有一种情况: 如果 f 和 L 的系数是实的解析函数, 则 $Lu=f$ 的任何解同样是解析的. 其证明可参阅文献 (例如: [HO3]).

还能够断言一直到边界的类似的正则性, 这时边界本身和解的边值充分光滑显然是必要的. 为了建立直到边界的适当的正则性结论, 我们先证与引理 6.16 类似的一个引理.

引理 6.18 设 Ω 是具有 $C^{2,\alpha}$ 边界部分 T 的区域, 又设 $\varphi \in C^{2,\alpha}(\overline{\Omega})$. 假设 u 是 $C^0(\overline{\Omega}) \cap C^2(\Omega)$ 函数并在 Ω 中满足 $Lu=f$, 在 T 上 $u=\varphi$, 其中 f 及严格椭圆型算子 L 的系数属于 $C^\alpha(\overline{\Omega})$. 那么 $u \in C^{2,\alpha}(\Omega \cup T)$.

证明 因为 T 是 $\partial\Omega$ 的 $C^{2,\alpha}$ 部分, 于是在 T 的每一点 x_0 可以求得一个边界邻域 $T' \subset\subset T$ 及 Ω 中的一个 $C^{2,\alpha}$ 区域 D, 使得 $x_0 \in T' \subset \partial D$. 此外, D 可选得这样小使得推论 3.8 能够应用, 所以在 D 中 $Lu=f$ 的 Dirichlet 问题至多有一个 $C^0(\overline{D}) \cap C^2(D)$ 的解.

现在, 论证与引理 6.10 中的非常类似. 因为 $u \in C^0(\partial D) \cap C^{2,\alpha}(T')$, 我们可以把 ∂D 上 u 的边值延拓成一个函数 $v \in C^0(D') \cap C^{2,\alpha}(\overline{B})$, 其中 $D \subset\subset D'$ 及 $B=B_\rho(x_0) \subset\subset D'$. (见关于 v 的构造的引理 6.38 后面的附注 1.) 设 $\{v_k\}$ 是 $C^3(D')$ 中的函数序列, 使得当 $k \to \infty$ 时,

$$|v_k - v|_{0;D} \to 0 \quad 及 \quad |v_k|_{2,\alpha;B} \leqslant C|v|_{2,\alpha;B}.$$

由于 Fredholm 二择一性质 (定理 6.15), Dirichlet 问题: 在 D 中 $Lu=f$, 在 ∂D 上 $u=v_k$ 对每个 k 在 $C^{2,\alpha}(\overline{D})$ 中有唯一解 u_k. 作为推论 6.3 及 3.8 的一个推论, 序列 $\{u_k\}$ 在 D 内收敛于解 u; 又按照推论 6.7 我们有 $u \in C^{2,\alpha}(B' \cap \overline{D})$, 其中 $B'=B_{\rho/2}(x_0)$. 因为 x_0 是 T 上任意的点, 就推出 $u \in C^{2,\alpha}(\Omega \cup T)$. □

如果 $c \leqslant 0$, 上面的结果实质上包含在定理 6.14 的证明中. 但是, 当对系数 c 的符号不加限制时, 定理 6.14 中的论证要作适当修改, 像上面证明中一样. 在评注中还包含有沿着不同路子的别的证明.

如果在假设和结论中用 $C^{1,\alpha}$ 来代替 $C^{2,\alpha}$, 引理 6.18 仍然有效, 并且在更一般的情形下也是 (见 [GH]).

把引理 6.18 作为一个出发点, 我们能够建立如下的全局正则性定理.

定理 6.19 设 Ω 是 $C^{k+2,\alpha}$ 区域 $(k \geqslant 0)$, 又设 $\varphi \in C^{k+2,\alpha}(\overline{\Omega})$. 假设 u 是在 Ω 中满足 $Lu = f$, 在 $\partial\Omega$ 上 $u = \varphi$ 的 $C^0(\overline{\Omega}) \cap C^2(\Omega)$ 函数, 其中 f 和严格椭圆型算子 L 的系数属于 $C^{k,\alpha}(\overline{\Omega})$. 那么, $u \in C^{k+2,\alpha}(\overline{\Omega})$.

证明 当 $k = 0$ 时, 定理蕴涵在引理 6.18 中. 现在对 $k = 1$ 来证明这个结论. 设 x_0 是 Ω 的一个任意的边界点, 考虑一个在 x_0 附近把边界拉直的适当的 $C^{3,\alpha}$ 微分同胚 ψ. 作为这个映射的结果, 我们可以把方程 $Lu = f$ 看成定义在一个区域 G 中的方程, G 在 $x_n = 0$ 上具有超平面部分 T, 而定理的其余假设条件不变 (见定理 6.2 的证明). 用函数 $u - \varphi$ 代替 u, 并注意到 $L\varphi \in C^{1,\alpha}(\overline{G})$, 我们可以在定理的叙述中假设 $\varphi = 0$.

与定理 6.17 一样, 我们对任一 $l = 1, \ldots, n-1$, 在 e_l 方向上对方程 $Lu = f$ 取差商, 因而得到一个 (6.49) 形状的方程, 差商 $\Delta^h u\ (= \Delta_l^h u)$ 满足这方程: 如果 $0 < |h| < h_0$, 那么这个方程在具有超平面边界部分 $T' \subset T$ 的集合 $G' = \{x \in G | \operatorname{dist}(x, \partial G - T) > h_0\}$ 中成立. 在关于 L 及 f 的假设之下, 因为在 T 上 $u = 0$ 及 $u \in C^{2,\alpha}(\overline{G})$, 引理 6.4 的条件在 G' 中被方程 (6.49) 和它的解 $\Delta^h u$ 所满足. 从引理 6.4 就推出函数族 $\Delta^h u, D_i\Delta^h u, D_{ij}\Delta^h u\ (i, j = 1, \ldots, n)$ 在 $G' \cup T'$ 的紧子集上有界并且等度连续. 因为当 $h \to 0$ 时 $\Delta_l^h u \to D_l u$, 我们就能够断言, 对于 $i, j = 1, \ldots, n$ 及 $l = 1, \ldots, n-1$, 有 $D_{ij}\Delta_l^h u \to D_{ijl}u$, 此外, 对于 $l = 1, \ldots, n-1$, 还有 $D_l u \in C^{2,\alpha}(G' \cup T')$. 剩下仅仅要证明 $D_n u \in C^{2,\alpha}(G' \cup T')$ 也同样成立. 记

$$D_{nn}u = (1/a^{nn})(f - (L - a^{nn}D_{nn})u),$$

从上面结果可看出右端属于 $C^{1,\alpha}(G' \cup T')$ 就可立刻推出这一点. 因为 x_0 是 $\partial\Omega$ 上一个任意点, 我们就得到了 $u \in C^{3,\alpha}(\overline{\Omega})$ 的结论.

与定理 6.17 一样, 用对 k 的归纳法对 $k > 1$ 证明定理: 考虑任一 $k-1$ 阶导数满足的方程, 从而就化归上面处理过的 $k = 1$ 的情况. □

从前面实质上是局部的论证法显然可得: 只要解 u 一直连续到任一 $C^{k+2,\alpha}$ 边界部分 T, 并在 T 上取 $C^{k+2,\alpha}$ 边值, 则正则性结果就一直到 T 都仍然正确.

6.5. 另一种方法

对定理 6.13 的证明的考察表明: 这个存在定理是通过 Perron 方法从球上的 Dirichlet 问题对于任意连续边值的可解性得出来的. 而后一结论 (包含在引理 6.10 中), 其证明本质上是依赖于 Schauder 理论的边界估计的. 但是, 如同下面我们将要看到的, 有可能发展一种连续边值的 Dirichlet 问题的理论, 它完全基于 Schauder 内估计, 而根本不用边界估计.

这一节的讨论将根据定理 6.2 中内估计的如下的推广. 为了它的叙述, 我们要用到 (6.10) 中定义的拟范数和范数.

引理 6.20 设 $u\in C^{2,\alpha}(\Omega)$ 在 $\mathbb{R}^n$ 的开集 Ω 中满足方程 $Lu=f$, 其中 L 的系数满足 (6.12) 和 (6.13). 假设对于某个 $\beta\in\mathbb{R}, |u|_{0;\Omega}^{(-\beta)}<\infty$ 和 $|f|_{0,\alpha;\Omega}^{(2-\beta)}<\infty$. 那么我们有

$$|u|_{2,\alpha;\Omega}^{(-\beta)}\leqslant C(|u|_{0;\Omega}^{(-\beta)}+|f|_{0,\alpha;\Omega}^{(2-\beta)}),\tag{6.50}$$

其中 $C=C(n,\alpha,\lambda,\Lambda,\beta)$.

证明 设 x 是 Ω 中任一点, d_x 是它到 $\partial\Omega$ 的距离, 且 $d=d_x/2$. 那么, 将 (6.14) 应用于球 $B=B_d(x)$, 就有

$$\begin{aligned}
d^{1-\beta}|Du(x)|+d^{2-\beta}|D^2u(x)| &\leqslant Cd^{-\beta}(|u|_{0;B}+|f|_{0,\alpha;B}^{(2)})\\
&\leqslant C\Big[\sup_{y\in B}d_y^{-\beta}|u(y)|+\sup_{y\in B}d_y^{2-\beta}|f(y)|+\sup_{y\in B}d_{x,y}^{2+\alpha-\beta}\frac{|f(x)-f(y)|}{|x-y|^\alpha}\Big]\\
&\leqslant C(|u|_{0;\Omega}^{(-B)}+|f|_{0,\alpha;\Omega}^{(2-\beta)}).
\end{aligned}$$

所以

$$|u|_{2;\Omega}^{(-B)}\leqslant C(|u|_{0;\Omega}^{(-\beta)}+|f|_{0,\alpha;\Omega}^{(2-\beta)}).\tag{6.51}$$

再来估计 $[u]_{2,\alpha;\Omega}^{(-\beta)}$, 设 x,y 是 Ω 中使 $d_x\leqslant d_y$ 的不同的点, 并且 $B=B_d(x)$ 如上. 那么, 考虑 $|x-y|\leqslant d/2$ 和 $|x-y|>d/2$ 两种情形, 对于任何一个二阶导数 D^2u 我们有

$$\begin{aligned}
&d_{x,y}^{2+\alpha-\beta}\frac{|D^2u(x)-D^2u(y)|}{|x-y|^\alpha}\\
&\leqslant Cd^{-\beta}(|u|_{0;B}+|f|_{0,\alpha;B}^{(2)})+d_x^{2+\alpha-\beta}\frac{|D^2u(x)|+|D^2u(y)|}{(d/2)^\alpha}\\
&\leqslant C(|u|_{0;\Omega}^{(-\beta)}+|f|_{0,\alpha;\Omega}^{(2-\beta)})+8[u]_{2;\Omega}^{(-\beta)}.
\end{aligned}$$

对于 x,y 取上确界, 并应用 (6.51), 我们得到

$$[u]_{2,\alpha;\Omega}^{(-\beta)}\leqslant C(|u|_{0;\Omega}^{(-\beta)}+|f|_{0,\alpha;\Omega}^{(2-\beta)}).$$

把这个公式与 (6.51) 合并, 就得到要求的估计 (6.50). □

我们注意到对于 $\beta=0$, 上述结果归结为以前的估计 (6.14). 当 $\beta>0$ 时, 关于 $|u|_{0;\Omega}^{(-\beta)}$ 有限的这个假设显然要求在 $\partial\Omega$ 上 $u=0$.

在这一节里我们将要应用连续性方法来求解 $Lu=f$ 在球中的 Dirichlet 问题. 这就需要下面引理中给出的在适当无界的 f 下解的先验估计. Poisson 方程的对应结果包含在定理 4.9 中.

引理 6.21 设 L 是严格椭圆型的 (满足 (6.2)), $c\leqslant 0$, 并且系数的绝对值在球 $B=B_R(x_0)$ 中以量 Λ 为界. 假设 $u\in C^0(\overline{B})\cap C^2(B)$ 是 B 中 $Lu=f$, 在 ∂B 上 $u=0$ 的解. 那么, 对于任何 $\beta\in(0,1)$ 我们有

$$\sup_{x\in B} d_x^{-\beta}|u(x)|\leqslant C\sup_{x\in B} d_x^{2-\beta}|f(x)|, \tag{6.52}$$

其中 $C=C(\beta,n,R,\lambda,\Lambda)$.

证明 设 β 是固定的, 并设 $\sup\limits_{x\in B} d_x^{2-\beta}|f(x)|=N<\infty$. 构造一个界住 u 的适当的比较函数即可得到需要的估计 (6.52). 为了方便起见我们取 $x_0=0$, 令

$$w_1(x)=(R^2-r^2)^\beta,\quad r=|x|.$$

于是

$$\begin{aligned}Lw_1(x)=\beta(R^2-r^2)^{\beta-2}\Big[&4(\beta-1)a^{ij}x_ix_j\\&-2(R^2-r^2)\left(\sum a^{ii}+b^ix_i\right)+(c/\beta)(R^2-r^2)^2\Big]\\\leqslant -\beta(R^2-r^2)^{\beta-2}[&4(1-\beta)\lambda r^2+2(R^2-r^2)(n\lambda-\sqrt{n}\Lambda r)].\end{aligned}$$

显然, 对于某 $R_0, 0\leqslant R_0<R$, 如果 $R_0\leqslant r\leqslant R$, 方括号中的表达式就是正的. 所以

$$\begin{aligned}Lw_1(x)&\leqslant -c_1(R-r)^{\beta-2}\quad (R_0\leqslant r<R)\\&\leqslant c_2(R-r)^{\beta-2}\quad (0\leqslant r<R_0),\end{aligned}$$

其中 c_1 和 c_2 是仅依赖于 β,n,R,λ 及 Λ 的正常数. (如果 $R_0=0$, 第二个不等式当然是多余的.)

现在设 $w_2(x)=e^{\alpha R}-e^{\alpha x_1}$, 其中 $\alpha\geqslant 1+\sup\limits_B|\mathbf{b}|/\lambda$. 那么, 与定理 3.7 中一样, 在 B 中有 $Lw_2(x)\leqslant -\lambda e^{-\alpha R}$, 所以

$$\begin{aligned}Lw_2(x)&\leqslant -c_3(R-r)^{\beta-2}\quad (0\leqslant r<R_0)\\&\leqslant 0\quad (R_0\leqslant r<R),\end{aligned}$$

其中 $c_3 = \lambda e^{-\alpha R}(R-R_0)^{2-\beta}$. 因为, 按照假设, $|f(x)| \leqslant N d_x^{\beta-2}$ 及 $d_x = R-r$, 就推出对于正常数 $\gamma_1 = 1/c_1$ 及 $\gamma_2 = (1+c_2/c_1)/c_3$,

$$L(\gamma_1 w_1 + r_2 w_2) \leqslant -(R-r)^{\beta-2} \leqslant -|f(x)|/N \quad (0 \leqslant |x| < R).$$

设 $w = \gamma_1 w_1 + \gamma_2 w_2$, 我们看到在 ∂B 上 $w(x) \geqslant 0$, 在 $x = (R, 0, \ldots, 0)$ 处 $w(x) = 0$, 而且

$$\text{在 } B \text{ 中 } L(Nw \pm u) \leqslant 0, \quad \text{在 } \partial B \text{ 上 } Nw \pm u \geqslant 0.$$

从最大值原理 (推论 3.2) 我们推断在 B 中

$$|u(x)| \leqslant N w(x). \tag{6.53}$$

现在考虑任一点 $x \in B$, 不失一般性我们假设它处于 x_1 轴上. 那么 (6.53) 蕴涵不等式

$$|u(x)| \leqslant CN(R-r)^{\beta} = CN d_x^{\beta}$$

对于某常数 $C = C(\beta, n, R, \lambda, \Lambda)$ 成立, 引理证完. □

能够用类似的方法把上面的结果推广到更一般的区域, 例如 C^2 区域 (见习题 6.5).

借助于前面的两个引理, 现在能够证明将定理 4.9 推广到方程 $Lu = f$ 的下述定理. 我们注意这个证明的得出并不用边界估计.

定理 6.22 设 B 是 $\mathbb{R}^n$ 中一个球, f 是 $C^{\alpha}(B)$ 中函数, 对某 $\beta \in (0,1)$ 使得 $|f|_{0,\alpha;B}^{(2-\beta)} < \infty$. 假设 L 在 B 中是严格椭圆型的, $c \leqslant 0$, 并且系数满足 (6.2) 和 (6.31). 那么, Dirichlet 问题: 在 B 中 $Lu = f$, 在 ∂B 上 $u = 0$ 存在 (唯一) 解 $u \in C^0(\overline{B}) \cap C^{2,\alpha}(B)$. 另外, $|u|_{0;B}^{(-\beta)} < \infty$, 所以 u 在 B 中满足估计 (6.50).

证明 证明的论证基于连续性方法. 像在定理 6.8 中一样, 考虑方程族

$$L_t u \equiv tLu + (1-t)\Delta u = f, \quad 0 \leqslant t \leqslant 1,$$

注意到 L_t 的系数也在 B 中满足 (6.2) 及 (6.31), 其中 $\lambda_t = \min(1, \lambda), \Lambda_t = \max(1, \Lambda)$ 分别代替了 λ 和 Λ. 由 (6.11) 我们有

$$|a^{ij} D_{ij} u|_{0,\alpha}^{(2-\beta)}, |b^i D_i u|_{0,\alpha}^{(2-\beta)}, |cu|_{0,\alpha}^{(2-\beta)} \leqslant C|u|_{2,\alpha}^{(-\beta)},$$

所以, 对于每个 t, 算子 L_t 是从 Banach 空间

$$\mathfrak{B}_1 = \{u \in C^{2,\alpha}(B) | |u|_{2,\alpha;B}^{(-\beta)} < \infty\}$$

到 Banach 空间

$$\mathfrak{B}_2 = \{f \in C^\alpha(B) \| |f|_{0,\alpha;B}^{(2-\beta)} < \infty\}$$

中的有界线性算子. Dirichlet 问题: 在 B 中 $L_t u = f$, 在 ∂B 上 $u = 0$, 对于任意 $f \in \mathfrak{B}_2$ 的可解性等价于用 $u \to L_t u$ 定义的 $\mathfrak{B}_1 \to \mathfrak{B}_2$ 映射的可逆性. 设 u_t 表示对某 $t \in [0,1]$ 这个问题的解. 那么, 从 (6.52) 我们有

$$|u_t|_0^{(-\beta)} \leqslant C|f|_0^{(2-\beta)} \leqslant C|f|_{0,\alpha}^{(2-\beta)}.$$

从 (6.50) 推出

$$|u_t|_{2,\alpha}^{(-\beta)} \leqslant C|f|_{0,\alpha}^{(2-\beta)},$$

或, 等价地,

$$\|u\|_{\mathfrak{B}_1} \leqslant C\|L_t u\|_{\mathfrak{B}_2},$$

常数 C 与 t 无关. L_0 是映上的这一事实已经包含在定理 4.9 中. 现在能够应用连续性方法 (定理 5.2), 定理证完. □

上面的定理能够推广到连续边值的情况得出引理 6.10 的下述推论.

推论 6.23 在定理 6.22 的假设条件之下, 如果 $\varphi \in C^0(\overline{B})$, 那么, Dirichlet 问题: 在 B 中 $Lu = f$, 在 ∂B 上 $u = \varphi$ 有 (唯一) 解 $u \in C^0(\overline{B}) \cap C^{2,\alpha}(B)$.

证明 设 $\{\varphi_k\}$ 是在 $\overline{B}$ 上一致收敛于 φ 的 $C^3(\overline{B})$ 函数序列. 按定理 6.22, Dirichlet 问题: 在 B 中 $Lv_k = f - L\varphi_k$, 在 ∂B 上 $v_k = 0$ 对于每个 k 是唯一可解的, 并且定义了具有非齐次边值的对应问题: 在 B 中 $Lu_k = f$, 在 ∂B 上 $u_k = \varphi_k$ 的解 $u_k = v_k + \varphi_k$. 从最大值原理用通常的方法推出 u_k 在 $\overline{B}$ 上一致收敛于一个函数 $u \in C^0(\overline{B})$, 使得在 ∂B 上 $u = \varphi$. 从内估计 (推论 6.3) 提供的紧性还推出在 B 中 $Lu = f$, 所以 u 是要求的解. □

从球上的这个存在定理出发, 我们能够像前面一样在更一般的区域中应用 Perron 方法接着做下去, 特别是得到定理 6.13.

6.6. 非一致椭圆型方程

上几节中在任意光滑有界区域中有效的存在性结果, 是在微分算子 L 的一致椭圆性的假设下得出的. 当方程不再是一致椭圆型时, 可解性的条件要受到很大的局限, 一般说来, 将需要对区域的几何形状或者微分算子和几何形状之间的联系加以限制.

考虑一个 Dirichlet 问题不可解的例子是有益的. 考察方程

$$u_{xx} + y^2 u_{yy} = 0 \tag{6.54}$$

在矩形 $R: 0<x<\pi, 0<y<Y$ 中的解 $u(x,y)$, 使得 $u\in C^0(\overline{R})\cap C^2(R)$, 满足边界条件 $u(0,y)=u(\pi,y)=0\ (0\leqslant y\leqslant Y)$. 任一这样的解 $u(x,y)$ 有 Fourier 级数展开式 $\sum f_n(y)\sin nx$, 其中系数 $f_n(y)$ 满足常微分方程 $y^2 f_n''-n^2 f_n=0$. 这个方程有线性无关的解 $y^{\beta_n}, y^{\gamma_n}$, 其中 $\beta_n=\dfrac{1}{2}(1+\sqrt{1+4n^2})>0, \gamma_n=\dfrac{1}{2}(1-\sqrt{1+4n^2})<0$. $u(x,y)$ 在 $y=0$ 有界的事实要求 $f_n(y)=\text{const}\cdot y^{\beta_n}$, 所以 $f_n(0)=0$. 这样推出了 $u(x,0)=0$, 因此在 $\overline{R}$ 上满足指定边界条件的唯有的连续解在 $y=0$ 上必有零边值, 所以不能取指定的非零边界数据.

导出定理 6.13 的论证在系数和区域的适当假设条件下能够推广到非一致椭圆型方程. 我们首先注意, 如果方程 $Lu=f\ (c\leqslant 0)$ 中 f 及 L 的系数在区域 Ω 中是局部 Hölder 连续的, 并且相对于指定边值函数 φ 的 Dirichlet 问题的下函数集合非空, 上有界, 那么, Perron 方法就定义了 $Lu=f$ 在 Ω 中的一个有界解 (定理 6.11). 特别, 如果 $|\mathbf{b}|/\lambda, f/\lambda$ 及区域 Ω 有界 (其中 $\lambda(x)$ 是系数矩阵 $\mathbf{A}(x)=[a^{ij}(x)]$ 的最小特征值) 就是这种情形 (见定理 3.7). 在下面的考察中这个假设将被省略.

为了研究在一指定的边界点 $x_0\in\partial\Omega$ 处是否 $u(x)\to\varphi(x_0)$, 其中 φ 是连续的, 与前面定理 6.13 的讨论一样, 我们假设 Ω 在 x_0 满足外部球条件, 并设 $B=B_R(y)$ 是一个球, 使得 $\overline{B}\cap\overline{\Omega}=x_0$. 当不再假设 L 在 x_0 附近一致椭圆时, 我们作附加的 (但是较少限制的) 假设: $|\mathbf{A}(x)\cdot(x-y)|\geqslant\delta>0$ 对于 Ω 与 x_0 的某邻域 N 的交集 $N\cap\Omega$ 中所有的 x 成立. (特别地, 如果系数矩阵 $\mathbf{A}(x)$ 在 x_0 连续, 当 $\mathbf{A}(x_0)\cdot(x_0-y)\neq 0$ 时, 也就是说, 当 $\partial\Omega$ 的法向量不在点 x_0 处 $\mathbf{A}$ 的零空间中时, 这个条件将被满足.) 于是推出

$$a^{ij}(x_i-y_i)(x_j-y_j)\geqslant\lambda'|x-y|^2$$

对于所有的 $x\in N\cap\Omega$ 成立, 其中 λ' 是一个适当的正常数, 虽然最小特征值 λ 在 x_0 可以趋于零. 我们还假设 L 的所有系数有界. 前面定理 6.13 的闸函数论证现在可与以前同样进行, 我们可得结论: (6.45) 定义的函数 $w(x)=\tau(R^{-\sigma}-r^{-\sigma})$ 对于适当选择的 τ 和 σ 确定了在 x_0 的一个局部闸函数, 所以 $u(x)\to\varphi(x_0)$. 我们指明: 在对方程 (6.54) 考虑的边值问题中, 在边界线段 $y=0, 0<x<\pi$ 上每一点处的法向量都处于系数矩阵 $[1,0/0,0]$ 的零空间中, 这样, 上面的假设不满足.

另外, 设 $[a^{ij}(x)]$ 是一个任意的正定矩阵并假设函数 $|\mathbf{b}|/\lambda, c/\lambda, f/\lambda$ 有界. 除以最小特征值 λ, 不失一般性, 我们可假设算子 L 在区域 Ω 中是严格椭圆型的, 并有 $\lambda=1$. 如果 Ω 在 x_0 处满足*严格外部平面条件*, 这时极限行为 $u(x)\to\varphi(x_0)$ 就得到保证. 所谓严格外部平面条件, 我们理解成: 在 x_0 的某邻域内存在一个与 $\overline{\Omega}$ 仅切于一点 x_0 的超平面. 例如, 若 $\partial\Omega$ 在 x_0 附近严格凸, 这个条件将被满足. 为证明断言 $u(x)\to\varphi(x_0)$, 为了方便起见我们选 x_0 为原点, 并设在 x_0 处假

设的外部平面的法线是 x_1 轴, 在 x_0 附近的 Ω 中有 $x_1>0$. 在所说的条件下存在一个板形区域 $0<x_1<d$, 它与 Ω 在 x_0 附近的交集 D 满足: 在 $\overline{D}-x_0$ 上 $x_1>0$. 与定理 3.7 证明中一样, 我们知道只要 $\gamma \geqslant 1+\sup\limits_{D}(|\mathbf{b}|/\lambda)$, 函数

$$w(x)=e^{\gamma d}(1-e^{-\gamma x_1})$$

就在 D 中满足 $Lw\leqslant -\lambda$, 如果我们取 $\lambda=1$, 于是就有 $Lw\leqslant -1$. 与引理 6.12 后面的附注 1 一样可推出: 对于一个适当的常数 $k=k(\varepsilon)$, 函数

$$w_\varepsilon^+\equiv\varphi(x_0)+\varepsilon+kw,\quad w_\varepsilon^-\equiv\varphi(x_0)-\varepsilon-kw$$

确定一个关于 u 在 Ω 中的上界和下界的 x_0 处的局部闸函数.

我们注意: 如果边界函数 φ 在 x_0 附近是常数, 那么甚至当 Ω 在 x_0 处满足非严格外部平面条件时也能推出 $u(x)\to\varphi(x_0)$. 就此而论应当指明在以前对 (6.54) 考虑的边值问题中, 边界线段, $y=0, 0<x<\pi$, 是凸的但不是严格凸的, 因而所说的边值问题仅仅对于该区间上的零数据可解.

从上面的讨论可直接得出定理 6.13 到非一致椭圆型方程的下述简单推广.

定理 6.24 设 L 在有界区域 Ω 中是严格椭圆型的 (满足 (6.2)), $c\leqslant 0$, $a^{ij}, b^i, c, f\in C^\alpha(\Omega)$, 并设 b^i, c, f 是有界的, 假如 Ω 满足外部球条件, 除此之外, 在使任一系数 a^{ij} 无界的那些边界点上满足严格外部平面条件. 那么, 如果 φ 在 $\partial\Omega$ 上连续, Dirichlet 问题: 在 Ω 中 $Lu=f$, 在 $\partial\Omega$ 上 $u=\varphi$ 就有 (唯一) 解 $u\in C^0(\overline{\Omega})\cap C^{2,\alpha}(\Omega)$.

显然, 从上面的论证可看出这个结果能在不同的方面加以修改 (例如, 见习题 6.4). 当方程是齐次的并且 L 的低阶项不出现时, 我们得到下面的

推论 6.24′ 设椭圆型方程 $a^{ij}D_{ij}u=0$ 的系数 a^{ij} 属于 $C^\alpha(\Omega)$, 其中 Ω 是有界严格凸区域. 那么, 对于任意连续边值, Dirichlet 问题在 $C^0(\overline{\Omega})\cap C^{2,\alpha}(\Omega)$ 中可解.

虽然这个结果是定理 6.24 的一个直接推论, 但是, 注意到由于 Ω 的严格凸性及方程的特殊形式, 可以用一个线性函数确定每个边界点上的闸函数来更直接地证明它.

比较仔细地考察 L 的系数与边界的局部曲率性质之间的关系使我们有可能推出存在闸函数的另外一些一般的充分条件. 设 f 及 L 的系数 $(c\leqslant 0)$ 有界并设 Ω 是 C^2 区域. 主系数矩阵 $[a^{ij}(x)]$ 的最小特征值可在 $\partial\Omega$ 上趋向零. 我们将寻求关于连续边界函数 φ 及界 M 的在 $x_0\in\partial\Omega$ 处的局部闸函数存在的条件.

设 B 表示中心在 x_0 的球, 令 $G=B\cap\Omega$; B 将在后面来规定. 设 $\psi\in C^2(\overline{G})$ 是一个固定的函数, 使得在 $\overline{G}-x_0$ 上 $\psi(x)>0$ 且 $\psi(x_0)=0$. 对每个 $\varepsilon>0$ 及适

当的常数 $k = k(\varepsilon)$, 我们可满足不等式

$$\begin{aligned}
&\text{在 } \partial\Omega \cap B \text{ 上} \quad \varepsilon + k\psi(x) \geqslant |\varphi(x) - \varphi(x_0)|, \\
&\text{在 } \partial B \cap \Omega \text{ 上} \quad \geqslant M.
\end{aligned}$$

现在我们定义距离函数 (见第 14 章附录),

$$d(x) = \operatorname{dist}(x, \partial\Omega), \quad x \in \Omega,$$

它在某邻域

$$\mathscr{N} = \{x \in \Omega | d(x) < d_0\}$$

中是 C^2 类的, 并可假设 $G \subset \mathscr{N}$. 我们打算寻求形状为

$$w^+ = \varphi(x_0) + \varepsilon + k\psi + Kd, \quad w^- = \varphi(x_0) - \varepsilon - k\psi - Kd$$

的函数 $w^{\pm}(x)$ (其中 $K = K(\varepsilon)$ 是一个适当的正常数) 在 G 中定义一个 x_0 处的闸函数的条件. 如果 $Lw^+ \leqslant f$ 及 $Lw^- \geqslant f$ 在 G 中成立就是这种情形. 这样一来, 如果对于某个 K, 不等式

$$K(a^{ij}D_{ij}d + b^iD_id) \leqslant -k|L\psi| - |f - c\varphi(x_0)| \tag{6.55}$$

在 G 中成立, 函数 $w^{\pm}$ 就定义一个闸函数. 这规定了闸函数存在性的一个充分条件, 原则上说, 通过对给定的方程及区域的检查是能够验证这个条件的.

为更具体地实现条件 (6.55), 例如, 我们假设系数 $a^{ij}(x)$ 在 x_0 连续. 选择坐标系使 x_0 为原点, x_n 轴与 x_0 处内法线 Dd 一致. 将此坐标系统绕 x_n 轴作一旋转 $\mathbf{P}$, 使得新的坐标轴是 x_0 处 $\partial\Omega$ 的主方向, Hesse 矩阵 $[D_{ij}d(x_0)]$ 就被对角化, 因此

$$\mathbf{P}^t[D_{ij}d(x_0)]\mathbf{P} = \operatorname{diag}[-\kappa_1, -\kappa_2, \ldots, -\kappa_{n-1}, 0],$$

其中 $\kappa_1, \kappa_2, \ldots, \kappa_{n-1}$ 是 $\partial\Omega$ 关于 x_0 处内法线的主曲率 (见 14 章附录). 如果 $a_1, a_2, \ldots, a_n$ 表示矩阵 $\mathbf{P}^t[a^{ij}(x_0)]\mathbf{P}$ 对应的对角线元素, 我们知道

$$(a^{ij}D_{ij}d)_{x=x_0} = -\sum_{i=1}^{n-1} a_i\kappa_i. \tag{6.56}$$

所以, 如果

$$\sum_{i=1}^{n-1} a_i\kappa_i > \sup_{\Omega} |\mathbf{b}|, \tag{6.57}$$

只要 K 选得足够大, 由连续性就得出对于某个包围 x_0 的球 B, 在 $G=B\cap\Omega$ 中不等式 (6.55) 满足. 此外如果还有系数 b^i 在 x_0 连续, 又若 b_ν 表示向量 $\mathbf{b}(x_0)=(b^1(x_0),\ldots,b^n(x_0))$ 关于内法线的法分量, 只要

$$\sum_{i=1}^{n-1} a_i\kappa_i - b_\nu > 0, \tag{6.58}$$

则在适当的 G 中条件 (6.55) 就满足. 因而, 在所说的假设条件之下, (6.57) 和 (6.58) 是在 x_0 处局部闸函数存在的充分条件. 如果 $\mathbf{b}(x_0)=0$, (6.58) 变成更简单的条件

$$\sum_{i=1}^{n-1} a_i\kappa_i > 0,$$

式中只包含首项系数和边界的主曲率与主方向. 不难去掉在边界上系数连续性的假设而适当地改写公式 (6.57) 和 (6.58).

我们注意, 若 $\partial\Omega$ 不是 C^2 的, 只要能找到一个 C^2 区域 $\widetilde{\Omega}$ 使得 $x_0\in\partial\Omega\cap\partial\widetilde{\Omega}$, 并且对包含 x_0 的某球 B, 有 $B\cap\Omega\subset B\cap\widetilde{\Omega}$, 则前面的考虑仍然能够应用. 如果距离函数 $d(x)$ 被 $\widetilde{d}(x)=\operatorname{dist}(x,\partial\Omega)$ 代替, 那么, 在 x_0 处闸函数存在性的上述条件保持有效.

上面的注意和本节前部分关于外球条件的内容表明闸函数在下面集合

$$\begin{aligned}&\Sigma_1=\{x_0\in\partial\Omega \mid \text{不等式 (6.58) 成立}\},\\&\Sigma_2=\{x_0\in\partial\Omega \mid a^{ij}\nu_i(x_0)\nu_i(x_0)\neq 0,\ \text{其中 } \boldsymbol{\nu}(x_0) \text{ 是 } \partial\Omega \text{ 的法线}\}\end{aligned} \tag{6.59}$$

的边界点存在, 其中域 Ω 是 C^2 的, 系数 a^{ij},b^i 是连续的.

结合定理 6.11 得出:

定理 6.25 令 (6.1) 中 L 为 C^2 域 Ω 中椭圆型算子, 在 Ω 中 $c\leqslant 0$ 且 $a^{ij},b^i/\lambda,c,f/\lambda\in C^\alpha(\Omega)\cap C^0(\overline{\Omega})$. 假定 $\Sigma_1\cup\Sigma_2=\partial\Omega$. 那么对任意 $\varphi\in C^0(\partial\Omega)$, 问题

$$\text{在 } \Omega \text{ 中 } Lu=f,\ \text{在 } \partial\Omega \text{ 上 } u=\varphi$$

有唯一解 $u\in C^2(\Omega)\cap C^0(\overline{\Omega})$.

我们注意到即使 $\Sigma_1\cup\Sigma_2\neq\partial\Omega$, 在当 L 和 $\partial\Omega$ 满足一定条件时, 由 $\Sigma_1\cup\Sigma_2$ 上 φ 的值可唯一确定一解, 如例 (6.54). 与边值问题相关的最大值原理见习题 6.10.

6.7. 其他边界条件; 斜导数问题

直到这时我们只涉及 Dirichlet 边界条件. 现在, 我们要为正则斜导数问题推导类似的 Schauder 理论.

Poisson 方程

在把 Schauder 理论推广到别的线性边值问题时, 我们的出发点是在半空间 $\mathbb{R}^n_+=\{x|x_n>0\}$ 中具有斜导数边界条件

$$Nu\equiv au+\sum_{i=1}^{n}b_iD_iu=\varphi \quad (x_n=0\text{ 上}) \tag{6.60}$$

的 Poisson 方程的理论, 其中系数 a,b_i 是常数. 我们也把边界算子 N 写成等价形式

$$Nu\equiv au+\mathbf{b}\cdot Du=au+b_tD_tu+b_nD_nu,$$

其中 $\mathbf{b}=(b_1,\dots,b_n)=(b_t,b_n)$ 及 $D=(D_1,\dots,D_n)=(D_t,D_n),D_t$ 表示切向梯度. 我们假设处处有正则斜导数条件 $b_n\neq 0$, 为使我们的想法固定起见, 首先取

$$b_n>0,\quad |\mathbf{b}|=(|b_t|^2+b_n^2)^{1/2}=1. \tag{6.61}$$

后一条件是非本质的规范化, 这允许我们记

$$Nu=au+D_su,$$

其中 $D_su=\partial u/\partial s$ 是向量 $\mathbf{b}$ 方向上的方向导数.

我们最先考察齐次边界条件: 在 $x_n=0$ 上 $Nu=0$, 并构造满足这个边界条件的 $\mathbb{R}^n_+$ 中的调和 Green 函数. 设 Γ 表示 Laplace 方程的基本解 (4.1), 对 $n\geqslant 3$ 和 $a\leqslant 0$, 记

$$\begin{aligned}G(x,y)=&\ \Gamma(x-y)-\Gamma(x-y^*)\\&-2b_n\int_0^\infty e^{as}D_n\Gamma(x-y^*+\mathbf{b}s)ds,\end{aligned} \tag{6.62}$$

其中 $x,y\in\mathbb{R}^n_+,D_n=\partial/\partial x_n,y^*=(y_1,\dots,y_{n-1},-y_n)=(y',-y_n)$. 显然, G 关于 x 及 y $(x\neq y)$ 是调和的, 由直接计算得出, 在 $x_n=0$ 上,

$$NG(x,y)=0. \tag{6.63}$$

(这里, G 对固定的 y 作为 x 的函数而被算子 N 作用.) 于是 G 具有适合边界条件 (6.63) 的 Green 函数所需要的性质.

(6.62) 中 G 的选择受到如下考虑的启发. 如果

$$G(x,y)=\Gamma(x-y)+h(x,y)$$

是满足 (6.63) 的所求调和 Green 函数, 那么 NG 关于 x (对 $y\neq x$) 也是调和的, 并在 $x_n=0$ 上变为零. 从 Schwarz 反射原理 (习题 2.4) 得到, 除去奇点

$$\begin{aligned}&a\Gamma(x-y)+b_tD_t\Gamma(x-y)+b_nD_n\Gamma(x-y)-a\Gamma(x-y^*)\\&\quad-b_tD_t\Gamma(x-y^*)+b_nD_n\Gamma(x-y^*)\end{aligned}$$

外, NG 在 $\mathbb{R}^n$ 中是正则的. 这里我们用了这样的事实: 对于 $i=1,\ldots,n-1$, $D_i\Gamma(x^*-y^*)=D_i\Gamma(x-y)$, 而

$$D_n\Gamma(x^*-y^*)=-D_n\Gamma(x-y).$$

这样一来, 如果我们加上 G 在无穷远处变为零的条件, 则从 Liouville 定理推出

$$\begin{aligned}D_sh+ah&=-\alpha\Gamma(x-y^*)-b_tD_t\Gamma(x-y^*)+b_nD_n(x-y^*)\\&=-\alpha\Gamma(x-y^*)-D_s\Gamma(x-y^*)+2b_nD_n\Gamma(x-y^*).\end{aligned}$$

这蕴涵着

$$\begin{aligned}D_s[e^{as}h(x+\mathbf{b}s,y)]=&-[a\Gamma(x-y^*+\mathbf{b}s)+D_s\Gamma(x-y^*+\mathbf{b}s)]e^{as}\\&+2b_nD_n\Gamma(x-y^*+\mathbf{b}s)e^{as}.\end{aligned}$$

关于 s 从 $s=0$ 到 $s=\infty$ 求积分, 然后分部积分, 就得到

$$h(x,y)=-\Gamma(x-y^*)-2b_n\int_0^\infty e^{as}D_n\Gamma(x-y^*+\mathbf{b}s)ds.$$

这个 h 的表达式给了我们 (6.62), 当 $b_n=0$ 时也同样成立.

我们现在更仔细地检查 $G(x,y)$, 目的是推出与第 4 章中关于 Newton 位势及 Poisson 方程的解的那些估计相类似的估计.

设 $\xi=(x-y^*)/|x-y^*|$, 我们有

$$G(x,y)=\Gamma(x-y)-\Gamma(x-y^*)+\Theta(x,y),$$

其中

$$\begin{aligned}\Theta(x,y)&\equiv-2b_n\int_0^\infty e^{as}D_n\Gamma(x-y^*+\mathbf{b}s)ds,\quad a\leqslant 0,\\&=-|x-y^*|^{2-n}\left[\frac{2b_n}{n\omega_n}\int_0^\infty e^{a|x-y^*|s}\frac{(\xi_n+b_ns)ds}{(1+2(\boldsymbol{\xi}\cdot\mathbf{b})s+s^2)^{n/2}}\right]\\&=|x-y^*|^{2-n}g(\boldsymbol{\xi},|x-y^*|).\end{aligned}$$

因为 (按 (6.61)) $\boldsymbol{\xi}\cdot\mathbf{b} > -|b_t| > -1$ 对于所有的 $x, y \in \mathbb{R}^n_+$ 成立, 所以被积函数的分母有正下界, 我们知道 g 关于它的自变量是正则的. 函数 $\Theta(x,y) = \Theta(x-y^*)$ 满足关系式

$$\begin{aligned}&D_{x_i}\Theta(x,y) = -D_{y_i}\Theta(x,y), \quad i = 1,\ldots,n-1;\\&D_{x_n}\Theta(x,y) = D_{y_n}\Theta(x,y);\\&|D^\beta\Theta(x,y)| \leqslant C|x-y^*|^{2-n-|\beta|}, \quad C = C(n,|\beta|,b_n).\end{aligned} \tag{6.64}$$

在把 Newton 位势的引理 4.10 的细节推广到类似的积分

$$\int \Theta(x,y)f(y)dy$$

时, 这些关系式就足够了. 如果 $|\mathbf{b}| \neq 1$, 我们在前面可用 $a/|\mathbf{b}|$ 代替 a, 用 $b_n/|\mathbf{b}|$ 代替 b_n. 注意, 因为 $a \leqslant 0$, 能够取 (6.64) 中的常数 C 与 a 无关.

定理 6.26 *设 $B_1 = B_R(x_0), B_2 = R_{2R}(x_0)$ 表示中心为 $x_0 \in \overline{\mathbb{R}}^n_+$ 的球, 又设 $B_1^+ = B_1 \cap \mathbb{R}^n_+, B_2^+ = B_2 \cap \mathbb{R}^n_+, T = B_2 \cap \{x_n = 0\}$. 假设 $u \in C^2(B_2^+) \cap C^1(B_2^+ \cup T)$ 在 B_2^+ 中满足 $\Delta u = f, f \in C^\alpha(\overline{B_2^+})$, 在 T 上满足边界条件 (6.60) $Nu = \varphi$, 其中 $a \leqslant 0, b_n > 0$ 及 $\varphi \in C^{1,\alpha}(T)$. 那么 $u \in C^{2,\alpha}(\overline{B_1^+})$, 并且*

$$|u|'_{2,\alpha;B_1^+} \leqslant C(|u|_{0;B_2^+} + R|\varphi|'_{1,\alpha;T} + R^2|f|'_{0,\alpha;B_2^+}), \tag{6.65}$$

其中 $C = C(n,\alpha,b_n/|\mathbf{b}|)$. (这里 $|\ |'$ 表示关于 R 定义的加权范数 (4.6)$'$.)

证明 假设 T 是非空的, 否则所说的结论已经包含在定理 4.6 中了. 先假设 $\varphi = 0, |\mathbf{b}| = 1$ 及 $n > 2$. 考虑函数

$$w(x) = \int_{B_2^+} G(x,y)f(y)dy = w_1(x) + w_2(x),$$

其中

$$\begin{aligned}w_1(x) &= \int_{B_2^+} [\Gamma(x-y) - \Gamma(x-y^*)]f(y)dy,\\ w_2(x) &= \int_{B_2^+} \Theta(x,y)f(y)dy.\end{aligned}$$

我们在 (4.26) 中已经看出 w_1 满足估计

$$|D^2w_1|'_{0,\alpha;B_1^+} \leqslant C|f|'_{0,\alpha;B_2^+}, \quad C = C(n,\alpha). \tag{6.66}$$

w_2 的估计本质上与引理 4.10 中对 Newton 位势的估计是相同的. 设 $f(x)$ 是用关于 x_n 的偶反射来定义, 因而 $f(x', -x_n) = f(x', x_n)$. 于是, 对于 w_2 的二阶导

数, 类似于 (4.9) 的表示式有效; 也就是说, 对于 $x \in B_2^+$ 及 $i, j = 1, \ldots, n$, 我们有

$$D_{ij}w_2(x) = \int_{B_2^+} D_{ij}\Theta(x-y^*)(f(y^*)-f(x))dy$$
$$-f(x)\int_{\partial B_2^+} D_i\Theta(x-y^*)\nu_j(y)ds_y,$$

其中 $\boldsymbol{\nu} = (\nu_1, \ldots, \nu_n)$ 是 ∂B_2^+ 的单位外法向量. 由于 (6.64), 引理 4.4 和 4.10 的论证无需本质的改变就可搬用而给出估计

$$|D^2 w_2|'_{0,\alpha;B_1^+} \leqslant C|f|'_{0,\alpha;B_2^+}, \quad C = C(n, \alpha, b_n).$$

这个不等式与 (6.66) 合并, 就得到

$$|D^2 w|'_{0,\alpha;B_1^+} \leqslant C|f'|_{0,\alpha;B_2^+}, \quad C = C(n, \alpha, b_n). \tag{6.67}$$

如果 $|\mathbf{b}| \neq 1$, 我们就在这个估计中用 $b_n/|\mathbf{b}|$ 代替 b_n.

为了从前面叙述中得到 u 的估计, 令 $\eta \in C_0^2(B_2)$ 为满足当 $|x-x_0| \leqslant \dfrac{3}{2}R$ 时 $\eta(x) = 1$, 当 $|\beta| \leqslant 2$ 时 $|D^\beta \eta| \leqslant C/R^{|\beta|}$ 的截断函数. 那么我们有

$$u(x)\eta(x) = \int_{B_2^+} G(x,y)\Delta[u(y)\eta(y)]dy, \quad x \in B_2^+.$$

若 $x \in B_1^+$, 当 $|x-y| > \dfrac{R}{2}$ 时, $D\eta \neq 0$, 得到

$$u(x) = \int_{B_2^+} (\eta G f + u\Delta\eta)dy + 2\int_{B_2^+} GDu \cdot D\eta dy,$$
$$= \int_{B_2^+} (\eta G f + u\Delta\eta)dy - 2\int_{B_2^+} u(DG \cdot D\eta + G\Delta\eta)dy.$$

在 (6.67) 中, 当 $\varphi = 0$ 时, 便得到欲求的估计 (6.65), 界 $|D^\beta \eta| \leqslant C/R^{|\beta|}$, 并且由 (2.14) 和 (6.64) 得

$$|D^\beta G(x,y)| \leqslant C|x-y|^{2-n-|\beta|} \leqslant CR^{2-n-|\beta|},$$

其中求导是关于变量 x 和 y 的.

我们现在去掉 $\varphi = 0$ 的限制. 为此目的, 我们寻求一个在 T 上满足 $N\psi = \varphi$ 的函数 $\psi \in C^{2,\alpha}(\overline{B_2^+})$. 可假设 φ 能适当地延拓到 T 的外部使得在 $x_n = 0$ 上 $\varphi \in C_0^{1,\alpha}(\mathbb{R}^{n-1})$ (见引理 6.38). 选择非负函数 $\eta \in C_0^2(\mathbb{R}^{n-1})$ 使得 $\int \eta(y')dy' = 1, y' = (y_1, \ldots, y_{n-1})$, 我们定义

$$\psi(x) = \psi(x', x_n) = b_n^{-1} x_n \int_{\mathbb{R}^{n-1}} \varphi(x' - x_n y')\eta(y')dy'. \tag{6.68}$$

容易验证 $\psi(x',0)=0, D_n\psi(x',0)=b_n^{-1}\varphi(x')$, 所以在 $x_n=0$ 上

$$N\psi=\varphi. \tag{6.69}$$

从关系式

$$\begin{aligned}
b_nD_{ij}\psi(x)&=\int D_i\varphi(x'-x_ny')D_j\eta(y')dy',\quad i,j\neq n;\\
b_nD_{in}\psi(x)&=-\int y'\cdot D\varphi(x'-x_ny')D_i\eta(y')dy',\quad i\neq n;\\
b_nD_{nn}\psi(x)&=\int y'\cdot D\varphi(x'-x_ny')[(n-2)\eta(y')+y'\cdot D\eta(y')]dy'
\end{aligned}$$

看出 $\psi\in C^{2,\alpha}(\mathbb{R}^n_+)$. 我们还注意到

$$\begin{aligned}
b_n|\psi|'_{2,\alpha;B_2^+}&\leqslant C(R|\varphi|_{0;T}+R^2|D\varphi|_{0;T}+R^{2+\alpha}[D\varphi]_{\alpha;T})\\
&=CR|\varphi|'_{1,\alpha;T},
\end{aligned}\tag{6.70}$$

其中常数 C 仅依赖于 n 及 η 的选法.

这时我们能够化归到 $\varphi=0$ 的情形. 设 $v=u-\psi$. 这就推出 $\Delta v=f-\Delta\psi\in C^\alpha(\overline{B_2^+})$, 又由于 (6.69), 我们在 T 上有 $Nv=0$. 从 (6.70) 以及对 v 已经证明的估计, 就得到了 (6.65). □

我们注意一般说来 (6.65) 中的常数 C 随 $b_n\to 0$ 而变得无界.

下面的估计是前面定理的一个推论, 我们只叙述而不加证明. 其细节与定理 4.8 的证明相类似.

引理 6.27 设 Ω 是 $\mathbb{R}^n_+$ 中的有界开集, 在 $x_n=0$ 上具有边界部分 T. 又设 $u\in C^2(\Omega)\cap C^1(\Omega\cup T)$ 在 Ω 中满足 $\Delta u=f, f\in C^\alpha(\overline{\Omega})$, 并且在 T 上满足边界条件 (6.60) $Nu=\varphi$, 其中 $a\leqslant 0, b_n>0$ 及 $\varphi\in C^{1,\alpha}(T)$. 那么

$$|u|^*_{2,\alpha;\Omega\cup T}\leqslant C(|u|_{0;\Omega}+|\varphi|_{1,\alpha;T}+|f|_{0,\alpha;\Omega}),$$

其中 $C=C(n,\alpha,b_n/|\mathbf{b}|,\operatorname{diam}\Omega)$.

与引理 6.1 中一样进行论证可给出对斜导数问题的下述推广.

引理 6.28 在引理 6.27 的同样假设条件下, 设 u 满足 $L_0u=f$ (代替 $\Delta u=f$), 其中 L_0 是引理 6.1 中定义的常系数算子. 那么

$$|u|^*_{2,\alpha;\Omega\cup T}\leqslant C(|u|_{0;\Omega}+|\varphi|_{1,\alpha;T}+|f|_{0,\alpha;\Omega}),\tag{6.71}$$

其中 $C=C(n,\alpha,\lambda,\Lambda,b_n/|\mathbf{b}|,\operatorname{diam}\Omega)$.

变系数

现在我们考虑变系数的方程和在弯曲边界的区域中对应的斜导数问题. 把 Schauder 估计的理论推广到这类边界条件是严格地遵循着 6.1 和 6.2 节中的思想的. 我们先推导一个与引理 6.4 相类似的

引理 6.29 设 Ω 是 $\mathbb{R}^n_+$ 中有界开集, 在 $x_n=0$ 上具有边界部分 T. 假设 $u\in C^{2,\alpha}(\Omega\cup T)$ 是 Ω 中 $Lu=f$ (方程 (6.1)) 的满足边界条件

$$N(x')u\equiv\gamma(x')u+\sum_{i=1}^{n}\beta_i(x')D_iu=\varphi(x'),\quad x'\in T \tag{6.72}$$

的解, 其中 $|\beta_n|\geqslant\kappa>0,\kappa$ 是某常数. 假设 L 满足 (6.2), 并设 $f\in C^{\alpha}(\overline{\Omega}),\varphi\in C^{1,\alpha}(\overline{T}),a^{ij},b^i,c\in C^{\alpha}(\overline{\Omega})$ 及 $\gamma,\beta_i\in C^{1,\alpha}(\overline{T})$, 其中

$$|a^{ij},b^i,c|_{0,\alpha;\Omega},|\gamma,\beta_i|_{1,\alpha;T}\leqslant\Lambda,\quad i,j=1,\ldots,n.$$

那么

$$|u|^*_{2,\alpha;\Omega\cup T}\leqslant C(|u|_{0;\Omega}+|\varphi|_{1,\alpha;T}+|f|_{0,\alpha;\Omega}), \tag{6.73}$$

其中 $C=C(n,\alpha,\lambda,\Lambda,\kappa,\operatorname{diam}\Omega)$.

证明 我们首先注意可以假设 $\gamma\leqslant0$ 及 $\beta_n>0$. 因为令 $v=ue^{kx_n}$, 其中 $k\geqslant\sup|\gamma|/\kappa$, 边界条件 (6.72) 变成在 T 上

$$N'v=(\gamma-k\beta_n)v+\sum\beta_iD_iv=\varphi,$$

其中 $\beta_n(\gamma-k\beta_n)\leqslant0$. 同时方程 $Lu=f$ 变成满足定理中同样假设条件的方程 $L'v=f'$. 所要的估计 (6.73) 显然等价于对 v 的对应的估计.

在定理 6.2 和引理 6.4 中使系数 "凝固" 的技巧经过某些修改 (由于边界条件 (6.72)) 后可以再用一次. 这样, 设 x_0,y_0 是 Ω 中任意两个不同的点, 假设 $\overline{d}_{x_0}=\min(\overline{d}_{x_0},\overline{d}_{y_0})$, 其中 $\overline{d}_x=\operatorname{dist}(x,\partial\Omega-T)$. 设 $\mu\leqslant\dfrac{1}{4}$ 是一个正常数 (将在后面规定), 并令 $d=\mu\overline{d}_{x_0},B_d=B_d(x_0)$. 如果 $B_d\cap T\neq\varnothing$, 令 x_0' 表示 x_0 在 T 上的投影. 与定理 6.2 中一样, 把方程 $Lu=f$ 改写成 (6.15) 的形式, 把边界条件 (6.72) 写成

$$N(x_0')u=[N(x_0')-N(x')]u(x')+\varphi(x')\equiv\Phi(x'),\quad x'\in T, \tag{6.74}$$

我们把 (6.15), (6.74) 看成 $B_d\cap\Omega$ 中一个常系数问题, 如果 $B_d\cap T=\varnothing$, 就不考虑 (6.74). 定理 6.2 中的论证和引理 6.4 中指出的类似论证, 这时除了用引理

6.28 代替引理 6.1 等细节之外, 本质上可同样进行下去. 这样一来, 代替 (6.16) 我们现在得到

$$\begin{aligned}&\bar{d}_{x_0}^{2+\alpha}\frac{|D^2u(x_0)-D^2u(y_0)|}{|x_0-y_0|^\alpha} \\ &\leqslant \frac{C}{\mu^{2+\alpha}}(|u|_{0;\Omega}+|\Phi|_{1,\alpha;B\cap T}+|F|_{0,\alpha;B\cap\Omega}) \\ &\quad+\frac{4}{\mu^\alpha}[u]^*_{2;\Omega\cup T}.\end{aligned} \tag{6.75}$$

右端各数的估计, 除了追加的项 $|\Phi|_{1,\alpha;B\cup T}$ 之外, 本质上与定理 6.2 中的一样. 关于这一项, 我们知道

$$\begin{aligned}&|[N(x_0')-N(x')]u(x')|_{1,\alpha;B\cap T} \\ &\leqslant C\mu^{2+\alpha}(C(\mu)|u|_{0;\Omega}+\mu^\alpha[u]^*_{2,\alpha;\Omega\cup T}).\end{aligned}$$

细节与导出 (6.19) 的那些计算相类似, 就不在这里进行了. 把这个估计与 (6.75) 中其他项的估计合并起来, 就得要求的估计 (6.73). □

前面的引理现在能够推广到具有弯曲边界的区域. 重复引理 6.5 和定理 6.6 中的论证就导出斜导数问题解的下述全局估计.

定理 6.30 设 Ω 是 $\mathbb{R}^n$ 中 $C^{2,\alpha}$ 区域, 又设 $u\in C^{2,\alpha}(\overline{\Omega})$ 是 $Lu=f$ 在 Ω 中的解, 它满足边界条件

$$N(x)u\equiv\gamma(x)u+\sum_{i=1}^n\beta_i(x)D_iu=\varphi(x),\quad x\in\partial\Omega,$$

其中向量 $\boldsymbol{\beta}=(\beta_1,\ldots,\beta_n)$ 的法分量 β_ν 非零, 并且在 $\partial\Omega$ 上

$$|\beta_\nu|\geqslant\kappa>0\quad(\kappa=\text{常数}). \tag{6.76}$$

假设 L 满足 (6.2), $f\in C^\alpha(\overline{\Omega}),\varphi\in C^{1,\alpha}(\overline{\Omega}),a^{ij},b^i,c\in C^\alpha(\overline{\Omega})$ 以及 $\gamma,\beta_i\in C^{1,\alpha}(\overline{\Omega})$, 还有

$$|a^{ij},b^i,c|_{0,\alpha;\Omega},|\gamma,\beta_i|_{1,\alpha;\Omega}\leqslant\Lambda,\quad i,j=1,\ldots,n.$$

那么,

$$|u|_{2,\alpha;\Omega}\leqslant C(|u|_{0;\Omega}+|\varphi|_{1,\alpha;\Omega}+|f|_{0,\alpha;\Omega}), \tag{6.77}$$

其中 $C=C(n,\alpha,\lambda,\Lambda,\kappa,\Omega)$.

附注 1) 条件 (6.76) 蕴涵方向导数 $\boldsymbol{\beta}\cdot Du$ 在任何地方都不是 $\partial\Omega$ 的切向导数. 这个假设条件在现在的考虑中是本质的. 2) 在定理的叙述中假设 φ,γ 及 β_i

都是对全局 (而不是在 $\partial\Omega$ 上) 定义的, 这比较方便, 而且不失一般性, 因而对于这些函数, 范数 $|\ \ |_{1,\alpha;\Omega}$ 是有明确定义的. 在定理 6.26 及引理 6.27—6.29 中 T 是超平面边界部分, 因为范数 $|\ \ |_{1,\alpha;T}$ 自然地有定义, φ 就不用全局延拓 (在引理 6.29 中 γ 和 β_i 也一样). 3) 因为 Nu 包含着 $C^{2,\alpha}$ 函数 u 的一阶微分, 因而预料到在估计 (6.77) 中会出现 $|\varphi|_{1,\alpha}$. 这与要求 $\varphi \in C^{2,\alpha}$ 的 Dirichlet 边界条件的对应全局估计 (6.36) 是大不相同的.

迄今我们只讨论了斜导数问题的估计. $Lu = f$ 问题的实际的解能够通过连续性方法化归为 Poisson 方程问题的解 (和定理 6.8 中一样), 但是这个方法现在包含着微分算子和边界算子两者的连续族. 在关于算子 L 及 N 的适当的补充限制下, 斜导数问题的唯一可解性给出在下面的定理中.

定理 6.31 设 L 是 $C^{2,\alpha}$ 区域 Ω 中具有 $c \leqslant 0$ 及 $C^{\alpha}(\overline{\Omega})$ 系数的严格椭圆型算子. 设 $Nu \equiv \gamma u + \boldsymbol{\beta} \cdot Du$ 定义 $\partial\Omega$ 上的一个边界算子, 如果 $\boldsymbol{\nu}$ 是 $\partial\Omega$ 上的单位外法向, 在 $\partial\Omega$ 上边界算子满足 $\gamma(\boldsymbol{\beta} \cdot \boldsymbol{\nu}) > 0$. 假设 $\gamma, \boldsymbol{\beta} \in C^{1,\alpha}(\partial\Omega)$. 那么斜导数问题

$$\text{在 } \Omega \text{ 中 } Lu = f, \quad \text{在 } \partial\Omega \text{上 } Nu = \varphi \tag{6.78}$$

对于所有的 $f \in C^{\alpha}(\overline{\Omega})$ 及 $\varphi \in C^{1,\alpha}(\partial\Omega)$ 有唯一的 $C^{2,\alpha}(\overline{\Omega})$ 解.

证明 不失一般性我们假设在 $\partial\Omega$ 上 $\gamma > 0$ 及 $\boldsymbol{\beta} \cdot \boldsymbol{\nu} > 0$, 还假设 φ 及 $\boldsymbol{\beta}$ 被延拓到整个 $\overline{\Omega}$ 上并属于 $C^{1,\alpha}(\overline{\Omega})$. 对于 $0 \leqslant t \leqslant 1$, 考虑问题族:

$$\begin{aligned} &\text{在 } \Omega \text{ 中} \quad L_t u \equiv tLu + (1-t)\Delta u = f, \\ &\text{在 } \partial\Omega \text{ 上 } N_t u \equiv tNu + (1-t)\left(\frac{\partial u}{\partial \boldsymbol{\nu}} + u\right) = \varphi. \end{aligned} \tag{6.79}$$

我们注意到 $L_1 = L, L_0 = \Delta, N_1 = N, N_0 = \partial/\partial\nu +$ 恒等算子, 并且对于适当的正常数 λ, Λ, L_t 的系数 a_t^{ij}, b_t^i, c_t 满足

$$a_t^{ij}\xi_i\xi_j \geqslant \lambda_t|\xi|^2 = \min(1,\lambda)|\xi|^2, \quad \forall x \in \Omega, \xi \in \mathbb{R}^n$$

及

$$|a_t^{ij}, b_t^i, c_t|_{0,\alpha} \leqslant \Lambda_t = \max(1,\Lambda).$$

还有, 因为对于某两个常数 β', γ' 有 $\boldsymbol{\beta} \cdot \boldsymbol{\nu} \geqslant \beta' > 0$ 及 $\gamma \geqslant \gamma' > 0$, 我们在 $\partial\Omega$ 上就有

$$\begin{aligned} \gamma_t &= (1-t) + t\gamma \geqslant \min(1,\gamma') > 0, \\ \boldsymbol{\beta}_t \cdot \boldsymbol{\nu} &= (1-t) + t\boldsymbol{\beta} \cdot \boldsymbol{\nu} \geqslant \min(1,\beta') > 0, \end{aligned}$$

这时 $|\boldsymbol{\beta}|_{1,\alpha}$ 也有与 t 无关的界.

考虑问题 (6.79) (对某 t) 的任一解 $u \in C^{2,\alpha}(\overline{\Omega})$. $|u|_{2,\alpha}$ 满足带有与 t 无关的常数 C 的估计 (6.77). 此外, 用 φ 及 f 估计 $|u|_0$, 我们将得到一个界

$$|u|_{2,\alpha} \leqslant C(|\varphi|_{1,\alpha} + |f|_{0,\alpha}) \tag{6.80}$$

对于 (6.79) 的所有 $C^{2,\alpha}(\overline{\Omega})$ 解有效.

为估计 $|u|_0$, 我们先作代换 $v = u/\omega$, 其中 ω 是一个固定的 $C^0(\overline{\Omega}) \cap C^2(\Omega)$ 函数 (与 t 无关). 它满足条件:(i) $\omega \geqslant \overline{\omega} > 0$; (ii) $L_t\omega \leqslant \overline{c} < 0$; (iii) 在 $\partial\Omega$ 上 $\gamma_t + \boldsymbol{\beta}_t \cdot D\omega/\omega \geqslant \overline{\gamma} > 0$, 其中 $\overline{\omega}, \overline{c}, \overline{\gamma}$ 都是常数. 如果 μ 充分大而 c_1, c_2 是适当的正常数, 我们能够把这样的函数 ω 取为 $\omega(x) = c_1 - c_2 e^{\mu x_1}$ 的形状. 代换 $v = u/\omega$ 把 (6.79) 变成另一个问题: 在 Ω 中 $\widetilde{L}_t v = \widetilde{f} = f/\omega$, 在 $\partial\Omega$ 上 $\widetilde{N}_t v = \widetilde{\varphi} = \varphi/\omega$, 在这里 $\widetilde{L}_t v$ 中 v 的系数 $L_t\omega/\omega$ 满足 $L_t\omega/\omega \leqslant \overline{c}/\omega < 0, \widetilde{N}_t v$ 中 v 的系数 $\overline{\gamma}_t$ 满足 $\overline{\gamma}_t = \gamma_t + \boldsymbol{\beta}_t \cdot D\omega/\omega \geqslant \overline{\gamma} > 0$. 如果现在在某 $x_0 \in \Omega$ 有

$$\sup_\Omega |v| = |v(x_0)|,$$

则

$$\sup_\Omega |v| = |v(x_0)| \leqslant |f(x_0)/\overline{c}| \leqslant \sup_\Omega |f|/|\overline{c}|,$$

所以

$$|u|_0 \leqslant \sup_\Omega \omega \sup_\Omega |v| \leqslant C|f|_0,$$

其中 C 是与 t 无关的常数. 另一方面, 如果对某 $x_0 \in \partial\Omega$, 有

$$\sup_\Omega |v| = |v(x_0)|,$$

那么或者

$$\sup_\Omega |v| = v(x_0) \leqslant \overline{\gamma}^{-1}(\widetilde{\varphi} - \boldsymbol{\beta}_t \cdot Dv)_{x=x_0} \leqslant \widetilde{\varphi}(x_0)/\overline{\gamma},$$

或者

$$\sup_\Omega |v| = -v(x_0) \leqslant \overline{\gamma}^{-1}(-\widetilde{\varphi} + \boldsymbol{\beta}_t \cdot Dv)_{x=x_0} \leqslant -\widetilde{\varphi}(x_0)/\overline{\gamma},$$

于是 $|u|_0 \leqslant C \sup\limits_{\partial\Omega} |\varphi|$. 估计式 (6.80) 立即从 (6.77) 推出.

这时论证实质上与定理 6.8 中一样地进行. 设

$$\mathfrak{B}_1 = C^{2,\alpha}(\overline{\Omega}), \quad \mathfrak{B}_2 = C^\alpha(\overline{\Omega}) \times C^{1,\alpha}(\partial\Omega),$$

其中

$$\|(f, \varphi)\|_{\mathfrak{B}_2} = |f|_{0,\alpha;\Omega} + |\varphi|_{1,\alpha;\partial\Omega},$$

并且考虑算子 $\mathfrak{L}_t = (L_t, N_t) : \mathfrak{B}_1 \to \mathfrak{B}_2$. 这个问题对任意 $f \in C^{\alpha}(\overline{\Omega}), \varphi \in C^{1,\alpha}(\partial\Omega)$ 的可解性等价于算子 $\mathfrak{L}_t$ 是一对一的和映上的. 设 u_t 表示这个问题对给定的 f, φ 的一个解. 它是唯一的 (见习题 3.1), 并从 (6.80) 我们得到界

$$|u_t|_{2,\alpha} \leqslant C(|f|_{0,\alpha} + |f|_{1,\alpha}),$$

或, 等价地,

$$\|u\|_{\mathfrak{B}_1} \leqslant C\|\mathfrak{L}_t u\|_{\mathfrak{B}_2}, \tag{6.81}$$

常数 C 是与 t 无关的. $\mathfrak{L}_0$ 可逆这一事实是第三边值问题

$$\text{在 } \Omega \text{ 中 } \Delta u = f, \quad \text{在 } \partial\Omega \text{ 上 } u + \frac{\partial u}{\partial \nu} = \varphi$$

在 $C^{2,\alpha}(\overline{\Omega})$ 中可解性的推论. 我们可参阅有关这个结果的位势理论的文献 (例如, 见 [GU]). 假设有这一结果, 我们就能从 (6.81) 及连续性方法 (定理 5.2) 得出定理的证明. □

如果在上述定理中条件 $\gamma > 0$ 或 $c \leqslant 0$ 不满足, 就不再能断言唯一可解性, 但是作为代替, 能够断言与定理 6.15 一样的 Fredholm 二择一性质. 证明的方法基本上是相同的. 二择一性质的一个直接推论是当 $c \leqslant 0, \gamma \geqslant 0$ 并且或者 $c \not\equiv 0$ 或者 $r \not\equiv 0$ 时问题是可解的, 因为在这些条件下唯一性成立.

6.8. 附录 1: 内插不等式

我们在这里证明第 6 章中间援引的内插不等式. 我们从内部范数和拟范数的不等式开始.

引理 6.32 *假设 $j + \beta < k + \alpha$, 其中 $j, k = 0, 1, 2, \ldots$ 以及 $0 \leqslant \alpha, \beta \leqslant 1$. 设 Ω 是 $\mathbb{R}^n$ 中开子集并设 $u \in C^{k,\alpha}(\Omega)$. 则对任何 $\varepsilon > 0$ 及某常数 $C = C(\varepsilon, k, j)$, 我们有*

$$\begin{aligned} [u]^*_{j,\beta;\Omega} &\leqslant C|u|_{0;\Omega} + \varepsilon[u]^*_{k,\alpha;\Omega}, \\ |u|^*_{j,\beta;\Omega} &\leqslant C|u|_{0;\Omega} + \varepsilon[u]^*_{k,\alpha;\Omega}. \end{aligned} \tag{6.82}$$

证明 我们将对本书需要的 $j, k = 0, 1, 2$ 的情况来建立 (6.82). 直接推广这种想法并用适当的归纳法就可对任意的 j, k 导出所说的结果.

假设 (6.82) 的右端项有限, 因为否则断言是明显的. 为了记号的方便我们略去下标 Ω, 区域 Ω 不言自明. 我们考虑几种情况:

(i) $j = 1, k = 2; \alpha = \beta = 0$. 我们希望对任何 $\varepsilon > 0$ 证明

$$[u]^*_1 \leqslant C(\varepsilon)|u|_0 + \varepsilon[u]^*_2. \tag{6.83}$$

设 x 是 Ω 中任一点, d_x 是它与 $\partial\Omega$ 的距离, 而 $\mu \leqslant \dfrac{1}{2}$ 是后面来规定的正常数. 令 $d = \mu d_x$ 及 $B = B_d(x)$. 对于任一 $i = 1, 2, \ldots, n$, 设 x', x'' 是平行于 x_i 轴的中心在 x 而长度为 $2d$ 的线段的端点. 于是对这线段上某点 $\overline{x}$ 我们有

$$|D_i u(\overline{x})| = \frac{|u(x') - u(x'')|}{2d} \leqslant \frac{1}{d}|u|_0$$

及

$$\begin{aligned} |D_i u(x)| &= \left| D_i u(\overline{x}) + \int_{\overline{x}}^{x} D_{ii} u dx_i \right| \leqslant \frac{1}{d}|u|_0 + d \sup_B |D_{ii} u| \\ &\leqslant \frac{1}{d}|u|_0 + d \sup_{y \in B} d_y^{-2} \sup_{y \in B} d_y^2 |D_{ii} u(y)|. \end{aligned}$$

因为 $d_y > d_x - d = (1-\mu) d_x \geqslant d_x/2$ 对于所有的 $y \in B$ 成立, 从而

$$\begin{aligned} d_x |D_i u(x)| &\leqslant \mu^{-1} |u|_0 + 4\mu \sup_{y \in \Omega} d_y^2 |D_{ii} u(y)| \\ &\leqslant \mu^{-1} |u|_0 + 4\mu [u]_2^*. \end{aligned}$$

所以

$$[u]_1^* = \sup_{\substack{x \in \Omega \\ i = 1, \ldots, n}} d_x |D_i u(x)| \leqslant \mu^{-1} |u|_0 + 4\mu [u]_2^*.$$

如果现在取 μ 使得 $\mu \leqslant \dfrac{\varepsilon}{4}$, 我们就得出 $C = \mu^{-1}$ 的 (6.82).

(ii) $j \leqslant k; \beta = 0, \alpha > 0$. 我们用类似的方法进行. 先设 $x \in \Omega$. $0 < \mu \leqslant \dfrac{1}{2}, d = \mu d_x, B = B_d(x)$, 并设 x', x'' 是平行于 x_l 轴的中心在 x 而长度为 $2d$ 的线段的端点. 对这线段上的某 $\overline{x}$ 我们有

$$|D_{il} u(\overline{x})| = \frac{|D_i u(x') - D_i u(x'')|}{2d} \leqslant \frac{1}{d} \sup_B |D_i u| \tag{6.84}$$

及

$$\begin{aligned} |D_{il} u(x)| &\leqslant |D_{il} u(\overline{x})| + |D_{il} u(x) - D_{il} u(\overline{x})| \\ &\leqslant \frac{1}{d} \sup_{y \in B} d_y^{-1} \sup_{y \in B} d_y |D_i u(y)| \\ &\quad + d^\alpha \sup_{y \in B} d_{x,y}^{-2-\alpha} \sup_{y \in B} d_{x,y}^{2+\alpha} \frac{|D_{il} u(x) - D_{il} u(y)|}{|x-y|^\alpha}. \end{aligned}$$

因为对于所有的 $y \in B, d_y, d_{x,y} > d_x/2$, 又可得到

$$d_x^2 |D_{il} u(x)| \leqslant \frac{2}{\mu} [u]_1^* + 2^{2+\alpha} \mu^\alpha [u]_{2,\alpha}^*.$$

对 i,l 及 $x\in\Omega$ 取上确界, 选择 μ 使得 $8\mu^\alpha\leqslant\varepsilon$ 并令 $C=2/\mu$, 我们就得到不等式

$$[u]_2^*\leqslant C(\varepsilon)[u]_1^*+\varepsilon[u]_{2,\alpha}^*. \tag{6.85}$$

在 (6.84) 中如果用 u 代替 D_iu 并在随后的细节上作显然的修改, 我们就得到 $j=k=1,\beta=0,\alpha>0$ 的 (6.82):

$$[u]_1^*\leqslant C(\varepsilon)|u|_0+\varepsilon[u]_{1,\alpha}^*. \tag{6.86}$$

在适当地选择上述每个不等式中的 ε 之后把 (6.85) 与 (6.83) 合并, 就获得 $k=2$ 及 $j=1,2$ 的 (6.82).

(iii) $j<k;\beta>0,\alpha=0$. 设 $x,y\in\Omega$ 适合 $d_x\leqslant d_y$, 所以 $d_x=d_{x,y}$. 设 μ,d 及 B 定义如前. 我们对 $j=0$ 的情况证明 (6.82), 首先建立内插不等式

$$[u]_{0,\beta}^*\leqslant C(\varepsilon)|u|_0+\varepsilon[u]_1^*,$$

其中 $\varepsilon>0$ 对于 $0<\beta<1$ 可以是任意的. 如果 $y\in B$, 对于 $0<\beta\leqslant1$, 我们由中值定理得出

$$d_x^\beta\frac{|u(x)-u(y)|}{|x-y|^\beta}\leqslant u^{1-\beta}d_x|Du|_{0;B}\leqslant 2\mu^{1-\beta}[u]_1^*;$$

又如果 $y\notin B$, 我们就有

$$d_x^\beta\frac{|u(x)-u(y)|}{|x-y|^\beta}\leqslant 2\mu^{-\beta}|u|_0. \tag{6.87}$$

合并这些不等式, 对于 $0<\beta\leqslant1$, 得到

$$\begin{aligned}[u]_{0,\beta}^*&=\sup_{x,y\in\Omega}d_{x,y}^\beta\frac{|u(x)-u(y)|}{|x-y|^\beta}\\&\leqslant 2\mu^{-\beta}|u|_0+2\mu^{1-\beta}[u]_1^*.\end{aligned} \tag{6.88}$$

当 $\beta<1$ 及 $2\mu^{1-\beta}\leqslant\varepsilon$ 时这就蕴涵着 (6.82). 应用 (6.83) 于 (6.88) 的右端项并适当选择 μ, 我们就得到 $j=0,k=2,\alpha=0,0<\beta\leqslant1$ 的 (6.82). 对于 $j=1,k=2$ 的证明, 用 D_iu 代替 u 之后, 可用大体上相同的方法进行. 但是, 有下述的差别. 代替 (6.87) 我们这时有不等式

$$\begin{aligned}d_x^{1+\beta}\frac{|D_iu(x)-D_iu(y)|}{|x-y|^\beta}&\leqslant\mu^{-\beta}[d_x|D_iu(x)|+d_y|D_iu(y)|]\\&\leqslant 2\mu^{-\beta}[u]_1^*.\end{aligned}$$

应用 (6.83) 仍可推出结论.

(iv) $j \leqslant k; \alpha, \beta > 0$. 取 $j = k$ 就够了, 所以 $\alpha > \beta$. 用与上面相同的记号, 对于 $y \in B$ 有

$$d_x^\beta \frac{|u(x)-u(y)|}{|x-y|^\beta} \leqslant \mu^{\alpha-\beta} d_x^\alpha \frac{|u(x)-u(y)|}{|x-y|^\alpha},$$

而如果 $y \notin B$, 则

$$d_x^\beta \frac{|u(x)-u(y)|}{|x-y|^\beta} \leqslant 2\mu^{-\beta}|u|_0.$$

合并这些不等式并对 $x, y \in \Omega$ 取上确界, 我们得到 $j = k = 0$, $\varepsilon = \mu^{\alpha-\beta}$ 及 $C = 2/\mu^\beta$ 的 (6.82). 剩下 $j = k = 1, 2$ 的情况可以通过类似的方法并利用情况 (ii) 的结果推导出来.

拟范数的内插不等式 (6.82) 直接蕴涵着范数的不等式

$$|u|_{j,\beta;\Omega}^* \leqslant C|u|_{0;\Omega} + \varepsilon[u]_{k,\alpha;\Omega}^*.$$ □

应用引理 6.32 可得出下面的紧性结果.

引理 6.33 设 Ω 是 $\mathbb{R}^n$ 中有界开集, 并设 S 是 Banach 空间

$$C_*^{k,\alpha} = \{u \in C^{k,\alpha}(\Omega) \mid |u|_{k,\alpha;\Omega}^* < \infty\},$$
$$k = 0, 1, 2, \ldots, 0 \leqslant \alpha \leqslant 1$$

的有界子集. 假设 S 的函数在 $\overline{\Omega}$ 上也是等度连续的. 那么, 如果 $k + \alpha > j + \beta$, 就推出 S 在 $C_*^{j,\beta}(\Omega)$ 中准紧.

证明 因为 S 在 $\overline{\Omega}$ 上等度连续, 又在 $C_*^{k,\alpha}$ 中有界, 它包含一个序列 $\{u_m\}$ 在 $\overline{\Omega}$ 上一致收敛于一个函数 $u \in C_*^{k,\alpha}$. 按照假设条件, 我们可设 $|u_m|_{k,\alpha}^* \leqslant M$ (与 m 无关). 从 (6.82) 我们有: 对于任一 $\varepsilon > 0$ 及某常数 $C = C(\varepsilon)$,

$$|u_m - u|_{j,\beta}^* \leqslant C|u_m - u|_0 + \varepsilon|u_m - u|_{k,\alpha}^*.$$

这时如果 N 大到对所有的 $m > N$, 有 $|u_m - u|_0 \leqslant \varepsilon/C$ 成立, 则对于 $m > N$, 就有 $|u_m - u|_{j,\beta}^* \leqslant \varepsilon(1 + 2M)$. 这样一来 $\{u_m\}$ 在 $C_*^{j,\beta}$ 中收敛于 u, 证明了引理的断言. □

我们现在把引理 6.32 推广到具有超平面边界部分的区域中的部分内部范数和拟范数上去.

引理 6.34 假设 $j + \beta < k + \alpha$, 其中 $j, k = 0, 1, 2, \ldots$, 又 $0 \leqslant \alpha, \beta \leqslant 1$. 设 Ω 是 $\mathbb{R}_+^n$ 中在 $x_n = 0$ 上具有边界部分的开子集, 又设 $u \in C^{k,\alpha}(\Omega \cup T)$. 那么, 对任何 $\varepsilon > 0$ 及某常数 $C = C(\varepsilon, j, k)$, 我们有

$$\begin{aligned} [u]_{j,\beta;\Omega\cup T}^* &\leqslant C|u|_{0;\Omega} + \varepsilon[u]_{k,\alpha;\Omega\cup T}^*, \\ |u|_{j,\beta;\Omega\cup T}^* &\leqslant C|u|_{0;\Omega} + \varepsilon[u]_{k,\alpha;\Omega\cup T}^*. \end{aligned} \tag{6.89}$$

证明 仍假设右端项有限. 证明完全按照引理 6.32 的样子, 我们仅仅强调证明中不同的那些细节. 下面我们略去标记 $\Omega\cup T$, 它将不言自明.

先考虑 $1\leqslant j\leqslant k\leqslant 2,\beta=0,\alpha\geqslant 0$ 的情形, 从下面的不等式开始:

$$[u]_2^*\leqslant C(\varepsilon)|u|_0+\varepsilon[u]_{2,\alpha}^*,\quad \alpha>0. \tag{6.90}$$

设 x 是 Ω 中任一点, $\overline{d}_x$ 是它与 $\partial\Omega-T$ 的距离, 又 $d=\mu\overline{d}_x$, 其中 $\mu\leqslant\dfrac{1}{4}$ 是后面再规定的常数. 如果 $\operatorname{dist}(x,T)\geqslant d$, 那么球 $B_d(x)\subset\Omega$, 与引理 6.32 一样进行论证, 只要 $\mu=\mu(\varepsilon)$ 选得充分小, 就可导出不等式

$$\overline{d}_x^2|D_{il}u(x)|\leqslant C(\varepsilon)[u]_1^*+\varepsilon[u]_{2,\alpha}^*.$$

如果 $\operatorname{dist}(x,T)<d$, 我们考虑球 $B=B_d(x_0)\subset\Omega$, 其中 x_0 位于过 x 的 T 的垂线上, 并且 $\operatorname{dist}(x,x_0)=d$. 设 x',x'' 是 B 的平行于 x_l 轴的直径的端点. 那么, 对于这条直径上的某 $\overline{x}$, 我们有

$$\begin{aligned}|D_{il}u(\overline{x})|&=\frac{|D_iu(x')-D_iu(x'')|}{2d}\leqslant\frac{1}{d}\sup_B|D_iu|\\&\leqslant\frac{2}{\mu}\overline{d}_x^{-2}\sup_{y\in B}\overline{d}_y|D_iu(y)|\\&\leqslant\frac{2}{\mu}\overline{d}_x^{-2}[u]_1^*,\quad \text{因为对所有的 } y\in B,\overline{d}_y>\overline{d}_x/2;\end{aligned}$$

以及

$$\begin{aligned}|D_{il}u(x)|&\leqslant|D_{il}u(\overline{x})|+|D_{il}u(x)-D_{il}u(\overline{x})|\\&\leqslant\frac{2}{\mu}\overline{d}_x^{-2}[u]_1^*+2d^\alpha\sup_{y\in B}\overline{d}_{x,y}^{-2-\alpha}\sup_{y\in B}\overline{d}_{x,y}^{2+\alpha}\frac{|D_{il}u(x)-D_{il}u(y)|}{|x-y|^\alpha};\end{aligned}$$

所以只要 $16\mu^\alpha\leqslant\varepsilon,C=2/\mu$, 就有

$$\overline{d}_x^2|D_{il}u(x)|\leqslant\frac{2}{\mu}[u]_1^*+16\mu^\alpha[u]_{2,\alpha}^*\leqslant C[u]_1^*+\varepsilon[u]_{2,\alpha}^*.$$

选对应于 $\operatorname{dist}(x,T)\geqslant d$ 及 $\operatorname{dist}(x,T)<d$ 两种情况的 μ 的较小值, 并对所有的 $x\in\Omega$ 及 $i,l=1,\dots,n$ 取上确界, 就得到 (6.90). 如果在上面用 u 代替 D_iu, 并在细节上作相应修改, 我们就对 $j=k=1$ 得到 (6.90).

为对 $j=1,k=2,\alpha=\beta=0$ 证明 (6.89), 我们可按照作了 (由 (6.90) 的上述证明所启发的) 修改的引理 6.32 那样来进行. 连同前面的各个情况一起, 就给出了 $1\leqslant j\leqslant k\leqslant 2,\beta=0,\alpha\geqslant 0$ 时的 (6.89).

对于 $\beta>0$, (6.89) 的证明将严格地仿照引理 6.32 的情况 (iii) 和 (iv). 主要的不同之处在于: 对 $\beta>0,\alpha=0$ 的论证现在需要在截球 $B_d(x)\cap\Omega$ 中应用中值定理, 这里的点 x 适合 $\operatorname{dist}(x,T)<d$. □

我们以光滑区域中全局内插不等式的证明来结束这一节.

引理 6.35　假如 $j+\beta<k+\alpha$, 其中 $j=0,1,2,\ldots,k=1,2,\ldots$, 又 $0\leqslant\alpha,\beta\leqslant 1$. 设 Ω 是 $\mathbb{R}^n$ 中 $C^{k,\alpha}$ 区域, 并设 $u\in C^{k,\alpha}(\overline{\Omega})$. 那么, 对任何 $\varepsilon>0$ 及某常数 $C=C(\varepsilon,j,k,\Omega)$, 我们有

$$|u|_{j,\beta;\Omega}\leqslant C|u|_{0;\Omega}+\varepsilon|u|_{k,\alpha;\Omega}. \tag{6.91}$$

证明　这个证明基于以非常类似于引理 6.5 中的论证化归到引理 6.34. 与那个引理中一样, 在每一点 $x_0\in\partial\Omega$, 设 $B_\rho(x_0)$ 是一个球, 而 ψ 是 $C^{k,\alpha}$ 微分同胚, 它把包含在 $B'=B_\rho(x_0)\cap\Omega$ 及 $T=B_\rho(x_0)\cap\partial\Omega$ 的一个邻域中的边界拉直. 设 $\psi(B')=D'\subset\mathbb{R}^n_+,\psi(T)=T'\subset\partial\mathbb{R}^n_+$. 因为 T' 是 $\partial D'$ 的超平面部分, 我们可在 D' 中把内插不等式 (6.89) 应用于函数 $\widetilde{u}=u\circ\psi^{-1}$, 得到

$$|\widetilde{u}|^*_{j,\beta;D'\cup T'}\leqslant C(\varepsilon)|\widetilde{u}|_{0;D'}+\varepsilon|\widetilde{u}|_{k,\alpha;D'\cup T'}.$$

从 (6.30) 得出

$$|u|^*_{j,\beta;B'\cup T}\leqslant C(\varepsilon)|u|_{0;B'}+\varepsilon|u|^*_{k,\alpha;B'\cup T}.$$

(我们记得可把同一记号 $C(\varepsilon)$ 用到 ε 的不同函数上去.) 设 $B''=B_{\rho/2}(x_0)\cap\Omega$, 我们从 (4.17)$'$, (4.17)$''$ 推得

$$\begin{aligned}|u|_{j,\beta;B''}&\leqslant C(\varepsilon)|u|_{0;B'}+\varepsilon|u|_{k,\alpha;B'}\\&\leqslant C(\varepsilon)|u|_{0;\Omega}+\varepsilon|u|_{k,\alpha;\Omega}.\end{aligned} \tag{6.92}$$

设 $B_{\rho_i/4}(x_i),x_i\in\partial\Omega,i=1,\ldots,N$ 是覆盖 $\partial\Omega$ 的球的有限集合, 使得不等式 (6.90) 在每一集合 $B''_i=B_{\rho_i/2}(x_i)\cap\Omega$ 中关于常数 $C_i(\varepsilon)$ 成立. 设 $\delta=\min\rho_i/4$ 及 $C=C(\varepsilon)=\max C_i(\varepsilon)$. 于是在每一点 $x_0\in\partial\Omega$, 对某个 i 我们有 $B=B_\delta(x_0)\subset B_{\rho_i/2}(x_i)$, 所以

$$|u|_{j,\beta;B\cap\Omega}\leqslant C|u|_{0;\Omega}+\varepsilon|u|_{k,\alpha;\Omega}. \tag{6.93}$$

论证的剩下部分与定理 6.6 中类似, 留给读者. □

全局内插不等式 (6.91) 在更一般的区域中也有效, 例如在 $C^{0,1}$ 区域中有效 (见习题 6.7). 但是, 与 4.1 节的例中所证明的一样, 当 $k+\alpha>j+\beta$ 时为保证包含关系 $C^{k,\alpha}(\overline{\Omega})\subset C^{j,\beta}(\overline{\Omega})$, 区域 Ω 有适当的正则性是需要的, 所以全局内插不等式在任意区域中是不正确的.

引理 6.35 蕴涵下面的紧性结果.

引理 6.36　设 Ω 是 $\mathbb{R}^n$ 中 $C^{k,\alpha}$ 区域 $(k\geqslant 1)$, 又设 S 是 $C^{k,\alpha}(\overline{\Omega})$ 中的有界集. 那么, 如果 $j+\beta<k+\alpha,S$ 就在 $C^{j,\beta}(\overline{\Omega})$ 中准紧.

证明与引理 6.33 的证明本质上是同样的, 因而略去. 这个结果对全局内插不等式 (6.91) 成立的区域显然有效, 所以在 $C^{0,1}$ 区域中结论成立.

6.9. 附录 2: 延拓引理

在本节中要建立一些结果, 它们是本章早些时候用到的, 也是本书别处所需要的, 这些结果是关于全局定义的函数拓广到较大区域中的延拓, 以及定义在边界上的函数到全局定义的函数的延拓.

我们将利用单位分解的概念. 设 Ω 是 $\mathbb{R}^n$ 中一个开集, 它被可数个开集 Ω_j 的集合 $\{\Omega_j\}$ 覆盖. 函数 $\{\eta_i\}$ 的可数集合是从属于覆盖 $\{\Omega_j\}$ 的局部有限单位分解, 如果: (i) 对于某 $j=j(i), \eta_i \in C_0^\infty(\Omega_j)$; (ii) $\eta_i \geqslant 0$, 在 Ω 中 $\sum \eta_i = 1$; (iii) Ω 的每点存在一个邻域, 其中仅有有限个 η_i 非零. 关于这种分解的存在性的证明可参阅文献 (例如, 见 [YO], 也可见习题 6.8). 在下面的应用中, 分解的构造是比较简单的.

引理 6.37 设 Ω 是 $\mathbb{R}^n$ 中的 $C^{k,\alpha}$ 区域 $(k \geqslant 1)$, 又设 Ω' 是包含 $\overline{\Omega}$ 的一个开集. 假设 $u \in C^{k,\alpha}(\overline{\Omega})$. 那么存在函数 $w \in C_0^{k,\alpha}(\Omega')$ 使得在 Ω 中 $w=u$, 并且

$$|w|_{k,\alpha;\Omega'} \leqslant C|u|_{k,\alpha;\Omega}, \tag{6.94}$$

其中 $C=C(k,\Omega,\Omega')$.

证明 设 $y=\psi(x)$ 定义一个 $C^{k,\alpha}$ 微分同胚, 它把 $x_0 \in \partial\Omega$ 附近的边界拉直, 又设 G 及 $G^+ = G \cap \mathbb{R}_+^n$ 分别是 ψ 的像中的一个球及半球, 这里 ψ 满足 $\psi(x_0) \in G$. 令 $\widetilde{u}(y) = u \circ \psi^{-1}(y)$ 及 $y=(y_1,\ldots,y_{n-1},y_n)=(y',y_n)$, 我们用

$$\widetilde{u}(y',y_n) = \sum_{i=1}^{k+1} c_i \widetilde{u}(y', -y_n/i), \quad y_n < 0$$

定义 $\widetilde{u}(y)$ 到 $y_n<0$ 中的延拓, 式中 $c_1,\ldots,c_{k+1}$ 是由方程组

$$\sum_{i=1}^{k+1} c_i(-1/i)^m = 1, \quad m=0,1,\ldots,k$$

确定的常数. 容易验证延拓函数 $\widetilde{u}$ 是连续的, 在 G 内具有直到 k 阶的所有导数, 而且 $\widetilde{u} \in C^{k,\alpha}(G)$. 这样, 对于某球 $B=B(x_0)$, 有 $w=\widetilde{u}\circ\psi \in C^{k,\alpha}(\overline{B})$, 并且在 $B\cap\Omega$ 中 $w=u$, 所以 w 规定了 u 到 $\Omega\cup B$ 中的一个 $C^{k,\alpha}$ 延拓. 按 (6.30), 不等式 (6.94) 成立 (用 $\Omega\cup B$ 代替 Ω').

现在考虑用前述的 B 那样的球 $B_i, i=1,2,\ldots,N$ 有限覆盖 $\partial\Omega$, 并设 $\{w_i\}$ 是对应的 $C^{k,\alpha}$ 延拓. 我们可以假设球 B_i 这样小, 使它们与 Ω 的并集包含在 Ω'

中. 设 $\Omega_0 \subset\subset \Omega$ 是 Ω 的一个开子集, 使得 Ω_0 及球 B_i 构成 Ω 的一个有限开覆盖. 令 $\{\eta_i\}, i=0,1,\ldots,N$ 是从属于这个覆盖的单位分解, 并令

$$w = u\eta_0 + \sum w_i\eta_i,$$

如果 $\eta_i = 0$, 就认为 $w_i\eta_i = 0$. 上面的讨论证实了 w 是 u 到 Ω' 中的一个延拓并有引理中断言的性质. □

下面的结果提供了边界函数到相同正则性函数类中全局定义函数的一个延拓.

引理 6.38 设 Ω 是 $\mathbb{R}^n$ 中 $C^{k,\alpha}$ 区域 $(k \geqslant 1)$, 又设 Ω' 是包含 $\overline{\Omega}$ 的一个开集. 假设 $\varphi \in C^{k,\alpha}(\partial\Omega)$. 那么, 存在函数 $\Phi \in C_0^{k,\alpha}(\Omega')$, 使得在 $\partial\Omega$ 上 $\Phi = \varphi$.

证明 在任一点 $x_0 \in \partial\Omega$, 设映射 ψ 及球 G 与前一引理中同样定义, 又假设 $\widetilde{\varphi} = \varphi \circ \psi^{-1} \in C^{k,\alpha}(G \cap \partial\mathbb{R}^n_+)$. 我们在 G 中定义 $\widetilde{\Phi}(y', y_n) = \widetilde{\varphi}(y')$, 并对 $x \in \psi^{-1}(G)$, 令 $\Phi(x) = \widetilde{\Phi} \circ \psi(x)$. 对某球 $B = B(x_0)$, 显然 $\Phi \in C^{k,\alpha}(\overline{B})$ 并且在 $B \cap \partial\Omega$ 上 $\Phi = \varphi$. 现设 $\{B_i\}$ 是由 B 那样的球作成的 $\partial\Omega$ 的一个有限覆盖, 并设 Φ_i 是在 B_i 上定义的对应的 $C^{k,\alpha}$ 函数. 现在, 与前一引理中一样利用适当的单位分解就能够完成引理的证明. □

附注 1) 在上面的引理中, 如果 $\varphi \in C^0(\partial\Omega) \cap C^{k,\alpha}(T)$, 其中 $T \subset \partial\Omega$, 那么同样的论证可导出一个延拓 $\Phi \in C^0(\Omega') \cap C^{k,\alpha}(G)$, 其中 G 是包含 T 的一个开集. 对上述证明作简单修改后可证明: 如果 Ω 是具有 $C^{k,\alpha}$ 边界部分 T 的任何区域, 又如果 $\varphi \in C^{k,\alpha}(T)$, 那么能把 φ 延拓成函数 $\Phi \in C^{k,\alpha}(G)$, 其中 G 是包含 T 的一个开集, 并且在 T 上 $\Phi = \varphi$. T 的用球构成的可数覆盖对论证是必需的. 如果 $\varphi \in C^0(\partial\Omega) \cap C^{k,\alpha}(T)$, 则可确定延拓 Φ 使得 $\Phi \in C^0(\overline{\Omega}) \cap C^{k,\alpha}(G)$. 2) 对于具有简单几何形状的区域, 常可直接和容易地构造出延拓函数来. 例如, 若 $B = B_R(x_0)$ 是 $\mathbb{R}^n$ 中一个球, 而 $\varphi \in C^0(\partial\Omega) \cap C^{k,\alpha}(T), T \subset \partial B$, 那么, 令

$$\Phi(x) = \Phi(x_0 + r\omega) = \varphi(R\omega)\eta(r),$$

其中 $r = |x - x_0|, \omega = (x - x_0)/r, \eta(r)$ 是 $0 \leqslant r \leqslant R/4$ 时 $\eta(r) = 0, r \geqslant R/2$ 时 $\eta(r) = 1$ 的 C^∞ 截断函数, 就能得到 φ 在 $\mathbb{R}^n$ 中的一个延拓. 显然函数 $\Phi(x)$ 在 ∂B 上与 φ 一致, 属于 $C^0(\mathbb{R}^n)$, 在由从原点出发穿过 T 的点的射线所确定的锥形区域中属于 $C^{k,\alpha}$ 类.

评注

第 1—3 节的先验估计和存在性理论是 Schauder 的贡献 [SC4, 5] (这里是以

修改过的形式写出的). 大约在同一时期, Caccioppoli [CA1] 叙述了类似的结果但无细节, 这些结果得到了 Miranda 的详尽阐述 [MR2]. 密切相关的思想包含在 Hopf 的工作 [HO3] 中, 是他最早建立了第 4 节中的内部正则性定理. 对于实质上同类的问题, 解的存在性理论以及一般性质先前已由 Giraud 得到 [GR1–3], 他用的是基于把解表示成表面位势的积分方程方法. 进一步发挥各自贡献的细节也由 Miranda 讨论过 [MR2]. 以 Fourier 分析方法为基础的 Schauder 估计, 对任意阶的方程的发展包含在 Hörmander 的 [HM3] 中.

用内部范数表示的第 1 节的内估计公式和推导方法都是仿照 Douglis 和 Nirenberg [DN] 的; 他们还把内估计推广到了椭圆型方程组. 如果首先在球中用定理 4.6 实现这个估计, 最后再把它变成对 $C^{2,\alpha}$ 内部范数的界 (6.14), 定理 6.2 证明的细节就可稍微简化. 例如可参见定理 9.11 的证明.

6.2 节的全局估计和以这些估计为基础的定理 6.8 的证明, 需要假设 $C^{2,\alpha}$ 边界数据. 在较弱的正则性假设下, 就不能从通常形式的 Schauder 理论证明例如说 $C^{1,\alpha}(\overline{\Omega})\cap C^2(\Omega)$ 解的存在性. 而 Widman 的正则性结果 [WI1] 则蕴涵这样的存在性定理. Gilbarg 和 Hörmander [GH] 推广了全局 Schauder 理论, 使其包含系数、区域和边值的较弱正则性条件. 我们摘要叙述他们的结果, 这些结果同样应用到更高的正则性:

如果

$$0\leqslant k<a=k+\alpha\leqslant k+1,$$

用 $H_a(\Omega)$ 表示具有有限模 $|u|_{a,\Omega}=|u|_{k,\alpha;\Omega}$ (右端是本书所用的记号) 的函数的 Hölder 空间; 于是 $H_a(\Omega)=C^{k,\alpha}(\overline{\Omega})$. 令

$$\Omega_\delta=\{x\in\Omega|\operatorname{dist}(x,\partial\Omega)>\delta\},$$

用 $H_a^{(b)}(\Omega)$ 表示对于所有 $\delta>0$ 属于 $H_a(\Omega_\delta)$ 的 Ω 上的函数的集合, 并且带范数

$$|u|_{a,\Omega}^{(b)}=|u|_a^{(b)}=\sup_{\delta>0}\delta^{a+b}|u|_{a,\Omega_\delta},$$

其中 $a+b\geqslant 0$. 因为对于 $a\geqslant b>0$, 非整数 b, 有 $H_a^{(-b)}\subset H_b^{(-b)}=H_b$, 在范数 $|u|_a^{(-b)}$ 中的上标和下标分别刻画 u 的全局和内部正则性. 还定义 $H_a^{(b-0)}(\Omega)$ 是 $H_a^{(b)}(\Omega)$ 中这样的函数的集合, 它满足条件: 当 $\delta\to 0$ 时 $\delta^{a+b}|u|_{a,\Omega_\delta}\to 0$. 有了这些空间, 现在设对于某个 $\gamma\geqslant 1$, Ω 是有界 C^γ 区域, a,b 不是整数, 满足 $0<b\leqslant a, a>2, b\leqslant\gamma$. 设

$$P=\sum_{|\beta|\leqslant 2}p_\beta(x)D^\beta$$

是 $\overline{\Omega}$ 上的一个椭圆型二阶微分算子, 满足条件

$$\begin{aligned}&\text{如果 } |\beta|\leqslant 2, \quad p_\beta\in H_{a-2}^{(2-b)}(\Omega),\\ &\text{如果 } |\beta|=2, \quad p_\beta\in C^0(\overline{\Omega}),\\ &\text{如果 } b<|\beta|, \quad p_\beta\in H_{a-2}^{(2-|\beta|-0)}(\Omega).\end{aligned}$$

(于是如果 $b<2$, 低阶系数可能是无解的.) 那么, 如果 $u\in C^2(\Omega)\cap C^0(\overline{\Omega})$ 是

$$\text{在 } \Omega \text{ 内 } Pu=f, \quad \text{在 } \partial\Omega \text{ 上 } u=\varphi \tag{6.95}$$

的解, 其中 $f\in H_{a-2}^{(2-b)}(\Omega),\varphi\in H_b(\partial\Omega)$, 则 $u\in H_a^{(-b)}(\Omega)$, 并且满足估计

$$|u|_a^{(-b)}\leqslant C(|u|_0+|\varphi|_{b,\partial\Omega}+|f|_{a-2}^{(2-b)}),$$

其中 C 依赖 Ω,a,b, 系数的范数和它们的最小特征值. 如果 $p_0\leqslant 0$, 则 Dirichlet 问题 (6.95) 在 $H_a^{(-b)}(\Omega)$ 内有唯一解, 并且对应的 Fredholm 型的定理一般成立. $2+\alpha\leqslant a=b\leqslant\gamma$ 是本章所论述的情形. 如果 Ω 是 Lipschitz 区域, 类似的结果对于值 $b<1$ 成立, b 依赖在边界满足的外锥条件, 而对于 $|\beta|=2$ 只需 $p_\beta\in H_{a-2}^{(0)}$, 于是主系数在边界不必是连续的.

对于 Laplace 算子的正则点也是对于椭圆型算子的正则点, 并且其逆也成立, 这样的条件被几位作者研究过. 对于定理 6.13 中那样的严格椭圆型算子 L, 其系数在边界附近是 Lipschitz 连续的 [HR] 或 Dini 连续的 [KV1], [NO2]; 以及对于某些类的间断系数 [AK] 和退化椭圆型算子 [MM], [NO3], 此类的等价性已经建立. 容量和 Wiener 准则 (2.9 节) 在论证中起着重要的作用. 如果 L 的系数仅仅是连续的, 等价性一般不复成立 (参见习题 3.8(a) 中的和 [ML4] 中的例子). 但是在散度结构的方程的情形, 当系数仅仅有界和可测时存在等价性 [LSW] (还可参见第 8 章). 对于有关正则边界点的其他的结果, 参见 [NO1], [MZ], [LN2], [ML2, 4].

Hopf [HO3] 在没有存在定理的情况下直接证明了内部正则性结果 (引理 6.16). 他的方法, 基于 Korn 的常系数方程的扰动法 (在 [KR2] 中), 提供了 [HO2] 中他关于变分问题解的正则性结果的一个推广, 并预示了 Schauder 理论的重要方面. 引理 6.16 (和更一般的结果) 的基于正则化和内估计的一个简单的直接证明包含在 [ADN] (第 723 页) 中. 另一种方法见引理 9.16 的证明; 也见于 [MY5], 5.6 节.

边界正则性结果 (引理 6.18) 的一个基本的简单证明可如下得到. 证明 $u\in C^\alpha(\Omega\cup T)$ 就够了, 在此之后的论证实质上可与引理 6.16 中同样进行. 考虑 $u-\varphi$ 代替 u, 我们可假设 $\varphi\equiv 0$. 设 $\Omega'\subset\Omega$, 有 $\partial\Omega'\cap\partial\Omega=T'\subset\subset T$, 又设 $\delta=\mathrm{dist}\,(\Omega',\partial\Omega-T)<1$. 对任何 $x'\in\Omega'$, 首先假设

$$d = \operatorname{dist}(x', \partial\Omega) = |x' - x_0| \leqslant \delta, \quad x_0 \in \partial\Omega.$$

那么按习题 3.6 我们对 $x \in \Omega$ 有

$$|u(x)| \leqslant C|x - x_0|,$$

所以对 $x \in B_d(x')$ 有 $|u(x)| \leqslant Cd$. 从 (6.23), 在其中我们令 $\Omega' = B_{d/2}(x')$ 和 $\Omega = B_d(x')$, 从而对于所有的 $x \in B_{d/2}(x')$,

$$d|Du(x)| \leqslant C\left(\sup_{B_d}|u| + d^2|f|_{0,\alpha;B_d}\right),$$

所以

$$|Du(x')| \leqslant C(1 + |f|_{0,\alpha;\Omega}) \leqslant C,$$

其中常数 C 仅依赖于 δ 及给定的数据. 如果 $d > \delta$, 那么, 这时带有依赖于 δ^{-1} 的常数 C 的同样的不等式成立. 这样我们就有了 $|Du|$ 在 Ω' 中的一个界, 从而 $u \in C^{0,1}(\Omega \cup T)$.

6.5 节是 Michael [MI1] 的思想的修改, 他证明了对于连续边值的一般存在性理论能够只从内估计推导出来. 他的结果同样能应用于某一类在边界附近具有无界的系数的方程 (见习题 6.5, 6.6).

6.6 节考虑在边界上有椭圆型退化的非一致椭圆型算子的某些情形. 在内部退化的椭圆型算子的理论本质上基于不同于本章的方法. 对于相关的结果建议读者参考关于超椭圆型文献, 例如 [HM2], [OR], [KJ].

6.7 节中的斜导数问题的 Schauder 理论与较早的形式在某些方面是不同的. 特别地, Fiorenza [FI1] 把他的方法建立在关于半空间中 Poisson 方程边值问题的解的表面位势表示法的基础之上, 对此他应用了 Giraud [GR3] 的某些结果. 他对于变系数情形的 Schauder 型估计显示出对系数的界及 Hölder 常数的十分确切的依赖性. 在 [LU4] 第 10 章, 以及 Fiorenza [FI2] 和 Ural'tseva [UR] 在处理具有非线性边界条件的拟线性方程时都利用了这个依赖性. 在高阶方程和方程组的别的边界条件下, Schauder 理论的推广出现在 Agmon, Douglis 和 Nirenberg 的工作中 [ADN1, 2]. 他们的方法基于半空间中常系数问题的解的明显积分表达式, 对给定的边界条件, 用适当的 Poisson 核表出. 尽管在细节上十分不同, 却能把 6.7 节中的发展看成是这些结果的一个特殊情形. 也可参看 Bouligand [BGD]. 非正则斜导数问题, 在那里边界条件中的方向导数变成切向导数 (在 (6.76) 中 $\beta_\nu = 0$), 实质上比正则情况更为深刻, 其结果也不相同 (例如见 [HM1], [EK], [SJ] 以及 [WZ1, 2]).

从本章的结论容易推出外部边界问题的解. Meyers 和 Serrin [MS1] 处理了方程 $Lu = f$ 在一个外部区域 Ω (包含某球的外部) 中的边值问题, 方程中 $c \leqslant 0$,

并且系数和 f 在 Ω 的有界子区域中 Hölder 连续. 在关于系数在无穷远处行为的适当的一般假设下, 他们从逐渐扩大的区域中的解的收敛性证明了 Ω 中在无穷远处有极限的解的存在性. 另外, 他们还得到了这样的结果: 如果 $f=0, b^i=0$, 在 ∞ 处 $a^{ij}\to a_0^{ij}$ 以及矩阵 $[a_0^{ij}]$ 的秩 $\geqslant 3$, 那么, 在无穷远处变为零的 Dirichlet (和别的) 问题在 Ω 中存在唯一解. 在这些条件下, 如果 $n>3$, 那么算子 L 在无穷远处可以是非一致椭圆型的, 而边值问题仍然适定. 对于 $n\geqslant 3$, 到外部区域的 Schauder 理论的推广, 包括无穷远处的 Hölder 估计及外部 Dirichlet 和 Neumann 问题对应的处理, 已由 Oskolkov [OS1] 给出. 在 [FG2] 中处理过 $n\geqslant 3$ 时的一类拟线性方程的外部 Neumann 问题.

附录 1 的内插不等式能够容易地从 Hölder 范数的一般凸性性质推导出来:

$$|u|_{k,\alpha}\leqslant C(|u|_{k_1,\alpha_1})^t(|u|_{k_1,\alpha_1})^{1-t},$$

其中 $0<t<1$,

$$k+\alpha=t(k_1+\alpha_1)+(1-t)(k_2+\alpha_2),$$

而范数既可以是内部的也可以是全局的. 对于这个不等式的证明, 参见 Hörmander [HM3].

习题

6.1. (a) 设 $u\in C^{k+2,\alpha}(\Omega), k\geqslant 0$ 是 $Lu=f$ 在开集 $\Omega\subset\mathbb{R}^n$ 中的解, 又假设 L 的系数满足 (6.2) 及 $|a^{ij},b^i,c|_{k,\alpha;\Omega}\leqslant\Lambda$. 如果 $\Omega'\subset\subset\Omega$, 证明

$$|u|_{k+2,\alpha;\Omega'}\leqslant C(|u|_{0;\Omega}+|f|_{k,\alpha;\Omega}),$$

其中 $C=C(n,k,\alpha,\lambda,\Lambda,d), d=\operatorname{dist}(\Omega',\partial\Omega)$.

(b) 在定理 6.2 中假设 $u\in C^{k+2,\alpha}(\Omega), k\geqslant 0$, 用条件

$$|a^{ij}|_{k,\alpha,}^{(0)}|b^i|_{k,\alpha,}^{(1)}|c|_{k,\alpha}^{(2)}\leqslant\Lambda$$

代替 (6.13). 证明内估计

$$|u|_{k+2,\alpha}^*\leqslant C(|u|_0+|f|_{k,\alpha}^{(2)}),$$

其中 $C=C(n,k,\alpha,\lambda,\Lambda)$.

6.2. 在定理 6.6 中设 Ω 是 $C^{k+2,\alpha}$ 区域, $k\geqslant 0$, 又假设 $u\in C^{k+2,\alpha}(\overline{\Omega}), \varphi\in C^{k+2,\alpha}(\overline{\Omega}), f\in C^{k,\alpha}(\overline{\Omega}), |a^{ij},b^i,c|_{k,\alpha;\Omega}\leqslant\Lambda$. 证明全局估计

$$|u|_{k+2,\alpha}\leqslant C(|u|_0+|\varphi|_{k+2,\alpha}+|f|_{k,\alpha}),$$

其中 $C=C(n,k,\alpha,\lambda,\Lambda,\Omega)$.

6.3. 对于满足外部锥条件的有界区域 Ω, 证明定理 6.13. 证明在每点 $x_0 \in \partial\Omega$, 局部闸函数存在, 它是由形状为 $r^\mu f(\theta)$ 的函数确定的, 其中 $r = |x - x_0|$ 而 θ 是向量 $x - x_0$ 与外部锥的轴之间的夹角 (参看 [ML1, 3]).

6.4. 证明推论 6.24$'$ 的下述推广. 设 Ω 是 $\mathbb{R}^n$ 中有界的严格凸区域, 又设

$$Lu \equiv a^{ij}D_{ij}u + b^iD_iu = 0$$

是具有 $C^\alpha(\Omega)$ 系数的 Ω 中的椭圆型方程. 对 $x_0 \in \partial\Omega$, 设 $\boldsymbol{\nu} = \boldsymbol{\nu}(x_0)$ 表示支撑平面的单位法向量 (从 Ω 指向外部). 假设在每一 x_0 对某球 $B(x_0)$, 在 $B(x_0) \cap \Omega$ 中 $\boldsymbol{b} \cdot \boldsymbol{\nu} > 0$. 那么 $Lu = 0$ 的 Dirichlet 问题对任意连续边值在 $C^{2,\alpha}(\Omega) \cap C^0(\overline{\Omega})$ 中是 (唯一) 可解的.

6.5. (a) 如果球 B 被代之以任意 C^2 区域 Ω, 证明引理 6.21 (见习题 4.6).

(b) 推广 (a) 的结果到允许系数 b^i 对某 $\gamma \in (0,1)$ 满足 $\sup\limits_\Omega d_x^{1-\gamma}|b^i(x)| < \infty$ 及系数 $c \leqslant 0$ 局部有界.

6.6. (a) 利用习题 6.5 中的论证来构造闸函数并证明 Dirichlet 问题: 在 Ω 中 $Lu = f$ ($c \leqslant 0$), 在 $\partial\Omega$ 上 $u = 0$ 的可解性, 其中 L 在 C^2 区域 Ω 中严格椭圆, 并满足下述条件: 系数 a^{ij} 有界; $a^{ij}, b^i, c, f \in C^\alpha(\Omega)$; 对于某 $\beta \in (0,1), \sup\limits_\Omega d_x^{1-\beta}|b^i(x)| < \infty$ 及 $\sup\limits_\Omega d_x^{2-\beta}|f(x)| < \infty$.

(b) 在附加的假设 $\sup\limits_\Omega d_x^{2-\beta}|c(x)| < \infty$ 之下推广 (a) 的结果到边界条件: 在 $\partial\Omega$ 上 $u = \varphi$, 其中 φ 连续.

6.7. 如果 Ω 是 $C^{0,1}$ (Lipschitz) 区域, 证明全局内插不等式 (6.91). 这个结果能够如下得到:

(i) 证明存在仅依赖于 Ω 的常数 K, 使得 Ω 中的每一对点 x, y 能用 Ω 中的弧 $\gamma(x,y)$ 连接, 其长度 $|\gamma(x,y)| \leqslant K|x-y|$.

(ii) 证明对仅依赖于 Ω 的某二常数 ρ_0 和 L, 如果 $\operatorname{dist}(y, \partial\Omega) < \rho_0$, 则对所有的 $\rho < \rho_0$, 存在一点 $x \in B_\rho(y)$, 使得 $B_{\rho/L^2}(x) \subset \Omega$.

(iii) 利用 (i) 和 (ii) 修改引理 6.34 的证明以建立 (6.91).

6.8. 设 $\{\Omega_i\}$ 是 $\mathbb{R}^n$ 中一个开集 Ω 的可列开覆盖. 如果或者 (a) Ω 有界且 $\overline{\Omega} \subset \bigcup \Omega_i$, 或者 (b) Ω_i 有界且 $\overline{\Omega}_i \subset \Omega, i = 1, 2, \ldots$, 证明存在单位分解 $\{\eta_i\}$, 使得 $\eta_i \in C_0^\infty(\Omega_i)$.

6.9. (a) 利用单位分解和 6.2 节 $C^{k,\alpha}$ 区域的定义证明当 $k \geqslant 1$ 时任何这样的区域能够用一个函数 $F \in C^{k,\alpha}(\overline{\Omega})$ 定义, 使得在 Ω 内 $F > 0$, 在 $\partial\Omega$ 上 $F = 0$, 并且在 $\partial\Omega$ 上 $\operatorname{grad} F \neq 0$.

(b) 利用部分 (a) 和用光滑函数的逼近证明, 任何用 $F > 0$ 定义的 $C^{k,\alpha}$ ($k \geqslant 1$) 区域 Ω 可以被用 $F_\nu > 0$ 定义的任意光滑的区域 Ω_ν 来穷尽, 使得

$$\text{当 } \nu \to \infty \text{ 时}, \partial\Omega_\nu \to \partial\Omega, \text{并且 } |F_\nu|_{k,\alpha;\Omega_\nu} \leqslant C|F|_{k,\alpha;\Omega},$$

其中 C 是不依赖 ν 的常数.

6.10. 设 L 在一个 C^2 区域 Ω 是椭圆型的, 其系数 $c \leqslant 0, a^{ij}, b^i \in C^0(\overline{\Omega})$. 设 $\Sigma = \Sigma_1 \cup \Sigma_2 \subset \partial\Omega$ 由 (6.59) 定义. 假定 $u \in C^0(\overline{\Omega}) \cap C^2(\overline{\Omega} - \Sigma)$ 在 Ω 内满足 $Lu \geqslant 0$. 那么, 如果在 $\partial\Omega - \Sigma$ 上 $c < 0$ 或对于某个 $i, a^{ii} > 0$, 证明

$$\sup_{\Omega} u \leqslant \sup_{\Sigma} u^+.$$

(利用距离函数拉平在 $\partial\Omega - \Sigma$ 上取得最大值的点附近的边界, 并且在那里考虑微分方程, 参见 [OR]).

6.11. 在定理 6.30 的假设之下, 不过条件 $|\beta_i|_{1,\alpha} \leqslant \Lambda$ 换成 $|\beta_i|_{0,\alpha} \leqslant \Lambda$, 证明

$$|u|_{2,\alpha} \leqslant C(|u|_0 + |\varphi|_{1,\alpha} + |f|_{0,\alpha} + |Du|_0 \cdot [D\beta]_\alpha),$$

其中 $C = C(n, \alpha, \lambda, \Lambda, \kappa, \Omega)$.

第 7 章 Sobolev 空间

为说明这一章的理论的动机, 我们现在对 Poisson 方程考虑一种不同于第 4 章的方法. 由散度定理 (方程 (2.3)) 知 $\Delta u = f$ 的 $C^2(\Omega)$ 解对所有的 $\varphi \in C_0^1(\Omega)$ 满足积分恒等式

$$\int_\Omega Du \cdot D\varphi dx = -\int_\Omega f\varphi dx. \tag{7.1}$$

双线性型

$$(u, \varphi) = \int_\Omega Du \cdot D\varphi dx \tag{7.2}$$

是空间 $C_0^1(\Omega)$ 上的内积, 而且, 在由 (7.2) 导出的度量之下将 $C_0^1(\Omega)$ 完备化得到的空间必然是一个 Hilbert 空间, 我们称它为 $W_0^{1,2}(\Omega)$. 此外, 对适当的 f, 由 $F(\varphi) = -\int_\Omega f\varphi dx$ 所定义的线性泛函可以扩张成 $W_0^{1,2}(\Omega)$ 上的有界线性泛函. 因而, 由 Riesz 表示定理 (定理 5.7) 知存在一个元素 $u \in W_0^{1,2}(\Omega)$, 它对所有的 $\varphi \in C_0^1(\Omega)$, 都满足 $(u, \varphi) = F(\varphi)$. 因此 Dirichlet 问题 $\Delta u = f, u = 0$ (在 $\partial\Omega$ 上) 的广义解的存在性很容易地就被证明了. 这样, 古典的存在性问题就变成在适当光滑的边界条件下广义解的正则性问题了. 在下一章中, 我们将用与上述 Riesz 表示定理的应用相类似的方法把 Lax-Milgram 定理 (定理 5.8) 用于散度形式的线性椭圆型方程, 并用各种基于积分恒等式的论证来证明正则性的结果. 但在我们能这样进行之前先需要考察 Sobolev 空间类, 即空间 $W^{k,p}(\Omega)$ 和 $W_0^{k,p}(\Omega)$, $W_0^{1,2}(\Omega)$ 是 $W_0^{k,p}(\Omega)$ 这类空间中的一员. 我们讨论的某些不等式对第二部分拟线性方程理论的推导也是必需的.

7.1. L^p 空间

在整个这一章中 Ω 总表示 $\mathbb{R}^n$ 中一个有界区域. 所谓 Ω 上的可测函数, 是指 Ω 上可测函数的等价类, 它们仅在测度为 0 的子集上不相等. 因此, 任何关于可测函数的逐点性质应理解为同一等价类中某个函数在通常意义下成立的性质. 最后, 一个可测函数的上确界和下确界应理解为本质上确界和本质下确界.

对 $p \geqslant 1$, 我们用 $L^p(\Omega)$ 表示由 Ω 上 p 次可积的可测函数组成的古典 Banach 空间. $L^p(\Omega)$ 中的范数由下式定义:

$$\|u\|_{p;\Omega} = \|u\|_{L^p(\Omega)} = \left(\int_\Omega |u|^p dx\right)^{1/p}. \tag{7.3}$$

当 u 是向量或矩阵函数时也将使用相同的记号, 范数 $|u|$ 表示通常的 Euclid 范数. 对 $p = \infty, L^\infty(\Omega)$ 表示由 Ω 上有界函数组成的 Banach 空间, 其范数为

$$\|u\|_{\infty;\Omega} = \|u\|_{L^\infty(\Omega)} = \sup_\Omega |u|. \tag{7.4}$$

在以后当无二义时我们将用 $\|u\|_p$ 表示 $\|u\|_{L^p(\Omega)}$.

在讨论积分估计时, 我们需要下面的不等式:

Young 不等式.

$$ab \leqslant \frac{a^p}{p} + \frac{b^q}{q}; \tag{7.5}$$

此式对正实数 $a, b, p, q \left(p, q \text{ 满足 } \frac{1}{p} + \frac{1}{q} = 1\right)$ 成立. 在 $p = q = 2$ 的情形, (7.5) 通称 Cauchy 不等式. 对正的 ε, 用 $\varepsilon^{1/p}a$ 代替 a, 用 $\varepsilon^{-1/p}b$ 代替 b 可得一个有用的内插不等式

$$\begin{aligned} ab &\leqslant \frac{\varepsilon a^p}{p} + \frac{\varepsilon^{-q/p}b^q}{q} \\ &\leqslant \varepsilon a^p + \varepsilon^{-q/p}b^q. \end{aligned} \tag{7.6}$$

Hölder 不等式

$$\int_\Omega uv dx \leqslant \|u\|_p \|v\|_q; \tag{7.7}$$

此式对函数 $u \in L^p(\Omega), v \in L^q(\Omega), \dfrac{1}{p} + \dfrac{1}{q} = 1$ 成立, 并且是 Young 不等式的一个推论. 当 $p = q = 2$ 时, Hölder 不等式化为熟知的 Schwarz 不等式. 从 Hölder 不等式可推知表达式 (7.3) 在 $L^p(\Omega)$ 中定义一个范数. 下面提一下 Hölder 不等式的某些其他简单推论:

$$|\Omega|^{-1/p}\|u\|_p \leqslant |\Omega|^{-1/q}\|u\|_q, \quad u \in L^q(\Omega), p \leqslant q; \tag{7.8}$$

$$\|u\|_q \leqslant \|u\|_p^\lambda \|u\|_r^{1-\lambda}, \quad u \in L^r(\Omega), \tag{7.9}$$

其中 $p \leqslant q \leqslant r$ 且 $1/q = \lambda/p + (1-\lambda)/r$.

合并不等式 (7.6) 和 (7.9), 得到 L^p 范数的内插不等式, 即

$$\|u\|_q \leqslant \varepsilon\|u\|_r + \varepsilon^{-\mu}\|u\|_p, \tag{7.10}$$

其中

$$\mu = \left(\frac{1}{p} - \frac{1}{q}\right) \Big/ \left(\frac{1}{q} - \frac{1}{r}\right).$$

我们可能还要用 Hölder 不等式的一个推广, 即推广到 m 个函数 $u_1, \ldots, u_m$ 的情形, 这 m 个函数分别属于空间 $L^{p_1}, \ldots, L^{p_m}$, 其中

$$\frac{1}{p_1} + \cdots + \frac{1}{p_m} = 1.$$

用归纳的证法, 从 $m = 2$ 的情形开始, 能得到最后的不等式是

$$\int_\Omega u_1 \cdots u_m dx \leqslant \|u_1\|_{p_1} \cdots \|u_m\|_{p_m}. \tag{7.11}$$

把 L^p 范数看成 p 的函数去研究也是有意义的. 对于 $p > 0$, 记

$$\Phi_p(u) = \left(\frac{1}{|\Omega|}\int_\Omega |u|^p dx\right)^{1/p}, \tag{7.12}$$

由不等式 (7.8) 我们看到, 对固定的 u, Φ 对 p 非减, 而不等式 (7.9) 表明 Φ 关于 p^{-1} 是对数凸的. 请注意, 对于 $p \geqslant 1, \Phi_p(u) = |\Omega|^{-1/p}\|u\|_p$. 虽然泛函 Φ 对 $p < 1$ 不能将 L^p 范数推广成一个范数, 但为后面的目的, 它仍然是有用的 (见第 8 章).

在此, 我们还要指明 L^p 空间的某些已知的泛函分析性质 (例如看 Royden [RY]). 对于 $p < \infty$, 空间 $L^p(\Omega)$ 是可分的, 特别地, $C^0(\overline{\Omega})$ 是它的一个稠密子空间. 假如 $\dfrac{1}{p} + \dfrac{1}{q} = 1$ 且 $p < \infty, L^p(\Omega)$ 的对偶空间就与 $L^q(\Omega)$ 同构. 因此对于 $1 < p < \infty, L^p(\Omega)$ 是自反的. 我们常用 p' 表示 p 的 Hölder 共轭数 q. 最后, $L^2(\Omega)$ 在数量积

$$(u, v) = \int_\Omega uv dx$$

之下是一个 Hibert 空间.

7.2. 正则化和用光滑函数逼近

第 4 章中引进的空间 $C^{k,\alpha}(\Omega)$ 是局部空间. 我们用 $L^p_{\text{loc}}(\Omega)$ 表示在 Ω 上局部 p 次可积的可测函数组成的线性空间来定义 $L^p(\Omega)$ 空间的局部类似物. 虽然

它们不是赋范空间, 但 $L^p_{\mathrm{loc}}(\Omega)$ 空间是很容易拓扑化的. 即, 若一个序列 $\{u_m\}$ 对每个 $\Omega' \subset\subset \Omega$ 在 $L^p(\Omega')$ 中收敛到 u, 则说 $\{u_m\}$ 在 $L^p_{\mathrm{loc}}(\Omega)$ 的意义下收敛到 u.

令 ρ 是 $C^\infty(\mathbb{R}^n)$ 中的一个非负函数, 在单位球 $B_1(0)$ 之外为 0, 并且满足 $\int \rho dx = 1$. 这种函数常称为光滑化算子 (mollifier). 它的一个典型例子是由下式给出的函数 ρ:

$$\rho(x) = \begin{cases} c\exp\left(\dfrac{1}{|x|^2-1}\right), & |x| \leqslant 1, \\ 0, & |x| \geqslant 1, \end{cases}$$

其中 c 选得使 $\int \rho dx = 1$, 函数 ρ 的图像具有与铃相类似的样子. 然后, 对 $u \in L^1_{\mathrm{loc}}(\Omega)$ 和 $h > 0, u$ 的正则化 (用 u_h 表示) 由下面的卷积定义:

$$u_h(x) = h^{-n}\int_\Omega \rho\left(\frac{x-y}{h}\right)u(y)dy, \tag{7.13}$$

其中假定 $h < \mathrm{dist}\,(x, \partial\Omega)$. 显然, 如果 $h < \mathrm{dist}\,(\Omega', \partial\Omega)$, 则对任何 $\Omega' \subset\subset \Omega, u_h$ 属于 $C^\infty(\Omega')$. 而且, 如果 u 属于 $L^1(\Omega)$, 则对任意的 $h > 0, u_h$ 在 $C_0^\infty(\mathbb{R}^n)$ 中. 当 h 趋向于 0 时, 函数 $y \mapsto h^{-n}\rho((x-y)/h)$ 趋向于在点 x 的 Dirac delta 广义函数. 正则化的重要特性 (它是我们现在部分地要探究的) 是当 $h \to 0$ 时 u_h 趋向于 u 的意义. 粗糙地说, 结果是, 若 u 在一个局部空间中, 则 u_h 按这空间的自然拓扑逼近 u.

引理 7.1 设 $u \in C^0(\Omega)$. 则 u_h 在任一区域 $\Omega' \subset\subset \Omega$ 中一致收敛到 u.

证明 我们有

$$\begin{aligned} u_h(x) &= h^{-n}\int_{|x-y|\leqslant h} \rho\left(\frac{x-y}{h}\right)u(y)dy \\ &= \int_{|z|\leqslant 1} \rho(z)u(x-hz)dz\left(\text{令 } z = \frac{x-y}{h}\right); \end{aligned}$$

因此, 若 $\Omega' \subset\subset \Omega$ 且 $2h < \mathrm{dist}\,(\Omega', \partial\Omega)$, 则

$$\begin{aligned} \sup_{\Omega'} |u - u_h| &\leqslant \sup_{x\in\Omega'} \int_{|z|\leqslant 1} \rho(z)|u(x) - u(x-hz)|dz \\ &\leqslant \sup_{x\in\Omega'} \sup_{|z|\leqslant 1} |u(x) - u(x-hz)|. \end{aligned}$$

因为 u 在集合

$$B_h(\Omega') = \{x|\mathrm{dist}\,(x, \Omega') < h\}$$

上是一致连续的, 故 u_h 在 Ω' 上一致趋向于 u. □

在引理 7.1 中若 u 连续地在 $\partial\Omega$ 上变成 0, 则收敛可在整个 Ω 上一致. 更一般地, 若 $u \in C^0(\overline{\Omega})$, 我们可以定义 u 的一个扩张 $\widetilde{u}$, 使得在 Ω 中 $\widetilde{u} = u$, 且对某个 $\widetilde{\Omega} \supset\supset \Omega, \widetilde{u} \in C^0(\widetilde{\Omega})$. 于是 $\widetilde{u}_h$ ($\widetilde{u}$ 在 $\widetilde{\Omega}$ 上的正则化) 当 $h \to 0$ 时在 Ω 中一致收敛到 u.

正则化的过程也能用于逼近 Hölder 连续函数. 特别, 若 $u \in C^\alpha(\Omega), 0 \leqslant \alpha \leqslant 1$, 则

$$[u_h]_{\alpha;\Omega'} \leqslant [u]_{\alpha;\Omega''}, \tag{7.14}$$

其中 $\Omega'' = B_h(\Omega')$, 且可推出当 $h \to 0$ 时, 对于每个 $\alpha' < \alpha$ 和 $\Omega' \subset\subset \Omega$, 在 $C^{\alpha'}(\Omega')$ 的意义下 u_h 趋于 u. 于是, 运用引理 6.37 和下一节的引理 7.3, 我们能够对 $C^{k,\alpha}(\overline{\Omega})$ 函数推出逼近结果 (见 6.3 节).

现在转到 $L^p_{\text{loc}}(\Omega)$ 空间中的函数的逼近.

引理 7.2 设 $u \in L^p_{\text{loc}}(\Omega)(L^p(\Omega)), p < \infty$, 则 u_h 在 $L^p_{\text{loc}}(\Omega)(L^p(\Omega))$ 的意义下收敛到 u.

证明 利用 Hölder 不等式, 从 (7.13) 得到

$$|u_h(x)|^p \leqslant \int_{|z|\leqslant 1} \rho(z)|u(x-hz)|^p dz,$$

于是若 $\Omega' \subset\subset \Omega$ 且 $2h < \operatorname{dist}(\Omega', \partial\Omega)$, 则

$$\begin{aligned}\int_{\Omega'} |u_h|^p dx &\leqslant \int_{\Omega'} \int_{|z|\leqslant 1} \rho(z)|u(x-hz)|^p dz dx \\ &= \int_{|z|\leqslant 1} \rho(z) dz \int_{\Omega'} |u(x-hz)|^p dx \\ &\leqslant \int_{B_h(\Omega')} |u|^p dx,\end{aligned}$$

其中 $B_h(\Omega') = \{x | \operatorname{dist}(x, \Omega') < h\}$. 从而

$$\|u_h\|_{L^p(\Omega')} \leqslant \|u\|_{L^p(\Omega'')}, \quad \Omega'' = B_h(\Omega'). \tag{7.15}$$

现在根据基于引理 7.1 的逼近, 可以完成这个定理的证明. 选择 $\varepsilon > 0$ 以及一个 $C^0(\Omega)$ 函数 w, 满足

$$\|u - w\|_{L^p(\Omega'')} \leqslant \varepsilon,$$

其中 $\Omega'' = B_{h'}(\Omega')$ 且 $2h' < \operatorname{dist}(\Omega', \partial\Omega)$. 由引理 7.1, 对于充分小的 h, 我们有

$$\|w - w_h\|_{L^p(\Omega)} \leqslant \varepsilon.$$

把估计式 (7.15) 用于差 $u-w$, 于是对充分小的 $h \leqslant h'$ 得到

$$\begin{aligned}\|u-u_h\|_{L^p(\Omega')} &\leqslant \|u-w\|_{L^p(\Omega')}+\|w-w_h\|_{L^p(\Omega')}+\|u_h-w_h\|_{L^p(\Omega')}\\ &\leqslant 2\varepsilon+\|u-w\|_{L^p(\Omega'')}\leqslant 3\varepsilon.\end{aligned}$$

因此, 在 $L^p_{\mathrm{loc}}(\Omega)$ 中, u_h 收敛到 u. 然后, 对 $u\in L^p(\Omega)$ 的结果可以通过在 Ω 外将 u 延拓成 0, 并应用 $L^p_{\mathrm{loc}}(\mathbb{R}^n)$ 的结果来得到. □

7.3. 弱导数

设 u 在 Ω 中局部可积, α 是任一多重指标. 如果对所有的 $\varphi\in C_0^{|\alpha|}(\Omega)$, u 满足

$$\int_\Omega \varphi v dx=(-1)^{|\alpha|}\int_\Omega uD^\alpha\varphi dx, \tag{7.16}$$

那么我们就称局部可积函数 v 为 u 的第 α *次弱导数*. 记 $v=D^\alpha u$, 注意 $D^\alpha u$ 除零测集外是唯一确定的. 因此, 包含弱导数的逐点的关系式将理解为几乎处处成立. 如果一个函数的所有一阶弱导数均存在, 则说这函数*弱可微*, 如果它所有的直到 k 阶且包括 k 阶的弱导数都存在, 则说这函数 k *次弱可微*. 我们用 $W^k(\Omega)$ 表示由 k 次弱可微函数组成的线性空间. 显然 $C^k(\Omega)\subset W^k(\Omega)$. 因此, 弱导数的概念是古典概念的推广, 它保持了分部积分公式 (公式 (7.16)) 的有效性.

下面我们考虑弱可微函数的某些基本性质, 头一个引理叙述弱导数和光滑化算子的相互作用.

引理 7.3 *设 $u\in L^1_{\mathrm{loc}}(\Omega)$, α 是一个多重指标, 并假定 $D^\alpha u$ 存在. 那么, 如果 $\operatorname{dist}(x,\partial\Omega)>h$, 我们就有*

$$D^\alpha u_h(x)=(D^\alpha u)_h(x). \tag{7.17}$$

证明 在积分号下求微分, 我们得到

$$\begin{aligned}D^\alpha u_h(x)&=h^{-n}\int_\Omega D_x^\alpha\rho\left(\frac{x-y}{h}\right)u(y)dy\\ &=(-1)^{|\alpha|}h^{-n}\int_\Omega D_y^\alpha\rho\left(\frac{x-y}{h}\right)u(y)dy\\ &=h^{-n}\int_\Omega \rho\left(\frac{x-y}{h}\right)D^\alpha u(y)dy \quad \text{由 (7.16)}\\ &=(D^\alpha u)_h(x).\end{aligned}$$

□

现在, 从引理 7.1, 7.3 和定义 (7.16), 对弱导数可自动地推出一个基本的逼近定理, 其明显的证明留给读者.

定理 7.4 设 u 和 v 在 Ω 中局部可积, 则当且仅当存在一个 $C^\infty(\Omega)$ 函数序列 $\{u_m\}$ 在 $L^1_{\mathrm{loc}}(\Omega)$ 中收敛到 u 而 u_m 的导数 $D^\alpha u_m$ 在 $L^1_{\mathrm{loc}}(\Omega)$ 中收敛到 v 时, $v = D^\alpha u$.

像通常情形那样, 弱导数的这个等价的特征也可以用作弱导数的定义. 这时得出的这个导数, 常常称为强导数, 因此定理 7.4 建立了弱导数和强导数的等价性. 通过定理 7.4, 古典微积分中许多结果可以简单地用逼近的方法推广到弱导数. 特别, 我们有乘积公式

$$D(uv) = uDv + vDu; \tag{7.18}$$

上式对所有使得 $uv, uDv + vDu \in L^1_{\mathrm{loc}}(\Omega)$ 的 $u, v \in W^1(\Omega)$ 均成立 (见习题 7.4). 同样, 如果 ψ 映 Ω 到区域 $\widetilde{\Omega} \subset \mathbb{R}^n$ 上, $\psi \in C^1(\Omega), \psi^{-1} \in C^1(\widetilde{\Omega})$, 又若 $u \in W^1(\Omega), v = u \circ \psi^{-1}$, 则 $v \in W^1(\widetilde{\Omega})$, 并且通常的变量替换公式可用, 即

$$D_i u(x) = \frac{\partial y_j}{\partial x_i} D_{y_j} v(y) \tag{7.19}$$

对于几乎所有的 $x \in \Omega, y \in \widetilde{\Omega}, y = \psi(x)$ 成立 (见习题 7.5).

注意到下述事实是很重要的: 局部一致 Lipschitz 连续函数是弱可微的, 即 $C^{0,1}(\Omega) \subset W^1(\Omega)$. 因为一个 $C^{0,1}(\Omega)$ 中的函数在 Ω 中任何直线段上都是绝对连续的, 就推出了这个断言. 从而它的偏导数 (它几乎处处存在) 满足 (7.16), 因此几乎处处与弱导数一致. 通过正则化, 我们实际上可以证明一个函数是弱可微的当且仅当它等价于一个函数, 这函数在 Ω 中平行于坐标轴方向的直线段上绝对连续且其偏导数局部可积 (见习题 7.8). 本节和下节中讨论的弱微分法的基本性质均可由这个特征另行导出.

7.4. 链式法则

为完成弱微分法的基本计算, 现在考虑链式法则的一个简单类型.

引理 7.5 设 $f \in C^1(\mathbb{R}), f' \in L^\infty(\mathbb{R})$ 及 $u \in W^1(\Omega)$. 则复合函数 $f \circ u \in W^1(\Omega)$ 且 $D(f \circ u) = f'(u)Du$.

证明 设 $u_m \in C^1(\Omega), m = 1, 2, \ldots$, 又设 $\{u_m\}, \{Du_m\}$ 在 $L^1_{\mathrm{loc}}(\Omega)$ 中分别收敛到 u, Du. 于是对 $\Omega' \subset\subset \Omega$, 我们有

$$\int_{\Omega'} |f(u_m) - f(u)| dx \leqslant \sup |f'| \int_{\Omega'} |u_m - u| dx \to 0,$$
$$\text{当 } m \to \infty \text{ 时},$$

$$\int_{\Omega'}|f'(u_m)Du_m - f'(u)Du|dx \leqslant \sup|f'|\int_{\Omega'}|Du_m - Du|dx + \int_{\Omega'}|f'(u_m) - f'(u)||Du|dx.$$

$\{u_m\}$ 的一个子序列, 我们重新编号后仍记作 $\{u_m\}$, 必在 Ω' 上几乎处处收敛到 u. 因为 f' 连续, $\{f'(u_m)\}$ 也在 Ω' 上几乎处处收敛到 $f'(u)$. 因此由控制收敛定理, 最后的积分趋于 0. 从而序列 $\{f(u_m)\},\{f'(u_m)Du_m\}$ 分别趋于 $f(u), f'(u)Du$, 因此 $Df(u) = f'(u)Du$. □

函数 u 的正部和负部用下式定义:

$$u^+ = \max\{u, 0\}, \quad u^- = \min\{u, 0\}.$$

显然 $u = u^+ + u^-$ 及 $|u| = u^+ - u^-$. 从引理 7.5, 对这些函数可导出以下链式法则.

引理 7.6 设 $u \in W^1(\Omega)$; 则 $u^+, u^-, |u| \in W^1(\Omega)$ 且

$$Du^+ = \begin{cases} Du, & 若\ u > 0, \\ 0, & 若\ u \leqslant 0, \end{cases}$$
$$Du^- = \begin{cases} 0, & 若\ u \geqslant 0, \\ Du, & 若\ u < 0, \end{cases} \tag{7.20}$$
$$D|u| = \begin{cases} Du, & 若\ u > 0, \\ 0, & 若\ u = 0, \\ -Du, & 若\ u < 0. \end{cases}$$

证明 对 $\varepsilon > 0$, 定义

$$f_\varepsilon(u) = \begin{cases} (u^2 + \varepsilon^2)^{1/2} - \varepsilon, & 若\ u > 0, \\ 0, & 若\ u \leqslant 0. \end{cases}$$

于是应用引理 7.5, 对任何 $\varphi \in C_0^1(\Omega)$, 我们有

$$\int_\Omega f_\varepsilon(u)D\varphi dx = -\int_{u>0} \varphi \frac{uDu}{(u^2 + \varepsilon^2)^{1/2}} dx,$$

且当令 $\varepsilon \to 0$ 时, 我们便得到

$$\int_\Omega u^+ D\varphi dx = -\int_{u>0} \varphi Du dx,$$

所以 (7.20) 对 u^+ 已证明. 由于 $u^- = -(-u)^+$ 和 $|u| = u^+ - u^-$, 故其他结果均可得到. □

引理 7.7 设 $u \in W^1(\Omega)$. 则在 u 是常数的任一集合上几乎处处有 $Du = 0$.

证明 不失一般性, 我们可以取常数为 0. 定理的结论立刻可从 (7.20) 推出, 因为 $Du = Du^+ + Du^-$. □

我们称一个函数是分片光滑的, 如果它连续并有分片连续的一阶导数. 于是下面的链式法则推广了引理 7.5 和 7.6.

定理 7.8 设 f 是 $\mathbb{R}$ 上一个分片光滑的函数, $f' \in L^\infty(\mathbb{R})$. 那么, 如果 $u \in W^1(\Omega)$, 我们就有 $f \circ u \in W^1(\Omega)$. 而且, 设 L 表示 f 的角点的集合, 我们有

$$D(f \circ u) = \begin{cases} f'(u)Du, & 若\ u \notin L, \\ 0, & 若\ u \in L. \end{cases} \tag{7.21}$$

证明 通过归纳的论证方法, 把证明化为一个角点的情形. 不失一般性, 可取这角点在原点. 设 $f_1, f_2 \in C^1(\mathbb{R})$ 满足 $f_1', f_2' \in L^\infty(\mathbb{R})$, 对于 $u \geqslant 0, f_1(u) = f(u)$, 对于 $u \leqslant 0, f_2(u) = f(u)$. 则因 $f(u) = f_1(u^+) + f_2(u^-)$, 故这结论可用引理 7.5 和 7.6 推出. □

将引理 7.7 和定理 7.8 结合起来, 我们看到, 若 h 是 $\mathbb{R}$ 上的一个有限值函数, 对于 $u \notin L$, 满足 $h(u) = f'(u)$, 则 $Df(u) = h(u)Du$. 这种形式的链式法则可以推广到 Lipschitz 连续的 f 和满足 $h(u)Du \in L^1_{\text{loc}}(\Omega)$ 的 $u \in W^1(\Omega)$. 这个断言的证明需要比我们已用过的多得多的测度理论, 然而它是习题 7.8 中给出的弱可微函数的特征的一个直接推论.

7.5. $W^{k,p}$ 空间

$W^{k,p}(\Omega)$ 空间是 Banach 空间, 它们在某种意义上类似于 $C^{k,\alpha}(\overline{\Omega})$ 空间. 在 $W^{k,p}(\Omega)$ 空间中, 连续可微性被弱可微性代替, 而 Hölder 连续性被 p 次可积性代替. 对于 $p \geqslant 1$ 和非负整数 k, 我们设

$$W^{k,p}(\Omega) = \{u \in W^k(\Omega); D^\alpha u \in L^p(\Omega), \forall |\alpha| \leqslant k\}.$$

空间 $W^{k,p}(\Omega)$ 显然是线性的. 范数由下式引进:

$$\|u\|_{k,p;\Omega} = \|u\|_{W^{k,p}(\Omega)} = \left(\int_\Omega \sum_{|\alpha| \leqslant k} |D^\alpha u|^p dx\right)^{1/p}. \tag{7.22}$$

在无二义的情况下, 我们仍用 $\|u\|_{k,p}$ 来记 $\|u\|_{k,p;\Omega}$. 它的一个等价范数是

$$\|u\|_{W^{k,p}(\Omega)} = \sum_{|\alpha| \leqslant k} \|D^\alpha u\|_p. \tag{7.23}$$

验证 $W^{k,p}(\Omega)$ 在 (7.22) 下是 Banach 空间的工作留给读者 (习题 7.10).

另一类 Banach 空间 $W_0^{k,p}(\Omega)$ 通过在 $W^{k,p}(\Omega)$ 中取 $C_0^k(\Omega)$ 的闭包而得到. 对有界的 Ω, 空间 $W^{k,p}(\Omega)$ 和 $W_0^{k,p}(\Omega)$ 是不重合的. $p=2$ 的情形是特殊的, 因为空间 $W^{k,2}(\Omega), W_0^{k,2}(\Omega)$ (有时记作 $H^k(\Omega), H_0^k(\Omega)$) 在数量积

$$(u,v)_k = \int_\Omega \sum_{|\alpha|\leqslant k} D^\alpha u D^\alpha v dx \tag{7.24}$$

之下是 Hilbert 空间. $W^{k,p}(\Omega)$ 和 $W_0^{k,p}(\Omega)$ 的进一步的泛函分析性质可通过考虑它们在由 N_k 个 $L^p(\Omega)$ 构成的积空间中的自然嵌入而推出, 其中 N_k 是满足 $|\alpha|\leqslant k$ 的多重指标 α 的个数. 利用可分 (自反) Banach 空间的有限乘积和闭子空间仍是可分 (自反) 的这一事实 [DS], 我们因而得到空间 $W^{k,p}(\Omega), W_0^{k,p}(\Omega)$ 对 $1\leqslant p<\infty$ 是可分的, 对 $1<p<\infty$ 是自反的.

定理 7.8 的链式法则也可推广到空间 $W^{1,p}(\Omega)$ 和 $W_0^{1,p}(\Omega)$. 事实上, 作为定理 7.8 的一个推论, 和这些空间的定义, 我们立刻知道在定理 7.8 的叙述中 $W^1(\Omega)$ 可以用 $W^{1,p}(\Omega)$ 代替, 如果还有 $f(0)=0$, 则 $W^{1,p}(\Omega)$ 可用 $W_0^{1,p}(\Omega)$ 来代替.

局部空间 $W_{\mathrm{loc}}^{k,p}(\Omega)$ 可以定义为对所有的 $\Omega' \subset\subset \Omega$ 都属于 $W^{k,p}(\Omega')$ 的函数组成的空间. 定理 7.4 表明, $W_{\mathrm{loc}}^{k,p}(\Omega)$ 中具有紧支集的函数实际上属于 $W_0^{k,p}(\Omega)$. 而且, $W^{1,p}(\Omega)$ 中的在 $\partial\Omega$ 上连续地变为 0 的函数也属于 $W_0^{1,p}(\Omega)$, 这是因为它们能用具有紧支集的函数逼近.

在 $p=\infty$ 这种情形, Sobolev 空间和 Lipschitz 空间是相互关联的. 特别地, 对于任意区域 $W_{\mathrm{loc}}^{k,p}(\Omega)=C^{k-1,1}(\Omega)$, 而对于充分光滑的区域, 例如 Lipschitz 区域, $W^{k,\infty}(\Omega)=C^{k-1,1}(\overline{\Omega})$ (参见习题 7.7).

7.6. 稠密性定理

由引理 7.2 和 7.3 显然有, 若 u 属于 $W^{k,p}(\Omega)$, 则对所有满足 $|\alpha|\leqslant k$ 的多重指标 α, 当 h 趋于 0 时, 在 $L_{\mathrm{loc}}^p(\Omega)$ 的意义下 $D^\alpha u_h$ 趋于 $D^\alpha u$. 利用这一事实, 我们将导出一个全局的逼近结果.

定理 7.9 *子空间 $C^\infty(\Omega)\cap W^{k,p}(\Omega)$ 在 $W^{k,p}(\Omega)$ 中稠密.*

证明 设 $\Omega_j, j=1,2,\ldots$ 是被 Ω 严格包含的子区域, 满足 $\Omega_j\subset\subset\Omega_{j+1}$ 以及 $\bigcup\Omega_j=\Omega$, 并设 $\{\psi_j\}, j=0,1,2,\ldots$ 是一个从属于覆盖 $\{\Omega_{j+1}-\Omega_{j-1}\}$ 的单位分解 (见习题 6.8), Ω_0 和 Ω_{-1} 被规定为空集. 于是对任意的 $u\in W^{k,p}(\Omega)$ 和

$\varepsilon > 0$, 我们能选 $h_j, j = 1, 2, \ldots$, 满足

$$\begin{aligned} &h_j \leqslant \operatorname{dist}(\Omega_j, \partial\Omega_{j+1}), j \geqslant 1, \\ &\|(\psi_j u)_{h_j} - \psi_j u\|_{W^{k,p}(\Omega)} \leqslant \frac{\varepsilon}{2^j}. \end{aligned} \tag{7.25}$$

记 $v_j = (\psi_j u)_{h_j}$, 从 (7.25) 得到, 在任一给定的 $\Omega' \subset\subset \Omega$ 上, 只有有限个 v_j 不为 0, 从而函数 $v = \sum v_j$ 属于 $C^\infty(\Omega)$. 而且

$$\|u - v\|_{W^{k,p}(\Omega)} \leqslant \sum \|v_j - \psi_j u\|_{W^{k,p}(\Omega)} \leqslant \varepsilon. \qquad \square$$

定理 7.9 表明 $W^{k,p}(\Omega)$ 可以用 $C^\infty(\Omega)$ 在范数 (7.22) 之下的完备化来刻画. 在许多情形中这是一个方便的定义.

在任意 Ω 的情形, 在定理 7.9 中, 我们不能用 $C^\infty(\overline{\Omega})$ 来代替 $C^\infty(\Omega)$, 然而对于一大类区域 $\Omega, C^\infty(\overline{\Omega})$ 在 $W^{k,p}(\Omega)$ 中是稠密的, 比如说, 其中包括具有 Lipschitz 连续边界的区域. 更一般地, 若 Ω 满足线段条件 (即存在 $\partial\Omega$ 的一个局部有限开覆盖 $\{\mathscr{U}_i\}$ 和对应的向量 y^i, 使得对所有的 $x \in \overline{\Omega} \cap \mathscr{U}_i, t \in (0,1)$ 有 $x + ty^i \in \Omega$), 则 $C^\infty(\overline{\Omega})$ 就在 $W^{k,p}(\Omega)$ 中稠密 (见 [AD]).

7.7. 嵌入定理

在本节和下节中, 我们考虑弱可微函数的逐点性质和可积性质之间以及和它们的导数的可积性质之间的关系. 在这方面最简单的结果之一是一个变量的弱可微函数必定绝对连续. 在本节中我们对 $W_0^{1,p}(\Omega)$ 中的函数证明熟知的 Sobolev 不等式.

定理 7.10

$$W_0^{1,p}(\Omega) \subset \begin{cases} L^{np/(n-p)}(\Omega), & p < n, \\ C^0(\overline{\Omega}), & p > n. \end{cases}$$

而且, 存在一个常数 $C = C(n, p)$, 使得对任何 $u \in W_0^{1,p}(\Omega)$,

$$\begin{aligned} &\|u\|_{np/(n-p)} \leqslant C\|Du\|_p, & p < n, \\ &\sup_\Omega |u| \leqslant C|\Omega|^{1/n-1/p}\|Du\|_p, & p > n. \end{aligned} \tag{7.26}$$

证明 我们先对 $C_0^1(\Omega)$ 函数证明估计式 (7.26). 从 $p = 1$ 的情形开始. 显然, 对任何 $u \in C_0^1(\Omega)$ 和任何 $i, 1 \leqslant i \leqslant n$,

$$|u(x)| \leqslant \int_{-\infty}^{x_i} |D_i u| dx_i,$$

所以

$$|u(x)|^{n/(n-1)} \leqslant \left(\prod_{i=1}^{n}\int_{-\infty}^{\infty}|D_i u|dx_i\right)^{1/(n-1)}. \tag{7.27}$$

现在逐次将 (7.27) 对每个变量 $x_i, i=1,2,\ldots,n$ 求积分, 然后, 每次积分后应用 $m=p_1=\cdots=p_m=n-1$ 的推广的 Hölder 不等式 (7.11). 因而得到

$$\begin{aligned}\|u\|_{n/(n-1)} &\leqslant \left(\prod_{i=1}^{n}\int_{\Omega}|D_i u|dx\right)^{1/n} \\ &\leqslant \frac{1}{n}\int_{\Omega}\sum_{i=1}^{n}|D_i u|dx \\ &\leqslant \frac{1}{\sqrt{n}}\|Du\|_1.\end{aligned} \tag{7.28}$$

因而不等式 (7.26) 对 $p=1$ 的情形已证明. 剩下的情形现在可以通过在估计式 (7.28) 中用 $|u|$ 的幂代替 u 来得到. 用这种方法, 对于 $\gamma>1$, 由 Hölder 不等式得到

$$\begin{aligned}\||u|^{\gamma}\|_{n/(n-1)} &\leqslant \frac{\gamma}{\sqrt{n}}\int_{\Omega}|u|^{\gamma-1}|Du|dx \\ &\leqslant \frac{\gamma}{\sqrt{n}}\||u|^{\gamma-1}\|_{p'}\|Du\|_p.\end{aligned}$$

现在对 $p<n$, 我们可选 γ 满足

$$\frac{\gamma n}{n-1}=\frac{(\gamma-1)p}{p-1} \quad \text{即} \quad \gamma=\frac{(n-1)p}{n-p},$$

由此得到所需要的

$$\|u\|_{np/(n-p)} \leqslant \frac{\gamma}{\sqrt{n}}\|Du\|_p.$$

将下节的不等式 (7.34)$\left(\text{取 } q=\infty, \mu=\dfrac{1}{n}\right)$ 与 (7.37) 结合起来就立即得到 $p>n$ 的情形. 我们在这里插进一个基于 $p=1$ 情形的另外的证明.

对 $p>n$, 我们记

$$\widetilde{u}=\frac{\sqrt{n}|u|}{\|Du\|_p},$$

并且假定 $|\Omega|=1$. 于是得到

$$\|\widetilde{u}^{\gamma}\|_{n'} \leqslant \gamma\|\widetilde{u}^{\gamma-1}\|_{p'}, \quad n'=\frac{n}{n-1}, \quad p'=\frac{p}{p-1},$$

由此

$$\begin{aligned}\|\widetilde{u}\|_{\gamma n'} &\leqslant \gamma^{1/\gamma}\|\widetilde{u}\|_{p'(\gamma-1)}^{1-1/\gamma}\\ &\leqslant \gamma^{1/\gamma}\|\widetilde{u}\|_{\gamma p'}^{1-1/\gamma} \quad 因为 \quad |\Omega|=1.\end{aligned}$$

我们用 δ^ν $(\nu=1,2,\ldots)$ 去替代 γ, 其中

$$\delta=\frac{n'}{p'}>1,$$

于是得到

$$\|\widetilde{u}\|_{n'\delta^\nu} \leqslant \delta^{\nu\delta^{-\nu}}\|\widetilde{u}\|_{n'\delta^{\nu-1}}^{1-\delta^{-\nu}}, \quad \nu=1,2,\ldots.$$

从 $\nu=1$ 开始迭代 (反复用这不等式), 并且用 (7.28), 对任何 ν 便得到

$$\|\widetilde{u}\|_{\delta^\nu} \leqslant \delta^{\sum \nu\delta^{-\nu}} \equiv \chi.$$

由此根据习题 7.1, 当 $\nu\to\infty$ 时, 得到

$$\sup_\Omega \widetilde{u} \leqslant \chi,$$

所以

$$\sup_\Omega |u| \leqslant \frac{\chi}{\sqrt{n}}\|Du\|_p.$$

为去掉 $|\Omega|=1$ 的限制, 我们考虑变换: $y_i=|\Omega|^{1/n}x_i$. 因而得到所需要的

$$\sup_\Omega |u| \leqslant \frac{\chi}{\sqrt{n}}|\Omega|^{1/n-1/p}\|Du\|_p.$$

为了把估计式 (7.26) 推广到任意 $u\in W_0^{1,p}(\Omega)$, 我们设 $\{u_m\}$ 是一个 $C_0^1(\Omega)$ 函数的序列, 它们在 $W^{1,p}(\Omega)$ 中趋于 u. 应用估计式 (7.26) 到差 $u_{m_1}-u_{m_2}$ 上, 我们看到 $\{u_m\}$ 当 $p<n$ 时是 $L^{np/(n-p)}(\Omega)$ 中的一个 Cauchy 序列, 当 $p>n$ 时是 $C^0(\overline{\Omega})$ 中的 Cauchy 序列. 从而极限函数 u 属于它需要属于的空间且满足 (7.26). □

附注 当 $p<n$ 时满足 (7.26) 的最好的常数曾由 Rodemich 计算过, 见 [RO], 也可参看 [BL], [TA2], 他证明了

$$C=\frac{1}{n\sqrt{\pi}}\left(\frac{n!\Gamma(n/2)}{2\Gamma(n/p)\Gamma(n+1-n/p)}\right)^{1/n}\gamma^{1-1/p} \quad \left(\gamma=\frac{n(p-1)}{n-p}\right).$$

当 $p=1$ 时, 上面的数化成熟知的等周常数 $n^{-1}(\omega_n)^{-1/n}$.

我们说一个 Banach 空间 $\mathscr{B}_1$ 连续地嵌入一个 Banach 空间 $\mathscr{B}_2$ (记作: $\mathscr{B}_1 \to \mathscr{B}_2$), 如果存在一个有界、线性、一对一的映射: $\mathscr{B}_1 \to \mathscr{B}_2$. 因此, 定理 7.10 可以表示成: 若 $p < n$, 则 $W_0^{1,p}(\Omega) \to L^{np/(n-p)}(\Omega)$, 若 $p > n$, 则 $W_0^{1,p}(\Omega) \to C^0(\overline{\Omega})$. 重复定理 7.10 的结果 k 次, 我们可以将它推广到空间 $W_0^{k,p}(\Omega)$.

推论 7.11

$$W_0^{k,p}(\Omega) \begin{matrix} \nearrow L^{np/(n-kp)}(\Omega), & kp < n, \\ \searrow C^m(\overline{\Omega}), & 0 \leqslant m < k - \dfrac{n}{p}. \end{matrix}$$

第二种情形可由第一种情形连同定理 7.10 的 $p > n$ 的情形推出.

估计式 (7.26) 和它们对空间 $W_0^{k,p}(\Omega)$ 的推广还表明 $W_0^{k,p}(\Omega)$ 的一个与 (7.22) 等价的范数可以由下式定义:

$$\|u\|_{W_0^{k,p}(\Omega)} = \left(\int_\Omega \sum_{|\alpha|=k} |D^\alpha u|^p dx \right)^{1/p}. \tag{7.29}$$

一般说来, 在推论 7.11 中, $W_0^{k,p}(\Omega)$ 不能用 $W^{k,p}(\Omega)$ 来代替. 然而, 对一大类区域 Ω 还是可以做这种代替的. 其中包括, 比如说, 具有 Lipschitz 连续边界的区域 (见定理 7.26). 更一般地, 若 Ω 满足*一致内部锥条件* (即存在一个固定的锥 K_Ω, 使得每点 $x \in \partial\Omega$ 是一个与 K_Ω 全等的锥 $K_\Omega(x) \subset \overline{\Omega}$ 的顶点), 那么有嵌入

$$W^{k,p}(\Omega) \begin{matrix} \nearrow L^{np/(n-kp)}(\Omega), & kp < n, \\ \searrow C_B^m(\Omega), & 0 \leqslant m < k - \dfrac{n}{p}, \end{matrix} \tag{7.30}$$

其中 $C_B^m(\Omega) = \{u \in C^m(\Omega) | D^\alpha u \in L^\infty(\Omega), |\alpha| \leqslant m\}$.

7.8. 位势估计和嵌入定理

使用某种位势估计, 上节的嵌入结果可以另外导出并改善. 设 $\mu \in (0, 1]$, 并在 $L^1(\Omega)$ 上定义算子 V_μ:

$$(V_\mu f)(x) = \int_\Omega |x - y|^{n(\mu-1)} f(y) dy. \tag{7.31}$$

V_μ 实际上是有明确定义的, 并且把 $L^1(\Omega)$ 映到它自身中, 这一事实可以作为下面引理的一个附带推论而得到. 首先, 在 (7.31) 中令 $f \equiv 1$, 我们看到

$$V_\mu 1 \leqslant \mu^{-1} \omega_n^{1-\mu} |\Omega|^\mu. \tag{7.32}$$

因为, 选 $R>0$ 使得 $|\Omega|=|B_R(x)|=\omega_n R^n$, 那么

$$\begin{aligned}\int_\Omega |x-y|^{n(\mu-1)}dy &\leqslant \int_{B_R(x)} |x-y|^{n(\mu-1)}dy \\ &= \mu^{-1}\omega_n R^{n\mu} = \mu^{-1}\omega_n^{1-\mu}|\Omega|^\mu.\end{aligned}$$

引理 7.12 对任何满足

$$0 \leqslant \delta = \delta(p,q) = p^{-1}-q^{-1} < \mu, 1 \leqslant q \leqslant \infty \tag{7.33}$$

的 q, 算子 V_μ 连续地把 $L^p(\Omega)$ 映到 $L^q(\Omega)$ 中. 而且, 对任何 $f\in L^p(\Omega)$,

$$\|V_\mu f\|_q \leqslant \left(\frac{1-\delta}{\mu-\delta}\right)^{1-\delta} \omega_n^{1-\mu}|\Omega|^{\mu-\delta}\|f\|_p. \tag{7.34}$$

证明 选 $r\geqslant 1$ 使得

$$r^{-1} = 1+q^{-1}-p^{-1} = 1-\delta.$$

于是由它推出 $h(x-y)=|x-y|^{n(\mu-1)}\in L^r(\Omega)$, 且由 (7.32) 得到

$$\|h\|_r \leqslant \left(\frac{1-\delta}{\mu-\delta}\right)^{1-\delta} \omega_n^{1-\mu}|\Omega|^{\mu-\delta}.$$

现在, 修改有关 $\mathbb{R}^n$ 中卷积的 Young 不等式的通常证明, 可导得估计式 (7.34). 写出

$$h|f| = h^{r/q}h^{r(1-1/p)}|f|^{p/q}|f|^{p\delta},$$

我们可以用 Hölder 不等式 (7.11) 来估计

$$|V_\mu f(x)| \leqslant \left\{\int_\Omega h^r(x-y)|f(y)|^p dy\right\}^{1/q}\left\{\int_\Omega h^r(x-y)dy\right\}^{1-1/p}\cdot\left\{\int_\Omega |f(y)|^p dy\right\}^\delta,$$

所以

$$\begin{aligned}\|V_\mu f\|_q &\leqslant \sup_\Omega\left\{\int h^r(x-y)dy\right\}^{1/r}\|f\|_p \\ &\leqslant \left(\frac{1-\delta}{\mu-\delta}\right)^{1-\delta}\omega_n^{1-\mu}|\Omega|^{\mu-\delta}\|f\|_p.\end{aligned}$$

□

在此我们提一下引理 7.12 可以在下述意义下加强, 即假定 $p>1$ 和 $\delta\leqslant\mu$, 则 V_μ 连续地把 $L^p(\Omega)$ 映入 $L^q(\Omega)$ 中. 其证明需要 Hardy 和 Littlewood 的一个熟知的不等式 (见 [HL]). 然而, 对我们这里的目的来讲引理 7.12 已足够了. 注意当 $p>\mu^{-1}$ 时, V_μ 连续地把 $L^p(\Omega)$ 映入 $L^\infty(\Omega)$ 中. 现在我们考察中间情形 $p=\mu^{-1}$.

引理 7.13 设 $f \in L^p(\Omega)$ 且 $g = V_{1/p}f$. 则存在仅依赖于 n 和 p 的常数 c_1 和 c_2 使得

$$\int_\Omega \exp\left[\frac{g}{c_1\|f\|_p}\right]^{p'} dx \leqslant c_2|\Omega|, \quad p' = p/(p-1). \tag{7.35}$$

证明 从引理 7.12, 对任何 $q \geqslant p$ 得到

$$\|g\|_q \leqslant q^{1-1/p+1/q}\omega_n^{1-1/p}|\Omega|^{1/q}\|f\|_p,$$

于是

$$\int_\Omega |g|^q dx \leqslant q^{1+q/p'}\omega_n^{q/p'}|\Omega|\|f\|_p^q,$$

因此对 $q \geqslant p-1$,

$$\int_\Omega |g|^{p'q} dx \leqslant p'q(\omega_n p'q\|f\|_p^{p'})^q|\Omega|.$$

从而

$$\int_\Omega \sum_{N_0}^N \frac{1}{k!}\left(\frac{|g|}{c_1\|f\|_p}\right)^{p'k} dx$$

$$\leqslant p'|\Omega|\sum\left(\frac{p'\omega_n}{c_1^{p'}}\right)^k \frac{k^k}{(k-1)!}, \quad N_0 = [p].$$

假定 $c_1^{p'} > e\omega_n p'$, 这右边的级数就收敛. 因而由单调收敛定理和 (7.8) 可得所要的估计式 (7.35). □

下面的引理阐明弱导数和上述类型的位势之间的关系.

引理 7.14 设 $u \in W_0^{1,1}(\Omega)$, 则

$$u(x) = \frac{1}{n\omega_n}\int_\Omega \frac{(x_i - y_i)D_iu(y)}{|x-y|^n}dy \text{ 几乎处处于 } \Omega. \tag{7.36}$$

证明 假设 $u \in C_0^1(\Omega)$ 并在 Ω 外将 u 延拓为 0. 那么, 对任何满足 $|\omega| = 1$ 的 ω,

$$u(x) = -\int_0^\infty D_r u(x + r\omega)dr.$$

关于 ω 积分, 我们得

$$\begin{aligned} u(x) &= -\frac{1}{n\omega_n}\int_0^\infty\int_{|\omega|=1} D_r u(x+r\omega)drd\omega \\ &= \frac{1}{n\omega_n}\int_\Omega \frac{(x_i - y_i)D_iu(y)}{|x-y|^n}dy, \end{aligned}$$

而从引理 7.12 和 $C_0^1(\Omega)$ 在 $W_0^{1,1}(\Omega)$ 中稠密可推出 (7.36). □

注意, 用分部积分公式 (7.16), 对于 $C_0^2(\Omega)$ 函数的 Newton 位势表示式, 即式 (2.17), 可从公式 (7.36) 推出. 对 $u \in W_0^{1,1}(\Omega)$, 我们还得到

$$|u| \leqslant \frac{1}{n\omega_n} V_{1/n}|Du|. \tag{7.37}$$

将引理 7.12 和不等式 (7.37) 结合起来, 我们立即可得到嵌入 $W_0^{1,p}(\Omega) \to L^q(\Omega)$, 其中 $p^{-1} - q^{-1} < n^{-1}$. 这差不多就是定理 7.10 的结论. 实际上, 对本书的目的来讲, 这个较弱的说法已足够了. 但将引理 7.13 和 (7.37) 结合起来, 我们还可得到一个 $p = n$ 情形下的较强的结果, 它通过下面定理表达.

定理 7.15 设 $u \in W_0^{1,n}(\Omega)$. 则存在仅依赖于 n 的常数 c_1 和 c_2, 使得

$$\int_\Omega \exp\left(\frac{|u|}{c_1\|Du\|_n}\right)^{n/(n-1)} dx \leqslant c_2|\Omega|. \tag{7.38}$$

附注 估计式 (7.37) 容易推广到高阶弱导数, 于是对 $u \in W_0^{k,1}(\Omega)$ 得到

$$|u| \leqslant \frac{1}{(k-1)!n\omega_n} V_{k/n}|D^k u|, \tag{7.39}$$

而且利用引理 7.13, 我们有定理 7.15 的一个推广. 即存在仅依赖于 n 和 k 的常数 c_1 和 c_2, 使得如果 $u \in W_0^{k,p}(\Omega), n = kp$, 则

$$\int_\Omega \exp\left(\frac{|u|}{c_1\|D^k u\|_p}\right)^{p/(p-1)} dx \leqslant c_2|\Omega|. \tag{7.40}$$

$p > n$ 情形下的 Sobolev 嵌入定理可以通过下列引理来加强.

引理 7.16 设 Ω 是凸的, 且 $u \in W^{1,1}(\Omega)$, 则

$$|u(x) - u_S| \leqslant \frac{d^n}{n|S|}\int_\Omega |x-y|^{1-n}|Du(y)|dy \quad \text{几乎处处于 } \Omega, \tag{7.41}$$

其中 $u_S = \dfrac{1}{|S|}\displaystyle\int_S u dx$, $d = \Omega$ 的直径, S 是 Ω 的任意可测子集.

证明 按定理 7.9, 只要对 $u \in C^1(\Omega)$ 证明 (7.41) 就够了. 于是对 $x, y \in \Omega$, 我们有

$$u(x) - u(y) = -\int_0^{|x-y|} D_r u(x + r\omega)dr, \quad \omega = \frac{y-x}{|y-x|}.$$

在 S 上关于 y 积分, 我们得到

$$|S|(u(x) - u_S) = -\int_S dy \int_0^{|x-y|} D_r u(x + r\omega)dr.$$

记

$$V(x) = \begin{cases} |D_r u(x)|, & x \in \Omega, \\ 0, & x \notin \Omega, \end{cases}$$

这样我们有

$$\begin{aligned} |u(x) - u_S| &\leqslant \frac{1}{|S|} \int_{|x-y|<d} dy \int_0^\infty V(x + r\omega) dr \\ &= \frac{1}{|S|} \int_0^\infty \int_{|\omega|=1} \int_0^d V(x + r\omega) \rho^{n-1} d\rho d\omega dr \\ &= \frac{d^n}{n|S|} \int_0^\infty \int_{|\omega|=1} V(x + r\omega) d\omega dr \\ &= \frac{d^n}{n|S|} \int_\Omega |x - y|^{1-n} |D_r u(y)| dy. \end{aligned}$$

□

现在我们可以证明 Morrey 的嵌入定理.

定理 7.17 设 $u \in W_0^{1,p}(\Omega), p > n$. 则 $u \in C^\gamma(\overline{\Omega})$, 其中 $\gamma = 1 - n/p$. 而且, 对任何球 $B = B_R$,

$$\operatorname*{osc}_{\Omega \cap B_R} u \leqslant C R^\gamma \|Du\|_p, \tag{7.42}$$

其中 $C = C(n, p)$.

证明 将估计式 (7.41) 和 $S = \Omega = B, q = \infty, \mu = n^{-1}$ 时的 (7.34) 结合起来, 我们有

$$|u(x) - u_B| \leqslant C(n,p) R^\gamma \|Du\|_p \text{ 几乎处处于 } \Omega \cap B.$$

于是因为

$$\begin{aligned} |u(x) - u(y)| &\leqslant |u(x) - u_B| + |u(y) - u_B| \\ &\leqslant 2C(n,p) R^\gamma \|Du\|_p \text{ 几乎处处于 } \Omega \cap B, \end{aligned}$$

故可得定理的结果. □

结合定理 7.10 和 7.17, 对于 $u \in W_0^{1,p}(\Omega)$ 和 $p > n$ 我们有估计

$$|u|_{0,\gamma} \leqslant C[1 + (\operatorname{diam} \Omega)^\gamma] \|Du\|_p. \tag{7.43}$$

进而, 定理 7.10, 7.15, 7.17 的结果可以概括成下图:

$$W_0^{1,p}(\Omega) \begin{array}{ll} \nearrow L^{np/(n-p)}(\Omega), & p < n, \\ \to L^\varphi(\Omega), & \varphi = \exp(|t|^{n/(n-1)}) - 1, \quad p = n, \\ \searrow C^\lambda(\overline{\Omega}), & \lambda = 1 - \dfrac{n}{p}, \quad p > n, \end{array}$$

其中 $L^{\varphi}(\Omega)$ 表示带有上面定义的函数 φ 的 Orlicz 空间. ($L^{\varphi}(\Omega)$ 的更明确的定义见 [TR2].)

对于本书中许多先验估计的推导, 只要用被称为 Poincaré 不等式的 Sobolev 不等式的较弱形式就够了. 从引理 7.12 和 7.14, 对于 $u \in W_0^{1,p}(\Omega), 1 \leqslant p < \infty$, 我们有

$$\|u\|_p \leqslant \left(\frac{1}{\omega_n}|\Omega|\right)^{1/n} \|Du\|_p; \tag{7.44}$$

而从引理 7.12 和 7.16, 对于 $u \in W^{1,p}(\Omega)$ 和凸区域 Ω, 我们有

$$\|u - u_S\|_p \leqslant \left(\frac{\omega_n}{|S|}\right)^{1-1/n} d^n \|Du\|_p, \quad d = \operatorname{diam}\Omega. \tag{7.45}$$

7.9. Morrey 和 John-Nirenberg 估计

为了证明属于 Morrey 的 (定理 7.19) 以及属于 John 和 Nirenberg 的 (定理 7.21) 有用的嵌入结果, 我们现在着手考虑另一类空间上的位势算子 V_μ. 我们说可积函数 f 属于 $M^p(\Omega), 1 \leqslant p \leqslant \infty$, 如果存在常数 K, 使得对所有的球 B_R, 有

$$\int_{\Omega\cap B_R} |f|dx \leqslant KR^{n(1-1/p)}. \tag{7.46}$$

于是我们把满足 (7.46) 的常数 K 的下确界定义为范数 $\|f\|_{M^p(\Omega)}$. 易见 $L^p(\Omega) \subset M^p(\Omega), L^1(\Omega) = M^1(\Omega), L^\infty(\Omega) = M^\infty(\Omega)$. 我们不详细考虑算子 V_μ 在任意 $M^p(\Omega)$ 空间上的行为, 而限于考虑 $p \geqslant \mu^{-1}$ 的情形就够了.

引理 7.18 设 $f \in M^p(\Omega), \delta = p^{-1} < \mu$, 则

$$|V_\mu f(x)| \leqslant \frac{1-\delta}{\mu-\delta}(\operatorname{diam}\Omega)^{n(\mu-\delta)}\|f\|_{M^p(\Omega)} \quad \text{几乎处处于 } \Omega. \tag{7.47}$$

证明 在 Ω 外将 f 延拓为 0, 并记

$$\nu(\rho) = \int_{B_\rho(x)} |f(y)|dy.$$

于是

$$\begin{aligned}
|V_\mu f(x)| &\leqslant \int_\Omega \rho^{n(\mu-1)}|f(y)|dy, \quad \rho = |x-y| \\
&= \int_0^d \rho^{n(\mu-1)}\nu'(\rho)d\rho, \quad d = \operatorname{diam}\Omega \\
&= d^{n(\mu-1)}\nu(d) + n(1-\mu)\int_0^d \rho^{n(\mu-1)-1}\nu(\rho)d\rho \\
&\leqslant \frac{1-\delta}{\mu-\delta}d^{n(\mu-\delta)}K, \quad \text{由 (7.46)}.
\end{aligned}$$

□

现在下面的定理推广了定理 7.17.

定理 7.19 设 $u \in W^{1,1}(\Omega)$, 并假定存在正常数 K, α $(\alpha \leqslant 1)$, 使得对所有的球 $B_R \subset \Omega$, 有

$$\int_{B_R} |Du| dx \leqslant K R^{n-1+\alpha}, \tag{7.48}$$

则 $u \in C^{0,\alpha}(\Omega)$, 并且对任意球 $B_R \subset \Omega$,

$$\underset{B_R}{\operatorname{osc}}\, u \leqslant C K R^{\alpha}, \tag{7.49}$$

其中 $C = C(n, \alpha)$. 如果对某个区域 $\widetilde{\Omega} \subset \mathbb{R}^n, \Omega = \widetilde{\Omega} \cap \mathbb{R}^n_+ = \{x \in \widetilde{\Omega} | x_n > 0\}$ 以及 (7.48) 对所有的球 $B_R \subset \widetilde{\Omega}$ 均成立, 那么 $u \in C^{0,\alpha}(\overline{\Omega} \cap \widetilde{\Omega})$ 并且 (7.49) 对所有的球 $B_R \subset \widetilde{\Omega}$ 均成立.

将引理 7.16 $(S = \Omega)$ 和引理 7.18 结合起来就得到定理 7.19. 作为引理 7.18 的一个进一步的推论, 我们有

引理 7.20 设 $f \in M^p(\Omega)$ $(p > 1)$ 及 $g = V_\mu f, \mu = p^{-1}$. 则存在仅依赖于 n 和 p 的常数 c_1 和 c_2 使得

$$\int_\Omega \exp\left(\frac{g}{c_1 K}\right) dx \leqslant c_2 (\operatorname{diam} \Omega)^n, \tag{7.50}$$

其中 $K = \|f\|_{M^p(\Omega)}$.

证明 对任意 $q \geqslant 1$, 写

$$|x-y|^{n(\mu-1)} = |x-y|^{(\mu/q-1)n/q} |x-y|^{n(1-1/q)(\mu/q+\mu-1)},$$

由 Hölder 不等式我们有

$$|g(x)| \leqslant (V_{\mu/q}|f|)^{1/q} (V_{\mu+\mu/q}|f|)^{1-1/q}.$$

由引理 7.18,

$$\begin{aligned} V_{\mu+\mu/q}|f| &\leqslant \frac{(1-\mu)q}{\mu} d^{n/pq} K, \quad d = \operatorname{diam} \Omega \\ &\leqslant (p-1) q d^{n/pq} K. \end{aligned}$$

又由引理 7.12,

$$\begin{aligned} \int_\Omega V_{\mu/q}|f| dx &\leqslant pq \omega_n^{1-1/pq} |\Omega|^{1/pq} \|f\|_1 \\ &\leqslant pq \omega_n K d^{n(1-1/p+1/pq)}. \end{aligned}$$

因此

$$\int_\Omega |g|^q dx \leqslant p(p-1)^{q-1}\omega_n q^q d^n K^q$$
$$\leqslant p'\omega_n\{(p-1)qK\}^q d^n, \quad p' = p/(p-1).$$

从而

$$\int_\Omega \sum_{m=0}^N \frac{|g|^m}{m!(c_1K)^m} dx \leqslant p'\omega_n d^n \sum_{m=0}^N \left(\frac{p-1}{c_1}\right)^m \frac{m^m}{m!}$$
$$\leqslant c_2 d^n \quad 若\ (p-1)e < c_1.$$

令 $N \to \infty$, 于是就得到 (7.50). □

然后结合引理 7.16 和 7.20, 我们得到

定理 7.21 设 $u \in W^{1,1}(\Omega)$, 其中 Ω 是凸的, 并假定存在一个常数 K, 使得对所有的球 B_R,

$$\int_{\Omega\cap B_R} |Du| dx \leqslant KR^{n-1}. \tag{7.51}$$

则存在仅依赖于 n 的正常数 σ_0 和 C, 使得

$$\int_\Omega \exp\left(\frac{\sigma}{K}|u-u_\Omega|\right) dx \leqslant C(\operatorname{diam}\Omega)^n, \tag{7.52}$$

其中 $\sigma = \sigma_0|\Omega|(\operatorname{diam}\Omega)^{-n}$.

7.10. 紧性结果

设 $\mathscr{B}_1$ 是一个 Banach 空间, 它连续地嵌入一个 Banach 空间 $\mathscr{B}_2$. 如果嵌入算子 $I : \mathscr{B}_1 \to \mathscr{B}_2$ 是紧的, 即如果 $\mathscr{B}_1$ 中有界集的像在 $\mathscr{B}_2$ 中是准紧的, 则说 $\mathscr{B}_1$紧嵌入 $\mathscr{B}_2$. 现对空间 $W_0^{1,p}(\Omega)$ 证明 Kondrachov 紧性定理.

定理 7.22 (i) 若 $p < n$, 则对任何 $q < np/(n-p)$, 空间 $W_0^{1,p}(\Omega)$ 紧嵌入空间 $L^q(\Omega)$, (ii) 若 $p > n$, 则空间 $W_0^{1,p}(\Omega)$ 紧嵌入 $C^0(\overline{\Omega})$.

证明 部分 (ii) 是 Morrey 定理 (定理 7.17) 和关于等度连续函数族的 Arzela 定理的推论. 因此我们把注意力集中于部分 (i), 并且一开始对 $q = 1$ 的情形证明它. 设 A 是 $W_0^{1,p}(\Omega)$ 中的一个有界集. 不失一般性我们可以假定 $A \subset C_0^1(\Omega)$, 并设对所有的 $u \in A$, 有 $\|u\|_{1,p;\Omega} \leqslant 1$. 对 $h > 0$ 我们定义 $A_h = \{u_h | u \in A\}$, 其中 u_h 是 u 的正则化 (见公式 (7.13)). 于是推出集合 A_h 在 $L^1(\Omega)$ 中是准紧的. 因为若 $u \in A$, 我们有

$$|u_h(x)| \leqslant \int_{|z|\leqslant 1} \rho(z)|u(x-hz)| dz \leqslant h^{-n} \sup\rho \|u\|_1,$$

以及

$$|Du_h(x)| \leqslant h^{-1}\int_{|z|\leqslant 1}|D\rho(z)||u(x-hz)|dz \leqslant h^{-n-1}\sup|D\rho|\|u\|_1,$$

所以 A_h 是 $C^0(\overline{\Omega})$ 的一个有界、等度连续的子集, 因此由 Arzela 定理知 A_h 在 $C^0(\overline{\Omega})$ 中准紧, 由此在 $L^1(\Omega)$ 中也准紧. 其次, 我们对于 $u\in A$ 可以作估计

$$\begin{aligned}|u(x)-u_h(x)| &\leqslant \int_{|z|\leqslant 1}\rho(z)|u(x)-u(x-hz)|dz\\ &\leqslant \int_{|z|\leqslant 1}\rho(z)\int_0^{h|z|}|D_r u(x-r\omega)|drdz, \quad \omega=\frac{z}{|z|};\end{aligned}$$

因此对 x 积分我们得到

$$\int_\Omega |u(x)-u_h(x)|dx \leqslant h\int_\Omega |Du|dx \leqslant h|\Omega|^{1-1/p}.$$

由此 u_h 在 $L^1(\Omega)$ 中一致逼近于 u (相对于 A). 因为我们在上面已指出 A_h 在 $L^1(\Omega)$ 中对所有的 $h>0$ 是全有界的. 由这推出 A 在 $L^1(\Omega)$ 中也是全有界的, 因而是准紧的. 这样, $q=1$ 的情形就证完了. 为推广这结果到任意的 $q<np/(n-p)$, 我们用 (7.9) 估计

$$\begin{aligned}\|u\|_q &\leqslant \|u\|_1^\lambda\|u\|_{np/(n-p)}^{1-\lambda}, \quad \text{其中 } \lambda+(1-\lambda)\left(\frac{1}{p}-\frac{1}{n}\right)=\frac{1}{q}\\ &\leqslant \|u\|_1^\lambda(C\|Du\|_p)^{1-\lambda}, \quad \text{根据定理 7.10.}\end{aligned}$$

由此 $W_0^{1,p}(\Omega)$ 中的有界集对于 $q>1$ 必在 $L^q(\Omega)$ 中准紧, 定理得证. □

定理 7.22 的一个简单推广表明, 嵌入

$$W_0^{k,p}(\Omega)\begin{matrix}\nearrow L^q(\Omega), & kp<n, q<\dfrac{np}{n-kp},\\ \searrow C^m(\overline{\Omega}), & 0\leqslant m<k-\dfrac{n}{p}\end{matrix}$$

是紧的, 并且对某个 $\Omega, W_0^{k,p}(\Omega)$ 可以用 $W^{k,p}(\Omega)$ 来代替; 见定理 7.26, 问题 7.14.

7.11. 差商

在偏微分方程中, 函数的弱的或古典的可微性常可通过它们的差商的考察而推出来. 设 u 是 $\mathbb{R}^n$ 中区域 Ω 上的一个函数, e_i 表示在 x_i 方向的单位坐标向量. 与第 6 章中一样, 我们用下式定义方向 e_i 上的差商:

$$\Delta^h u(x)=\Delta_i^h u(x)=\frac{u(x+he_i)-u(x)}{h}, \quad h\neq 0. \tag{7.53}$$

下面的基本引理是关于 Sobolev 空间中函数的差商的.

引理 7.23　设 $u \in W^{1,p}(\Omega)$, 则对任何满足 $h < \operatorname{dist}(\Omega', \partial\Omega)$ 的 $\Omega' \subset\subset \Omega$, 有 $\Delta^h u \in L^p(\Omega')$, 而且

$$\|\Delta^h u\|_{L^p(\Omega')} \leqslant \|D_i u\|_{L^p(\Omega)}.$$

证明　我们一开始假定 $u \in C^1(\Omega) \cap W^{1,p}(\Omega)$. 那么

$$\begin{aligned}\Delta^h u(x) &= \frac{u(x+he_i)-u(x)}{h} \\ &= \frac{1}{h}\int_0^h D_i u(x_1,\ldots,x_{i-1},x_i+\xi,x_{i+1},\ldots,x_n)d\xi,\end{aligned}$$

于是由 Hölder 不等式,

$$|\Delta^h u(x)|^p \leqslant \frac{1}{h}\int_0^h |D_i u(x_1,\ldots,x_{i-1},x_i+\xi,x_{i+1},\ldots,x_n)|^p d\xi,$$

因此

$$\int_\Omega |\Delta^h u|^p dx \leqslant \frac{1}{h}\int_0^h \int_{B_h(\Omega')} |D_i u|^p dx d\xi \leqslant \int_\Omega |D_i u|^p dx.$$

通过用定理 7.9 的一个简单的逼近证法, 就可推广到 $W^{1,p}(\Omega)$ 中的任意函数. □

引理 7.24　设 $u \in L^p(\Omega), 1 < p < \infty$, 并假定存在一个常数 K, 使得对所有的 $h > 0$ 和满足 $h < \operatorname{dist}(\Omega', \partial\Omega)$ 的 $\Omega' \subset\subset \Omega$, 有 $\Delta^h u \in L^p(\Omega')$ 及 $\|\Delta^h u\|_{L^p(\Omega')} \leqslant K$. 则弱导数 $D_i u$ 存在并满足 $\|D_i u\|_{L^p(\Omega)} \leqslant K$.

证明　由 $L^p(\Omega')$ 中的有界集的弱紧性 (习题 5.4) 知, 存在一个趋向于 0 的序列 $\{h_m\}$ 和一个适合 $\|v\|_p \leqslant K$ 的函数 $v \in L^p(\Omega)$, 对所有的 $\varphi \in C_0^1(\Omega)$ 满足

$$\int_\Omega \varphi \Delta^{h_m} u dx \to \int_\Omega \varphi v dx,$$

这时对 $h_m < \operatorname{dist}(\operatorname{supp}\varphi, \partial\Omega)$ 我们有

$$\int_\Omega \varphi \Delta^{h_m} u dx = -\int_\Omega u \Delta^{-h_m}\varphi dx \to -\int_\Omega u D_i \varphi dx.$$

因此

$$\int_\Omega \varphi v dx = -\int_\Omega u D_i \varphi dx,$$

故得 $v = D_i u$. □

7.12. 延拓和内插

在关于区域 Ω 的一些假设之下, Sobolev 空间 $W^{k,p}(\Omega)$ 中的函数可以被延拓为 $W^{k,p}(\mathbb{R}^n)$ 中的函数. 我们用类似于引理 6.37 的一个基本延拓结果开始这一节, 该结果既用于改进前述的嵌入结果, 也用于建立 Sobolev 空间范数的内插不等式.

定理 7.25 设 Ω 是 $\mathbb{R}^n$ 内的 $C^{k-1,1}$ 区域, $k \geqslant 1$. 则 (i) $C^\infty(\overline{\Omega})$ 在 $W^{k,p}(\Omega)$ $(1 \leqslant p < \infty)$ 内是稠密的, 并且 (ii) 对于任何开集 $\Omega' \supset\supset \Omega$, 存在一个从 $W^{k,p}(\Omega)$ 到 $W_0^{k,p}(\Omega')$ 内的有界线性延拓算子 E, 使得在 Ω 内 $Eu = u$, 并且对于所有 $u \in W^{k,p}(\Omega)$,

$$\|Eu\|_{k,p;\Omega'} \leqslant C\|u\|_{k,p;\Omega}, \tag{7.54}$$

其中 $C = C(k, \Omega, \Omega')$.

证明 我们注意到根据引理 6.37 和引理 7.4 断言 (i) 和 (ii) 是等价的. 让我们首先考虑对于半空间 $\mathbb{R}^n_+ = \{x \in \mathbb{R}^n | x_n > 0\}$ 的稠密性结果 (i). 在这一情形, 容易指出 u 的由

$$\begin{aligned} v_h(x) &= u_h(x + 2he_n) \\ &= h^{-n}\int_{y_n>0} u(y)\rho\left(\frac{x+2he_n-y}{h}\right)dy, \quad h > 0 \end{aligned} \tag{7.55}$$

给定的平移光滑化当 $h \to 0$ 时在 $W^{k,p}(\mathbb{R}^n_+)$ 中收敛到 u. 因此 u 到 $\mathbb{R}^n$ 的延拓 E_0u 可以由引理 6.37 证明中的公式来定义, 即

$$E_0u(x) = \begin{cases} u(x), & \text{若 } x_n > 0, \\ \displaystyle\sum_{i=1}^k c_i u(x', -x_n/i), & \text{若 } x_n < 0, \end{cases} \tag{7.56}$$

其中 $c_1, \ldots, c_k$ 是由以下方程组确定的常数:

$$\sum_{i=1}^k c_i(-1/i)^m = 1, \quad m = 0, \ldots, k-1.$$

如果 $u \in C^\infty(\mathbb{R}^n_+) \cap W^{k,p}(\mathbb{R}^n_+)$, 则可推知 $E_0u \in C^{k-1,1}(\mathbb{R}^n) \cap W^{k,p}(\mathbb{R}^n)$, 并且有

$$\|E_0u\|_{k,p;\mathbb{R}^n} \leqslant C\|u\|_{k,p;\mathbb{R}^n_+}, \tag{7.57}$$

其中 $C = C(k)$. 因此通过逼近我们得到 E_0 映射 $W^{k,p}(\mathbb{R}^n_+)$ 到 $W^{k,p}(\mathbb{R}^n)$, 并且对于所有 $u \in W^{k,p}(\mathbb{R}^n_+)$ 估计 (7.57) 满足.

处理了半空间情形, 现在假定 Ω 是 $\mathbb{R}^n$ 中的一个 $C^{k-1,1}$ 区域. 根据 6.2 节的定义, 存在有限个开集 $\Omega_j \subset \Omega', j = 1, \ldots, N$, 它们覆盖 $\partial\Omega$, 还存在 Ω_j 到 $\mathbb{R}^n$ 中的单位球 $B = B_1(0)$ 上的对应的映射 ψ_j, 使得

(i) $\psi_j(\Omega_j \cap \Omega) = B^+ = B \cap \mathbb{R}^n_+$;

(ii) $\psi_j(\Omega_j \cap \partial\Omega) = B \cap \partial\mathbb{R}^n_+$;

(iii) $\psi_j \in C^{k-1,1}(\Omega_j), \quad \psi_j^{-1} \in C^{k-1,1}(B)$.

我们设 $\Omega_0 \subset\subset \Omega$ 是 Ω 的一个子区域, 使得 $\{\Omega_j\}, j = 0, \ldots, N$ 是 Ω 的一个有限覆盖, 再设 $\eta_j, j = 0, \ldots, N$ 是从属于这个覆盖的单位分解. 那么 $(\eta_j u) \circ \psi_j^{-1} \in W^{k,p}(\mathbb{R}^n_+)$ (习题 7.5), 并且因此 $E_0[(\eta_j u) \circ \psi_j^{-1}] \in W^{k,p}(\mathbb{R}^n)$, 随之有 $E_0[(\eta_j u) \circ \psi_j^{-1}] \circ \psi_j \in W_0^{k,p}(\Omega_j), j = 1, \ldots, N$, 因为 $\operatorname{supp} \eta_j \subset \Omega_j$, 则由

$$Eu = u\eta_0 + \sum_{j=1}^{N} E_0[(\eta_j u) \circ \psi_j^{-1}] \circ \psi_j \tag{7.58}$$

对于 $u \in W^{k,p}(\Omega)$ 定义映射 E 满足 $Eu \in W_0^{k,p}(\Omega')$, 在 Ω 内 $Eu = u$, 并且

$$\|Eu\|_{k,p;\Omega'} \leqslant C\|u\|_{k,p;\Omega},$$

其中 $C = C(k, N, \psi_j, \eta_j) = C(k, \Omega, \Omega')$. 此外还有当在 $h \to 0$ 时在 $W^{k,p}(\Omega)$ 中 $(Eu)_h \to u$. □

组合定理 7.25 中的情形 $k = 1$ 和前面的定理 7.10, 7.12 和 7.22 的嵌入结果, 我们得到对于 Lipschitz 区域 Ω 上的 Sobolev 空间 $W^{1,p}(\Omega)$ 的嵌入结果. 反复利用这些结果我们就得到对于 $W^{k,p}(\Omega)$ 的下列一般嵌入定理.

定理 7.26 设 Ω 是 $\mathbb{R}^n$ 内的 $C^{0,1}$ 区域, 那么

(i) 如果 $kp < n$, 则空间 $W^{k,p}(\Omega)$ 连续嵌入到 $L^{p^*}(\Omega)$ 内, $p^* = np/(n - kp)$, 并且对于任何 $q < p^*$, $W^{k,p}(\Omega)$ 紧嵌入到 $L^q(\Omega)$ 内;

(ii) 如果 $0 \leqslant m < k - \dfrac{n}{p} < m+1$, 则空间 $W^{k,p}(\Omega)$ 连续嵌入到 $C^{m,\alpha}(\overline{\Omega})$ ($\alpha = k - n/p - m$) 内, 并且对于任何 $\beta < \alpha$, $W^{k,p}(\Omega)$ 紧嵌入到 $C^{m,\beta}(\overline{\Omega})$ 内.

现在让我们转到插值不等式, 我们首先处理空间 $W_0^{k,p}(\Omega)$.

定理 7.27 设 $u \in W_0^{k,p}(\Omega)$. 则对于任何 $\varepsilon > 0, 0 < |\beta| < k$, 有

$$\|D^\beta u\|_{p;\Omega} \leqslant \varepsilon\|u\|_{k,p;\Omega} + C\varepsilon^{|\beta|/(|\beta|-k)}\|u\|_{p;\Omega}, \tag{7.59}$$

其中 $C = C(k)$.

证明 我们对于情形 $|\beta| = 1, k = 2$ 建立 (7.59), 在第 9 章需要这个结果. 适当的归纳推理推导出所陈述的对于任意 β, k 的一般结果.

首先假定 $u \in C_0^2(\mathbb{R})$, 并且考虑长度为 $b-a=\varepsilon$ 的区间 (a,b). 对于 $x' \in (a,a+\varepsilon/3)$, $x'' \in (b-\varepsilon/3,b)$, 根据中值定理, 对于某个 $\overline{x} \in (a,b)$ 我们有

$$\begin{aligned}|u'(\overline{x})| &= \left|\frac{u(x')-u(x'')}{x'-x''}\right| \\ &\leqslant \frac{3}{\varepsilon}(|u(x')|+|u(x'')|).\end{aligned}$$

由此对于任意 $x \in (a,b)$ 有

$$|u'(x)| \leqslant \frac{3}{\varepsilon}(|u(x')|+|u(x'')|)+\int_a^b |u''|.$$

对于 x' 和 x'' 分别在区间 $(a,a+\varepsilon/3),(b-\varepsilon/3,b)$ 上积分得

$$|u'(x)| \leqslant \int_a^b |u''| + \frac{18}{\varepsilon^2}\int_a^b |u|,$$

由 Hölder 不等式得

$$|u'(x)|^p \leqslant 2^{p-1}\left\{\varepsilon^{p-1}\int_a^b |u''|^p + \frac{(18)^p}{\varepsilon^{p+1}}\int_a^b |u|^p\right\}.$$

因此, 在 (a,b) 上对于 x 积分得

$$\int_a^b |u'(x)|^p \leqslant 2^{p-1}\left\{\varepsilon^p\int_a^b |u''|^p + \left(\frac{18}{\varepsilon}\right)^p\int_a^b |u|^p\right\}.$$

如果把 $\mathbb{R}$ 分割为长度为 ε 的区间, 再把所有这类不等式相加则得

$$\int |u'|^p \leqslant 2^{p-1}\left\{\varepsilon^p\int |u''|^p + \left(\frac{18}{\varepsilon}\right)^p\int |u|^p\right\}, \tag{7.60}$$

这就是一维情形的结果. 为了推广到高维, 我们固定 $i, 1 \leqslant i \leqslant n$, 并且把 (7.60) 应用到仅看作 x_i 的函数 $u \in C_0^2(\Omega)$. 再逐次对其余变量积分即得

$$\int |D_i u|^p \leqslant 2^{p-1}\left\{\varepsilon^p\int |D_{ii}u|^p + \left(\frac{18}{\varepsilon}\right)^p\int |u|^p\right\},$$

于是对于 $C=36$ 有

$$\|D_i u\|_p \leqslant \varepsilon\|D_{ii}u\|_p + \frac{C}{\varepsilon}\|u\|_p. \qquad \square$$

组合定理 7.25 和 7.27, 我们就得到对于 Sobolev 空间 $W^{k,p}(\Omega)$ 的内插不等式.

定理 7.28　设 Ω 是 $\mathbb{R}^n$ 内的 $C^{1,1}$ 区域, 并且 $u \in W^{k,p}(\Omega)$. 则对于任意 $\varepsilon > 0, 0 < |\beta| < k$,

$$\|D^\beta u\|_{p;\Omega} \leqslant \varepsilon \|u\|_{k,p;\Omega} + C\varepsilon^{|\beta|/(|\beta|-k)} \|u\|_{p;\Omega}, \tag{7.61}$$

其中 $C = C(k, \Omega)$.

内插不等式的其他推导在习题 2.15, 7.18 和 7.19 中处理. 定理 7.25, 7.26 和 7.28 中的稠密性、延拓、嵌入和内插结果在关于区域 Ω 的更少限制的条件下全是成立的 (参见 [AD]).

评注

与 Sobolev 空间有关的材料读者可参阅书 [AD], [FR], [MY5] 和 [NE]. 我们按照习惯把这章中的空间叫作 Sobolev 空间, 虽然各种弱可微函数空间的概念在 Sobolev 的工作 [SO1] 之前就已有人用过 (关于这点可参看 [MY1] 和 [MY5]). 光滑化或正则化的方法出现在 Friedrich 的工作中 [FD1]. 稠密性定理 (定理 7.9) 是属于 Meyers 和 Serrin 的 [MS2]. Sobolev 不等式 (定理 7.10) 本质上是 Sobolev 证明的 [SO1, 2]; 对 $p < n$ 的情形, 我们采用了 Nirenberg 的证明 [NI3]. Hölder 估计 (定理 7.17 和 7.19) 是由 Morrey 导出的 [MY1]. 定理 7.21 是属于 John 和 Nirenberg 的 [JN]; 我们的证明取自 [TR2], 该文中也有定理 7.15 中的估计. 紧致性结果 (定理 7.22), $p = 2$ 的情形是属于 Rellich 的 [RE], 一般情形是属于 Kondrachov 的 [KN].

习题

7.1. 设 Ω 是 $\mathbb{R}^n$ 中的一个有界区域. 如果 u 是 Ω 上的一个可测函数使得对某些 $p \in \mathbb{R}, |u|^p \in L^1(\Omega)$, 我们定义

$$\Phi_p(u) = \left[\frac{1}{|\Omega|}\int_\Omega |u|^p dx\right]^{1/p}.$$

证明: (i) $\lim\limits_{p\to\infty} \Phi_p(u) = \sup\limits_\Omega |u|$;

(ii) $\lim\limits_{p\to-\infty} \Phi_p(u) = \inf\limits_\Omega |u|$;

(iii) $\lim\limits_{p\to 0} \Phi_p(u) = \exp\left[\frac{1}{|\Omega|}\int_\Omega \log|u| dx\right]$.

7.2. 证明一个函数 u 在区域 Ω 中是弱可微的当且仅当它在 Ω 中每点的一个邻域中是弱可微的.

7.3. 设 α, β 是多重指标, u 是区域 Ω 上一个局部可积函数. 证明: 假如弱导数 $D^{\alpha+\beta}u$, $D^\alpha(D^\beta u)$, $D^\beta(D^\alpha u)$ 之一存在, 则它们全都存在并且在 Ω 上几乎处处相等.

7.4. 导出乘积公式 (7.18). (提示: 首先考虑 $u \in W^1(\Omega), v \in C^1(\Omega)$ 的情形.)

7.5. 导出公式 (7.19), 并且证明如果我们仅假设 $\psi \in C^{0,1}(\Omega)$, $\psi^{-1} \in C^{0,1}(\widetilde{\Omega})$, 公式仍然成立.

7.6. 设 Ω 是 $\mathbb{R}^n$ 中一个包含原点的区域. 证明: 假如 $k + \alpha < n$, 则由 $\gamma(x) = |x|^{-\alpha}$ 给出的函数 γ 属于 $W^k(\Omega)$.

7.7. 设 Ω 是 $\mathbb{R}^n$ 中一个区域. 证明函数 $u \in C^{0,1}(\Omega)$ 当且仅当 u 是具有局部有界弱导数的弱可微函数.

7.8. 设 Ω 是 $\mathbb{R}^n$ 中一个区域. 证明函数 u 在 Ω 中弱可微当且仅当它等价于一个函数 $\overline{u}, \overline{u}$ 在 Ω 中几乎所有的平行于坐标轴的线段上绝对连续, 且其偏导数 (可推出它在 Ω 中几乎处处存在) 在 Ω 中局部可积 (见 [MY5], p. 66). 从这个特性导出弱微分法的乘积公式和链式法则.

7.9. 证明范数 (7.22) 和 (7.23) 是 $W^{k,p}(\Omega)$ 上的等价范数.

7.10. 证明空间 $W^{k,p}(\Omega)$ 在范数 (7.22) 或 (7.23) 之下是完备的.

7.11. 设 Ω 是一个域, 其边界可以被局部地表示为 Lipschitz 连续函数的图. 证明对于 $1 \leqslant p < \infty, k \geqslant 1, C^\infty(\overline{\Omega})$ 在 $W^{k,p}(\Omega)$ 中是稠密的, 并将这个结果与定理 7.25 的稠密性结果相比较.

7.12. 设 Ω 是一个 $C^{0,1}$ 域. 对于任何函数 $u \in W^{1,p}(\Omega)$ 和 $1 \leqslant p < n$, 利用基于定理 7.26 的紧性结果的归谬推理推导出 Sobolev-Poincaré 不等式

$$\|u - u_\Omega\|_{np/(n-p);\Omega} \leqslant C\|Du\|_{p;\Omega}$$

(C 不依赖 u).

7.13. 从定理 7.19 推出对应的全局性的结果. 即设 $u \in W^1(\Omega), \partial\Omega \in C^{0,1}$, 并假设存在正常数 K, α ($\alpha < 1$), 使得对所有的球 $B_R \subset \mathbb{R}^n$, 有

$$\int_{B_R} |Du| dx \leqslant KR^{n-1+\alpha}.$$

则 $u \in C^{0,\alpha}(\overline{\Omega})$ 及

$$[u]_{\alpha;\Omega} \leqslant CK,$$

其中 $C = C(n, \alpha, \Omega)$.

7.14. 设 Ω 是一个有界区域, 使得嵌入

$$W^{1,p}(\Omega) \to L^{p^*}(\Omega), \quad 1 \leqslant p < \infty$$

成立. 试证明嵌入

$$W^{1,p}(\Omega) \to L^q(\Omega)$$

对任何 $q < p^*$ 是紧的.

7.15. 设 Ω 是 $\mathbb{R}^n$ 中一个区域. $u \in L^1(\Omega)$ 的全变差由下式定义:

$$\int_\Omega |Du| = \sup\left\{\int_\Omega u\operatorname{div}\mathbf{v} | \mathbf{v} \in C_0^1(\Omega), \quad |\mathbf{v}| \leqslant 1\right\}.$$

试证明有限全变差函数空间 $BV(\Omega)$ 在范数

$$\|u\|_{BV(\Omega)} = \|u\|_1 + \int_\Omega |Du|$$

之下是一个 Banach 空间, 并且 $W^{1,1}(\Omega)$ 是它的一个闭子空间.

7.16. 设 $u \in BV(\Omega)$. 试通过将 u 正则化和适当修改定理 7.9 的证明来证明存在序列 $\{u_m\} \subset C^\infty(\Omega) \cap W^{1,1}(\Omega)$, 使得在 $L^1(\Omega)$ 中 $u_m \to u$, 并且

$$\int_\Omega |Du_m| \to \int_\Omega |Du|.$$

7.17. 设 Ω 是一个有界区域, 使 Sobolev 嵌入

$$W^{1,1}(\Omega) \to L^{n/(n-1)}(\Omega)$$

成立. 试证明也有

$$BV(\Omega) \to L^{n/(n-1)}(\Omega),$$

而且嵌入

$$BV(\Omega) \to L^q(\Omega)$$

对任何 $q < n/(n-1)$ 是紧的.

7.18. 用 Green 第一等式 (2.10) 推导出定理 7.27 当 $p \geqslant 2$ 时的情形 (参见习题 2.15).

7.19. 设 Ω 是一个 $C^{0,1}$ 区域. 利用基于定理 7.26 的紧性结果的归谬推理推导出内插不等式 (7.61) 的较弱形式

$$\|D^\beta u\|_{p;\Omega} \leqslant \varepsilon\|u\|_{k,p;\Omega} + C_\varepsilon\|u\|_{p;\Omega}$$

(C_ε 不依赖 u).

7.20. 利用正则化, 证明 Laplace 方程的 (在习题 2.8 意义下的) 局部可积解是光滑的, 并且由此推导出第 4 章对于 Poisson 方程的这样的解的内部估计成立.

7.21. 利用 Morrey 不等式 (7.42), 证明 Sobolev 空间 $W^{k,p}(\Omega)$ $(p > n)$ 中的函数在 Ω 内是几乎处处古典可微的.

第 8 章 广义解和正则性

本章在对系数作比较弱的光滑性假定之下讨论主部为散度形式的线性椭圆型算子. 我们考虑具有下列形式的算子 L

$$Lu = D_i(a^{ij}(x)D_ju + b^i(x)u) + c^i(x)D_iu + d(x)u, \tag{8.1}$$

假定它的系数 $a^{ij}, b^i, c^i, d(i, j = 1, \ldots, n)$ 是区域 $\Omega \subset \mathbb{R}^n$ 上的可测函数. 一个具有一般形式 (3.1) 的算子 L, 如果它的主系数 a^{ij} 是可微的, 就可以写成 (8.1) 的形式. 于是这里展开的 Hilbert 空间方法可以看成给第 6 章提供了另一种存在性理论. 另一方面, 若在 (8.1) 中, 系数 a^{ij} 和 b^i 是可微的而函数 $u \in C^2(\Omega)$, 则 L 可以写成一般形式 (3.1), 因而第 6 章的理论可以应用于它. 然而散度形式有下述优点, 即算子 L 可以对于比 $C^2(\Omega)$ 更广泛的一些函数类有定义. 确实, 若我们假定函数 u 仅仅是弱可微的, 并且假定函数 $a^{ij}D_ju + b^iu, c^iD_iu + du, i = 1, \ldots, n$ 是局部可积的, 如果对于所有非负函数 $v \in C_0^1(\Omega)$, 有

$$\begin{aligned}\mathfrak{L}(u, v) &= \int_\Omega \{(a^{ij}D_ju + b^iu)D_iv - (c^iD_iu + du)v\}dx \\ &= 0 \qquad (\leqslant 0, \geqslant 0),\end{aligned} \tag{8.2}$$

那么就称 u 在*弱的或广义的意义下*在 Ω 中分别满足 $Lu = 0(\geqslant 0, \leqslant 0)$. 假如 L 的系数局部可积, 从散度定理 (2.3) 可推出, 一个函数 $u \in C^2(\Omega)$ 在古典意义下满足 $Lu = 0(\geqslant 0, \leqslant 0)$ 必然也在广义意义下满足这些关系式. 而且, 若系数 a^{ij}, b^i 具有局部可积的导数, 则一个广义解 $u \in C^2(\Omega)$ 也是一个古典解.

设 $f^i, g, i=1,\ldots,n$ 是 Ω 中的局部可积函数, 那么一个弱可微函数 u 将称为非齐次方程

$$Lu = g + D_i f^i \tag{8.3}$$

在 Ω 中的弱的或广义的解, 如果

$$\mathfrak{L}(u,v) = F(v) = \int_\Omega (f^i D_i v - gv)dx, \quad \forall v \in C_0^1(\Omega). \tag{8.4}$$

像上面那样, 我们知道, (8.3) 的古典解也是广义解, 并且当 L 的系数充分光滑时, 一个 $C^2(\Omega)$ 广义解也是古典解.

我们的计划是要研究方程 (8.3) 的广义 Dirichlet 问题. 这个问题将以怎样的意义自然地被提出取决于 L 的系数. 我们将始终假定 L 在 Ω 中是严格椭圆型的; 即存在一个正数 λ, 使得

$$a^{ij}(x)\xi_i\xi_j \geqslant \lambda|\xi|^2, \quad \forall x \in \Omega, \xi \in \mathbb{R}^n. \tag{8.5}$$

我们还假定 (除非另外声明)L 有有界系数; 即对某常数 Λ 和 $\nu \geqslant 0$, 对所有的 $x \in \Omega$, 有

$$\begin{aligned} &\sum |a^{ij}(x)|^2 \leqslant \Lambda^2, \\ &\lambda^{-2}\sum(|b^i(x)|^2 + |c^i(x)|^2) + \lambda^{-1}|d(x)| \leqslant \nu^2. \end{aligned} \tag{8.6}$$

但是我们指出, 如果放松这些条件, 一个满意的理论仍然可以建立起来 [TR7]. 于是, 如果一个属于 Sobolev 空间 $W^{1,2}(\Omega)$ 的函数 u 是方程 (8.3) 的广义解, $\varphi \in W^{1,2}(\Omega)$, 且 $u-\varphi \in W_0^{1,2}(\Omega)$, 那么就称 u 是广义 Dirichlet 问题: $Lu = g + D_i f^i$, 在 $\partial\Omega$ 上 $u=\varphi$ 的解.

出现在公式 (8.2) 和 (8.4) 中的函数 $v \in C_0^1(\Omega)$ 常称为检验函数. 注意, 由条件 (8.6) 我们有

$$\begin{aligned} |\mathfrak{L}(u,v)| &\leqslant \int_\Omega \{|a^{ij}D_j u D_i v| + |b^i u D_i v| + |c^i v D_i u| + |duv|\}dx \\ &\leqslant C\|u\|_{W^{1,2}(\Omega)}\|v\|_{W^{1,2}(\Omega)} \quad \text{根据 Schwarz 不等式}. \end{aligned} \tag{8.7}$$

因此, 对于固定的 $u \in W^{1,2}(\Omega)$, 映射 $v \to \mathfrak{L}(u,v)$ 是 $W_0^{1,2}(\Omega)$ 上的有界线性泛函. 从而关系式 (8.2) 对 $v \in C_0^1(\Omega)$ 的正确性蕴涵着 (8.2) 对 $v \in W_0^{1,2}(\Omega)$ 的正确性.

从 (8.3) 的存在定理的观点来看, 估计式 (8.7) 也是很重要的, 因为它表明算子 L 通过 (8.2) 在 Hilbert 空间 $W^{1,2}(\Omega), W_0^{1,2}(\Omega)$ 的每一个上定义了一个有界双线性形式. 对于固定的 $u \in W^{1,2}(\Omega)$, 令 $Lu(v) = \mathfrak{L}(u,v), v \in W_0^{1,2}(\Omega)$, 可以将 Lu 定义作 $W_0^{1,2}(\Omega)$ 的对偶空间中的一个元素. 由 Riesz 表示定理, $W_0^{1,2}(\Omega)$ 可以

与其对偶恒同, 从而算子 L 诱导出一个映射 $W^{1,2}(\Omega) \to W_0^{1,2}(\Omega)$. 正像我们不久将要证明的那样, 方程 (8.3) 的 Dirichlet 问题的可解性容易化成这个映射的可逆性.

上面叙述的对线性 Dirichlet 问题的另一种方法绝不是这一章仅有的重要贡献. 在 8.6, 8.9 和 8.10 节中推导的逐点估计对后面第二部分中拟线性方程理论的发展是具有决定意义的. 为了这方面应用的目的, 读者只需要考虑方程 (8.3) 的 $C^1(\overline{\Omega})$ 下解或上解且在 (8.1) 中取 $b^i = c^i = d = 0$, 也就是在 (8.6) 中取 $\nu = 0$ 即可.

8.1. 弱最大值原理

古典的弱最大值原理 (定理 3.1), 有一个自然的推广, 推广到散度形式的算子. 为了把它表示成式子, 我们需要关于 Sobolev 空间 $W^{1,2}(\Omega)$ 中的函数在边界上不等的概念. 即如果 $u \in W^{1,2}(\Omega)$, 它的正部 $u^+ = \max\{u, 0\} \in W_0^{1,2}(\Omega)$, 我们就说 u 在 $\partial\Omega$ 上满足 $u \leqslant 0$. 如果 u 在 $\partial\Omega$ 的一个邻域中连续, 那么 u 在 $\partial\Omega$ 上满足 $u \leqslant 0$ 当且仅当这不等式 ($u \leqslant 0$) 在古典的逐点意义下成立. 在 $\partial\Omega$ 上, 其他的不等式可以自然地定义. 例如, 若在 $\partial\Omega$ 上 $-u \leqslant 0$, 则说在 $\partial\Omega$ 上 $u \geqslant 0$; 若在 $\partial\Omega$ 上 $v \in W^{1,2}(\Omega)$ 且 $u - v \leqslant 0$, 则说在 $\partial\Omega$ 上 $u \leqslant v$;

$$\sup_{\partial\Omega} u = \inf\{k |\ \text{在 } \partial\Omega \text{ 上 } u \leqslant k, k \in \mathbb{R}\}; \quad \inf_{\partial\Omega} u = -\sup_{\partial\Omega}(-u).$$

对推论 3.2 中的古典的弱最大值原理, 我们加了 (3.1) 中 u 的系数非正这个条件. 在 (8.1) 中对应的量是 $D_i b^i + d$, 但因导数 $D_i b^i$ 不一定作为一个函数存在, 故这一项的非正性必须解释成广义的, 也就是说, 我们假定

$$\int_\Omega (dv - b^i D_i v)dx \leqslant 0, \quad \forall v \geqslant 0, \quad v \in C_0^1(\Omega). \tag{8.8}$$

因为 b^i 和 d 是有界的, 故不等式 (8.8) 对所有非负的 $v \in W_0^{1,1}(\Omega)$ 将仍然成立.

现在我们可以叙述下面的弱最大值原理.

定理 8.1 设 $u \in W^{1,2}(\Omega)$ 在 Ω 中满足 $Lu \geqslant 0 (\leqslant 0)$. 则

$$\sup_\Omega u \leqslant \sup_{\partial\Omega} u^+ \quad (\inf_\Omega u \geqslant \inf_{\partial\Omega} u^-). \tag{8.9}$$

证明 若 $u \in W^{1,2}(\Omega), v \in W_0^{1,2}(\Omega)$, 我们有 $uv \in W_0^{1,1}(\Omega)$ 和 $Duv = vDu + uDv$ (习题 7.4). 于是可以将不等式 $\mathfrak{L}(u, v) \leqslant 0$ 写成形式

$$\int_\Omega \{a^{ij} D_j u D_i v - (b^i + c^i) v D_i u\} dx \leqslant \int_\Omega \{duv - b^i D_i(uv)\} dx \leqslant 0,$$

此式对所有满足 $uv \geqslant 0$ 的 $v \geqslant 0$ 成立 (由 (8.8)). 因此, 由系数的界 (8.6), 我们有

$$\int_\Omega a^{ij} D_j u D_i v dx \leqslant 2\lambda\nu \int_\Omega v|Du|dx \tag{8.10}$$

对所有满足 $uv \geqslant 0$ 的 $v \geqslant 0$ 成立. 在 $b^i + c^i = 0$ 的特殊情形下, 取 $v = \max\{u - l, 0\}$, 其中 $l = \sup\limits_{\partial\Omega} u^+$, 即可得证. 在一般情形下, 我们选 k 满足 $l \leqslant k < \sup\limits_\Omega u$, 并且令 $v = (u-k)^+$. (若不存在这样的 k, 那么我们的证明就已完成了.) 由链式法则 (定理 7.8), 我们有 $v \in W_0^{1,2}(\Omega)$ 及

$$Dv = \begin{cases} Du, & \text{当 } u > k \text{ 时 (即当 } v \neq 0 \text{ 时)}, \\ 0, & \text{当 } u \leqslant k \text{ 时 (即当 } v = 0 \text{ 时)}. \end{cases}$$

因此从 (8.10) 我们得到

$$\int_\Omega a^{ij} D_j v D_i v dx \leqslant 2\lambda\nu \int_\Gamma v|Dv|dx, \quad \Gamma = \operatorname{supp} Dv \subset \operatorname{supp} v,$$

由 L 的严格椭圆性 (8.5), 因而

$$\int_\Omega |Dv|^2 dx \leqslant 2\nu \int_\Gamma v|Dv|dx \leqslant 2\nu \|v\|_{2;\Gamma} \|Dv\|_2,$$

于是有 $\qquad \|Dv\|_2 \leqslant 2\nu \|v\|_2.$

现在对 $n \geqslant 3$ 应用 Sobolev 不等式 (定理 7.10), 得到

$$\|v\|_{2n/(n-2)} \leqslant C\|v\|_{2;\Gamma} \leqslant C|\operatorname{supp} v|^{1/n} \|v\|_{2n/(n-2)},$$

其中 $C = C(n, \nu)$, 于是

$$|\operatorname{supp} v| \geqslant C^{-n}.$$

在 $n = 2$ 的情形, 把 $2n/(n-2)$ 换成任何一个大于 2 的数, 也可以从 Sobolev 不等式得到一个同样形式的不等式, 其中 $C = C(n, \nu, |\Omega|)$. 因为这些不等式不依赖于 k, 故当 k 趋于 $\sup\limits_\Omega u$ 时它们也必然成立, 也就是说, 函数 u 必在一个正测度的集合上达到它在 Ω 中的上确界在那里同时有 $Du = 0$ (引理 7.7). 这与前面的不等式矛盾, 故有 $\sup\limits_\Omega u \leqslant l$. □

方程 (8.3) 的广义 Dirichlet 问题解的唯一性是定理 8.1 的直接推论.

推论 8.2 设 $u \in W_0^{1,2}(\Omega)$ 在 Ω 中满足 $Lu = 0$. 则在 Ω 中 $u = 0$.

关于将 (8.8) 换成另外的条件, 读者可参看习题 8.1; 也可看 [TR11].

8.2. Dirichlet 问题的可解性

这一节的主要目标是下面的存在性结果.

定理 8.3 设算子 L 满足条件 (8.5), (8.6) 和 (8.8). 则对于 $\varphi \in W^{1,2}(\Omega)$ 和 $g, f^i \in L^2(\Omega), i=1,\ldots,n$, 广义 Dirichlet 问题: 在 Ω 内 $Lu = g + D_i f^i$, 在 $\partial\Omega$ 上 $u = \varphi$ 是唯一可解的.

证明 定理 8.3 可以作为算子 L 的 Fredholm 二择一性质的副产物而导出. 我们首先将 Dirichlet 问题化为零边值的情形. 令 $w = u - \varphi$, 从 (8.3) 得到

$$\begin{aligned} Lw &= Lu - L\varphi \\ &= g - c^i D_i p - d\varphi + D_i(f^i - a^{ij} D_j \varphi - b^i \varphi) \\ &= \hat{g} + D_i \hat{f}^i, \end{aligned}$$

从我们施加于 L 和 φ 的条件, 显然有 $\hat{g}, \hat{f}^i \in L^2(\Omega), i=1,\ldots,n$ 和 $w \in W_0^{1,2}(\Omega)$. 因此只要对 $\varphi \equiv 0$ 的情形证明定理 8.3 就够了.

我们记 $\mathscr{H} = W_0^{1,2}(\Omega), \mathbf{g} = (g, f^1, \ldots, f^n)$, 以及对于 $v \in \mathscr{H}, F(v) = -\int_\Omega (gv - f^i D_i v)dx$. 因为

$$|F(v)| \leqslant \|\mathbf{g}\|_2 \|v\|_{W^{1,2}(\Omega)},$$

于是有 $F \in \mathscr{H}^*$. 若由 (8.2) 定义的双线性形式 $\mathfrak{L}$ 除有界外还在 $\mathscr{H}$ 上是强制的, 我们就能从定理 5.8 立即得到 L 的 Dirichlet 问题的唯一可解性. 与 $\mathfrak{L}$ 的强制性有关的是下面的引理.

引理 8.4 设 L 满足条件 (8.5) 和 (8.6). 则

$$\mathfrak{L}(u,u) \geqslant \frac{\lambda}{2}\int_\Omega |Du|^2 dx - \lambda\nu^2 \int_\Omega u^2 dx. \tag{8.11}$$

证明 $\mathfrak{L}(u,u) = \int_\Omega (a^{ij} D_i u D_j u + (b^i - c^i) u D_i u - du^2) dx$ 由 Schwarz 不等式

$$\begin{aligned} &\geqslant \int_\Omega \left(\lambda |Du|^2 - \frac{\lambda}{2}|Du|^2 - \lambda\nu^2 u^2\right) dx \\ &= \frac{\lambda}{2}\int_\Omega |Du|^2 dx - \lambda\nu^2 \int_\Omega u^2 dx. \end{aligned}$$

□

对 $\sigma \in \mathbb{R}$, 现在按照 $L_\sigma = Lu - \sigma u$ 定义算子 L_σ. 由引理 8.4, 我们知道如果 σ 充分大或者 $|\Omega|$ 充分小, 则与 L_σ 相关联的双线性形式 $\mathfrak{L}_\sigma$ 是强制的. 为了进一步进行下去, 我们用

$$Iu(v) = \int_\Omega uv dx, \quad v \in \mathscr{H} \tag{8.12}$$

定义一个嵌入 $I:\mathscr{H}\to\mathscr{H}^*$, 于是有

引理 8.5 映射 I 是紧的.

证明 我们可以将 I 写成 $I=I_1I_2$, 其中 $I_2:\mathscr{H}\to L^2(\Omega)$ 是自然嵌入, 而 $I_1:L^2(\Omega)\to\mathscr{H}^*$ 由 (8.12) 给出. 由紧性结果 (定理 7.22), I_2 是紧的 (若 $p=n=2$, 也是这样), 并且因为 I_1 显然是连续的, 由此得 I 是紧的. □

为继续进行, 我们选 σ_0, 使 $\mathfrak{L}_{\sigma_0}$ 在 Hilbert 空间 $\mathscr{H}$ 上是有界和强制的. 于是对 $u\in\mathscr{H},F\in\mathscr{H}^*$; 方程 $Lu=F$ 等价于方程

$$L_{\sigma_0}u+\sigma_0Iu=F.$$

由定理 5.8, $L_{\sigma_0}^{-1}$ 是一个从 $\mathscr{H}^*$ 到 $\mathscr{H}$ 上的连续的、一对一的映射, 将它作用到上面的方程上去, 就得到等价的方程

$$u+\sigma_0L_{\sigma_0}^{-1}Iu=L_{\sigma_0}^{-1}F. \tag{8.13}$$

根据引理 8.5, 映射 $T=-\sigma_0L_{\sigma_0}^{-1}I$ 是紧的, 因此由 Fredholm 二择一性质 (定理 5.3) 知满足方程 (8.13) 的函数 $u\in\mathscr{H}$ 的存在性是方程 $Lu=0$ 在 $\mathscr{H}$ 中的平凡解的唯一性的推论. 这样, 定理 8.3 由唯一性结果 (推论 8.2) 推出. □

从定理 5.11 可以推出算子 L 的谱行为的种类. 我们用

$$L^*u=D_i(a^{ij}D_ju-c^iu)-b^iD_iu+du \tag{8.14}$$

定义 L 的形式共轭 L^*. 因为对 $u,v\in\mathscr{H}=W_0^{1,2}(\Omega)$ 有 $\mathfrak{L}^*(u,v)=\mathfrak{L}(v,u)$, 故推知 L^* 也是 L 在 Hilbert 空间 $\mathscr{H}$ 中的共轭算子. 在上面的论证中用 L_σ 代替 L, 我们看到方程 $L_\sigma u=F$ 将等价于方程 $u+(\sigma_0-\sigma)L_{\sigma_0}^{-1}Iu=L_{\sigma_0}^{-1}F$, 而紧映射 $T_\sigma=(\sigma_0-\sigma)L_{\sigma_0}^{-1}I$ 的共轭 T_σ^* 由 $T_\sigma^*=(\sigma_0-\sigma)(L_{\sigma_0}^*)^{-1}I$ 给出. 于是可以应用定理 5.11 得到下述结果.

定理 8.6 设算子 L 满足条件 (8.5) 和 (8.6). 那么存在一个可数离散集合 $\Sigma\subset\mathbb{R}$, 使得若 $\sigma\notin\Sigma$, Dirichlet 问题: $L_\sigma u,L_\sigma^*u=g+D_if^i$, 在 $\partial\Omega$ 上 $u=\varphi$, 对任意的 $g,f^i\in L^2(\Omega)$ 和 $\varphi\in W^{1,2}(\Omega)$ 就是唯一可解的. 若 $\sigma\in\Sigma$, 则齐次问题 $L_\sigma u,L_\sigma^*u=0$, 在 $\partial\Omega$ 上 $u=0$ 的解的子空间是正有限维的, 并且问题 $L_\sigma u=g+D_if^i$, 在 $\partial\Omega$ 上 $u=\varphi$ 可解当且仅当

$$\int_\Omega\{(g-c^iD_i\varphi-d\varphi+\sigma\varphi)v-(f^i-a^{ij}D_j\varphi-b^i\varphi)D_iv\}dx=0 \tag{8.15}$$

对所有满足 $L_\sigma^*v=0$, 在 $\partial\Omega$ 上 $v=0$ 的 v 成立. 而且如果条件 (8.8) 成立, 则 $\Sigma\subset(-\infty,0)$.

对 $\sigma \notin \Sigma$, 由 $G_\sigma = L_\sigma^{-1}$ 给出的算子 $G_\sigma : \mathscr{H}^* \to \mathscr{H}$ 称为 L_σ 的 Dirichlet 问题的 Green 算子. 由定理 5.3 知 G_σ 是 $\mathscr{H}^*$ 上的有界线性算子. 从而有下面的先验估计.

推论 8.7 设 $u \in W^{1,2}(\Omega)$ 满足 $L_\sigma u = g + D_i f^i$, 在 $\partial\Omega$ 上 $u = \varphi$, 其中 $\sigma \notin \Sigma$. 则存在一个仅依赖于 L, σ 和 Ω 的常数 C, 使得

$$\|u\|_{W^{1,2}(\Omega)} \leqslant C(\|\mathbf{g}\|_2 + \|\varphi\|_{W^{1,2}(\Omega)}). \tag{8.16}$$

从定理 8.6 推出, 若在条件 (8.8) 中用 $-c^i$ 代替 b^i, 则定理 8.3 保持有效.

8.3. 弱解的可微性

这一章的剩下部分大都致力于正则性的研究. 在这一节中我们将研究方程 (8.3) 的弱解的高阶弱导数的存在性. 借助于下面导出的可微性结果, 我们将从定理 8.3 推出古典 Dirichlet 问题的存在定理. 在后面几节我们将讨论弱解的逐点性质, 诸如强最大值原理和 Hölder 连续性. 我们的第一个正则性结果给出了方程 $Lu = f$ 的弱解二次弱可微的条件.

定理 8.8 设 $u \in W^{1,2}(\Omega)$ 是方程 $Lu = f$ 在 Ω 中的弱解, 其中 L 在 Ω 中是严格椭圆型的, 系数 $a^{ij}, b^i, i, j = 1, \ldots, n$ 在 Ω 中一致 Lipschitz 连续, 系数 $c^i, d, i = 1, \ldots, n$ 在 Ω 中本质有界, 而 $f \in L^2(\Omega)$. 则对任何子区域 $\Omega' \subset\subset \Omega$, 我们有 $u \in W^{2,2}(\Omega')$, 以及

$$\|u\|_{W^{2,2}(\Omega')} \leqslant C(\|u\|_{W^{1,2}(\Omega)} + \|f\|_{L^2(\Omega)}), \tag{8.17}$$

其中 $C = C(n, \lambda, K, d'), \lambda$ 由 (8.5) 给出,

$$K = \max\{\|a^{ij}, b^i\|_{C^{0,1}(\overline{\Omega})}, \|c^i, d\|_{L^\infty(\Omega)}\},$$
$$d' = \operatorname{dist}(\Omega', \partial\Omega).$$

并且 u 在 Ω 中几乎处处满足方程

$$Lu = a^{ij}D_{ij}u + (D_j a^{ji} + b^i + c^i)D_i u + (D_i b^i + d)u = f. \tag{8.18}$$

证明 从积分恒等式 (8.4) 我们有

$$\int_\Omega a^{ij} D_j u D_i v dx = \int_\Omega g v dx, \quad \forall v \in C_0^1(\Omega), \tag{8.19}$$

其中 $g \in L^2(\Omega)$ 由下式给出:

$$g = (b^i + c^i)D_i u + (D_i b^i + d)u - f. \tag{8.20}$$

对于 $|2h| < \operatorname{dist}(\operatorname{supp} v, \partial\Omega)$, 对某个 $k, 1 \leqslant k \leqslant n$, 我们用 v 的差商 $\Delta^{-h} v = \Delta_k^{-h} v$ 代替 v, 于是得到

$$\begin{aligned}\int_\Omega \Delta^h (a^{ij} D_j u) D_i v dx &= -\int_\Omega a^{ij} D_j u D_i \Delta^{-h} v dx \\ &= -\int_\Omega g \Delta^{-h} v dx.\end{aligned}$$

因为 $\Delta^h (a^{ij} D_j u)(x) = a^{ij}(x + he_k) \Delta^h D_j u(x) + \Delta^h a^{ij}(x) D_j u(x)$, 于是有

$$\int_\Omega a^{ij}(x + he_k) D_j \Delta^h u D_i v dx = -\int_\Omega (\mathbf{g} \cdot Dv + g \Delta^{-h} v) dx,$$

其中 $\mathbf{g} = (\overline{g}^1, \ldots, \overline{g}^n)$, 而 $\overline{g}^i = \Delta^h a^{ij} D_j u$. 用 (8.20) 和引理 7.23, 可得估计

$$\begin{aligned}\int_\Omega a^{ij}(x + he_k) D_j \Delta^h u D_i v dx &\leqslant (\|\mathbf{g}\|_2 + \|g\|_2) \|Dv\|_2 \\ &\leqslant (C(n) K \|u\|_{W^{1,2}(\Omega)} + \|f\|_2) \|Dv\|_2.\end{aligned}$$

为继续进行, 取一个函数 $\eta \in C_0^1(\Omega)$, 满足 $0 \leqslant \eta \leqslant 1$, 并且令 $v = \eta^2 \Delta^h u$. 于是, 用 (8.5) 和 Schwarz 不等式, 得到

$$\begin{aligned}\lambda \int_\Omega |\eta D \Delta^h u|^2 dx &\leqslant \int_\Omega \eta^2 a^{ij}(x + he_k) \Delta^h D_i u \Delta^h D_j u dx \\ &= \int_\Omega a^{ij}(x + he_k) D_j \Delta^h u (D_i v - 2 \Delta^h u \eta D_i \eta) dx \\ &\leqslant (C(n) K \|u\|_{W^{1,2}(\Omega)} + \|f\|_2) \times (\|\eta D \Delta^h u\|_2 + 2 \|\Delta^h u D\eta\|_2) + \\ &\quad\ C(n) K \|\eta D \Delta^h u\|_2 \|\Delta^h u D\eta\|_2.\end{aligned}$$

于是 (借助于 Young 不等式 (7.6)) 利用引理 7.23 推出

$$\begin{aligned}\|\eta \Delta^h Du\|_2 &\leqslant C(\|u\|_{W^{1,2}(\Omega)} + \|f\|_2 + \|\Delta^h u D\eta\|_2) \\ &\leqslant C(1 + \sup_\Omega |D\eta|)(\|u\|_{W^{1,2}(\Omega)} + \|f\|_2),\end{aligned}$$

其中 $C = C(n, \lambda, K)$. 现在函数 η 可选为截断函数使得在 $\Omega' \subset\subset \Omega$ 上 $\eta = 1$ 而 $|D\eta| < 2/d'$, 其中 $d' = \operatorname{dist}(\partial\Omega, \Omega')$. 由引理 7.24, 对任何 $\Omega' \subset\subset \Omega$ 得到 $Du \in W^{1,2}(\Omega')$, 于是 $u \in W^2(\Omega)$ 并且估计式 (8.17) 成立. 最后, 我们有 $Lu \in L^2_{\text{loc}}(\Omega)$, 而且显然积分等式 (8.4) 蕴涵着在 Ω 中几乎处处有 $Lu = f$. □

我们在此指出, 在估计式 (8.17) 中, 量 $\|u\|_{W^{1,2}(\Omega)}$ 可以用 $\|u\|_{L^2(\Omega)}$ 代替 (见习题 8.2).

对形如

$$Lu \equiv a^{ij}(x) D_{ij} u + b^i(x) D_i u + c(x) u = f \tag{8.21}$$

的椭圆型方程的 Dirichlet 问题, 下述一般的存在性结果现在可以从定理 8.3 和 8.8 推出.

定理 8.9 设算子 L 在 Ω 中是严格椭圆型的, 并且系数 $a^{ij} \in C^{0,1}(\overline{\Omega}), b^i, c \in L^\infty(\Omega), c \leqslant 0$. 则对任意 $f \in L^2(\Omega)$ 和 $\varphi \in W^{1,2}(\Omega)$, 存在唯一的函数 $u \in W^{1,2}(\Omega) \cap W^{2,2}_{\text{loc}}(\Omega)$ 在 Ω 中满足 $Lu = f$ 且 $u - \varphi \in W^{1,2}_0(\Omega)$.

如果我们只假定主系数 a^{ij} 属于 $C^0(\overline{\Omega})$, 定理 8.9 对充分光滑的 $\partial\Omega$ 仍然成立 (定理 9.15). 但若假设条件进一步被减弱到允许不连续的 $a^{ij} \in L^\infty(\Omega)$, 那么唯一性的结论将被破坏, 这可用下列方程说明:

$$\Delta u + b\frac{x_i x_j}{|x|^2} D_{ij} u = 0, \quad b = -1 + \frac{n-1}{1-\lambda}, \quad 0 < \lambda < 1, \tag{8.22}$$

对于 $n > 2(2-\lambda) > 2$, 这方程有两个解 $u_1(x) = 1, u_2(x) = |x|^\lambda \in W^{2,2}(B)$, 它们在 ∂B 上相等, 其中 B 是单位球 $B_1(0)$.

弱解的进一步可微性容易从定理 8.8 的证明中推出. 因为, 假如我们加强系数的光滑性条件, 设 $a^{ij}, b^i \in C^{1,1}(\overline{\Omega}), c^i, d \in C^{0,1}(\overline{\Omega})$, 以及 $f \in W^{1,2}(\Omega)$. 那么在等式 (8.19) 中, 对某个 $k, 1 \leqslant k \leqslant n$, 用 $D_k v$ 代替 v, 进行分部积分, 便得到

$$\int_\Omega a^{ij} D_{jk} u D_i v dx = \int_\Omega D_k \hat{g} v dx, \quad \forall v \in C^1_0(\Omega), \tag{8.23}$$

并因为 $u \in W^{2,2}_{\text{loc}}(\Omega)$, 故有 $D_k \hat{g} \in L^2_{\text{loc}}(\Omega)$. 因此 $D_k u \in W^{2,2}_{\text{loc}}(\Omega)$. 用简单的归纳法, 能得到下面的定理 8.8 的推广.

定理 8.10 设 $u \in W^{1,2}(\Omega)$ 是方程 $Lu = f$ 在 Ω 中的弱解, 其中 L 在 Ω 中是严格椭圆型的, 系数 $a^{ij}, b^i \in C^{k,1}(\overline{\Omega})$, 系数 $c^i, d \in C^{k-1,1}(\overline{\Omega})$, 函数 $f \in W^{k,2}(\Omega), k \geqslant 1$. 则对任何子区域 $\Omega' \subset\subset \Omega$, 我们有 $u \in W^{k+2,2}(\Omega')$ 及

$$\|u\|_{W^{k+2,2}(\Omega')} \leqslant C(\|u\|_{W^{1,2}(\Omega)} + \|f\|_{W^{k,2}(\Omega)}), \tag{8.24}$$

其中
$$C = C(n, \lambda, K, d', k),$$

$$K = \max\{\|a^{ij}, b^i\|_{C^{k,1}(\overline{\Omega})}, \|c^i, d\|_{C^{k-1,1}(\overline{\Omega})}\}.$$

利用 Sobolev 嵌入定理 (推论 7.11), 现在我们从定理 8.10 得到

推论 8.11 设 $u \in W^{1,2}(\Omega)$ 是严格椭圆型方程 $Lu = f$ 在 Ω 中的弱解, 假设函数 a^{ij}, b^i, c^i, d, f 属于 $C^\infty(\Omega)$. 那么也有 $u \in C^\infty(\Omega)$.

8.4. 全局正则性

在关于边界 $\partial\Omega$ 的适当光滑性条件下, 前面的内部正则性结果可以扩充到整个 Ω 上. 我们首先导出类似于定理 8.8 的全局性定理.

定理 8.12 除定理 8.8 的假设条件外, 我们再假设: $\partial\Omega$ 是 C^2 类的, 并设存在一个函数 $\varphi\in W^{2,2}(\Omega)$ 使得 $u-\varphi\in W_0^{1,2}(\Omega)$. 那么也有 $u\in W^{2,2}(\Omega)$ 以及

$$\|u\|_{W^{2,2}(\Omega)}\leqslant C(\|u\|_{L^2(\Omega)}+\|f\|_{L^2(\Omega)}+\|\varphi\|_{W^{2,2}(\Omega)}), \tag{8.25}$$

其中 $C=C(u,\lambda,K,\partial\Omega)$.

证明 用 $u-\varphi$ 代替 u, 我们看出, 如果假定 $\varphi\equiv 0$, 因而 $u\in W_0^{1,2}(\Omega)$, 那并不失去一般性. 由引理 8.4 还能得到估计

$$\|u\|_{W^{1,2}(\Omega)}\leqslant C(\|u\|_2+\|f\|_2), \tag{8.26}$$

其中 $C=C(n,\lambda,K)$. 因为 $\partial\Omega\in C^2$, 故对每点 $x_0\in\partial\Omega$, 存在一个球 $B=B(x_0)$ 和一个从 B 到开集 $D\subset\mathbb{R}^n$ 上的一对一的映射 ψ, 使得 $\psi(B\cap\Omega)\subset\mathbb{R}^n_+=\{x\in\mathbb{R}^n|x_n>0\}, \psi(B\cap\partial\Omega)\subset\partial\mathbb{R}^n_+$ 并且 $\psi\in C^2(B), \psi^{-1}\in C^2(D)$. 设 $B_R(x_0)\subset\subset B$, 并令 $B^+=B_R(x_0)\cap\Omega, D'=\psi(B_R(x_0)), D^+=\psi(B^+)$. 在映射 ψ 下, B^+ 中的方程 $Lu=f$ 变换成 D^+ 中的同样形式的方程 (见引理 6.5 及其证明). 对变换后的方程, 常数 λ,K 可以用映射 ψ 和原来方程的 λ,K 的值来估计. 而且, 因为 $u\in W_0^{1,2}(\Omega)$, 故变换后的解 $v=u\circ\psi^{-1}\in W^{1,2}(D^+)$ 并且对所有的 $\eta\in C_0^1(D')$ 满足 $\eta v\in W_0^{1,2}(D^+)$. 因此现在不妨假定 $u\in W^{1,2}(D^+)$ 在 D^+ 中满足 $Lu=f$, 并且对任何 $\eta\in C_0^1(D')$, 有 $\eta u\in W_0^{1,2}(D^+)$. 于是, 对 $|h|<\operatorname{dist}(\operatorname{supp}\eta,\partial D')$ 和 $1\leqslant k\leqslant n-1$, 我们有 $\eta^2\Delta_k^h u\in W_0^{1,2}(D^+)$. 从而定理 8.8 的证明适用, 并且可以断定只要 i 或 $j\neq n$, 则对任何 $\rho<R$ 有 $D_{ij}u\in L^2(\psi(B_\rho\cap\Omega))$. 剩下的二阶导数 $D_{nn}u$ 可以由方程 (8.18) 直接估计. 因此通过映射 $\psi^{-1}\in C^2$ 回到原来的区域 Ω, 我们就得到 $u\in W^{2,2}(B_\rho\cap\Omega)$. 因为 x_0 是 $\partial\Omega$ 的任意点并由定理 8.8 知 $u\in W^{2,2}_{\mathrm{loc}}(\Omega)$, 故能推断 $u\in W^{2,2}(\Omega)$. 最后, 选择有限个点 $x^{(i)}\in\partial\Omega$, 使得球 $B_\rho(x^{(i)})$ 覆盖 $\partial\Omega$, 我们从 (8.17) 和 (8.26) 得到估计式 (8.25). □

假如 $1\leqslant k\leqslant n-1$, 注意条件 $u\in W^{2,2}(D^+), \eta u\in W_0^{1,2}(D^+), \eta\in C_0^1(D')$ 也蕴涵着 $\eta D_k u\in W_0^{1,2}(D^+)$. 即由引理 7.23 我们有 $\eta\Delta_k^h u\in W_0^{1,2}(D^+)$, 并且对充分小的 h,

$$\|\eta\Delta_k^h u\|_{W^{1,2}(D^+)}\leqslant\|\eta\|_{C^1(D^+)}\|u\|_{W^{2,2}(D^+)}.$$

根据定理 5.12, 存在一个序列 $\{\eta\Delta_k^{h_j}u\}$ 在 Hilbert 空间 $W_0^{1,2}(D^+)$ 中弱收敛. 显然, 这个序列的极限是函数 $\eta D_k u$. 于是方程 $Lu=f$ 的解的进一步全局正则性

可以用从定理 8.8 得到定理 8.10 的同样方法推出. 因此有定理 8.10 和定理 8.11 的以下推广:

定理 8.13 除定理 8.10 的假设条件之外我们再假设 $\partial\Omega \in C^{k+2}$, 并且存在一个函数 $\varphi \in W^{k+2,2}(\Omega)$ 使得 $u-\varphi \in W_0^{1,2}(\Omega)$. 那么我们也有 $u \in W^{k+2,2}(\Omega)$ 以及

$$\|u\|_{W^{k+2,2}(\Omega)} \leqslant C(\|u\|_{L^2(\Omega)} + \|f\|_{W^{k,2}(\Omega)} + \|\varphi\|_{W^{k+2,2}(\Omega)}), \tag{8.27}$$

其中 $C = C(n,\lambda,K,k,\partial\Omega)$. 若函数 a^{ij}, b^i, c^i, d, f 和 φ 属于 $C^\infty(\overline{\Omega})$, 且 $\partial\Omega$ 是 C^∞ 类的, 则解 u 也属于 $C^\infty(\overline{\Omega})$.

将定理 8.3 和 8.13 结合起来, 就得到方程 (8.21) 的古典 Dirichlet 问题的一个存在定理, 它在前面第 6 章中已得到过 (见定理 6.14 和 6.19).

定理 8.14 设算子 L(由 (8.21) 给出) 在 Ω 中是严格椭圆型的, 并且有 $C^\infty(\overline{\Omega})$ 系数, 在 Ω 中 $c \leqslant 0$. 如果 $\partial\Omega \in C^\infty$, 那么 Dirichlet 问题 $Lu = f$, 在 $\partial\Omega$ 上 $u = \varphi$ 对于任意的 $f, \varphi \in C^\infty(\overline{\Omega})$ 必存在唯一解 $u \in C^\infty(\overline{\Omega})$.

第 6 章的存在定理现在可以从定理 8.14 通过逼近方法得到. 当然, 我们仍然需要第 6 章的先验估计以保证逼近解的收敛性.

8.5. 弱解的全局有界性

在这里我们要导出说明方程 (8.3) 的在 $\partial\Omega$ 上有界的 $W^{1,2}(\Omega)$ 解的全局有界性结果. 所用的检验函数技巧的一个有趣的特征是: 与其说它们依赖于算子 L 的线性性质, 还不如说它们依赖于 L 所满足的一个非线性结构. 为了说得更清楚, 我们把 (8.3) 写成如下形式:

$$D_i A^i(x,u,Du) + B(x,u,Du) = 0, \tag{8.28}$$

其中对于 $(x,z,p) \in \Omega \times \mathbb{R} \times \mathbb{R}^n$,

$$\begin{aligned} A^i(x,z,p) &= a^{ij}(x)p_j + b^i(x)z - f^i(x), \\ B(x,z,p) &= c^i(x)p_i + d(x)z - g(x). \end{aligned} \tag{8.29}$$

如果一个弱可微函数 u 使得函数 $A^i(x,u,Du)$ 和 $B(x,u,Du)$ 局部可积且对所有的 $v \geqslant 0, \in C_0^1(\Omega)$ 有

$$\int_\Omega (D_i v A^i(x,u,Du) - vB(x,u,Du))dx \leqslant (\geqslant, =)0, \tag{8.30}$$

则称 u 为方程 (8.28) 在 Ω 中的弱下解 (上解, 解).

记 $\mathbf{b}=(b^1,\ldots,b^n),\mathbf{c}=(c^1,\ldots,c^n),\mathbf{f}=(f^1,\ldots,f^n)$, 并利用条件 (8.5) 和 Schwarz 不等式, 我们有估计

$$\begin{aligned}&p_iA^i(x,z,p)\geqslant\frac{\lambda}{2}|p|^2-\frac{1}{2\lambda}(|\mathbf{b}z|^2+|\mathbf{f}|^2),\\&|B(x,z,p)|\leqslant|\mathbf{c}||p|+|dz|+|g|.\end{aligned}\tag{8.31}$$

因此就说方程 (8.3) 满足结构不等式 (8.31). 为了我们下面的目的, 我们甚至可以简化这些不等式的形式. 对某个 k, 令

$$\begin{aligned}&\overline{z}=|z|+k,\\&\overline{b}=\lambda^{-2}(|\mathbf{b}|^2+|\mathbf{c}|^2+k^{-2}|\mathbf{f}|^2)+\lambda^{-1}(|d|+k^{-1}|g|),\end{aligned}\tag{8.32}$$

于是, 对任意 $0<\varepsilon<1$, 有

$$\begin{aligned}&p_iA^i(x,z,p)\geqslant\frac{\lambda}{2}(|p|^2-\overline{b}\overline{z}^2),\\&|\overline{z}B(x,z,p)|\leqslant\frac{\lambda}{2}\left(\varepsilon|p|^2+\frac{\overline{b}}{\varepsilon}\overline{z}^2\right).\end{aligned}\tag{8.33}$$

我们现在证明:

定理 8.15 设算子 L 满足条件 (8.5), (8.6), 并且假定对某个 $q>n$, 有 $f^i\in L^q(\Omega),i=1,\ldots,n,g\in L^{q/2}(\Omega)$. 如果 u 是方程 (8.3) 在 Ω 中的一个 $W^{1,2}(\Omega)$ 下解 (上解), 在 $\partial\Omega$ 上满足 $u\leqslant 0(\geqslant 0)$, 那么我们就有

$$\sup_{\Omega}u\leqslant C(\|u^+\|_2+k)(\sup_{\Omega}(-u)\leqslant C(\|u^-\|_2+k)),\tag{8.34}$$

其中 $k=\lambda^{-1}(\|\mathbf{f}\|_q+\|g\|_{q/2}),C=C(n,\nu,q,|\Omega|)$.

证明 假定 u 是 (8.3) 的一个下解. 对 $\beta\geqslant 1$ 和 $N>k$, 我们这样定义一个函数 $H\in C^1(k,\infty)$; 对 $z\in[k,N]$, 令 $H(z)=z^\beta-k^\beta$, 对 $z\geqslant N$ 取 H 为线性函数. 然后令 $w=\overline{u}^+=u^++k$, 并在积分不等式 (8.30) 中取

$$v=G(w)=\int_k^w|H'(s)|^2ds.\tag{8.35}$$

由链式法则 (定理 7.8) 知 v 在 (8.30) 中是一个合法的检验函数, 将它代入 (8.30) 并利用结构不等式 (8.33), 便有

$$\begin{aligned}\int_\Omega|Dw|^2G'(w)dx&\leqslant\int_\Omega\left(\overline{b}G'(w)w^2+\frac{2}{\lambda}G(w)|B(x,u,Du)|\right)dx\\&\leqslant\varepsilon\int_\Omega G'(w)|Dw|^2dx+\left(1+\frac{1}{\varepsilon}\right)\int_\Omega\overline{b}G'(w)w^2dx,\end{aligned}$$

因为 $G(s) \leqslant sG'(s)$ 并且当 $v = G(w) > 0$ 时 $Du = Dw$. 所以, 取 $\varepsilon = \dfrac{1}{2}$, 就得到

$$\int_\Omega G'(w)|Dw|^2 dx \leqslant 6 \int_\Omega \overline{b} G''(w) w^2 dx,$$

由 (8.35), 此即

$$\int_\Omega |DH(w)|^2 dx \leqslant 6 \int_\Omega \overline{b} |H'(w)w|^2 dx.$$

因为 $H(w) \in W_0^{1,2}(\Omega)$, 故可用 Sobolev 不等式 (7.26) 和 Hölder 不等式来得到

$$\begin{aligned} \|H(w)\|_{2\hat{n}/(\hat{n}-2)} &= C\left(\int_\Omega \overline{b}(H'(w)w)^2 dx\right)^{1/2} \\ &\leqslant C\|\overline{b}\|_{q/2}^{1/2} \|H'(w)w\|_{2q/(q-2)}, \end{aligned}$$

其中对 $n > 2, \hat{n} = n, 2 < \hat{n} < q$, 而对 $n > 2, C = C(n)$, 对 $n = 2, C = C(\hat{n}, |\Omega|)$. 显然, 假如在 (8.32) 中包含 f 和 g 的项为 0, 那么结构不等式和上面的估计对 $k = 0$ 仍然成立. 照定理叙述中那样选 k, 便得到

$$\|H(w)\|_{2\hat{n}/(\hat{n}-2)} \leqslant C\|wH'(w)\|_{2q/(q-2)}, \tag{8.36}$$

其中 $C = C(n, \nu, |\Omega|)$. 为继续进行, 我们回忆 H 的定义并且在估计式 (8.36) 中令 $N \to \infty$, 于是得出, 对任何 $\beta \geqslant 1$, 包含关系 $w \in L^{2\beta q/(q-2)}(\Omega)$ 蕴涵更强的包含关系 $w \in L^{2\beta\hat{n}/(\hat{n}-2)}(\Omega)$, 而且令 $q^* = 2q(q-2), \chi = \hat{n}(q-2)/q(\hat{n}-2) > 1$, 就得到

$$\|w\|_{\beta\chi q^*} \leqslant (C\beta)^{1/\beta} \|w\|_{\beta q^*}. \tag{8.37}$$

于是反复使用估计式 (8.37) 就得到所要结果. 即通过归纳法, 我们可以假定 $w \in \bigcap\limits_{1 \leqslant p < \infty} L^p(\Omega)$. 取 $\beta = \chi^m, m = 0, 1, 2, \ldots$, 于是由 (8.37), 有

$$\begin{aligned} \|w\|_{\chi^N q^*} &\leqslant \prod_0^{\lambda-1} (C\chi^m)^{\chi^{-m}} \|w\|_{q^*} \\ &\leqslant C^\sigma \chi^\tau \|w\|_{q^*}, \quad \sigma = \sum_0^{N-1} \chi^{-m}, \quad \tau = \sum_0^{N-1} m\chi^{-m}. \\ &\leqslant C\|w\|_{q^*}, \end{aligned}$$

其中 $C = C(n, \nu, q, |\Omega|)$. 令 $N \to \infty$, 我们得

$$\sup_\Omega w \leqslant C\|w\|_{q^*},$$

因而由内插不等式 (7.10) 我们有

$$\sup_{\Omega} w \leqslant C\|w\|_2.$$

由 $w = u^+ + k$ 的定义即推出所要的估计 (8.34). 对于上解的结果, 用 $-u$ 代替 u 即得. □

上面的 L^p 范数的迭代技巧是由 Moser 引进的 [MJ1]. 定理 8.15 的证明也可通过选其他检验函数来实现 (见 [LU4] 或 [ST4]).

现在我们假设在定理 8.15 的叙述中, 将在 $\partial\Omega$ 上 $u \leqslant 0$ 的假设推广为: 在 $\partial\Omega$ 上, 对某个常数 $l, u \leqslant l$. 于是因为 $L(u-l) = Lu - Ll = Lu - l(D_i b^i + d)$, 用 $\overline{k} = k + \lambda^{-1}|l|(\|\mathbf{b}\|_q + \|d\|_{q/2})$ 代替 $\boldsymbol{k}$, 定理的结论将对函数 $u - l$ 成立. 亦即, (8.3) 的下解 (上解)u 将满足估计

$$\sup_{\Omega} u \leqslant C(\|u\|_2 + \overline{k} + |l|)(\sup_{\Omega}(-u) \leqslant C(\|u\|_2 + \overline{k} + |l|)), \tag{8.38}$$

和前面一样, 其中 $k = \lambda^{-1}(\|\mathbf{f}\|_q + \|g\|_{q/2}), C = C(n, \nu, q, |\Omega|)$. 特别地, 若 u 是解, 则 (8.38) 对 $|u|$ 成立.

下面我们打算为 $\sup\limits_{\Omega} u$ 导出一个不依赖于 $\|u\|_2$ 的估计, 亦即一个推广了弱最大值原理 (定理 8.1) 的先验的界. 假如 L 是一对一的, 从估计式 (8.16) 知, 对 (8.3) 的解, $\|u\|_2$ 可以有不依赖于 u 的界. 例如, 若 (8.8) 成立, 则情形就是这样. 通过弱最大值原理和存在定理 (定理 8.3), 这个界可以推广到下解. 因为, 如果 u 是 (8.3) 的一个下解且 (8.8) 成立, 那么可以定义一个函数 v, 它是广义 Dirichlet 问题 $Lv = g + D_i f^i$, 在 $\partial\Omega$ 上 $v = u$ 的解. 由定理 8.1 知在 Ω 中 $u \leqslant v$, 且因此 $\|u^+\|_2 \leqslant \|v\|_2$. 因而对 (8.3) 的下解 u 有估计

$$\sup_{\Omega} u \leqslant \sup_{\partial\Omega} u^+ + Ck,$$

其中 C 是一个不依赖于 u 的常数. 可是, 我们现在证明这个结果可以从非线性结构不等式 (8.31) 导出而不必用线性存在性理论, 而且常数 C 由估计式 (8.34) 中同样的那些量所确定.

定理 8.16 设算子 L 满足条件 (8.5), (8.6) 和 (8.8), 并且假定对于某个 $q > n, f^i \in L^q(\Omega), i = 1, \ldots, n, g \in L^{q/2}(\Omega)$. 如果 u 是方程 (8.3) 的一个 $W^{1,2}(\Omega)$ 下解 (上解), 那么就有

$$\sup_{\Omega} u \leqslant \sup_{\partial\Omega} u^+ + Ck(\sup_{\Omega}(-u) \leqslant \sup_{\partial\Omega} u^- + Ck), \tag{8.39}$$

其中 $k = \lambda^{-1}(\|\mathbf{f}\|_q + \|g\|_{q/2})$ 而 $C = C(n, \nu, q, |\Omega|)$.

证明 设 u 是 (8.3) 的一个下解. 由假设 (8.8), $l=\sup_{\partial\Omega} u^+$ 是一个上解, 因此不失一般性可以假定 $l=0$. 像在定理 8.1 的证明中那样进行, 对 $W_0^{1,2}(\Omega)$ 中所有满足 $uv\leqslant 0$ 的非负的 v, 就有

$$\int_\Omega (a^{ij}D_juD_iv-(b^i+c^i)vD_iu)dx\leqslant\int_\Omega (f^iD_iv-gv)dx. \tag{8.40}$$

弱不等式 (8.40) 显然满足一个结构条件 (8.31), 在其中 $b^i=d=0$, 而 $\mathbf{c}$ 换成 $\mathbf{b}+\mathbf{c}$. 假定 $k>0$, 且令 $M=\sup_\Omega u^+$. 然后在 (8.40) 中选检验函数

$$v=\frac{u^+}{M+k-u^+}\in W^{1,2}(\Omega),$$

利用 (8.31), 得到

$$\begin{aligned}\frac{\lambda}{2}\int_\Omega\frac{|Du^+|^2dx}{(M+k-u^+)^2}\leqslant\frac{1}{M+k}\int_\Omega\bigg(&\frac{|\mathbf{b}+\mathbf{c}|u^+|Du^+|}{(M+k-u^+)}\\&+\frac{u^+|g|}{(M+k-u^+)}+\frac{(M+k)|\mathbf{f}|^2}{2\lambda(M+k-u^+)^2}\bigg)dx.\end{aligned}$$

从而, 根据 k 的定义, 我们有

$$\int_\Omega\frac{|Du^+|^2dx}{(M+k-u^+)^2}\leqslant C+\frac{2}{\lambda}\int_\Omega\frac{|\mathbf{b}+\mathbf{c}||Du^+|}{(M+k-u^+)}dx,$$

其中 $C=C(|\Omega|)$. 现在定义

$$w=\log\frac{M+k}{M+k-u^+},$$

于是由 Schwarz 不等式得到

$$\begin{aligned}\int_\Omega|Dw|^2dx&\leqslant C\left(1+\lambda^{-2}\int_\Omega|\mathbf{b}+\mathbf{c}|^2dx\right)\\&\leqslant C(\nu,|\Omega|),\end{aligned}$$

因此, 由 Sobolev 不等式 (7.26),

$$\|w\|_2\leqslant C(n,\nu,|\Omega|). \tag{8.41}$$

只要说明 w 也是形如 (8.3) 的方程的下解, 定理即得证. 设 $\eta\in C_0^1(\Omega)$ 在 Ω 中满足 $\eta\geqslant 0,\eta u\geqslant 0$, 我们在 (8.40) 中代入检验函数

$$v=\frac{\eta}{(M+k-u^+)},$$

于是得到

$$\begin{aligned}&\int_\Omega (a^{ij}D_jwD_i\eta+\eta a^{ij}D_iwD_jw-(b^i+c^i)\eta D_iw)dx\\ \leqslant&\int_\Omega\left(\frac{-\eta g}{(M+k-u^+)}+\frac{(D_i\eta+\eta D_iw)f^i}{(M+k-u^+)}\right)dx.\end{aligned}$$

因此

$$\begin{aligned}&\int_\Omega (a^{ij}D_jwD_i\eta-(b^i+c^i)\eta D_iw)dx+\lambda\int_\Omega \eta|Dw|^2dx\\ \leqslant&\int_\Omega\left\{\left(\frac{|g|}{k}+\frac{|\mathbf{f}|^2}{2\lambda k^2}\right)\eta+\frac{f^iD_i\eta}{(M+k-u^+)}\right\}dx+\frac{\lambda}{2}\int_\Omega\eta|Dw|^2dx,\end{aligned}$$

从而有

$$\int_\Omega (a^{ij}D_jwD_i\eta-(b^i+c^i)\eta D_iw)dx\leqslant\int_\Omega(\hat{g}\eta+\hat{f}^iD_i\eta)dx, \tag{8.42}$$

其中 $\hat{g}=|g|/k+|\mathbf{f}|^2/2\lambda k^2, \hat{f}^i=f^i/(M+k-u^+)$, 而且显然 $\|\hat{g}\|_{q/2}\leqslant 2\lambda, \|\hat{f}\|_q\leqslant\lambda$. 所以可应用定理 8.15 而得到

$$\begin{aligned}\sup_\Omega w&\leqslant C(1+\|w\|_2),\quad C=C(n,\nu,q,|\Omega|)\\ &\leqslant C\quad 由\ (8.41).\end{aligned}$$

因此, $(M+k)/k\leqslant C$, 从这里推出所要的估计 (8.39). 对上解的结果, 用 $-u$ 代替 u 即得. □

定理 8.16 可以看成古典先验估计 (定理 3.7) 的广义形式. 我们注意, 若在条件 (8.8) 中, 用 $-c^i$ 替换 b^i, 结果仍然有效 (见定理 9.7). 而且, 从上面的证明显然看出, 系数 b^i, c^i 和 d 的有界性可以用条件 $\bar{b}\in L^{q/2}(\Omega), q>n$ 来代替.

8.6. 弱解的局部性质

现在我们把注意力从全局行为转到局部行为. 我们给 (8.31) 和 (8.33) 加上一个附加的结构不等式, 即

$$|\mathbf{A}(x,z,p)|\leqslant|\mathbf{a}||p|+|\mathbf{b}z|+|\mathbf{f}|, \tag{8.43}$$

其中 $\mathbf{a}(x)$ 表示矩阵 $[a^{ij}(x)], x\in\Omega$. 用常数 $\lambda/2$ 去除方程 (8.3), 就能假定在结构不等式中 $\lambda=2$. 在这假定下把这些不等式集中起来, 因而对任何 $0<\varepsilon\leqslant 1$, 有

$$\begin{aligned}&|\mathbf{A}(x,z,p)|\leqslant|\mathbf{a}||p|+2(\bar{b})^{1/2}\bar{z},\\ &p\cdot\mathbf{A}(x,z,p)\geqslant|p|^2-\bar{b}\bar{z}^2,\\ &|\bar{z}B(x,z,p)|\leqslant\varepsilon|p|^2+\frac{1}{\varepsilon}\bar{b}\bar{z}^2,\end{aligned} \tag{8.44}$$

其中 $\overline{z}$ 和 $\overline{b}$ 是由当 $\lambda=2$ 时的 (8.32) 定义的. 为了局部结果的推导, 我们定义量 k:

$$k=k(R)=\lambda^{-1}(R^{\delta}\|\mathbf{f}\|_q+R^{2\delta}\|g\|_{q/2}), \tag{8.45}$$

其中 $R>0,\delta=1-n/q$. 我们将建立一个与定理 8.15 类似的局部性定理, 即

定理 8.17 设算子 L 满足条件 (8.5), (8.6), 并设对某个 $q>n, f^i\in L^q(\Omega)$, $i=1,\ldots,n, g\in L^{q/2}(\Omega)$. 如果 u 是方程 (8.3) 在 Ω 中的一个 $W^{1,2}(\Omega)$ 下解 (上解), 那么对任何球 $B_{2R}(y)\subset\Omega$ 和 $p>1$, 便有

$$\sup_{B_R(y)} u\leqslant C(R^{-n/p}\|u^+\|_{L^p(B_{2R}(y))}+k(R)) \tag{8.46}$$

$$(\sup_{B_R(y)}(-u)\leqslant C(R^{-n/p}\|u^-\|_{L^p(B_{2R}(y))}+k(R))),$$

其中 $C=C(n,\Lambda/\lambda,\nu R,q,p)$.

在我们的弱解的局部性质的推导中以及其后的非线性理论的推导中, 决定性的结果是以下关于上解的弱 Harnack 不等式.

定理 8.18 设算子 L 满足条件 (8.5), (8.6), 并假定对某个 $q>n, f^i\in L^q(\Omega), g\in L^{q/2}(\Omega)$. 如果 u 是方程 (8.3) 在 Ω 中的一个 $W^{1,2}(\Omega)$ 上解, 它在一个球 $B_{4R}(y)\subset\Omega$ 中非负, 并且 $1\leqslant p<n/(n-2)$, 那么

$$R^{-n/p}\|u\|_{L^p(B_{2R}(y))}\leqslant C(\inf_{B_R(y)} u+k(R)), \tag{8.47}$$

其中 $C=C(n,\Lambda/\lambda,\nu R,q,p)$.

以后我们对任何 R, 将简写 $B_R(y)=B_R$, 而将中心 y 省略. 对于定理 8.17 中 u 是一个有界、非负下解的情形, 联合证明定理 8.17 和定理 8.18 是很方便的. 然后定理 8.17 的完全的结果可以通过改变所用的检验函数来得到. 这个想法的本质已在定理 8.15 的证明中说明. 因此留给读者的是去做下文中我们的证明的必要的推广. 概括地说, 联合证明的方案是前节介绍的 Moser 的迭代法和 John-Nirenberg 的结果 (定理 7.21) 相结合的产物. John-Nirenberg 的结果是用来弥补迭代方案中一个重要缺陷的. 检验函数还是用幂函数来构造, 但为了建立定理 8.18, 这些幂的指数必须为不受限制的实数. 现给出详细证明.

一开始我们假定 $R=1$ 且 $k>0$. 以后一般的情形可通过一个简单的坐标变换: $x\to x/R$, 并让 k 趋于 0 而得到. 对 $\beta\neq0$ 和非负的 $\eta\in C_0^1(B_4)$, 我们定义检验函数

$$v=\eta^2\overline{u}^{\beta}\quad(\overline{u}=u+k). \tag{8.48}$$

由链式法则和乘积法则, v 在 (8.30) 中是一个合法的检验函数, 并且还有

$$Dv = 2\eta D\eta\overline{u}^{\beta} + \beta\eta^2\overline{u}^{\beta-1}Du, \tag{8.49}$$

于是代入 (8.30) 就得到

$$\begin{aligned}&\beta\int_\Omega \eta^2\overline{u}^{\beta-1}Du\cdot\mathbf{A}(x,u,Du)dx + 2\int_\Omega \eta D\eta\cdot\mathbf{A}(x,u,Du)\overline{u}^{\beta}dx \\ &\quad - \int_\Omega \eta^2\overline{u}^{\beta}B(x,u,Du)dx \\ &\leqslant 0 \text{ 若 } u \text{ 是一个下解}, \\ &\geqslant 0 \text{ 若 } u \text{ 是一个上解}.\end{aligned} \tag{8.50}$$

用结构不等式 (8.44), 对任何 $0<\varepsilon\leqslant 1$, 我们能估计

$$\begin{aligned}\eta^2\overline{u}^{\beta-1}Du\cdot\mathbf{A}(x,u,Du) &\geqslant \eta^2\overline{u}^{\beta-1}|Du|^2 - \overline{b}\eta^2\overline{u}^{\beta+1}, \\ |\eta D\eta\cdot\mathbf{A}(x,u,Du)\overline{u}^{\beta}| &\leqslant |\mathbf{a}|\eta|D\eta|\overline{u}^{\beta}|Du| + 2\overline{b}^{1/2}\eta|D\eta|\overline{u}^{\beta+1} \\ &\leqslant \frac{\varepsilon}{2}\eta^2\overline{u}^{\beta-1}|Du|^2 + \left(1+\frac{|\mathbf{a}|^2}{2\varepsilon}\right)|D\eta|^2\overline{u}^{\beta+1} + \overline{b}\eta^2\overline{u}^{\beta+1}, \\ |\eta^2\overline{u}^{\beta}B(x,u,Du)| &\leqslant \varepsilon\eta^2\overline{u}^{\beta-1}|Du|^2 + \frac{1}{\varepsilon}\overline{b}\eta^2\overline{u}^{\beta+1}.\end{aligned} \tag{8.51}$$

以后我们假定, 如果 u 是一个下解, 则 $\beta>0$, 如果 u 是一个上解, 则 $\beta<0$. 选 $\varepsilon=\min\{1,|\beta|/4\}$, 于是从 (8.50) 和 (8.51) 得到

$$\int_\Omega \eta^2\overline{u}^{\beta-1}|Du|^2dx \leqslant C(|\beta|)\int_\Omega (\overline{b}\eta^2 + (1+|\mathbf{a}|^2)|D\eta|^2)\overline{u}^{\beta+1}dx, \tag{8.52}$$

其中若 $|\beta|$ 有正下界, 则 $C(|\beta|)$ 是有界的. 现在, 引进如下定义的函数 w 是方便的:

$$w = \begin{cases}\overline{u}^{(\beta+1)/2}, & \text{若 } \beta\neq -1, \\ \log\overline{u}, & \text{若 } \beta = -1.\end{cases}$$

令 $\gamma=\beta+1$, 我们可以改写 (8.52) 为

$$\int_\Omega |\eta Dw|^2dx \leqslant \begin{cases} C(|\beta|)\gamma^2\int_\Omega (\overline{b}\eta^2 + (1+|\mathbf{a}|^2)|D\eta|^2)w^2dx, & \text{若 } \beta\neq -1, \\ C\int_\Omega (\overline{b}\eta^2 + (1+|\mathbf{a}|^2)|D\eta|^2)dx, & \text{若 } \beta = -1.\end{cases} \tag{8.53}$$

由 (8.53) 的第一部分即可推导所要的迭代过程. 因为从 Sobolev 不等式 (7.26) 我们有

$$\|\eta w\|^2_{2\hat{n}/(\hat{n}-2)} \leqslant C\int_\Omega (|\eta Dw|^2 + |wD\eta|^2)dx,$$

其中 $\hat{n}=n$ (对 $n>2$), $2<\hat{n}<q$ 且 $C=C(\hat{n})$. 利用 Hölder 不等式 (7.7), 通过内插不等式 (7.10), 我们得到, 对任何 $\varepsilon>0$,

$$\begin{aligned}\int_\Omega \bar{b}(\eta w)^2dx &\leqslant \|\bar{b}\|_{q/2}\|\eta w\|^2_{2q/(q-2)}\\ &\leqslant \|\bar{b}\|_{q/2}(\varepsilon\|\eta w\|_{2\hat{n}/(\hat{n}-2)}+\varepsilon^{-\sigma}\|\eta w\|_2)^2,\end{aligned}$$

其中 $\sigma=\hat{n}/(q-\hat{n})$. 因此, 代入 (8.53) 并适当选择 ε, 即得

$$\|\eta w\|_{2\hat{n}/(\hat{n}-2)}\leqslant C(1+|\gamma|^{\sigma+1})\|(\eta+|D\eta|)w\|_2, \tag{8.54}$$

其中 $C=C(\hat{n},\Lambda,\nu,q,|\beta|)$ 当 $|\beta|$ 有正下界时是有界的. 现在需要更精确地规定截断函数 η. 设 r_1,r_2 满足 $1\leqslant r_1<r_2\leqslant 3$, 并在 B_{r_1} 中令 $\eta\equiv 1$, 在 $\Omega-B_{r_2}$ 中令 $\eta\equiv 0$ 而 $|D\eta|\leqslant 2/(r_2-r_1)$. 记 $\chi=\hat{n}/(\hat{n}-2)$, 于是从 (8.54) 得

$$\|w\|_{L^{2\chi}(B_{r_1})}\leqslant \frac{C|\gamma|(1+|\gamma|^\sigma)}{r_2-r_1}\|w\|_{L^3(B_{r_2})}. \tag{8.55}$$

对 $r<4$ 和 $p\neq 0$, 现在我们引进量

$$\Phi(p,r)=\left(\int_{B_r}|\overline{u}|^pdx\right)^{1/p}. \tag{8.56}$$

由习题 7.1, 我们有

$$\begin{aligned}\Phi(\infty,r)&=\lim_{p\to\infty}\Phi(p,r)=\sup_{B_r}\overline{u},\\ \Phi(-\infty,r)&=\lim_{p\to-\infty}\Phi(p,r)=\inf_{B_r}\overline{u}.\end{aligned}$$

从不等式 (8.55), 现在我们得

$$\begin{aligned}\Phi(\chi\gamma,r_1)&\leqslant\left(\frac{C|\gamma|(1+|\gamma|^\sigma)}{r_2-r_1}\right)^{2/|\gamma|}\Phi(\gamma,r_2),\quad 若\ \gamma>0,\\ \Phi(\gamma,r_2)&\leqslant\left(\frac{C|\gamma|(1+|\gamma|^\sigma)}{r_2-r_1}\right)^{2/|\gamma|}\Phi(\chi\gamma,r_1),\quad 若\ \gamma<0.\end{aligned} \tag{8.57}$$

反复应用这些不等式即可得到所需要的估计. 例如, 当 u 是一个下解时我们有 $\beta>0$ 和 $\gamma>1$. 因此, 取 $p>1$, 令 $\gamma=\gamma_m=\chi^m p$ 和 $r_m=1+2^{-m}, m=0,1,\ldots$. 于是, 由不等式 (8.57),

$$\begin{aligned}\Phi(\chi^m p,1)&\leqslant (C\chi)^{2(1+\sigma)\sum m\chi^{-m}}\Phi(p,2)\\ &=C\Phi(p,2),\quad C=C(\hat{n},\Lambda,\nu,q,p).\end{aligned}$$

从而, 令 $m \to \infty$, 我们有

$$\sup_{B_1} \overline{u} \leqslant C\|\overline{u}\|_{L^p(B_2)}, \tag{8.58}$$

而且, 用交换: $x \to x/R$, 估计式 (8.46) 就被证明了. 对于 u 是上解的情形, 即当 $\beta < 0$ 且 $\gamma < 1$ 时, 我们可以用类似的方法证明, 对任何满足 $0 < p_0 < p < \chi$ 的 p, p_0,

$$\begin{aligned} &\Phi(p,2) \leqslant C\Phi(p_0,3), \\ &\Phi(-p_0,3) \leqslant C\Phi(-\infty,1), \quad C = C(\hat{n},\Lambda,q,p,p_0). \end{aligned} \tag{8.59}$$

如果我们能证明对某个 $p_0 > 0$ 有

$$\Phi(p_0,3) \leqslant C\Phi(-p_0,3), \tag{8.60}$$

则定理 8.18 的结论就可推出.

为了建立 (8.60), 我们借助估计 (8.53) 的第二式. 设 B_{2r} 是任一半径为 $2r$ 的球. 它落在 $B_4(= B_4(y))$ 中, 并选截断函数 η, 使在 B_r 中 $\eta \equiv 1$, 在 $\Omega - B_4$ 中 $\eta \equiv 0$, 并且 $|D\eta| \leqslant 2/r$. 从 (8.53), 借助于 Hölder 不等式 (7.7), 于是得到

$$\begin{aligned} \int_{B_r} |Dw| dx &\leqslant Cr^{n/2}\left(\int_{B_r} |Dw|^2 dx\right)^{1/2} \\ &\leqslant Cr^{n-1}, \quad C = C(n,\Lambda,\nu). \end{aligned} \tag{8.61}$$

因此, 由定理 7.21, 存在一个依赖于 n, Λ 和 ν 的常数 $p_0 > 0$, 使得对于

$$w_0 = \frac{1}{|B_3|}\int_{B_3} w dx,$$

有

$$\int_{B_3} e^{p_0|w-w_0|} dx \leqslant C(n,\Lambda,\nu),$$

因而

$$\int_{B_3} e^{p_0 w} dx \int_{B_3} e^{-p_0 w} dx \leqslant Ce^{p_0 w_0} e^{-p_0 w_0} = C.$$

回忆 w 的定义, 我们便得到估计 (8.60), 并且推出 $R = 1$ 和 $k > 0$ 时的定理 8.18, 而完全的结果可通过变换: $x \mapsto x/R$ 并令 k 趋于 0 来得到. □

方程 $Lu = 0$ 的下解的强最大值原理, $Lu = 0$ 的解的 Harnack 不等式以及方程 (8.3) 的解的局部 Hölder 连续性全都可以作为弱 Harnack 不等式的推论导出, 我们依次来讨论这些有趣的局部结果.

8.7. 强最大值原理

定理 8.19 设算子 L 满足条件 (8.5), (8.6) 和 (8.8), 并设 $u \in W^{1,2}(\Omega)$ 在 Ω 中满足 $Lu \geqslant 0$. 如果对某个球 $B \subset\subset \Omega$ 有

$$\sup_B u = \sup_\Omega u \geqslant 0, \tag{8.62}$$

那么函数 u 必在 Ω 中为常数, 并且当 $u \not\equiv 0$ 时 (8.9) 中的等式成立.

证明 记 $B = B_R(y)$, 不失一般性可以假定 $B_{4R}(y) \subset \Omega$. 设 $M = \sup\limits_\Omega u$ 并应用当 $p = 1$ 时的弱 Harnack 不等式到上解 $v = M - u$ 上. 这样我们得到

$$R^{-n} \int_{B_{2R}} (M-u)dx \leqslant C \inf_B (M-u) = 0.$$

由此在 B_{2R} 中 $u \equiv M$, 通过与定理 2.2 类似的论证, 即得在 Ω 中 $u \equiv M$. □

定理 8.19 表明在适当的广义意义下, $Lu = 0$ 的下解不能具有内部正最大值. 对连续的下解, 这个陈述化为通常的古典定理. 请注意, 用 $-u$ 代替 u 立即得到 $Lu = 0$ 的上解的强最小值原理, 而 $C^0(\Omega)$ 下解的弱最大值原理 (定理 8.1) 则是一个直接推论.

8.8. Harnack 不等式

结合定理 8.17 和 8.18, 我们得到完整的 Harnack 不等式.

定理 8.20 设算子 L 满足条件 (8.5) 和 (8.6), 并设 $u \in W^{1,2}(\Omega)$ 满足在 Ω 中 $u \geqslant 0$ 和在 Ω 中 $Lu = 0$. 则对任何球 $B_{4R}(y) \subset \Omega$, 有

$$\sup_{B_R(y)} u \leqslant C \inf_{B_R(y)} u, \tag{8.63}$$

其中 $C = C(n, \Lambda/\lambda, \nu R)$.

考察估计式 (8.54) 和 (8.61) 中常数 C 关于 Λ 的依赖性表明: (8.63) 中的常数 C 能用下式估计:

$$C \leqslant C_0^{(\Lambda/\lambda + \nu R)}, \quad C_0 = C_0(n).$$

当矩阵 $\mathbf{a}$ 对称时, 这个估计还可以进一步改进 (见习题 8.3). 通过类似于定理 2.5 的论证, 我们可以从定理 8.20 推出 Harnack 不等式的下述形式.

推论 8.21 设 L 和 u 满足定理 8.20 的假设, 则对任何 $\Omega' \subset\subset \Omega$, 我们有

$$\sup_{\Omega'} u \leqslant C \inf_{\Omega'} u, \tag{8.64}$$

其中 $C = C(n, \Lambda/\lambda, \nu, \Omega', \Omega)$.

8.9. Hölder 连续性

下面的结果对二阶拟线性方程理论来说是基本的. 事实上, De Giorgi [DG1] 和 Nash [NA] 对于形如 $Lu = D_i(a^{ij}(x)D_j u)$ 的算子发现了这些结果就从本质上开辟了多于两个变量的拟线性方程的理论.

定理 8.22 设算子 L 满足条件 (8.5), (8.6), 并假定对某个 $q > n, f^i \in L^q(\Omega), i = 1, \ldots, n, g \in L^{q/2}(\Omega)$. 如果 u 是方程 (8.3) 在 Ω 中的一个 $W^{1,2}(\Omega)$ 解, 那么推出 u 在 Ω 中局部 Hölder 连续, 并且对任何球 $B_0 = B_{R_0}(y) \subset \Omega$ 和 $R \leqslant R_0$, 有

$$\underset{B_R(y)}{\operatorname{osc}}\ u \leqslant CR^\alpha (R_0^{-\alpha} \sup_{B_0} u + k), \tag{8.65}$$

其中 $C = C(n, \Lambda/\lambda, \nu, q, R_0), \boldsymbol{\alpha} = \alpha(n, \Lambda/\lambda, \nu R_0, q)$ 都是正常数, 而 $k = \lambda^{-1}\{\|\mathbf{f}\|_q + \|g\|_{q/2}\}$.

证明 不失一般性可假定 $R \leqslant R_0/4$. 记 $M_0 = \sup_{B_0} |u|, M_4 = \sup_{B_{4R}} u, m_4 = \inf_{B_{4R}} u, M_1 = \sup_{B_R} u, m_1 = \inf_{B_R} u$. 于是有

$$L(M_4 - u) = M_4(D_i b^i + d) - D_i f^i - g,$$
$$L(u - m_4) = -m_4(D_i b^i + d) + D_i f^i + g.$$

因此, 如果令

$$\overline{k}(R) = \lambda^{-1} R^\delta (\|\mathbf{f}\|_q + M_0 \|\mathbf{b}\|_q) + \lambda^{-1} R^{2\delta} (\|g\|_{q/2} + M_0 \|d\|_{q/2}),$$
$$\delta = 1 - n/q,$$

并在 B_{4R} 中应用当 $p = 1$ 时的弱 Harnack 不等式 (8.47) 到函数 $M_4 - u, u - m_4$ 上, 就得到

$$R^{-n} \int_{B_{2R}} (M_4 - u) dx \leqslant C(M_4 - M_1 + \overline{k}(R)),$$
$$R^{-n} \int_{B_{2R}} (u - m_4) dx \leqslant C(m_1 - m_4 + \overline{k}(R)).$$

相加后得

$$M_4 - m_4 \leqslant C(M_4 - m_4 + m_1 - M_1 + \overline{k}(R)),$$

于是, 记 $\omega(R) = \underset{B_R}{\operatorname{osc}}\, u = M_1 - m_1$, 便有

$$\omega(R) \leqslant \gamma \omega(4R) + \overline{k}(R),$$

其中 $\gamma = 1 - C^{-1}, C = C(n, \Lambda/\lambda, \nu R_0, q)$. 于是下面的简单引理蕴涵所要的结果. □

引理 8.23 设 ω 是区间 $(0, R_0]$ 上的一个非减函数, 对所有的 $R \leqslant R_0$, 满足不等式

$$\omega(\tau R) \leqslant \gamma\omega(R) + \sigma(R), \tag{8.66}$$

其中 σ 也是非减的并且 $0 < \gamma, \tau < 1$. 那么对任何 $\mu \in (0,1)$ 和 $R \leqslant R_0$, 我们有

$$\omega(R) \leqslant C\left(\left(\frac{R}{R_0}\right)^{\alpha}\omega(R_0) + \sigma(R^{\mu}R_0^{1-\mu})\right), \tag{8.67}$$

其中 $C = C(\gamma, \tau)$ 和 $\alpha = \alpha(\gamma, \tau, \mu)$ 都是正常数.

证明 一开始固定某个数 $R_1 \leqslant R_0$. 因 σ 非减, 故对任何 $R \leqslant R_1$, 有

$$\omega(\tau R) \leqslant \gamma\omega(R) + \sigma(R_1).$$

反复使用这个不等式便对任何正整数 m, 得到

$$\begin{aligned}\omega(\tau^m R_1) &\leqslant \gamma^m\omega(R_1) + \sigma(R_1)\sum_{i=0}^{m-1}\gamma^i \\ &\leqslant \gamma^m\omega(R_0) + \frac{\sigma(R_1)}{1-\gamma}.\end{aligned}$$

对任何 $R \leqslant R_1$, 可选 m 使得

$$\tau^m R_1 < R \leqslant \tau^{m-1}R_1.$$

因此

$$\begin{aligned}\omega(R) &\leqslant \omega(\tau^{m-1}R_1) \\ &\leqslant \gamma^{m-1}\omega(R_0) + \frac{\sigma(R_1)}{1-\gamma} \\ &\leqslant \frac{1}{\gamma}\left(\frac{R}{R_1}\right)^{\log\gamma/\log\tau}\omega(R_0) + \frac{\sigma(R_1)}{1-\gamma}.\end{aligned}$$

现在令 $R_1 = R_0^{1-\mu}R^{\mu}$, 于是, 从上式有

$$\omega(R) \leqslant \frac{1}{\gamma}\left(\frac{R}{R_0}\right)^{(1-\mu)(\log\gamma/\log\tau)}\omega(R_0) + \frac{\sigma(R_0^{1-\mu}R^{\mu})}{1-\gamma}.$$ □

定理 8.22 可以通过取 μ 满足 $(1-\mu)\log\gamma/\log\tau < \mu\delta$ 而得到. 基于定理 8.17 而非定理 8.18 的另外一种证明见习题 8.6.

结合定理 8.17 和 8.22, 对方程 (8.3) 的弱解有以下的内部 Hölder 估计.

定理 8.24　设算子 L 满足条件 (8.5) 和 (8.6), 并假定对某个 $q > n, f^i \in L^q(\Omega), i = 1, \ldots, n, g \in L^{q/2}(\Omega)$. 如果 $u \in W^{1,2}(\Omega)$ 在 Ω 中满足方程 (8.3), 那么对任何 $\Omega' \subset\subset \Omega$, 有估计

$$\|u\|_{C^\alpha(\overline{\Omega'})} \leqslant C(\|u\|_{L^2(\Omega)} + k), \tag{8.68}$$

其中 $C = C(n, \Lambda/\lambda, \nu, q, d'), d' = \mathrm{dist}\,(\Omega', \partial\Omega), \boldsymbol{\alpha} = \alpha(n, \Lambda/\lambda, \nu d') > 0, k = \lambda^{-1}(\|\mathbf{f}\|_q + \|g\|_{q/2})$.

证明　在定理 8.22 中取 $R_0 = d'$, 并用定理 8.17 去估计 $\sup|u|$, 便得估计式 (8.68). □

附注　从上面的证明中清楚地看出, 估计式 (8.46), (8.47) 和 (8.63) 中的常数 C 关于变量 νR 是非减的, (8.65) 中的常数 C 关于 R_0 非减, (8.65) 和 (8.68) 中的常数 α 分别关于变量 νR_0 和 $\nu d'$ 非增. 当 $\nu = 0$ 时, (8.46), (8.47) 和 (8.63) 中的常数 C 和 (8.65), (8.68) 中的 α 将不依赖于 R, R_0 和 d', 因而不依赖于包含在定理 8.17, 8.18, 8.20, 8.22 和 8.24 断言中的区域.

8.10.　在边界处的局部估计

前面关于 $W^{1,2}(\Omega)$ 函数在边界 $\partial\Omega$ 上不等的定义能够用下面的方法来推广. 设 T 是 $\overline{\Omega}$ 的任一子集, u 是一个 $W^{1,2}(\Omega)$ 函数. 如果 u^+ 是 $C_0^1(\overline{\Omega} - T)$ 中的一个函数序列在 $W^{1,2}(\Omega)$ 中的极限, 那么我们就说, 在 $W^{1,2}(\Omega)$ 的意义下, 在 T 上 $u \leqslant 0$. 我们看出, 若 u 在 T 上连续, 则这个定义等价于通常意义下在 T 上 $u \leqslant 0$. 当 $T = \partial\Omega$ 时, 这个定义与 8.1 节中的定义一致. 其他的在 T 上不等的定义可以像前面已指明的那样, 从这定义推出. 我们将建立定理 8.17 和 8.18 的下述推广.

定理 8.25　设算子 L 满足 (8.5), (8.6), 并假定对某个 $q > n, f^i \in L^q(\Omega), i = 1, 2, \ldots, n, g \in L^{q/2}(\Omega)$. 如果 u 是方程 (8.3) 在 Ω 中的一个 $W^{1,2}(\Omega)$ 下解, 那么对任何 $y \in \mathbb{R}^n, R > 0$ 和 $p > 1$, 我们有

$$\sup_{B_R(y)} u_M^+ \leqslant C(R^{-n/p}\|u_M^+\|_{L^p(B_{2R}(y))} + k(R)), \tag{8.69}$$

其中 $M = \sup\limits_{\partial\Omega \cap B_{2R}} u^+$,

$$u_M^+(x) = \begin{cases} \sup\{u(x), M\}, & x \in \Omega, \\ M, & x \notin \Omega, \end{cases}$$

而 k 由 (8.45) 给出, $C = C(n, \Lambda/\lambda, \nu R, q, p)$.

定理 8.26 设算子 L 满足条件 (8.5), (8.6), 并假定对某个 $q > n, f^i \in L^q(\Omega), g \in L^{q/2}(\Omega)$, 如果 u 是方程 (8.3) 在 Ω 中的一个 $W^{1,2}(\Omega)$ 上解, 并且对某个球 $B_{4R}(y) \subset \mathbb{R}^n, u$ 在 $\Omega \cap B_{4R}(y)$ 中非负, 那么对任何满足 $1 \leqslant p < n/(n-2)$ 的 p 有

$$R^{-n/p}\|u_m^-\|_{L^p(B_{2R}(y))} \leqslant C(\inf_{B_R(y)} u_m^- + k(R)), \tag{8.70}$$

其中 $m = \inf\limits_{\partial\Omega\cap B_{4R}} u$,

$$u_m^- = \begin{cases} \inf\{u(x), m\}, & x \in \Omega, \\ m, & x \notin \Omega, \end{cases}$$

且 $C = C(n, \Lambda/\lambda, \nu R, q, p)$.

证明 我们将定理 8.17 和 8.18 的证明作如下的化简. 若 u 是一个下解, 令 $\overline{u} = u_m^+ + k$, 若 u 是一个上解, 令 $\overline{u} = u_m^- + k$. 然后选

$$v = \eta^2 \begin{cases} \overline{u}^\beta - (M+k)^\beta, & \beta > 0, \\ \overline{u}^\beta - (m+k)^\beta, & \beta < 0 \end{cases} \tag{8.71}$$

作为积分不等式 (8.30) 中的检验函数. 其中 $\eta \in C_0^1(B_{4R})$ 还待进一步规定. 因为在 v 的支集上, 对 $\overline{z} = \overline{u}$ 和 $p = Du$, 结构不等式 (8.44) 成立, 且因为 $v \leqslant \eta^2\overline{u}^\beta$, 故可再次对 $\overline{u}$ 导出估计式 (8.52). 然后, 像在定理 8.17 和 8.18 的证明中一样, 可以得到所需要的估计式 (8.69) 和 (8.70). □

除非对区域 Ω 加某些限制, 否则从定理 8.26 不能导出全局连续性的结果. 如果存在一个顶点在 $x_0 \in \partial\Omega$ 的有限正圆锥 $V = V_{x_0}$. 使得 $\overline{\Omega} \cap V_{x_0} = x_0$, 我们就说 Ω 在点 x_0 满足外部锥条件. 显然, 每当外部球条件成立时, 外部锥条件也是满足的. 现在, 我们有 Hölder 估计 (8.65) 的下列推广.

定理 8.27 设算子 L 满足条件 (8.5), (8.6), 并假定对某个 $q > n, f^i \in L^q(\Omega), i = 1, \ldots, n, g \in L^{q/2}(\Omega)$. 如果 u 是方程 (8.3) 在 Ω 中的一个 $W^{1,2}(\Omega)$ 解, 并且 Ω 在点 $x_0 \in \partial\Omega$ 满足外部锥条件, 那么对任何 $0 < R \leqslant R_0$ 和 $B_0 = B_{R_0}(x_0)$, 有

$$\operatorname*{osc}_{\Omega\cap B_R} u \leqslant C(R^\alpha(R_0^{-\alpha} \sup_{\Omega\cap B_0} |u| + k) + \sigma(\sqrt{RR_0})), \tag{8.72}$$

其中 $\sigma(R) = \operatorname*{osc}\limits_{\partial\Omega\cap B_R(x_0)} u, C = C(n, \Lambda/\lambda, \nu, q, R_0, V_{x_0}), \alpha = \alpha(n, \Lambda/\lambda, \nu R_0, q, V_{x_0})$ 是正常数.

以后我们对任何 R 将用缩写 $\Omega \cap B_R(x_0) = \Omega_R, \partial\Omega \cap B_R(x_0) = (\partial\Omega)_R$, 而将点 $x_0 \in \partial\Omega$ 省略.

证明 我们遵循定理 8.22 的证明. 一开始假定 $R \leqslant \inf\{R_0/4, V_{x_0}$ 的高度$\}$并记 $M_0 = \sup\limits_{\Omega_{R_0}}|u|, M_4 = \sup\limits_{\Omega_{4R}} u, m_4 = \inf\limits_{\Omega_{4R}} u, M_1 = \sup\limits_{\Omega_R} u, m_1 = \inf\limits_{\Omega_R} u$. 于是, 在 $B_{4R}(x_0)$ 中将估计式 (8.70) 用于函数 $M_4 - u, u - m_4$ 中的每一个, 我们得到

$$\begin{aligned}(M_4 - M)\frac{|B_{2R}(x_0) - \Omega|}{R^n} &\leqslant R^{-n}\int_{B_{2R}(x_0)}(M_4 - u)^-{}_{M_4-M}dx \\ &\leqslant C(M_4 - M_1 + \overline{k}(R)), \\ (m - m_4)\frac{|B_{2R}(x_0) - \Omega|}{R^n} &\leqslant R^{-n}\int_{B_{2R}(x_0)}(u - m_4)^-{}_{m-m_4}dx \\ &\leqslant C(m_1 - m_4 + \overline{k}(R)),\end{aligned}$$

其中 $M = \sup\limits_{(\partial\Omega)_{4R}} u, m = \inf\limits_{(\partial\Omega)_{4R}} u$. 因此, 利用外部锥条件我们有

$$\begin{aligned}M_4 - M &\leqslant C(M_4 - M_1 + \overline{k}(R)), \\ m - m_4 &\leqslant C(m_1 - m_4 + \overline{k}(R)),\end{aligned}$$

所以相加得

$$\underset{\Omega_R}{\operatorname{osc}}\, u \leqslant \gamma \underset{\Omega_{4R}}{\operatorname{osc}}\, u + \overline{k}(R) + \underset{(\partial\Omega)_{4R}}{\operatorname{osc}}\, u,$$

其中 $\gamma = 1 - 1/C, C = C(n, \Lambda/\lambda, \nu R_0, q, V_{x_0})$. 于是估计式 (8.72) 从引理 8.23 推出. □

如果定理 8.27 的假设条件被满足, 并且当 $R \to 0$ 时, $\sigma(R) \to 0$, 则估计式 (8.72) 蕴涵着 $u(x_0) = \lim\limits_{x \to x_0} u(x)$ 是有明确定义的. 于是立即可以从定理 8.22 和 8.27 得到下面的全局连续性结果.

推论 8.28 若在定理 8.27 的假设条件之外再假定 Ω 在每一点 $x_0 \in \partial\Omega$ 都满足外部锥条件, 而且对所有的 $x_0 \in \partial\Omega$, 当 $R \to 0$ 时, $\underset{\partial\Omega \cap B_R(x_0)}{\operatorname{osc}}\, u \to 0$. 则函数 u 在 Ω 中一致连续.

若对区域 Ω 进一步再加一些限制, 一致 Hölder 估计也可以从定理 8.27 得到. 即如果 Ω 在每点 $x_0 \in T \subset \partial\Omega$ 满足外部锥条件, 且锥 V_{x_0} 都和某一个固定的锥 V 全等. 则我们说 Ω 在 $T \subset \partial\Omega$ 满足一致外部锥条件. 于是, 我们能够断言定理 8.24 的下述推广.

定理 8.29 设算子 L 满足条件 (8.5), (8.6), 对某个 $q > n, f^i \in L^q(\Omega), i = 1, \ldots, n, g \in L^{q/2}(\Omega)$, 并假定 Ω 在边界部分 T 上满足一致外部锥条件. 如果 $u \in W^{1,2}(\Omega)$ 在 Ω 中满足方程 (8.3), 并且存在常数 $K, \alpha_0 > 0$ 使得

$$\underset{\partial\Omega \cap B_R(x_0)}{\operatorname{osc}}\, u \leqslant KR^{\alpha_0}, \quad \forall x_0 \in T, R > 0,$$

那么由此推出, 对某个 $\alpha > 0, u \in C^{\alpha}(\Omega \cup T)$, 并且对任何 $\Omega' \subset\subset \Omega \cup T$,

$$\|u\|_{C^{\alpha}(\Omega')} \leqslant C(\sup_{\Omega}|u| + K + k), \tag{8.73}$$

其中 $\alpha = \alpha(n, \Lambda/\lambda, \nu d', V, q, \alpha_0), C = C(n, \Lambda/\lambda, \nu, V, q, \alpha_0, d')$,

$$d' = \operatorname{dist}(\Omega', \partial\Omega - T) \quad 以及 \quad k = \lambda^{-1}(\|\mathbf{f}\|_q + \|g\|_{q/2}).$$

若 $\Omega' = \Omega$, 则 d' 用 $\operatorname{diam}\Omega$ 代替.

证明 设 $y \in \Omega', \delta = \operatorname{dist}(y, \partial\Omega) < d'$. 由当 $R_0 = \delta$ 时的定理 8.22, 对任何 $x \in B_\delta$, 我们有

$$\frac{|u(x) - u(y)|}{|x - y|^{\alpha}} \leqslant C(\delta^{-\alpha}\sup_{B_\delta}|u| + k).$$

现在选 $x_0 \in \partial\Omega$ 使 $|x_0 - y| = \delta$. 由当 $R = 2\delta, R_0 = 2d'$ 时的估计式 (8.72), 假如 $2\alpha \leqslant \alpha_0$, 那么有

$$\delta^{-\alpha}\operatorname*{osc}_{B_\delta} u \leqslant \delta^{-\alpha}\operatorname*{osc}_{\Omega_{2\delta}} u \leqslant C(\sup_{\Omega}|u| + k + K).$$

因此对任何 $x \in B_\delta(y)$, 我们有

$$\frac{|u(x) - u(y)|}{|x - y|^{\alpha}} \leqslant C(\sup_{\Omega}|u| + k + K). \tag{8.74}$$

再使用当 $R = 2|x-y|, R_0 = 2d'$ 时的估计 (8.72), 我们知道 (8.74) 对 $d' \geqslant |x-y| \geqslant \delta$ 也成立. □

实际上, 上面的定理把内部和边界上分开的 Hölder 估计结合为一个部分内部 Hölder 估计或全局 Hölder 估计. 注意, 如果 $u, v \in W^{1,2}(\Omega)$, 且 $u-v \in W_0^{1,2}(\Omega)$, 那么只要 $v \in C^0(\overline{\Omega})$, 当 $R \to 0$ 时, 就对所有的 $y \in \partial\Omega$ 有 $\operatorname*{osc}_{\partial\Omega \cap B_R(y)} u \to 0$, 而只要 $v \in C^{\alpha_0}(\overline{\Omega})$, 就对所有的 $y \in \partial\Omega, R > 0$ 有 $\operatorname*{osc}_{\partial\Omega \cap B_R(y)} u \leqslant KR^{\alpha_0}$. 在定理 8.24 后面关于估计式 (8.69), (8.70) 中常数 C 和关于估计式 (8.72), (8.73) 中 α 的附注当然也是适用的.

对于连续边值, 方程 (8.3) 的存在定理可从定理 8.3 和推论 8.28 得到.

定理 8.30 设算子 L 满足条件 (8.5), (8.6), (8.8), 并且对某个 $q > n, f^i \in L^q(\Omega), g \in L^{q/2}(\Omega)$. 又假设 Ω 在 $\partial\Omega$ 的每点都满足外部锥条件. 那么对 $\varphi \in C^0(\partial\Omega)$, 存在唯一的函数 $u \in W_{\mathrm{loc}}^{1,2}(\Omega) \cap C^0(\overline{\Omega})$ 满足在 Ω 内 $Lu = g + D_i f^i$, 在 $\partial\Omega$ 上 $u = \varphi$.

证明 设 $\{\varphi_m\}$ 是 $C^1(\overline{\Omega})$ 中的一个序列, 在 $\partial\Omega$ 上 $\{\varphi_m\}$ 一致收敛到 φ. 根据定理 8.3 和推论 8.28, 在 $W^{1,2}(\Omega)\cap C^0(\overline{\Omega})$ 中存在一个序列 $\{u_m\}$, 使得在 Ω 中 $Lu_m = g + D_i f^i$, 在 $\partial\Omega$ 上 $u_m = \varphi_m$. 由定理 8.1, 当 $m_1, m_2 \to \infty$ 时, 我们有

$$\sup_{\Omega} |u_{m_1} - u_{m_2}| \leqslant \sup_{\partial\Omega} |\varphi_{m_1} - \varphi_{m_2}| \to 0,$$

所以 $\{u_m\}$ 一致收敛到一个函数 $u \in C^0(\overline{\Omega})$, 在 $\partial\Omega$ 上满足 $u = \varphi$. 而且由估计 (8.52), 对任何 $\Omega' \subset\subset \Omega$, 我们就有

$$\int_{\Omega'} |D(u_{m_1} - u_{m_2})|^2 dx \to 0, \quad \text{当 } m_1, m_2 \to \infty \text{ 时}.$$

由此 $u \in W^{1,2}_{\mathrm{loc}}(\Omega)$ 并且在 Ω 中满足方程 (8.3). 解 u 的唯一性可通过在区域 $\Omega' \subset\subset \Omega$ 中应用定理 8.1 推知. □

Wiener 准则 如果我们在定理 8.30 中不限制区域, 那么从上面的步骤我们将得到一个有界函数 $u \in C^0(\Omega) \cap W^{1,2}_{\mathrm{loc}}(\Omega)$, 在 Ω 内满足 $Lu = g + D_i f^i$, 此外, 如果 Ω 在 $x_0 \in \partial\Omega$ 满足外锥条件, 则当 $x \to x_0$ 时, $u(x) \to \varphi(x_0)$. 任何点 $x_0 \in \partial\Omega$, 如果对于任意选取的 φ, g, f^i 都有当 $x \to x_0$ 时, $u(x) \to \varphi(x_0)$, 则称 x_0 是算子 L 的正则点. 利用在 [HR] 或 [LSW] 中的方法能够证明对于 L 的正则点和在第 2 章定义的 Laplace 算子的正则点一致. 这里也可以应用第 6 章中的闸函数考虑. 还要指出, 从定理 8.27 的证明推知外锥条件可以放松为条件

$$\liminf_{R\to 0} \frac{|B_R(x_0) - \Omega|}{R^n} > 0. \tag{8.75}$$

更一般地, 我们能够建立对于正则点的 Wiener 准则 (2.37) 的充分性. 为了实现这一目标, 我们首先证明类似于弱 Harnack 不等式 (定理 8.18 和 8.26) 的估计, 但是包含了上解的梯度. 我们首先考虑内部情形, 并且相应地假定定理 8.18 的条件满足. 从定理 8.18 的证明 (特别是 (8.52)) 结合 (8.47) 显然还可以得到估计

$$\left(R^{2-n}\int_{B_{2R}} (\overline{u})^{-p}|Du|^2 dx\right)^{1/(2-p)} \leqslant C(\inf_{B_R} u + k(R)),$$

其中 $1 < p < n/(n-2)$, $C = C(n, \Lambda/\lambda, \nu R, q, p)$. 而由 Hölder 不等式,

$$\begin{aligned} R^{1-n}\int_{B_{2R}} |Du| &\leqslant \left(R^{-n}\int_{B_{2R}} (\overline{u})^{p}\right)^{1/2} \left(R^{2-n}\int_{B_{2R}} (\overline{u})^{-p}|Du|^2\right)^{1/2} \\ &\leqslant C\left(\inf_{B_R} u + k(R)\right), \end{aligned} \tag{8.76}$$

其中 $C = C(n, \Lambda/\lambda, \nu R, q)$, 如果 p 是固定的, 如取 $p = n/(n-1)$.

如果我们假设定理 8.26 的条件成立并且考虑它的证明, 则知 (8.76) 中的 u 可以换成 u_m^-, 因此

$$R^{1-n}\int_{\Omega\cap B_{2R}}|Du_m^-|\leqslant C\left(\inf_{\Omega\cap B_R}u_m^-+k(R)\right), \tag{8.77}$$

其中 $C=C(n,\Lambda/\lambda,\nu R,q)$. 为了往下推理, 我们取定一个截断函数 $\eta\in C_0^1(B_{2R})$, 使得 $0\leqslant\eta\leqslant 1$, 在 B_R 上 $\eta=1,|D\eta|\leqslant 2/R$, 然后把 $v=\eta^2(m-u_m^-)$ 作为检验函数代入 (8.30), 注意到

$$\text{如果 } B_{4R}\cap\partial\Omega\neq\varnothing, \text{则 } m=\sup_{B_{2R}}u_m^-,$$

以下我们假设 $B_{4R}\cap\partial\Omega\neq\varnothing$. 规范化 $R=1$ 并且利用条件 (8.5), (8.6), 我们得到

$$\int_{B_2}\eta^2|Du_m^-|^2dx\leqslant C(m+k)\int_{B_2}(\overline{u}+|D\overline{u}|)dx.$$

因此, 记

$$w=\eta u_m^-,$$

利用 (8.70) 和 (8.77), 我们有

$$\begin{aligned}\int_{B_2}|Dw|^2&\leqslant C(m+k)\int_{B_2}(\overline{u}+|D\overline{u}|)dx\\&\leqslant C(m+k)\left(\inf_{B_1}u_m^-+k\right).\end{aligned}$$

故对于一般的 R 我们有估计

$$R^{2-n}\int_{B_{2R}}|Dw|^2\leqslant C(m+k)\left(\inf_{B_R}u_m^-+k(R)\right). \tag{8.78}$$

回顾 (2.36) 我们知道集合 $B_R-\Omega$ 的容量由

$$\operatorname{cap}(B_R-\Omega)=\inf_{v\in K}\int|Dv|^2 \tag{8.79}$$

给定, 其中

$$K=\{v\in C_0^1(\mathbb{R}^n)|\quad \text{在}\quad B_R-\Omega \text{ 上 } v=1\}.$$

因为在 $B_R-\Omega$ 上 $u_m^-=m$, $C_0^1(\Omega)$ 在 $W_0^{1,2}(B_{2R})$ 中稠密, 并且利用 $\operatorname{cap}(B_R-\Omega)\leqslant CR^{n-2}$, 我们从 (8.78) 得到

$$mR^{2-n}\operatorname{cap}(B_R-\Omega)\leqslant C\inf_{B_R}(u_m^-+k(R)). \tag{8.80}$$

因此, 如果 u 是在 Ω 内方程 (8.3) 的解, 并且 $y=x_0\in\partial\Omega$, 使用定理 8.27 证明中的记号, 我们得到

$$\begin{aligned}(M_4-M)\chi(R)&\leqslant C(M_4-M_1+\overline{k}(R)),\\(m-m_4)\chi(R)&\leqslant C(m_1-m_4+\overline{k}(R)),\end{aligned}$$

其中

$$\chi(R)=R^{2-n}\mathrm{cap}\,(B_R-\Omega).$$

于是相加即得振幅估计

$$\underset{\Omega_R}{\mathrm{osc}}\,u\leqslant\left(1-\frac{\chi(R)}{C}\right)\underset{\Omega_{4R}}{\mathrm{osc}}\,u+\frac{\chi(R)}{C}\underset{(\partial\Omega)_{4R}}{\mathrm{osc}}\,u+\overline{k}(R). \tag{8.81}$$

我们留给读者去验证: 如果对于 $\lambda=1/4$ (2.37) 成立, 则 u 在 x_0 的连续模估计由 (8.81) 的迭代所确定, 其论证类似于引理 8.23 中的论证 (见习题 8.8). 于是我们能够陈述定理 8.30 的以下推广.

定理 8.31 设算子 L 满足条件 (8.5), (8.6), (8.8), 对于某个 $q>n$, $f^i\in L^q(\Omega), g\in L^{q/2}(\Omega)$, 并且假定 Wiener 条件 (2.37) 在 $\partial\Omega$ 的每个点成立. 则对于 $\varphi\in C^0(\partial\Omega)$, 存在唯一的函数 $u\in W^{1,2}_{\mathrm{loc}}(\Omega)\cap C^0(\overline{\Omega})$ 满足: 在 Ω 内 $Lu=g+D_if^i$, 在 $\partial\Omega$ 上 $u=\varphi$.

最后, 为了结束这一节我们注意 8.6 节至 8.10 节的结果当关于系数 $\mathbf{b}$, c 和 d 的条件 (8.6) 换成 $\mathbf{b}$, $c\in L^q(\Omega)$, $d\in L^{q/2}(\Omega), q>n$ 时仍然有效. 令

$$\begin{aligned}b&=\lambda^{-2}(|\mathbf{b}|^2+|\mathbf{c}|^2)+\lambda^{-1}d,\\\nu^2&=\|\overline{b}\|_{q/2},\end{aligned}$$

那么我们需要把定理 8.17 中的量 νR 换成 νR^δ. 在前面的某些局部结果中减弱一致和严格椭圆性二者也是有可能的 (参见 [TR4, 7], [FKS]).

8.11. 一阶导数的 Hölder 估计

当 (8.3) 中的主系数 Hölder 连续时, 存在性和正则性定理可以仿照第 6 章的 Schauder 理论来建立, 并且得到类似的结果. 出发点仍然是如下形式的 Poisson 方程

$$\Delta u=g+D_if^i. \tag{8.82}$$

如果 $g,f\in L^\infty(\Omega)$, 并且对于某个 $\alpha\in(0,1)$, $f\in C^\alpha(\Omega)$, 容易指出由

$$w(x)=\int_\Omega\Gamma(x-y)g(y)dy+\int_\Omega D_i\Gamma(x-y)f^i(y)dy,$$

给定的 (8.82) 右端的 Newton 位势是它的一个弱解, 因此 4.5 节的估计就可以应用到 (8.82) 的弱解 (参见习题 7.20). 我们特别提到内部和边界估计 (4.45) 和 (4.46). 引理 6.1 的推理表明

$$L_0u \equiv A^{ij}D_{ij}u = g + D_if^i$$

的弱解的估计同样成立, 其中 L_0 是常系数椭圆型算子.

现在我们可以采用 6.1 节的扰动技术到方程

$$Lu = g + D_if^i, \tag{8.83}$$

其中 L 由 (8.1) 给定. 对于任意点 $x_0 \in \Omega$, 我们把系数 a^{ij} "冻结" 在 x_0, 并且把方程改写成

$$\begin{aligned} a^{ij}(x_0)D_{ij}u &= D_i\{(a^{ij}(x_0) - a^{ij}(x))D_ju - b^i(x)u\} \\ &\quad - c^i(x)D_iu - d(x)u + g + D_if^i \\ &= G(x) + D_iF^i(x), \end{aligned} \tag{8.84}$$

其中

$$\begin{aligned} F^i(x) &= (a^{ij}(x_0) - a^{ij}(x))D_ju - b^i(x)u + f^i(x), \\ G(x) &= -c^i(x)D_iu - d(x)u + g(x). \end{aligned}$$

x_0 一旦固定, 这个方程就是 (8.82) 形式的方程, 其中 $f^i = F^i, g = G$.

下面我们假设 L 是满足条件 (8.5) 的严格椭圆型的, 其系数 $a^{ij}, b^i \in C^\alpha(\overline{\Omega})$, $c^i, d, g \in L^\infty(\Omega)$, 而 $f \in C^\alpha(\overline{\Omega})$. 假定

$$\max_{i,j=1,\dots,n}\{|a^{ij}, b^i|_{0,\alpha;\Omega}, |c^i, d|_{0;\Omega}\} \leqslant K. \tag{8.85}$$

则我们断定有下列内部和全局估计.

定理 8.32 设 $u \in C^{1,\alpha}(\Omega)$ 是 (8.83) 在有界区域 Ω 内的一个弱解. 则有

$$|u|_{1,\alpha;\Omega'} \leqslant C(|u|_{0;\Omega} + |g|_{0;\Omega} + |f|_{0,\alpha;\Omega}), \tag{8.86}$$

其中 $C = C(n, \lambda, K, d')$, λ 由 (8.5) 给定, K 由 (8.85) 给定, 而 $d' = \operatorname{dist}(\Omega', \partial\Omega)$.

定理 8.33 设 $u \in C^{1,\alpha}(\overline{\Omega})$ 是 (8.83) 在 $C^{1,\alpha}$ 区域 Ω 内的一个弱解, 满足在 $\partial\Omega$ 上 $u = \varphi$ 的边界条件, 其中 $\varphi \in C^{1,\alpha}(\overline{\Omega})$. 则有

$$|u|_{1,\alpha} \leqslant C(|u|_0 + |\varphi|_{1,\alpha} + |g|_0 + |f|_{0,\alpha}), \tag{8.87}$$

其中 $C = C(n, \lambda, K, \partial\Omega)$, 而 λ 和 K 同前.

这些结果的证明基本上跟定理 6.2 和 6.6 的证明相同. 只不过现在是基于应用到 (8.84) 的估计 (4.45) 和 (4.46), 我们注意到 (8.87) 的证明要归结为估计 (4.46), 这就需要首先把边界拉平. 因为涉及 (8.83) 的假设在 $C^{1,\alpha}$ 映射下是不变的, 而 $C^{1,\alpha}$ 类的区域就保证了拉平映射是 $C^{1,\alpha}$ 映射, 所以定理 8.33 就针对 $C^{1,\alpha}$ 类的区域和边值来表述. (8.87) 中的常数 C 通过拉平边界的映射的范数而依赖 $\partial\Omega$.

定理 8.33 中的全局估计直接导出对于 (8.83) 的基本存在性定理.

定理 8.34 设 Ω 是一个 $C^{1,\alpha}$ 区域, 而 L 是一个满足 (8.5), (8.8) 和 (8.85) 的算子, (8.85) 中的 $K<\infty$. 设 $g\in L^\infty(\Omega)$, $f^i\in C^\alpha(\overline{\Omega})$, 并且 $\varphi\in C^{1,\alpha}(\overline{\Omega})$. 则广义 Dirichlet 问题

$$\text{在 } \Omega \text{ 内 } Lu=g+D_if^i, \quad \text{在 } \partial\Omega \text{ 上 } u=\varphi \tag{8.88}$$

在 $C^{1,\alpha}(\overline{\Omega})$ 内是唯一可解的.

证明 采用逼近法论证. 设 L_k 是具有充分光滑的系数 a_k^{ij},b_k^i,c_k^i,d_k 的一个算子序列, 使得当 $k\to\infty$ 时, 在 Ω 内一致地 $a_k^{ij}\to a^{ij},b_k^i\to b^i$, 在 Ω 内 $c_k^i\to c^i,d_k\to d$, 可以假设逼近的系数还满足 (8.5), (8.8) 和 (8.85). 此外, 设 $f_k^i,g_k,\varphi_k\in C^3(\overline{\Omega})$, 并且设当 $k\to\infty$ 时, $f_k^i\to f^i$, 并且 $|f_k^i|_{0,\alpha}\leqslant c|f^i|_{0,\alpha}$, $\varphi_k\to\varphi$, 并且 $|\varphi_k|_{1,\alpha}\leqslant c|\varphi|_{1,\alpha}$, $g_k\to g$, 以及在 $L^1(\Omega)$ 内 $g_k\to g$, 并且 $|g_k|_{0,\Omega}\leqslant c\|g\|_{\infty,\Omega}$. 最后, 设 $\{\Omega_k\}$ 是穷尽 Ω 的 $C^{2,\alpha}$ 区域序列, 使得 $\partial\Omega_k\to\partial\Omega$, 并且曲面 $\partial\Omega_k$ 在 $C^{1,\alpha}$ 内是一致的 (参见习题 6.9).

在这些假设之下, 光滑逼近后的 Dirichlet 问题

$$\text{在 } \Omega_k \text{ 内 } L_ku=g_k+D_if_k^i, \quad \text{在 } \partial\Omega_k \text{ 上 } u=\varphi_k \tag{8.89}$$

有唯一满足 $C^{1,\alpha}$ 估计 (8.87) 的 $C^{2,\alpha}(\overline{\Omega}_k)$ 解. 因为定理 8.16 蕴涵

$$|u_k|_0\leqslant\sup_{\partial\Omega}|u_k|+C(|g_k|_0+|f_k|_0),$$

我们推得 $C^{1,\alpha}$ 估计

$$\begin{aligned}|u_k|_{1,\alpha;\Omega_k}&\leqslant C(|\varphi_k|_{1,\alpha;\Omega_k}+|g_k|_{0;\Omega_k}+|f_k|_{0,\alpha;\Omega_k})\\&\leqslant C(|\varphi|_{1,\alpha;\Omega}+|g|_{0,\Omega}+|f|_{0,\alpha;\Omega}),\end{aligned} \tag{8.90}$$

其中的常数 C 独立于 k. 在 (8.83) 的弱形式中令 $k\to\infty$ 取极限, 我们得到 (8.88) 的唯一 $C^{1,\alpha}(\overline{\Omega})$ 弱解, 它也满足 (8.90). 根据定理 8.1, 这个解在满足条件 $u-\varphi\in W_0^{1,2}(\Omega)$ 的 $W^{1,2}(\Omega)$ 函数的更大的类中也是唯一的. □

现在可以领会到对于 $C^{1,\alpha}$ 弱解陈述的估计 (8.87) 对于 $W^{1,2}(\Omega)$ 解在同样的假设之下成立. 设 $u \in W^{1,2}(\Omega)$ 是 (8.83) 的满足定理 8.33 假设的一个解, 并且 $u-\varphi \in W_0^{1,2}(\Omega)$; 那么 u 是有界的 (根据定理 8.16), 并且对于充分大的正的常数 σ, u 也是广义 Dirichlet 问题

$$(L-\sigma)v = g + D_i f^i - \sigma u \text{ 在 } \Omega \text{ 内},$$
$$v = u \quad \text{在 } \partial\Omega \text{ 上}$$

的唯一的 $C^{1,\alpha}(\overline{\Omega})$ 解.

于是我们有

推论 8.35 在定理 8.33 的假设之下, 如果 $u \in W^{1,2}(\Omega)$, 并且 $u-\varphi \in W_0^{1,2}(\Omega)$, 则结论 (8.87) 保持有效.

局部 $C^{1,\alpha}$ 正则性可以通过首先用光滑函数逼近 u 类似地导出. 事实上, 我们有推论 8.35 的下列推广, 其细节留给读者.

推论 8.36 设 T 是区域 Ω 的 (可能空的) $C^{1,\alpha}$ 边界部分, 假定 $u \in W^{1,2}(\Omega)$ 是 (8.83) 的一个弱解, 并且在 T 上 $u=0$ (在 $W^{1,2}(\Omega)$ 意义下). 则 $u \in C^{1,\alpha}(\Omega \cup T)$, 并且对于任意 $\Omega' \subset\subset \Omega \cup T$, 存在常数 $C = C(n, \lambda, K, d', T)$, 使得

$$|u|_{1,\alpha;\Omega'} \leqslant C(|u|_{0;\Omega} + |g|_{0;\Omega} + |f|_{0,\alpha;\Omega}), \tag{8.91}$$

其中 λ 和 K 跟定理 8.32 中的相同, 而 $d' = \operatorname{dist}(\Omega', \partial\Omega - T)$.

在这个结果中, 如果在 T 上 $u=\varphi$ (在 $W^{1,2}(\Omega)$ 意义下), 则 $|\varphi|_{1,\alpha;\Omega}$ 出现在 (8.91) 右端. 简单地用 $u-\varphi$ 代替 u 并且应用 (8.91) 就可确信这一点.

附注 在这一节的所有结果中, 如果 $g \in L^p(\Omega), p = n/(1-\alpha)$, 那么同样的结论成立, 只要处处用 $\|g\|_{p;\Omega}$ 代替 $|g|_{0;\Omega}$ (参见 4.5 节末的附注).

8.12. 特征值问题

定理 8.6 中表述的 Fredholm 理论保证了形式如 (8.1) 的椭圆型算子有至多可数个特征值. 在这一节我们直接证明自伴算子有特征值, 并且考虑它们的一些基本性质. 虽然特征值的存在性由标准的泛函分析推断出来, 对于所考虑的特殊情形进行存在性证明还是值得的.

我们假定算子 L 是自伴的, 从而可以把它写成

$$Lu = D_i(a^{ij}D_ju + b^iu) - b^iD_iu + cu,$$

其中 $[a^{ij}]$ 是对称的. 在 $H=W_0^{1,2}(\Omega)$ 上相伴二次型则由下式给定

$$\mathscr{L}(u,u)=\int_\Omega (a^{ij}D_iuD_ju+2b^iuD_iu+cu^2)dx.$$

比值

$$J(u)=\frac{\mathscr{L}(u,u)}{(u,u)},\quad u\not\equiv 0,\ u\in H$$

称为 L 的 Rayleigh 商. 我们从研究求 J 的最小值的变分问题开始. 首先, 根据引理 8.4 显然 J 是有界的, 故可以定义

$$\sigma=\inf_H J. \tag{8.92}$$

现在我们断定 σ 是 L 在 H 上的最小特征值, 即存在一个非平凡函数 $u\in H$, 使得

$$Lu+\sigma u=0, \tag{8.93}$$

并且 σ 是使得 (8.93) 成立的数中最小的数. 为了证明这个事实, 我们选择一个最小化序列 $\{u_m\}\subset H$, 使得 $\|u_m\|_2=1$, 并且 $J(u_m)\to\sigma$. 根据 (8.5) 和 (8.6), 我们得到 $\{u_m\}$ 在 H 内是有界的, 因此根据嵌入 $H\to L^2(\Omega)$ 的紧性 (定理 7.22), 一个子序列, 把它仍然记作 $\{u_m\}$, 在 $L^2(\Omega)$ 内收敛到一个函数 u, 并且 $\|u\|_2=1$. 因为 $Q(u)=\mathscr{L}(u,u)$ 是二次的, 对于任意 l,m 我们还有

$$Q\left(\frac{u_l-u_m}{2}\right)+Q\left(\frac{u_l+u_m}{2}\right)=\frac{1}{2}(Q(u_m)+Q(u_l)),$$

于是当 $m,l\to\infty$ 时.

$$Q\left(\frac{u_l-u_m}{2}\right)\leqslant\frac{1}{2}(Q(u_m)+Q(u_l))-\sigma\left\|\frac{u_l+u_m}{2}\right\|_2^2\to 0.$$

再次应用引理 8.4, 我们推知 $\{u_m\}$ 是 H 中的 Cauchy 序列. 因此在 H 中 $u_m\to u$, 并且还有 $Q(u)=\sigma$. Euler 方程 (8.93) 的验证在变分法中是标准的: 对于 $v\in H$ 令

$$f(t)=J(u+tv),$$

并且计算后得到

$$f'(0)=2(\mathscr{L}(u,v)-\sigma(u,v))=0.$$

容易确信数 σ 是最小特征值, 因为任何更小的特征值将会跟公式 (8.92) 产生矛盾. 如果我们依照递增次序排列它们 $\sigma_1,\sigma_2,\ldots$, 并且用 $V_1,V_2,\ldots$ 表示对应的特征空间, 我们就可以通过以下公式表征更大的特征值

$$\sigma_m=\inf\{J(u)|u\not\equiv 0,\ (u,v)=0,\ \forall v\in\{V_1,\ldots,V_{m-1}\}\}. \tag{8.94}$$

这些变分问题的可解性本质上跟 $m=1$ 的情形同样地建立, 更进一步, 可以证明过程 (8.94) 穷尽了所有可能的特征值, 所得到的特征函数组成了 $L^2(\Omega)$ 中的完备集. 由此我们能够断定:

定理 8.37　设 L 是一个满足 (8.5) 和 (8.6) 的自伴算子. 则 L 有由 (8.94) 给定的特征值的一个可数无穷离散集 $\Sigma=\{\sigma_m\}$, L 的特征函数张成空间 H.

对于 L 的 Dirichlet 问题的解现在可以按照标准程序用特征函数展开来表示; (例如, 参见 [CH]). 我们还可以把本章前面的正则性考虑应用到特征函数. 特别说来, 根据定理 8.15 和 8.24, 对于某个 $\alpha>0$ 它们属于 $L^\infty(\Omega)\cap C^\alpha(\Omega)$; 并且, 特征函数属于 $C^\alpha(\overline{\Omega})$, 只要 Ω 是充分光滑的 (定理 8.29). 如果 L 的系数属于 $C^\infty(\Omega)$, 则特征函数会也如此 (推论 8.11).

为了结束这一节, 我们注意最小特征值 σ_1 的一个特殊性质.

定理 8.38　设 L 是满足 (8.5) 和 (8.6) 的一个自伴算子. 则最小特征值是单重的, 并且有一个正特征函数.

证明　如果 u 是 σ_1 的一个特征函数, 则从公式 (8.92) 推出 $|u|$ 也如是. 但是根据定理 8.21 给出的 Harnack 不等式, 我们必然有 $|u|$ 在 Ω 内几乎处处是正的, 因此 σ_1 有一个正的特征函数. 这个论证还指出 σ_1 的特征函数或者是正的或者是负的, 因此它们中的两个不可能是正交的, 故 V_1 必定是一维的, 从而 σ_1 是单重的. □

评注

线性椭圆型方程的 Dirichlet 问题的 Hilbert 空间方法或变分方法可以追溯到远至 Hilbert [HI] 的工作和 Lebesgue [LE] 对 Laplace 方程的工作. 在本世纪中它曾被许多作者特别是 Friedrichs [FD1, 2] 和 Gårding [GA] 所发展. 关于进一步的讨论读者可参看 [AG], [BS] 和 [FR]. 我们在 8.2 节中讨论过的广义 Dirichlet 问题, 也由 Ladyzhenskaya 和 Ural'tseva [LU4] 以及 Stampacchia [ST4, 5] 考虑过. 这些作者导出了 Fredholm 二择一定理 (定理 8.6), 但它们的存在性和唯一性结果被小范围或强制性条件所限制. 弱最值原理 (定理 8.1) 虽然是 [TR1] 中弱 Harnack 不等式的一个简单推论, 在文献中 Chicco [CI1] 首先注意到它 (也可见 [HH]). 我们是仿照 Trudinger 的证明 [TR7], 它有容易推广到非一致椭圆型方程的优点. 给出 Fredholm 二择一定理后, 存在性结果 (定理 8.3) 便是弱最值原理的一个直接推论.

8.3 和 8.4 节中的那些弱解的高阶可微性定理是由不同的作者证明的, 包括 Friedrichs [FD2], Browder [BW1], Lax [LX] 和 Nirenberg [NI1, 2]; 也可参看 [AG],

[BS] 和 [FR].

全局的有界性 (定理 8.15) 出现在工作 [LU4] 和 [ST4, 5] 中, 并且是 Stampacchia [ST1, 2] 较早的叙述的推广. 我们的证明贯穿着 Moser 的迭代技巧, 是仿照了 Serrin [SE2] 的证明. 解的先验的界 (定理 8.16) 是属于 Trudinger 的 [TR7].

解的局部逐点估计包含了第 8 章的其余部分, 全都由 De Giorgi[DG1] 的开拓性工作所产生. 在 De Giorgi 的工作中, 对形如

$$Lu = D_i(a^{ij}(x)D_ju) = 0 \tag{8.95}$$

的方程证明了定理 8.17 和定理 8.22 的特殊情形; (也可参看 Nash [NA]). De Giorgi 的工作被 Morrey [MY4], Stampacchia [ST3] 推广到具有这里所讨论的形式的线性方程, 被 Ladyzhenskaya 和 Ural'tseva [LU2] 推广到散度形式的拟线性方程. De Giorgi 的结果的一个有趣的新证明由 Moser [MJ1] 提出, 这个证明也能推广到更一般的方程 (见 [LU4]), 并且确实能被我们用于导出定理 8.22, 8.24, 以及边界估计 (定理 8.29) (见习题 8.6). 方程 (8.95) 的弱解的 Harnack 不等式由 Moser [MJ2] 所证明, 且被 Serrin [SE2] 和 Trudinger [TR1] 推广到散度形式的拟线性方程. 我们是把局部估计的论述建立在 [TR1] 中导出的弱 Harnack 不等式 (定理 8.18 和 8.26) 的基础上. 在此我们指出, 在两个自变量的方程的情形, Hölder 估计和 Harnack 不等式可以用较简单方法推出, 见 [MY3], [BN] 和习题 8.5. 在两个自变量情形, 更强的结果可参看 [PS] 和 [WI3].

8.1 和 8.2 节的方法和结果可以推广到处理其他边值问题. 特别地, 对于混合边值问题

$$\begin{aligned} Lu &= D_if^i + g \quad (\text{在 } \Omega \text{ 中}), \\ u &= \varphi_1 \qquad\quad (\text{在 } \partial\Omega - \Gamma \text{ 上}), \\ Nu \equiv a^{ij}(x)\nu_iD_ju &+ b^i(x)\nu_iu + \sigma(x)u = \varphi_2 \quad (\text{在 } \Gamma \text{ 上}), \end{aligned} \tag{8.96}$$

我们可以考虑一个广义的提法, 其中 Γ 是 $\partial\Omega$ 的一个相对开的 C^1 部分, $\boldsymbol{\nu} = (\nu_1, \ldots, \nu_n)$ 是 Γ 上 $\partial\Omega$ 的外法向. 对于 $\varphi_1 \in W^{1,2}(\Omega)$ 和 $\sigma, \varphi_2 \in L^2(\Gamma)$, 函数 $u \in W^{1,2}(\Omega)$ 叫做边值问题 (8.96) 的广义解, 如果 $u - \varphi_1 \in W_0^{1,2}(\Omega \cup \Gamma)$, 并且对所有的 $v \in W_0^{1,2}(\Omega \cup \Gamma)$,

$$\mathfrak{L}(u,v) = \int_\Omega (f^iD_iv - gv)dx + \int_\Gamma (\varphi_2 - f^i\nu_i - \sigma u)vds. \tag{8.97}$$

这里 $W_0^{1,2}(\Omega \cup \Gamma)$ 表示 $C_0^1(\Omega \cup \Gamma)$ 在 $W^{1,2}(\Omega)$ 中的闭包. 我们可再次得到弱最大值原理, 即如果条件 (8.5), (8.6) 成立, 以及不等式 (参看 (8.8))

$$\int_\Omega (dv - b^iD_iv)dx - \int_\Gamma \sigma vds \leqslant 0, \quad \forall v \geqslant 0, v \in C_0^1(\Omega \cup \Gamma) \tag{8.98}$$

成立, 那么对所有非负的 $v \in W_0^{1,2}(\Omega \cup \Gamma)$, 满足 $\mathfrak{L}(u,v) + \int_\Gamma \sigma uvds \leqslant 0$ 的任一函数 $u \in W^{1,2}(\Omega)$, 必然或者满足 $\sup\limits_\Omega u \leqslant \sup\limits_\Gamma u^+$, 或者是一个正常数. 由此推出, 假如或者 $\Gamma \neq \partial\Omega$, 在 Γ 上 $\sigma v_i b^i \not\equiv 0$ 或者 $L1 \neq 0$, 那么 (8.96) 的广义解是唯一的, 若这最后三个条件全满足, 那么 (8.96) 的广义解必只有差常数的区别. 一个与存在定理 (定理 8.2) 类似的定理可再次从 Fredholm 二择一性质得到. 混合边值问题的最大值原理在文章 [CI3] 和 [TR11] 中有讨论; 在后一工作中对一般的非一致椭圆型方程导出了上面的论断.

最后我们注意到, 通过依赖 Hölder 空间的某种积分表征的 Campanato 方法, Schauder 理论可以直接从 Hilbert 空间理论导出, 而无须依赖第 4 章的位势理论; (参见 [CM2], [GT4]).

习题

8.1. 证明在弱最大值原理 (定理 8.1) 中, 假如在 $\partial\Omega$ 上 $u \leqslant 0$, 则条件 (8.8) 可以换成条件

$$\int_\Omega (dv + c^i D_i v)dx \leqslant 0, \quad \forall v \geqslant 0, \quad \in C_0^1(\Omega) \tag{8.99}$$

或

$$\begin{bmatrix} \mathbf{a} & \mathbf{b} \\ -\mathbf{c} & -\mathbf{d} \end{bmatrix} \geqslant 0 \text{ 在 } \Omega \text{ 中几乎处处成立; (见定理 10.7).} \tag{8.100}$$

8.2. 设 $u \in W^{1,2}(\Omega)$ 是方程 $Lu = g + D_i f^i$ 在 Ω 中的一个弱解, 其中 L 满足条件 (8.5), (8.6) 并且 $g, f^i \in L^2(\Omega), i = 1, \ldots, n$. 证明: 对任何子区域 $\Omega' \subset\subset \Omega$, 我们有

$$\|u\|_{W^{1,2}(\Omega')} \leqslant C(\|u\|_2 + \|\mathbf{f}\|_2 + \|g\|_2), \tag{8.101}$$

其中 $C = C(n, \Lambda/\lambda, \nu, d'), d' = \operatorname{dist}(\Omega', \partial\Omega)$.

8.3. 证明: 若矩阵 $\mathbf{a} = [a^{ij}]$ 对称, 则 Harnack 不等式 (定理 8.20) 中的常数 C 可由下式估计:

$$C \leqslant C_0^{\sqrt{\Lambda/\lambda + \nu R}}, \quad C_0 = C_0(n).$$

8.4. 用定理 8.8 和正则化 (像 7.2 节中那样) 证明: 定理 3.9 对于函数 $u \in W^{1,2}(\Omega)$ 是有效的. 从而在区域

$$\Omega = \{(x,y) \in \mathbb{R}^2 | |x| + |y| < 1\} \subset \mathbb{R}^2$$

中考虑函数

$$u(x,y) = |xy| \log(|x| + |y|),$$

说明定理 3.9 是强的.

8.5. (a) 设 u 是 $C^1(B_R(0))$ 中的一个函数, $B_R(0) \subset \mathbb{R}^2$, 并且对 $0 < r < R$, 记

$$\omega(r) = \operatorname*{osc}_{\partial B_\gamma} u,$$

$$D(r) = \int_{B_\gamma} |Du|^2 dx,$$

其中 $B_r = B_r(0)$. 若 ω 非减, 试证明对 $0 < r < R$,

$$\omega(r) \leqslant \sqrt{\pi D(R)/\log(R/r)}.$$

(b) 对于满足条件 (8.5) 和 (8.6) 的二元散度结构方程

$$Lu = D_i(a^{ij}D_j u) + b^i D_i u = 0, \quad i, j = 1, 2,$$

如下证明 Harnack 不等式. 即若解 u 在圆域 $B_R(0) \subset \mathbb{R}^2$ 中是正的, 证明函数 $v = \log u$ 的 Dirichlet 积分在每个圆域 $B_r(0)(0 < r < R)$ 上有界, 其界依赖于 $\Lambda/\lambda, \nu, r$ 和 R (见定理 8.18 的证明中 $\beta = -1$ 的情形). 应用弱最大值原理 (定理 8.1) 和 (a), 对于 $|x| \leqslant R/2$ 得到结果

$$C^{-1}u(0) \leqslant u(x) \leqslant Cu(0),$$

其中 $C = C(\lambda, \Lambda, R)$ (参看 [BN]).

8.6. (a) 用定理 8.22 的假设条件和记号, 证明函数

$$w_1 = \log \frac{M_4 - m_4 + \overline{k}(R)}{2(M_4 - u) + \overline{k}(R)},$$

$$w_2 = \log \frac{M_4 - m_4 + \overline{k}(R)}{2(u - m_4) + \overline{k}(R)}$$

是具有与方程 (8.3) 类似结构的方程在 B_{4R} 中的非负下解 (见定理 8.16 的证明).

(b) 把定理 8.17 用到 (a) 中函数 w_1, w_2 上, 使用 Poincaré 不等式 (7.45) 和定理 8.18 证明中的 $\beta = -1$ 的情况, 给出 Hölder 估计 (定理 8.22) 的另一个证明.

8.7. 设 Ω 是 $\mathbb{R}^n$ 中的有界可测集. 证明

$$|\Omega|^{1-2/n} \leqslant \gamma(n) \operatorname{cap} \Omega,$$

其中 $\gamma(n)$ 是在 Sobolev 不等式 (7.26) 中当 $p = 2$ 时的常数.

8.8. 证明 (8.81) 蕴含在边界点 x_0 的一个连续模.

8.9. 利用定理 8.16 证明存在唯一性定理 8.3 对于有有限侧度的无界区域成立 (注意定理 7.22 的紧性结果对于这样的区域未必成立 [AD]).

第 9 章　强解

至此在本书中我们所关注的二阶椭圆型方程的解, 要么是弱解, 要么是古典解; 弱解只需一次弱可微, 而古典解则必须至少两次连续可微. 弱解概念的表述依赖于所考虑的算子 L 具有 "散度形式", 而古典解的概念对于带完全任意的系数的算子都有意义. 在这一章, 我们所涉及的是**强**解这一中间状态. 对于呈一般形式的其系数 $a^{ij}, b^i, c (i,j=1,\ldots,n)$ 定义在区域 $\Omega\subset\mathbb{R}^n$ 上的算子

$$Lu=a^{ij}(x)D_{ij}u+b^i(x)D_iu+c(x)u, \tag{9.1}$$

以及定义在 Ω 上的函数 f, 方程

$$Lu=f \tag{9.2}$$

的强解是一个定义在 Ω 上的在 Ω 内几乎处处满足方程 (9.2) 的二次弱可微函数. Dirichlet 问题中这样的解在 $\partial\Omega$ 上取指定的边值的意义, 既可以认为是类似于第 8 章的广义的, 也可以认为是第 6 章中的古典的, 在那里解连续地取边值. 借助于正则性论证在第 8 章我们已经导出了一个对于强解的存在性定理 (定理 8.9), 它未必是古典的. 在这个情形假定边值是在广义意义下取的. 但是 8.10 节的结果, 特别是定理 8.30, 提供了连续取边值的条件.

这一章可以看作分成两个部分. 第一个部分是在 Sobolev 空间 $W^{2,p}(\Omega)(p>1)$ 内解的理论的发展, 该理论类似于在 Hölder 空间 $C^{2,\alpha}(\overline{\Omega})$ 内的 Schauder 理论; 前一个理论通常叫作 "$L^p(\Omega)$ 理论", 而相关的 L^p 估计在椭圆型理论中是十分重要的素材. 另一部分则类似于在第 3 章和第 8 章中我们关于解的最大值原理和局部性质的工作, 在 9.7 节建立的逐点估计对于本书的第 II 部分, 尤其是第 17

章的完全非线性方程的论述, 也将是重要的. 对于这些问题的讨论, 自然的解空间是 Sobolev 空间 $W^{2,n}(\Omega)$, 而事实上, 本章这两部分的结合促生了在这个空间的一个充满魅力的理论.

9.1. 强解的最大值原理

在这一节, 我们把第 3 章的古典最大值原理推广到强解, 特别是 Sobolev 空间 $W^{2,n}_{\mathrm{loc}}(\Omega)$ 内的解. 回忆下述定义: 形式如 (9.1) 的算子 L 在区域 Ω 内是椭圆型的, 如果系数矩阵 $\mathscr{A}=[a^{ij}]$ 在 Ω 内处处是正定的. 对于这样的算子我们将用 $\mathscr{D}$ 表示 $\mathscr{A}$ 的行列式, 并且令 $\mathscr{D}^*=\mathscr{D}^{1/n}$, 于是 $\mathscr{D}^*$ 是 $\mathscr{A}$ 的特征值的几何平均, 并且

$$0<\lambda\leqslant\mathscr{D}^*\leqslant\Lambda,$$

跟前面一样, λ,Λ 分别表示 $\mathscr{A}$ 的最小和最大特征值. 关于方程 (9.2) 中 L 的系数和非齐次项 f 我们的条件将取形式

$$|b|/\mathscr{D}^*,\quad f/\mathscr{D}^*\in L^n(\Omega),\quad \text{在 }\Omega\text{ 内 }c\leqslant 0. \tag{9.3}$$

现在我们可以把 A. D. Aleksandrov 的下列弱最大值原理表述为定理 3.7 的先验的界的推广形式.

定理 9.1 设在一个有界区域 Ω 内 $Lu\geqslant f$, 并且 $u\in C^0(\overline{\Omega})\cap W^{2,n}_{\mathrm{loc}}(\Omega)$. 则

$$\sup_{\Omega}u\leqslant\sup_{\partial\Omega}u^++C\left\|f/\mathscr{D}^*\right\|_{L^n(\Omega)} \tag{9.4}$$

其中 C 是仅依赖 $n,\operatorname{diam}\Omega$ 和 $\|b/\mathscr{D}^*\|_{L^n(\Omega)}$ 的常数.

Sobolev 嵌入定理, 特别是推论 7.11, 保证 $W^{2,n}_{\mathrm{loc}}(\Omega)$ 内的函数至少在 Ω 内是连续的. 如果在定理 9.1 的条件中没有假设 u 在 $\overline{\Omega}$ 上也连续, 结论 (9.4) 要加以修改, 其中的 $\sup\limits_{\partial\Omega}u^+$ 需要换成 $\limsup\limits_{x\to\partial\Omega}u^+$.

定理 9.1 的证明依赖接触集和法映射的概念, 而证明这里的某些方面在今后的讨论中将是重要的. 如果 u 是 Ω 上的任意一个连续函数, 我们定义 u 的上接触集, 用 Γ^+ 或 Γ^+_u 表示, 它是 Ω 的子集, 在那里 u 的图像位于 $\mathbb{R}^{n+1}$ 的支撑超平面之下, 即

$$\Gamma^+=\{y\in\Omega|\ \text{对于某个 }p=p(y)\in\mathbb{R}^n,\quad u(x)\leqslant u(y)+p\cdot(x-y),\forall x\in\Omega\}. \tag{9.5}$$

显然, 当且仅当 $\Gamma^+=\Omega$, u 是 Ω 上的凹函数. 如果 $u\in C^1(\Omega)$, 在 (9.5) 中必有 $p=Du(y)$, 并且任何支撑超平面必定是 u 的图像的切平面. 再进一步, 当

$u \in C^2(\Omega)$ 时, Hesse 矩阵 $D^2u = [D_{ij}u]$ 在 Γ^+ 上是半负定的. 在一般情形下, Γ^+ 相对于 Ω 是闭的.

对于任意函数 $u \in C^0(\Omega)$, 我们定义点 $y \in \Omega$ 的法映射 $\chi(y) = \chi_u(y)$ 是位于 u 的图像的上方的在 y 的支撑超平面的 "斜度向量" 的集, 即

$$\chi(y) = \{p \in \mathbb{R}^n | u(x) \leqslant u(y) + p \cdot (x - y), \quad \forall x \in \Omega\}. \tag{9.6}$$

显然当且仅当 $y \in \Gamma^+$, $\chi(y)$ 是非空的. 再者, 如果 $u \in C^1(\Omega)$, 则在 Γ^+ 上 $\chi(y) = Du(y)$; 即 χ 是 u 在 Γ^+ 上的梯度向量场. 作为非可微函数的一个有用的例子, 我们取 Ω 是一个球 $B = B_R(z)$, 而函数 u 的图像是以 Ω 为底以 $(z, a)(a \in \mathbb{R}$ 为某个正数) 为顶点的圆锥面, 即

$$u(x) = a\left(1 - \frac{|x - z|}{R}\right).$$

那么我们有

$$\chi(y) = \begin{cases} \dfrac{-a(y - z)}{R|y - z|}, & 若\ y \neq z, \\ B_{a/R}(0), & 若\ y = z. \end{cases} \tag{9.7}$$

首先我们证明

引理 9.2 对于 $u \in C^2(\Omega) \cap C^0(\overline{\Omega})$ 我们有

$$\sup_{\Omega} u \leqslant \sup_{\partial\Omega} u + \frac{d}{\omega_n^{1/n}} \left(\int_{\Gamma^+} |\det D^2u|\right)^{1/n}, \tag{9.8}$$

其中 $d = \operatorname{diam} \Omega$.

证明 通过用 $u - \sup\limits_{\partial\Omega} u$ 替换 u, 只需假设在 $\partial\Omega$ 上 $u \leqslant 0$. Ω 的法映射的像的 n 维 Lebesgue 测度由

$$|\chi(\Omega)| = |\chi(\Gamma^+)| = |Du(\Gamma^+)| \leqslant \int_{\Gamma^+} |\det D^2u| \tag{9.9}$$

给定, 而不等式是因为在 Γ^+ 上 $D^2u \leqslant 0$. 公式 (9.9) 可以作为古典变量替换公式的推论而得以确认. 只需对于正数 ε 考虑映射 $\chi_\varepsilon = \chi - \varepsilon I$, 它的 Jacobi 矩阵 $D^2u - \varepsilon I$ 在 Γ^+ 的一个邻域内是负定的, 再令 $\varepsilon \to 0$. 并且容易证明 χ_ε 在 Γ^+ 上是一对一的, 于是这时在 (9.9) 中等式成立.

现在我们证明 u 可以通过 $|\chi(\Omega)|$ 来估计. 假定 u 在一个点 $y \in \Omega$ 取最大值, 再设 k 是这样的函数, 它的图像是以 $(y, u(y))$ 为顶点以 $\partial\Omega$ 为底的锥面 K. 则有 $\chi_k(\Omega) \subset \chi_u(\Omega)$, 这是因为对于 K 的每个支撑超平面, 存在一个平行于它的切

于 u 的图像的超平面. 现在设 $\widetilde{k}$ 是这样的函数, 它的图像是以 $(y,u(y))$ 为顶点以 $B_d(y)$ 为底的锥面. 显然有 $\chi_{\widetilde{k}}(\Omega)\subset\chi_k(\Omega)$, 因此

$$|\chi_{\widetilde{k}}(\Omega)|\leqslant|\chi_u(\Omega)|.$$

应用 (9.7) 和 (9.9) 我们有

$$\omega_n\left(\frac{u(y)}{d}\right)^n\leqslant\int_{\Gamma^+}|\det D^2u|,$$

于是得到所需要的

$$u(y)\leqslant\frac{d}{\omega_n^{1/n}}\left(\int_{\Gamma^+}|\det D^2u|\right)^{1/n}. \qquad \square$$

当 $b=0$ 时的估计 (9.4) 的特殊情形从引理 9.2 结合以下矩阵不等式得到.

$$\det A\det B\leqslant\left(\frac{\operatorname{trace}AB}{n}\right)^n, A,B \text{ 是对称的并且是半正定的.} \tag{9.10}$$

取 $A=-D^2u, B=[a^{ij}]$, 则在 Γ^+ 上有

$$\begin{aligned}|\det D^2u|&=\det(-D^2u)\\&\leqslant\frac{1}{\mathscr{D}}\left(\frac{-a^{ij}D_{ij}u}{n}\right)^n.\end{aligned}$$

为了后面的应用, 我们把得到的结果叙述成下列形式.

引理 9.3　对于 $u\in C^2(\Omega)\cap C^0(\overline{\Omega})$, 我们有

$$\sup_\Omega u\leqslant\sup_{\partial\Omega}u+\frac{d}{n\omega_n^{1/n}}\left\|\frac{a^{ij}D_{ij}u}{\mathscr{D}^*}\right\|_{L^n(\Gamma^+)}. \tag{9.11}$$

完整的估计 (9.4) 从引理 9.2 和 9.3 的下列推广推出.

引理 9.4　设 g 是 $\mathbb{R}^n$ 上一个非负局部可积函数. 则对于任何 $u\in C^2(\Omega)\cap C^0(\overline{\Omega})$, 我们有

$$\begin{aligned}\int_{B_{\widetilde{M}}(0)}g&\leqslant\int_{\Gamma^+}g(Du)|\det D^2u| \\&\leqslant\int_{\Gamma^+}g(Du)\left(-\frac{a^{ij}D_{ij}u}{n\mathscr{D}^*}\right)^n,\end{aligned} \tag{9.12}$$

其中

$$\widetilde{M}=\left(\sup_\Omega u-\sup_{\partial\Omega}u\right)/d,\quad d=\operatorname{diam}\Omega.$$

证明 引理 9.4 的证明沿用引理 9.2 和 9.3 的证明思路, 后者对应于特殊情形 $g \equiv 1$. 代替 (9.9), 我们有更一般的公式

$$\int_{\chi_u(\Omega)} g \leqslant \int_{\Gamma^+} g(Du)|\det D^2u|, \tag{9.13}$$

而因为 $\chi_{\widetilde{k}}(\Omega) \subset \chi_u(\Omega)$, 从 (9.7) 和 (9.10) 推出估计 (9.12). □

现在我们假定条件 (9.3) 成立, 并且 $u \in C^2(\Omega) \cap C^0(\overline{\Omega})$ 在 Ω 内满足 $Lu \geqslant f$. 作为权函数 g 我们取

$$g(p) = (|p|^{n/(n-1)} + \mu^{n/(n-1)})^{1-n},$$

其中的 μ 待定. 利用 Hölder 不等式, 在 $\Omega^+ = \{x \in \Omega | u(x) > 0\}$ 中, 我们有

$$\begin{aligned} -\frac{a^{ij}D_{ij}u}{n\mathscr{D}^*} &\leqslant \frac{b^iD_iu - f}{n\mathscr{D}^*} \\ &\leqslant \frac{|b||Du| + |f|}{n\mathscr{D}^*} \\ &\leqslant \frac{(|b|^n + \mu^{-n}|f|^n)^{1/n}}{ng^{1/n}\mathscr{D}^*}. \end{aligned}$$

因此, 由 (9.12) 得

$$\int_{B_{\widetilde{M}}} g \leqslant \frac{1}{n^n}\int_{\Gamma^+} (|b|^n + \mu^{-n}|f|^n)/\mathscr{D}.$$

左端的积分可以利用 Hölder 不等式的另一个推论

$$g(p) \geqslant 2^{2-n}(|p|^n + \mu)^{-1}$$

来估计. 由此我们得到

$$\omega_n \log\left(\frac{\widetilde{M}^n}{\mu^n} + 1\right) \leqslant \frac{2^{n-2}}{n^n}\int_{\Gamma^+} (|b|^n + \mu^{-n}|f|^n)/\mathscr{D}.$$

如果 $f \not\equiv 0$, 我们取 $\mu = \|f/\mathscr{D}^*\|_{L^n(\Gamma^+)}$ 就得到

$$\widetilde{M} \leqslant \left\{\exp\left[\frac{2^{n-2}}{n^n\omega_n}\int_{\Gamma^+}\left(1 + \frac{|b|^n}{\mathscr{D}}\right)\right] - 1\right\}^{1/n} \|f/\mathscr{D}^*\|_{L^n(\Gamma^+)}; \tag{9.14}$$

当 $f \equiv 0$ 时, 我们令 $\mu \to 0$, 即知 (9.14) 仍然满足.

这样就对于函数 $u \in C^2(\Omega) \cap C^0(\overline{\Omega})$ 建立了估计 (9.4). 用逼近推理就把它推广到函数 $u \in C^0(\overline{\Omega}) \cap W^{2,n}_{\mathrm{loc}}(\Omega)$. 设在 Ω 中 L 是一致椭圆的, 并且比例 $|b|/\lambda$ 有界. 设 $\{u_m\}$ 是在 $W^{2,n}_{\mathrm{loc}}(\Omega)$ 意义下收敛到 u 的在 $C^2(\Omega)$ 中的函数序列. 对于

任意 $\varepsilon > 0$, 我们可以假设在 $W^{2,n}(\Omega_\varepsilon)$ 中 $\{u_m\}$ 收敛到 u, 并且对于某个区域 $\Omega_\varepsilon \subset\subset \Omega$, 在 $\partial\Omega_\varepsilon$ 上 $u_m \leqslant \varepsilon + \sup\limits_{\partial\Omega} u$. 对于函数 u_m 利用 (9.4) (用 Ω^+ 代替 Ω) 即得

$$\sup_{\Omega_\varepsilon} u_m \leqslant \varepsilon + \sup_{\partial\Omega} u^+ + \frac{C}{\lambda}\|a^{ij}D_{ij}(u_m - u) + b^i D_i(u_m - u)\|_{L^n(\Omega_\varepsilon)}$$
$$+C\|f/\mathscr{D}^*\|_{L^n(\Omega_\varepsilon)},$$

因此, 令 $m \to \infty$, 并且利用在 Ω_ε 上 $\{u_m\}$ 一致收敛到 u 的事实, 我们有

$$\sup_{\Omega_\varepsilon} u \leqslant \varepsilon + \sup_{\partial\Omega} u^+ + C\|f/\mathscr{D}^*\|_{L^n(\Omega_\varepsilon)}, \tag{9.15}$$

令 $\varepsilon \to 0$ 就推出 (9.4).

为了去掉上面加在 L 上的限制, 我们对于 $\eta > 0$ 考虑算子

$$L_\eta = \eta(\Lambda + |b|)\Delta + L.$$

从 (9.15) 我们相应得到

$$\sup_{\Omega_\varepsilon} u \leqslant \varepsilon + \sup_{\partial\Omega} u^+ + C\left\{\left\|\frac{\eta(\Lambda + |b|)\Delta u}{\mathscr{D}_\eta^*}\right\|_{L^n(\Omega_\varepsilon)} + \left\|\frac{f}{\mathscr{D}^*}\right\|_{L^n(\Omega_\varepsilon)}\right\}.$$

令 $\eta \to 0$ 并且利用控制收敛定理, 我们再次得到不等式 (9.15). 最后令 $\varepsilon \to 0$ 就推出定理 9.1. □

注意当 $b = 0$ 时从估计 (9.14) 得不到 (9.11). 事实上, 在 (9.11) 中的常数可以改进, 并且对应的 (9.14) 的显著改进可以通过显式地积分函数 g 和 μ 的优化选择而得到 (见习题 9.1 和 9.2). 此外对于 $\operatorname{diam}\Omega$ 的依赖性可以换成对于 $|\widehat{\Omega}|$ 的依赖性, 这里 $\widehat{\Omega}$ 是 Ω 的凸包 (见习题 9.3).

定理 9.1 中的 $f \equiv 0$ 的情形提供弱最大值原理, 即定理 3.1 和推论 3.2 的一个推广. 下列对于强解的 Dirichlet 问题的唯一性结果也自动推出, 它推广了定理 3.3.

定理 9.5　*设在有界区域 Ω 内 L 是椭圆型的并且满足 (9.3). 假定 u 和 v 是 $W^{2,n}_{\text{loc}}(\Omega) \cap C^0(\overline{\Omega})$ 中的函数, 满足在 Ω 内 $Lu = Lv$, 在 $\partial\Omega$ 上 $u = v$. 则在 Ω 内 $u = v$.*

我们还可以从弱最大值原理推导出强最大值原理 (定理 3.5) 的一个推广. 跟定理 3.5 中的条件一样, 我们假设算子 L 在 Ω 内是一致椭圆型的, 并且 $|b|/\lambda, c/\lambda$ 是有界的.

定理 9.6 如果 $u \in W^{2,n}_{\mathrm{loc}}(\Omega)$ 在 Ω 内满足 $Lu \geqslant 0$, 并且 $c = 0 (c \leqslant 0)$, 则 u 不能够在 Ω 内取最大值 (非负最大值), 除非它是一个常数.

证明 如果 u 是可微的, 我们可以重复定理 3.5 的证明, 只需用定理 9.1 代替推论 3.2. 在一般情形, 只需少许修改定理 3.5 的证明. 如果我们假设与定理的结论相反, 在 Ω 内非常数的 u 在 Ω 内取最大值 M, 则必定存在同心球 $B_\rho(y) \subset B_R(y) \subset \Omega$ 使得在 $\overline{B}_\rho(y)$ 内 $u < M$, 并且对于某个点 $x_0 \in B_R(y)$ 有 $u(x_0) = M$. 而利用定理 9.1 并且采用在引理 3.4 的证明中定义的辅助函数 v, 我们有 $v(x_0) = 0$, 对于某个 $\varepsilon > 0$, 在球壳区域 $A = B_R(y) - B_\rho(y)$ 我们有 $M - u - \varepsilon v > 0$, 而这与 $(M - u - \varepsilon v)(x_0) = 0$ 相矛盾. □

9.2. L^p 估计: 初步分析

本章我们通过内插这个途径得到基本的 L^p 估计. 在这一节和下一节我们进行某些初步的分析: 其中包括, 立方体分解过程, 对于 9.7 节的 Hölder 估计这也是必需的; 还包括下一节的后面会用到的 Marcinkiewicz 内插定理.

立方体分解

设 K_0 是 $\mathbb{R}^n$ 内的一个立方体, f 是在 K_0 定义的一个非负可积函数, 而 t 是一个满足

$$\int_{K_0} f \leqslant t\,|K_0|$$

的正数. 通过 K_0 的棱的二等分, 我们把 K_0 分割成 2^n 个全等的内部不相交的子立方体. 对于那些满足

$$\int_K f \leqslant t\,|K| \tag{9.16}$$

的子立方体类似地分割, 并且无限重复这个过程. 用 $\mathscr{S}$ 表示这样得到的满足

$$\int_K f > t\,|K|$$

的子立方体的集, 对于每个 $K \in \mathscr{S}$, 用 $\widetilde{K}$ 表示分割后得到 K 的那个子立方体. 因为 $|\widetilde{K}|/|K| = 2^n$, 对于任意 $K \in \mathscr{S}$ 我们有

$$t < \frac{1}{|K|}\int_K f \leqslant 2^n t. \tag{9.17}$$

再令 $F = \bigcup\limits_{K \in \mathscr{S}} K$ 和 $G = K_0 - F$, 则有

$$f \leqslant t \quad 在\ G\ 内几乎处处成立. \tag{9.18}$$

上述不等式 (9.18) 是 Lebesgue 微分定理的推论 (见 [SN]), 这是由于 G 的每一个点位于组成一个嵌套序列的满足 (9.16) 的立方体内, 并且立方体的直径趋于零.

对于 9.7 节的逐点估计, 我们还需要考虑集

$$\widetilde{F} = \bigcup_{K \in \mathscr{S}} \widetilde{K},$$

根据 (9.16) 它满足

$$\int_{\widetilde{F}} f \leqslant t \left|\widetilde{F}\right|. \tag{9.19}$$

特别说来, 当 f 是 K_0 的一个可测子集 Γ 的特征函数 χ_Γ 时, 从 (9.18) 和 (9.19) 我们得到

$$|\Gamma| = \left|\Gamma \cap \widetilde{F}\right| \leqslant t \left|\widetilde{F}\right|. \tag{9.20}$$

9.3. Marcinkiewicz 内插定理

设 f 是 $\mathbb{R}^n$ 内的 (有界或无界) 区域 Ω 上的一个可测函数. f 的分布函数 $\mu = \mu_f$ 对于 $t > 0$ 由

$$\mu(t) = \mu_f(t) = |\{x \in \Omega | |f(x)| > t\}| \tag{9.21}$$

定义, 用以测量 f 的相对大小. 注意 μ 是 $(0, \infty)$ 上的递减函数. 分布函数的基本性质体现在下列引理中.

引理 9.7 对于任意 $p > 0$ 和 $|f|^p \in L^1(\Omega)$, 我们有

$$\mu(t) \leqslant t^{-p} \int_\Omega |f|^p, \tag{9.22}$$

$$\int_\Omega |f|^p = p \int_0^\infty t^{p-1} \mu(t) dt. \tag{9.23}$$

证明 显然, 对于所有 $t > 0$,

$$\mu(t) t^p \leqslant \int_{|f| \geqslant t} |f|^p \leqslant \int_\Omega |f|^p,$$

由此即推出 (9.22). 再假定 $f \in L^1(\Omega)$. 由 Fubini 定理得

$$\int_\Omega |f| = \int_\Omega \int_0^{|f(x)|} dt dx = \int_0^\infty \mu(t) dt,$$

再通过变量替换推出对于一般的 p 的结果 9.23. □

我们证明下列在限制形式下的 Marcinkiewicz 内插定理:

定理 9.8 设 T 是从 $L^q(\Omega)\cap L^r(\Omega)$ 到自身的一个线性映射, $1\leqslant q<r<\infty$, 并且假定存在常数 T_1 和 T_2, 使得对于所有 $f\in L^q(\Omega)\cap L^r(\Omega)$ 和 $t>0$ 有

$$\mu_{Tf}(t)\leqslant\left(\frac{T_1\|f\|_q}{t}\right)^q,\quad \mu_{Tf}(t)\leqslant\left(\frac{T_2\|f\|_r}{t}\right)^r. \tag{9.24}$$

则对于任意 $p(q<p<r)$, T 可以延拓为从 $L^p(\Omega)$ 到自身的一个有界线性映射, 并且对于所有 $f\in L^q(\Omega)\cap L^r(\Omega)$ 有

$$\|Tf\|_p\leqslant CT_1^{\alpha}T_2^{1-\alpha}\|f\|_p, \tag{9.25}$$

其中

$$\frac{1}{p}=\frac{\alpha}{q}+\frac{1-\alpha}{r},$$

而 C 仅依赖 p,q 和 r.

证明 对于 $f\in L^q(\Omega)\cap L^r(\Omega)$ 和 $s>0$, 我们写下

$$f=f_1+f_2,$$

其中

$$f_1(x)=\begin{cases}f(x), & 若\ |f(x)|>s,\\ 0, & 若\ |f(x)|\leqslant s,\end{cases}$$

$$f_2(x)=\begin{cases}0, & 若\ |f(x)|>s,\\ f(x), & 若\ |f(x)|\leqslant s.\end{cases}$$

则有

$$|Tf|\leqslant|Tf_1|+|Tf_2|,$$

因此

$$\begin{aligned}\mu(t)=\mu_{Tf}(t)&\leqslant\mu_{Tf_1}(t/2)+\mu_{Tf_2}(t/2)\\&\leqslant\left(\frac{2T_1}{t}\right)^q\int_\Omega|f_1|^q+\left(\frac{2T_2}{t}\right)^r\int_\Omega|f_2|^r.\end{aligned}$$

根据引理 9.7 得

$$\begin{aligned}\int_\Omega|Tf|^p&=p\int_0^\infty t^{p-1}\mu(t)dt\\&\leqslant p(2T_1)^q\int_0^\infty t^{p-1-q}\left(\int_{|f|>s}|f|^q\right)dt\\&\quad+p(2T_2)^r\int_0^\infty t^{p-1-r}\left(\int_{|f|\leqslant s}|f|^r\right)dt\end{aligned}$$

现在我们把 s 选为 t 的一个函数, 特别地, 取 $t = As, A$ 为某个待定正数. 则有

$$\int_\Omega |Tf|^p \leqslant p(2T_1)^q A^{p-q}\int_0^\infty s^{p-1-q}\left(\int_{|f|>s}|f|^q\right)ds$$
$$+p(2T_2)^r A^{p-r}\int_0^\infty s^{p-1-r}\left(\int_{|f|\leqslant s}|f|^r\right)ds.$$

而

$$\int_0^\infty s^{p-1-q}\left(\int_{|f|>s}|f|^q\right)ds = \int_\Omega |f|^q\int_0^{|f|} s^{p-1-q}ds$$
$$= \frac{1}{p-q}\int_\Omega |f|^p,$$

类似地, 有

$$\int_0^\infty s^{p-1-r}\left(\int_{|f|\leqslant s}|f|^r\right)ds = \int_\Omega |f|^r\left(\int_{|f|}^\infty s^{p-1-r}ds\right)$$
$$= \frac{1}{r-p}\int_\Omega |f|^p.$$

于是对于任何正数 A 有

$$\int_\Omega |Tf|^p \leqslant \left\{\frac{p}{p-q}(2T_1)^q A^{p-q} + \frac{p}{r-p}(2T_2)^r A^{p-r}\right\}\int_\Omega |f|^p.$$

取使得括号内的表达式最小的 A 的值, 即

$$A = 2T_1^{q/(r-q)}T_2^{r/(r-q)},$$

我们就得到定理表述中所需要的不等式

$$\|Tf\|_p \leqslant 2\left(\frac{p}{p-q}+\frac{p}{r-p}\right)^{1/p} T_1^\alpha T_2^{1-\alpha}\|f\|_p,$$

其中 $C = 2\{p(r-p)/[(p-q)(r-p]\}^{1/p}$. □

9.4. Calderon-Zygmund 不等式

在这一节, 我们通过前面第 4 章论述的 Newton 位势的进一步考虑, 对于 Poisson 方程建立基本的 L^p 估计. 设 Ω 是 $\mathbb{R}^n$ 内的一个有界区域, 而 f 是 $L^p(\Omega)(p \geqslant 1)$ 内的一个函数. f 的 Newton 位势是由卷积

$$w(x) = \int_\Omega \Gamma(x-y)f(y)dy \tag{9.26}$$

定义的函数 $w = Nf$, 其中 Γ 是由 (4.1) 给定的 Laplace 方程的基本解. 以下结果包含了 Calderon-Zygmund 不等式的一个特殊情形, 是与引理 4.4 的 Hölder 估计类似的 L^p 估计.

定理 9.9 设 $f \in L^p(\Omega), 1 < p < \infty, w$ 是 f 的 Newton 位势. 则 $w \in W^{2,p}(\Omega), \Delta w = f$ 几乎处处成立, 并且

$$\left\|D^2 w\right\|_p \leqslant C \|f\|_p, \tag{9.27}$$

其中 C 是仅依赖 n 和 p 的常数, 当 $p = 2$ 时, 我们有

$$\int_{\mathbb{R}^n} \left\|D^2 w\right\|^2 = \int_\Omega f^2. \tag{9.28}$$

证明 (i) 我们首先处理 $p = 2$ 这种情形. 如果 $f \in C_0^\infty(\mathbb{R}^n)$, 我们有 $w \in C^\infty(\mathbb{R}^n)$, 并且根据引理 4.3, $\Delta w = f$. 因此对于包含 f 的支集的任意球 B_R,

$$\int_{B_R} (\Delta w)^2 = \int_{B_R} f^2.$$

应用 Green 公式两次, 我们得到

$$\begin{aligned}\int_{B_R} |D^2 w|^2 &= \int_{B_R} \sum (D_{ij} w)^2 \\ &= \int_{B_R} f^2 + \int_{\partial B_R} Dw \cdot \frac{\partial}{\partial v} Dw.\end{aligned}$$

根据 (2.14) 我们得到, 当 $R \to \infty$ 时, 在 ∂B_R 上一致地有

$$Dw = \mathrm{o}(R^{1-n}), \quad D^2 w = \mathrm{o}(R^{-n}),$$

由此得到等式 (9.28). 为了推广 (9.28) 到任意函数 $f \in L^2(\Omega)$, 我们首先注意根据引理 7.12, N 是从 $L^p (1 \leqslant p < \infty)$ 到自身的有界映射. 定理 9.9 在 $p = 2$ 这一情形的完整形式通过逼近推出. 事实上, 如果序列 $\{f_m\} \subset C_0^\infty(\Omega)$ 在 $L^2(\Omega)$ 内收敛到 f, 则 Newton 位势序列 $\{Nf_m\}$ 在 $W^{2,2}(\Omega)$ 中收敛到 w.

(ii) 对于固定的 i, j, 我们现在用

$$Tf = D_{ij} w$$

定义线性算子 $T : L^2(\Omega) \to L^2(\Omega)$. 根据引理 9.7 和 (9.28), 对于所有 $t > 0$ 和 $f \in L^2(\Omega)$, 我们有

$$\mu(t) = \mu_{Tf}(t) \leqslant \left(\frac{\|f\|_2}{t}\right)^2. \tag{9.29}$$

现在我们证明, 对于所有 $t>0$ 和 $f\in L^2(\Omega)$ 还有

$$\mu(t)\leqslant\frac{C\|f\|_1}{t},\tag{9.30}$$

这就使得能够应用 Marcinkiewicz 内插定理. 为了达到这一目的, 我们首先延拓 f, 让它在 Ω 外为零, 并且取定一个立方体 $K_0\supset\Omega$, 使得对于固定 $t>0$ 我们有

$$\int_{K_0}f\leqslant t|K_0|.$$

按照在 9.2 节描述的程序分割立方体 K_0 就生成平行立方体序列 $\{K_l\}_{l=1}^{\infty}$, 使得

$$t<\frac{1}{|K_l|}\int_{K_l}|f|<2^n t,\tag{9.31}$$

并且

$$\text{在 } G=K_0-\cup K_l \text{ 上,}\quad |f|\leqslant t \text{ 几乎处处成立.}$$

现在把函数 f 拆分成由

$$g(x)=\begin{cases}f(x), & \text{当 } x\in G,\\ \dfrac{1}{|K_l|}\displaystyle\int_{K_l}|f|, & \text{当 } x\in K_l, l=1,2,\cdots,\end{cases}$$

定义的 “好的部分” 和 “坏的部分”$b=f-g$. 显然,

$$\begin{aligned}&|g|\leqslant 2^n t \text{ 几乎处处成立,}\\ &b(x)=0,\ \text{若 } x\in G,\\ &\int_{K_l}b=0,\ \text{若 } l=1,2,\ldots\end{aligned}$$

因为 T 是线性的, 故 $Tf=Tg+Tb$; 因此 $\mu_{Tf}(t)\leqslant\mu_{Tg}(t/2)+\mu_{Tb}(t/2)$.

(iii) Tg 的估计: 根据 (9.29)

$$\begin{aligned}\mu_{Tg}(t/2)&\leqslant\frac{4}{t^2}\int g^2\\ &\leqslant\frac{2^{n+2}}{t}\int|g|\\ &\leqslant\frac{2^{n+2}}{t}\int|f|.\end{aligned}$$

(iv) Tb 的估计: 令

$$b_l=b\chi_{K_l}=\begin{cases}b, & \text{在 } K_l \text{ 上,}\\ 0 & \text{其他,}\end{cases}$$

则有

$$Tb=\sum_{l=1}^{\infty}Tb_l.$$

现在我们固定某个 l, 并且选取在 $L^2(\Omega)$ 中收敛到 b_l 的序列 $\{b_{lm}\}$, 使得

$$\begin{aligned}\int_{K_l}b_{lm}&=\int_{K_l}b_l\\&=0.\end{aligned}$$

那么对于 $x\notin K_l$, 我们有等式

$$\begin{aligned}Tb_{lm}(x)&=\int_{K_l}D_{ij}\varGamma(x-y)b_{lm}(y)dy\\&=\int_{K_l}\{D_{ij}\varGamma(x-y)-D_{ij}\varGamma(x-\overline{y})\}b_{lm}(y)dy,\end{aligned}$$

其中 $\overline{y}=\overline{y}_l$ 表示 K_l 的中心. 用 $\delta=\delta_l$ 表示 K_l 的直径, (利用引理 4.4 证明中与积分 I_6 的估计相类似的估计) 我们就得到

$$|Tb_{lm}(x)|\leqslant C(n)\delta[\operatorname{dist}(x,K_l)]^{-n-1}\int_{K_l}|b_{lm}(y)|dy.$$

用 $B_l=B_\delta(\overline{y})$ 表示半径为 δ 的同心球, 通过积分我们得

$$\begin{aligned}\int_{K_0-B_l}|Tb_{lm}|&\leqslant C(n)\delta\int_{|x|\geqslant\delta/2}\frac{dx}{|x|^{n+1}}\int_{K_l}|b_{lm}|\\&\leqslant C(n)\int_{K_l}|b_{lm}|.\end{aligned}$$

因此, 令 $m\to\infty$, 并且记 $F^*=\cup B_l, G^*=K_0-F^*$, 对于 l 求和我们得

$$\begin{aligned}\int_{G^*}|Tb|&\leqslant C(n)\int|b|\\&\leqslant C(n)\int|f|,\end{aligned}$$

由引理 9.7 即得

$$|\{x\in G^*||Tb|>t/2\}|\leqslant\frac{C\|f\|_1}{t}.$$

而由 (9.31) 得

$$\begin{aligned}|F^*|&\leqslant\omega_n n^{n/2}|F|\\&\leqslant\frac{C\|f\|_1}{t},\end{aligned}$$

故 (9.30) 成立.

(v) 为了完成定理 9.9 的证明, 我们注意 (9.29) 和 (9.30) 正符合了 Marcinkiewicz 内插定理当 $q=1, r=2$ 时的条件. 因此对于所有 $1<p\leqslant 2$ 和 $f\in L^2(\Omega)$ 有

$$\|Tf\|_p \leqslant C(n,p)\|f\|_p. \tag{9.32}$$

通过对偶推理就可以把不等式 (9.32) 推广到 $p>2$ 的情形. 因为如果 $f,g\in C_0^\infty(\Omega)$, 则有

$$\begin{aligned}\int_\Omega (Tf)g &= \int_\Omega wD_{ij}g\\ &= \int_\Omega\int_\Omega \Gamma(x-y)f(y)D_{ij}g(x)dxdy\\ &= \int_\Omega fTg\\ &\leqslant \|f\|_p\|Tg\|_{p'}.\end{aligned}$$

于是如果 $p>2$, 我们从 (9.32) 得到

$$\begin{aligned}\|Tf\|_p &= \sup\left\{\int_\Omega (Tf)g \,\middle|\, \|g\|_{p'}=1\right\}\\ &\leqslant C(n,p')\|f\|_p,\end{aligned}$$

故 (9.32) 对于所有 $1<p<\infty$ 成立. 像在情形 $p=2$ 一样, 再用逼近就推断出定理 9.9 的完整结论. □

我们指出即使 Ω 是无界区域 T 也可以定义为 $L^p(\Omega)$ 上的一个有界算子, 在这种情形, 只要 $n\geqslant 3$ 定理 9.9 的结论仍然成立. 在本章的评注中将讨论推导不等式 (9.27) 的其他途径.

Poisson 方程解的 L^p 估计可以从定理 9.9 直接推出.

推论 9.10 设 Ω 是 $\mathbb{R}^n$ 内的一个区域, $u\in W_0^{2,p}(\Omega), 1<p<\infty$. 则

$$\left\|D^2u\right\|_p \leqslant C\|\Delta u\|_p, \tag{9.33}$$

其中的 $C=C(n,p)$. 如果 $p=2$, 则有

$$\left\|D^2u\right\|_2 = \|\Delta u\|^2. \tag{9.34}$$

9.5. L^p 估计

在这一节, 我们导出形式如 (9.1) 和 (9.2) 的椭圆型方程的二阶导数的内部和全局 L^p 估计. 从常系数出发的扰动技术跟在 6.1 和 6.2 节所使用的导出 Schauder 估计的技术类似. 我们首先处理内部估计; 下列定理类似于定理 6.1.

定理 9.11 设 Ω 是 $\mathbb{R}^n$ 内的一个开集, $u \in W^{2,p}_{\mathrm{loc}}(\Omega) \cap L^p(\Omega), 1 < p < \infty$, 是方程

$$在\ \Omega\ 内 \quad Lu = f$$

的一个强解, 对于正数 λ, Λ, L 的系数满足

$$\begin{aligned} & a^{ij} \in C^0(\Omega), \quad b^i, c \in L^\infty(\Omega), \quad f \in L^p(\Omega); \\ & a^{ij}\xi_i\xi_j \geqslant \lambda|\xi|^2, \quad \forall \xi \in \mathbb{R}^n; \\ & |a^{ij}|, |b^i|, |c| \leqslant \Lambda, \end{aligned} \tag{9.35}$$

其中 $i, j = 1, \ldots, n$. 则对于任意 $\Omega' \subset\subset \Omega$,

$$\|u\|_{2,p;\Omega'} \leqslant C(\|u\|_{p;\Omega} + \|f\|_{p;\Omega}), \tag{9.36}$$

其中 C 依赖 $n, p, \lambda, \Lambda, \Omega', \Omega$ 和系数 a^{ij} 在 Ω' 上的连续模.

证明 对于固定的点 $x_0 \in \Omega'$, 我们用 L_0 表示由

$$L_0 u = a^{ij}(x_0) D_{ij} u$$

给定的常系数算子. 借助引理 6.1 证明中使用的线性变换 Q, 我们从推论 9.10 得到对于任意 $v \in W^{2,p}_0(\Omega)$ 的估计

$$\left\|D^2 v\right\|_{p;\Omega} \leqslant \frac{C}{\lambda} \left\|L_0 v\right\|_{p;\Omega}, \tag{9.37}$$

跟在 (9.33) 中的一样, 其中 $C = C(n,p)$. 因此, 如果 v 的支集在球 $B_R = B_R(x_0) \subset\subset \Omega$ 内, 我们有

$$L_0 v = (a^{ij}(x_0) - a^{ij}) D_{ij} v + a^{ij} D_{ij} v,$$

由 (9.37) 得

$$\left\|D^2 v\right\|_p \leqslant \frac{C}{\lambda}(\sup|a - a(x_0)| \left\|D^2 v\right\|_p + \left\|a^{ij} D_{ij} v\right\|_p),$$

其中 $a = [a^{ij}]$. 因为 a 在 Ω' 是一致连续的, 存在一个正数 δ, 使得当 $|x - x_0| < \delta$ 时有

$$|a - a(x_0)| \leqslant \lambda/2C,$$

因此只要 $R \leqslant \delta$ 就有

$$\left\|D^2 v\right\|_p \leqslant C \left\|a^{ij} D_{ij} v\right\|_p,$$

其中 $C = C(n, p, \lambda)$.

对于 $\sigma \in (0,1)$, 我们引进截断函数 $\eta \in C_0^2(B_R)$, 满足 $0 \leqslant \eta \leqslant 1$, 在 $B_{\sigma R}$ 内 $\eta = 1$, 记 $\sigma' = (1+\sigma)/2$, 当 $|x| \geqslant \sigma' R$ 时, $|D\eta| \leqslant 4/(1-\sigma)R$, $|D^2\eta| \leqslant 16/(1-\sigma)^2R^2$. 如果 $u \in W^{2,p}_{\mathrm{loc}}(\Omega)$ 在 Ω 内满足 $Lu = f$, 令 $v = \eta u$, 那么我们有

$$\begin{aligned}\|D^2u\|_{p;B_{\sigma R}} &\leqslant C\|\eta a^{ij}D_{ij}u + 2a^{ij}D_i\eta D_j u + ua^{ij}D_{ij}\eta\|_{p;B_R} \\ &\leqslant C\left(\|f\|_{p;B_R} + \frac{1}{(1-\sigma)R}\|Du\|_{p;B_{\sigma' R}} + \frac{1}{(1-\sigma)^2R^2}\|u\|_{p;B_R}\right),\end{aligned}$$

只要 $R \leqslant \delta \leqslant 1$, 其中 $C = C(n,p,\lambda,\Lambda)$.

由此如果我们引进加权半模

$$\Phi_k = \sup_{0<\sigma<1} (1-\sigma)^k R^k \|D^k u\|_{p;B_{\sigma R}}, \quad k = 0,1,2,$$

则有

$$\Phi_2 \leqslant C(R^2\|f\|_{p;B_R} + \Phi_1 + \Phi_0). \tag{9.38}$$

现在我们断言, 对于任意 $\varepsilon > 0, \Phi_k$ 满足内插不等式

$$\Phi_1 \leqslant \varepsilon\Phi_2 + \frac{C}{\varepsilon}\Phi_0, \tag{9.39}$$

其中 $C = C(n)$. 由于在伸缩变换下不等式不变, 只需对于 $R = 1$ 这一情形证明 (9.39).

对于 $\gamma > 0$, 我们固定 $\sigma = \sigma_\gamma$, 则根据定理 7.28 得

$$\begin{aligned}\Phi_1 &\leqslant (1-\sigma_\gamma)\|Du\|_{p;B_\sigma} + \gamma \\ &\leqslant \varepsilon(1-\sigma)^2\left\|D^2u\right\|_{p;B_\sigma} + \frac{C}{\varepsilon}\|u\|_{p;B_\sigma} + \gamma,\end{aligned}$$

令 $\gamma \to 0$ 我们得到 (9.39). 在 (9.38) 中利用 (9.39) 即得

$$\Phi_2 \leqslant C(R^2\|f\|_{p;B_R} + \Phi_0),$$

即

$$\|D^2u\|_{p;B_{\sigma R}} \leqslant \frac{C}{(1-\sigma)^2R^2}(R^2\|f\|_{p;B_R} + \|u\|_{p;B_R}), \tag{9.40}$$

其中 $C = C(n,p,\lambda,\Lambda)$, 并且 $0 < \sigma < 1$.

取 $\sigma = 1/2$, 并且用半径为 $R/2$ 的有限个球覆盖 Ω', 即可推出所希望的估计 (9.36), 这里取 $R \leqslant \min\{\delta, \mathrm{dist}\,(\Omega', \partial\Omega)\}$. □

为了推广定理 9.11 到边界 $\partial\Omega$, 我们首先考虑平边界部分这种情形. 令

$$\begin{aligned}\Omega^+ &= \Omega \cap \mathbb{R}^n_+ = \{x \in \Omega | x_n > 0\}, \\ (\partial\Omega)^+ &= (\partial\Omega) \cap \mathbb{R}^n_+ = \{x \in \partial\Omega | x_n > 0\},\end{aligned}$$

我们有推论 9.10 的下列推广.

引理 9.12 设 $u \in W_0^{1,1}(\Omega^+), f \in L^p(\Omega^+), 1 < p < \infty$, 在 Ω^+ 内弱满足 $\Delta u = f$, 在 $(\partial\Omega)^+$ 附近 $u = 0$. 则 $u \in W^{2,p}(\Omega^+) \cap W_0^{1,p}(\Omega^+)$, 并且

$$\left\|D^2 u\right\|_{p;\Omega^+} \leqslant C \|f\|_{p;\Omega^+}, \tag{9.41}$$

其中 $C = C(n, p)$.

证明 在 $\mathbb{R}_+^n - \Omega$ 内令 $u = f = 0$, 我们把 u 和 f 延拓到整个 $\mathbb{R}_+^n$, 再通过奇反射延拓到整个 $\mathbb{R}^n$, 即对于 $x_n < 0$, 令

$$u(x', x_n) = -u(x', -x_n), f(x', x_n) = -f(x', -x_n),$$

其中 $x' = (x_1, \ldots, x_{n-1})$. 我们证明延拓了的函数在 $\mathbb{R}^n$ 内弱满足 $\Delta u = f$. 为此我们取任意一个函数 $\varphi \in C_0^1(\mathbb{R}^n)$, 对于 $\varepsilon > 0$, 令 η 是 $C^1(\mathbb{R})$ 内的一个偶函数, 使得当 $|t| \leqslant \varepsilon$ 时, $\eta(t) = 0$, 当 $|t| \geqslant 2\varepsilon$ 时, $\eta(t) = 1$, 并且 $|\eta'| \leqslant 2/\varepsilon$. 则有

$$\begin{aligned} -\int \eta f \varphi &= \int Du \cdot D(\eta\varphi) \\ &= \int \eta Du \cdot D\varphi + \int \varphi \eta' D_n u. \end{aligned}$$

而当 $\varepsilon \to 0$ 时

$$\begin{aligned} \left|\int \varphi \eta' D_n u\right| &= \left|\int_{0<x_n<2\varepsilon} (\varphi(x', x_n) - \varphi(x', -x_n))\eta' D_n u\right| \\ &\leqslant 8 \max|D\varphi| \int_{0<x_n<2\varepsilon} |D_n u| \\ &\to 0. \end{aligned}$$

因此, 令 $\varepsilon \to 0$ 我们得到

$$-\int f\varphi = \int Du \cdot D\varphi,$$

于是 $u \in W^{1,1}(\mathbb{R}^n)$ 是 $\Delta u = f$ 的一个弱解.

因为 u 在 $\mathbb{R}^n$ 内有紧支集, 其正则化 $u_h \in C_0^\infty(\mathbb{R}^n)$, 并且在 $\mathbb{R}^n$ 中满足 $\Delta u_h = f_h$. 因此根据引理 7.2 和推论 9.10, 当 $h \to 0$ 时, 在 $W^{2,p}(\mathbb{R}^n)$ 中 $u_h \to u$, 并且 u 满足估计 (9.33). 由此就推出估计 (9.41), 不过这里的常数是 (9.33) 中的两倍. 因为 $u_h(x', 0) = 0$, 我们有 $u \in W_0^{1,p}(\Omega^+)$. □

对于全局估计, 我们需要在 $W^{1,p}(\Omega)$ 意义下取的边值. 如果 T 是 $\partial\Omega$ 的一个子集, 而 $u \in W^{1,p}(\Omega)$. 我们说在 $W^{1,p}(\Omega)$ 意义下在 T 上 $u = 0$, 如果 u 是在 T 附近为零的 $C^1(\Omega)$ 中的函数的序列在 $W^{1,p}(\Omega)$ 中的极限. 对于 $p = 2$ 的情形, 这

里的定义跟在 8.10 节所给的定义一致, 当 u 在 T 上连续时, 它在通常逐点意义下等于零即蕴涵在 $W^{1,p}(\Omega)$ 意义下 $u=0$. 在引理 9.12 帮助下我们现在导出局部边界估计.

定理 9.13 设 Ω 是 $\mathbb{R}^n$ 中的带 $C^{1,1}$ 边界部分 $T\subset\partial\Omega$ 的区域. 再设 $u\in W^{2,p}(\Omega)(1<p<\infty)$ 是在 Ω 内 $Lu=f$ 的一个强解, 并且在 $W^{1,p}(\Omega)$ 意义下在 T 上 $u=0$, 其中 L 满足 (9.35), 其系数 $a^{ij}\in C^0(\Omega\cup T)$. 则对于任意区域 $\Omega'\subset\subset\Omega\cup T$,

$$\|u\|_{2,p;\Omega'}\leqslant C(\|u\|_{p;\Omega}+\|f\|_{p;\Omega}),\tag{9.42}$$

其中的 C 依赖 $n,p,\lambda,\Lambda,\Omega',\Omega$ 和系数 a^{ij} 在 Ω' 上的连续模.

证明 因为 $T\in C^{1,1}$, 对于每个点 $x_0\in T$ 存在一个邻域 $\mathscr{N}=\mathscr{N}_{x_0}$ 和从 $\mathscr{N}$ 到 $\mathbb{R}^n$ 中的单位球 $B=B_1(0)$ 的微分同胚 $\psi=\psi_0$, 使得 $\psi(\mathscr{N}\cap\Omega)\subset\mathbb{R}^n_+$, $\psi(\mathscr{N}\cap\partial\Omega)\subset\partial\mathbb{R}^n_+$, $\psi\in C^{1,1}(\mathscr{N})$, $\psi^{-1}\in C^{1,1}(B)$. 像在引理 6.5 中那样, 记 $y=\psi(x)=(\psi_1(x),\ldots,\psi_n(x)),\widetilde{u}(y)=u(x),x\in\mathscr{N}$, $y\in B$, 我们得到在 B^+ 内

$$\widetilde{L}\widetilde{u}=\widetilde{a}^{ij}D_{ij}\widetilde{u}+\widetilde{b}^iD_i\widetilde{u}+\widetilde{c}\,\widetilde{u}=\widetilde{f},$$

其中

$$\widetilde{a}^{ij}(y)=\frac{\partial\psi_i}{\partial x_r}\frac{\partial\psi_j}{\partial x_s}a^{rs}(x),\quad \widetilde{b}^i(y)=\frac{\partial^2\psi_i}{\partial x_r\partial x_s}a^{rs}(x)+\frac{\partial\psi_i}{\partial x_r}b^r(x),$$
$$\widetilde{c}(y)=c(x),\quad \widetilde{f}(y)=f(x),$$

于是 $\widetilde{L}$ 满足类似于 (9.35) 的条件, 相应的常数 $\widetilde{\lambda},\widetilde{\Lambda}$ 依赖 λ,Λ 和 ψ. 再者, $\widetilde{u}\in W^{2,p}(B^+)$, 并且在 $W^{1,p}(B^+)$ 意义下在 $B\cap\partial\mathbb{R}^n_+$ 上 $\widetilde{u}=0$.

现在我们像在定理 9.11 的证明中那样往下进行, 只需用半球 $B^+_R(0)\subset B$ 代替球 $B_R(x_0)$, 用引理 9.12 代替推论 9.10. 这样我们就得到估计

$$\|D^2\widetilde{u}\|_{p;B^+_{\sigma R}}\leqslant\frac{C}{(1-\sigma)^2R^2}\{R^2\|\widetilde{f}\|_{p;B^+_R}+\|\widetilde{u}\|_{p;B^+_R}\},$$

只要 $R\leqslant\delta\leqslant 1$, 其中的 C 依赖 n,p,λ,Λ 和 ψ; 而 δ 依赖 a^{ij} 在 x_0 的连续模以及 ψ. 取 $\sigma=1/2$, 并且令 $\widetilde{\mathscr{N}}=\widetilde{\mathscr{N}_{x_0}}=\psi^{-1}(B_{\delta/2})$, 我们回到原来的条件则得

$$\|D^2u\|_{p;\widetilde{\mathscr{N}}}\leqslant C(\|u\|_{p;\mathscr{N}}+\|f\|_{p;\mathscr{N}}),$$

其中 $C=C(n,p,\lambda,\Lambda,\delta,\psi)$. 最后, 通过用有限个这样的邻域 $\widetilde{\mathscr{N}}$ 覆盖 $\Omega'\cap T$ 并且援引内部估计 (9.36), 我们得到所希望的估计 (9.42). □

在定理 9.13 中当 $T=\partial\Omega$ 时我们可以取 $\Omega'=\Omega$, 从而得到全局 $W^{2,p}(\Omega)$ 估计. 这个估计能够如下精细化.

定理 9.14 设 Ω 是 $\mathbb{R}^n$ 中的一个 $C^{1,1}$ 区域, 假定 L 满足条件 (9.35), 并且 $a^{ij}\in C^0(\overline{\Omega})$, $i,j=1,\ldots,n$. 如果 $u\in W^{2,p}(\Omega)\cap W_0^{1,p}(\Omega), 1<p<\infty$, 则存在 $\sigma_0>0$, 使得对于所有 $\sigma\geqslant\sigma_0$ 我们有

$$\|u\|_{2,p;\Omega}\leqslant C\,\|Lu-\sigma u\|_{p;\Omega}\,, \tag{9.43}$$

其中 C 和 σ_0 是依赖于 $n,p,\lambda,\Lambda,\Omega$ 和系数 a^{ij} 的连续模的正的常数.

证明 我们由

$$\Omega_0=\Omega\times(-1,1)$$

定义 $\mathbb{R}^{n+1}(x,t)$ 中的一个区域 Ω_0, 同时对于 $v\in W^{2,p}(\Omega_0)$ 由

$$L_0v=Lv+D_{tt}v$$

定义 Ω_0 上的算子 L_0. 如果 $u\in W^{2,p}(\Omega)\cap W_0^{1,p}(\Omega)$, 那么由

$$v(x,t)=u(x)\cos\sigma^{1/2}t$$

给定的函数 v 属于 $W^{2,p}(\Omega_0)$, 并且在 $\partial\Omega\cap(-1,1)$ 上在 $W^{1,p}(\Omega_0)$ 意义下为零. 此外,

$$L_0v=\cos\sigma^{1/2}t(Lu-\sigma u),$$

于是根据定理 9.13, 对于 $\Omega'=\Omega\times(-\varepsilon,\varepsilon), 0<\varepsilon\leqslant\dfrac{1}{2}$, 我们得到

$$\|D_{tt}v\|_{p;\Omega'}\leqslant C(\|Lu-\sigma u\|_{p;\Omega}+\|u\|_{p;\Omega}),$$

其中 C 依赖定理陈述中所罗列的量. 现在我们取 $\varepsilon=\pi/3\sigma^{1/2}$, 则有

$$\begin{aligned}\|D_{tt}v\|_{p;\Omega'}&=\sigma\|v\|_{p;\Omega'}\\&\geqslant\sigma\cos(\sigma^{1/2}\varepsilon)(2\varepsilon)^{1/p}\|u\|_{p;\Omega}\\&\geqslant\frac{1}{2}\left(\frac{2\pi}{3}\right)^{1/p}\sigma^{1-1/2p}\|u\|_{p;\Omega}.\end{aligned}$$

于是如果 σ 充分大, 则有

$$\|u\|_{p;\Omega}\leqslant C\|Lu-\sigma u\|_{p;\Omega}, \tag{9.44}$$

据此从定理 9.13 即推出 (9.43). □

我们指出当 $p\geqslant n$ 时, 定理 9.14 直接从定理 9.1 和 9.13 推出. 在第 8 章的 Hilbert 空间方法中定理 9.14 的类似命题是引理 8.4, 其实可以从引理 8.4 导出情形 $p=2$. 我们注意到在定理 9.12, 9.13 和 9.14 的证明中援引 Sobolev 嵌入定理 (特别地, 见推论 7.11), 我们可以减弱 L 的低阶系数的条件 $b_i\in L^q(\Omega), c\in L^r(\Omega)$, 其中当 $p\leqslant n$ 时, $q>n$, 当 $p>n$ 时, $q=p$, 而当 $p\leqslant n/2$ 时, $r>n/2$, 当 $p>n/2$ 时, $r=p$.

9.6. Dirichlet 问题

本节的主要目标是对于强解的 Dirichlet 问题的证明下列存在性和唯一性定理.

定理 9.15 设 Ω 是 $\mathbb{R}^n$ 中的一个 $C^{1,1}$ 区域, 而算子 L 在 Ω 内是严格椭圆型的, 其系数 $a^{ij}\in C^0(\overline{\Omega}), b^i, c\in L^\infty, i,j=1,\ldots,n$, 并且 $c\leqslant 0$. 如果 $f\in L^p(\Omega)$, 且 $\varphi\in W^{2,p}(\Omega), 1<p<\infty$, 则 Dirichlet 问题: 在 Ω 内 $Lu=f, u-\varphi\in W_0^{1,p}(\Omega)$ 有唯一解 $u\in W^{2,p}(\Omega)$.

证明 有多种从前面第 4, 6 和 8 章中的存在性定理导出定理 9.15 的方法. 例如, 在 $p\geqslant n$ 这种情形, 定理的结论可以要么从定理 6.14 或 8.14 通过适当的逼近得到 (习题 9.7), 要么从 Poisson 方程的特殊情形通过连续性方法得到 (习题 9.8). 我们的处理则是基于在较强系数条件下的定理 8.9 和 8.12 已经包含的 $p=2$ 这种情形. 我们将需要以下正则性结果, 事实上, 它是定理 9.11 和 9.13 的改进.

引理 9.16 除了定理 9.13 的假设, 再假定对于某个 $q\in(p,\infty), f\in L^q(\Omega)$. 则 $u\in W^{2,q}_{\rm loc}(\Omega\cup T)$, 在 $W^{1,q}(\Omega)$ 的意义下在 T 上 $u=0$, 并且因此 u 满足当把 p 替换成 q 时的估计 (9.42).

证明 我们首先处理当 T 是空集时的内部情形. 回到定理 9.11 的证明, 我们取定一个球 $B_R=B_R(x_0)$ 和一个截断函数 η, 并且令 $v=\eta u, g=a^{ij}D_{ij}v$, 则有

$$L_0 v=(a^{ij}(x_0)-a^{ij}(x))D_{ij}v+g.$$

因为 $Lu=f$, 从 Sobolev 嵌入定理推出 $g\in L^r(\Omega)$, 这里 $1/r=\max\{1/q,1/p-1/n\}$. 通过线性变换 Q, 我们能够把矩阵 $[a^{ij}(x_0)]$ 对角化, 从而算子 L_0 变成 Laplace 算子, 因此有

$$\Delta\widetilde{v}=(\delta^{ij}-\widetilde{a}^{ij}(x))D_{ij}\widetilde{v}+\widetilde{g},$$

其中 $\widetilde{v},\widetilde{a}^{ij},\widetilde{g}$ 分别对应 v,a^{ij},g. 取 Newton 位势, 我们就得到方程

$$\widetilde{v}=N[(\delta^{ij}-a^{ij}(x))D_{ij}\widetilde{v}]+N\widetilde{g}.$$

因此, 函数 v 满足形式为

$$v=Tv+h \tag{9.45}$$

的方程, 根据 Calderon-Zygmund 估计 (定理 9.9), 对于任何 $p\in(1,\infty), h\in L^r(B_R)$, T 是一个从 $W^{2,p}(B_R)$ 到自身的有界线性映射, 并且像在定理 9.11 的证

明中一样, 如果 $R \leqslant \delta$, 我们必有 $\|T\| \leqslant 1/2$, 因此根据压缩映射原理 (定理 5.1), 对于任何 $p \in [1, r]$, (9.45) 有唯一解 $v \in W^{2,p}(B_R)$. 于是 $\eta u \in W^{2,r}(\Omega)$, 因为 $x_0 \in \Omega$ 是任意的, 我们得到 $u \in W^{2,r}_{\text{loc}}(\Omega)$. 如果 $r = q$, 我们就达到了目的.

否则, 利用 Sobolev 嵌入定理并且重复上述论证就可以推出所希望的内部正则性. 局部的边界正则性像在定理 9.13 的证明中那样, 对于 $x_0 \in T$ 和代替 $B_R(x_0)$ 的半球 $B_R^+(0)$ 类似地处理. □

定理 9.15 的唯一性结论从引理 9.16 推出, 因为, 如果算子 L 满足定理 9.15 的条件, 并且 $u, v \in W^{2,p}(\Omega)$ 在 Ω 内满足 $Lu = Lv$, $u - v \in W_0^{1,p}(\Omega)$, 根据引理 9.16, 对于所有 $1 < q < \infty$, $u - v \in W^{2,q}(\Omega) \cap W_0^{1,q}(\Omega)$, 利用 Sobolev 嵌入定理 (定理 7.10) 和定理 9.5 的唯一性结果我们得到结论 $u = v$. 从唯一性, 我们能够导出一个先验的界, 这个结果推广了推论 9.14.

引理 9.17 设算子 L 满足定理 9.15 的假设. 则存在一个 (不依赖于 u 的) 常数 C, 使得对于所有 $u \in W^{2,p}(\Omega) \cap W_0^{1,p}(\Omega), 1 < p < \infty$,

$$\|u\|_{2,p;\Omega} \leqslant C \|Lu\|_{p;\Omega}. \tag{9.46}$$

证明 我们用反证法. 如果 (9.46) 不成立, 则存在序列 $\{v_m\} \subset W^{2,p}(\Omega) \cap W_0^{1,p}(\Omega)$, 使得

$$\|v_m\|_{p;\Omega} = 1; \quad \|Lv_m\|_{p;\Omega} \to 0.$$

由于定理 9.13 的先验估计, 嵌入 $W_0^{1,p}(\Omega) \to L^p(\Omega)$ 的紧性以及 $W^{2,p}(\Omega)$ 中的有界集的弱紧性 (习题 5.5), 存在一个子序列, 仍然记作 $\{v_m\}$, 弱收敛到一个函数 $v \in W^{2,p}(\Omega) \cap W_0^{1,p}(\Omega)$, 满足条件 $\|v\|_{p;\Omega} = 1$. 因为对于所有 $|\alpha| \leqslant 2$ 和 $g \in L^{p/(p-1)}(\Omega)$ 有

$$\int_\Omega g D^\alpha v_m \to \int_\Omega g D^\alpha v,$$

对于所有 $g \in L^{p/(p-1)}(\Omega)$ 我们必有

$$\int_\Omega g L v = 0;$$

因此 $Lv = 0$, 根据唯一性, $v = 0$, 这与条件 $\|v\|_{p;\Omega} = 1$ 矛盾. □

我们现在能够完成定理 9.15 的证明了. 首先我们注意到, 如果主系数 $a^{ij} \in C^{0,1}(\overline{\Omega})$, 并且 $p \geqslant 2$, 直接从定理 8.9 和 8.12 以及引理 9.16 推出结果. 在一般情形, 我们用 $u - \varphi$ 代替 u 把原问题归结为零边值问题, 并且用一个序列 $\{a_m^{ij}\} \subset C^{0,1}(\overline{\Omega})$ 逼近系数 a^{ij}, 在 $p < 2$ 的情形, 用序列 $\{f_m\} \subset L^2(\Omega)$ 逼近函数 f. 如果用 $\{u_m\}$ 表示对应的 Dirichlet 问题的解的序列, 从引理 9.17 我们推知序列在 $W^{2,p}(\Omega)$ 中有界. 因此, 再次根据习题 5.5, $\{u_m\}$ 的一个子序列在

$W^{2,p}(\Omega)\cap W_0^{1,p}(\Omega)$ 中弱收敛到一个函数 u, 通过类似于引理 9.17 的证明中的推理得知, u 在 Ω 内满足 $Lu=f$. □

定理 9.15 还可以从 Fredholm 二择一性质推导出来, 而二择一性质则从定理 9.14 推出 (习题 9.9). 当 $p>n/2$ 时, 我们得到对于连续边值的一个存在性定理.

推论 9.18 设 Ω 是 $\mathbb{R}^n$ 内的一个 $C^{1,1}$ 区域, 再设算子在 Ω 内 L 是严格椭圆型的, 其系数 $a^{ij}\in C^0(\overline{\Omega}),b^i,c\in L^\infty,i,j=1,\ldots,n$, 并且 $c\leqslant 0$. 如果 $f\in L^p(\Omega),p>n/2,\varphi\in C^0(\partial\Omega)$, 那么 Dirichlet 问题: 在 Ω 内 $Lu=f$, 在 $\partial\Omega$ 上 $u=\varphi$ 有唯一解 $u\in W^{2,p}_{\rm loc}(\Omega)\cap C^0(\overline{\Omega})$.

证明 唯一性结论从定理 9.5 和引理 9.16 推出 (事实上, 这个结论对于任意区域 Ω 和 $p>1$ 都成立). 为了得到存在性, 我们令 $\{\varphi_m\}\subset W^{2,p}(\Omega)$ 在 $\partial\Omega$ 上一致收敛到 φ, 并且设 $u_m\in W^{2,p}(\Omega)$ 是下列 Dirichlet 问题的解: 在 Ω 内 $Lu_m=f$, 在 $\partial\Omega$ 上 $u_m=\varphi_m$, 由定理 9.15 知这样的解是存在的. 显然差 u_l-u_m 满足

$$\text{在 }\Omega\text{ 内 } L(u_l-u_m)=0,\quad \text{在 }\partial\Omega\text{ 上 } u_l-u_m=\varphi_l-\varphi_m.$$

根据定理 9.1 和 9.11 和引理 9.16, 我们得到 $\{u_m\}$ 在 $W^{2,p}_{\rm loc}(\Omega)\cap C^0(\overline{\Omega})$ 中收敛到下列 Dirichlet 问题的解, 在 Ω 内 $Lu=f$, 在 $\partial\Omega$ 上 $u=\varphi$. □

利用在第 6 章中用过的类似的闸函数考虑, 我们可以推广推论 9.18, 使之适用于更一般的区域. 我们将在 9.7 节考虑这种类型的结果, 这需要结合在边界上的连续性估计.

为了结束这一节, 我们叙述涉及高阶正则性的一个定理, 它改进了对于古典解的定理 6.17 和 6.19. 为了进行证明, 可以使用这些定理证明中的差商, 或者引理 9.16 证明中的类似论证. 细节留给读者 (习题 9.10).

定理 9.19 设 u 是椭圆型方程 $Lu=f$ 在区域 Ω 内的一个 $W^{2,p}_{\rm loc}(\Omega)$ 解, 其中 L 的系数属于 $C^{k-1,1}(\Omega)(C^{k-1,\alpha}(\Omega))$, $f\in W^{k,q}_{\rm loc}(\Omega)(C^{k-1,\alpha}(\Omega))$, $1<p,q<\infty$, $k\geqslant 1,0<\alpha<1$. 则 $u\in W^{k+2}_{\rm loc}(\Omega)(C^{k+1,\alpha}(\Omega))$. 再者, 如果 $\Omega\in C^{k+1,1}(C^{k+1,\alpha})$, L 在 Ω 内是严格椭圆型的, 其系数在 $C^{k-1,1}(\overline{\Omega})(C^{k-1,\alpha}(\overline{\Omega}))$ 内, 并且 $f\in W^{k,q}(\Omega)$ $(C^{k-1,\alpha}(\overline{\Omega}))$, 则 $u\in W^{k+2,q}(\Omega)(C^{k+1,\alpha}(\overline{\Omega}))$.

9.7. 一个局部最大值原理

在这一节和以下各节, 我们集中注意力于对于一般形式 (9.1) 的算子的逐点估计, 并且导出与 8.6 节至 8.10 节中针对散度结构的算子的结果相应的结论. 贯穿本章的余下部分, 我们将假设由 (9.1) 给定的算子 L 是严格椭圆型的, 其系数

在区域 Ω 内是有界的, 相应地取定常数 γ 和 ν, 使得在 Ω 内

$$\frac{\Lambda}{\lambda} \leqslant \gamma, \quad \left(\frac{|\mathbf{b}|}{\lambda}\right)^2, \quad \frac{|c|}{\lambda} \leqslant \nu. \tag{9.47}$$

在本节我们证明与定理 8.17 的下解估计类似的结果.

定理 9.20 设 $u \in W^{2,n}(\Omega)$, 并且 $Lu \geqslant f$, 其中 $f \in L^n(\Omega)$. 则对于任意的球 $B = B_{2R}(y) \subset \Omega$ 和 $p > 0$, 我们有

$$\sup_{B_R(y)} u \leqslant C \left\{ \left(\frac{1}{|B|} \int_B (u^+)^p \right)^{1/p} + \frac{R}{\lambda} \|f\|_{L^n(B)} \right\}, \tag{9.48}$$

其中 $C = C(n, \gamma, \nu R^2, p)$.

证明 不失一般性, 我们能够假设 $B = B_1(0)$, 通过坐标变换 $x \to (x-y)/2R$ 就获得一般情形的结论. 我们一开始还假设 $u \in C^2(\Omega) \cap W^{2,n}(\Omega)$. 对于 $\beta \geqslant 1$, 定义截断函数

$$\eta(x) = (1 - |x|^2)^\beta. \tag{9.49}$$

求偏导数得

$$D_i\eta = -2\beta x_i(1 - |x|^2)^{\beta-1},$$
$$D_{ij}\eta = -2\beta\delta_{ij}(1 - |x|^2)^{\beta-1} + 4\beta(\beta - 1)x_i x_j(1 - |x|^2)^{\beta-2}.$$

令 $v = \eta u$, 则有

$$\begin{aligned} a^{ij}D_{ij}v &= \eta a^{ij}D_{ij}u + 2a^{ij}D_i\eta D_j u + ua^{ij}D_{ij}\eta \\ &\geqslant \eta(f - b^i D_i u - cu) + 2a^{ij}D_i\eta D_j u + ua^{ij}D_{ij}\eta. \end{aligned}$$

用 $\Gamma^+ = \Gamma_v^+$ 表示 v 在球 B 内的上接触集, 在 Γ^+ 上我们显然有 $u > 0$; 进而, 利用 v 在 Γ^+ 上的凹性, 我们在 Γ^+ 上有估计

$$\begin{aligned} |Du| &= \frac{1}{\eta}|Dv - uD\eta| \\ &\leqslant \frac{1}{\eta}(|Dv| + u|D\eta|) \\ &\leqslant \frac{1}{\eta}\left(\frac{v}{1 - |x|} + u|D\eta|\right) \\ &\leqslant 2(1 + \beta)\eta^{-1/\beta}u. \end{aligned}$$

于是, 在 Γ^+ 上我们有不等式

$$\begin{aligned} -a^{ij}D_{ij}v &\leqslant \{(16\beta^2 + 2\eta\beta)\Lambda\eta^{-2/\beta} + 2\beta|b|\eta^{-1/\beta} + c\}v + \eta f \\ &\leqslant C\lambda\eta^{-2/\beta}v + f, \end{aligned}$$

其中 $C = C(n, \beta, \gamma, \nu)$. 因此, 应用引理 9.3, 对于 $\beta \geqslant 2$ 我们得到

$$\sup_B v \leqslant C \left(\left\| \eta^{-2/\beta} v^+ \right\|_{n;B} + \frac{1}{\lambda} \|f\|_{n;B} \right)$$
$$\leqslant C \left(\left(\sup_B v^+ \right)^{1-2/\beta} \left\| (u^+)^{2/\beta} \right\|_{n;B} + \frac{1}{\lambda} \|f\|_{n;B} \right).$$

取 $\beta = 2n/p$ (只要 $p \leqslant n$) 并且利用对于 $\varepsilon > 0$ 形式为

$$(\sup v^+)^{1-2/\beta} \leqslant \varepsilon \sup v^+ + \varepsilon^{1-\beta/2}$$

的 Young 不等式 (7.6), 我们得到

$$\sup_B v \leqslant C \left\{ \left(\int_B (u^+)^p \right)^{1/p} + \frac{1}{\lambda} \|f\|_{n;B} \right\},$$

估计 (9.48) 随之推出. 通过逼近把结果推广到 $u \in W^{2,n}(\Omega)$, 细节留给读者. □

用 $-u$ 代替 u, 定理 9.20 就自动推广到方程 $Lu = f$ 的上解和解.

推论 9.21 设 $u \in W^{2,n}(\Omega)$, 并且假定 $Lu \leqslant f(= f)$, 其中 $f \in L^n(\Omega)$. 则对于任意的球 $B = B_{2R}(y) \subset \Omega$ 和 $p > 0$, 我们有

$$\sup_{B_R(y)} (-u), (|u|) \leqslant C \left\{ \left(\frac{1}{|B|} \int_B (u^-)^p, (|u|^p) \right)^{1/p} + \frac{R}{\lambda} \|f\|_{L^n(B)} \right\}, \tag{9.50}$$

其中 $C = C(n, \gamma, \nu R^2, p)$.

我们指出, 当在 (9.48) 中取 $p = 1$ 时, 就会得到对于非负下调和函数的平均值不等式的推广, 即

$$u(y) \leqslant \frac{C}{R^n} \int_{B_R(y)} u \tag{9.51}$$

只要在 $B_R(y)$ 内 $Lu, u \geqslant 0$, 其中 $C = C(n, \gamma, \nu R^2)$. 定理 9.20 在更一般的系数条件下仍然成立 (见评注).

9.8. Hölder 和 Harnack 估计

我们在这一节介绍 Krylov 和 Safonov[KS1, 2] 对于 Hölder 和 Harnack 估计的处理, 这种对于一般形式的一致椭圆型算子的处理与对于散度形式的算子的 De Giorgi, Nash 和 Moser 估计类似. 对于我们在第 17 章处理完全非线性椭圆型算子, 关于非负上解的弱 Harnack 不等式也是重要的, 从它可以方便地导出 Hölder 估计和 Harnack 估计.

定理 9.22 设 $u\in W^{2,n}(\Omega)$, 在 Ω 内满足 $Lu\leqslant f$, 其中 $f\in L^n(\Omega)$, 并且假定 u 在球 $B=B_{2R}(y)\subset\Omega$ 内是非负的. 则

$$\left(\frac{1}{|B_R|}\int_{B_R}u^p\right)^{1/p}\leqslant C\left(\inf_{B_R}u+\frac{R}{\lambda}\|f\|_{L^n(B)}\right), \tag{9.52}$$

其中 p 和 C 是仅依赖 n,γ 和 νR^2 的常数.

证明 我们再次一开始就假设 $B=B_1(0)$, 并且 $\lambda\equiv 1$ (用 $L/\lambda, f/\lambda$ 替换 L,f). 令

$$\begin{aligned}&\overline{u}=u+\varepsilon+\|f\|_{n;B},\\ &w=-\log\overline{u},\quad v=\eta w,\quad g=f/\overline{u},\end{aligned} \tag{9.53}$$

其中 $\varepsilon>0$, 而 η 由 (9.49) 给定, 利用 Schwarz 不等式, 我们就得到

$$\begin{aligned}-a^{ij}D_{ij}v&=-\eta a^{ij}D_{ij}w-2a^{ij}D_i\eta D_jw-wa^{ij}D_{ij}\eta\\ &\leqslant\eta(-a^{ij}D_iwD_jw+b^iD_iw+|c|+g)\\ &\quad-2a^{ij}D_i\eta D_jw-wa^{ij}D_{ij}\eta\\ &\leqslant\frac{2}{\eta}a^{ij}D_i\eta D_j\eta-wa^{ij}D_{ij}\eta+(|b|^2+|c|+g).\end{aligned}$$

接着我们计算

$$a^{ij}D_{ij}\eta=-2\beta a^{ii}(1-|x|^2)^{\beta-1}+4\beta(\beta-1)a^{ij}x_ix_j(1-|x|^2)^{\beta-2},$$

于是如果

$$2(\beta-1)a^{ij}x_ix_j+a^{ii}|x|^2\geqslant a^{ii},$$

特别是如果

$$2\beta\,|x|^2\geqslant n\Lambda,$$

则有 $a^{ij}D_{ij}\eta\geqslant 0$. 因此, 如果 $0<\alpha<1$, 并且选择 β 使得

$$\beta\geqslant\frac{n\gamma}{2\alpha},$$

则对于所有 $|x|\geqslant\alpha$ 有 $a^{ij}D_{ij}\eta\geqslant 0$. 因此, 在 $B^+=\{x\in B|w(x)>0\}$ 上我们得到不等式

$$\begin{aligned}-a^{ij}D_{ij}v&\leqslant 4\beta^2(1-|x|^2)^{\beta-2}|x|^2\\ &\quad+v\chi(B_\alpha)\sup_{B_\alpha}\left(-\frac{a^{ij}D_{ij}\eta}{\eta}\right)+(|b|^2+|c|+g)\eta\\ &\leqslant 4\beta^2\Lambda+|b|^2+|c|+g+\frac{2n\beta\Lambda}{1-\alpha^2}v\chi(B_\alpha).\end{aligned}$$

利用引理 9.3, 并且注意到 $\|g\|_{n;B} \leqslant 1$, 我们便得到 v 的一个界, 即

$$\sup_B v \leqslant C(1+\|v^+\|_{n;B_\alpha}), \tag{9.54}$$

其中 $C = C(n,\alpha,\gamma,\nu)$.

为了便于最后应用 9.2 节的立方体分解过程, 在此从球转换到立方体是适当的. 对于任意点 $y \in \mathbb{R}^n$ 和 $R > 0$, 我们将用 $K_R(y)$ 表示中心是 y 棱长是 $2R$ 的平行于坐标轴的开立方体. 如果 $\alpha < \dfrac{1}{\sqrt{n}}$, 我们有 $K_\alpha = K_\alpha(0) \subset\subset B$, 因此从 (9.54) 得到

$$\begin{aligned}\sup_B v &\leqslant C(1+\|v^+\|_{n;K_\alpha})\\ &\leqslant C(1+|K_\alpha^+|^{1/n}\sup_B v^+),\end{aligned}$$

其中 $K_\alpha^+ = \{x \in K_\alpha | v > 0\}$. 由此得到, 如果

$$|K_\alpha^+| \,/\, |K_\alpha| \leqslant \theta = [2(2\alpha^n)C]^{-1},$$

则有

$$\sup_B v \leqslant 2C,$$

其中 $C = C(n,\alpha,\gamma,\nu)$ 是 (9.54) 中的常数. 现在让我们取 $\alpha = 1/3n$, 并且相应地固定 θ. 使用变换 $x \to \alpha(x-z)/r$, 我们就得到: 对于任意立方体 $K = K_r(z)$, 只要 $B_{3nr}(z) \subset B$, 并且

$$|K^+| \leqslant \theta|K|, \tag{9.55}$$

就有估计

$$\sup_{K_{3r}(z)} w \leqslant C(n,\gamma,\nu). \tag{9.56}$$

定理 9.22 的证明现在借助下列测度论引理来完成.

引理 9.23 设 K_0 是 $\mathbb{R}^n$ 内的一个立方体, $w \in L^1(K_0)$; 对于 $k \in \mathbb{R}$, 令

$$\Gamma_k = \{x \in K_0 | w(x) \leqslant k\}.$$

假定存在正的常数 $\delta < 1$ 和 C, 使得

$$\sup_{K_0 \cap K_{3r}(z)} (w-k) \leqslant C, \tag{9.57}$$

只要 k 和 $K = K_r(z) \subset K_0$ 满足

$$|\Gamma_k \cap K| \geqslant \delta|K|. \tag{9.58}$$

则对于所有 k 有

$$\sup_{K_0}(w-k) \leqslant C\left(1+\frac{\log(|\Gamma_k|/|K_0|)}{\log\delta}\right). \tag{9.59}$$

证明 我们首先用数学归纳法证明: 对于任意自然数 m 和满足 $|\Gamma_k| \geqslant \delta^m|K_0|$ 的 $k\in\mathbb{R}$ 有

$$\sup_{K_0}(w-k)\leqslant mC.$$

根据假设这个论断显然对于 $m=1$ 正确. 设当 $m\in\mathbb{N}$ 时不等式成立, 并且 $|\Gamma_k|\geqslant\delta^{m+1}|K_0|$. 用

$$\widetilde{\Gamma}_k=\cup\{K_{3r}(z)\cap K_0||K_r(z)\cap\Gamma_k|\geqslant\delta\,|K_r(z)|\}$$

定义 $\widetilde{\Gamma}_k$. 利用 9.2 节的立方体分解过程, 特别是不等式 (9.20), 在其中令 $t=\delta$, 我们得到: 或者 $\widetilde{\Gamma}_k=K_0$, 或者

$$\begin{aligned}\left|\widetilde{\Gamma}_k\right| &\geqslant \frac{1}{\delta}\,|\Gamma_k|\\ &\geqslant \delta^m\,|K_0|,\end{aligned}$$

因此用 $k+C$ 替换 k, 我们得到

$$\sup_{K_0}(w-k)\leqslant(m+1)C.$$

这就保证了上述论断对于 $m+1$ 的有效性. 现在估计 (9.59) 便通过 m 的适当选择而推出. □

为了应用引理 9.23, 我们取 $\delta=1-\theta, K_0=K_\alpha(0), \alpha=1/3n$, 再注意到估计 (9.56) 当 w 用 $w-k$ 替换时仍然成立. 用

$$\mu_t=|\{x\in K_0|\overline{u}(x)>t\}|$$

表示 $\overline{u}$ 在 K_0 内的分布函数, 利用 (9.53) 和 (9.59), 并且令 $t=\mathrm{e}^{-k}$, 即得

$$\mu_t\leqslant C(\inf_{K_0}\overline{u}/t)^\kappa,\quad t>0, \tag{9.60}$$

其中 C 和 κ 是仅依赖 n,γ 和 ν 的常数. 用 K_0 的内切球 $B_\alpha(0),\alpha=1/3n$, 替换 K_0, 利用引理 9.7, 对于 $p<\kappa$, 如 $p=\kappa/2$, 我们得到

$$\int_{B_\alpha}(\overline{u})^p\leqslant C\left(\inf_{B_\alpha}\overline{u}\right)^p. \tag{9.61}$$

令 $\varepsilon \to 0$, 使用覆盖论证把 (9.61) 推广到任意 $\alpha < 1$ (特别是 $\alpha = 1/2$), 最后进行坐标变换 $x \to (x-y)/2R$, 就推出形式如 (9.52) 的弱 Harnack 不等式. □

采取对于散度结构算子的 Hölder 估计 (定理 8.22) 的证明 (仅做少许修改, 用以应对在弱 Harnack 不等式 (9.52) 可能 $p=1$ 的情形), 我们从定理 9.22 推断出对于一般形式算子的下列 Hölder 估计.

推论 9.24 设 $u \in W^{2,n}(\Omega)$ 在 Ω 内满足方程 $Lu = f$. 那么对于任意球 $B_0 = B_{R_0}(y) \subset \Omega$ 和 $R \leqslant R_0$, 我们有

$$\underset{B_R(y)}{\operatorname{osc}}\ u \leqslant C\left(\frac{R}{R_0}\right)^{\alpha}(\underset{B_0}{\operatorname{osc}}\, u + \overline{k}R_0), \tag{9.62}$$

其中 $C = C(n,\gamma,\nu R_0^2), \alpha = \alpha(n,\gamma,\nu R_0^2)$ 是正的常数, 而 $\overline{k} = \|f - cu\|_{n;B_0}$.

把定理 9.22 同下解估计 (定理 9.20) 结合起来, 我们还得到完整的 Harnack 不等式.

推论 9.25 设 $u \in W^{2,n}(\Omega)$ 在 Ω 内满足方程 $Lu = 0, u \geqslant 0$. 那么对于任意球 $B_{2R}(y) \subset \Omega$, 我们有

$$\sup_{B_R(y)} u \leqslant C \inf_{B_R(y)} u, \tag{9.63}$$

其中 $C = C(n,\gamma,\nu R_0^2)$.

9.9. 在边界上的局部估计

局部最大值原理 (定理 9.20) 可以如下推广到跟 $\partial\Omega$ 相交的球上.

定理 9.26 设 $u \in W^{2,n}(\Omega) \cap C^0(\overline{\Omega})$ 满足: 在 Ω 内 $Lu \geqslant f$, 并且在 $B \cap \partial\Omega$ 上 $u \leqslant 0$, 其中 $f \in L^n(\Omega)$, 而 $B = B_{2R}(y)$ 是 $\mathbb{R}^n$ 内的球. 则对于任何 $p > 0$, 我们有

$$\sup_{\Omega \cap B_R(y)} u \leqslant C\left\{\left(\frac{1}{|B|}\int_{\Omega\cap B}(u^+)^p\right)^{1/p} + \frac{R}{\lambda}\|f\|_{L^n(\Omega\cap B)}\right\}, \tag{9.64}$$

其中 $C = C(n,\gamma,\nu R^2,p)$.

证明 只需在 $B \cap \partial\Omega$ 上满足 $u \leqslant 0$ 的 $u \in C^2(\Omega) \cap C^0(\overline{\Omega})$ 建立估计 (9.64). 在 $B - \Omega$ 内令 $u = 0$, 把 u 延拓到整个球 B. 虽然 u 未必属于 $C^2(B)$, 仍然可以沿用定理 (9.20) 的论证, 这是因为函数 v 的上接触集 Γ^+ 将在 $B \cap \Omega$ 内, 而条件 $v \in C^2(\Gamma^+)$ 对于引理 9.3 的应用是充分的. □

对于定理 9.26 证明中使用的推理, 在这里值得做一般性评论, 即假设 u 满足引理 9.3 的假设, 如果用 u 相对于任何更大的区域 $\widetilde{\Omega}$ (在 $\widetilde{\Omega} - \Omega$ 上令 $u = 0$, 延拓 u 到 $\widetilde{\Omega}$) 的上接触集替换 Γ^+, 并且令 $d = \operatorname{diam} \widetilde{\Omega}$, 那么估计 (9.11) 仍然成立.

弱 Harnack 不等式 (定理 9.22) 允许下列到边界的推广.

定理 9.27 设 $u \in W^{2,n}(\Omega)$ 满足在 Ω 内 $Lu \leqslant f$, 在 $B \cap \Omega$ 上 $u \geqslant 0$, 其中 $B = B_{2R}(y)$ 是 $\mathbb{R}^n$ 内的球. 令 $m = \inf\limits_{B\cap\partial\Omega} u$ 和

$$u_m^-(x) = \begin{cases} \inf\{u(x), m\}, & 若\ x \in B \cap \Omega, \\ m, & 若\ x \in B - \Omega. \end{cases}$$

则

$$\left(\frac{1}{|B_R|}\int_{B_R}(u_m^-)^p\right)^{1/p} \leqslant C\left(\inf_{\Omega\cap B_R} u + \frac{R}{\lambda}\|f\|_{L^n(B\cap\Omega)}\right), \tag{9.65}$$

其中 p 和 C 是依赖 n, γ 和 νR^2 的正的常数. 如果我们仅假设 $u \in W^{2,n}_{\mathrm{loc}}(\Omega)$, 则对于 $m = \liminf\limits_{x\to B\cap\partial\Omega} u$ 估计 (9.65) 成立.

证明 我们采用定理 9.22 的证明, 其中的 u 要用 u_m^- 替换. 这就推出估计 (9.56), 其中的函数 w 用 $w-k$ 替换, 而 $k \geqslant -\log\ m$, 随之我们对于 $0 < t \leqslant m$ 得到估计 (9.60). 但是如果 $t > m$, 则有 $\mu_t = 0$, 因此 (9.65) 如前那样推出. 定理 9.27 的最后论断则是定理 9.1 叙述之后所作解释的推论. □

全局和边界连续模估计作为定理 9.27 的推论被推导出来. 对应于散度结构的结果 (定理 8.27 和 8.29), 我们有下列估计.

推论 9.28 设 $u \in W^{2,n}_{\mathrm{loc}}(\Omega)$ 在 Ω 内满足方程 $Lu = f$, 这里 $f \in L^n(\Omega)$, 并且假定 Ω 满足在点 $y \in \partial\Omega$ 的外锥条件. 那么对于任意 $0 < R < R_0$ 和球 $B_0 = B_{R_0}(y)$, 我们有

$$\operatorname*{osc}_{\Omega\cap B_R} u \leqslant C\left\{\left(\frac{R}{R_0}\right)^{\alpha}(\operatorname*{osc}_{\Omega\cap B_0} u + \overline{k}R_0) + \sigma(\sqrt{RR_0})\right\}, \tag{9.66}$$

其中 $C = C(n,\gamma,\nu R_0^2, V_y), \alpha = \alpha(n,\gamma,\nu R_0^2, V_y)$ 是正的常数, V_y 是在 y 的外锥, 而对于 $0 < r \leqslant R_0$, $\overline{k} = \|f - cu\|_{n;B_0}$,

$$\sigma(r) = \operatorname*{osc}_{\partial\Omega\cap B_r} u = \limsup_{x\to\partial\Omega\cap B_r} u - \liminf_{x\to\partial\Omega\cap B_r} u.$$

推论 9.29 设 $u \in W^{2,n}(\Omega)\cap C^0(\overline{\Omega})$ 满足: 在 Ω 内 $Lu = f$, 在 $\partial\Omega$ 上 $u = \varphi$, 这里 $f \in L^n(\Omega)$, 对于某个 $\beta > 0$, $\varphi \in C^{\beta}(\overline{\Omega})$, 并且假定 $\partial\Omega$ 满足一致外锥条件. 则 $u \in C^{\alpha}(\overline{\Omega})$, 并且

$$|u|_{\alpha;\Omega} \leqslant C, \tag{9.67}$$

其中 α 和 C 是依赖 $n, \gamma, \nu, \beta, \Omega, |\varphi|_{\delta;\Omega}$ 和 $|u|_{0;\Omega}$ 的常数.

我们在这里指出, 在边界的连续模估计同样可以通过 6.3 节的闸函数构造来完成. 不过, 定理 9.28 可以用于通过 Perron 过程求解 Dirichlet 问题, 以替代闸函数论证. 为了理解这一事实, 我们假定算子 L 满足定理 6.11 的假设; 再设 $u \in C^2(\Omega)$ 是以下 Dirichlet 问题的解: 在 Ω 内 $Lu = f$, 在 $\partial\Omega$ 上 $u = \varphi$, 它的存在性由定理 6.11 保证. 当 y 满足 Ω 的外锥条件时, 则由推论 9.28 提供用函数 φ 在 y 的连续模表示的 u 在点 $y \in \partial\Omega$ 的连续模估计, 如果 Ω 在 $\partial\Omega$ 上处处满足外锥条件, 我们就得到结论 $u \in C^0(\overline{\Omega})$, 并且在 $\partial\Omega$ 上 $u = \varphi$, 这样就求得了上述 Dirichlet 问题的解.

因此, 在存在性定理 (定理 6.13) 中, 我们可以用外锥条件代替外球条件. 例如, Lipschitz 区域就满足外球条件 (还可参见习题 6.3). 利用 9.5 节中我们的结果, 特别是推论 9.18, 我们可以进一步把定理 6.13 推广到涵盖连续系数的情形.

定理 9.30 设 L 是在有界区域 Ω 内的严格椭圆型算子, 其系数 $a^{ij} \in C^0(\Omega) \cap L^\infty(\Omega), b^i, c \in L^\infty(\Omega)$, 并且 $c \leqslant 0$, 再假定 Ω 在每一个边界点满足外锥条件. 如果 $f \in L^p(\Omega), p \geqslant n$, 则 Dirichlet 问题: 在 Ω 内 $Lu = f$, 在 $\partial\Omega$ 上 $u = \varphi$, 有唯一解 $u \in W^{2,p}_{\text{loc}}(\Omega) \cap C^0(\overline{\Omega})$.

证明 为了完成定理 9.30 的证明, 考虑到定理前面的注释, 只需建立, 在定理的假设之下在 $W^{2,p}_{\text{loc}}(\Omega)$ 中的类似的 Perron 解的存在性. 一如既往, 我们可以模仿用于第 2 章中的下调和函数的 Perron 方法, 其关键是利用强最大值原理 (定理 9.6), 在球内的对于连续边值的 Dirichlet 问题的可解性 (推理 9.18), 以及内估计 (定理 9.11), 再结合在 $W^{2,p}(\Omega')(\Omega' \subset\subset \Omega)$ 中的有界集的相对紧性. 证明的细节留给读者. □

对于梯度的边界 Hölder 估计

一个对于解的梯度在边界上的迹的饶有兴味并且有用的 Hölder 估计也可以从内部 Harnack(或弱 Harnack) 不等式推导出来. 这个结果是由 Klylov [KV5] 结合对于完全非线性方程的理论的应用而创建的, 在 17.8 节我们将叙述有关应用. 为了这些目的只需限于考虑平的边界部分, 在那里解取零值, 并且限于考虑满足一致椭圆型条件 (9.47) 的具有

$$Lu = a^{ij} D_{ij} u$$

形式的算子, 更一般的结果不难陈述.

定理 9.31 若 $u \in W^{2,n}_{\text{loc}}(B^+) \cap C^0(\overline{B}^+)$ 在半球 $B^+ = B_{R_0}(0) \cap R^n_+$ 内满足方程 $Lu = f$, 这里 $f \in L^\infty(B^+)$, 而在 $T = B_{R_0}(0) \cap \partial R^n_+$ 上 $u = 0$. 则对于任意

$R \leqslant R_0$, 我们有

$$\underset{B_R^+}{\operatorname{osc}} \frac{u}{x_n} \leqslant C\left(\frac{R}{R_0}\right)^\alpha \left(\underset{B^+}{\operatorname{osc}} \frac{u}{x_n} + R_0 \sup_{B^+} \frac{|f|}{\lambda}\right), \tag{9.68}$$

其中 α 和 C 是仅依赖 n 和 γ 的正的常数.

证明 我们在函数 $v = u/x_n$ 在 B^+ 内有界的假设下进行证明 (根据在 6.3 节的闸函数考虑, 局部有界性是有保证的). 起初假设在 B^+ 内 $u \geqslant 0$, 我们首先证明下列断言: 存在 $\delta = \delta(n, \gamma) > 0$, 使得对于任意 $R \leqslant R_0$, 我们有

$$\inf_{\substack{|x'|<R,\\ x_n=\delta R}} v \leqslant 2\left(\inf_{B_{R/2,\delta}} v + \frac{R}{\lambda}\sup_{B^+}|f|\right), \tag{9.69}$$

其中

$$B_{R,\delta} = \{x|\,|x'| < R, 0 < x_n < \delta R\}.$$

为了证明 (9.69) 进行规范化是适当的, 即使得 $\lambda = R = 1$ 和 $\inf\limits_{|x'|<R} v(x', \delta R) = 1$. 在 $B_{1,\delta}$ 内考虑闸函数

$$w(x) = \left(1 - |x'|^2 + (1 + \sup|f|)\frac{x_n - \delta}{\sqrt{\delta}}\right) x_n.$$

经过直接计算, 我们得到对于充分小的 $\delta = \delta(n, \gamma)$ 有 $Lw \geqslant f$, 并且在 $\partial B_{1,\delta}$ 上 $w \leqslant u$. 故由定理 9.1 给的最大值原理, 在 $B_{1,\delta}$ 内我们有 $w \leqslant u$. 于是在 $B_{1/2,\delta}$ 内, 对于充分小的 δ,

$$v \geqslant 1 - |x'|^2 + (1 + \sup|f|)\frac{x_n - \delta}{\sqrt{\delta}} \geqslant \frac{1}{2} - \sup|f|.$$

除去规范化就得到所需要的 (9.69). 现在定义

$$B^*_{R/2,\delta} = \{x||x'| < R, \delta R/2 < x_n < 3\delta R/2\},$$

则在 $B^*_{R/2,\delta}$ 上有

$$\frac{2u}{3\delta R} \leqslant v \leqslant \frac{2u}{\delta R}.$$

因此, 利用推论 9.25 的 Harnack 不等式, 我们得到

$$\begin{aligned}
\sup_{B^*_{R/2,\delta}} v &\leqslant C(\inf_{B^*_{R/2,\delta}} v + R\sup|f/\lambda|) \\
&\leqslant C(\inf_{\substack{|x'|<R,\\ x_n=\delta R}} v + R\sup|f/\lambda|) \\
&\leqslant C(\inf_{B_{R/2,\delta}} v + R\sup|f/\lambda|) \quad \text{根据 (9.69)}.
\end{aligned} \tag{9.70}$$

我们现在取消假设 $u \geqslant 0$, 并且令 $M = \sup\limits_{B_{R/2,\delta}} v, m = \inf\limits_{B_{R/2,\delta}} v$. 对于 $M - v$ 和 $v - m$ 应用不等式 (9.70), 把所得的表达式相加, 我们就得到标准的振幅估计

$$\operatorname*{osc}_{B_{R/2,\delta}} v \leqslant \sigma \left(\operatorname*{osc}_{B_{R/2,\delta}} v + CR \sup |f/\lambda| \right),$$

其中 $C > 0$ 和 $\sigma < 1$ 仅依赖 n 和 γ. 由此借助引理 8.23 即推出 (9.68). □

事实上定理 9.31 表明梯度在 T 上存在, 在那里它是 Hölder 连续的, 并且满足估计

$$\operatorname*{osc}_{|x'|<R} Du(x',0) \leqslant C \left(\frac{R}{R_0}\right)^{\alpha} \left(\operatorname*{osc}_{B^+} \frac{u}{x_n} + \frac{R}{\lambda} \sup_{B^+} |f| \right).$$

此外, (9.68) 或 (9.71) 右端的项 $\operatorname*{osc}\limits_{B^+} \dfrac{u}{x_n}$ 能够换成 $\operatorname*{osc}\limits_{B^+} u/R_0$ 或 $\sup\limits_{B^+} |Du|$. 结合对于非线性方程通常会成立的内部估计, 从定理 9.31 能够推导出全局 $C^{1,\alpha}$ 估计 (参见习题 13.1 和 17.8 节).

评注

在定理 9.1, 9.5 和 9.6 中所表述的最大值原理和唯一性原理属于 Aleksandrov [AL2], [AL3], 虽然引理 9.3 所涵盖的本质的情形已经出现在 Bakelman [BA3] 中. 在文章 [AL4, 5] 中对于估计 (9.4) 中的常数 C 进行了详尽的分析. 在所有这些结果中用当 $p < n$ 时的 L^p 替换 L^n 是可能的 [AL6]. 实际上, 例子 (8.22) 显示唯一性结果 (定理 9.5) 不再成立, 如果我们仅仅假设函数 $u, v \in W^{2,n}_{\mathrm{loc}}(\Omega) \cap C^0(\overline{\Omega})$, $p < n$. 最大值原理 (定理 9.1) 的不同的样式由 Bony[BY] 和 Pucci[PU3] 发现.

Calderon-Zygmund 不等式由 Calderon 和 Zygmund 发现 [CZ], 我们大部分跟随由 Stein [SN] 详细阐述的他们的原始的证明, 其中用到立方体分解过程 (推广了属于 Riesz[RZ] 的一维情形) 和 Marcinkiewicz 内插定理 [MZ]. 我们的证明跟 [CZ] 和 [SN] 的不同之处在于我们没有使用 Fourier 变换以得到 L^2 估计. 定理 9.9 证明中的算子 T 是奇异积分算子的特殊情形, 这类算子正是在 [CZ] 和 [SN] 中的主要研究对象. Calderon-Zygmund 不等式的其他证明出现在专著 [BS], [MY5] 中. 一个也是基于内插的更深层次的证明利用了有界平均振幅空间 BMO; 参见 [CS], [FS].

在 9.4 节所介绍的二阶椭圆型方程的 L^p 估计由 Koselev[KO] 和 Greco[GC] 推导成功, 并且由多位作者, 其中包括 Slobodeckii[SL], Browder[BW3] 和 Agmon, Douglis 和 Nirenberg[AND 1, 2], 推广到了高阶方程和方程组. 存在性定理 (定理 9.15) 出现在 Chicco[CI4, 5] 里, 虽然其推导方法有所不同; P. L. Lions[LP1] 对

于 Dirichlet 问题给出了另外的方法. 在引理 9.16 中的正则性论证援引自 Morrey[MY5], 该书也处理了 L^p 理论.

9.6, 9.7 和 9.8 诸节的逐点估计源自 Krylov 和 Safonov 的基础性工作 (参见 [KS1, 2], [SF]), 其中对于 $c \leqslant 0$ 的情形建立了推论 9.24, 9.25 的 Hölder 和 Harnack 估计. 事实上, 在 [KS1, 2] 中论述的是抛物型方程的更一般情形. 我们在 9.7 节采自 [TR12] 的陈述沿用了 Krylov 和 Safonov 的基本思想. 局部最大值原理 (定理 9.20) 也是在 [TR12] 中在更一般的系数条件下证明的, 这些条件是 $\Lambda/\mathscr{D}^*,\ b/\mathscr{D}^* \in L^q(\Omega), q > n, c/\mathscr{D}^*, f/\mathscr{D}^* \in L^n(\Omega)$. 9.7 节里的估计可以类似地推广, 以致适用于 $b/\lambda \in L^{2n}(\Omega), c/\lambda, f/\lambda \in L^n(\Omega)$ 这种情形, 尽管看来一致椭圆型条件对于这种情形的证明是本质的. 在 [TR12], [LU7] 和 [MV1] 中论述了到拟线形方程的推广 (还可以参见第 15 章).

在这一版中我们还包含了 Krylov 的边界 Hölder 估计的一个证明, 利用了 Caffarelli 所做的简化. Krylov 原来的证明我们曾以习题的形式在英文第二版中予以介绍.

习题

9.1. 证明在估计 (9.8) 和 (9.11) 中能够把 d 替换成 $d/2$, 并且通过考虑一个球面锥指出这样的估计是精确的 (参见 [AL4, 5]).

9.2. 通过在定理 9.1 的证明中显式地积分 g 和优化 μ 的选取, 推出估计 (9.14) 的一个改进 (参见 [AL4, 5]).

9.3. 导出形式为

$$\sup_{\Omega} u \leqslant \sup_{\partial\Omega} u^+ + C(n)\left|\widehat{\Omega}\right|^{1/n}\left\|\frac{a^{ij}D_{ij}u}{\mathscr{D}^*}\right\|_{L^n(\Gamma^+)} \tag{9.71}$$

的估计 (9.11), 其中 $\widehat{\Omega}$ 为 Ω 的凸包 (对于当 $n=2$ 时 (9.71) 的一个精确形式, 参见 [TA5]).

9.4. 证明 Marcinkiewicz 内插定理的以下更一般的形式:

定理 9.32　*设 T 是从 $L^q(\Omega) \cap L^r(\Omega)$ 到 $L^{\overline{q}}(\Omega) \cap L^{\overline{r}}(\Omega)$ 的一个线性映射, $1 \leqslant q < r < \infty$, $1 \leqslant \overline{q} < \overline{r} < \infty$ 并且假定存在常数 T_1 和 T_2, 使得对于所有 $f \in L^q(\Omega) \cap L^r(\Omega)$ 和 $t > 0$ 有*

$$\mu_{Tf}(t) \leqslant \left(\frac{T_1\|f\|_q}{t}\right)^{\overline{q}}, \quad \mu_{Tf}(t) \leqslant \left(\frac{T_2\|f\|_r}{t}\right)^{\overline{r}}. \tag{9.72}$$

则对于任意满足

$$\frac{1}{p} = \frac{\sigma}{q} + \frac{1-\sigma}{r}, \quad \frac{1}{\overline{p}} = \frac{\sigma}{\overline{q}} + \frac{1-\sigma}{\overline{r}}, \quad \sigma \in (0,1)$$

的 $p, \overline{p}$, T 可以延拓为从 $L^p(\Omega)$ 到 $L^{\overline{p}}(\Omega)$ 的一个有界线性映射.

再考察当 $r = \infty$ 或 $\overline{r} = \infty$ 时情形.

9.5. 沿用 7.8 节的记号, 利用一般 Marcinkiewicz 内插定理证明, 对于 $p > 1$ 和 $\delta = \mu$, 位势算子 V_μ 连续地映射 $L^p(\Omega)$ 到 $L^q(\Omega)$.

9.6. 利用引理 9.12 证明, 对于 $C^{1,1}$ 区域, 当 $1 < p < \infty$ 时子空间

$$\{u \in C^2(\overline{\Omega}) | \text{在 } \partial\Omega \text{ 上 } u = 0\}$$

在 $W^{2,p}(\Omega) \cap W_0^{1,p}(\Omega)$ 中稠密.

9.7. 根据定理 6.14 或 8.14 直接通过逼近推导出定理 9.15.

9.8. 对于 Poisson 方程这种特殊情形, 从 Riesz 表示定理推导出定理 9.15. 再用连续性方法 (定理 5.2) 得到完整的结果.

9.9. 从定理 9.14 出发, 对于 Sobolev 空间 $W^{2,p}(\Omega)(1 < p < \infty)$ 中的形式为 (9.1) 的算子推导出 Fredholm 二择一性质; 然后再次推导出定理 9.15.

9.10. 证明定理 9.19.

9.11. 假定在一个环形区域, $A = B_R(y) - B_\rho(y) \subset \mathbb{R}^n$ 内算子 L 满足定理 9.22 的假设. 如果 $u \in W^{2,n}(A)$ 在 A 内满足 $Lu \leqslant f, u \geqslant 0$, 其中 $f \in L^n(A)$, 证明对于任意 $\rho < r < R$,

$$\inf_{B_r - B_\rho} u \geqslant \kappa(\inf_{\partial B_\rho} u - R\|f\|_{n;A}), \tag{9.73}$$

其中 κ 是一个依赖 $n, \rho/R, r/R$ 和 νR^2 的常数. 利用这个结果从定理 9.20 导出定理 9.22.

9.12. 通过考虑算子

$$Lu = \Lambda\Delta u + (\lambda - \Lambda)\frac{x_i x_j}{|x|^2} D_{ij} u$$

和在 0 附近适当定义的函数

$$u(x) = |x|^{1-(n-1)\gamma}, \quad \gamma = \Lambda/\lambda,$$

指出在定理 9.22 中的弱 Harnack 不等式中的指数 p 必须满足

$$p < \frac{n}{(n-1)\gamma - 1}.$$

第二部分

拟线性方程

第 10 章 最大值原理和比较原理

本章的目的是为拟线性方程提供各种最大值和比较原理, 它们推广了第 3 章中的相应结果. 我们考虑形如

$$Qu = a^{ij}(x, u, Du)D_{ij}u + b(x, u, Du), \quad a^{ij} = a^{ji}, \tag{10.1}$$

的二阶拟线性算子 Q, 其中 $x = (x_1, \ldots, x_n)$ 属于 $\mathbb{R}^n$ 中的一个区域 $\Omega, n \geqslant 2$, 除非另外声明, 函数 u 属于 $C^2(\Omega)$. Q 的系数, 即函数 $a^{ij}(x, z, p), i, j=1, \ldots, n, b(x, z, p)$ 假定是对集 $\Omega \times \mathbb{R} \times \mathbb{R}^n$ 中的所有 (x, z, p) 的值定义的. 形如 (10.1) 的两个算子称为等价的, 如果一个是另一个与 $\Omega \times \mathbb{R} \times \mathbb{R}^n$ 上的一个固定正函数的乘积. 对应于等价算子 Q 的各方程 $Qu = 0$ 亦将称为等价的.

我们采用下述定义:

设 $\mathscr{U}$ 是 $\Omega\times\mathbb{R}\times\mathbb{R}^n$ 的一个子集. 若系数矩阵 $[a^{ij}(x, z, p)]$ 对所有 $(x, z, p) \in \mathscr{U}$ 是正定的, 则称 Q 在 $\mathscr{U}$ 是椭圆型的. 若 $\lambda(x, z, p), \Lambda(x, z, p)$ 分别表示 $[a^{ij}(x, z, p)]$ 的最小和最大特征值, 这意味着

$$0 < \lambda(x, z, p)|\xi|^2 \leqslant a^{ij}(x, z, p)\xi_i\xi_j \leqslant \Lambda(x, z, p)|\xi|^2 \tag{10.2}$$

对所有 $\xi = (\xi_1, \ldots, \xi_n) \in \mathbb{R}^n - \{0\}$ 和所有 $(x, z, p) \in \mathscr{U}$ 成立. 进而, 若 Λ/λ 在 $\mathscr{U}$ 是一致有界的, 则称 Q 在 $\mathscr{U}$ 内是一致椭圆型的. 若 Q 在整个集 $\Omega \times \mathbb{R} \times \mathbb{R}^n$ 中是椭圆型 (一致椭圆型) 的, 我们就简单地说 Q 在 Ω 中是椭圆型 (一致椭圆型) 的. 若 $u \in C^1(\Omega)$, 而矩阵 $[a^{ij}(x, u(x), Du(x))]$ 对所有 $x \in \Omega$ 是正定的, 我们就说 Q 关于 u 是椭圆型的. 我们还要定义一个数值函数 $\mathscr{E}$:

$$\mathscr{E}(x, z, p) = a^{ij}(x, z, p)p_ip_j, \tag{10.3}$$

以后将证明它是十分重要的. 若 Q 在 $\mathscr{U}$ 中是椭圆型的, 由 (10.2), 对所有的 $(x,z,p)\in\mathscr{U}$, 成立

$$0<\lambda(x,z,p)|p|^2\leqslant\mathscr{E}(x,z,p)\leqslant\Lambda(x,z,p)|p|^2. \tag{10.4}$$

若存在一个可微向量函数 $\mathbf{A}(x,z,p)=(A^1(x,z,p),\ldots,A^n(x,z,p))$ 和一个数值函数 $B(x,z,p)$, 使

$$Qu=\operatorname{div}\mathbf{A}(x,u,Du)+B(x,u,Du),\quad u\in C^2(\Omega); \tag{10.5}$$

即在 (10.1) 中

$$a^{ij}(x,z,p)=\frac{1}{2}(D_{p_i}A^j(x,z,p)+D_{p_j}A^i(x,z,p)),$$

则称算子 Q 是**散度形式的**. 和线性算子的情形不同, 具有光滑系数的拟线性算子未必可以表示成散度形式.

算子 Q 是**变分的**, 如果它是对应于重积分

$$\int_\Omega F(x,u,Du)dx$$

的 Euler-Lagrange 算子, 这里 F 是可微数值函数; 即 Q 是散度形式 (10.5) 的, 且

$$A^i(x,z,p)=D_{pi}F(x,z,p),\quad B(x,z,p)=-D_zF(x,z,p). \tag{10.6}$$

Q 的椭圆性等价于函数 F 关于变量 p 的严格凸性.

例 (i) $Qu=\Delta u+(\alpha-2)\dfrac{D_iuD_ju}{(1+|Du|^2)}D_{ij}u,\quad \alpha\geqslant1$. 这里

$$\lambda(x,z,p)=\begin{cases}1, & \alpha\geqslant2,\\ \dfrac{1+(\alpha-1)|p|^2}{1+|p|^2}, & \alpha\leqslant2,\end{cases}$$

$$\Lambda(x,z,p)=\begin{cases}\dfrac{1+(\alpha-1)|p|^2}{1+|p|^2}, & \alpha\geqslant2,\\ 1, & \alpha\leqslant2,\end{cases}$$

而

$$\mathscr{E}(x,z,p)=|p|^2(1+(\alpha-1)|p|^2)/(1+|p|^2),$$

于是对所有 $\alpha\geqslant1, Q$ 是椭圆型的, 仅当 $\alpha>1$ 时, Q 是一致椭圆型的. 把 Q 写成

$$Qu=(1+|Du|^2)^{1-\alpha/2}\operatorname{div}(1+|Du|^2)^{\alpha/2-1}Du,$$

我们看到 Q 等价于一个散度形式的算子, 并且 Q 等价于与积分

$$\int_\Omega (1+|Du|^2)^{\alpha/2}dx$$

伴随的变分算子. 方程 $Qu=0$ 当 $\alpha=2$ 时与 Laplace 方程相合, 当 $\alpha=1$ 时与极小曲面方程相合. 而其他 α 值, 则来自板裂纹和高炉模型.

(ii) $Qu=\Delta u+\beta D_iuD_juD_{ij}u,\quad \beta\geqslant 0.$

这里

$$\begin{aligned}\lambda(x,z,p)&=1,\\ \Lambda(x,z,p)&=1+\beta|p|^2,\\ \mathscr{E}(x,z,p)&=|p|^2(1+\beta|p|^2).\end{aligned}$$

于是, Q 对所有 $\beta\geqslant 0$ 是椭圆型的, 仅当 $\beta=0$(即当 Q 是 Laplace 算子) 时是一致椭圆型的. 当 $\beta>0$ 时, Q 等价于与积分

$$\int_\Omega \exp\left(\frac{\beta}{2}|Du|^2\right)dx$$

伴随的变分算子. 注意, 当 $\beta\geqslant 1$ 时, Q 的最小和最大特征值正比于前例中 $\alpha=1$ 的情形的那些值. 不过, 这些算子的存在性结果由于它们的 $\mathscr{E}$ 函数的不同增长性质而被证明是有实质性差异的.

(iii) 规定平均曲率的方程

设 $u\in C^2(\Omega)$ 并假定 u 在 $\mathbb{R}^{n+1}$ 中的图像在点 $(x,u(x)),x\in\Omega$ 有平均曲率 $H(x)$ (所谓平均曲率是沿使 x_{n+1} 增加的法方向取的). 可以推出 (见第 14 章附录) u 满足方程

$$\mathfrak{M}u=(1+|Du|^2)\Delta u-D_iuD_juD_{ij}u=nH(1+|Du|^2)^{3/2},\tag{10.7}$$

这里

$$\begin{aligned}\lambda(x,z,p)&=1,\\ \Lambda(x,z,p)&=1+|p|^2,\\ \mathscr{E}(x,z,p)&=|p|^2.\end{aligned}$$

(10.7) 中的算子 $\mathfrak{M}$ 等价于例 (i) 中当 $\alpha=1$ 时的算子 Q.

(iv) 气体动力学方程

理想可压缩流体的稳定无旋流用连续性方程 $\operatorname{div}(\rho Du)=0$ 描述, 其中 u 是流的速度势, 而流体密度 ρ 满足密度速率关系 $\rho=\rho(|Du|)$. 在理想气体的情形,

这个关系取形式

$$\rho = \left(1 - \frac{\gamma - 1}{2}|Du|^2\right)^{1/(\gamma-1)},$$

其中常数 γ 是气体比热且 $\gamma > 1$. 速度势 u 满足的方程则是

$$\Delta u - \frac{D_i u D_j u}{1 - \dfrac{\gamma - 1}{2}|Du|^2} D_{ij} u = 0, \tag{10.8}$$

它有特征值

$$\lambda = \frac{1 - \dfrac{\gamma + 1}{2}|Du|^2}{1 - \dfrac{\gamma - 1}{2}|Du|^2}, \quad \Lambda = 1.$$

当 $|Du| < [2/(\gamma+1)]^{1/2}$ 时, 方程 (10.8) 是椭圆型的, 而流是亚音速的, 但当 $[2/(\gamma+1)]^{1/2} < |Du| < [2/(\gamma-1)]^{1/2}$ 时, 方程 (10.8) 是双曲型的. 我们注意当 $\gamma = -1$ 时方程 (10.8) 成为极小曲面方程.

(v) 毛细作用方程

在均匀重力场中的具有常表面张力的流体表面的平衡形状由毛细作用方程

$$\operatorname{div}\left(\frac{Du}{\sqrt{1+|Du|^2}}\right) = \kappa u \tag{10.9}$$

或与之等价的方程

$$\mathfrak{M}u = \kappa u (1 + |Du|^2)^{3/2}$$

描述, 其中 $\mathfrak{M}$ 是 (10.7) 中定义的算子, u 是一个无扰动参考曲面之上的流体高度, 而 κ 是相应于向上或向下作用的重力场的正的或负的常数. 在无重力的情形, 方程被常平均曲率方程替换, 而 H 等于 (10.7) 中的常数. 函数 $\mathscr{E}$ 和特征值 λ, Λ 跟 (10.7) 中的一样. 当流体限制在固定的硬边界内时, (10.9) 中的高度 u 所满足的自然边界条件是

$$\frac{\partial u/\partial \nu}{\sqrt{1+|Du|^2}} = \cos\gamma,$$

其中接触角 γ 是在液体内测量的液面和固定边界之间的夹角; 而 ν 是对应的固定边界的法方向.

10.1. 比较原理

若 L 是满足弱最大值原理 (推论 3.2) 的假设的线性算子, 又若 $u, v \in C^0(\overline{\Omega}) \cap C^2(\Omega)$ 在 Ω 中满足 $Lu \geqslant Lv$, 在 $\partial\Omega$ 上 $u \leqslant v$, 我们就从推论 3.2 直接得到在 Ω 中 $u \leqslant v$. 这个比较原理对拟线性算子有下述推广.

定理 10.1 设 $u, v \in C^0(\overline{\Omega}) \cap C^2(\Omega)$ 在 Ω 中满足 $Qu \geqslant Qv$, 在 $\partial\Omega$ 上 $u \leqslant v$, 其中

(i) 算子 Q 关于 u 或 v 是椭圆型的;

(ii) 系数 a^{ij} 不依赖于 z;

(iii) 系数 b 对每一 $(x, p) \in \Omega \times \mathbb{R}^n$, 关于 z 是非增的;

(iv) 系数 a^{ij}, b 在 $\Omega \times \mathbb{R} \times \mathbb{R}^n$ 内关于变量 p 是连续可微的. 则在 Ω 中 $u \leqslant v$. 并且, 若在 Ω 中 $Qu > Qv$, 在 $\partial\Omega$ 上 $u \leqslant v$, 又条件 (i), (ii) 和 (iii) 成立 (但 (iv) 未必成立), 我们在 Ω 中就有严格不等式 $u < v$.

证明 假设 Q 关于 u 是椭圆型的. 于是我们有

$$
\begin{aligned}
Qu - Qv = {} & a^{ij}(x, Du)D_{ij}(u - v) + (a^{ij}(x, Du) - a^{ij}(x, Dv))D_{ij}v \\
& + b(x, u, Du) - b(x, u, Dv) + b(x, u, Dv) \\
& - b(x, v, Dv) \geqslant 0,
\end{aligned}
$$

由此记

$$
\begin{aligned}
& w = u - v, \\
& a^{ij}(x) = a^{ij}(x, Du), \\
& [a^{ij}(x, Du) - a^{ij}(x, Dv)]D_{ij}v + b(x, u, Du) - b(x, u, Dv) \\
& \quad = b^i(x)D_i w,
\end{aligned}
$$

我们看到在 $\Omega^+ = \{x \in \Omega | w(x) > 0\}$ 上,

$$
Lw = a^{ij}(x)D_{ij}w + b^i D_i w \geqslant 0,
$$

而在 $\partial\Omega$ 上 $w \leqslant 0$. 注意局部有界函数 b^i 的存在性由条件 (iv) 和中值定理保证. 因此, 利用条件 (i) 和 (iv), 从定理 3.1 我们有在 Ω 中 $w \leqslant 0$. 若在 Ω 中 $Qu > Qv$, 函数 w 不能在 Ω 中取非负最大值;(见定理 3.1 的证明). 因此在 Ω 中 $w < 0$. 若 Q 关于 v 是椭圆型的, 结果由上解的最小值原理推出. □

拟线性椭圆算子的 Dirichlet 问题的唯一性定理从定理 10.1 直接推出.

定理 10.2 设 $u, v \in C^0(\overline{\Omega}) \cap C^2(\Omega)$ 在 Ω 中满足 $Qu = Qv$, 在 $\partial\Omega$ 上 $u = v$, 并假定定理 10.1 中的条件 (i) 到 (iv) 成立, 则在 Ω 中 $u \equiv v$.

定理 10.1 和 10.2 中的条件 (ii) 或许是不必要的限制. 但我们下面将指出, 定理 10.1 和 10.2 的结论当主系数依赖于 z 时一般不正确. 比较原理 (定理 10.1) 在第 13 章中建立边界梯度估计时将是有用的.

利用强解的最大值原理 (定理 9.1) 代替推论 3.2, 我们发现定理 10.1 和 10.2 当解 $u, v \in C^0(\overline{\Omega}) \cap C^1(\Omega) \cap W^{2,n}_{\text{loc}}(\Omega)$ 时仍然成立.

10.2. 最大值原理

利用定理 10.1, 我们可以导出先验界 (定理 3.7) 对于拟线性方程的下列推广, 它以实例说明了函数 $\mathscr{E}$ 的意义.

定理 10.3 设 Q 在 Ω 中是椭圆型的, 又假定存在非负常数 μ_1 和 μ_2, 使

$$\frac{b(x,z,p)\operatorname{sign} z}{\mathscr{E}(x,z,p)} \leqslant \frac{\mu_1|p|+\mu_2}{|p|^2}, \quad \forall (x,z,p)\in\Omega\times\mathbb{R}\times\mathbb{R}^n. \tag{10.10}$$

如果 $u\in C^0(\overline{\Omega})\cap C^2(\Omega)$ 在 Ω 中满足 $Qu\geqslant 0(=0)$, 那么我们就有

$$\sup_{\Omega} u(|u|) \leqslant \sup_{\partial\Omega} u^+(|u|) + C\mu_2, \tag{10.11}$$

其中 $C=C(\mu_1,\operatorname{diam}\Omega)$.

证明 设 $u\in C^0(\overline{\Omega})\cap C^2(\Omega)$, 且在 Ω 中满足 $Qu\geqslant 0$, 用

$$\overline{Q}v = a^{ij}(x,u,Dv)D_{ij}v + b(x,u,Dv)$$

定义算子 $\overline{Q}$. 像在定理 3.7 的证明中那样, 选取一个比较函数 v; 即当 $\mu_2>0$ 时令

$$v(x)=\sup_{\partial\Omega} u^+ + \mu_2(e^{\alpha d}-e^{\alpha x_1}),$$

其中假定 Ω 位于板形区域 $0<x_1<d$ 中且 $\alpha\geqslant\mu_1+1$, 则在 $\Omega^+=\{x\in\Omega|u(x)>0\}$ 中我们有

$$\begin{aligned}\overline{Q}v &= -\mu_2\alpha^2 a^{11}(x,u,Dv)e^{\alpha x_1} + b(x,u,Dv)\\ &\leqslant -\frac{e^{-\alpha x_1}}{\mu_2}\mathscr{E}(x,u,Dv)\left(1-\frac{\mu_1}{\alpha}-\frac{e^{-\alpha x_1}}{\alpha^2}\right) \quad \text{由 (10.10)}\\ &< 0 \leqslant \overline{Q}u.\end{aligned}$$

因此由定理 10.1, 在 Ω 中我们有 $u\leqslant v$. 当 $\mu_2=0$ 时的结果令 μ_2 趋于零即得.□

对一致椭圆型算子, 条件 (10.10) 等价于形式

$$\frac{b(x,z,p)}{\lambda(x,z,p)}\operatorname{sign} z \leqslant \mu_1|p|+\mu_2, \forall (x,z,p)\in\Omega\times R\times R^n. \tag{10.12}$$

满足 (10.10) 但不满足 (10.12) 的非一致椭圆型算子的例子是

$$Qu=\Delta u + D_iuD_juD_{ij}u + (1+|Du|^2).$$

从定理 10.3 的证明显然看出, 在假设条件中仅需假定: (i) 在 $\Omega\times\mathbb{R}\times\mathbb{R}^n$ 中 $\mathscr{E}>0$; (ii) Q 关于 u 是椭圆型的; (iii) 存在一个固定向量 $p_0\in\mathbb{R}^n$, 使 (10.10) 当 $(x,z,t)\in\Omega\times\mathbb{R}\times\mathbb{R}$ 时对所有的 (x,z,tp_0) 成立. 更深一层的最大值原理在习题 10.1, 10.2 中讨论.

利用 Aleksandrov 最大值原理 (定理 9.1), 条件 (10.12) 可以适当地推广到非一致椭圆型算子. 沿用第 9 章的记号, 我们令

$$\mathscr{D}=\det\left[a^{ij}(x,z,p)\right],\quad \mathscr{D}^*=\mathscr{D}^{1/n}.$$

定理 10.4 设 Q 在 Ω 内是椭圆型的, 并且假定存在非负常数 μ_1 和 μ_2, 使得

$$\frac{b(x,z,p)\operatorname{sign} z}{\mathscr{D}^*}\leqslant\mu_1|p|+\mu_2,\quad \forall(x,z,p)\in\Omega\times\mathbb{R}\times\mathbb{R}^n. \tag{10.13}$$

如果 $u\in C^0(\overline{\Omega})\cap C^2(\Omega)$ 在 Ω 内满足 $Qu\geqslant 0(=0)$, 则有

$$\sup_{\Omega} u(|u|)\leqslant\sup_{\partial\Omega} u^+(|u|)+C\mu_2, \tag{10.14}$$

其中 $C=C(\mu_1,\operatorname{diam}\Omega)$.

证明 在子区域 $\Omega^+=\{x\in\Omega|u(x)>0\}$, 我们有

$$\begin{aligned}0\leqslant Qu&=a^{ij}D_{ij}u+b\operatorname{sign}u\\&\leqslant a^{ij}D_{ij}u+[\mu_1(\operatorname{sign}D_iu)D_iu+\mu_2]\mathscr{D}^*,\end{aligned}$$

因此从定理 9.1 推出对于 $\sup\limits_{\Omega}u$ 的估计 (10.14). 完整的估计 (10.14) 通过在证明中用 $-u$ 代替 u 而得到. □

事实上定理 10.4 隐含在定理 9.1 的证明中. 更一般地, 从引理 9.4 我们得到以下结果.

定理 10.5 设 Q 在有界区域 Ω 内是椭圆型的, 并且假定存在非负函数 $g\in L^n_{\text{loc}}(\mathbb{R}^n)$, $h\in L^n(\Omega)$, 使得

$$\frac{b(x,z,p)\operatorname{sign}z}{n\mathscr{D}^*}\leqslant\frac{h(x)}{g(p)},\quad \forall(x,z,p)\in\Omega\times\mathbb{R}\times\mathbb{R}^n, \tag{10.15}$$

$$\int_\Omega h^n dx<\int_{\mathbb{R}^n}g^n dp=g_\infty. \tag{10.16}$$

如果 $u\in C^0(\overline{\Omega})\cap C^2(\Omega)$ 在 Ω 内满足 $Qu\geqslant 0(=0)$, 则有

$$\sup_{\Omega} u(|u|)\leqslant\sup_{\partial\Omega} u^+(|u|)+C\operatorname{diam}\Omega, \tag{10.17}$$

其中 C 依赖 g 和 h.

跟定理 9.1 中的情形一样, 量 g_∞ 可以是无穷, 于是 (10.16) 就是多余的. 如果 g 是正的, 而由

$$G^{-1}(t) = \int_{B_t(0)} g^n dp$$

定义 G, 那么 $G: (0, g_\infty) \to (0, \infty)$, 则 (10.17) 中的常数 C 由

$$C = G\left(\int_\Omega h^n\right)$$

给定.

作为本节的结束, 我们考虑定理 10.5 对于规定平均曲率方程的应用. 这里

$$\mathscr{D} = (1 + |p|^2)^{n-1},$$

于是我们可以取

$$g(p) = (1 + |p|^2)^{-(n+2)/2n}.$$

通过计算我们得到

$$g_\infty = \int_{\mathbb{R}^n} \frac{dp}{(1 + |p|^2)^{n/2+1}} = \omega_n,$$

因此我们有下列估计:

推论 10.6　设 $u \in C^0(\overline{\Omega}) \cap C^2(\Omega)$ 是规定曲率方程 (10.7) 在有界区域 Ω 内的解, 如果

$$H_0 = \int |H(x)|^n dx < \omega_n, \tag{10.18}$$

则有

$$\sup_\Omega |u| \leqslant \sup_{\partial\Omega} |u| + C \operatorname{diam} \Omega, \tag{10.19}$$

其中 $C = C(n, H_0)$.

最后我们注意对于仅在 $C^0(\overline{\Omega}) \cap W^{2,n}_{\mathrm{loc}}(\Omega)$ 内的下解或解本节的估计仍然成立.

10.3.　一个反例

下述例子表明定理 10.1 和 10.2 一般不能推广到允许主系数 a^{ij} 依赖于 u. 我们在球壳 $\Omega = \{x \in \mathbb{R}^n | 1 < |x| < 2\}$ 中考虑形如

$$Qu = \Delta u + g(r, u)\frac{x_i x_j}{r^2} D_{ij} u, \quad r = |x| \tag{10.20}$$

的算子 Q. 若 $u=u(r)$, 方程 $Qu=0$ 等价于常微分方程

$$u''+u'\left(\frac{n-1}{r(1+g)}\right)=0.$$

设 v 和 w 是满足下述条件的多项式:

(i) $v(1)=w(1), v(2)=w(2)$;

(ii) $v', w'>0$ 在 [1,2] 中成立;

(iii) $v'(1)<w'(1), v'(2)>w'(2)$;

(iv) $v'', w''<0$ 在 $[1,2]$ 中成立;

(v) $\dfrac{w''(1)}{w'(1)}=\dfrac{v''(1)}{v'(1)}, \dfrac{w''(2)}{w'(2)}=\dfrac{v''(2)}{v'(2)}$;

对 $1\leqslant r\leqslant 2, v\leqslant u\leqslant w$, 定义

$$f(r,u)=\frac{u-v}{w-v}\left(\frac{v''}{v'}-\frac{w''}{w'}\right)-\frac{v''}{v'},$$
$$g(r,u)=-1+\frac{n-1}{rf(r,u)}.$$

令 $v(x)=v(|x|), w(x)=w(|x|)$, 则在 Ω 中 $Qv=Qw=0$, 在 $\partial\Omega$ 上 $v=w$. 又 Q 关于 v 和 w 二者都是椭圆型的. 并且, 依适当方式延拓 f 到带形区域 $[1,2]\times\mathbb{R}$, 我们可以得到一个算子 Q, 它在 Ω 中是一致椭圆型的, 且其系数属于 $C^{\infty}(\overline{\Omega}\times\mathbb{R})$.

10.4. 散度形式算子的比较原理

当算子 Q 呈散度形式 (10.5) 时, 可以得到定理 10.1 的各种有趣的变形. 从第 8 章我们回忆起在 Ω 中弱可微的函数 u 满足 $Qu\geqslant 0(=0,\leqslant 0)$, 只要函数 $A^i(x,u,Du), B(x,u,Du)$ 在 Ω 中局部可积且对所有非负的 $\varphi\in C_0^1(\Omega)$ 有

$$\begin{aligned}Q(u,\varphi)=&\int_{\Omega}(\mathbf{A}(x,u,Du)\cdot D\varphi-B(x,u,Du)\varphi)dx\\&\leqslant 0(=0,\geqslant 0).\end{aligned}\tag{10.21}$$

下述定理对比较原理提供了三条可供选择的准则.

定理 10.7 设 $u,v\in C^1(\overline{\Omega})$ 在 Ω 中满足 $Qu\geqslant 0, Qv\leqslant 0$ 且在 $\partial\Omega$ 上 $u\leqslant v$, 其中函数 $\mathbf{A}, B$ 关于变量 z,p 在 $\overline{\Omega}\times\mathbb{R}\times\mathbb{R}^n$ 中连续可微, 算子 Q 在 Ω 中是椭圆型的, 函数 B 对固定的 $(x,p)\in\Omega\times\mathbb{R}^n$ 关于 z 非增. 那么, 如果下列三者之一成立:

(i) 向量函数 $\mathbf{A}$ 不依赖于 z;

(ii) 函数 B 不依赖于 p;

(iii) $(n+1)\times(n+1)$ 矩阵

$$\begin{bmatrix} D_{p_j}A^i(x,z,p) & -D_{p_j}B(x,z,p) \\ D_zA^i(x,z,p) & -D_zB(x,z,p) \end{bmatrix} \geqslant 0 \text{ 在 } \Omega\times\mathbb{R}\times\mathbb{R}^n \text{ 中};$$

那么在 Ω 中 $u\leqslant v$.

证明 我们定义

$$\begin{aligned}
&w=u-v,\quad u_t=tu+(1-t)v,\quad 0\leqslant t\leqslant 1,\\
&a^{ij}(x)=\int_0^1 D_{p_j}A^i(x,u_t,Du_t)dt,\\
&b^i(x)=\int_0^1 D_zA^i(x,u_t,Du_t)dt,\\
&c^i(x)=\int_0^1 D_{p_i}B(x,u_t,Du_t)dt,\\
&d(x)=\int_0^1 D_zB(x,u_t,Du_t)dt.
\end{aligned}$$

则对所有非负的 $\varphi\in C_0^1(\Omega)$, 有

$$\begin{aligned}
0&\geqslant Q(u,\varphi)-Q(v,\varphi) \qquad (10.22)\\
&=\int_\Omega\{(\mathbf{A}(x,u,Du)-\mathbf{A}(x,v,Dv))\cdot D\varphi\\
&\quad-(B(x,u,Du)-B(x,v,Dv))\varphi\}dx\\
&=\int_\Omega\{(a^{ij}(x)D_jw+b^i(x)w)D_i\varphi\\
&\quad-(c^i(x)D_iw+d(x)w)\varphi\}dx.
\end{aligned}$$

因此 $Lw\geqslant 0$, 这里 L 是如下定义的线性算子:

$$Lw=D_i(a^{ij}D_jw+b^iw)+c^iD_iw+dw.$$

因为 $u,v\in C^1(\overline{\Omega})$, 由假设, 存在正常数 λ,Λ 使

$$\begin{aligned}
&a^{ij}(x)\xi_i\xi_j\geqslant\lambda|\xi|^2,\quad\forall\xi\in\mathbb{R}^n,\quad x\in\Omega.\\
&\text{在 }\Omega\text{ 中 }|a^{ij}|,|b^i|,|c^i|,|d|\leqslant\Lambda,\quad d\leqslant 0,
\end{aligned}$$

从而在 Ω 中 L 是严格椭圆型的且系数有界. 定理 10.7 的结论现在就可以直接从第 8 章的理论得到. 特别地, 若条件 (i) 成立, 则在 Ω 中 $b^i=0$ 于是由弱最大值原理 (定理 8.1), 我们在 Ω 中有 $w\leqslant 0$. 虽然定理 10.5 的其余部分可从习题

8.1 直接推出, 但我们还是要在这里给出完全的证明. 若条件 (ii) 成立, 则在 Ω 中 $c^i=0$. 注意关于 L 的这个条件等价于关于共轭算子 L^* 的前述条件. 对 $\varepsilon>0$, 令

$$\varphi=\frac{w^+}{w^++\varepsilon}\in W_0^{1,2}(\Omega),$$

把它代入 (10.22) 即得

$$\begin{aligned}\lambda\int_\Omega\left|D\log\left(1+\frac{w^+}{\varepsilon}\right)\right|^2dx&\leqslant\int_\Omega\frac{a^{ij}(x)D_iw^+D_jw^+}{(w^++\varepsilon)^2}dx\\&\leqslant\Lambda\int_\Omega\frac{w^+}{w^++\varepsilon}\left|D\log\left(1+\frac{w^+}{\varepsilon}\right)\right|dx\\&\leqslant\Lambda\int_\Omega\left|D\log\left(1+\frac{w^+}{\varepsilon}\right)\right|dx.\end{aligned}$$

因此利用 Young 不等式 (7.6), 我们有

$$\int_\Omega\left|D\log\left(1+\frac{w^+}{\varepsilon}\right)\right|^2dx\leqslant\left(\frac{\Lambda}{\lambda}\right)^2|\Omega|;$$

从 Poincaré 不等式 (7.44) 推出

$$\int_\Omega\log\left(1+\frac{w^+}{\varepsilon}\right)^2dx\leqslant C(n,\lambda,\Lambda,|\Omega|).$$

令 $\varepsilon\to0$, 我们看到 w^+ 必定在 Ω 中为零, 即在 Ω 中 $w\leqslant0$.

最后, 若条件 (iii) 成立, 我们在 Ω 中取 $\varphi=w^+$, 代入 (10.22), 即得在 Ω 中

$$a^{ij}D_iw^+D_jw^++(b^i-c^i)w^+D_iw^+-d(w^+)^2=0,$$

于是由 Young 不等式 (7.6), 在 Ω 中有

$$|Dw^+|^2\leqslant n\left(\frac{2\Lambda}{\lambda}\right)^2|w^+|^2.$$

因此, 对任何 $\varepsilon>0$, 我们有

$$\left|D\log\left(1+\frac{w^+}{\varepsilon}\right)\right|\leqslant\frac{2\sqrt{n}\Lambda}{\lambda}\frac{w^+}{w^++\varepsilon}\leqslant\frac{2\sqrt{n}\Lambda}{\lambda},$$

又因在 $\partial\Omega$ 上 $w^+=0$, 即推出

$$\left|\log\left(1+\frac{w^+}{\varepsilon}\right)\right|\leqslant\frac{2\sqrt{n}\Lambda}{\lambda}\operatorname{diam}\Omega.$$

令 $\varepsilon\to0$, 与前面一样, 在 Ω 中我们有 $w^+=0$, 因此在 Ω 中 $w\leqslant0$. □

注意当定理 10.7 中的条件 (i) 成立时, 我们仅需假设 $u, v \in C^0(\overline{\Omega}) \cap C^1(\Omega)$ 且系数的导数属于 $C^0(\Omega \times \mathbb{R} \times \mathbb{R}^n)$. 这一点在将定理 10.7 的结果应用于子区域 $\Omega' \subset\subset \Omega$ 时容易看出. 在其他情形下, 类似的推广亦有效, 只要系数满足适当的一致结构条件.

10.5. 散度形式算子的最大值原理

当算子 Q 呈散度形式时, 我们可以在与定理 10.3 和 10.4 不同的假设之下导出最大值原理. 我们将假设 (10.5) 中的函数 $\mathbf{A}$ 和 B 满足下述结构条件.

对所有 $(x,z,p) \in \Omega \times \mathbb{R} \times \mathbb{R}^n$ 和某一 $\alpha \geqslant 1$,

$$\begin{aligned} &p \cdot \mathbf{A}(x,z,p) \geqslant |p|^\alpha - |a_1 z|^\alpha - a_2^\alpha, \\ &B(x,z,p)\operatorname{sign} z \leqslant \begin{cases} b_0|p|^{\alpha-1} + |b_1 z|^{\alpha-1} + b_2^{\alpha-1}, & \text{若 } \alpha > 1, \\ b_0, \text{若 } \alpha = 1; \end{cases} \end{aligned} \tag{10.23}$$

这里 a_1, a_2, b_0, b_1, b_2 都是非负常数. (10.23) 中的第一个不等式可以看作是一个弱椭圆型条件 (见习题 10.3). 下面的讨论类似于第 8 章中线性椭圆型方程弱解的全局估计的推导.

引理 10.8 设 $u \in C^0(\overline{\Omega}) \cap C^1(\Omega)$ 在 Ω 中满足 $Qu \geqslant 0$, 又设 Q 满足结构条件 (10.23). 则

$$\sup_\Omega u \leqslant C\{\|u^+\|_\alpha + (a_1 + b_1)\sup_{\partial\Omega} u^+ + a_2 + b_2\} + \sup_{\partial\Omega} u^+, \tag{10.24}$$

其中 $C = C(n, \alpha, a_1, b_0, b_1, |\Omega|)$.

证明 我们一开始先假设 $u \in C^1(\overline{\Omega})$ 且在 $\partial\Omega$ 上 $u \leqslant 0$. 于是 $\sup\limits_{\partial\Omega} u^+ = 0$. 证明按定理 8.15 进行, 差别是: 在目前的情形, 一开始就假设 u 有界, 从而就不必截断用作检验函数的幂函数. 记

$$k = a_2 + b_2, \quad \overline{z} = |z| + k, \quad \overline{b} = a_1^\alpha + b_0^\alpha + b_1^{\alpha-1} + 1,$$

从不等式 (10.23) 借助 Young 不等式得到

$$\begin{aligned} &p \cdot \mathbf{A}(x,z,p) \geqslant |p|^\alpha - \overline{b}|\overline{z}|^\alpha, \\ &\overline{z}B(x,z,p)\operatorname{sign} z \leqslant \begin{cases} \mu|p|^\alpha + (\mu^{1-\alpha}+1)\overline{b}\overline{z}^\alpha, & \text{若 } \alpha > 1, \\ \overline{b}\overline{z}, & \text{若 } \alpha = 1, \end{cases} \end{aligned} \tag{10.25}$$

这里 $\mu > 0$. 因此把函数

$$\varphi = w^\beta - k^\beta$$

代入积分不等式 (10.21), 这里 $w=\overline{u}^+=u^++k, \beta\geqslant 1$, 并取 $\mu=\beta/2$, 得

$$\int_\Omega w^{\beta-1}|Dw|^\alpha dx\leqslant C\overline{b}\int_\Omega w^{\alpha+\beta-1}dx,$$

这里 $C=C(\beta)$. 由 Sobolev 不等式 (7.26), 存在一个数 $s>\alpha$ 使

$$\|w^r-k^r\|_s\leqslant Cr\left(\int_\Omega w^{\beta-1}|Dw|^\alpha dx\right)^{1/\alpha},$$

这里 $r=(\alpha+\beta-1)/\alpha$ 而 $C=C(n,s,|\Omega|)$. 因此有

$$\|w\|_{rs}\leqslant (Cr)^{1/r}(\overline{b})^{1/\alpha r}\|w\|_{r\alpha}$$

对所有的 $r\geqslant 1$ 成立, 而当 $\sup\limits_{\partial\Omega}u^+=0$ 时的估计 (10.24) 可由定理 8.15 的迭代论证得到. 为取消开始关于 u 的假设, 我们以 $u-L$ 代替 u, 其中 $L=\sup\limits_{\partial\Omega}u^+$, 并以区域 $\Omega'\subset\subset\Omega$ 来逼近 Ω 即可. □

利用引理 10.8, 现在即可导出方程 $Qu=0$ 的下解和解的下列先验估计.

定理 10.9 设 $u\in C^0(\overline{\Omega})\cap C^1(\Omega)$ 在 Ω 中满足 $Qu\geqslant 0(=0)$, 并设 Q 满足结构条件 (10.23), 其中 $\alpha>1, b_1=0$ 而且 b_0 或 $a_1=0$. 则有估计

$$\sup_\Omega u(|u|)\leqslant C(a_2+b_2+a_1\sup_{\partial\Omega}u^+(|u|))+\sup_{\partial\Omega}u^+(|u|), \tag{10.26}$$

其中 $C=C(n,\alpha,a_1,b_0,|\Omega|)$.

证明 像引理 10.8 的证明一样, 我们可以先假设 $u\in C^1(\overline{\Omega})$ 且在 $\partial\Omega$ 上 $u\leqslant 0$. 还设 $k>0$. 对 $b_0=0$ 或 $a_1=0$ 这两种情形将分别考虑.

(i) 设 $b_0=0$. 我们把

$$\varphi=\frac{1}{k^{\alpha-1}}-\frac{1}{w^{\alpha-1}},\quad w=\overline{u}^+$$

代入积分不等式 (10.21) 即得

$$(\alpha-1)\int_\Omega\left|\frac{Dw}{w}\right|^\alpha dx\leqslant \alpha\overline{b}|\Omega|,$$

于是

$$\int_\Omega\left|D\log\frac{w}{k}\right|^\alpha dx\leqslant\frac{\alpha}{\alpha-1}\overline{b}|\Omega|.$$

因此由 Poincaré 不等式 (7.44), 得

$$\int_\Omega\left|\log\frac{w}{k}\right|^\alpha dx\leqslant C\overline{b},$$

其中 $C = C(n, \alpha, |\Omega|)$. 现令 $M = \sup\limits_{\Omega} w$, 由引理 10.8 的证明有

$$\begin{aligned}\left(\frac{M}{k}\right)^{\alpha} &\leqslant C\int_{\Omega}\left(\frac{w}{k}\right)^{\alpha} dx \\ &\leqslant C\left(\frac{M}{k}\right)^{\alpha}\left(\log\frac{M}{k}\right)^{-\alpha}\int_{\Omega}\left(1+\left|\log\frac{w}{k}\right|^{\alpha}\right)dx,\end{aligned}$$

于是

$$\left|\log\frac{M}{k}\right|^{\alpha} \leqslant C\int_{\Omega}\left(1+\left|\log\frac{w}{k}\right|^{\alpha}\right)dx \leqslant C.$$

因此 $M \leqslant Ck$, 其中 $C = C(n, \alpha, a_1, |\Omega|)$.

(ii) 设 $a_1 = 0$. 证明与定理 8.16 的证明类似. 仍记 $M = \sup\limits_{\Omega} w$, 我们把

$$\varphi = \frac{1}{(M-w+k)^{\alpha-1}} - \frac{1}{M^{\alpha-1}}$$

代入 (10.21) 即得

$$\begin{aligned}(\alpha-1)\int_{\Omega}\left|\frac{Dw}{M-w+k}\right|^{\alpha} dx \leqslant b_0\int_{\Omega}\left|\frac{Dw}{M-w+k}\right|^{\alpha-1} dx &+ \\ \left\{\left(\frac{a_2}{k}\right)^{\alpha}+\left(\frac{b_2}{k}\right)^{\alpha-1}\right\}&|\Omega|.\end{aligned}$$

利用 Young 不等式 (7.5), 就有

$$\int_{\Omega}\left|D\log\frac{M}{M-w+k}\right|^{\alpha} dx \leqslant C\bar{b}|\Omega|,$$

其中 $C = C(\alpha)$, 因此由 Poincaré 不等式 (7.44),

$$\int_{\Omega}\left|\log\frac{M}{M-w+k}\right|^{\alpha} dx \leqslant C\bar{b}, \tag{10.27}$$

其中 $C = C(n, \alpha, |\Omega|)$. 为进一步进行, 在 (10.21) 中取

$$\varphi = \frac{\eta}{(M-w+k)^{\alpha-1}},$$

其中 $\eta \geqslant 0, \operatorname{supp}\eta \subset \operatorname{supp} u^{+}$ 且 $\eta \in C_0^1(\Omega)$. 于是从结构条件 (10.23) 即得不等式

$$\begin{aligned}\int_{\Omega}\frac{\mathbf{A}\cdot D\eta}{(M-w+k)^{\alpha-1}}dx &\leqslant \int_{\Omega}\left\{b_0\left|\frac{Dw}{M-w+k}\right|^{\alpha-1} + \alpha\left(\frac{a_2}{k}\right)^{\alpha} + \left(\frac{b_2}{k}\right)^{\alpha-1}\right\}\eta dx, \\ &\leqslant \int_{\Omega}\left\{b_0\left|D\log\frac{M}{M-w+k}\right|^{\alpha-1} + \alpha\right\}\eta dx.\end{aligned}$$

从而函数 $\overline{w} = \log[M/(M-w+k)]$ 在 $\Omega^+ = \{x \in \Omega | u(x) > 0\}$ 中满足 $\overline{Q}\overline{w} \geqslant 0$, 这里算子 $\overline{Q}$ 满足结构条件 (10.23), 其中 $a_1 = b_1 = 0$ 且 $a_2, b_2 \leqslant \alpha$. 因此由引理 10.8 和 (10.27),

$$\begin{aligned}\sup_\Omega \overline{w} &\leqslant C(\|\overline{w}\|_\alpha + 1)\\ &\leqslant C(n, \alpha, b_0, |\Omega|),\end{aligned}$$

因此 $M \leqslant Ck$. 由令 k 趋于零即得到 $k = 0$ 的情形. 与在引理 10.8 的证明中一样, 取消条件 $u \in C^1(\overline{\Omega})$, 在 $\partial\Omega$ 上 $u \leqslant 0$, 就获得在每一情形下的估计 (10.26).□

作为第 16 章中规定平均曲率的方程的存在性理论的一个副产品, 我们将看到定理 10.9 不能推广到在其假设条件中允许 $\alpha = 1$. 包括情形 $\alpha = 1$ 的下述估计需要结构常数 a_1, b_0 和 b_1 充分小.

定理 10.10 设 $u \in C^0(\overline{\Omega}) \cap C^1(\Omega)$ 在 Ω 中满足 $Qu \geqslant 0(=0)$, 并设 Q 满足结构条件 (10.23). 则存在一个正的常数 $C_0 = C_0(\alpha, n)$, 使得只要

$$(a_1^\alpha + b_0^\alpha + b_1^{\alpha-1})|\Omega|^{\alpha/n} < C_0, \tag{10.28}$$

就有估计

$$\sup_\Omega u(|u|) \leqslant C\{(a_1 + b_1)\sup_{\partial\Omega} u^+(|u|) + a_2 + b_2\} + \sup_{\partial\Omega} u^+(|u|), \tag{10.29}$$

其中 $C = C(n, \alpha, a_1, b_0, b_1, |\Omega|)$.

证明 根据引理 10.8, 我们仅需估计 $\|u^+\|_\alpha$. 像在前一证明中一样, 我们一开始假设 $u \in C^1(\overline{\Omega})$, 且在 $\partial\Omega$ 上 $u \leqslant 0$. 把 $\varphi = u^+ = v$ 代入积分不等式 (10.21) 中, 由 (10.23), 不等式 (7.6) 得到

$$\begin{aligned}\int_\Omega |Dv|^\alpha dx &\leqslant \int_\Omega \{(a_1^\alpha + b_1^{\alpha-1})v^\alpha + b_0 v|Dv|^{\alpha-1} + a_2^\alpha + b_2^{\alpha-1}v\}dx\\ &\leqslant \int_\Omega \Big\{ \left(a_1^\alpha + b_1^{\alpha-1} + \frac{b_0^\alpha}{\alpha\varepsilon^{\alpha-1}}\right)v^\alpha +\\ &\qquad (1-1/\alpha)\varepsilon|Dv|^\alpha + a_2^\alpha + b_2^{\alpha-1}v\Big\}dx\end{aligned}$$

对任意 $\varepsilon > 0$ 成立. 特别地, 当 $\alpha \neq 1$ 时取 $\varepsilon = \alpha^{1/(1-\alpha)}$ 并利用 Poincaré 不等式 (7.44), 当 $\alpha \geqslant 1$ 时得到

$$\int_\Omega v^\alpha dx \leqslant C(n, \alpha)|\Omega|^{\alpha/n} \int_\Omega \{(a_1^\alpha + b_1^{\alpha-1} + b_0^\alpha)v^\alpha + a_2^\alpha + b_2^{\alpha-1}v\}dx.$$

因此若 $C(n, \alpha)|\Omega|^{\alpha/n}(a_1^\alpha + b_1^{\alpha-1} + b_0^\alpha) < 1$, 我们就有

$$\int_\Omega v^\alpha dx \leqslant C(a_2^\alpha + b_2^\alpha),$$

从而即得所希望的估计 (10.29). □

注意, 在定理 10.10 中, 当 $\alpha=1$ 时常数 b_1 和 b_2 在不等式 (10.28) 和 (10.29) 中不出现. 援引 Poincaré 不等式 (7.44) 的强的形式

$$\int_\Omega |v|dx \leqslant \frac{1}{n}(|\Omega|/\omega_n)^{1/n}\int_\Omega |Dv|dx, \quad v\in W_0^{1,1}(\Omega), \tag{10.30}$$

在这一情形我们可取

$$C_0=C_0(1,n)=n\omega_n^{1/n}.$$

把规定平均曲率的方程 (10.7) 写成它的散度形式

$$\operatorname{div}\frac{Du}{\sqrt{1+|Du|^2}}=nH, \tag{10.31}$$

我们看到它满足具有常数 $\alpha=1, a_1=0, a_2=1, b_2=n\sup\limits_\Omega|H|$ 的结构条件 (10.23), 因此, 若函数 H 满足

$$H_0=\sup_\Omega|H|<(\omega_n/|\Omega|)^{1/n}, \tag{10.32}$$

对方程 (10.31) 的任何属于 $C^2(\Omega)\cap C^0(\overline{\Omega})$ 的下解 (解), 我们就有估计

$$\sup_\Omega u(|u|)\leqslant \sup_{\partial\Omega}u(|u|)+C(n,|\Omega|,H_0). \tag{10.33}$$

在结束本节时我们要指出, 结构条件 (10.23) 可一般化到允许量 a_1,a_2,b_0,b_1,b_2 是非负可测函数. 特别地, 若我们假设 $a_1,a_2,b_0,\overline{b}_1,\overline{b}_2\in L^q(\Omega)$, 这里 q 满足 $q\geqslant\alpha, q>n$, 而 $\overline{b}_1=b_1^{1-1/\alpha}, \overline{b}_2=b_2^{1-1/\alpha}$, 则引理 10.8 和定理 10.9 仍然成立. 只要在不等式 (10.24) 和 (10.26) 中, a_1,a_2,b_0,b_1,b_2 分别代以 $\|a_1\|_q,\|a_2\|_q,\|b_0\|_q$, $\|\overline{b}_1\|_q^{\alpha/(\alpha-1)},\|\overline{b}_2\|_q^{\alpha/(\alpha-1)}$ 且常数 C 还要依赖于 q. 定理 10.10 可类似地推广到条件 (10.28) 代之以

$$\|a_1^\alpha+b_0^\alpha+b_1^{\alpha-1}\|_\beta<C_0, \tag{10.34}$$

其中 $\beta=\max(1,n/\alpha)$. 对于上述规定平均曲率的方程 (10.31) 这个例子, 我们可获得更一般的结果: 只要 H 满足

$$\int_\Omega |H|^n dx<\omega_n, \tag{10.35}$$

则最大值原理 (10.33) 成立, 其中 $H_0=\|H\|_n$. 这些断语的证明基本上与 a_1,a_2,b_0, b_1,b_2 是常数的情形相同; (见习题 10.4). 最后我们指出当函数 u 由属于空间 $C^2(\Omega)\cap C^0(\overline{\Omega})$ 换为属于 Sobolev 空间 $W^{1,\alpha}(\Omega)$ 时, 本节所有结果及其证明仍旧适用.

评注

本章前面的结果, 即定理 10.1, 10.2 和 10.3 基本上是 Hopf 的最大值原理 (定理 3.1) 的变形. 10.3 节的反例属于 Meyers [ME2]. 比较原理 (定理 10.7) 的 (i), (ii) 部分在 Trudinger [TR10] 中被证明. 部分 (ii) 推广了 Douglas, Dupont 和 Serrin [DDS] 的一个较早的结果. 部分 (iii) 实质上是 Serrin [SE3] 证明的. 最大值原理 (定理 10.9) 在本著作中是一个新的结果, 尽管其证明技巧业已在 [TR7] 中被说明. 对于拟线性方程更深入的最大值原理, 读者可参看文献 [SE3] [SE5].

我们这里还要指出, Poincaré 不等式的形式 (10.30) 乃是等周不等式的一个推论; (如见 [FE]). 定理 10.5 和推论 10.6 出现在 Bakelman[BA5] 中.

习题

利用比较原理 (即定理 10.1) 建立习题 10.1, 10.2 中的最大值原理.

10.1. 设 Q 在 $\Omega\times\mathbb{R}\times\{0\}$ 中是椭圆型的, 其系数 $a^{ij}, b, i, j=1,\dots,n$ 关于变量 p 在 $\Omega\times\mathbb{R}\times\mathbb{R}^n$ 中可微. 假设存在一个常数 M 使得

$$\text{当 } x\in\Omega,\quad |z|\geqslant M \text{ 时},\quad zb(x,z,0)\leqslant 0, \tag{10.36}$$

则若 $u\in C^0(\Omega)\cap C^2(\Omega)$ 在 Ω 中满足 $Qu\geqslant 0(=0)$, 我们就有

$$\max_{\Omega} u(|u|)\leqslant \max\{M, \max_{\partial\Omega} u^+(|u|)\}. \tag{10.37}$$

10.2. 设 Ω 包含在半径为 R 的球 B_R 中, 又假设 Q 在 Ω 中是椭圆型的, 并且

$$(\operatorname{sign} z)b(x,z,p)\leqslant \frac{|p|}{R}\mathscr{T}(x,z,p),\quad \mathscr{T}=[a^{ij}] \text{ 的迹} \tag{10.38}$$

对所有的 $x\in\Omega, |z|\geqslant M, |p|\geqslant L$ 成立, M 和 L 为常数. 则若 $u\in C^0(\overline{\Omega})\cap C^2(\Omega)$ 在 Ω 中满足 $Qu\geqslant 0(=0)$, 我们就有 ([SE3])

$$\max_{\Omega} u(|u|)\leqslant \max\{M, \max_{\partial\Omega} u^+(|u|)\}+2LR. \tag{10.39}$$

(提示: 遵循定理 10.3 的证明, 把半空间 $x_1>0$ 换为 B_R.)

10.3. 设 Q 是散度形式 (10.5) 的算子. 证明

$$p\cdot\mathbf{A}(x,z,p)=\int_0^1 s^{-2}\mathscr{E}(x,z,sp)ds+p\cdot\mathbf{A}(x,z,0). \tag{10.40}$$

由此证明: 若 $\mathscr{E}\geqslant c|p|^\alpha$, 这里 $c>0, \alpha>1$, 则

$$p\cdot\mathbf{A}(x,z,p)\geqslant \frac{c}{\alpha-1}|p|^\alpha+p\cdot\mathbf{A}(x,z,0). \tag{10.41}$$

10.4. 验证 10.5 节末尾的断语.

10.5. 设 $\mathscr{A} = [a^{ij}(p)]$ 是由

$$a^{ij}(p) = (1 + |p|^2)\delta_{ij} - p_i p_j, \quad p \in \mathbb{R}^n.$$

给定的最小曲面算子的系数矩阵. 验证 1 是 $\mathscr{A}$ 的特征值, 对应特征向量 p, 而 $1+|p|^2$ 是仅有的其他特征值, 对应的特征空间由正交于 p 的向量组成.

10.6. 对于方程

$$(1 + |Du|^2)\Delta u - D_i u D_j u D_{ij} u = nH(x)(1 + |Du|)^s, \quad 0 \leqslant s < \infty$$

运用定理 10.5.

第 11 章 拓扑不动点定理及其应用

在本章中, 拟线性方程的古典 Dirichlet 问题的可解性归结为对解建立某些先验估计. 通过适当函数空间中拓扑不动点定理的应用, 这种归结得以实现. 我们将首先阐述可解性的一般准则, 尔后举例说明它在一种场合的应用, 在那里, 所需要的先验估计容易由我们前面的结果导出. 在更一般的假设之下, 这些先验估计的导出将是以下几章主要关心的问题.

这里的论述所需用的不动点定理都可以作为 Brouwer 不动点定理在无穷维空间的推广而得到, Brouwer 不动点定理断言, $\mathbb{R}^n$ 中一个闭球到自身中的连续映射至少有一个不动点.

11.1. Schauder 不动点定理

Brouwer 不动点定理可按多种方式推广到无穷维空间. 我们首先需要下列到 Banach 空间的推广.

定理 11.1 设 $\mathfrak{G}$ 是 Banach 空间 $\mathfrak{B}$ 中的一个紧凸集, 又设 T 是 $\mathfrak{G}$ 到自身中的一个连续映射. 则 T 有一个不动点, 即对某一 $x \in \mathfrak{G}, Tx = x$.

证明 设 k 是任一正整数. 因为 $\mathfrak{G}$ 是紧的, 故存在有限多个点 $x_1, \ldots, x_N \in \mathfrak{G}$, 这里 $N = N(k)$, 使球 $B^i = B_{1/k}(x_i), i = 1, \ldots, N$, 覆盖 $\mathfrak{G}$. 设 $\mathfrak{G}_k \subset \mathfrak{G}$ 是 $\{x_1, \ldots, x_N\}$ 的凸包, 定义映射 $J_k : \mathfrak{G} \to \mathfrak{G}_k$ 如下:

$$J_k x = \frac{\sum \operatorname{dist}(x, \mathfrak{G} - B^i) x_i}{\sum \operatorname{dist}(x, \mathfrak{G} - B^i)},$$

显然 J_k 连续, 且对任何 $x \in \mathfrak{S}$,

$$\|J_k x - x\| \leqslant \frac{\sum \operatorname{dist}(x, \mathfrak{S} - B^i)\|x_i - x\|}{\sum \operatorname{dist}(x, \mathfrak{S} - B^i)} < \frac{1}{k}. \tag{11.1}$$

映射 $J_k \circ T$ 限制在 $\mathfrak{S}_k$ 上时必定是 $\mathfrak{S}_k$ 到自身中的一个连续映射, 因此由 Brouwer 不动点定理, 它有一个不动点 $x^{(k)}$. (注意 $\mathfrak{S}_k$ 同胚于某一 Euclid 空间中的一个闭球.) 因 $\mathfrak{S}$ 是紧的, 故序列 $x^{(k)}(k = 1, 2, \ldots)$ 的一个子序列收敛到某一 $x \in \mathfrak{S}$. 我们断言 x 是 T 的一个不动点. 因为, 对 $Tx^{(k)}$ 应用 (11.1), 我们有

$$\|x^{(k)} - Tx^{(k)}\| = \|J_k \circ Tx^{(k)} - Tx^{(k)}\| < \frac{1}{k},$$

因为 T 是连续的, 我们断言 $Tx = x$. □

在下一章中将说明, 定理 11.1 可应用于广泛的一类两个变量的方程. 为后一目的我们指出定理 11.1 的以下推广.

推论 11.2 设 $\mathfrak{S}$ 是 Banach 空间 $\mathfrak{B}$ 中的一个闭凸集, 又设 T 是 $\mathfrak{S}$ 到自身中的一个连续映射, 使得像 $T\mathfrak{S}$ 是准紧的. 则 T 有一个不动点.

我们指出上述定理和压缩映射原理 (定理 5.1) 的一个本质的不同, 就是: 在前者中断言存在的不动点未必是唯一的.

11.2. Leray-Schauder 定理: 一个特殊情形

两个 Banach 空间之间的一个连续映射称为紧的 (或完全连续的), 如果有界集的像是准紧的 (即其闭包是紧的). 由推论 11.2 导出的以下定理是拟线性方程 Dirichlet 问题研究中最常使用的不动点结果.

定理 11.3 设 T 是 Banach 空间 $\mathfrak{B}$ 到自身中的紧映射, 又设存在一个常数 M, 使得

$$\|x\|_{\mathfrak{B}} < M \tag{11.2}$$

对所有满足 $x = \sigma Tx, x \in \mathfrak{B}, \sigma \in [0, 1]$ 的 x 成立. 则 T 有一个不动点.

证明 不失一般性可设 $M = 1$. 我们定义映射 T^* 如下:

$$T^*x = \begin{cases} Tx, & 若 \ \|Tx\| \leqslant 1, \\ \dfrac{Tx}{\|Tx\|}, & 若 \ \|Tx\| \geqslant 1. \end{cases}$$

那么 T^* 是 $\mathfrak{B}$ 中单位闭球 $\overline{B}$ 到自身中的一个连续映射. 因为 $T\overline{B}$ 是准紧的, 故 $T^*\overline{B}$ 亦然. 因此由推论 11.2 知映射 T^* 有一个不动点 x. 我们断言 x 也

是 T 的不动点. 因为, 假设 $\|Tx\| \geqslant 1$. 则 $x = T^*x = \sigma Tx$, 若 $\sigma = 1/\|Tx\|$, 而 $\|x\| = \|T^*x\| = 1$, 这与 (11.2) 矛盾, 因其中 $M = 1$. 因此 $\|Tx\| < 1$, 从而 $x = T^*x = Tx$. □

附注 定理 11.3 蕴涵: 若 T 是 Banach 空间到自身中的紧映射 (不论 (11.2) 成立与否), 则对某一$\sigma \in (0,1]$, 映射 σT 具有一个不动点. 此外, 若估计 (11.2) 成立, 则对所有的 $\sigma \in [0,1], \sigma T$ 有一个不动点.

为了把定理 11.3 应用于拟线性方程的 Dirichlet 问题, 我们固定一个数 $\beta \in (0,1)$, 并取 Banach 空间 $\mathfrak{B}$ 是 Hölder 空间 $C^{1,\beta}(\overline{\Omega})$, 这里 Ω 是 $\mathbb{R}^n$ 中的一个有界区域. 设 Q 是由下式给出的一个算子:

$$Qu = a^{ij}(x,u,Du)D_{ij}u + b(x,u,Du), \tag{11.3}$$

并设 Q 在 $\overline{\Omega}$ 中是椭圆型的, 即系数矩阵 $[a^{ij}(x,z,p)]$ 对所有的 $(x,z,p) \in \overline{\Omega} \times \mathbb{R} \times \mathbb{R}^n$ 是正定的. 我们还假设对某一 $\alpha \in (0,1)$, 系数 $a^{ij}, b \in C^{\alpha}(\overline{\Omega} \times \mathbb{R} \times \mathbb{R}^n)$, 边界 $\partial\Omega \in C^{2,\alpha}$ 且 φ 是给定在 $C^{2,\alpha}(\overline{\Omega})$ 中的一个函数. 对所有的 $v \in C^{1,\beta}(\overline{\Omega})$, 算子 T 定义如下: 设 $u = Tv$ 是线性 Dirichlet 问题

$$\begin{aligned} &\text{在 } \Omega \text{ 中 } a^{ij}(x,v,Dv)D_{ij}u + b(x,v,Dv) = 0, \\ &\text{在 } \partial\Omega \text{ 上 } u = \varphi \end{aligned} \tag{11.4}$$

在 $C^{2,\alpha\beta}(\overline{\Omega})$ 中的唯一解. 问题 (11.4) 的唯一可解性由线性存在性结果 (定理 6.14) 保证. 这样, Dirichlet 问题: 在 Ω 中 $Qu = 0$, 在 $\partial\Omega$ 上 $u = \varphi$, 在空间 $C^{2,\alpha}(\overline{\Omega})$ 中的可解性就等价于方程 $u = Tu$ 在 Banach 空间 $\mathfrak{B} = C^{1,\beta}(\overline{\Omega})$ 中的可解性. $\mathfrak{B}$ 中的方程 $u = \sigma Tu$ 就等价于 Dirichlet 问题

$$\begin{aligned} &\text{在 } \Omega \text{ 中 } Q_\sigma u = a^{ij}(x,u,Du)D_{ij}u + \sigma b(x,u,Du) = 0, \\ &\text{在 } \partial\Omega \text{ 上 } u = \sigma\varphi. \end{aligned} \tag{11.5}$$

应用定理 11.3, 我们可以证明下述存在性准则.

定理 11.4 设 Ω 是 $\mathbb{R}^n$ 中的一个有界区域, Q 是 $\overline{\Omega}$ 中的一个椭圆型算子, 其系数 $a^{ij}, b \in C^{\alpha}(\overline{\Omega} \times \mathbb{R} \times \mathbb{R}^n), 0 < \alpha < 1$. 设 $\partial\Omega \in C^{2,\alpha}, \varphi \in C^{2,\alpha}(\overline{\Omega})$. 如果对某一 $\beta > 0$, 存在一个不依赖于 u 和 σ 的常数 M, 使得 Dirichlet 问题: 在 Ω 中 $Q_\sigma u = 0$, 在 $\partial\Omega$ 上 $u = \sigma\varphi (0 \leqslant \sigma \leqslant 1)$ 的每一 $C^{2,\alpha}(\overline{\Omega})$ 解满足

$$\|u\|_{C^{1,\beta}(\overline{\Omega})} < M, \tag{11.6}$$

则 Dirichlet 问题: 在 Ω 中 $Qu = 0$, 在 $\partial\Omega$ 上 $u = \varphi$, 在 $C^{2,\alpha}(\overline{\Omega})$ 中是可解的.

证明 由于本定理之前的附注, 留下要证明的仅是算子 T 是连续的和紧的. 由全局 Schauder 估计 (定理 6.6), T 把 $C^{1,\beta}(\overline{\Omega})$ 中的有界集映入 $C^{2,\alpha\beta}(\overline{\Omega})$ 中的有界集, (由 Arzela 定理) 后者在 $C^2(\overline{\Omega})$ 和 $C^{1,\beta}(\overline{\Omega})$ 中是准紧的. 为证明 T 的连续性, 我们设 $v_m, m=1,2,\dots$ 在 $C^{1,\beta}(\overline{\Omega})$ 中收敛到 v. 于是, 因为序列 $\{Tv_m\}$ 在 $C^2(\overline{\Omega})$ 中是准紧的. 故每一子序列也有一收敛子序列. 设 $\{T\overline{v}_m\}$ 就是这样一个极限为 $u\in C^2(\overline{\Omega})$ 的收敛子序列. 则因

$$
\begin{aligned}
&a^{ij}(x,v,Dv)D_{ij}u+b(x,v,Dv)\\
&=\lim_{m\to\infty}\{a^{ij}(x,\overline{v}_m,D\overline{v}_m)D_{ij}T\overline{v}_m+b(x,\overline{v}_m,D\overline{v}_m)\}=0,
\end{aligned}
$$

我们必有 $u=Tv$, 因此序列 $\{Tv_m\}$ 自身收敛到 u. □

11.3. 一个应用

定理 11.4 把 Dirichlet 问题: 在 Ω 中 $Qu=0$, 在 $\partial\Omega$ 上 $u=\varphi$ 的可解性归结为有关问题族的解对某一 $\beta>0$ 在空间 $C^{1,\beta}(\overline{\Omega})$ 中的先验估计. 在实践中, 把先验估计的推导分为四个步骤是适宜的:

I. $\sup\limits_{\Omega}|u|$ 的估计;

Ⅱ. $\sup\limits_{\partial\Omega}|Du|$ 的估计, 用 $\sup\limits_{\Omega}|u|$ 表示;

Ⅲ. $\sup\limits_{\Omega}|Du|$ 的估计, 用 $\sup\limits_{\partial\Omega}|Du|$ 和 $\sup\limits_{\Omega}|u|$ 表示;

Ⅳ. 对某一 $\beta>0, [Du]_{\beta;\Omega}$ 的估计, 用 $\sup\limits_{\Omega}|Du|, \sup\limits_{\Omega}|u|$ 表示.

步骤 I 业已在第 10 章中处理过; (见定理 10.3, 10.4 和 10.9). 步骤 Ⅱ 和 Ⅲ 行将在第 14 和 15 章中讨论. 在第 13 章中将表明步骤 Ⅳ 可以在关于 Q 的非常一般的假设之下实现. 这里我们考察一个问题来举例说明整个程序, 这里所需要的估计不难从前几章的一些结果得出. 即假设 Q 具有特定的散度形式

$$
Qu=\operatorname{div}\mathbf{A}(Du), \tag{11.7}
$$

或 $n=2$ 而 Q 形为

$$
Qu=a^{ij}(x,u,Du)D_{ij}u, i,j=1,2. \tag{11.8}
$$

我们将在第 14 章中阐明边界 $\partial\Omega$ 的几何条件在拟线性方程 Dirichlet 问题的可解性中起着重要的作用. 为了现在的目的, 我们将要求边界流形

$$
\Gamma=(\partial\Omega,\varphi)=\{(x,z)\in\partial\Omega\times\mathbb{R}|z=\varphi(x)\}
$$

满足有界斜率条件, 即对每一点 $P \in \Gamma$, 在 $\mathbb{R}^{n+1}$ 中存在过 P 的两个平面 $z = \pi_P^+(x)$ 和 $z = \pi_P^-(x)$, 使得

(i) $\pi_P^-(x) \leqslant \varphi(x) \leqslant \pi_P^+(x), \forall x \in \partial\Omega$;

(ii) 这些平面的斜率为一个不依赖于 P 的常数 K 一致地界住; 即对所有的 $P \in \Gamma, |D\pi_P^{\pm}| \leqslant k$.

若 $\partial\Omega \in C^2, \varphi \in C^2(\overline{\Omega})$ 且 $\partial\Omega$ 是一致凸的 (即其主曲率有正下界), 则 Γ 满足有界斜率条件 (见 [HA]). 我们现在可以断言下述存在性结果.

定理 11.5 设 Q 或者有形式 (11.7), 或者有形式 (11.8), 又设 Q, Ω 和 φ 满足定理 11.4 的假设. 如果边界流形 $(\partial\Omega, \varphi)$ 还满足有界斜率条件, 那么 Dirichlet 问题: 在 Ω 中 $Qu = 0$, 在 $\partial\Omega$ 上 $u = \varphi$ 在 $C^{2,\alpha}(\overline{\Omega})$ 中是可解的.

证明 因为 $Q_\sigma = Q$, 我们必须估计 Dirichlet 问题: 在 Ω 中 $Qu = 0$, 在 $\partial\Omega$ 上 $u = \sigma\varphi(0 \leqslant \sigma \leqslant 1)$ 的解. 我们依次进行上述的各步.

I. 从弱最大值原理 (定理 3.1 或 10.3), 我们有

$$\sup_{\Omega} |u| = \sigma \sup_{\partial\Omega} |\varphi| \leqslant \sup_{\partial\Omega} |\varphi|. \tag{11.9}$$

Ⅱ. 有界斜率条件提供一个线性闸函数, 它被用来估计 $\partial\Omega$ 上的 Du. 因显然有

$$a^{ij}(x, u, Du) D_{ij} \pi_P^{\pm} = 0,$$

故由弱最大值原理, 对所有的 $x \in \Omega$,

$$\sigma\pi_P^-(x) \leqslant u(x) \leqslant \sigma\pi_P^+(x),$$

从而我们有

$$\sup_{\partial\Omega} |Du| \leqslant \sigma K \leqslant K, \tag{11.10}$$

其中 K 是 $\pi_P^{\pm}$ 的斜率的假设的界.

Ⅲ. 步骤 Ⅲ 和 Ⅳ 将从下述事实推得: 即对 $k = 1, \ldots, n$, 导数 $D_k u$ 是第 8 章中处理过的简单线性散度结构型方程的弱解. 我们首先假设 Q 有形式 (11.7) 并把方程 $Qu = 0$ 写成积分形式

$$\int_\Omega \mathbf{A}(Du) \cdot D\eta dx = 0, \quad \forall \eta \in C_0^1(\Omega). \tag{11.11}$$

固定 k, 把 η 代以 $D_k\eta$ 再分部积分, 就得到

$$\int_\Omega D_{P_j} A^i(Du) D_{kj} u D_i \eta dx = 0, \quad \forall \eta \in C_0^1(\Omega),$$

或若令 $w=D_k u$,

$$\int_\Omega u^{ij}(Du)D_j w D_i \eta dx = 0, \quad \forall \eta \in C_0^1(\Omega).$$

于是函数 $w \in C^1(\overline{\Omega})$ 是线性椭圆型方程

$$D_i(\overline{a}^{ij}(x)D_j w) = 0 \tag{11.12}$$

的一个弱解, 其中 $\overline{a}^{ij}(x) = a^{ij}(Du(x))$, 因此由 3.6 节的弱最大值原理 (又见定理 8.1), 我们有

$$\sup_\Omega |Du| = \sup_{\partial\Omega} |Du| \leqslant K. \tag{11.13}$$

其次, 若 Q 有形式 (11.8), 则方程 $Qu=0$ 等价于

$$\frac{a^{11}}{a^{22}} D_{11}u + \frac{2a^{12}}{a^{22}} D_{12}u + D_{22}u = 0,$$

于是

$$\int_\Omega \left(\frac{a^{11}}{a^{22}} D_{11}u + \frac{2a^{12}}{a^{22}} D_{12}u + D_{22}u \right) \eta dx = 0, \quad \forall \eta \in C_0^1(\Omega).$$

将 η 代以 $D_1\eta$ 并分部积分, 令 $w=D_1 u$, 我们得到

$$\int_\Omega \left\{ \left(\frac{a^{11}}{a^{22}} D_1 w + \frac{2a^{12}}{a^{22}} D_2 w \right) D_1\eta + D_2 w D_2 \eta \right\} dx = 0,$$

因此 w 是线性椭圆型方程

$$D_i(a_1^{ij}(x)D_j w) = 0, \quad i,j=1,2 \tag{11.14}$$

的一个弱解, 其系数矩阵是

$$[a_1^{ij}(x)] = \begin{bmatrix} \dfrac{a^{11}}{a^{22}}(x,u(x),Du(x)) & \dfrac{2a^{12}}{a^{22}}(x,u(x),Du(x)) \\ 0 & 1 \end{bmatrix}.$$

类似地, 推得 $D_2 u$ 是对应的线性椭圆型方程的一个弱解. 从而由弱最大值原理再一次得知估计 (11.13) 成立.

Ⅳ. 导数 $D_k u$ 的方程 (11.12) 和 (11.14) 将满足定理 8.24 的条件; 其中常数 λ 和 Λ 依赖于 $\sup\limits_\Omega |u|, \sup\limits_\Omega |Du|$ 和系数 a^{ij}. 因此我们获得 Du 的一个内部 Hölder 估计, 即对任一子区域 $\Omega' \subset\subset \Omega$, 有

$$[Du]_{\beta;\Omega'} \leqslant Cd^{-\beta}, \tag{11.15}$$

其中正的常数 C 和 β 不依赖于 u 和 σ, 而 $d=\operatorname{dist}(\Omega',\partial\Omega)$. 但我们不能从第 8 章的结果直接推断 Du 的全局 Hölder 估计. 我们改进如下. 首先利用 $\partial\Omega$ 的光滑性把 $\partial\Omega$ 的部分映射到超平面 $x_n=0$ 中. 于是对 $k=1,\ldots,n-1$, 关于新坐标 $y_1,\ldots,y_n$ 的导数 $D_{y_k}u$ 可用定理 8.29 来估计. 余下的导数 $D_{y_n}u$ 最后利用方程本身以及 Morrey 估计 (定理 7.19) 来估计. 这个程序的细节将在第 13 章对一般散度结构方程来实行. 所得估计是

$$[Du]_{\beta;\Omega}\leqslant C, \tag{11.16}$$

其中正常数 β 和 C 不依赖于 u 和 σ. 定理 11.5 的证明至此完成. □

在这里我们指出, 从第 14 章的结果将推出: 定理 11.5 假设中的有界斜率条件可代之以量

$$\frac{\Lambda(x,z,p)|p|}{\mathscr{E}(x,z,p)}$$

的有界性, 其中 $x\in\overline{\Omega},|z|\leqslant\sup\limits_{\partial\Omega}|\varphi|,|p|\geqslant 1$; (见定理 14.1). 此外, 若 Ω 是凸的, 则有界斜率条件可代之以量

$$\frac{\Lambda(x,z,p)}{a^{ij}(x,z,p)(p_i-D_i\varphi)(p_j-D_j\varphi)}$$

的有界性, 其中 $x\in\overline{\Omega},|z|\leqslant\sup\limits_{\partial\Omega}|\varphi|,|p|\geqslant 1$ (见定理 14.2).

11.4. Leray-Schauder 不动点定理

对于某些应用来说, 希望把定理 11.4 中用的 Dirichlet 问题族: 在 Ω 中 $Q_\sigma u=0$, 在 $\partial\Omega$ 上 $u=\sigma\varphi, 0\leqslant\sigma\leqslant 1$ 换成别的族, 它按不同方式依赖于参数 σ. 因此我们需要定理 11.3 的下列推广.

定理 11.6 设 $\mathfrak{B}$ 是一个 Banach 空间, T 是从 $\mathfrak{B}\times[0,1]$ 到 $\mathfrak{B}$ 中的一个紧映射, 对所有的 $x\in\mathfrak{B}$, 使得 $T(x,0)=0$. 假设存在一个常数 M 使得对满足 $x=T(x,\sigma)$ 的所有 $(x,\sigma)\in\mathfrak{B}\times[0,1]$, 有

$$\|x\|_{\mathfrak{B}}<M. \tag{11.17}$$

则由 $T_1x=T(x,1)$ 给出的 $\mathfrak{B}$ 到自身中的映射 T_1 有一个不动点.

定理 11.6 将从推论 11.2 的下列推论导出.

引理 11.7 设 $B=B_1(0)$ 表示 $\mathfrak{B}$ 中的单位球, 又设 T 是 $\overline{B}$ 到 $\mathfrak{B}$ 中的连续映射, 它使 $T\overline{B}$ 是准紧的且 $T\partial B\subset B$. 则 T 有一个不动点.

证明 我们定义映射 T^* 如下:

$$T^*(x)=\begin{cases}Tx, & \|Tx\|\leqslant 1,\\ \dfrac{Tx}{\|Tx\|}, & \|Tx\|\geqslant 1.\end{cases}$$

虽然 T^* 是 $\overline{B}$ 到自身中的一个连续映射, 因 $T\overline{B}$ 是准紧的, 故 $T^*\overline{B}$ 也如此. 因此由推论 11.2, T^* 有一个不动点 x, 又因为 $T\partial B\subset B$, 我们必有 $\|x\|<1$, 因而 $x=Tx$. □

定理 11.6 的证明 不失一般性我们可设 $M=1$. 对 $0<\varepsilon\leqslant 1$, 我们定义一个从 $\overline{B}$ 到 $\mathfrak{B}$ 中的映射 T^* 如下:

$$T^*x=T^*_\varepsilon x=\begin{cases}T\left(\dfrac{x}{\|x\|},\dfrac{1-\|x\|}{\varepsilon}\right), & 1-\varepsilon\leqslant\|x\|\leqslant 1,\\ T\left(\dfrac{x}{1-\varepsilon},1\right), & \|x\|<1-\varepsilon.\end{cases}$$

映射 T^* 显然是连续的, 由 T 的紧性知 T^*B 是准紧的, 且 $T^*\partial B=0$. 因此由引理 11.7, 映射 T^* 有一个不动点 $x(\varepsilon)$. 现令

$$\varepsilon=\frac{1}{k},\quad x_k=x\left(\frac{1}{k}\right),$$

$$\sigma_k=\begin{cases}k(1-\|x_k\|), & 1-\dfrac{1}{k}\leqslant\|x_k\|\leqslant 1,\\ 1, & \|x_k\|<1-\dfrac{1}{k},\end{cases}$$

这里 $k=1,2,\ldots$. 由 T 的紧性, 如有必要过渡到一个子序列, 我们可设序列 $\{(x_k,\sigma_k)\}$ 在 $\mathfrak{B}\times[0,1]$ 中收敛到 (x,σ). 于是推得 $\sigma=1$. 因若 $\sigma<1$, 我们对充分大的 k 必有 $\|x_k\|\geqslant 1-1/k$, 因此 $\|x\|=1, x=T(x,\sigma)$, 此与 (11.17) 矛盾. 因为 $\sigma=1$, 则由 T 的连续性我们有 $T^*_{1/k}x_k\to T(x,1)$, 从而 x 也是 T_1 的一个不动点. □

我们指出, 定理 11.3 相当于定理 11.6 当 $T(x,\sigma)=\sigma T_1x$ 时的特殊情形. 现设 Q 是一个形为 (11.3) 的算子, 并假定 Q,Ω 和 φ 满足定理 11.4 的假设. 为了应用定理 11.6 到 Dirichlet 问题: 在 Ω 中 $Qu=0$, 在 $\partial\Omega$ 上 $u=\varphi$, 我们把这一问题嵌入到以下问题族中,

$$\text{在 }\Omega\text{ 中 } Q_{\sigma u}=a^{ij}(x,u,Du;\sigma)D_{ij}u+b(x,u,Du;\sigma)=0,$$
$$\text{在 }\Omega\text{ 上 } u=\sigma\varphi,\quad 0\leqslant\sigma\leqslant 1,$$

使得:

(i) $Q_1 = Q, b(x,z,p;0) = 0$;

(ii) 算子 Q_σ 对所有的 $\sigma \in [0,1]$ 在 $\overline{\Omega}$ 中是椭圆型的;

(iii) 系数 $a^{ij}, b \in C^0(C^\alpha(\overline{\Omega} \times \mathbb{R} \times \mathbb{R}^n); [0,1])$, 即对每一 $\sigma \in [0,1], a^{ij}, b \in C^\alpha(\overline{\Omega} \times \mathbb{R} \times \mathbb{R}^n)$, 且被看成从 $[0,1]$ 到 $C^\alpha(\overline{\Omega} \times \mathbb{R} \times \mathbb{R}^n)$ 中的映射, 函数 a^{ij}, b 是连续的.

对所有的 $v \in C^{1,\beta}(\overline{\Omega}), \sigma \in [0,1]$, 算子 T 定义如下: 令 $u = T(v,\sigma)$ 是线性 Dirichlet 问题:

$$\begin{aligned}&\text{在 } \Omega \text{ 中 } a^{ij}(x,v,Dv;\sigma)D_{ij}u + b(x,v,Dv;\sigma) = 0,\\ &\text{在 } \partial\Omega \text{ 上 } u = \sigma\varphi\end{aligned}$$

在 $C^{2,\alpha\beta}(\overline{\Omega})$ 中的唯一解. 由上面的条件 (i) 我们看到, Dirichlet 问题: 在 Ω 中 $Qu = 0$, 在 $\partial\Omega$ 上 $u = \varphi$ 在空间 $C^{2,\alpha}(\overline{\Omega})$ 中的可解性等价于方程 $u = T(u,1)$ 在 Banach 空间 $C^{1,\beta}(\overline{\Omega})$ 中的可解性, 并且对所有的 $v \in C^{1,\beta}(\overline{\Omega})$, 有 $T(u,0) = 0$. 映射 T 的连续性和紧性由条件 (ii) 和 (iii) 保证; 这个论证的细节类似于定理 11.4 的证明, 留给读者. 因此由定理 11.6 我们可作出定理 11.4 的下述推广.

定理 11.8 设 Ω 是 $\mathbb{R}^n$ 中的一个有界区域, 具有边界 $\partial\Omega \in C^{2,\alpha}$, 又设 $\varphi \in C^{2,\alpha}(\overline{\Omega})$. 设 $\{Q_\sigma, 0 \leqslant \sigma \leqslant 1\}$ 是一族满足上述条件 (i), (ii), (iii) 的算子, 并设对某一 $\beta > 0$, 存在一个不依赖于 u 和 σ 的常数 M, 使得 Dirichlet 问题: 在 Ω 中 $Q_\sigma u = 0$, 在 $\partial\Omega$ 上 $u = \sigma\varphi, 0 \leqslant \sigma \leqslant 1$ 的每一 $C^{2,\alpha}(\overline{\Omega})$ 解满足

$$\|u\|_{C^{1,\beta}(\overline{\Omega})} < M.$$

那么 Dirichlet 问题: 在 Ω 中 $Qu = 0$, 在 $\partial\Omega$ 上 $u = \varphi$ 在 $C^{2,\alpha}(\overline{\Omega})$ 中是可解的.

这里我们指出, 借助拓扑度理论 (见 [LS]), 定理 11.6 和 11.8 的假设可以稍许减弱. 但因如此得到的改进并不切合本书的特殊应用, 因此我们选定完全避开拓扑度理论.

11.5. 变分问题

本节我们考虑变分问题, 特别是, 它们与椭圆型偏微分方程之间的关系. 设 Ω 是 $\mathbb{R}^n$ 中的一个有界区域, F 是 $C^1(\Omega \times \mathbb{R} \times \mathbb{R}^n)$ 中一个给定的函数. 我们考虑在 $C^{0,1}(\overline{\Omega})$ 上定义的泛函 I:

$$I(u) = \int_\Omega F(x,u,Du)dx. \tag{11.18}$$

注意, 因为 $u \in C^{0,1}(\overline{\Omega})$, 故梯度 Du 几乎处处存在且有界可测; (见 7.3 节). 现设 φ 是一个给定的 $C^{0,1}(\overline{\Omega})$ 函数, 对集合

$$\mathscr{C} = \{u \in C^{0,1}(\overline{\Omega}) | \text{在 } \partial\Omega \text{ 上 } u = \varphi\}$$

中的所有 u, 考虑 $I(u)$. 我们要讨论的问题是

$$\mathscr{P}: \text{求 } u \in \mathscr{C} \text{ 使得对所有的 } v \in \mathscr{C}, \quad \text{有 } I(u) \leqslant I(v).$$

我们假设 u 是 $\mathscr{P}$ 的一个解, 并设 η 属于空间

$$\mathscr{C}_0 = \{\eta \in C^{0,1}(\overline{\Omega}) | \text{在 } \partial\Omega \text{ 上 } \eta = 0\};$$

则对每一 $t \in \mathbb{R}$, 函数 $v = u + t\eta$ 必属于 $\mathscr{C}$. 这样一来对所有的 $t \in \mathbb{R}, I(u) \leqslant I(u + t\eta)$, 或定义 $\mathscr{S}(t) = I(u + t\eta)$, 我们有 $\mathscr{S}(0) \leqslant \mathscr{S}(t)$ 对所有 $t \in \mathbb{R}$ 成立, 即 $\mathscr{I}$ 在 0 有最小值, 从而 $\mathscr{S}'(0) = 0$. 进行微分, 便得方程

$$\int_\Omega \{D_{p_i}F(x, u, Du)D_i\eta + D_zF(x, u, Du)\eta\}dx = 0 \tag{11.19}$$

对所有 $\eta \in \mathscr{C}_0$ 成立, 即函数 u 是 Euler-Lagrange 方程

$$Qu = \operatorname{div} D_pF(x, u, Du) - D_zF(x, u, Du) = 0 \tag{11.20}$$

的弱解. 此外, 若 $F \in C^2(\Omega \times \mathbb{R} \times \mathbb{R}^n)$ 且 $u \in C^2(\Omega) \cap C^{0,1}(\overline{\Omega})$, 则 u 是古典 Dirichlet 问题: 在 Ω 中 $Qu = 0$, 在 $\partial\Omega$ 上 $u = \varphi$ 的解. 因此问题 $\mathscr{P}$ 的可解性蕴涵着方程 (11.20) 的 Dirichlet 问题的可解性.

我们称泛涵 I 是正则的, 若被积函数 F 关于变量 p 是严格凸的. 显然, 若 $F \in C^2(\Omega \times \mathbb{R} \times \mathbb{R}^n)$, 则 I 的正则性等价于 Euler-Lagrange 算子 Q 的椭圆性. 现设函数 $u \in C^{0,1}(\Omega)$ 满足 (11.20), 且在 $\partial\Omega$ 上 $u = \varphi$. 则

$$\mathscr{P}(t) = \mathscr{P}(0) + t\mathscr{P}'(0) + \frac{t^2}{2}\mathscr{P}''(\zeta) = \mathscr{P}(0) + \frac{t^2}{2}\mathscr{P}''(\zeta)$$

对某一满足 $|\zeta| \leqslant |t|$ 的 ζ 成立. 若现设函数 F 对 z 和 p 是联合凸的, 则矩阵

$$\begin{bmatrix} D_{p_ip_j}F & D_{p_iz}F \\ D_{p_jz}F & D_{zz}F \end{bmatrix}$$

在 $\Omega \times \mathbb{R} \times \mathbb{R}^n$ 中是非负的, 我们有

$$\begin{aligned} \mathscr{S}''(\zeta) = \int_\Omega \{ & D_{p_ip_j}F(x, u + \zeta\eta, Du + \zeta D\eta)D_i\eta D_j\eta + \\ & 2D_{p_iz}F(x, u + \zeta\eta, Du + \zeta D\eta)\eta D_i\eta + \\ & D_{zz}F(x, u + \zeta\eta, Du + \zeta D\eta)\eta^2\}dx \geqslant 0, \end{aligned}$$

因此对所有的 $t \in \mathbb{R}, \mathscr{S}(0) \leqslant \mathscr{S}(t)$. 从而函数 u 是变分问题 $\mathscr{P}$ 的一个解, 并且若 I 是正则的, 我们从定理 10.1 看出 u 是唯一确定的. 因此我们已经证明了

定理 11.9 设 I 是正则的, 并且 F 对 z 和 p 是联合凸的. 则变分问题 $\mathscr{P}$ 至多有一个解. 此外, $\mathscr{P}$ 的可解性等价于 Euler-Lagrange 方程的 Dirichlet 问题: 在 Ω 中 $Qu = 0$, 在 $\partial\Omega$ 上 $u = \varphi$, 在空间 $C^{0,1}(\overline{\Omega})$ 中的可解性.

其他方法

利用变分法中的直接法, 我们可以开辟研究变分算子 Q 的 Dirichlet 问题的其他途径. 直接法涉及把集 $\mathscr{C}$ 扩大到一个适当的弱可微函数空间的子集上去, 在 [LU4] 和 [MY5] 中曾如此处理. 我们简单描述另一方法, 其优越性在于被积函数 F 不需要是 C^2 的并且所获得的解却自动地属于 $C^{0,1}(\overline{\Omega})$. 我们对 $K \in \mathbb{R}$ 定义

$$\mathscr{C}_K = \{u \in \mathscr{C} \mid \|u\|_{C^{0,1}(\overline{\Omega})} \leqslant K\},$$

并考虑问题

$$\mathscr{P}_K : \text{求 } u \in \mathscr{C}_K \text{ 使对所有的 } v \in \mathscr{C}_K \text{ 有 } I(u) \leqslant I(v).$$

对 $\mathscr{P}_K$ 我们有下述存在性结果.

定理 11.10 设 $F \in C^1(\Omega \times \mathbb{R} \times \mathbb{R}^n)$, 并假设 $F, D_z F, D_{p_i} F \in C^0(\Omega \times \mathbb{R} \times \mathbb{R}^n), i = 1, \ldots, n$. 如果 F 关于 p 是凸的, 那么问题 $\mathscr{P}_K$ 就对任何使 $\mathscr{C}_K$ 非空的 K 可解.

证明 我们证明泛函 I 相对于 Ω 中的一致收敛性在 $\mathscr{C}_K$ 上是下半连续的. 因为 I 在 $\mathscr{C}_K$ 上又是有下界的, 且 $\mathscr{C}_K$ 在 $C^0(\overline{\Omega})$ 中是准紧的, 故推得结果. 于是, 设 $\{u_m\} \subset \mathscr{C}_K$ 一致收敛到一个函数 $u \in \mathscr{C}_K$, 则有

$$\begin{aligned} I(u_m) - I(u) &= \int_\Omega [F(x, u_m, Du_m) - F(x, u, Du)]dx \qquad (11.21) \\ &= \int_\Omega [F(x, u_m, Du_m) - F(x, u, Du_m)]dx \\ &\quad + \int_\Omega [F(x, u, Du_m) - F(x, u, Du)]dx \\ &\geqslant - \sup_{\Omega \times \mathscr{C}_K} |D_z F| \int_\Omega |u_m - u| dx \\ &\quad + \int_\Omega D_{p_i} F(x, u, Du) D_i(u_m - u) dx, \end{aligned}$$

其中用到 F 关于 p 的凸性. 对固定的 i, 令 $\varphi = D_{p_i}F(x,u,Du)$ 并首先设 $\varphi \in C_0^1(\Omega)$. 进行分部积分, 则

$$\int_\Omega \varphi D_i(u_m - u)dx = -\int_\Omega (u_m - u)D_i\varphi dx \to 0, \quad \text{当 } m \to \infty \text{ 时}.$$

若 $\varphi \notin C_0^1(\Omega)$, 则因 $\varphi \in L^\infty(\Omega)$, 故对任一 $\varepsilon > 0$, 存在函数 $\varphi_\varepsilon \in C_0^1(\Omega)$, 使

$$\int_\Omega |\varphi_\varepsilon - \varphi| dx < \frac{\varepsilon}{2K}.$$

于是

$$\left|\int_\Omega \varphi D_i(u_m - u)dx\right| \leqslant \left|\int_\Omega \varphi_\varepsilon D_i(u_m - u)dx\right| + \int_\Omega |\varphi_\varepsilon - \varphi||D_i(u_m - u)|dx.$$

但当 $m \to \infty$ 时, $\int_\Omega \varphi_\varepsilon D_i(u_m - u)dx \to 0$, 而且由于 $u_m, u \in \mathscr{C}_K$, $|D_i(u_m - u)| \leqslant 2K$, 从而

$$\int_\Omega |\varphi_\varepsilon - \varphi||D_i(u_m - u)|dx < \varepsilon.$$

故

$$\limsup_{m\to\infty} \left|\int_\Omega \varphi D_i(u_m - u)dx\right| \leqslant \varepsilon,$$

又因 ε 可以任意选取, 我们从 (11.21) 就得到结论

$$\liminf_{m\to\infty} I(u_m) \geqslant I(u),$$

即 I 在 $\mathscr{C}_K$ 上相对于一致收敛性是下半连续的. □

我们称问题 $\mathscr{P}_K$ 的解为问题 $\mathscr{P}$ 的一个 K 拟解. 若存在某一个空间, 在其中对 $K \in \mathbb{R}$ 所有 K 拟解族是相对紧的, 我们就能够得到问题 $\mathscr{P}$ 的一个广义解, 它是对应于常数 $\{K_m\}, (K_m \to \infty)$ 的拟解序列 $\{u_m\}$ 的极限. 下述定理表明这样得到的问题 $\mathscr{P}$ 的可解性是拟解在 $C^{0,1}(\overline{\Omega})$ 中一个先验界的推论.

定理 11.11 设 u 是问题 $\mathscr{P}$ 的一个 K 拟解, 满足

$$|u|_{C^{0,1}(\overline{\Omega})} < K. \tag{11.22}$$

如果 $F \in C^1(\Omega \times \mathbb{R} \times \mathbb{R}^n)$ 关于 z 和 p 是联合凸的, 那么函数 u 也是问题 $\mathscr{P}$ 的解.

证明 设 $v \in \mathscr{C}$. 则由 (11.22), 对某一 $\varepsilon > 0$, 有

$$w = u + \varepsilon(v - u) \in \mathscr{C}_K.$$

因 u 是 $\mathscr{P}_K$ 的解, 我们就有

$$\int_\Omega F(x, u, Du)dx \leqslant \int_\Omega F(x, w, Dw)dx,$$

但由于 $w = (1 - \varepsilon)u + \varepsilon v$, 而且 F 关于 (z, p) 是凸的, 于是

$$\int_\Omega F(x, w, Dw)dx \leqslant (1 - \varepsilon)\int_\Omega F(x, u, Du)dx + \varepsilon \int_\Omega F(x, v, Dv)dx.$$

因此

$$\int_\Omega F(x, u, Du)dx \leqslant \int_\Omega F(x, v, Dv)dx.$$ □

定理 11.10 和 11.11 的组合可以看作是定理 11.4 和 11.8 的对照. 把寻求拟解的所需估计分为三步, 相应于 11.3 节所述存在性证明中的步骤 (i), (ii) 和 (iii), 那是切实可行的. 即:

(i)′ 估计 $\sup_\Omega |u|$;

(ii)′ 利用 (i)′, 估计

$$l'(u) = \sup_{x\in\Omega, y\in\partial\Omega} \frac{|u(x) - u(y)|}{|x - y|};$$

(iii)′ 利用 (ii)′, 估计

$$l(u) = \sup_{x,y\in\Omega} \frac{|u(x) - u(y)|}{|x - y|}.$$

原来, 第 10, 15 和 16 章中我们的许多估计 (特别是比较原理 —— 定理 10.7) 可以改写得使之对于变分问题的拟解保持有效, 从而使上述步骤易于进行. 此外, 在关于 Q 和 $\partial\Omega$ 的适当假设之下, 利用正则性考虑我们能够获得 Dirichlet 问题: 在 Ω 中 $Qu = 0$, 在 $\partial\Omega$ 上 $u = \varphi$ 的古典解.

在这里我们还要指出上述方法借助单调算子理论可以推广到散度结构算子类, 并且也包括障碍问题. 在这些场合, 问题 $\mathscr{P}_K$ 的可解性被推广为变分不等方程的可解性问题. 详细内容读者可参考文献 [BW3], [HS], [LL], [LST], [PA], [WL], [KST].

评注

Schauder 不动点定理, 即定理 11.1, 在 [SC1] 中建立并被 Schauder 在 [SC3] 中应用于非线性方程. 定理 11.3 和 11.6 是 Leray-Schauder 定理 [LS] 的特殊情形. 我们对这些结果的证明分别遵循 Schaefer [SH] 和 Browder [BW2] 的证明. 对 Dirichlet 问题的应用, 即定理 11.5, 系摘自 Gilbarg [GL2]. 对方程 (11.7), Morrey ([MY5] p. 98) 证明了定理 11.5, 他仅假设了有界斜率条件, 而没有作定理 11.4 中关于 Ω 和 φ 的正则性假设.

在本书的第一版中我们按照 [DS] 证明了 Brouwer 不动点定理. 近年来文献中出现了许多优美且简单的证明.

第 12 章　两个变量的方程

二维拟线性椭圆型方程的理论比之高维情形在许多方面更为简单，并在某些方面更为一般. 本章涉及该理论之体现二维特征的若干内容，尽管关于拟线性方程的基本结果都可以用另外的方法推广到高维情形. 我们将会看到，这个理论的特殊之处建立在对两个变量的一般线性方程有效的强先验估计之上.

12.1.　拟保角映射

许多函数论的概念和方法在两个变量的椭圆型方程理论中起着特殊的作用; (如见 [CH]). 这里我们将主要涉及来源于拟保角映射理论的先验估计. 从 $z = (x, y)$ 平面中一个区域 Ω 到 $w = (p, q)$ 平面的连续可微映射 $p = p(x, y), q = q(x, y)$ 称为在 Ω 中是拟保角的，或 K 拟保角的，若对某一常数 $K > 0$，有

$$p_x^2 + p_y^2 + q_x^2 + q_y^2 \leqslant 2K(p_x q_y - p_y q_x) \tag{12.1}$$

对所有的 $(x, y) \in \Omega$ 成立. 虽然从当前目的来说，p 和 q 属于 $C^1(\Omega)$ 就够了，但本节所推演的结果同样可应用于在 $W_{\rm loc}^{1,2}$ 中连续的 p, q，即有局部平方可积弱导数的连续函数 p, q.

当 $K < 1$ 时，可以看出 (12.1) 蕴涵 p 和 q 是常数，因此我们将假设 $K \geqslant 1$. 对 $K = 1$，映射 $w(z) = p(z) + iq(z)$ 定义 z 的一个解析函数. 当 $K \geqslant 1$ 时，不等式 (12.1) 的几何意义是: 在 Jacobi 行列式非零的点上，z 平面和 w 平面之间的映射保持定向，并使无穷小圆变为离心率一致有界的无穷小椭圆，其短轴与长轴之比以 $\alpha = K - (K^2 - 1)^{1/2} > 0$ 为下界. 这段议论可由直接计算来验证.

考虑由下述不等式定义的更一般类型的映射 $(x,y)\to(p,q)$ 是有意义的:

$$p_x^2+p_y^2+q_x^2+q_y^2\leqslant 2K(p_xq_y-p_yq_x)+K', \tag{12.2}$$

其中 K,K' 是常数, $K\geqslant 1,K'\geqslant 0$. 虽然其几何意义已不再相同, 但我们仍称遵从 (12.2) 的映射是 (K,K') 拟保角的. 在下面的讨论中将会看出, 满足 (12.1) 和 (12.2) 的映射自然地来自两个变量的椭圆型方程, 而 p 和 $-q$ 表示解的一阶导数.

本节的目的是推导 (K,K') 拟保角映射的先验 Hölder 内估计. 主要结果将是关于 Dirichlet 积分

$$\mathfrak{D}(r;z)=\iint\limits_{B_r(z)}|Dw|^2dxdy=\iint\limits_{B_r(z)}(|w_x|^2+|w_y|^2)dxdy \tag{12.3}$$

的引理的推论, (12.3) 是 (K,K') 拟保角映射 w 在圆域 $B_r(z)$ 上取的积分. 当无二义时, 把 $\mathfrak{D}(r,z)$ 写成 $\mathfrak{D}(r)$, 把 $B_r(z)$ 写成 B_r.

引理 12.1 设 $w=p+iq$ 在一个圆域 $B_R=B_R(z_0)$ 中是 (K,K') 拟保角的, 满足 (12.2), 其中 $K>1,K'\geqslant 0$, 又设在 B_R 中 $|p|\leqslant M$. 则对所有 $r\leqslant R/2$,

$$\mathfrak{D}(r)=\iint\limits_{B_r}|Dw|^2dxdy\leqslant C\left(\frac{r}{R}\right)^{2\alpha},\alpha=K-(K^2-1)^{1/2}, \tag{12.4}$$

其中 $C=C_1(K)(M^2+K'R^2)$. 若 $K'=0$, 结论对 $K=1$ 仍成立.

证明 我们首先建立在半径为 $R/2$ 的圆域中 Dirichlet 积分的一个估计. 从 (12.2) 我们得, 在任一同心圆 $B_r\subset B_R$ 中

$$\begin{aligned}\mathfrak{D}(r)=\iint\limits_{B_r}|Dw|^2dxdy&\leqslant 2K\iint\limits_{B_r}\frac{\partial(p,q)}{\partial(x,y)}dxdy+K'\pi r^2 \\ &=2K\int_{C_r}p\frac{\partial q}{\partial s}ds+K'\pi r^2,\end{aligned} \tag{12.5}$$

其中 s 表示沿圆周 $C_r=\partial B_r$ 依反时针方向推出的弧长. 利用 $\mathfrak{D}'(r)=\int_{C_r}|Dw|^2ds$ 这一事实, 注意到

$$\begin{aligned}\int_{C_r}p\frac{\partial q}{\partial s}ds&\leqslant\left(\int_{C_r}p^2ds\int_{C_r}|Dq|^2ds\right)^{1/2} \\ &\leqslant\left(\int_{C_r}p^2ds\int_{C_r}|Dw|^2ds\right)^{1/2}\leqslant M(2\pi r\mathfrak{D}'(r))^{1/2}.\end{aligned} \tag{12.6}$$

在 (12.5) 中利用这一估计并把右端第二项中的 r 代以 R, 就得

$$[\mathfrak{D}(r)-k_1]^2\leqslant k_2r\mathfrak{D}'(r), \tag{12.7}$$

其中 $k_1 = \pi R^2 K', k_2 = 8\pi M^2 K^2$. 现在或者 $\mathfrak{D}(R/2) \leqslant k_1$, 这时我们有所需要的估计; 或者, 若不是这样, 则对某一 $r = r_0 < R/2, \mathfrak{D}(r) > k_1$, 因而对所有更大的 r 也如此. 微分不等式 (12.7), 从而可以在 $r_0 < r_1 \leqslant r \leqslant r_2 < R$ 中积分, 即得

$$\frac{1}{\mathfrak{D}(r_1) - k_1} \geqslant \int_{r_1}^{r_2} \frac{\mathfrak{D}'(r)dr}{[\mathfrak{D}(r) - k_1]^2} \geqslant \frac{1}{k_2} \log \frac{r_2}{r_1}.$$

取 $r_1 = R/2, r_2 = R$, 我们得到

$$\mathfrak{D}(R/2) \leqslant \frac{8\pi}{\log 2} M^2 K^2 + \pi R^2 K'. \tag{12.8}$$

我们指出在导出这个估计时除去 K 的非负性外对 K, K' 没有其他限制. 还要指出一般说来不可能在整个圆 B_R 中得到一个这样的估计. 这由解析函数 $w_n = z^n, n = 1, 2, \ldots$ 的集合即可说明, 在 $|z| \leqslant 1$ 中每个 w_n 都满足 $|w_n| \leqslant 1$, 但当 $n \to \infty$ 时,

$$\iint\limits_{|z|<1} |Dw_n|^2 dxdy \to \infty;$$

另一方面, $\iint\limits_{|z|<1-\delta} |Dw_n|^2 dxdy \leqslant C(\delta) < \infty$ 对任一固定的 $\delta > 0$ 成立, 这里 $C(\delta)$ 不依赖于 n.

我们现在从 Dirichlet 积分在 $B_{R/2}$ 中的界 (12.8) 进行对 $\mathfrak{D}(r)$ 的增长的估计. 从不等式

$$|p_x q_y| \leqslant \frac{\alpha}{2} p_x^2 + \frac{1}{2\alpha} q_y^2, \quad |p_y q_x| \leqslant \frac{\alpha}{2} q_x^2 + \frac{1}{2\alpha} p_y^2 \quad (\alpha > 0),$$

我们得到 $\qquad J = p_x q_y - p_y q_x \leqslant \dfrac{\alpha}{2} |w_x|^2 + \dfrac{1}{2\alpha} |w_y|^2.$

因此, 把 (12.2) 写成形式

$$|w_x|^2 + |w_y|^2 \leqslant 2KJ + K',$$

并令 $\alpha = K - (K^2 - 1)^{1,2}$(或等价地, $K = (1 + \alpha^2)/2\alpha$), 我们发现

$$|w_x|^2 \leqslant \frac{1}{\alpha^2} |w_y|^2 + \frac{2K'}{1 - \alpha^2}.$$

于是

$$\begin{aligned} |w_x|^2 &= \frac{1}{1+\alpha^2} (|w_x|^2 + \alpha^2 |w_x|^2) \\ &\leqslant \frac{1}{1+\alpha^2} \left(|Dw|^2 + \frac{2\alpha^2 K'}{1 - \alpha^2} \right). \end{aligned} \tag{12.9}$$

因为 (12.2) 在旋转下是不变的, 故这个不等式当 w_x 代之以任何方向导数 w_s 时仍然有效.

我们将应用 (12.9) 来求得 (12.5) 中 $\int_{C_r} pq_s ds$ 的一个更精确的估计. 设 $\overline{p} = \overline{p}(r)$ 表示 p 在圆周 C_r 上的平均值. 则

$$\int_{C_r} pq_s ds = \int_{C_r} (p - \overline{p})q_s ds \leqslant \frac{1}{2}\int_{C_r}\left[\frac{(p-\overline{p})^2}{r} + rq_s^2\right] ds. \tag{12.10}$$

现在使用 Wirtinger 不等式 [HLP]

$$\int_0^{2\pi} [p(r,\theta) - \overline{p}]^2 d\theta \leqslant \int_0^{2\pi} p_\theta^2 d\theta,$$

即

$$\int_{C_r} (p - \overline{p})^2 ds \leqslant r^2 \int_{C_r} p_s^2 ds. \tag{12.11}$$

(把 $p = p(r,\theta)$ 展成关于 θ 的 Fourier 级数并应用 Parseval 等式, 容易证明这个结果.) 将 (12.11) 插入 (12.10) 中, 我们看出

$$\int_{C_r} pq_s ds \leqslant \frac{r}{2}\int_{C_r} (p_s^2 + q_s^2) ds = \frac{r}{2}\int_{C_r} |w_s|^2 ds,$$

因此由 (12.9),

$$\int_{C_r} pq_s ds \leqslant \frac{r}{2(1+\alpha^2)}\int_{C_r} |Dw|^2 ds + \frac{2\pi\alpha^2 K'}{1-\alpha^4} r^2.$$

现在把这个不等式代入 (12.5), 并再次利用关系式

$$\int_{C_r} |Dw|^2 ds = \mathfrak{D}'(r),$$

我们即得微分不等式

$$\mathfrak{D}(r) \leqslant \frac{r}{2\alpha}\mathfrak{D}'(r) + kr^2, \quad k = \pi K'\left(1 + \frac{2\alpha}{1-\alpha^2}\right). \tag{12.12}$$

这蕴涵着

$$-\frac{d}{dr}(r^{-2\alpha}\mathfrak{D}(r)) \leqslant 2\alpha k r^{1-2\alpha},$$

在 r 和 r_0 之间积分这个不等式即得

$$\mathfrak{D}(r) \leqslant \left[\mathfrak{D}(r_0) + \frac{\alpha}{1-\alpha} k r_0^2\right]\left(\frac{r}{r_0}\right)^{2\alpha}. \tag{12.13}$$

令 $r_0 = R/2$ 并插入界 (12.8), 我们就得到所希望的估计 (12.4), 其中 $C = \max\{C_2(K), C_3(K)\}(M^2 + K'R^2)$, 而

$$C_2 = \frac{32\pi}{\log 2}K^2, \quad C_3 = \pi\left[4 + \frac{\alpha}{1-\alpha}\left(1 + \frac{2\alpha}{1-\alpha^2}\right)\right].$$

最后我们注意当 $K' = 0$ 时, 若允许 $K = 1$, 而 C 化为 C_2M^2, 上述推理将不受影响. □

Morrey 的下述引理提供了从 Dirichlet 积分的增长的估计过渡到关于函数本身的 Hölder 估计的本质的一步.

引理 12.2 设 $w \in C^1(\Omega), \widetilde{\Omega} \subset\subset \Omega, \operatorname{dist}(\widetilde{\Omega}, \partial\Omega) > R$. 假设存在正的常数 C, α 和 R', 使得对于中心 $z \in \widetilde{\Omega}$ 半径 $r \leqslant R' \leqslant R$ 的所有圆有

$$\mathfrak{D}(r; z) = \iint\limits_{B_r(z)} |Dw|^2 dxdy \leqslant Cr^{2\alpha},$$

则对所有使得 $|z_2 - z_1| \leqslant R'$ 的 $z_1, z_2 \in \widetilde{\Omega}$, 我们有

$$|w(z_2) - w(z_1)| \leqslant 2\sqrt{\frac{C}{\alpha}}|z_2 - z_1|^\alpha.$$

这个引理是应用 Schwarz 不等式从 $n = 2$ 情形的定理 7.19 所得的直接推论. 以上面形式叙述的引理, 其证明在 [FS] 中给出.

前述几个引理汇总在 (K, K') 拟保角映射的下列 Hölder 先验估计之中.

定理 12.3 设 w 是在区域 Ω 中的 (K, K') 拟保角映射, $K > 1, K' \geqslant 0$, 并设 $|w| \leqslant M$. 设 $\widetilde{\Omega} \subset\subset \Omega, \operatorname{dist}(\widetilde{\Omega}, \partial\Omega) > d$. 则对所有的 $z_1, z_2 \in \widetilde{\Omega}$, 我们有

$$|w(z_2) - w(z_1)| \leqslant C\left|\frac{z_2 - z_1}{d}\right|^\alpha, \quad \alpha = K - (K^2 - 1)^{1/2}, \tag{12.14}$$

其中 $C = C_1(K)(M + d\sqrt{K'})$. 若 $K' = 0$, 则 $C = C_1(K)M$ 且结论对 $K = 1$ 也有效.

证明 首先假设 $|z_2 - z_1| \leqslant d/2$. 于是引理 12.1 和 12.2 的条件对 $R = d$ 和 $R' = d/2$ 成立, 因而有

$$|w(z_2) - w(z_1)| \leqslant L\left|\frac{z_2 - z_1}{d}\right|^\alpha,$$

其中

$$L = C(K)(M^2 + K'd^2)^{1/2} \leqslant C(K)(M + d\sqrt{K'}).$$

若 $|z_2 - z_1| > d/2$, 则

$$|w(z_2) - w(z_1)| \leqslant 2M \leqslant 2M\left|\frac{z_2 - z_1}{\frac{1}{2}d}\right|^{\alpha} \leqslant 4M\left|\frac{z_2 - z_1}{d}\right|^{\alpha},$$

因而定理得证, 其中 $C_1(K) = \max(4, C(K))$. □

附注 (1) 指数 $\alpha = K - (K^2 - 1)^{1/2}$ 对于引理 12.1 和定理 12.3 的成立来说是最好的 (即最大的). 这可由 K 拟保角映射 $w(z) = r^{\alpha}e^{i\theta}$ 这一例子看出, 其中 $\alpha = K - (K^2 - 1)^{1/2}$, 它在 $z = 0$ 刚好有 Hölder 指数 α. 带有较小指数 α 的同样结果 (对 $K \geqslant 1, K' \geqslant 0$) 可从引理 12.1 的一个稍微更直接的证明 (从 (12.5) 着手, 省略 (12.9)) 得到; 在这种情形, 强形式的 Wirtinger 不等式 (12.11) 是不需要的 (见 [NI1]).

(2) 反例表明引理 12.1 和定理 12.3 当 $K = 1, K' > 0$ 时对于指数 $\alpha = K - (K^2 - 1)^{1/2}$(即对 $\alpha = 1$) 不真 (见习题 12.1). 但若一个映射满足 $K = 1$ 的 (12.2), 它便对任一更大的 K 值满足这样的不等式, 从而引理 12.1 和定理 12.3 的结果对于任意接近于 1 的指数 α 可以应用.

(3) 若 $\widetilde{\Omega}$ 有界, 并可用 N 个直径为 $d/2$ 的圆域覆盖, 则从证明可以看出, 定理 12.3 在较弱的假设 $|p| \leqslant M$ 之下仍然有效, 这时 (12.14) 中的常数 C 还依赖于 N, 从而依赖于 $\widetilde{\Omega}$ 的直径.

(4) *全局估计*. 若 $w = p + iq$ 是在 C^1 区域 Ω 上的 (K, K') 拟保角映射, 且 $w \in C^1(\overline{\Omega})$, 则定理 12.3 可以加强为对 w 的全局先验 Hölder 估计. 特别地, 若 $|w| \leqslant M$ 并且在 $\partial\Omega$ 上 $p = 0$, 则 w 满足全局 Hölder 条件, 其中 Hölder 系数和指数仅依赖于 K, K', M 和 Ω. 为指出证明的轮廓, 设 $\partial\Omega$ 是有限个彼此部分重叠的弧的并, 每一弧可用在该弧邻域中定义的一个适当的 C^1 微分同胚 $(x, y) \to (\xi, \eta)$ 拉直. 函数 w 关于变量 (ξ, η) 是拟保角的, 相应的常数 κ, κ' 依赖于 K, K' 和 Ω. 通过 $\eta = 0$ 作反射, 于是在扩张了的 (ξ, η) 平面上 $p(\xi, -\eta) = -p(\xi, \eta)$ 且 $q(\xi, -\eta) = q(\xi, \eta)$, 由此看出函数 $p + iq$ 定义一个 (κ, κ') 拟保角映射, 前述的内估计对它适用. 回到 (x, y) 平面, 于是我们得到在 $\overline{\Omega}$ 有效的 w 的 Hölder 估计; 即

$$|w(z_1) - w(z_2)| \leqslant C|z_1 - z_2|^{\alpha}, \quad z_1, z_2 \in \overline{\Omega},$$

其中 $\alpha = \alpha(K, K', \Omega), C = C(K, K', \Omega, M)$. 若在 $\partial\Omega$ 上 $p = \widetilde{p}$, 其中 $\widetilde{p} \in C^1(\overline{\Omega})$, 且 $|\widetilde{p}|_{1,\Omega} \leqslant M'$, 则考虑 $p - \widetilde{p}$ 代替 p, 我们看到 w 满足同类的全局估计, 现在 α 和 C 依赖于 K, K', M, M' 和 Ω.

12.2. 线性方程梯度的 Hölder 估计

上节的结果现在要用来求一致椭圆型方程

$$Lu = au_{xx} + 2bu_{xy} + cu_{yy} = f \tag{12.15}$$

的解的一阶导数的 Hölder 内估计, 其中 a, b, c, f 定义在 $z = (x, y)$ 平面的一个区域 Ω 中. 设 $\lambda = \lambda(z), \Lambda = \Lambda(z)$ 表示系数矩阵的特征值, 于是

$$\lambda(\xi^2 + \eta^2) \leqslant a\xi^2 + 2b\xi\eta + c\eta^2 \leqslant \Lambda(\xi^2 + \eta^2), \quad \forall(\xi, \eta) \in \mathbb{R}^2; \tag{12.16}$$

并假设 L 在 Ω 中是一致椭圆型的, 对某一常数 $\gamma \geqslant 1$ 有

$$\frac{\Lambda}{\lambda} \leqslant \gamma. \tag{12.17}$$

我们还假设 $\sup\limits_{\Omega}(|f|/\lambda) \leqslant \mu < \infty$. 将 (12.15) 除以最小特征值 λ, 我们可设 $\lambda = 1$ 并且 (12.16) 对 $\lambda = 1$ 和 $\Lambda = \gamma$ 成立, 同时 $|f| \leqslant \mu$. 以下即作此种假设. 令

$$p = u_x, \quad q = u_y,$$

我们可以把 (12.15) 写成方程组

$$\frac{a}{c}p_x + \frac{2b}{c}p_y + q_y = \frac{f}{c}, \quad p_y = q_x. \tag{12.18}$$

形式地进行微分, 可以看出 p 是散度形式的一致椭圆型方程

$$\left(\frac{a}{c}p_x + \frac{2b}{c}p_y - \frac{f}{c}\right)_x + (p_y)_y = 0$$

(在弱意义下) 的一个解. 类似的方程对 q 也成立; (见定理 11.5 的证明). 本节所导出的 p 和 q 的 Hölder 估计也可用第 8 章中对散度形式方程所沿用的方法来获得. 对 $n = 2$, 其细节与这里介绍的基于拟保角映射的方法并无根本的差异.

将 (12.18) 两端乘以 cp_x, 我们得

$$p_x^2 + p_y^2 \leqslant ap_x^2 + 2bp_xp_y + cp_y^2 = cJ + fp_x, \quad J = q_xp_y - q_yp_x,$$

类似地有

$$q_x^2 + q_y^2 \leqslant aJ + fq_y.$$

把这两个不等式相加并注意到 $2 \leqslant a + c = 1 + \Lambda \leqslant 1 + \gamma$, 我们就有

$$\begin{aligned} |Dp|^2 + |Dq|^2 &\leqslant (a + c)J + f(p_x + q_y) \\ &\leqslant (1 + \gamma)J + \frac{1}{2}(1 + \gamma)\mu(|p_x| + |q_y|). \end{aligned} \tag{12.19}$$

插入不等式

$$(1+\gamma)\mu(|p_x|+|q_y|) \leqslant \varepsilon(p_x^2+q_y^2)+\frac{1}{2s}(1+\gamma)^2\mu^2, \quad \varepsilon>0,$$

并固定 $\varepsilon=1(\varepsilon<2$ 的特殊选择对我们的目的是非本质的), 我们从 (12.19) 得到

$$|Dp|^2+|Dq|^2 \leqslant 2(1+\gamma)J+(1+\gamma)^2\mu^2/2. \tag{12.20}$$

因此 $w=p-iq$(或 $q+ip$) 定义一个 (K,K') 拟保角映射, 它满足 (12.2), 其中的常数是

$$K=1+\gamma, \quad K'=(1+\gamma)^2\mu^2/2. \tag{12.21}$$

取 ε 充分小, 可使常数 K 任意接近 $(1+\gamma)/2$.

若 $f=0$, 从 (12.16) 和 (12.17) 直接可得不等式

$$|Dw|^2=|Dp|^2+|Dq|^2 \leqslant (a+c)J \leqslant (1+\gamma)J.$$

在这情形下映射 $w=p-iq$ 是 K 拟保角的, 其常数 $K=(1+\gamma)/2$. 一个初等但更仔细的计算表明最小拟保角性常数不超过 $K=(\gamma+1/\gamma)/2$ (见习题 12.3, 又见 [TA1]).

我们现在建立 (12.15) 的解的基本估计, 那是后面非线性理论所需要的. 我们用记号 $d_z=\operatorname{dist}(z,\partial\Omega), d_{1,2}=\min(d_{z_1},d_{z_2})$, 以及在 (4.17) 和 (6.10) 中定义的内部范数和拟范数; 特别是

$$[u]^*_{1,\alpha}=\sup_{z_1,z_2\in\Omega} d_{1,2}^{1+\alpha}\frac{|Du(z_2)-Du(z_1)|}{|z_2-z_1|^\alpha}, \quad |f/\lambda|_0^{(2)}=\sup_{z\in\Omega} d_z^2|f/\lambda|.$$

定理 12.4 设 u 是

$$Lu=au_{xx}+2bu_{xy}+cu_{yy}=f$$

的有界 $C^2(\Omega)$ 解, 其中 L 是在 $\mathbb{R}^2$ 的一个区域 Ω 中满足 (12.16) 和 (12.17) 的一致椭圆型算子. 则对某一 $\alpha=\alpha(\gamma)>0$, 我们有

$$[u]^*_{1,\alpha} \leqslant C(|u|_0+|f/\lambda|_0^{(2)}), \quad C=C(\gamma). \tag{12.22}$$

这个结果的显著特征是估计 (12.22) 仅依赖于系数的界而不依赖于任何正则性质. 这与 Schauder 估计 (定理 6.2) 相反, 后者同时还依赖于系数的 Hölder 常数. 第 8 章对于 n 个变量散度形式方程的 Hölder 估计 (定理 8.24) 也不依赖于系数的正则性质, 但这些估计仅与解本身而不是它的导数有关系. 定理 12.4 当 $n>2$ 时的类似结果的有效性尚存疑问.

定理 12.4 的证明 设 z_1, z_2 是 Ω 的任一对点, 令 $2d = d_{1,2}$, 并定义 $\Omega' = \{z \in \Omega | d_z > d\}, \Omega'' = \{z \in \Omega' | \mathrm{dist}\,(z, \partial\Omega') > d\}$. 我们注意到 $z_1, z_2 \in \overline{\Omega}''$. 我们现在应用定理 12.3, 不过 Ω', Ω'' 分别代替了其中的 $\Omega, \widetilde{\Omega}$ 而 $K = 1+\gamma, K' = [(1+\gamma)\sup\limits_{\Omega'}|f/\lambda|]^2/2$. $w = p - iq$ 所满足的用梯度 Du 表述的不等式 (12.14) 在 $\alpha = (1+\gamma) - (\gamma^2 + 2\gamma)^{1/2}$ 时变成

$$d^\alpha \frac{|Du(z_2) - Du(z_1)|}{|z_2 - z_1|^\alpha} \leqslant C(\sup_\Omega |Du| + d\sup_\Omega |f/\lambda|), \quad C = C(\gamma),$$
$$\leqslant \frac{C}{d}(\sup_\Omega d_z |Du(z)| + \sup_\Omega d_z^2 |f/\lambda|);$$

因此

$$d_{1,2}^{1+\alpha} \frac{|Du(z_2) - Du(z_1)|}{|z_2 - z_1|^\alpha} \leqslant C(\sup_\Omega d_z |Du(z)| + \sup_\Omega d_z^2 |f/\lambda|),$$

这就蕴涵着对于任意 $\Omega' \subset\subset \Omega$,

$$[u]^*_{1,\alpha;\Omega'} \leqslant C([u]^*_{1;\Omega'} + |f/\lambda|^{(2)}_{0;\Omega'}).$$

对 $j = k = 1, \beta = 0$ 的内插不等式 (6.8), 即

$$[u]^*_1 \leqslant \varepsilon [u]^*_{1,\alpha} + C_1 |u|_0, \quad C_1 = C_1(\varepsilon), \tag{12.23}$$

给出

$$[u]^*_{1,\alpha} \leqslant C(\varepsilon [u]^*_{1,\alpha} + C_1 |u|_0 + |f/\lambda|^{(2)}_0).$$

选 ε 满足 $C\varepsilon = \dfrac{1}{2}$, 我们对一适当的常数 $C = C(\gamma)$ 得到

$$[u]^*_{1,\alpha} \leqslant C(|u|_0 + |f/\lambda|^{(2)}_0),$$

此即所需要的结果 (12.22). □

从 (12.22) 和内插不等式 (12.23) 推出范数估计

$$|u|^*_{1,\alpha} \leqslant C(|u|_0 + |f/\lambda|^{(2)}_0), \quad C = C(\gamma). \tag{12.24}$$

全局估计

定理 12.4 在关于边值和解本身的适当光滑性假设下可推广为 $C^{1,\alpha}(\overline{\Omega})$ 估计. 因为, 在定理 12.4 的条件之外, 再设 $u \in C^2(\overline{\Omega})$, Ω 是一个 C^2 区域, 并设在 $\partial\Omega$ 上 $u = 0$. 则可断言有全局估计 $|u|_{1,\alpha;\Omega} \leqslant C$, 这里 $\alpha = \alpha(\gamma, \Omega), C = C(\gamma, \Omega, |u|_0, |f/\lambda|_0)$. 证明概述如下. 为了规范化, 我们令 $v = u/(1 + |Du|_0)$, 于

是 v 满足 $Lv = f/(1+|Du|_0)$ 且 $|Dv| \leqslant 1$. 设边界曲线 $\partial\Omega$ 可被有限个相互部分重叠的弧覆盖, 其中每一弧可用定义在它的邻域内的一个适当的 C^2 微分同胚 $(x,y) \to (\xi,\eta)$ 拉直成 $\eta = 0$ 上的线段. 与 (12.20) 的推导一样, 映射 $p = p(\xi,\eta), q = q(\xi,\eta)$(其中 $p = v_\xi, q = -v_\eta$) 在 (ξ,η) 平面中是 (κ,κ') 拟保角的, 常数 $\kappa = \kappa(\gamma,\Omega), \kappa' = \kappa'(\gamma,\Omega,|f/\lambda|_0)$ (我们记住 $|Dv| \leqslant 1$). 还有在 $\eta = 0$ 上 $p = 0$. 与 12.1 节末尾附注 4 中同样的论证表明: p 和 q, 从而 Dv, 满足 Ω 中的全局 Hölder 估计, 其中 Hölder 指数 α 仅依赖于 γ 和 Ω, 而 Hölder 系数还依赖于 $|f/\lambda|_0$. 于是

$$[u]_{1,\alpha} \leqslant C(1+|Du|_0), \quad C = C(\gamma,\Omega,|f/\lambda|_0),$$

再通过内插 (见引理 6.35), 我们得到界

$$|u|_{1,\alpha;\Omega} \leqslant C(\gamma,\Omega,|u|_0,|f/\lambda|_0), \quad \alpha = \alpha(\gamma,\Omega).$$

若 $\varphi \in C^2(\overline{\Omega})$ 且在 $\partial\Omega$ 上 $u = \varphi$, 则考虑用 $u - \varphi$ 来代替前面的 u, 并记住 $|u|_0$ 可通过 $\sup\limits_{\partial\Omega}|\varphi|$ 和 $|f/\lambda|_0$ 来估计 (定理 3.7), 我们就推出了先验全局界

$$|u|_{1,\alpha;\Omega} \leqslant C = C(\gamma,\Omega,|\varphi|_2,|f/\lambda|_0), \quad \alpha = \alpha(\gamma,\Omega).$$

应当强调的是这个估计不依赖于 f 和 L 的系数的任何正则性. 从证明的细节显然可见: 对 Ω 的依赖性可通过 Ω 的维数以及映射 $\xi = \xi(x,y), \eta = \eta(x,y)$ 的一阶和二阶导数的界 (即 $\partial\Omega$ 的 C^2 性质) 表述出来.

本章后面我们要用上述结果的下列推论. 设 Ω 对某一 $\beta > 0$ 是 $C^{2,\beta}$ 区域, f 和 L 的系数属于 $C^\beta(\Omega)$. 设 $u \in C^2(\Omega) \cap C^0(\overline{\Omega}), \varphi \in C^{2,\beta}(\overline{\Omega})$ 在 Ω 中满足 $Lu = f$, 在 $\partial\Omega$ 上 $u = \varphi$. 则 $u \in C^{1,\alpha}(\overline{\Omega})$ 并且 $|u|_{1,\alpha;\Omega} \leqslant C$, 这里 $\alpha = \alpha(\gamma,\Omega), C = C(\gamma,\Omega,|\varphi|_2,|f/\lambda|_0)$. 我们注意 u 仅假设在 $\partial\Omega$ 上是连续的. 由前段内容经过一个逼近论证可得证明. 即如果 $a_m, b_m, c_m, f_m, m = 1,2,\ldots$ 是在 $C^\beta(\overline{\Omega})$ 中适当选择的在 Ω 的紧子集上一致收敛到 a, b, c, f 的函数序列,Dirichlet 问题: 在 Ω 中 $L_m u_m = f_m$, 在 Ω 上 $u_m = \varphi$ 对应的解 u_m 属于 $C^2(\overline{\Omega})$, 并且 (由前述结果) 有一致的 $C^{1,\alpha}(\overline{\Omega})$ 界 $|u_m|_{1,\alpha} \leqslant C$, 其中 α 和 C 是不依赖于 m 的常数. 由 Schauder 内估计和唯一性, 序列 $\{u_m\}$ 收敛到 $Lu = f$ 的给定解 u. 由此推出 u 也有同样的 $C^{1,\alpha}(\overline{\Omega})$ 界, $|u|_{1,\alpha} \leqslant C$, 这正是我们的断言.

12.3. 一致椭圆型方程的 Dirichlet 问题

本节我们用第 11 章中概述的程序的一种变形来证明存在性. 这里处理 Dirichlet 问题的细节一般比在第 11 章的 Dirichlet 问题中更简单, 那里所用程序的某些步骤可以省去.

我们考虑定义在 (x, y) 平面有界区域 Ω 中的一般形式

$$\begin{aligned} Qu = a(x,y,u,u_x,u_y)u_{xx} + 2b(x,y,u,u_x,u_y)u_{xy} + \\ c(x,y,u,u_x,u_y)u_{yy} + f(x,y,u,u_x,u_y) = 0 \end{aligned} \tag{12.25}$$

的拟线性椭圆型方程的 Dirichlet 问题. 关于算子 Q 我们将假设:

(i) 函数 $a = a(x,y,u,p,q), \ldots, f = f(x,y,u,p,q)$ 对所有的 $(x,y,u,p,q) \in \Omega \times \mathbb{R} \times \mathbb{R}^2$ 有定义, 另外, 对某一 $\beta \in (0,1), a, b, c, f \in C^\beta(\Omega \times \mathbb{R} \times \mathbb{R}^2)$.

(ii) 算子 Q 对有界的 u 在 Ω 中是一致椭圆型的; 即系数矩阵的特征值 $\lambda = \lambda(x,y,u,p,q), \Lambda = \Lambda(x,y,u,p,q)$ 满足

$$1 \leqslant \frac{\Lambda}{\lambda} \leqslant \gamma(|u|), \quad \forall (x,y,u,p,q) \in \Omega \times \mathbb{R} \times \mathbb{R}^2, \tag{12.26}$$

这里 γ 是非减的.

(iii) 函数 f 满足结构条件

$$\frac{|f|}{\lambda} \leqslant \mu(|u|)(1 + |p| + |q|), \tag{12.27}$$

$$\frac{f}{\lambda}\operatorname{sign} u \leqslant \nu(1 + |p| + |q|), \quad \forall (x,y,u,p,q) \in \Omega \times \mathbb{R} \times \mathbb{R}^2, \tag{12.28}$$

这里 μ 是非减函数而 ν 是非负常数. 这些对应着线性方程中关于低阶项的条件. 满足 (12.28) 的方程曾在第 10 章中讨论过.

我们现在建立下述存在定理.

定理 12.5 设 Ω 是 $\mathbb{R}^2$ 中一个满足外部球条件的区域, 又设 φ 是 $\partial\Omega$ 上的连续函数. 若 Q 是满足条件 (i)~(iii) 的椭圆型拟线性算子, 则 Dirichlet 问题

$$\text{在 } \Omega \text{ 中 } Qu = 0, \quad \text{在 } \partial\Omega \text{ 上 } u = \varphi, \tag{12.29}$$

有一个解 $u \in C^{2,\beta}(\Omega) \cap C^0(\overline{\Omega})$.

证明 我们首先在比 (12.27) 更强的假设

$$\frac{|f|}{\lambda} \leqslant \mu < \infty \quad (\mu = \text{ 常数}) \tag{12.30}$$

之下证明定理. 推理的基础是归结为 Schauder 不动点定理 (定理 11.1). 为定义出现在该定理陈述中的映射 T, 我们做下列考察. 设 v 是在 Ω 中有局部 Hölder 连续一阶导数的任一有界函数, 并设 $\overline{a} = \overline{a}(x,y) = a(x,y,v,v_x,v_y), \ldots$ 是把 v 代替 Q 系数中的 u 所得的在 Ω 中的局部 Hölder 连续函数. 因为 $|f|/\lambda$ 有界, 由定理 6.13 推出线性 Dirichlet 问题

$$\text{在 } \Omega \text{ 中 } \overline{a}u_{xx} + 2\overline{b}u_{xy} + \overline{c}u_{yy} + \overline{f} = 0, \quad \text{在 } \partial\Omega \text{ 上 } u = \varphi, \tag{12.31}$$

有唯一解 $u \in C^2(\Omega) \cap C^0(\overline{\Omega})$. 由定理 3.7 我们注意到

$$|u|_0 = \sup_\Omega |u| \leqslant \sup_{\partial\Omega} |\varphi| + C_1\mu = M_0, \quad C_1 = C_1(\operatorname{diam}\Omega).$$

此外, 若 $\sup\limits_\Omega |v| \leqslant M_0$ 且若令 $\gamma_0 = \gamma(M_0)$, 从定理 12.4 我们有

$$\begin{aligned} |u|^*_{1,\alpha} &\leqslant C(|u|_0 + \mu(\operatorname{diam}\Omega)^2), \quad \alpha = \alpha(\gamma_0), C = C(\gamma_0), \\ &\leqslant C(M_0 + \mu(\operatorname{diam}\Omega)^2) = K. \end{aligned} \tag{12.32}$$

我们特别指出这个估计仅依赖于定义方程 (12.31) 的系数时所用的函数 v 的界 M_0.

现在我们引进 Banach 空间

$$C^{1,\alpha}_* = C^{1,\alpha}_*(\Omega) = \{u \in C^{1,\alpha}(\Omega) \| u|^*_{1,\alpha;\Omega} < \infty\},$$

其中 α 是 (12.32) 中的 Hölder 指数. 我们可以在集合

$$\mathfrak{S} = \{v \in C^{1,\alpha}_* \| v|^*_{1,\alpha} \leqslant K, \quad |v|_0 \leqslant M_0\}$$

上定义映射 T 如下: 设 $u = Tv$ 是线性 Dirichlet 问题 (12.31) 对 $v \in \mathfrak{S}$ 的唯一解. 由于 (12.32) 和界 $|u|_0 \leqslant M_0$, 我们有 $u \in \mathfrak{S}$, 因此 T 把 $\mathfrak{S}$ 映到自身中. 因为 $\mathfrak{S}$ 是凸的且在 Banach 空间

$$C^1_* = \{u \in C^1(\Omega) \| u|^*_{1;\Omega} < \infty\}$$

中是闭的, 只要 T 在 C^1_* 中是连续的且像 $T\mathfrak{S}$ 是准紧的, 我们就可以从 Schauder 不动点定理 (推论 12.2) 得出 T 在 $\mathfrak{S}$ 中有一个不动点, $u = Tu$. 这将为问题 (12.29) 在假设 (12.30) 之下给出一个解.

为证明 $T\mathfrak{S}$ 在 C^1_* 中是准紧的, 我们首先注意到集合 $\mathfrak{S}$, 从而 $T\mathfrak{S}$, 在 Ω 的每一个点是等度连续的. 我们断定 $T\mathfrak{S}$ 中的函数在每一点 $z_0 \in \partial\Omega$ 也都是等度连续的. 因为设 w 是在定理 6.13 论证中的闸函数, 函数 w 仅依赖于 (在方程 (12.31) 中) 椭圆型模数 γ_0 和在 z_0 的外圆的半径, 它有性质: 对任何 $\varepsilon > 0$ 和不依赖于 $v \in \mathfrak{S}$ 的适当的常数 k_ε, (12.31) 的解 $u = Tv$ 在 Ω 中满足不等式

$$|u(z) - \varphi(z_0)| \leqslant \varepsilon + k_\varepsilon w(z). \tag{12.33}$$

因为当 $z \to z_0$ 时 $w(z) \to 0$, 这就蕴涵集合 $T\mathfrak{S}$ 在 z_0 的等度连续性. 从而 $T\mathfrak{S}$ 的函数在 $\overline{\Omega}$ 上是等度连续的. 因为 $T\mathfrak{S}$ 是 $C^{1,\alpha}_*$ 中的有界等度连续集, 它在 C^1_* 中必是准紧的 (见引理 6.33).

T 在 C_*^1 中的连续性用类似的方式来证明: 设 $v, v_n \in \mathfrak{S}, n = 1, 2, \ldots$, 并设 $|v_n - v|_1^* \to 0 (n \to \infty)$. 考虑 $u = Tv$ 和序列 $u_n = Tv_n$, $n = 1, 2, \ldots$; 我们要证明 $|u_n - u|_1^* \to 0$. 由 Schauder 内估计和推论 6.3 之后的附注推出, 一个适当的 (重新编号的) 子序列 $\{u_m\} \subset \{u_n\}$ 连同其一阶和二阶导数在 Ω 的紧子集中一致收敛到极限方程 (12.31) 的一个 Ω 中的解 $\widetilde{u}$, 该方程是把 v 插入 Q 系数中得到的. 我们断定对所有的 $z_0 \in \partial\Omega, \widetilde{u}(z) \to \varphi(z_0)$, 因此 (由唯一性)$\widetilde{u} = u = Tv$. 这是因为, 由如上的同样闸函数论证, 我们可以断定 (12.33) 当 u 代之以 u_m 时成立, 由此过渡到极限我们得 $\widetilde{u}(z) \to \varphi(z_0) (z \to z_0)$. 于是 $\widetilde{u} = u$, 我们在 $\overline{\Omega}$ 上得到 $Tv_m \to Tv$ 对子序列 $\{v_m\}$ 成立.

因为序列 $\{Tv_m\}$ 包含在 $T\mathfrak{S}$ 中, 而 $T\mathfrak{S}$ 在 C_*^1 中是准紧的, $\{Tv_m\}$ 的一个适当的子序列将按 C_*^1 范数收敛到 Tv. 对 $\{v_n\}$ 的任意子序列重复同一论证, 表明 $|Tv_n - Tv|_1^* \to 0$ 对整个序列成立. 这就建立了 T 在 C_*^1 上的连续性, 正如已经注意到的, 由此即可得出在 $\mathfrak{S}$ 中存在不动点 $u = Tu$.

这样定理在 $|f|/\lambda$ 于 $\Omega \times \mathbb{R} \times \mathbb{R}^2$ 上有界这一特殊情形下, 特别当 $f \equiv 0$ 时被证明了. 现回到原始假设 (iii). 以下假设在 $\Omega \times \mathbb{R} \times \mathbb{R}^2$ 中 $\lambda(x, y, u, p, q) \equiv 1$ 是方便的, 因为函数 a, b, c, f 除以 λ 总可做到这一点. 这时 (12.27), (12.28) 变成

$$|f| \leqslant \mu(|u|)(1 + |p| + |q|). \tag{12.34}$$

$$f \operatorname{sign} u \leqslant \nu(1 + |p| + |q|), \quad \nu = \text{ 常数}. \tag{12.35}$$

我们通过 f 的截断来把给定的问题 (12.29) 归结为前述 f 有界的情形. 即设 ψ_N 表示函数

$$\psi_N(t) = \begin{cases} t, & |t| \leqslant N, \\ N \operatorname{sign} t, & |t| > N, \end{cases}$$

并定义 f 的截断为

$$f_N(x, y, u, p, q) = f(x, y, \psi_N(u), \psi_N(p), \psi_N(q)).$$

从 (12.34) 我们有 $|f_N| \leqslant \mu(N)(1 + 2N)$. 现考虑问题族

$$\begin{aligned} \text{在 } \Omega \text{ 内 } Q_N u = a(x, y, u, Du)u_{xx} - 2b(x, y, u, Du)u_{xy} + \\ c(x, y, u, Du)u_{yy} + f_N(x, y, u, Du) = 0, \\ \text{在 } \partial\Omega \text{上 } u = \varphi. \end{aligned} \tag{12.36}$$

由 (12.35) 和定理 10.3, 这个族的任一解 u 受制于不依赖于 N 的界

$$\sup_{\Omega} |u| \leqslant \sup_{\partial\Omega} |\varphi| + C_1(\nu, \operatorname{diam} \Omega) = M. \tag{12.37}$$

从前面 f 有界时问题 (12.29) 的讨论, 可以看出问题 (12.36)—— 其中 f_N 有界 —— 有一个解 $u_N \in C_*^{1,\alpha}(\Omega) \cap C^{2,\beta}(\Omega) \cap C^0(\overline{\Omega}), \alpha = \alpha(\gamma), \gamma = \gamma(M)$. 而且, 从定理 12.4 我们推出估计

$$[u_{\scriptscriptstyle N}]_{1,\alpha}^* \leqslant C(|u_{\scriptscriptstyle N}|_0 + |f_N|_0^{(2)}), \tag{12.38}$$

其中 $C = C(\gamma), f_N = f_N(x, y, u_{\scriptscriptstyle N}, Du_{\scriptscriptstyle N})$. 由 (12.34) 和 (12.37), 这个不等式变成

$$[u_{\scriptscriptstyle N}]_{1,\alpha}^* \leqslant C(1 + [u_{\scriptscriptstyle N}]_1^*), \quad C = C(M, \gamma, \mu, \operatorname{diam} \Omega), \quad \mu = \mu(M).$$

内插不等式 (12.23), 其中令 $C_\varepsilon = \dfrac{1}{2}$, 现给出不依赖于 N 的一致界

$$|u_{\scriptscriptstyle N}|_{1,\alpha}^* \leqslant C = C(M, \gamma, \mu, \operatorname{diam} \Omega). \tag{12.39}$$

将前面的估计和 Schauder 内估计 (推论 6.3) 在一个紧子集上应用于方程 $Q_{\scriptscriptstyle N} u_{\scriptscriptstyle N} = 0$ 的族, 我们得到 (重新编号的) 子序列 $\{u_n\} \subset \{u_{\scriptscriptstyle N}\}$, 它收敛到 $Qu = 0$ 在 Ω 中满足估计 (12.39) 的解 u.

留下的是证明 u 还满足边界条件 $u = \varphi$. 为此, 我们利用与上面给出的十分类似的闸函数论证. 由于 (12.34) 和 (12.37), 每一 u_n 是线性方程

$$Q_n v = a_n^{ij} D_{ij} v + b_n^i D_i v + f_n = 0, \quad i, j = 1, 2,$$

的解, 其中 $a_n^{11}(x, y) = a(x, y, u_n, Du_n), \ldots$, 并且 $b_n^i(x, y), f_n(x, y)$ 有与 n 无关的界. 在任一点 $z_0 \in \partial\Omega$, 前面定理 6.13 中的闸函数论证可应用于有同一闸函数 w 的这一族方程, w 仅依赖于 γ, μ 和在 z_0 的外圆半径. 因此我们在 Ω 中对任意 $\varepsilon > 0$ 和适当的不依赖于 n 的常数 k_ε 得到不等式

$$|u_n(z) - \varphi(z_0)| \leqslant \varepsilon + k_\varepsilon w(z).$$

令 $n \to \infty$, 我们可断言同一不等式当 u_n 代之以 u 时也成立, 因此当 $z \to z_0$ 时, $u(z) \to \varphi(z_0)$. 这就完成了定理的证明. □

附注 (1) 上述定理的证明仅基于导数的内估计, 这样, 关于系数和边值就允许更一般的条件. 使用全局估计, 证明经简单修改即可得出一个 $C^{2,\beta}(\overline{\Omega})$ 解, 只要 $\partial\Omega$ 和 φ 属于 $C^{2,\beta}$ 并且 $a, b, c, f \in C^\beta(\overline{\Omega} \times \mathbb{R} \times \mathbb{R}^2)$ (见习题 12.5). 在这些同样的假设下, 由定理 12.5 提供的解必属于 $C^{2,\beta}(\overline{\Omega})$. 为证明这一断语, 我们首先注意在把 u 代入到系数中之后方程 $Qu = 0$ 有属于 $C^\beta(\Omega)$ 的系数, 同时 $u \in C^{2,\beta}(\Omega) \cap C^0(\overline{\Omega})$, 且在 $\partial\Omega$ 上, $u = \varphi$, 其中 $\varphi \in C^{2,\beta}(\overline{\Omega})$. 按照 12.2 节末尾关于线性方程全局估计的结果, 对某一 α, 解 u 属于 $C^{1,\alpha}(\overline{\Omega})$. 因而 Qu 的系数在

$C^{\alpha\beta}(\overline{\Omega})$ 中. 从定理 6.14 和唯一性推出 $u \in C^{2,\alpha\beta}(\overline{\Omega})$, 因此 Qu 的系数在 $C^{\beta}(\overline{\Omega})$ 中. 同样我们推断 $u \in C^{2,\beta}(\overline{\Omega})$, 这正是我们所断言的.

(2) 加上条件 (12.28) 是为了保证 $Q_N u = 0$ 的 Dirichlet 问题的所有可能解一致有界. 一旦这样的界预先知道, 条件 (12.28) 即可省略.

(3) 关于 $|f|/\lambda$ 的线性增长条件 (12.27) 是求得界 (12.39) 所需要的, 而界 (12.39) 是通过用 $[u]^*_{1,\alpha}$ 和 $|u|_0$ 所表示的 $[u]^*_1$ 的内插来得到的. 一旦知道了关于方程族 $Q_N u = 0$ 解的梯度的先验界, 这个增长条件就是多余的了 (这种例子将在第 15 章中讨论).

(4) Ω 满足外部球条件的假设可代之以任何其他条件, 只需这个条件保证严格椭圆型线性方程 $Lu = f$ 闸函数的存在性, 这里 f 和 L 的系数有界. 例如, 只需 Ω 满足一个外部锥条件 (见习题 6.3).

12.4. 非一致椭圆型方程

在非一致椭圆型方程的研究中, 我们将看到, 与上节中区域是本质上任意的这一点不同, Dirichlet 问题的可解性一般与区域的几何性质有紧密的联系. 非一致椭圆型问题的这一特征在线性问题中已被观察到了 (6.6 节). 本节的结果强调区域的凸性对于保证 (12.40) 形式的一般拟线性椭圆型方程 Dirichlet 问题可解性的重要作用.

$$\begin{aligned} Qu = {} & a(x,y,u,u_x,u_y)u_{xx} + 2b(x,y,u,u_x,u_y)u_{xy} \\ & + c(x,y,u,u_x,u_y)u_{yy} = 0. \end{aligned} \tag{12.40}$$

设 Ω 是 $\mathbb{R}^2$ 中的有界区域, φ 是一个定义在 $\partial\Omega$ 上的函数. 方程 (12.40) 的 Dirichlet 问题将用边界曲线

$$\Gamma = (\partial\Omega, \varphi) = \{(z, \varphi(z)) \in \mathbb{R}^3 | z \in \partial\Omega\}$$

来表述. 我们仍然称 (与 11.3 节中一样) Γ 和 φ 满足有界斜率条件 (带有常数 K), 如果对每一点 $P = (z_0, \varphi(z_0)) \in \Gamma$, 存在 $\mathbb{R}^3$ 中两张过 P 的平面

$$u = \pi^{\pm}_P(z) = \mathbf{a}^{\pm} \cdot (z - z_0) + \varphi(z_0), \quad \mathbf{a}^{\pm} = \mathbf{a}^{\pm}(z_0),$$

使得

$$\begin{aligned} &\text{(i) } \pi^-_P(z) \leqslant \varphi(z) \leqslant \pi^+_P(z), \quad \forall z \in \partial\Omega; \\ &\text{(ii) } |D\pi^{\pm}_P| = |\mathbf{a}^{\pm}(z_0)| \leqslant K, \quad \forall z_0 \in \partial\Omega. \end{aligned} \tag{12.41}$$

条件 (i) 是说对每一 P, 曲线 Γ 在柱面 $\partial\Omega \times \mathbb{R}$ 上被平面 $u = \pi^+_P(z)$ 和 $u = \pi^-_P(z)$ 从上、下界住, 且在 P 与它们重合. 条件 (ii) 是说两平面的斜率是通过一个不依赖于 P 的常数 K 而一致有界. 显然有界斜率条件蕴涵 φ 的连续性.

我们对有界斜率条件作下列几点注释.

(1) 无论什么区域 Ω, Γ 位于一个平面上 (且满足有界斜率条件), 当且仅当 φ 是一个线性函数在 $\partial\Omega$ 上的限制. 但若 Γ 不位于一个平面上且满足有界斜率条件, 则 Ω 必定是凸的. 这是因为从 (12.41) 我们有

$$0 \not\equiv \pi_P^+(z) - \pi_P^-(z) = (\mathbf{a}^+ - \mathbf{a}^-) \cdot (z - z_0) \geqslant 0, \quad \forall z \in \partial\Omega,$$

于是在每一点 $z_0 \in \partial\Omega$, 存在一个支撑线 $(\mathbf{a}^+ - \mathbf{a}^-) \cdot (z - z_0) = 0$, 此即蕴涵 Ω 的凸性.

(2) 设 $\partial\Omega$ 是凸的而 $\Gamma = (\partial\Omega, \varphi)$ 满足有界斜率条件. 设 $P_i = (z_i, \varphi(z_i)), i = 1, 2, 3$, 是 Γ 上三个不同的点. 若 z_1, z_2, z_3 共线, 则 P_1, P_2, P_3 亦在 Γ 上共线, 因为否则这些点将确定一个铅直平面, 此与 (12.41) 矛盾. 于是 φ 在 $\partial\Omega$ 的直线段上是线性的.

(3) 与有界斜率条件紧密相关且事实上与之等价的是下述三点条件, 它经常出现在关于极小曲面和两个自变量的非参数变分问题的文献中. 设 Ω 是有界的凸的; 若 $\Gamma = (\partial\Omega, \varphi)$ 上的每三个相异的点的集合都位于一个斜率 $\leqslant K$ 的平面上, 则说曲线 Γ 满足带有常数 K 的三点条件. 本节末尾我们要证明带同一常数 K 的有界斜率条件和三点条件之间的等价性.

从三点条件推出由 Γ 上任何三个不共线的点确定的平面必有斜率 $\leqslant K$. 于是, 若 Ω 是严格凸的 (即连接 $\partial\Omega$ 的任何两点的开直线段完全位于 Ω 中), 则每个与 Γ 至少交于三点的平面, 其斜率不超过 K, 反之, 三点条件的这一强形式显然蕴涵 $\partial\Omega$ 是严格凸的.

(4) 不难证明若 $\varphi \in C^2, \partial\Omega \in C^2$ 并且 $\partial\Omega$ 的曲率处处为正, 则 $\Gamma = (\partial\Omega, \varphi)$ 满足有界斜率条件, 相应常数依赖于 $\partial\Omega$ 的最小曲率和 φ 的一阶、二阶导数的界; (见 [SC3], [HA]).

对 (12.40) 的 Dirichlet 问题的解将需要梯度的一个先验界, 由下列引理给出.

引理 12.6　设 Ω 是 $\mathbb{R}^2$ 中的一个有界区域, φ 是定义在 $\partial\Omega$ 上且满足带有常数 K 的有界斜率条件的函数. 假设 $u \in C^2(\Omega) \cap C^0(\overline{\Omega})$ 在 Ω 中满足线性椭圆型方程

$$Lu = au_{xx} + 2bu_{xy} + cu_{yy} = 0, \tag{12.42}$$

在 $\partial\Omega$ 上 $u = \varphi$. 则

$$\sup_{\Omega} |Du| \leqslant K. \tag{12.43}$$

我们着重指出, 这里只要求 L 是椭圆型的, 没有其他条件加在系数上. 有趣的是这个结果甚至更一般地对任意鞍面 (saddle surface) $u = u(x, y)$ 成立 (见 [RA], [NU]).

引理 12.6 的证明 首先注意, 若 φ 是一个线性函数在 $\partial\Omega$ 上的限制, 则由唯一性 (定理 3.3), 解 u 与这个函数必在 Ω 中重合, 结论 (12.43) 显然成立. 从上面的附注 (1) 得出, Ω 可以假设是凸的.

从 (12.42) 和 L 的椭圆性我们有

$$0 \leqslant au_{xx}^2 + 2bu_{xx}u_{xy} + cu_{xy}^2 = c(u_{xy}^2 - u_{xx}u_{yy}),$$
$$0 \leqslant au_{xy}^2 + 2b_{xy}u_{yy} + cu_{yy}^2 = a(u_{xy}^2 - u_{xx}u_{yy}).$$

因此 $u_{xx}u_{yy} - u_{xy}^2 \leqslant 0$, 等号仅在使 $D^2u = 0$ 的点上成立.(我们注意 $u = u(x,y)$ 是一个鞍面.) 现考虑任一点 $z_0 = (x_0, y_0) \in \Omega$, 在这点 $u_{xx}u_{yy} - u_{xy}^2 < 0$, 并设 $u_0(x,y) = Ax + By + C$ 定义曲面 $u = u(x,y)$ 在 (x_0, y_0) 的切平面 Π. 函数 $w = u - u_0$ 是 (12.42) 在 Ω 中的一个解, 而使 $w = 0$ 的点的集合把环绕 z_0 的一个小圆恰好分为四个区域 $D_1, \cdots, D_4, w$ 在其中交错地取正值和负值, 比如说, 在 D_1, D_3 中 $w > 0$, 在 D_2, D_4 中 $w < 0$. 设 $D_1' \supset D_1, D_3' \supset D_3$ 是 Ω 中使 $w > 0$ 的点的集合的 (连通) 成分 (component), 而 $D_2' \supset D_2, D_4' \supset D_4$ 类似地定义. 则区域 $D_1', \cdots, D_4'$ 的每一个至少有两个边界点在 $\partial\Omega$ 上, 在那里 $w = 0$, 因为否则弱最大值原理 (定理 3.1) 将蕴涵在该区域上 $w \equiv 0$. 由此推出 Π 与边界曲线 $\Gamma = (\partial\Omega, \omega)$ 至少交于四个点. 由上面的附注 (3) 我们断言, 若这些点中的任三点是不共线的, 则 Π 的斜率不超过 K. 另一方面, 若在 $\partial\Omega$ 上使 $w = 0$ 的点组成一个共线集 Σ, 则 (由附注 (2))φ 和 u 是线性的并在 $\partial\Omega$ 的包含 Σ 的线段上与 u_0 重合. 这将蕴涵在一个区域 D_i' 上 $w \equiv 0$, 这是一个矛盾. 于是解曲面在使 $D^2u \neq 0$ 的点上的切平面的斜率不能超过 K.

现考虑点集 S, 在其上 $D^2u = 0$. 我们可以假设 $S \neq \Omega$, 因为否则 $u(x,y)$ 将是线性的而结论显然. 若 $z_0 \in S$ 是使 $D^2u \neq 0$ 的点的极限, 则由连续性, 在 z_0 的切平面的斜率必不超过 K. 留下的可能性是 z_0 为 S 的内点, 这时, z_0 包含在使 $D^2u = 0$ 的点的集合的一个开 (连通) 成分 G 中. 在 G 上, u 是线性的而其切平面与曲面 $u = u(x,y)$ 重合. 因为既是 G 的边界点又是 Ω 的内点的那些点是使 $D^2u \neq 0$ 的点的极限, 那么由连续性 z_0 点处切平面的斜率必不超过 K. 剩余可能性是 z_0 是 S 的内点, z_0 在开成分 G 上, 在 G 上 $D^2u = 0$. 在 G 上, u 是线性的且切平面与平面 $u = u(x,y)$ 重合. 因为任何 G 的边界点且是 Ω 的内点的点是使 $D^2u \neq 0$ 的点的极限, 故我们得出在 G 上处处 $|Du| \leqslant K$, 特别是在 z_0 也如此. 这就完成了证明. □

现在能够建立方程 (12.40) 的存在定理, 对于 $n = 2$ 的情形它推广了定理 11.5.

定理 12.7 设 Ω 是 $\mathbb{R}^2$ 中的有界区域, 并设方程

$$Qu = a(x,y,u,u_x,u_y)u_{xx} + 2b(x,y,u,u_x,u_y)u_{xy} + c(x,y,u,u_x,u_y)u_{yy} = 0$$

在 Ω 中是椭圆型的, 对某 $\beta \in (0,1)$, 其系数 $a,b,c \in C^\beta(\Omega \times \mathbb{R} \times \mathbb{R}^2)$. 设 φ 是定义在 $\partial\Omega$ 上满足常数为 K 的有界斜率条件的函数. 则 Dirichlet 问题:

$$\text{在 } \Omega \text{ 中 } Qu = 0, \quad \text{在 } \partial\Omega \text{ 上 } u = \varphi$$

有一个解 $u \in C^{2,\beta}(\Omega) \cap C^0(\overline{\Omega})$, 并且 $\sup\limits_{\Omega} |Du| \leqslant K$.

证明 假设 Ω 是凸的就够了, 因为否则 φ 是一个线性函数的限制, 结果是平凡的. 我们用最大特征值 $\Lambda = \Lambda(x,y,u,p,q)$ 除系数 a,b,c, 并仍以 $Qu=0$ 记所得方程. 现在算子 Q 就有最大特征值 1, 但最小特征值 λ 可以在 $\Omega \times \mathbb{R} \times \mathbb{R}^2$ 中趋近零. 我们考虑方程族

$$Q_\varepsilon u = Qu + \varepsilon \Delta u = 0, \quad \varepsilon > 0, \tag{12.44}$$

边界条件是在 $\partial\Omega$ 上 $u = \varphi$. 对每一 ε, 这方程是一致椭圆型的, 定理 12.5 断言在 $\partial\Omega$ 上适合 $u_\varepsilon = \varphi$ 的解 $u_\varepsilon \in C^{2,\beta}(\Omega) \cap C^0(\overline{\Omega})$ 的存在性. (这里仅需定理 12.5 证明的第一部分.) 由引理 12.6, 解 u_ε 满足一致梯度估计,

$$\sup_{\Omega} |Du_\varepsilon| \leqslant K, \tag{12.45}$$

K 不依赖于 ε. 由最大值原理, 我们还有 $|u_\varepsilon| \leqslant \sup\limits_{\partial\Omega} |\varphi|$. 作为推论, 令 $a_\varepsilon(x,y) = a(x,y,u_\varepsilon,Du_\varepsilon), \ldots$ 而得到的线性方程族

$$Q_\varepsilon u = a_\varepsilon u_{xx} + 2b_\varepsilon u_{xy} + c_\varepsilon u_{yy} + \varepsilon \Delta u = 0 \tag{12.46}$$

在每一子区域 $\Omega' \subset\subset \Omega$ 中有最小特征值 $\lambda_\varepsilon = \lambda(x,y,u_\varepsilon,Du_\varepsilon), (x,y) \in \Omega'$, 它们以一个仅依赖于 Ω' 的常数 $\lambda(\Omega') > 0$ 作为一致下界; 当然最大特征值对所有 $\varepsilon < 1$ 以 2 为上界. 现在定理 12.4 断言在子集 $\Omega'' \subset\subset \Omega'$ 中, (12.46) 在 $\partial\Omega$ 上满足 $u = \varphi$ 的解, 特别是解 u_ε, 满足梯度的一致 (与 ε 无关的) Hölder 估计

$$[Du]_{\alpha;\Omega''} \leqslant C, \quad \alpha = \alpha(\lambda(\Omega')),$$

这里 $C = C(\lambda(\Omega')), \sup\limits_{\partial\Omega} |\varphi|, \operatorname{dist}(\Omega'', \partial\Omega')$. 从而, 系数 $a_\varepsilon, b_\varepsilon, c_\varepsilon$ 在 Ω' 中局部 Hölder 连续 (指数为 $\alpha\beta$), 且在 $C^{\alpha\beta}(\overline{\Omega}'')$ 中一致有界. 因为 Ω' 和 Ω'' 是任意的, 从推论 6.3 和其后的附注推出, (12.46) 的解 u_ε 连同其一阶, 二阶导数的族在 Ω 的紧子集上等度连续, 因此由通常的对角线程序, 存在族 $\{u_\varepsilon\}$ 的一个序列 $\{u_{\varepsilon_n}\}$, 当 $\varepsilon \to 0$ 时它在 Ω 上收敛到 $Qu = 0$ 的解 u_0. 梯度的一致界 (12.45) 保证了在 $\overline{\Omega}$ 上的一致收敛性, 因此在 $\partial\Omega$ 上 $u_0 = \varphi$. 这就完成了定理的证明. □

附注 (1) 关于 Ω 的某些几何条件, 诸如凸性, 一般必须加上, 这由以下经典的反例即可指出. 例如, 在环形区域 $a < r < b, r = (x^2 + y^2)^{1/2}$ 中考虑极小曲面方程

$$(1 + u_y^2)u_{xx} - 2u_x u_y u_{xy} + (1 + u_x^2)u_{yy} = 0. \tag{12.47}$$

若边界条件是当 $r = a$ 时, $\varphi = h$ (= 常数 > 0), 当 $r = b$ 时, $\varphi = 0$, 而且 h 充分小, 边值问题的解是熟知的悬链面. 但若 h 充分大, 便没有取给定边值的解. 在第 14 章中将看到极小曲面方程 (12.47) 的 Dirichlet 问题对任意 C^2 边值可解, 当且仅当 Ω 是凸的.

(2) 在有界斜率条件中隐含的光滑性假设一般不能放松到允许连续边值 φ. 反例表明: 甚至当边界曲线是圆周且方程的系数任意光滑时, Dirichlet 问题对连续边值也未必有解; (见 [FN2]). 连续边值的可解性将在第 15 和 16 章中讨论.

(3) 在定理 12.7 的证明中, 实质的一步是把问题归结为一致椭圆情形, 之所以可能, 是由于存在一个先验全局梯度的界 (引理 12.6). 这样的梯度的界在关于算子 Q 的适当结构条件以及关于区域 Ω 的适当几何假设之下也可建立起来. 这将在第 14 和 15 章中讨论. 在 Ω 为凸的情形, 有时可以用关于 Q 和 φ 的适当的上函数和下函数来代替有界斜率条件的平面, 并且以本质上相同的论证来进行. 例如, 若 Ω 是凸的, 而算子 Q 满足 $\Lambda/\lambda \leqslant \mu(|u|)(1 + p^2 + q^2)$, 则不论有界斜率条件满足与否, 方程 (12.40) 的 Dirichlet 问题对任意 $\varphi \in C^2$ 都是可解的 (见 14.2 节). 这包括, 如极小曲面方程 (12.47).

(4) 若 $Q, \partial\Omega$ 和 φ 满足定理 11.4 附加的光滑性假设, 即 $a, b, c \in C^\beta(\overline{\Omega} \times \mathbb{R} \times \mathbb{R}^2), \partial\Omega \in C^{2,\beta}, \varphi \in C^{2,\beta}(\partial\Omega)$, 则定理 12.7 提供的解属于 $C^{2,\beta}(\overline{\Omega})$. 注意到梯度的界 $|Du| \leqslant K$ 使 $Qu = 0$ 成为一致椭圆型方程之后, 论证本质上可按定理 12.5 后的附注 1 进行.

有界斜率条件和三点条件的等价性

首先假设 $\Gamma = (\partial\Omega, \varphi)$ 满足常数为 K 的有界斜率条件,Ω 是凸的. 设 z_1, z_2, z_3 是 $\partial\Omega$ 上三个不共线的点, 并设

$$u = \pi_i^{\pm}(z) = \mathbf{a}_i^{\pm} \cdot (z - z_i) + \varphi(z_i), \quad i = 1, 2, 3,$$

是在点 $P_i = (z_i, \varphi(z_i)) \in \Gamma$ 满足 (12.41) 的对应的上平面和下平面. 又设

$$u = \pi(z) = \mathbf{a} \cdot z + b = \mathbf{a} \cdot (z - z_1) + \varphi(z_i), \quad i = 1, 2, 3,$$

是通过 P_1, P_2, P_3 的平面. 我们要证明 $|\mathbf{a}| \leqslant K$.(若 z_1, z_2, z_3, 从而 P_1, P_2, P_3 共线, 则可由连续性确定平面 $u = \pi(z)$ 的斜率 $\leqslant K$.) 从 (12.41) 推出

$$\mathbf{a}_i^- \cdot (z_j - z_i) \leqslant \mathbf{a} \cdot (z_j - z_i) \leqslant \mathbf{a}_i^+ (z_j - z_i), \quad i, j = 1, 2, 3. \tag{12.48}$$

因为 z_1, z_2, z_3 是一个非退化三角形的顶点, 又 $\mathbf{a}$ 是 $\mathbb{R}^2$ 中的一个向量, 对某一 $i = 1, 2$ 或 3, 我们有

$$\mathbf{a} = \pm \sum_j c_j(z_j - z_i), \quad c_j \geqslant 0.$$

从 (12.48) 我们断言: 或者

$$|\mathbf{a}|^2 \leqslant \mathrm{a}_i^+ \cdot \sum_j c_j(z_j - z_i) = \mathbf{a}_i^+ \cdot \mathbf{a} \leqslant K|\mathbf{a}|,$$

或者

$$|\mathbf{a}|^2 \leqslant \mathrm{a}_i^- \cdot \sum_j c_j(z_j - z_i) = \mathbf{a}_i^- \cdot \mathbf{a} \leqslant K|\mathbf{a}|,$$

因此 $|\mathbf{a}| \leqslant K$. 于是有界斜率条件蕴含带有同一常数 K 的三点条件.

反之, 设 $\Gamma = (\partial\Omega, \varphi)$ 在凸区域 Ω 上满足常数为 K 的三点条件. 设 $A = (z_A, \varphi(z_A))$ 是 Γ 的任一这样的点, 使得 z_A 不是 $\partial\Omega$ 的一个直线段的内点. 存在一列三角形它们以不共线点 $A, B_i, C_i \in \Gamma, i = 1, 2, \ldots$ 为顶点, 使当 $i \to \infty$ 时,$B_i, C_i \to A$, 并且由 A, B_i, C_i 确定的平面 Δ_i 收敛于一极限平面 Δ. 可以假设线段 AB_i 有一极限方向, 它在 Δ 上确定一条过 A 的直线 L, L 在 z 平面的投影 L_z 是 Ω 的一条支撑线. 显然 L 与 Γ 在 A 的切线重合, 只要这个切线存在. 设 $Q \in \Gamma, Q \notin L$, 又设 Π 表示由 Q 和 L 确定的平面. Π 的斜率不超过 K, 这是因为由 A, Q 和 B_i 确定的平面序列有与 Π 一样的极限斜率. 现考虑包含 L 和点 $Q \in \Gamma, Q \notin L$ 的平面的集合, 设这些平面由线性函数 $u = \pi_Q(z)$ 定义. 用 H 表示在 z 平面中在 L_z 包含 Ω 的一侧的半平面. 若对某一 $z \in H$, 有 $\pi_Q(z) \geqslant \pi_{Q'}(z)$, 则同一不等式对所有的 $z \in H$ 成立, 而特别是对所有的 $z \in \partial\Omega$ 成立. 这样在 A 就存在由下式定义的上平面和下平面:

$$\pi^+(z) = \sup_{\substack{Q \in \Gamma \\ Q \notin L}} \pi_Q(z), \quad \pi^-(z) = \inf_{\substack{Q \in \Gamma \\ Q \notin L}} \pi_Q(z), \quad z \in H.$$

由上面的讨论知平面 $u = \pi^+(z)$ 和 $u = \pi^-(z)$ 的斜率不超过 K, 并且分别 (在 $\partial\Omega$ 之上) 位于 Γ 的上方和下方. 因此它们在 A 满足常数为 K 的有界斜率条件. 显然, 若 A 在 Γ 的直线段上, 则包含这个线段的直线可以代替上述论证中的 L. 于是三点条件蕴含带有同一常数 K 的有界斜率条件.

评注

拟保角映射的 Hölder 估计 (12.1 节) 从 Morrey [MY1] 开始已以各种方式被推导出来; (参考 [FS]). 这里的讨论属于 Finn 和 Serrin [FS], 他们推导出带有最

优 Hölder 指数的估计 (12.14), 当 (12.2) 中的 $K'=0$ 时, 它们得到的这个结果带有 Hölder 系数 CM, 而 C 是一个绝对常数.

12.2 节中线性方程的解的基本 $C^{1,\alpha}$ Hölder 估计属于 Morrey [MY1], 而在更简单的形式下, 属于 Nirenberg [NI1]. 这里的介绍是后者的一个变形, 但仿照 Morrey 使用了关于 Dirichlet 积分增长的估计. 把线性方程的这些先验 $C^{1,\alpha}$ 估计应用到拟线性方程 (12.40) 的 Dirichlet 问题的想法出现在 [MY1] 中, 但它有些缺陷. 这一想法由 Nirenberg 详细地加以完善和简化, 他用 Schauder 不动点定理得到了后面叙述的一般的存在定理. 这一方法是 12.3 和 12.4 节论证的基础.

直到二十世纪五十年代, 非线性椭圆型方程的 Dirichlet 问题的理论主要局限于两个自变量的情形.Bernstein 的开创性工作 [BE1–4] (在他的假设下这些结果有某种局限性) 被 Leray 和 Schauder [SC3], [LS] 推广, 他们像在 Bernstein 的工作中那样使用基于解的二阶导数的先验估计的方法在系数属于 $C^{2,\beta}$ 和边值充分光滑的假设之下得到了 (12.40) 的 Dirichlet 问题的解. 这些结果由 Morrey 和 Nirenberg 的上述贡献所改善和简化, 后者证明: 若 (12.40) 在 $\overline{\Omega}$ 中是椭圆型的, 其系数属于 $C^{\beta}(\overline{\Omega}\times\mathbb{R}\times\mathbb{R}^2), \partial\Omega$ 是 $C^{2,\beta}$ 一致凸曲线, 以及 $\varphi\in C^{2,\beta}(\partial\Omega)$, 则 (12.40) 的 Dirichlet 问题有一个属于 $C^{2,\beta}(\overline{\Omega})$ 的解; (若 $\varphi\in C^{1,1}(\partial\Omega)$, 则存在一个属于 $C^{2,\beta}(\Omega)\cap C^0(\overline{\Omega})$ 的解). 定理 12.7 减弱了关于系数和边值的假设, 推广了这一结果, 它仅要求边值满足有界斜率条件, 而不需附加正则性假设. 当假设与 Nirenberg 定理中一样时, 这样得到的解仍属于 $C^{2,\beta}(\overline{\Omega})$; (见定理 12.7 后的附注 4). 定理 12.7 的证明仅依赖线性方程的先验内部 $C^{1,\alpha}$ 估计 (定理 12.4). Nirenberg 已经注意到这样的估计对证明存在性是足够的了 ([NI1] p. 146).

关于对一致椭圆型方程 (12.25) 的 Dirichlet 问题, 我们要谈到 Bers 和 Nirenberg [BN], Ladyzhenskaya 和 Ural'tseva [LU4] 以及 von Wahl [WA] 的贡献. 在 [BN] 中, 存在性结果 —— 对 Dirichlet 和 Neumann 问题二者 —— 是对 $W^{2,2}$ 解得到的 (当 (12.25) 中的系数属于 C^{α} 时解也属于 $C^{2,\alpha}$). 这些结果对 $f(x,y,u,p,q)$ 假设了类似于 (12.27) 的线性增长条件. [BN] 中的证明方法和定理 12.5 是类似的, 都是基于线性方程的 $C^{1,\alpha}$ 估计和 Schauder 不动点定理. [BN] 和定理 12.5 二者关于解都未作先验的假设. 但若假定对 (12.29) 的所有解 u 有一个关于 $\sup\limits_{\Omega}|u|$ 的一致的界, 在下列假设下: (12.25) 中的 $a,b,c,f\in C^{\beta}(\overline{\Omega}\times\mathbb{R}\times\mathbb{R}^2), \partial\Omega\in C^{2,\beta}, \varphi\in C^{2,\beta}(\overline{\Omega})$, 及 $|f/\lambda|\leqslant C(1+p^2+q^2)$(减弱了条件 (12.27)), 则 [WA] 建立了一个关于 Dirichlet 问题的解的先验 $C^{1,\alpha}(\overline{\Omega})$ 界, 因此推广了 [LU4] 中的一个类似结果. (不用一个先验梯度的界, 这一估计用本章的方法推不出来.) Dirichlet 问题 (12.29) 的 $C^{2,\beta}(\overline{\Omega})$ 解的存在性现在能够利用 Leray-Schauder 不动点定理来得到.

引理 12.6 中梯度界的证明受到 [FN2] 中 Finn 的引导性注解的启示. 它通常从 Radó [RA] 的一个定理推断出来, 该定理断言, 若 $u=u(x,y)$ 是凸区域 Ω

上的一个鞍面, 而且 u 在 $\overline{\Omega}$ 上连续, 其边值满足常数为 K 的三点条件, 则 u 在 Ω 中满足常数为 K 的 Lipschitz 条件. 在本定理中, 所谓 $u(x,y)$ 定义了一个鞍面, 是指它连续并且对所有常数 a,b,c, 函数 $u(x,y)-(ax+by+c)$ 满足弱最大 — 最小值原理, 特别地, 若 $u(x,y)$ 满足 (12.42) 或它表示一个有非正 Gauss 曲率的曲面, 就是这种情形. 一个初等 (但仍非简单的) 证明属于 von Neumann[NU]. Hartman 和 Nirenberg [HN], [NI4] 把这一结果推广到了高维情形.

关于有界斜率条件, Hartman [HA] 分析了当 φ 在 $\mathbb{R}^n$ 的一个有界凸区域 Ω 的边界 $\partial\Omega$ 之上满足有界斜率条件时, φ 和 $\partial\Omega$ 二者正则性之间的关系. 从这一分析, 他建立了有界斜率条件和 $n+1$ 点条件 $(n\geqslant 2)$ 的等价性; 但是当 $n>2$ 时, 两条件中的常数之间的关系仍是不清楚的. 在有关结果中我们指出下面这些: (i) 若 $\partial\Omega\in C^{1,\alpha}, 0\leqslant\alpha\leqslant 1$, 且 φ 在 $\partial\Omega$ 上满足有界斜率条件, 则 $\varphi\in C^{1,\alpha}(\partial\Omega)$. (ii) 若 $\partial\Omega\in C^{1,1}$ 且是一致凸的, 则 φ 在 $\partial\Omega$ 上满足有界斜率条件当且仅当 $\varphi\in C^{1,1}$. 后一结果可从 (i) 及下述事实推出: 若 Ω 是任何一致凸区域,φ 是一个 $C^{1,1}$ 函数在 $\partial\Omega$ 上的限制, 则 φ 在 $\partial\Omega$ 上满足有界斜率条件.

习题

12.1. 证明函数 $w(z)=z\log z$ 是 (K,K') 拟保角的, 其中 $K=1, K'>0$ 但不满足指数 $\alpha=1$ 的 (12.14).

12.2. 对满足 (12.2) 的拟保角映射, 证明定理 12.3, 其中 p,q 连续且属于 $W^{1,2}_{\text{loc}}$ (参阅 [FS]).

12.3. 设 $Lu=au_{xx}+2bu_{xy}+cu_{yy}$ 是区域 Ω 中的一致椭圆型算子,$\gamma=\sup\limits_{\Omega}(\Lambda/\lambda)$, 其中 $\lambda=\lambda(x,y)$ 和 $\Lambda=\Lambda(x,y)$ 是系数矩阵的最小和最大特征值. 若 $Lu=0$, 证明 $p-iq=u_x-iu_y$ 在 Ω 中对所有 $K\geqslant\dfrac{1}{2}(\gamma+1/\gamma)$ 是 K 拟保角的. [只要证明

$$\sup\frac{r^2+2s^2+t^2}{s^2-rt}=\frac{\lambda}{\Lambda}+\frac{\Lambda}{\lambda}$$

就够了. 其中上确界是对固定的 $(x,y)\in\Omega$, 关于满足 $ar+2bs+ct=0$ 的所有 r,s,t 取的.] 由此断言当 $f=0$ 时定理 12.4 对任何 Hölder 指数 $\alpha\leqslant 1/\gamma$ 成立 (对 $f\neq 0$ 参阅 [TA1]).

12.4. 在定理 12.4 中假设 $f/\lambda\in L^p(\Omega), p>2$. 若 $\Omega'\subset\subset\Omega$, 证明对某一 $\alpha\in(0,1)$, 我们有

$$|u|_{1,\alpha;\Omega'}\leqslant C(|u|_{0;\Omega}+\|f/\lambda\|_{L^p(\Omega)}),$$

其中 $C=C(\gamma,p,\operatorname{dist}(\Omega',\partial\Omega)), \alpha=\alpha(\gamma,p)$.(可以假设或者 $u\in C^2(\Omega)$, 或者 $u\in W^{2,2}(\Omega)$.)

12.5. 在定理 12.5 中, 假设 $\Omega\in C^{2,\beta}, \varphi\in C^{2,\beta}(\overline{\Omega})$, 而且 $a,b,c,f\in C^{\beta}(\overline{\Omega}\times\mathbb{R}\times\mathbb{R}^2)$. 应用定理 12.4 后所讨论的 $C^{1,\alpha}(\overline{\Omega})$ 估计, 并修改定理 12.5 的证明, 证明问题 (12.29)

有一属于 $C^{2,\beta}(\overline{\Omega})$ 的解. [以 $C^{1,\alpha}(\overline{\Omega})$ 代替 C_*^1 和 $C_*^{1,\alpha}$, 并相应定义集合 $\mathfrak{S}$ 和算子 T. 代替定理 6.13 而使用定理 6.14, 代替内部 Schauder 估计而用全局估计. 一个更简单的证明可如下得到: 考虑对应于 Dirichlet 问题

$$\text{在 } \Omega \text{ 中 } Q_\sigma u = au_{xx} + 2bu_{xy} + cu_{yy} + \sigma f = 0, \text{ 在 } \Omega \text{ 上 } u = \sigma\varphi$$

的方程族 $u = \sigma Tu, \sigma \in [0,1]$, 其中 $a = a(x, y, u, u_x, u_y)$, 等等. 证明解在 $C^{1,\alpha}(\overline{\Omega})$ 中一致有界并应用定理 11.3].

12.6. 假设方程 (12.40) 中的算子 Q 在 $\Omega \times \mathbb{R} \times \mathbb{R}^2$ 的有界子集上是一致椭圆型的. 证明定理 12.7, 但不用定理 12.5. 证明中将定理 12.5 证明中的集合 $\mathfrak{S}$ 代之以

$$\mathfrak{S}' = \{v \in C_*^{1,\alpha} | |v|_{1,\alpha}^* \leqslant K', |Dv| \leqslant K\},$$

这里 K 是有界斜率条件中的常数, 而 K' 是在 (12.32) 中确定的常数.

第 13 章　梯度的 Hölder 估计

本章我们推导有界区域 Ω 内形为

$$Qu = a^{ij}(x,u,Du)D_{ij}u + b(x,u,Du) = 0 \tag{13.1}$$

的拟线性椭圆型方程解的导数的内部和全局 Hölder 估计. 如果除定理 11.4 的假设外, 或者假定系数 a^{ij} 属于 $C^1(\overline{\Omega}\times\mathbb{R}\times\mathbb{R}^n)$, 或者假定 Q 是散度形式的, 或假定 $n=2$, 那么由全局估计我们将看到第 11 章中叙述的证明解的存在性方法的第 IV 步能够实现. 我们将通过把问题化为第 8 章的结果, 特别是定理 8.18, 8.24, 8.26 和 8.29, 来建立本章的估计.

13.1. 散度形式的方程

现在我们假定 Q 等价于形为

$$Qu = \operatorname{div}\mathbf{A}(x,u,Du) + B(x,u,Du) \tag{13.2}$$

的椭圆型算子, 其中向量函数 $\mathbf{A}\in C^1(\Omega\times\mathbb{R}\times\mathbb{R}^n)$, 而 $B\in C^0(\Omega\times\mathbb{R}\times\mathbb{R}^n)$. 如果 $u\in C^1(\Omega)$ 在 Ω 中满足 $Qu=0$, 那么我们有

$$\int_\Omega \{\mathbf{A}(x,u,Du)D\zeta - B(x,u,Du)\zeta\}dx = 0,\quad \forall\zeta\in C_0^1(\Omega).$$

固定 $k, 1\leqslant k\leqslant n$, 用 $D_k\zeta$ 代替 ζ 并分部积分, 得到

$$\int_\Omega \{(D_{p_j}A^iD_{jk}u + \delta_kA^i)D_i\zeta + BD_k\zeta\}dx = 0,\quad \forall\zeta\in C_0^1(\Omega),$$

其中 δ_k 是微分算子, 由下式定义:

$$\delta_k A^i(x,z,p) = p_k D_z A^i(x,z,p) + D_{x_k} A^i(x,z,p),$$

而 $D_{p_j}A^i, \delta_k A^i$ 和 B 的变元都是 $x, u(x), Du(x)$. 所以, 记

$$\begin{aligned}\overline{a}^{ij}(x) &= D_{p_j}A^i(x,u(x),Du(x)),\\ f_k^i(x) &= \delta_k A^i(x,u(x),Du(x)) + \delta_k^i B(x,u(x),Du(x)),\end{aligned}$$

其中 $[\delta_k^i]$ 是单位矩阵, 我们就看出导数 $w = D_k u$ 满足

$$\int_\Omega (\overline{a}^{ij}(x)D_j w + f_k^i(x))D_i\zeta dx = 0, \quad \forall \zeta \in C_0^1(\Omega); \tag{13.3}$$

即 w 是线性椭圆型方程

$$Lw = D_i(\overline{a}^{ij}D_j w) = -D_i f_k^i$$

的广义解. 如果需要的话用一个严格包含在 Ω 内的子区域来代替 Ω, 我们可以假定 L 在 Ω 中是严格椭圆型的, 并假定系数 $\overline{a}^{ij}, f_k^i$ 是有界的, 即满足定理 8.22 和 8.24 的假设. 因此, 选择 $\lambda_K, \Lambda_K, \mu_K$ 使得对所有的 $x \in \Omega, |z| + |p| \leqslant K, i, j = 1, 2, \ldots, n$,

$$\begin{aligned}0 &< \lambda_K \leqslant \lambda(x,z,p),\\ \Lambda_K &\geqslant |D_{p_j}A^i(x,z,p)|,\\ \mu_K &\geqslant |\delta_j A^i(x,z,p)| + |B(x,z,p)|,\end{aligned} \tag{13.4}$$

我们就得到下面的内估计.

定理 13.1 设 $u \in C^2(\Omega)$ 在 Ω 中满足 $Qu = 0$, 其中 Q 在 Ω 中是椭圆型的, 而且关于 $\mathbf{A} \in C^1(\Omega \times \mathbb{R} \times \mathbb{R}^n), B \in C^0(\Omega \times \mathbb{R} \times \mathbb{R}^n)$ 为散度形式 (13.2). 则对于任何 $\Omega' \subset\subset \Omega$, 有估计

$$[Du]_{\alpha;\Omega'} \leqslant Cd^{-\alpha}, \tag{13.5}$$

其中

$$\begin{aligned}C &= C(n, K, \mathbf{\Lambda}_K/\lambda_K, \mu_K/\lambda_K, \operatorname{diam}\Omega),\\ K &= |u|_{1;\Omega} = \sup_\Omega(|u| + |Du|),\\ d &= \operatorname{dist}(\Omega', \partial\Omega) \quad 而 \quad \alpha = \alpha(n, \Lambda_K/\lambda_K) > 0.\end{aligned}$$

为了把定理 13.1 推广为 Ω 中的全局 Hölder 估计, 我们假定在 $\overline{\Omega}$ 上 Q 是椭圆型的, 且有 $\mathbf{A} \in C^1(\overline{\Omega} \times \mathbb{R} \times \mathbb{R}^n), B \in C^0(\overline{\Omega} \times \mathbb{R} \times \mathbb{R}^n), \partial\Omega \in C^2$ 以及在 $\partial\Omega$ 上 $u = \varphi$, 其中 $\varphi \in C^2(\overline{\Omega})$. 把 u 换成 $u - \varphi$, 不失一般性, 我们可以假定在 $\partial\Omega$ 上 $u = 0$. 因为 $\partial\Omega \in C^2$, 故对每一点 $x_0 \in \partial\Omega$, 存在一个球 $B = B(x_0)$ 和一个从 B 到开集 $D \subset \mathbb{R}^n$ 上的一对一映射 ψ, 使得

$$\psi(B \cap \Omega) \subset \mathbb{R}^n_+ = \{x \in \mathbb{R}^n | x_n > 0\},$$
$$\psi(B \cap \partial\Omega) \subset \partial\mathbb{R}^n_+ \text{ 以及 } \psi \in C^2(B), \psi^{-1} \in C^2(D).$$

记 $y = \psi(x), v(y) = u \circ \psi^{-1}(y), B^+ = B \cap \Omega, D^+ = \psi(B^+)$, 在 $\partial D^+ \cap \partial\mathbb{R}^n_+$ 上我们有 $D_{y_k} v = 0, k = 1, 2, \cdots, n-1$, 而且在 B^+ 中的方程 $Qu = 0$ 等价于在 D^+ 中的方程

$$\overline{Q}v = D_{y_i}\overline{A}^i(x, u, Du) + \overline{B}(x, u, Du) = 0, x = \psi^{-1}(y), \tag{13.6}$$

其中 $\overline{A}$ 和 $\overline{B}$ 由下式给出:

$$\overline{A}^i = \frac{\partial y_i}{\partial x_r} A^r, \quad \overline{B} = -\frac{\partial}{\partial y_i}\left(\frac{\partial y_i}{\partial x_r}\right) A^r + B.$$

所以导数 $w = D_{y_k} v, k = 1, \ldots, n-1$ 将是 D^+ 中线性椭圆型方程

$$Lw = D_i(\overline{a}^{ij} D_j w) = -D_i f^i_k$$

的广义解, 其中

$$\overline{a}^{ij} = \frac{\partial y_i}{\partial x_r}\frac{\partial y_j}{\partial x_s} D_{p_s} A^r,$$
$$f^i_k(y) = \frac{\partial y_i}{\partial x_r}\frac{\partial x_s}{\partial y_k}\left(\frac{\partial^2 y_l}{\partial x_j \partial x_s} D_{p_j} A^r D_{y_i} u + \delta_s A^r\right) + \delta^i_k B +$$
$$\left[\frac{\partial}{\partial y_k}\left(\frac{\partial y_i}{\partial x_r}\right) - \delta^i_k \frac{\partial}{\partial y_j}\left(\frac{\partial y_j}{\partial x_r}\right)\right] A^r,$$

$D_{p_s} A^r, \delta_s A^r, A^r$ 和 B 的变元是 $x = \psi^{-1}(y), u(x) = v(y)$ 以及 $Du(x) = Du(\psi^{-1}(y))$. 若有必要用一较小的同心球来代替 $B(x_0)$, 我们可以假定 Jacobi 矩阵 $[D\psi] = [\partial y_i / \partial x_j]$ 在 B 中被正常数从上、下两边界住, 所以在 D^+ 中带有有界系数为 $\overline{a}^{ij}, f^i_k$ 的算子 L 是严格椭圆型的. 因此, 应用定理 8.29, 对于任何 $D' \subset\subset D$ 我们有

$$[D_{y_k} v]_{\alpha; D' \cap D^+} \leqslant C, \quad k = 1, \ldots, n-1, \tag{13.7}$$

其中 $C = C(n, K, \Lambda_K/\lambda_K, \mu_K/\lambda_K, \Omega, d), K = |u|_{1;\Omega}, d = \operatorname{dist}(D' \cap D^+, \partial D)$ 和 $\alpha = \alpha(n, \Lambda_K/\lambda_K, \Omega) > 0$.

剩下的导数 $D_{y_n}v$ 可估计如下. 设 $y_0 \in D^+ \cap D', R \leqslant d/3, B_{2R} = B_{2R}(y_0), \eta \in C_0^1(B_{2R})$, 又设 c 是一个常数, 若 $B_{2R} \subset D^+$, 则 $c = w(y_0)$, 若 $B_{2R} \cap \partial\mathbb{R}_+^n \neq \varnothing$, 则 $c = 0$. 那么对于 $w = D_{y_k}v, k = 1, \ldots, n-1$, 函数 $\zeta = \eta^2(w-c)$ 属于 $W_0^{1,2}(D^+)$. 代入 $\Omega = D^+$ 的积分恒等式 (13.3), 于是, 我们有

$$\begin{aligned}\int_{D^+} \eta^2 \overline{a}^{ij} D_i w D_j w dy \leqslant \int_{D^+} \{&|2\eta(w-c)\overline{a}^{ij} D_i \eta D_j w| + \\ &|\eta^2 f_k^i D_i w| + |2\eta(w-c) f_k^i D_i \eta|\} dy,\end{aligned}$$

所以由 Schwarz 不等式 (7.6) 和 L 的椭圆性, 我们得到

$$\int_{D^+} \eta^2 |Dw|^2 dy \leqslant C \int_{D^+} (\eta^2 + |D\eta|^2 (w-c)^2) dy,$$

其中 $C = C(n, K, \Lambda_K/\lambda_K, \mu_K/\lambda_K, \Omega)$. 现在我们进一步要求 η 满足 $0 \leqslant \eta \leqslant 1$, 在 $B_R = B_R(y_0)$ 中 $\eta = 1$ 而且 $|D\eta| \leqslant 2/R$. 因此, 由于 (13.7), 我们得到

$$\int_{B_R} |Dw|^2 dy \leqslant CR^{n-2}(R^2 + \sup_{B_{2R}} (w-c)^2) \leqslant CR^{n-2+2\alpha},$$

其中 C 和 α 依赖于 (13.7) 中的 C 所依赖的那些量. 因为 $k = 1, \ldots, n-1$, 假如 $j \neq n$, 所以我们就有

$$\int_{B_R} |D_{ij}v|^2 dy \leqslant CR^{n-2+2\alpha}. \tag{13.8}$$

为了往下进行下去, 我们对 $D_{nn}v$ 解方程 (13.6), 因此, 能写出

$$D_{nn}v = b^{ij} D_{ij} v + b, \quad i = 1, \ldots, n, j = 1, \ldots, n-1,$$

其中 b^{ij}, b 是被 $D\psi, K, \Lambda_K/\lambda_K$ 和 μ_K/λ_K 所界住的某些函数. 所以由 (13.8) 有

$$\int_{B_R} |D_{ni}v|^2 dy \leqslant CR^{n-2+2\alpha}, \quad i = 1, \ldots, n,$$

因此利用不等式 (7.8) 和 Morrey 估计 (定理 7.19), 我们能够断定估计 (13.7) 对于 $k = n$ 也是对的. 通过映射 ψ^{-1} 回到区域 Ω, 因此对于任何同心球 $B' \subset\subset B$, 我们有

$$[Du]_{\alpha; B' \cap \Omega} \leqslant C, \tag{13.9}$$

其中 $C = C(n, K, \Lambda_K/\lambda_K, \mu_K/\lambda_K, \Omega, B')$. 最后, 选有限个点 $x_0 \in \partial\Omega$ 以及球 B' 盖住 $\partial\Omega$, 从 (13.5) 和 (13.9) 我们得到下面的全局 Hölder 估计.

定理 13.2 设 $u \in C^2(\overline{\Omega})$ 在 Ω 中满足 $Qu = 0$, 其中 Q 在 $\overline{\Omega}$ 是椭圆型的, 而且关于 $\mathbf{A} \in C^1(\overline{\Omega} \times \mathbb{R} \times \mathbb{R}^n), B \in C^0(\overline{\Omega} \times \mathbb{R} \times \mathbb{R}^n)$ 为散度形式 (13.2). 如果 $\partial\Omega \in C^2$, 而且在 $\partial\Omega$ 上 $u = \varphi$, 其中 $\varphi \in C^2(\overline{\Omega})$, 那么我们就有估计

$$[Du]_{\alpha; \Omega} \leqslant C, \tag{13.10}$$

其中

$$C = C(n, K, \Lambda_K/\lambda_K, \mu_K/\lambda_K, \Omega, \Phi),$$
$$K = |u|_{1;\Omega}, \Phi = |\varphi|_{2;\Omega} \quad \text{而} \quad \alpha = \alpha(n, \Lambda_k/\lambda_k, \Omega) > 0.$$

检查定理 13.1 和 13.2 的证明表明: 如果我们只假定 $u \in C^{0,1}(\Omega) \cap W^{2,2}(\Omega)$, 以及对某个 $q > n, \varphi \in W^{2,q}(\Omega)$, 那么估计 (13.5) 和 (13.10) 仍然成立. 在这种一般情形中, 我们必须取 $\Phi = \|\varphi\|_{W^{2,q}}(\Omega)$, 而且 $\boldsymbol{\alpha}$ 还依赖于 q.

13.2. 两个变量的方程

如果 $u \in C^2(\Omega)$ 在 $\Omega \subset \mathbb{R}^2$ 中满足椭圆型方程 (13.1), 那么导数 $w_1 = D_1u, w_2 = D_2u$ 是线性椭圆型方程

$$L_1w_1 = D_1\left(\frac{a^{11}}{a^{22}}D_1w_1 + \frac{2a^{12}}{a^{22}}D_2w_1\right) + D_{22}w_1 = -D_1\frac{b}{a^{22}}, \tag{13.11}$$
$$L_2w_2 = D_{11}w_2 + D_2\left(\frac{2a^{12}}{a^{11}}D_1w_2 + \frac{a^{22}}{a^{11}}D_2w_2\right) = -D_2\frac{b}{a^{11}}$$

在 Ω 中的广义解. 从而散度形式方程的方法这里也可以用. 因此, 如果对所有的 $x \in \Omega, |z| + |p| \leqslant K, i, j = 1, 2, \lambda_K, \Lambda_K$ 和 μ_K 满足

$$\begin{aligned} 0 < \lambda_K &< \lambda(x, z, p), \\ \Lambda_K &\geqslant |a^{ij}(x, z, p)|, \\ \mu_K &\geqslant |b(x, z, p)|, \end{aligned} \tag{13.12}$$

我们有下面的估计.

定理 13.3 设 $u \in C^2(\Omega)$ 在 $\Omega \subset \mathbb{R}^2$ 中满足 $Qu = 0$, 其中 Q 在 Ω 中是椭圆型的而且系数 $a^{ij}, b \in C^0(\Omega \times \mathbb{R} \times \mathbb{R}^2)$. 则对任何 $\Omega' \subset\subset \Omega$, 我们有

$$[Du]_{\alpha;\Omega'} \leqslant Cd^{-\alpha}, \tag{13.13}$$

其中

$$C = C(K, \Lambda_K/\lambda_K, \mu_K/\lambda_K, \operatorname{diam}\Omega),$$
$$K = |u|_{1;\Omega}, d = \operatorname{dist}(\Omega', \partial\Omega) \quad \text{以及} \quad \alpha = \alpha(\Lambda_K/\lambda_K) > 0.$$

定理 13.4 设 $u \in C^2(\overline{\Omega})$ 在 $\Omega \subset \mathbb{R}^2$ 中满足 $Qu = 0$, 其中 Q 在 $\overline{\Omega}$ 是椭圆型的而且系数 $a^{ij}, b \in C^0(\overline{\Omega} \times \mathbb{R} \times \mathbb{R}^2)$. 如果 $\partial\Omega \in C^2, \varphi \in C^2(\overline{\Omega})$ 而且在 $\partial\Omega$ 上 $u = \varphi$, 那么我们有估计

$$[Du]_{\alpha;\Omega} \leqslant C, \tag{13.14}$$

其中

$$C = C(K, \Lambda_K/\lambda_K, \mu_K/\lambda_K, \Omega, \Phi),$$
$$K = |u|_{1;\Omega}, \Phi = |\varphi|_{2;\Omega} \quad 以及 \quad \alpha = \alpha(\Lambda_K/\lambda_K, \Omega) > 0.$$

注意在第 12 章中利用拟保角映射的方法我们已给出定理 13.3 的另一个证明. 我们还要指出在两个变量的情况下, 线性散度形式方程的 Hölder 估计的证明比多个变量的情形简单 (见习题 8.5). 定理 13.2 后面的附注当然同样可以用到定理 13.3 和 13.4 上去.

13.3. 一般形式的方程; 内估计

我们将证明一般形式的方程 (13.1) 的解的导数的某种组合是散度形式的线性椭圆型方程的广义下解, 据此来处理一般形式的椭圆型方程 (13.1). 然后应用弱 Harnack 不等式 (定理 8.18 和 8.26) 来求得所要的 Hölder 估计.

假定 Q 的系数 a^{ij} 和 b 分别属于 $C^1(\Omega\times\mathbb{R}\times\mathbb{R}^n)$ 和 $C^0(\Omega\times\mathbb{R}\times\mathbb{R}^n)$. 设在 Ω 中 $Qu=0$ 而且最初假定 $u\in C^3(\Omega)$. 对 $x_k, k=1,\ldots,n$ 求微分, 我们得

$$\begin{aligned} &a^{ij}(x,u,Du)D_{kij}u + D_{pi}a^{ij}(x,u,Du)D_{lk}uD_{ij}u + \\ &\delta_k a^{ij}(x,u,Du)D_{ij}u + D_k b(x,u,Du) = 0, \end{aligned} \tag{13.15}$$

其中 δ_k 是由下式定义的微分算子:

$$\delta_k g(x,z,p) = D_{x_k} g(x,z,p) + p_k D_z g(x,z,p).$$

方程 (13.15) 可以写成下面的散度形式:

$$\begin{aligned} &D_i(a^{ij}D_{kj}u) + (D_{pi}a^{ij} - D_{pj}a^{il})D_{lk}uD_{ij}u \\ &+\delta_k a^{ij}D_{ij}u - \delta_i a^{ij}D_{kj}u + D_k b = 0. \end{aligned} \tag{13.16}$$

现在我们记 $v=|Du|^2$, 用 $D_k u$ 乘方程 (13.16) 并且从 $k=1$ 到 n 把所得方程加起来. 于是得到

$$\begin{aligned} &- a^{ij}D_{ki}uD_{kj}u + \frac{1}{2}D_i(a^{ij}D_j v) + \frac{1}{2}(D_{pi}a^{ij} - D_{pj}a^{il})D_{ij}uD_l v \\ &+ D_k u\delta_k a^{ij}D_{ij}u - \frac{1}{2}\delta_i a^{ij}D_j v + D_k(bD_k u) - b\Delta u = 0. \end{aligned} \tag{13.17}$$

其次对 $\gamma\in\mathbb{R}$ 和 $r=1,\ldots,n$ 我们定义函数

$$w = w_r = \gamma D_r u + v, \tag{13.18}$$

把 (13.16) 和 (13.17) 结合起来得到方程

$$
\begin{aligned}
&-2a^{ij}D_{ki}uD_{kj}u+D_i(a^{ij}D_jw+(2D_iu+\gamma\delta^{ir})b) \qquad (13.19)\\
&+(D_{p_i}a^{ij}-D_{pj}a^{il})D_{ij}uD_iw+[(2D_ku+\gamma\delta^{kr})\delta_ka^{ij}\\
&-2b\delta^{ij})]D_{ij}u-\delta_ia^{ij}D_jw=0.
\end{aligned}
$$

令

$$
\begin{aligned}
&\overline{a}^{ij}=a^{ij}(x,u(x),Du(x)),\\
&a_l^{ij}(x)=(D_{p_i}a^{ij}-D_{pj}a^{il})(x,u(x),Du(x)),\\
&f_r^i(x)=(2D_iu(x)+\gamma\delta^{ir})b(x,u(x),Du(x)),\\
&b^{ij}(x)=[(2D_ku(x)+\gamma\delta^{kr})\delta_ka^{ij}-2\delta^{ij}b](x,u(x),Du(x)),\\
&c^j(x)=\delta_ia^{ij}(x,u(x),Du(x)),
\end{aligned}
$$

我们把方程 (13.19) 写成积分形式, 对所有的 $\zeta\in C_0^1(\Omega)$,

$$
\begin{aligned}
&\int_\Omega\{(\overline{a}^{ij}D_jw+f_r^i)D_i\zeta+(2\overline{a}^{ij}D_{ki}uD_{kj}u-a_l^{ij}D_{ij}uD_lw \qquad (13.20)\\
&+c^iD_iw-b^{ij}D_{ij}u)\zeta\}dx=0.
\end{aligned}
$$

我们现在断言, 如果只假定 $u\in C^2(\Omega)$, 积分恒等式 (13.20) 仍然是对的. 为了证明这一点, 设 $\{u_m\}\subset C^3(\Omega)$ 在 $C^2(\Omega)$ 的意义下趋于 u, 即对所有的 $|\beta|\leqslant 2$, 在 Ω 的紧子集上 $\{D^\beta u_m\}$ 一致收敛到 $D^\beta u$. 因为在 Ω 中 $Qu=0$, 我们在 Ω 的紧子集上一致地有 $Qu_m\to 0$, 因此在相应于 (13.20) 的 u_m 的积分恒等式中令 $m\to\infty$, 我们就得到 (13.20). 我们指出, 类似的逼近推理表明实际上只需假定 $u\in C^{0,1}(\Omega)\cap W^{2,2}(\Omega)$.

为了往下进行, 需要从 (13.20) 中去掉包含 $D_{ij}u$ 的项. 因为 Q 是椭圆型的, 故有

$$\overline{a}^{ij}D_{ki}uD_{kj}u\geqslant\lambda|D^2u|^2\geqslant 0,$$

其中 $\lambda=\lambda(x,u(x),Du(x))$. 利用 Schwarz 不等式, 从 (13.20), 对于所有非负的 $\zeta\in C_0^1(\Omega)$ 我们有

$$
\begin{aligned}
&\int_\Omega(\overline{a}^{ij}D_jw+f_r^i)D_i\zeta dx \qquad (13.21)\\
&\leqslant\int_\Omega\left\{\left(\lambda+\frac{1}{\lambda}\sum|a_l^{ij}|^2\right)|Dw|^2+\frac{1}{\lambda}\sum(|c^i|^2+|b^{ij}|^2)\right\}\zeta dx.
\end{aligned}
$$

在 (13.21) 中用 $\zeta e^{2\chi w}$ 代替 ζ, 其中 $\chi=\sup\limits_\Omega(1+\lambda^{-2}\sum|a_l^{ij}|^2)$, 最终就把问题化

归为线性理论中的问题. 令

$$\widetilde{a}^{ij}(x) = e^{2\chi w(x)}\overline{a}^{ij}(x),$$
$$\widetilde{f}^i(x) = e^{2\chi w(x)} f_r^i(x),$$
$$\widetilde{g}(x) = \frac{1}{\lambda}e^{2\chi w(x)}(\chi \sum |f_r^i|^2 + \sum |c^i|^2 + \sum |b^{ij}|^2),$$

这样, 对于所有非负的 $\zeta \in C_0^1(\Omega)$, 就有

$$\int_\Omega \{(\widetilde{a}^{ij}D_j w + \widetilde{f}^i)D_i\zeta - \widetilde{g}\zeta\}dx \leqslant 0; \tag{13.22}$$

即函数 w 在广义意义下满足不等式

$$Lw = D_i(\widetilde{a}^{ij}D_j w) \geqslant -(\widetilde{g} + D_i\widetilde{f}^i). \tag{13.23}$$

如果有必要用一个严格包含在 Ω 内的子区域代替 Ω, 就能够假定算子 L 在 Ω 中是严格椭圆型的, 而且假定系数 $\widetilde{a}^{ij}, \widetilde{f}^i$ 和 $\widetilde{g}$ 是有界的.

取 $\gamma > 0$ 并记 $w_r^\pm = \pm\gamma D_r u + v$. 现在我们来证明: 为了推出导数 $D_r u, r = 1, 2, \ldots, n$, 的 Hölder 估计, 只要证明对于所有充分大的 $\gamma \in \mathbb{R}$ 和 $r = 1, \ldots, n$, 不等式 (13.23) 成立就够了. 因为选 γ 充分大, 我们能保证在某种意义下函数 $w_r^\pm$ 的行为和 $\pm D_r u$ 的行为是一样的.γ 的适当选取就是 $\gamma = 10nM$, 其中 $M = \sup|Du|$. 对于这样选取的 γ, 如果 $\mathfrak{S}$ 是 Ω 的一个任意子集, 又取 r 使得

$$\operatorname*{osc}_{\mathfrak{S}} D_r u \geqslant \operatorname*{osc}_{\mathfrak{S}} D_i u, \quad i = 1, \ldots, n.$$

就容易证明

$$8nM \operatorname*{osc}_{\mathfrak{S}} D_r u \leqslant \operatorname*{osc}_{\mathfrak{S}} w_r^\pm \leqslant 12nM \operatorname*{osc}_{\mathfrak{S}} D_r u. \tag{13.24}$$

此外, 为简单起见记 $w^\pm = w_r^\pm$, 并令 $W^\pm = \sup\limits_{\mathfrak{S}} w^\pm$, 我们有

$$\begin{aligned}\inf_{\mathfrak{S}} \sum_{+,-}(W^\pm - w^\pm) &\geqslant 10nM(\sup_{\mathfrak{S}} D_r u - \inf_{\mathfrak{S}} D_r u) + 2\inf_{\mathfrak{S}} v - 2\sup_{\mathfrak{S}} v \qquad (13.25)\\ &\leqslant 6nM \operatorname*{osc}_{\mathfrak{S}} D_r u \geqslant \frac{1}{2}\operatorname*{osc}_{\mathfrak{S}} w^\pm.\end{aligned}$$

现在我们能够方便地应用弱 Harnack 不等式 (定理 8.18) 了. 取 $\mathfrak{S} = B_{4R}(y) \subset \Omega$. 函数 $u = W^\pm - w^\pm$ 将是方程

$$Lu = (\widetilde{g} + D_i\widetilde{f}^i)$$

在 $\mathfrak{S}$ 中的非负上解. 相应地选 λ_K 和 μ_K 使得对于所有的 $x \in \Omega, |z| + |p| \leqslant K, i, j, k = 1, \ldots, n$,

$$\begin{aligned} 0 < \lambda_K < \lambda(x, z, p), \\ \mu_K \geqslant |a^{ij}(x, z, p)| + |D_{p_k} a^{ij}(x, z, p)| \\ +|D_z a^{ij}(x, z, p)| + |D_{x_k} a^{ij}(x, z, p)| + |b(x, z, p)|, \end{aligned} \tag{13.26}$$

并在定理 8.18 中令 $p = 1$, 就得到估计

$$R^{-n} \int_{B_{2R}} (W^{\pm} - w^{\pm}) dx \leqslant C(W^{\pm} - \sup_{B_R} w^{\pm} + \sigma(R)), \tag{13.27}$$

其中 $C = C(n, K, \mu_K/\lambda_K), K = |u|_{1;\Omega}$ 和 $\sigma(R) = R + R^2$. 利用 (13.25), 我们看到或者对 w^+ 或者对 w^- 不等式

$$\frac{1}{\omega_n (2R)^n} \int_{B_{2R}} (W^{\pm} - w^{\pm}) dx \geqslant \frac{1}{4} \operatorname*{osc}_{B_{4R}} w^{\pm}$$

成立. 我们假定不等式对 w^+ 成立. 那么从 (13.27) 有

$$\begin{aligned} \operatorname*{osc}_{B_{2R}} w^+ &\leqslant C(W^+ - \sup_{B_R} w^+ + \sigma(R)) \\ &\leqslant C(\operatorname*{osc}_{B_{4R}} w^+ - \operatorname*{osc}_{B_R} w^+ + \sigma(R)). \end{aligned}$$

因此, 记 $\omega(R) = \operatorname*{osc}_{B_R} w^+$, 我们有

$$\omega(R) \leqslant \gamma \omega(4R) + \sigma(R),$$

其中 $\gamma = 1 - C^{-1}, C = C(n, K, \mu_K/\lambda_K)$.

我们现在需要引理 8.23 的下述推广.

引理 13.5 设 $\omega_1, \ldots, \omega_N, \overline{\omega}_1, \ldots, \overline{\omega}_N \geqslant 0$ 是区间 $(0, R_0)$ 上的非减函数, 使得对每个 $R \leqslant R_0$, 可求得一个函数 $\overline{\omega}_r$, 满足不等式

$$\begin{aligned} &\overline{\omega}_r(R) \geqslant \delta_0 \omega_i(R), \quad i = 1, \ldots, N, \\ &\overline{\omega}_r(\delta R) \leqslant \gamma \overline{\omega}_r(R) + \sigma(R), \end{aligned} \tag{13.28}$$

其中 σ 也是非减的,$\delta_0 > 0$ 而 $0 < \gamma, \delta < 1$. 则对于任何 $\mu \in (0,1)$ 和 $R \leqslant R_0$, 有

$$\omega_i(R) \leqslant C \left\{ \left(\frac{R}{R_0} \right)^{\alpha} \omega_0 + \sigma(R^{\mu} R_0^{1-\mu}) \right\}, \tag{13.29}$$

其中 $C = C(N, \delta_0, \delta, \gamma)$ 和 $\alpha = \alpha(N, \delta_0, \delta, \gamma, \mu)$ 是正常数, 而 $\omega_0 = \max_{i=1,\ldots,N} \overline{\omega_i}(R_0)$.

简单修改一下引理 8.23 立即得到引理 13.5 的证明, 所以这里从略. 如果现在设 $B_0=B_{R_0}(y)$ 是任何一个包含在 Ω 中的球, 那么从引理 13.5 取 $N=2n,\delta_0=8nM,\delta=\dfrac{1}{4}$ 而 $\mu=\dfrac{1}{2}$ 立即得到: 对任何 $R\leqslant R_0, i=1,\ldots,n$,

$$\underset{B_R(y)}{\operatorname{osc}} D_i u\leqslant CR^{\alpha},\tag{13.30}$$

其中 $C=C(n,K,\mu_K/\lambda_K,R_0),\alpha=\alpha(n,K,\mu_K/\lambda_K)$. 因此我们得到了在下述定理中断言的所要内估计.

定理 13.6 设 $u\in C^2(\Omega)$ 在 Ω 中满足 $Qu=0$, 其中 Q 在 Ω 中是椭圆型的, 又系数 $a^{ij}\in C^1(\Omega\times\mathbb{R}\times\mathbb{R}^n), b\in C^0(\Omega\times\mathbb{R}\times\mathbb{R}^n)$. 则对任何 $\Omega'\subset\subset\Omega$, 我们有估计

$$[Du]_{\alpha;\Omega'}\leqslant Cd^{-\alpha},\tag{13.31}$$

其中 $C=C(n,K,\mu_K/\lambda_K,\operatorname{diam}\Omega), K=|u|_{1;\Omega}, d=\operatorname{dist}(\Omega',\partial\Omega)$ 以及 $\alpha=\alpha(n,K,\mu_K/\lambda_K)$.

13.4. 一般形式的方程; 边界估计

现在假定在 $\overline{\Omega}$ 上 Q 是椭圆型的, 并假定系数 a^{ij} 和 b 分别属于 $C^1(\overline{\Omega}\times\mathbb{R}\times\mathbb{R}^n)$ 和 $C^0(\overline{\Omega}\times\mathbb{R}\times\mathbb{R}^n)$. 设 $\partial\Omega\in C^2$, 并设在 $\partial\Omega$ 上 $u=\varphi$, 其中 $\varphi\in C^2(\overline{\Omega})$. 用 $u-\varphi$ 代替 u, 不失一般性我们可以假定在 $\partial\Omega$ 上 $u=0$. 此外, 如果 $\mathscr{U}$ 是 Ω 的一个开子集, 而 $x\to y=\psi(x)$ 定义一个 $C^2(\mathscr{U})$ 坐标变换, 对于 $x\in\mathscr{U}$, 我们有

$$\begin{aligned}Qu=\;&a^{kl}(x,u,Du)\frac{\partial y_i}{\partial x_k}\frac{\partial y_j}{\partial x_l}D_{y_iy_j}u+\\&a^{ij}(x,u,Du)\frac{\partial^2 y_k}{\partial x_i\partial x_j}D_{y_k}u+b(x,u,Du).\end{aligned}\tag{13.32}$$

因此 $\mathscr{U}$ 中的方程 $Qu=0$ 变换成 $\psi(\mathscr{U})$ 中的方程 $\overline{Q}v=0$, 其中 $v=u\circ\psi^{-1}$, 并且 $\overline{Q}$ 满足和 Q 同样的假设. 所以只要在平直边界部分的一个邻域中来考虑方程 (13.1) 就够了. 因此, 设 D 是 $\mathbb{R}^n$ 中的一个开集, 使得 $D^+=D\cap\Omega\subset\mathbb{R}^n_+=\{x\in\mathbb{R}^n|x_n>0\}$ 而且 $D\cap\partial\Omega\subset\partial\mathbb{R}^n_+$. 定义函数 v' 和 w 如下:

$$\begin{aligned}&v'=\sum_{i=1}^{n-1}|D_iu|^2,\\&w=w_r=\gamma D_ru+v',\quad r=1,\ldots,n-1,\gamma\in\mathbb{R}.\end{aligned}\tag{13.33}$$

显然, 在 $D\cap\partial\Omega$ 上 $w=0$, 如对指标 k 从 1 到 $n-1$ 求和,w 就满足方程 (13.20). 于是, 在这些限制下我们有

$$\overline{a}^{ij}D_{ki}uD_{kj}u\geqslant\lambda\sum_{j\neq n}|D_{ij}u|^2.$$

把方程 (13.1) 写成形式

$$D_{nn}u = -\frac{1}{a^{nn}}\left(\sum_{(i,j)\neq(n,n)} a^{ij}D_{ij}u + b\right) \tag{13.34}$$

来估计缺少的导数 $D_{nn}u$. 把 (13.34) 插入到 (13.20) 中, 同上节一样进行, 我们得到积分不等式 (13.22), 其中 Ω 用 D^+ 来代替而 χ 和 $\widetilde{g}$ 分别换为

$$\begin{aligned}
\chi &= \sup_\Omega(1+\lambda^{-2}\sum|a_l^{ij}|^2)(1+\lambda^{-2}\sum|a^{ij}|^2),\\
\widetilde{g} &= \lambda^{-1}e^{2\chi w}(\chi\sum|f_r^i|^2+\sum|c^i|^2+b^2(1+\lambda^{-2}\sum|a_l^{ij}|^2)\\
&\quad+\sum|b^{ij}|^2(1+\lambda^{-2}\sum|a^{ij}|^2)).
\end{aligned}$$

考虑中心在 $y\in D\cap\partial\Omega$ 的球, 用边界弱 Harnack 不等式 (定理 8.26) 代替内 Harnack 不等式 (定理 8.18), 遵循上节的证明, 我们得到 u 的切向导数的一个边界 Hölder 估计. 即对于任何中心在 $y\in D\cap\partial\Omega$ 的球 $B_0=B_{R_0}(y)\subset D$, 对任何 $R\leqslant R_0$, 有

$$\underset{D^+\cap B_R(y)}{\operatorname{osc}} D_iu\leqslant CR^\alpha,\quad i=1,\ldots,n-1, \tag{13.35}$$

其中 $C=C(n,K,\mu_K/\lambda_K,R_0), K=|u|_{1;\Omega}$ 而 $\alpha=\alpha(n,K,\mu_K/\lambda_K)>0$.

从 (13.35) 过渡到剩下的导数 D_nu 的估计类似于 13.1 节中散度形式方程的相应步骤. 设 $D'\subset\subset D, d=\operatorname{dist}(D'\cap D^+,\partial D), y\in D^+\cap D', R\leqslant d/3, B_{2R}=B_{2R}(y), \eta\in C_0^1(B_{2R})$, 又设 c 是常数, 使得如果 $B_{2R}\subset D^+$, 则 $c=\inf_{B_{2R}} w$, 如果 $B_{2R}\cap\partial\Omega\neq\varnothing$, 则 $c=0$. 对于由 (13.33) 给出的 w, 函数 $\zeta=\eta^2(w-c)^+=\eta^2\sup(w-c,0)$ 是非负的并且属于 $W_0^{1,2}(D^+)$. 代入 $\Omega=D^+$ 的积分不等式 (13.22) 中, 则有

$$\int_{w\geqslant c}\eta^2|Dw|^2dx\leqslant C\int_{D^+}(\eta^2+|D\eta|^2(w-c)^2)dx,$$

其中 $C=C(n,K,\mu_K/\lambda_K)$. 现在进一步要求 η 使得 $0\leqslant\eta\leqslant 1$, 在 $B_R=B_R(y)$ 中 $\eta=1$ 以及 $|D\eta|\leqslant 2/R$. 那么

$$\begin{aligned}
\int_{B_R^+}|Dw|^2dx &\leqslant CR^{n-2}(R^2+\sup_{B_{2R}}(w-c)^2),\quad \text{其中 } B_R^+=\{x\in B_R|w(x)\geqslant c\}\\
&\leqslant CR^{n-2}(R^2+(\underset{B_{2R}}{\operatorname{osc}} w)^2)\\
&\leqslant CR^{n-2+2\alpha}\quad \text{由 (13.30) 和 (13.35)},
\end{aligned} \tag{13.36}$$

其中 $C=C(n,K,\mu_K/\lambda_K,d)$ 和 $\alpha=\alpha(n,K,\mu_K/\lambda_K)$. 在 (13.36) 中取 $\gamma=0$ 和

$\gamma=1$, 那么对 $B_{2R}\subset D^+$(在这种情形 $B_R^+=B_R=D^+\cap B_R$), 我们有

$$\int_{D^+\cap B_R}|DD_r u|^2dx\leqslant 2\int_{D^+\cap B_R}(|Dv'|^2+|Dw|^2)dx \\ \leqslant CR^{n-2+2\alpha},\quad r=1,\ldots,n-1. \tag{13.37}$$

如果 $B_{2R}\cap\partial\Omega\neq\varnothing$, 在 (13.36) 中我们要求 $\gamma=0,\pm1$. 则再次得到估计 (13.37), 因为在 $D'\cap B_R$ 的每个点上函数 $w^{\pm}=\pm D_r u+v'$ 中至少有一个是非负的. 所以, 只要 $j\neq n$, 对任何 $y\in D'\cap D^+, R\leqslant d/3$, 我们就有估计

$$\int_{D^+\cap B_R}|D_{ij}u|^2dx\leqslant CR^{n-2+2\alpha}. \tag{13.38}$$

由于 (13.34), 对 $i=j=n$, 估计 (13.38) 也成立. 因此, 由定理 7.19 有

$$[Du]_{\alpha;D'\cap D^+}\leqslant C, \tag{13.39}$$

其中 $C=C(n,K,\mu_K/\lambda_K,d),\alpha=\alpha(n,K,\mu_K/\lambda_K)>0$. 最后, 回到原来的区域 D 和边值 φ, 我们得到 Ladyzhenskaya 和 Ural'tseva 的基本全局 Hölder 估计.

定理 13.7 设 $u\in C^2(\overline{\Omega})$ 在 Ω 中满足 $Qu=0$, 其中 Q 在 $\overline{\Omega}$ 上是椭圆型的, 而系数 $a^{ij}\in C^1(\overline{\Omega}\times\mathbb{R}\times\mathbb{R}^n), b\in C^0(\overline{\Omega}\times\mathbb{R}\times\mathbb{R}^n)$. 如果 $\partial\Omega\in C^2,\varphi\in C^2(\overline{\Omega})$, 在 $\partial\Omega$ 上 $u=\varphi$, 那么我们就有估计

$$[Du]_{\alpha;\Omega}\leqslant C, \tag{13.40}$$

其中 $C=C(n,K,\mu_K/\lambda_K,\Omega,\Phi), K=|u|_{1;\Omega}, \Phi=|\varphi|_{2;\Omega}, \alpha=\alpha(n,K,\mu_K/\lambda_K,\Omega)>0$.

检查定理 13.6 和 13.7 的证明表明: 如果只假定 $u\in C^{0,1}(\overline{\Omega})\cap W^{2,2}(\Omega)$ 以及对某个 $q>n,\varphi\in W^{2,q}(\Omega)$, 则估计 (13.31) 和 (13.40) 仍然成立. 在这种一般情形中, 我们必须取 $\Phi=\|\varphi\|_{W^{2,q}(\Omega)}$, 而常数 C 和 α 将依赖于 q.

此外, 从本章的发展来说以下事情是明显的: 全局和内部 Hölder 估计能够作为部分内估计的特殊情形来实现. 也就是, 假定算子 Q 满足定理 13.7 的假设条件, 又设 T 是 $\partial\Omega$ 的 C^2 边界部分使得 $u,\varphi\in C^2(\Omega\cup T)$, 在 T 上 $u=\varphi$. 如果在 Ω 中 $Qu=0$, 那么对于任何 $\Omega'\subset\subset\Omega\cup T$, 我们有内估计

$$[Du]_{\alpha;\Omega'}\leqslant C, \tag{13.41}$$

其中

$$C=C(n,K,\mu_K/\lambda_K,T,\Phi,d).$$

$$d=\operatorname{dist}(\Omega',\partial\Omega-T)\ \text{及}\ \alpha=\alpha(n,K,\mu_K/\lambda_K,T)>0.$$

13.5. 对 Dirichlet 问题的应用

把定理 11.4, 13.2, 13.4, 13.7 结合起来, 我们得到下面的基本存在定理.

定理 13.8 设 Ω 是 $\mathbb{R}^n$ 中的有界区域, 并设算子 Q 在 $\overline{\Omega}$ 上是椭圆型的, 其系数 $a^{ij}\in C^1(\overline{\Omega}\times\mathbb{R}\times\mathbb{R}^n), b\in C^\alpha(\overline{\Omega}\times\mathbb{R}\times\mathbb{R}^n), 0<\alpha<1$. 设 $\partial\Omega\in C^{2,\alpha}, \varphi\in C^{2,\alpha}(\overline{\Omega})$, 如果存在与 u 和 σ 无关的常数 M, 使得 Dirichlet 问题

$$\begin{aligned}&\text{在 }\Omega\text{ 中}, Q_\sigma u=a^{ij}(x,u,Du)D_{ij}u+\sigma b(x,u,Du)=0,\\&\text{在 }\partial\Omega\text{ 上}, u=\sigma\varphi,\quad 0\leqslant\sigma\leqslant 1\end{aligned}\tag{13.42}$$

的每一个 $C^{2,\alpha}(\overline{\Omega})$ 解满足

$$\|u\|_{C^1(\overline{\Omega})}=\sup_\Omega|u|+\sup_\Omega|Du|<M,\tag{13.43}$$

那么 Dirichlet 问题 —— 在 Ω 中 $Qu=0$, 在 $\partial\Omega$ 上 $u=\varphi$ —— 在 $C^{2,\alpha}(\overline{\Omega})$ 中是可解的. 如果 Q 是散度形式的或者如果 $n=2$, 我们只需假定 $a^{ij}\in C^\alpha(\overline{\Omega}\times\mathbb{R}\times\mathbb{R}^n)$.

Dirichlet 问题的可解性通过定理 13.8 被归结为有关的一族问题的解在空间 $C^1(\overline{\Omega})$ 中的先验估计. 假如定理 13.8 的假设条件成立, 那么我们只需实现在第 11 章第 3 节中叙述的存在性方法中的头三步就够了. 而且引用更一般的定理 11.8 来代替定理 11.4, 我们看到在定理 13.8 的陈述中, 问题族 (13.42) 可以用任何形为

$$\begin{aligned}&\text{在 }\Omega\text{ 中 } Q_\sigma u=a^{ij}(x,u,Du;\sigma)D_{ij}u+b(x,u,Du;\sigma)=0,\\&\text{在 }\partial\Omega\text{ 上}\quad u=\sigma\varphi,\quad 0\leqslant\sigma\leqslant 1\end{aligned}\tag{13.44}$$

的问题族来代替, 其中

(i) $Q_1=Q, b(x,z,p;0)=0$,

(ii) 对于所有的 $\sigma\in[0,1]$, 算子 Q_σ 在 $\overline{\Omega}$ 上是椭圆型的,

(iii) 系数 a^{ij}, b 都充分光滑; 如 $a^{ij}, b\in C^1(\overline{\Omega}\times\mathbb{R}\times\mathbb{R}^n\times[0,1])$.

评注

定理 13.1, 13.2, 13.6 和 13.7 的 Hölder 估计属于 Ladyzhenskaya 和 Ura'lseva [LU2, 3, 4]. 我们关于定理 13.6 和 13.7 的推导取自 [TR1], 与他们的推导有些不同, 不过保留了他们归结为对于 (13.33) 中的函数 w 的散度结构不等式的关键思想. 特别提到我们可以使用定理 9.22 的弱 Harnack 不等式以代替定理 13.6 的推导中的散度结构结果 (参见[TR13]). 利用 Krylov 的边界梯度 Hölder 估计也能够避免在定理 13.7 的证明中使用散度结构理论, 即定理 9.31 (参见习题 13.1).

习题

13.1. 利用引理 6.32 中的内插不等式证明内部估计 (13.5), (13.13) 和 (13.31) 能够表述为更明晰的形式: 对于任意 $\Omega' \subset\subset \Omega'' \subset \Omega$ 有

$$[Du]_{\alpha;\Omega'} \leqslant C(d^{-1-\alpha} \sup_{\Omega''} |u| + 1), \tag{13.45}$$

其中 C 和 α 依赖跟前面同样的量, 而 $d = \operatorname{dist}(\Omega', \partial\Omega'')$. 结合 (13.45) 和边界估计 (9.68) (类似于定理 8.29 的证明) 推导出对于解 $u \in C^{0,1}(\overline{\Omega}) \cap C^2(\Omega)$ 的全局估计 (13.10), (13.14), (13.40). 我们注意这些全局估计也能够直接从 (13.5), (13.13), (13.31) 的当前形式推导出来 (参见 [TR14]).

第 14 章　边界梯度估计

检查定理 11.5 的证明表明：对于形为 (11.7) 或 (11.8) 的椭圆型算子来说，带有光滑数据的古典 Dirichlet 问题的可解性只依赖于存在性方法第 Ⅱ 步的完成，即依赖于边界梯度估计的存在性. 本章对 $\Omega \subset \mathbb{R}^n$ 中的一般方程

$$Qu = a^{ij}(x,u,Du)D_{ij}u + b(x,u,Du) = 0 \tag{14.1}$$

提供各种假设，它们保证了解的边界梯度估计. 这些假设都是关于 Q 的结构条件和关于区域 Ω 的几何条件的组合. 将会看到在拟线性椭圆型方程理论的梯度界方面的结果没有其他方面的结果 —— 如第 6 和 13 章中的 Hölder 估计 —— 深刻. 边界梯度估计是通过古典最大值原理和闸函数的审慎而且一般说是自然的选择联系在一起的. 尽管如此，这些估计却是相当重要的，因为它们在确定 Dirichlet 问题的可解性特征中看来是主要的因素. 本章末的非存在性结果将证明这一点.

在这个时候描述一下后面要采用的*闸函数方法*是合适的. 这是在第 2 和 6 章中已经遇到过的那些思想的修改. 设 Q 是一个椭圆型算子，形为

$$Qu = a^{ij}(x,u,Du)D_{ij}u + b(x,u,Du), \tag{14.2}$$

其中 $b(x,z,p)$ 关于 z 是非增的，并假定 $u \in C^2(\Omega) \cap C^0(\overline{\Omega})$ 在 Ω 中满足 $Qu = 0$. 假设在一点 $x_0 \in \partial\Omega$ 的某个邻域 $\mathscr{N} = \mathscr{N}_{x_0}$ 中存在两个函数 $w^{\pm} = w^{\pm}_{x_0} \in C^2(\mathscr{N} \cap \Omega) \cap C^1(\mathscr{N} \cap \overline{\Omega})$，使得

(i) 在 $\mathscr{N} \cap \Omega$ 中 $\pm Qw^{\pm} < 0$,

(ii) $w^{\pm}(x_0) = u(x_0)$,

(iii) $w^-(x) \leqslant u(x) \leqslant w^+(x), x \in \partial(\mathscr{N} \cap \Omega)$.
那么, 把比较原理 (定理 10.1) 应用到区域 $\mathscr{N} \cap \Omega$ 上, 就得出

$$\text{对所有的 } x \in \mathscr{N} \cap \Omega, \quad w^-(x) \leqslant u(x) \leqslant w^+(x),$$

所以, 由 (ii) 得

$$\frac{w^-(x) - w^-(x_0)}{|x - x_0|} \leqslant \frac{u(x) - u(x_0)}{|x - x_0|} \leqslant \frac{w^+(x) - w^+(x_0)}{|x - x_0|}.$$

从而, 只要 $w^\pm$ 和 u 的法向导数在 x_0 点存在, 它们就满足

$$\frac{\partial w^-}{\partial \nu}(x_0) \leqslant \frac{\partial u}{\partial \nu}(x_0) \leqslant \frac{\partial w^+}{\partial \nu}(x_0). \tag{14.3}$$

我们分别把 $w^\pm$ 叫做算子 Q 和函数 u 在 x_0 点的上闸函数和下闸函数. 它们在所有点 $x_0 \in \partial\Omega$ 上的存在性与一致有界的梯度一起就蕴涵着 u 的所需边界梯度估计, 这里 u 在 Ω 中满足 $Qu = 0$.

在决定闸函数的构造之前, 有一个合用的变换公式是方便的. 首先, 设 I 是 $\mathbb{R}$ 中的某个区间, 又设 $u = \psi(v)$, 其中 $\psi \in C^2(I)$, 在 I 上 $\psi' \neq 0$. 那么对于 $v(x) \in I$ 我们有

$$\overline{Q}v = Qu = \psi' a^{ij} D_{ij} v + \frac{\psi''}{(\psi')^2}\mathscr{E} + b, \tag{14.4}$$

其中 $a^{ij}, \mathscr{E}$ 和 b 的变元是 $x, u = \psi(v)$ 和 $Du = \psi' Dv$. 其次, 对于某个 $\varphi \in C^2(\overline{\Omega})$, 我们令 $u = v + \varphi$. 那么, 对于 $x \in \Omega$ 我们有

$$\widetilde{Q}v = Qu = a^{ij} D_{ij} v + a^{ij} D_{ij}\varphi + b, \tag{14.5}$$

其中 a^{ij} 和 b 的变元是 $x, u = v + \varphi$ 和 $Du = Dv + D\varphi$. 定义函数 $\mathscr{F}$ 如下:

$$\mathscr{F}(x, z, p, q) = a^{ij}(x, z, p)(p_i - q_i)(p_j - q_j), \tag{14.6}$$
$$(x, z, p, q) \in \Omega \times \mathbb{R} \times \mathbb{R}^n \times \mathbb{R}^n,$$

我们知道对于 (14.5) 中的变换算子 $\widetilde{Q}$, 有

$$\widetilde{\mathscr{E}}(x, v, Dv) = \mathscr{F}(x, u, Du, D\varphi). \tag{14.7}$$

虽然在第 13 章中为了进行边值的减法已经隐含地用了公式 (14.5), 但就我们这里的目的而言, 显式关系 (14.7) 是重要的. 我们不久即将看清楚, 公式 (14.4) 和 (14.5) 在某种程度上预示着为构造闸函数所需要的结构条件的本质. 在本章我们将处处假定算子 Q 在区域 Ω 中是椭圆型的.

14.1. 一般区域

我们从构造一个可用于任意光滑区域的闸函数开始. 假设 Ω 在点 $x_0 \in \partial\Omega$ 满足外部球条件, 所以存在一个球 $B = B_R(y)$, 使有 $x_0 \in \overline{B} \cap \overline{\Omega} = \overline{B} \cap \partial\Omega$. 我们定义距离函数 $d(x) = \operatorname{dist}(x, \partial B)$ 并令 $w = \psi(d)$, 其中 $\psi \in C^2[0,\infty)$ 而且 $\psi' > 0$. 由于公式 (14.4), 对于任何 $u \in C^1(\overline{\Omega}) \cap C^2(\Omega)$, 我们有

$$\begin{aligned}\overline{Q}w &= a^{ij}(x, u(x), Dw)D_{ij}w + b(x, u(x), Dw) \\ &= \psi' a^{ij} D_{ij} d + b + \frac{\psi''}{(\psi')^2}\mathscr{E} \\ &\leqslant \frac{(n-1)}{R}\psi'\Lambda + b + \frac{\psi''}{(\psi')^2}\mathscr{E};\end{aligned} \tag{14.8}$$

因为

$$D_{ij}d = |x-y|^{-3}(|x-y|^2\delta_{ij} - (x_i - y_i)(x_j - y_j)),$$

就得到 (14.8) 中最后的不等式. 现在假定 Q 满足一个结构条件, 即假定存在一个非减函数 μ, 使得对所有满足 $|p| \geqslant \mu(|z|)$ 的 $(x, z, p) \in \Omega \times \mathbb{R} \times \mathbb{R}^n$,

$$|p|\Lambda + |b| \leqslant \mu(|z|)\mathscr{E}. \tag{14.9}$$

在 (14.8) 中利用条件 (14.9), 假如 $\psi' \geqslant \mu = \mu(M)$, 我们就得到

$$\overline{Q}w \leqslant \left(\frac{\psi''}{(\psi')^2} + \nu\right)\mathscr{E}, \tag{14.10}$$

其中 $\nu = (1 + (n-1)/R)\mu, M = \sup\limits_{\Omega}|u|$. 现在考虑函数 ψ:

$$\psi(d) = \frac{1}{\nu}\log(1 + kd), \quad k > 0, \tag{14.11}$$

和邻域 $\mathscr{N} = \mathscr{N}_{x_0} = \{x \in \overline{\Omega} | d(x) < a\}, a > 0$. 显然在 $\mathscr{N}$ 中 $\psi'' = -\nu(\psi')^2$. 此外, 若 $ka \leqslant e^{\nu M} - 1$, 则

$$\psi(a) = \frac{1}{\nu}\log(1 + ka) = M, \tag{14.12}$$

从而

$$\begin{aligned}\psi'(d) &= \frac{k}{\nu(1+kd)} \geqslant \frac{k}{\nu(1+ka)} \text{ 在 } \mathscr{N} \cap \Omega \text{ 中} \\ &= \frac{k}{\nu e^{\nu M}} \geqslant \mu \text{如果 } k \geqslant \mu\nu e^{\nu M}.\end{aligned} \tag{14.13}$$

因此, 如果选 k 和 a 满足不等式

$$k \geqslant \mu\nu e^{\nu M}, \quad ka \leqslant e^{\nu M} - 1, \tag{14.14}$$

只要在 $\mathscr{N} \cap \partial\Omega$ 上 $u=0$, 则函数 $w^+ = \psi(d)$ 是算子 $\overline{Q}$ 和函数 u 在 x_0 的一个上闸函数. 类似地, 函数 $w^- = -\psi(d)$ 是一个对应的下闸函数. 因此, 如果在 Ω 中还有 $Qu=0$, 从 (14.3) 我们就得到估计

$$|Du(x_0)| \leqslant \psi'(0) = \mu e^{\nu M} \text{ 如果在 (14.14) 中等号成立.} \tag{14.15}$$

因为整个本章的估计本质上都是用上面所说的论证推导出来的, 但是要用别的曲面代替曲面 ∂B, 这种情况可用图 2 来说明.

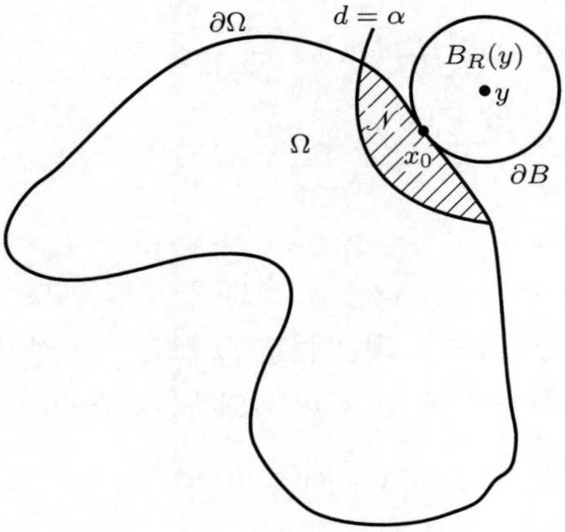

图 2

现在我们把估计 (14.15) 推广到非零边值. 设 $\varphi \in C^2(\overline{\Omega})$, 并设在 $\partial\Omega$ 上 $u=\varphi$. 那么我们要求由 (14.5) 给出的变换算子满足结构条件 (14.9). 所以对于所有的 $(x,z,p) \in \Omega \times \mathbb{R} \times \mathbb{R}^n$ 和满足 $|p - D\varphi| \geqslant \overline{\mu}(|z|)$ 的某个非减函数 $\overline{\mu}$, 成立

$$(|p - D\varphi| + |D^2\varphi|)\Lambda + |b| \leqslant \overline{\mu}(|z|)\mathscr{F}(x,z,p,D\varphi) \tag{14.16}$$

就够了. 因为

$$\begin{aligned} \mathscr{F}(x,z,p,q) &= a^{ij}(x,z,p)(p_i - q_i)(p_j - q_j) \\ &\geqslant \frac{1}{2}\mathscr{E} - a^{ij}q_iq_j \quad \text{由 Schwarz 不等式}, \\ &\geqslant \frac{1}{2}\mathscr{E} - \Lambda|q|^2, \end{aligned} \tag{14.17}$$

我们看出: 只要选

$$\overline{\mu} = 4(\mu(1 + |\varphi|_1^2) + |\varphi|_2),$$

结构条件 (14.9) 就蕴涵 (14.16). 因此, 用 $u - \varphi$ 代 u, 用 $\overline{\mu}$ 代 μ, 估计式 (14.15) 将成立. 所以我们能够断言下面的边界梯度估计.

定理 14.1 设 $u \in C^2(\Omega) \cap C^1(\overline{\Omega})$ 在 Ω 中满足 $Qu = 0$, 在 $\partial\Omega$ 上 $u = \varphi$. 假如 Ω 满足一致的外部球条件而且 $\varphi \in C^2(\overline{\Omega})$. 如果结构条件 (14.9) 成立, 那么在 $\partial\Omega$ 上就有

$$|Du| \leqslant C, \tag{14.18}$$

其中 $C = C(n, M, \mu(M), \Phi, \delta), M = \sup\limits_{\Omega} |u|, \Phi = |\varphi|_{2;\Omega}$ 而 δ 是所假定的外部球的半径.

把条件 (14.9) 写成以下形式常常是方便的:

$$p\Lambda, b = \mathrm{o}(\mathscr{E}), \quad \text{当 } |p| \to \infty \text{ 时}, \tag{14.19}$$

其中关于 $|p|$ 的极限行为应理解为对任何 $N > 0$ 在 $\Omega \times (-N, N)$ 中是一致的. 特别地, 如果 Q 对任何 $N > 0$ 在 $\Omega \times (-N, N) \times \mathbb{R}^n$ 中是一致椭圆型的, 即 $\Lambda = O(\lambda)$, 又若还有 $b = O(\lambda |p|^2)$, 则满足结构条件 (14.9).

14.2. 凸区域

在本节中我们考虑可用于凸区域和一致凸区域的闸函数的构造. 假定 Ω 在点 $x_0 \in \partial\Omega$ 处满足外部平面条件, 因而存在一个超平面 $\mathscr{P}$ 使 $x_0 \in \mathscr{P} \cap \overline{\Omega} = \mathscr{P} \cap \partial\Omega$. 令 $d(x) = \operatorname{dist}(x, \mathscr{P}), w = \psi(d)$, 那么对于任何 $u \in C^1(\overline{\Omega}) \cap C^2(\Omega)$, 我们得到

$$\overline{Q}w = \psi' a^{ij} D_{ij} d + b + \frac{\psi''}{(\psi')^2}\mathscr{E} = b + \frac{\psi''}{(\psi')^2}\mathscr{E}. \tag{14.20}$$

因此若 $b = O(\mathscr{E})$, 因而对某个非减函数 μ, 当 $|p| \geqslant \mu(|z|)$ 时我们有

$$|b| \leqslant \mu(|z|)\mathscr{E}, \tag{14.21}$$

取 $\nu = \mu(M), M = \sup\limits_{\Omega} |u|$, 上节的闸函数论证是可以用的. 从而假如在 Ω 中 $Qu = 0$, 在 $\partial\Omega$ 上 $u = 0$, 我们就得到 $Du(x_0)$ 的一个估计. 为了把这个结果推广到非零边值 φ, 我们要求 $\Lambda D^2\varphi$ 和 $b = O(\mathscr{F})$, 即对于某个非减函数 $\overline{\mu}$, 当 $|p - D\varphi| \geqslant \overline{\mu}(|z|)$ 时,

$$\Lambda |D^2\varphi| + |b| \leqslant \overline{\mu}(|z|)\mathscr{F} \tag{14.22}$$

成立. 所以有下述估计.

定理 14.2 设 $u, \varphi \in C^2(\Omega) \cap C^1(\overline{\Omega})$ 在 Ω 中满足 $Qu = 0$, 在 $\partial\Omega$ 上满足 $u = \varphi$, 并假定 Ω 是凸的. 如果结构条件 (14.22) 成立, 那么我们在 $\partial\Omega$ 上就有

$$|Du| \leqslant C, \tag{14.23}$$

其中 $C = C(n, M, \overline{\mu}(M), |\varphi|_{1;\Omega}), M = \sup\limits_{\Omega} |u|$.

与上节中一样, 在定理 14.2 的假设中, 结构条件 (14.22) 可以用与边值 φ 无关的条件来代替. 特别地, 或者是条件

$$\Lambda = o(\mathscr{E}), \quad b = O(\mathscr{E}), \quad 当\ |p| \to \infty\ 时, \tag{14.24}$$

或者是条件

$$\Lambda, b = O(\lambda |p|^2), \quad 当\ |p| \to \infty\ 时, \tag{14.25}$$

蕴涵着对于某个依赖于 $|\varphi|_{2;\Omega}$ 的函数 $\overline{\mu}$, (14.22) 式的正确性. 前一个蕴涵关系是不等式 (14.17) 的一个推论; 从不等式

$$\begin{aligned} &\mathscr{F}(x,z,p,q) \geqslant \lambda(x,z,p)|p-q|^2, \\ &(x,z,p,q) \in \Omega \times \mathbb{R} \times \mathbb{R}^n \times \mathbb{R}^n \end{aligned} \tag{14.26}$$

得出第二个蕴涵关系. 所以我们能够断言定理 14.2 的下述推论.

推论 14.3 设 $u \in C^2(\Omega) \cap C^1(\overline{\Omega})$ 满足在 Ω 中 $Qu = 0$, 在 $\partial\Omega$ 上 $u = \varphi$. 假如 Ω 是凸的而且 $\varphi \in C^2(\overline{\Omega})$. 如果结构条件 (14.24) 或 (14.25) 成立, 那么我们在 $\partial\Omega$ 上就有

$$|Du| \leqslant C, \tag{14.27}$$

其中 $C = C(n, M, \overline{\mu}, |\varphi|_{2;\Omega})$.

推论 14.3 特别可应用于由

$$\mathfrak{M}u = (1 + |Du|^2)\Delta u - D_i u D_j u D_{ij} u \tag{14.28}$$

定义的极小曲面算子 $\mathfrak{M}$. 这里 $\lambda = 1, \Lambda = 1 + |p|^2$ (见第 10 章例 (i) 和 (iii)), 所以对于方程 $\mathfrak{M}u = 0$, 在凸区域中边界梯度估计是成立的. 在二维情形中已经是很强的这个结果, 对于高维的情形将在下一节中得到改进.

下面我们假定区域 Ω 在点 $x_0 \in \partial\Omega$ 满足一个封闭球条件, 即存在球 $B = B_R(y) \supset \Omega$, 使 $x_0 \in \partial B$. 令 $d(x) = \operatorname{dist}(x, \partial B)$ 和 $w = \psi(d)$, 于是对任何 $u \in C^1(\overline{\Omega}) \cap C^2(\Omega)$, 得到

$$\begin{aligned} \overline{Q}w &= \psi' a^{ij} D_{ij} d + b + \frac{\psi''}{(\psi)'^2}\mathscr{E} \\ &\leqslant -\frac{\psi'}{R}(\mathscr{T} - \mathscr{E}^*) + b + \frac{\psi''}{(\psi')^2}\mathscr{E}, \end{aligned} \tag{14.29}$$

其中 $\mathscr{T}(x,z,p) = [a^{ij}(x,z,p)]$ 的迹 $= a^{ii}(x,z,p)$, 而 $\mathscr{E}^* = \mathscr{E}/|p|^2$. 最后那个不等式, 是由

$$D_{ij} d = -|x-y|^{-3}(|x-y|^2 \delta_{ij} - (x_i - y_i)(x_j - y_j))$$

得到的. 如果 b 或者用 $\mathscr{T}$ 或者用 $\mathscr{E}$ 界住, 现在就可从 (14.29) 导出边界梯度估计. 实际上, 设 $\varphi \in C^2(\overline{\Omega})$, 并假定存在一个非减函数 $\overline{\mu}$ 使得对于 $|p - D\varphi| \geqslant \overline{\mu}$,

$$|a^{ij}D_{ij}\varphi + b| \leqslant \frac{1}{R}|p - D\varphi|\mathscr{T} + \overline{\mu}\mathscr{F}. \tag{14.30}$$

区域 Ω 叫做一致凸的. 如果它在每个边界点处满足带有固定半径 R 的封闭球条件. 于是, 我们前面的闸函数构造产生下面的估计.

定理 14.4 设 $u, \varphi \in C^2(\Omega) \cap C^1(\overline{\Omega})$ 满足在 Ω 中 $Qu = 0$, 在 $\partial\Omega$ 上 $u = \varphi$. 假定 Ω 是一致凸的. 如果结构条件 (14.30) 成立, 那么我们在 $\partial\Omega$ 上就有

$$|Du| \leqslant C, \tag{14.31}$$

其中 $C = C(n, M, \overline{\mu}(M), R, |\varphi|_{1;\Omega})$.

显然带有依赖于 $|\varphi|_{2;\Omega}$ 的 $\overline{\mu}$ 的结构条件 (14.30) 或者被条件

$$b = o(\Lambda|p|) + O(\lambda|p|^2) \quad 当\ |p| \to \infty\ 时, \tag{14.32}$$

或者被条件

$$\Lambda = O(\lambda|p|^2), \quad |b| \leqslant \frac{|p|}{R}\mathscr{T} + O(\lambda|p|^2) \quad 当\ |p| \to \infty\ 时 \tag{14.33}$$

所蕴涵. 所以我们有定理 14.4 的下述推论.

推论 14.5 设 $u \in C^2(\Omega) \cap C^1(\overline{\Omega})$ 满足在 Ω 中 $Qu = 0$, 在 $\partial\Omega$ 上 $u = \varphi$. 假定 Ω 是一致凸的, $\varphi \in C^2(\overline{\Omega})$. 如果结构条件 (14.32) 或 (14.33) 成立, 那么我们在 $\partial\Omega$ 上就有

$$|Du| \leqslant C, \tag{14.34}$$

其中 $C = C(n, M, \overline{\mu}(M), |\varphi|_{2;\Omega}, R)$.

推论 14.5 特别可用于规定了平均曲率的方程

$$\mathfrak{M}u = nH(x, u, Du)(1 + |Du|^2)^{3/2}. \tag{14.35}$$

这里 $\mathscr{T} = 1 + (n-1)(1 + |p|^2)$, 因而只要 H 对于 $|p| \geqslant \mu(|z|)$ 满足

$$|H| \leqslant \frac{(n-1)}{nR}, \tag{14.36}$$

则对于一致凸区域中 (14.35) 的解, 边界梯度估计成立. 在高于二维的情形, 这个结果将在下一节中得到改进.

当 $b=0$ 时结构条件 (14.32) 显然被满足. 这时, 借助线性闸函数可以导出推论 14.5, 因为边界流形 $(\partial\Omega,\varphi)$ 将满足有界斜率条件. 而且当推论 14.5 中条件 (14.32) 成立时, 对充分大的 k, 形为 $w=kd(d=\mathrm{dist}\,(x,\partial B))$ 的闸函数对于证明来说就足够了. 从上面的证明中看出以下事实也是清楚的: 如果定理的假设中所假定的结构条件只对 $\partial\Omega$ 的某个邻域中的 x 成立, 本节的各结果将继续有效.

附注 稍作修改后本节和上节的考虑可以结合起来, 因而边界梯度估计只是由边界 $\partial\Omega$ 的局部行为所确定的. 这里确切陈述一下 C^2 区域的这种结果是合适的. 设 $\kappa=\kappa(x_0)$ 是 $\partial\Omega$ 在 x_0 处的主曲率中的最小值, 又设 $\boldsymbol{\nu}=\boldsymbol{\nu}(x_0)$ 表示 $\partial\Omega$ 在 x_0 处的内法向. 假定存在一个非减函数 $\overline{\mu}$, 使得对每个 $x_0\in\partial\Omega$, 有一个 $\varepsilon>0$, 使得当 $|p-D\varphi|\geqslant\overline{\mu}$ 时, 对于满足 $|x-x_0|<\varepsilon, \left|\dfrac{p-D\varphi}{|p-D\varphi|}\pm\boldsymbol{\nu}\right|<\varepsilon$ 的 $\forall(x,z,p)\in\Omega\times\mathbb{R}\times\mathbb{R}^n$ 有

$$|a^{ij}D_{ij}\varphi+b|<\kappa\mathscr{T}|p|+\overline{\mu}(|z|)\mathscr{F},\tag{14.37}$$

那么在 $\partial\Omega$ 上有估计

$$|Du|\leqslant C,\tag{14.38}$$

其中 $C=C(n,M,\overline{\mu}(M),x)$. 如果对所有的 $x_0\in\partial\Omega,\kappa(x_0)\geqslant\kappa_0=$ 常数, 只要用 κ_0 代替 κ, 我们就可以在 (14.37) 中取非严格的不等式. 作为这里涵盖的情形的可能类型的一个说明, 我们考虑方程

$$Qu=D_{11}u+(1+|D_2u|^N)D_{22}u=0,\quad N\geqslant 0.\tag{14.39}$$

这时, 对于凸区域 Ω 和任意的 $\varphi\in C^2(\Omega)$, 边界梯度估计将是成立的, 只要当 $\boldsymbol{\nu}(x_0)\neq(\pm1,0)$ 时, $\kappa(x_0)>0$, 即只要 $\partial\Omega$ 的曲率总是正的, 但在切线平行于 x_1 轴时有可能除外.

14.3. 边界曲率条件

本章中迄今我们已经构造了闸函数, 用常曲率的一个外部曲面 (平面或球面) 的距离函数表示. 在确定施加在算子 Q 上的结构条件时, 此外部曲面的曲率是重要的因素. 在多于两个变量的情形, 由于允许更一般的外部曲面, 我们以前说的凸性条件可以大大放松. 以下我们将假定 $\partial\Omega\in C^2$, 并用边界 $\partial\Omega$ 本身作为一个适当的外部曲面. 令 $d(x)=\mathrm{dist}\,(x,\partial\Omega)$, 从附录我们知道 $d\in C^2(\Gamma)$, 其中对某个 $d_0>0$, $\Gamma=\{x\in\overline{\Omega}|d(x)<d_0\}$. 所以, 如果 $w=\psi(d)$, 其中 $\psi\in C^2[0,\infty)$ 而

且 $\psi' > 0$, 由公式 (14.4), 对任何 $u \in C^1(\overline{\Omega}) \cap C^2(\Omega)$, 我们有

$$\begin{aligned}\overline{Q}w &= a^{ij}(x, u(x), Dw)D_{ij}w + b(x, u(x), Dw) \\ &= \psi' a^{ij} D_{ij}d + b + \frac{\psi''}{(\psi)'^2}\mathscr{E}.\end{aligned} \tag{14.40}$$

作为本节一般理论的一个预备性说明, 我们考虑极小曲面算子 $\mathfrak{M}$ 这一特殊情形; 即我们取

$$a^{ij}(x, z, p) = (1 + |p|^2)\delta_{ij} - p_i p_j. \tag{14.41}$$

于是我们有

$$\begin{aligned}a^{ij}D_{ij}d &= (1 + |\psi'|^2)\Delta d - |\psi'|^2 D_i d D_j d D_{ij} d \\ &= (1 + |\psi'|^2)\Delta d \text{ 因为 } |Dd| = 1, D_i d D_{ij} d = 0 \\ &\leqslant -(n-1)(1 + |\psi'|^2)H' \quad \text{由引理 14.17},\end{aligned} \tag{14.42}$$

其中 H' 是 $\partial\Omega$ 在其上最靠近 x 的点 $y = y(x)$ 处的平均曲率. 因此, 如果 $\partial\Omega$ 到处有非负平均曲率, 如同在上节凸区域的情形那样, 我们得到

$$\overline{Q}w \leqslant b + \frac{\psi''}{|\psi'|^2}\mathscr{E}.$$

如果 $b = O(|p|^2)$, 那么与上节中对任意 $C^2(\overline{\Omega})$ 边值一样, 就得到边界梯度估计. 在下一节中我们将证明, 对于极小曲面方程 $\mathfrak{M}u = 0$, 这个结果是强的. 利用关系式 (14.40) 和 (14.42) 我们还可以对规定了平均曲率的方程 (14.35) 推出一个相应的强的结果. 然而, 我们先回到一般的情形. 假定 Q 的系数按如下方式分解, 即对于 $p \neq 0$, 我们有

$$\begin{aligned}a^{ij} &= \Lambda a^{ij}_\infty + a^{ij}_0, i, j = 1, \ldots, n, \\ b &= |p|\Lambda b_\infty + b_0,\end{aligned} \tag{14.43}$$

其中

$$\begin{aligned}&a^{ij}_\infty(x, z, p) = a^{ij}_\infty(x, p/|p|), \quad b_\infty(x, z, p) = b_\infty(x, z, p/|p|), \\ &\text{对所有的 } x \in \Omega, |\sigma| = 1, \xi \in \mathbb{R}^n, a^{ij}_\infty(x, \sigma)\xi_i\xi_j \geqslant 0,\end{aligned}$$

而且 b_∞ 是 z 的非增函数. 例如, 在极小曲面算子 $\mathfrak{M}$ 的情形, 我们可以取

$$a^{ij}_\infty = \delta_{ij} - p_i p_j/|p|^2, \quad a^{ij}_0 = p_i p_j/|p|^2.$$

利用矩阵 $[a^{ij}_\infty]$, 我们引入平均曲率的一个广义概念如下. 即设 y 是 $\partial\Omega$ 的一点, 又设 $\boldsymbol{\nu}$ 表示 $\partial\Omega$ 在 y 点的单位内法向, $\kappa_1, \ldots, \kappa_{n-1}$ 是 $\partial\Omega$ 在 y 点的主曲率, 而

$a_1, \ldots, a_n$ 是关于在 y 点的一个对应主坐标系的矩阵 $[a_\infty^{ij}]$ 的对角元. 然后我们定义

$$\mathscr{K}^{\pm}(y) = \sum_{i=1}^{n-1} a_i(y, \pm\boldsymbol{\nu})\kappa_i. \tag{14.44}$$

因为 $a_i \geqslant 0, i = 1, \ldots, n$, 所以量 $\mathscr{K}^{\pm}$ 是 $\partial\Omega$ 在 y 点的曲率的加权平均. 此外, 在极小曲面算子 $\mathfrak{M}$ 的特殊情形, 我们有 $a_i = 1, i = 1, \ldots, n-1, a_n = 0$, 因而

$$\mathscr{K}^{+}(y) = \mathscr{K}^{-}(y) = \sum_{i=1}^{n-1} \kappa_i = (n-1)H'(y),$$

其中 $H'(y)$ 表示 $\partial\Omega$ 在 y 点的平均曲率. 通过引理 14.17 我们知道, 曲率 $\mathscr{K}^{\pm}$ 与距离函数 d 由下式联系:

$$\mathscr{K}^{\pm}(y) = -a_\infty^{ij}(y, \pm Dd(y))D_{ij}d(y). \tag{14.45}$$

为了推广我们早先关于极小曲面方程的结果, 假定不等式

$$\mathscr{K}^{+} \geqslant b_\infty(y, u, v) \tag{14.46}$$

在每一点 $y \in \partial\Omega$ 成立. 此外, 我们假定函数 $a_\infty^{ij}, b_\infty \in C^1(\Gamma \times \mathbb{R} \times \mathbb{R}^n)$ 而且 Q 满足结构条件

$$\Lambda, |p|a_0^{ij}, b_0 = O(\mathscr{E}) \text{ 当 } |p| \to \infty \text{ 时}, i, j = 1, \ldots, n, \tag{14.47}$$

所以对某个非减函数 μ, 当 $|p| \geqslant \mu(|z|)$ 时有

$$\Lambda + |p|\sum |a_0^{ij}| + |b_0| \leqslant \mu(|z|)\mathscr{E}. \tag{14.48}$$

和以前一样, 最初我们将假定函数 u 在 $\partial\Omega$ 上等于零. 然后取 w 和以前一样, 由于 (14.4) 和 (14.43) 我们有

$$\begin{aligned}
\overline{\overline{Q}}w &= a^{ij}(x, u(x), Dw)D_{ij}w + |Dw|\Lambda(x, u(x), Dw) \cdot b_\infty(x, w, Dw) \\
&\quad + b_0(x, u(x), Dw) \\
&= \psi'\Lambda(a_\infty^{ij}D_{ij}d + b_\infty) + \psi' a_0^{ij}D_{ij}d + b_0 + \frac{\psi''}{|\psi'|^2}\mathscr{E},
\end{aligned}$$

其中

$$\begin{aligned}
a_\infty^{ij}D_{ij}d + b_\infty &= a_\infty^{ij}(x, \boldsymbol{\nu})D_{ij}d(x) + b_\infty(x, w, \nu) \\
&\leqslant a_\infty^{ij}(x, \boldsymbol{\nu})D_{ij}d(y) + b_\infty(x, 0, \boldsymbol{\nu}) \quad \text{由引理 14.17} \\
&\leqslant (a_\infty^{ij}(x, \boldsymbol{\nu}) - a_\infty^{ij}(y, \boldsymbol{\nu}))D_{ij}d(y) + b_\infty(x, 0, \boldsymbol{\nu}) \\
&\quad - b_\infty(y, 0, \boldsymbol{\nu}) \quad \text{由 (14.45) 和 (14.46)} \\
&\leqslant Kd.
\end{aligned}$$

这里 $y=y(x)$ 是 $\partial\Omega$ 上最靠近 x 的点, $\boldsymbol{\nu}=Dd(y)=Dd(x)$ 是 $\partial\Omega$ 在 y 处的单位内法向, 而常数 K 由下式给出:

$$K=\sup_{x\in\Gamma}\frac{|(a_\infty^{ij}(x,\boldsymbol{\nu})-a_\infty^{ij}(y,\boldsymbol{\nu}))D_{ij}d(y)+b_\infty(x,u(y),\boldsymbol{\nu})-b_\infty(y,u(y),\boldsymbol{\nu})|}{|x-y|}. \tag{14.49}$$

因此, 由 (14.48), 只要 $\psi'd\leqslant 1$ 和 $\psi'\geqslant\mu$, 我们就有

$$\begin{aligned}\overline{\overline{Q}}w&\leqslant K\psi'd\mu\mathscr{E}+(1+\sup_\Gamma|D^2d|)\mu\mathscr{E}+\frac{\psi''}{|\psi'|^2}\mathscr{E}\\&\leqslant\left(\nu+\frac{\psi''}{|\psi'|^2}\right)\mathscr{E},\end{aligned}$$

其中 $\nu=(K+1+\sup\limits_\Gamma|D^2d|)\mu,\mu=\mu(M)$ 且 $M=\sup\limits_\Gamma|u|$. 因此由公式 (14.11) 选择 ψ 并取 k 足够大以保证 $a\leqslant d_0$, 函数 $w^+=w$ 将是算子 $\overline{\overline{Q}}$ 和函数 u 在 $\partial\Omega$ 的每一点处的上闸函数. 只要用在 $\partial\Omega$ 的每一点 y 上成立的不等式

$$\mathscr{K}^-\geqslant -b_\infty(y,u(y),-\boldsymbol{\nu}) \tag{14.46$'$}$$

代替 (14.46), 下闸函数就类似地构造出来. 由此, 如果 (14.46) 和 (14.46)$'$ 都成立并且在 Ω 中 $Qu=0$, 那么 u 在每点 $x_0\in\partial\Omega$ 将满足估计 (14.3). 为了把这个结果推广到非零边值 φ, 我们要求 $\Lambda,|p|a_0^{ij}$ 和 $b_0=O(\mathscr{F})$, 即对于其个非减函数 $\overline{\mu}$, 当 $|p-D\varphi|\geqslant\overline{\mu}(|z|)$ 时

$$\Lambda+|p|\sum|a_0^{ij}|+|b_0|\leqslant\overline{\mu}(|z|)\mathscr{F}. \tag{14.50}$$

对于由 (14.5) 给出的变换过的算子 $\widetilde{Q}$, 我们可以取 $\widetilde{a}_\infty^{ij}=a_\infty^{ij},\widetilde{b}_\infty(x,z+\varphi,p)=b_\infty(x,z,p)$, 所以条件 (14.46) 和 (14.46)$'$ 是不变的. 因此我们有下述估计.

定理 14.6 设 $u\in C^2(\Omega)\cap C^1(\overline{\Omega}),\varphi\in C^2(\overline{\Omega})$ 满足在 Ω 中 $Qu=0$, 在 $\partial\Omega$ 上 $u=\varphi$. 假定 Q 满足结构条件 (14.43), (14.50), 而且在每个点 $y\in\partial\Omega$ 不等式

$$\mathscr{K}^+\geqslant b_\infty(y,\varphi(y),\boldsymbol{\nu}),\quad \mathscr{K}^-\geqslant -b_\infty(y,\varphi(y),-\boldsymbol{\nu}) \tag{14.51}$$

成立. 那么在 $\partial\Omega$ 上有估计

$$|Du|\leqslant C, \tag{14.52}$$

其中 $C=C(n,M,\overline{\mu}(M),\Omega,K,|\varphi|_{2;\Omega}),M=\sup\limits_\Omega|u|$, 而 K 是在 (14.49) 中用 φ 代替 u 后给出的常数.

与 14.2 节中处理过的凸区域 Ω 的情形一样, 在上述定理的假设中, 结构条件 (14.50) 可以用不依赖于边值 φ 的条件来代替. 特别地, 或是条件

$$\Lambda=o(\mathscr{E}),|p|a_0^{ij},b_0=O(\mathscr{E}),\quad 当\ |p|\to\infty\ 时, \tag{14.53}$$

或是条件

$$\Lambda, |p|a_0^{ij}, b_0 = O(\lambda|p|^2), \quad \text{当 } |p| \to \infty \text{ 时}, \tag{14.54}$$

蕴涵着对于某个依赖于 $|\varphi|_{2;\Omega}$ 的函数 $\overline{\mu}$, (14.50) 的正确性. 所以我们可以断言定理 14.6 的下述推论.

推论 14.7 设 $u \in C^2(\Omega) \cap C^1(\overline{\Omega}), \varphi \in C^2(\overline{\Omega})$ 满足在 Ω 中 $Qu = 0$, 在 $\partial\Omega$ 上 $u = \varphi$. 除 (14.43) 外还假定结构条件 (14.53) 或 (14.54) 成立, 而且在 $\partial\Omega$ 上满足不等式 (14.51). 则在 $\partial\Omega$ 上有估计

$$|Du| \leqslant C, \tag{14.55}$$

其中 $C = C(n, M, \overline{\mu}, \Omega, K, |\varphi|_{2;\Omega})$.

把推论 14.7 用到规定了平均曲率的方程

$$\mathfrak{M}u = nH(x, u)(1 + |Du|^2)^{3/2}, \tag{14.56}$$

其中 $H \in C^1(\overline{\Omega} \times \mathbb{R}), D_z H \geqslant 0$, 这时就产生下面的结果.

推论 14.8 设 u 是方程 (14.35) 在 Ω 中的一个 $C^2(\Omega) \cap C^1(\overline{\Omega})$ 解, 在 $\partial\Omega$ 上 $u = \varphi$, 其中 $\varphi \in C^2(\overline{\Omega})$. 假定 $\partial\Omega$ 的平均曲率 H' 使得

$$H'(y) \geqslant \frac{n}{n-1}|H(y, \varphi(y))|, \quad \forall y \in \partial\Omega. \tag{14.57}$$

则在 $\partial\Omega$ 上有估计

$$|Du| \leqslant C, \tag{14.58}$$

其中 $C = C(n, M, \Omega, H_1, |\varphi|_{2;\Omega}), M = \sup\limits_{\Omega} |u|, H_1 = \sup\limits_{\Omega \times (-M, M)} (|H| + |DH|)$.

推论 14.8 是强的, 这将在下节得到证明. 注意这个结果可以按照我们先前处理极小曲面方程 $\mathfrak{M}u = 0$ 的路子去做而更直接地推导出来.

到现在为止本节的结果都必须对最大特征值 Λ 关于 $\mathscr{T}, \mathscr{E}$ 或 λ 的行为加上某种限制. 现在我们进而考虑不加这些限制的情形, 但是作为补偿, 不等式 (14.51) 必须在严格意义下在 $\partial\Omega$ 上处处成立. 这种情形的先例是推论 14.5 中结构条件 (14.32) 成立的情形. 为了继续进行, 我们假定在分解 (14.43) 中系数 a_∞^{ij}, b_∞ 在 $\partial\Omega \times \mathbb{R} \times \mathbb{R}^n$ 上连续, 并且系数

$$a_0^{ij} = o(\Lambda), b_0 = o(|p|\Lambda), \quad \text{当 } |p| \to \infty \text{ 时}. \tag{14.59}$$

设 $u \in C^0(\overline{\Omega}) \cap C^2(\Omega)$ 在 Ω 中满足 $Qu = 0$, 在 $\partial\Omega$ 上 $u = \varphi$, 其中 $\varphi \in C^2(\overline{\Omega})$, 并假定严格不等式

$$\mathscr{K}^+ > b_\infty(y, \varphi(y), \boldsymbol{\nu}), \mathscr{K}^- > -b_\infty(y, \varphi(y), -\boldsymbol{\nu}) \tag{14.60}$$

在 $\partial\Omega$ 上处处成立. 一开始假定 $\varphi \equiv 0$, 所以对某个正常数 k, 令 $w = kd$, 根据 (14.59), 我们有

$$\begin{aligned}\overline{\overline{Q}} &= a^{ij}(x, u(x), Dw)D_{ij}w + |Dw|\Lambda(x, u(x), Dw)b_\infty(x, w, Dw) \\ &\quad + b_0(x, u(x), Dw) \\ &= k\Lambda(a^{ij}_\infty(x, Dd)D_{ij}d + b_\infty(x, w, Dd)) + ka_0^{ij}D_{ij}d + b_0 \\ &= \Lambda\{k(a^{ij}(x, Dd)D_{ij}d + b_\infty(x, w, Dd) + o(k)\}.\end{aligned}$$

现在, 由引理 14.16、关系式 (14.45) 和 b_∞ 关于 z 非增这一事实, 知存在正常数 χ 和 $a \leqslant d_0$, 使得在邻域 $\mathscr{N} = \{x \in \overline{\Omega} | d(x) < a\}$ 中

$$a^{ij}_\infty(x, Dd)D_{ij}d + b_\infty(x, w, Dd) \leqslant -\chi.$$

由此对充分大的 k, 我们得到

$$\overline{\overline{Q}}w \leqslant \Lambda(-k\chi + o(k)) < 0.$$

因此, 选 k 足够大, 使得还有 $ka \geqslant \sup_\Omega |u|$, 函数 $w^+ = w$ 将是 $\partial\Omega$ 的每一点上算子 $\overline{\overline{Q}}$ 和函数 u 的上闸函数. 类似地, 函数 $w^- = -w$ 将是相应的下闸函数, 从而对于 $u \in C^1(\overline{\Omega})$, 我们得到在 $\partial\Omega$ 上 $|Du| \leqslant k$. 把 u 换成 $u - \varphi$ 并利用 (14.5), 这个结果自动地推广到非零边值 φ 的情形. 于是我们已经证明了下面的估计.

定理 14.9 设 $u \in C^2(\Omega) \cap C^1(\overline{\Omega}), \varphi \in C^2(\overline{\Omega})$ 满足在 Ω 中 $Qu = 0$, 在 $\partial\Omega$ 上 $u = \varphi$. 假定 Q 满足结构条件 (14.43), (14.59) 并且在每一点 $y \in \partial\Omega$, 不等式 (14.60) 成立. 则我们在 $\partial\Omega$ 上有估计

$$|Du| \leqslant C, \tag{14.61}$$

其中 $C = C(n, M, a^{ij}_\infty, a^{ij}_0, b_\infty, b_0, \Omega, |\varphi|_{2;\Omega})$ 且 $M = \sup_\Omega |u|$.

在定理 14.9 中常数 C 对系数 a_0^{ij}, b_0 的依赖性是通过结构条件 (14.59) 表现出来的, 而 C 对系数 a^{ij}_∞, b_∞ 的依赖性是通过它们在 $\partial\Omega \times \mathbb{R} \times \mathbb{R}^n$ 上的连续模表现出来的.

为了结束本节, 我们来指明这里的结果和上几节的结果之间的关系. 如果在分解 (14.43) 中取 $a^{ij}_\infty = b_\infty = 0$, 则定理 14.6 就化为 $\partial\Omega \in C^2$ 的定理 14.1. 其次, 尽管 14.2 节中凸区域上的结果不是定理 14.6 和 14.9 的特殊情形, 但是却为定理 14.6 和 14.9 的轻微变形所包含. 在习题 14.2 和 14.3 中讨论这些变形.

14.4. 非存在性结果

我们在这里介绍的某些非存在性结果表明上节定理中的许多条件不能作重大的放松. 因为本节考虑的方程类包括那样一些方程, 对于它们, 第 11 章所述的存在性方法的第 I 和第 Ⅲ 步是容易验证的, 由此可见这些情形的 Dirichlet 问题的非可解性是由于没有边界梯度估计. 确实, 这些方程的这种估计的非存在性可通过类似于下面所用的技巧直接得到证明.

我们处理非存在性结果的主要工具是比较原理 (定理 10.1) 的下述变形.

定理 14.10 设 Ω 是 $\mathbb{R}^n$ 中的有界区域, Γ 是 $\partial\Omega$ 的相对开 C^1 部分. 若 Q 是形为 (14.2) 的椭圆算子, 又 $u \in C^0(\overline{\Omega}) \cap C^2(\Omega \cup \Gamma), v \in C^0(\overline{\Omega}) \cap C^2(\Omega)$ 在 Ω 中满足 $Qu > Qv$, 在 $\partial\Omega - \Gamma$ 上 $u \leqslant v$, 在 Γ 上 $\partial v/\partial\boldsymbol{\nu} = -\infty$, 则可推出在 Ω 中 $u \leqslant v$.

证明 由定理 10.1, 我们有

$$\sup_{\Omega}(u-v) \leqslant \sup_{\Gamma}(u-v)^{+}.$$

因为在 Γ 上

$$\frac{\partial}{\partial\boldsymbol{\nu}}(u-v) = \frac{\partial u}{\partial\boldsymbol{\nu}} - \frac{\partial v}{\partial\boldsymbol{\nu}} = \infty,$$

在 Γ 上函数 $u-v$ 不能取最大值. 因此在 Ω 中 $u \leqslant v$. □

为了应用定理 14.10, 我们设 $y \in \partial\Omega$ 是固定的, $\delta = \operatorname{diam}\Omega, 0 < a < \delta$, 而且考虑如下定义的函数 w:

$$w(x) = m + \psi(r), \quad r = |x-y|,$$

其中 $m \in \mathbb{R}, \psi \in C^2(\alpha, \delta)$ 使得 $\psi(\delta) = 0, \psi' \leqslant 0, \psi'(a) = -\infty$. 利用 (14.8), 对于 $u \in C^2(\Omega), r > a$, 得到

$$\begin{aligned}\overline{Q}w &= a^{ij}(x, u(x), Dw)D_{ij}w + b(x, u(x), Dw) \\ &= \frac{\psi'}{r}(\mathscr{T} - \mathscr{E}^*) + \frac{\psi''}{(\psi')^2}\mathscr{E} + b,\end{aligned} \tag{14.62}$$

$\mathscr{T} = [a^{ij}]$ 的迹, $\mathscr{E}^* = \mathscr{E}/|p|^2, \mathscr{E}$ 和 b 的变元是 $x, u(x)$ 和 Dw. 现在我们想这样来选 ψ: 使得对某个常数 M, 在区域 $\widetilde{\Omega} = \{x \in \Omega | r > a, |u(x)| > M\}$ 中 $\overline{Q}w < 0$. 如果这样做了而且在 Ω 中 $Qu = 0$, 那么根据定理 14.10 我们就有

$$\sup_{\Omega - B_a(y)} u \leqslant M + m + \psi(a), \tag{14.63}$$

其中

$$m = \sup_{\partial\Omega - B_a(y)} u^+.$$

估计 (14.63) 可以看作是建立非存在性结果的一个准备阶段.

我们将考虑两种不同的情形.

(i) 首先, 假定对于 $x \in \Omega, |z| \geqslant M, |p| \geqslant L$, 有

$$b \leqslant -|p|^{\theta}\mathscr{E}, \tag{14.64}$$

其中 M, L 和 θ 是正常数. 然后令

$$\psi(r) = K[(\delta - a)^{\beta} - (r - a)^{\beta}], \tag{14.65}$$

其中 $\beta = \theta/(1+\theta), K \in \mathbb{R}$, 我们得到, 对于充分大的 K, 在 $\widetilde{\Omega}$ 中 $\overline{Q}w < 0$. 因此对这种情形估计 (14.63) 成立.

(ii) 其次, 假定对于 $x \in \Omega, |z| \geqslant M, |p| \geqslant 0$, 有

$$\begin{aligned} &b \leqslant 0, \\ &\mathscr{E} \leqslant \mu(\mathscr{T} - \mathscr{E}^*)|p|^{1-\theta}, \end{aligned} \tag{14.66}$$

其中 μ, θ 和 M 都是正常数. 那么对于特殊的选择

$$\psi(r) = \left(\frac{\mu}{\beta}\right)^{\beta} \int_r^{\delta} \left(\log \frac{t}{a}\right)^{-\beta} dt, \tag{14.67}$$

其中 $\beta = 1/(1+\theta)$, 在 $\widetilde{\Omega}$ 中我们就有

$$\overline{Q}w \leqslant \left(-\frac{|\psi'|^{\theta}}{\mu r} + \frac{\psi''}{(\psi')^2}\right)\mathscr{E} < 0.$$

所以, 又推出估计 (14.63). 注意: 由 (14.67) 给出的函数 ψ 满足

$$\lim_{a\to 0} \psi(a) = 0.$$

现在假定区域 Ω 满足在点 y 处的内部球条件, 所以存在一个球 $B = B_R(x_0) \subset \Omega$, 使 $y \in \overline{B} \cap \partial\Omega$. 那么, 考虑如下定义的函数 w^*.

$$w^*(x) = m^* + \chi(r), \quad r = |x - x_0|, \tag{14.68}$$

其中 $m^* \in \mathbb{R}$, 而 $\chi \in C^2(0, R-\varepsilon), 0 < \varepsilon < R$ 使得 $\chi(0) = 0, \chi' \geqslant 0$ 及 $\chi'(R-\varepsilon) = \infty$. 由 (14.62), 对于 $r > 0$ 我们有

$$\overline{Q}w^* = \frac{\chi'}{r}(\mathscr{T} - \mathscr{E}^*) + \frac{\chi''}{(\chi')^2}\mathscr{E} + b. \tag{14.69}$$

这时我们加上一个比 (14.64) 更强的条件, 即对 $x \in \Omega, |z| \geqslant M, |p| \geqslant L$,

$$b + \frac{|p|}{R'}\mathscr{T} \leqslant -|p|^{\theta}\mathscr{E}, \quad 0 < R' < R. \tag{14.70}$$

然后令

$$\chi(r) = K\{(R-\varepsilon)^{\beta} - (R-\varepsilon-r)^{\beta}\}, \quad \beta = \frac{\theta}{1+\theta}. \tag{14.71}$$

我们得到, 对充分大的 K, 在区域 $\tilde{\tilde{\Omega}} = \{x \in \Omega ||x-y| < R, R' < |x-x_0| < R-\varepsilon, |u(x)| > M\}$ 中 $\overline{Q}w^* < 0$. 所以, 根据定理 14.10 我们有

$$\sup_{\tilde{\tilde{\Omega}}} u \leqslant M + m^* + \chi(R-\varepsilon), \tag{14.72}$$

其中

$$m^* = \sup_{|x-y|=R} u.$$

把估计 (14.72) 和带有 $a = R - R'$ 的 (14.63) 结合起来, 并令 ε 趋于零, 因此得到估计

$$u(y) \leqslant 2M + m + K[(\delta - R)^{\beta} + R^{\beta}], \tag{14.73}$$

其中 K 依赖于 θ 和 L, 而

$$m = \sup_{\partial\Omega - B_R(y)} u.$$

估计 (14.73) 表明, 函数 u 的边值在 $\partial\Omega$ 上不能任意规定. 因为用 $-u$ 代替 u, 可以重复上面的论证, 结构条件 (14.70) 能被放松成对于 $x \in \Omega, |z| \geqslant M, |p| \geqslant L$,

$$|b| \geqslant \frac{|p|}{R'}\mathscr{T} + |p|^{\theta}\mathscr{E}. \tag{14.74}$$

这样我们已经证明了下述的非存在性结果.

定理 14.11 设 Ω 是 $\mathbb{R}^n$ 中的有界区域, 并假定算子 Q 满足结构条件 (14.74), 其中 R 是包含在 Ω 中的最大的球的半径, 则存在一个函数 $\varphi \in C^{\infty}(\overline{\Omega})$, 使得 Dirichlet 问题: 在 Ω 中 $Qu = 0$, 在 $\partial\Omega$ 上 $u = \varphi$ 是不可解的.

定理 14.11 蕴涵着: 定理 14.1 和 14.4 在下列意义下都是强的, 即在结构条件 (14.9), (14.30) 中的量 $\mathscr{E}, \mathscr{F}$ 不能用 $\theta > 0$ 的 $|p|^{\theta}\mathscr{E}$ 和 $|p|^{\theta}\mathscr{F}$ 来代替.(即使算子 Q 是 Laplace 算子也不行!) 此外, 在推论 14.5 中, 我们既不能用条件: 当 $|p| \to \infty$ 时 $b = O(\Lambda|p|)$ 来代替 (14.32), 也不能在 (14.33) 的第二个不等式中用 $\lambda|p|^{2+\theta}, \theta > 0$ 来代替 $\lambda|p|^2$.

我们将用上面的情形 (ii) 来说明 14.3 节中的几何限制是需要的. 假定分解 (14.43) 成立, 其中 b_∞ 与 z 无关, a^{ij}_∞, b_∞ 在 $\partial\Omega\times\mathbb{R}\times\mathbb{R}^n$ 上连续, 并满足结构条件 (14.59). 此外, 我们对算子 Q 加上结构条件: 对于 $x\in\Omega, |z|\geqslant M, |p|\geqslant 0$,

$$\begin{aligned}&b\leqslant 0,\\&\mathscr{E}\leqslant \mu\Lambda|p|^{1-\theta},\end{aligned}\tag{14.75}$$

其中 μ,θ 和 M 都是正常数. 容易证明条件 (14.43), (14.59), (14.75) 蕴涵着: 对于 $x\in\Omega, M\leqslant|z|\leqslant\overline{M}, p\in\mathbb{R}^n, \overline{M}$ 为某个常数以及可能不同于 (14.75) 中的常数 μ. 条件 (14.66) 成立. 此外, 因为根据古典极值原理 (定理 3.1), (14.75) 还蕴涵着

$$\sup_\Omega u\leqslant M+\sup_{\partial\Omega}u,\tag{14.76}$$

下面我们就能够假定在 $\Omega^+=\{x\in\Omega|u(x)>0\}$ 中 (14.66) 是可以应用的, 而且还能假定在 Ω^+ 中 (14.59) 中的各量都是通过 $\sup\limits_{\partial\Omega}u$ 被界住的. 现在假定 $\partial\Omega\in C^2$ 和

$$\mathscr{K}^-(y)<-b_\infty(y,-\boldsymbol{\nu}(y)),\tag{14.77}$$

其中 $\mathscr{K}^-$ 由 (14.44) 给出, $\boldsymbol{\nu}$ 表示 $\partial\Omega$ 在 y 处的单位内法向. 所遵循的论证类似于定理 14.11 的证明, 在 y 点的内球面用另一个二次曲面来代替. 事实上, 条件 (14.77) 蕴涵着对于充分小的 a, 存在一个切 $\partial\Omega$ 于 y 点的二次曲面 $\mathscr{S}$, 使得 (i)$\mathscr{S}$ 在 y 的切平面上有唯一的平行投影, (ii)$\mathscr{S}\cap B_a(y)\subset\overline{\Omega}$ 及 (iii) 对应于 $\mathscr{S}$ 的曲率 $\mathscr{K}^-$, 记作 $\mathscr{K}^-_{\mathscr{S}}$ 对于某个 $\eta>0$, 满足

$$\mathscr{K}^-_{\mathscr{S}}(y)\leqslant\mathscr{K}^-(y)+\eta.\tag{14.78}$$

现在我们考虑如下定义的函数 w^*:

$$w^*(x)=m^*+\chi(d),\quad d=\operatorname{dist}(x,\mathscr{S}),\tag{14.79}$$

其中 $m^*\in\mathbb{R}$, 而 $\chi\in C^2(\varepsilon,a), 0<\varepsilon<a$, 使得 $\chi(2a)=0, \chi'\leqslant 0, \chi'(\varepsilon)=-\infty$. 由 (14.40), 在区域 $\widetilde{\widetilde{\Omega}}=\{x\in\Omega||x-y|<a, \varepsilon<d<a, u(x)>M\}$ 中我们有

$$\begin{aligned}\overline{Q}w&=\chi'\Lambda(a^{ij}_\infty D_{ij}d+b_\infty)+\chi'a^{ij}_0D_{ij}d+b_0+\frac{\chi''}{(\chi')^2}\mathscr{E}\\&\leqslant\chi'\Lambda(\eta+o(1))+\frac{\chi''}{(\chi')^2}\mathscr{E}\quad \text{由 (14.59) 和 (14.78)},\\&\leqslant\chi'\Lambda(\eta+o(1)+\mu\chi''|\chi'|^{-2-\theta})\quad \text{由 (14.76)},\end{aligned}$$

令

$$\chi(d)=K[(2a-\varepsilon)^\beta-(d-\varepsilon)^\beta],\tag{14.80}$$

其中 $\beta=\theta/(1+\theta)$, 于是, 对充分大的 K, 在 $\tilde{\tilde{\Omega}}$ 中我们得到

$$\overline{Q}w^*<0.$$

由此根据定理 14.10, 我们有

$$\sup_{\tilde{\tilde{\Omega}}} u\leqslant M+m^*+\chi(\varepsilon)\leqslant M+m^*+K(2a)^\beta, \tag{14.81}$$

其中

$$m^*=\sup_{|x-y|=a} u.$$

因此, 把估计 (14.81), (14.63) 结合起来并令 ε 趋于零, 就得到估计

$$u(y)\leqslant 2M+m+\psi(a)+K(2a)^\beta, \tag{14.82}$$

其中 ψ 由 (14.67) 给出, 而

$$m=\sup_{\partial\Omega-B_a(y)} u.$$

估计 (14.82) 再次表明 u 在 $\partial\Omega$ 上不能任意规定. 这样一来, 根据下面的非存在性结果, 定理 14.6 是强的就很明显了.

定理 14.12 设 Ω 是 $\mathbb{R}^n$ 中一个有界 C^2 区域, 又假定算子 Q 满足结构条件 (14.43), (14.59) 和 (14.75). 如果在某点 $y\in\partial\Omega$, 不等式

$$\mathscr{K}^-(y)<-b_\infty(y,-\boldsymbol{\nu}(y)) \tag{14.83}$$

成立, 那么存在一个函数 $\varphi\in C^\infty(\overline{\Omega})$, 使得 Dirichlet 问题: 在 Ω 中 $Qu=0$, 在 $\partial\Omega$ 上 $u=\varphi$ 是不可解的.

如果在上面的考虑中用 $-u$ 代替 u, 只要在结构条件 (14.75) 中用 $-b$ 代替 b, 我们就得到一个类似的结论, 其中不等式 (14.83) 用

$$\mathscr{K}^+(y)<b_\infty(y,\boldsymbol{\nu}(y)) \tag{14.84}$$

来代替. 还有, 如果在 (14.76) 中 $M=0$, 我们能够选择 $\sup_{\partial\Omega}|\varphi|$ 任意地小. 因此, 限定于带有 $H(x,z)\equiv H(x)$ 的规定了平均曲率的方程 (14.56), 就有

推论 14.13 设 Ω 是 $\mathbb{R}^n$ 中一个有界 C^2 区域, 并假定在某点 $y\in\partial\Omega,\partial\Omega$ 的平均曲率 H' 使得

$$H'(y)<\frac{n}{n-1}|H(y)|, \tag{14.85}$$

其中 $H\in C^0(\overline{\Omega})$ 在 Ω 中或者是非正的, 或者是非负的, 那么对于任何 $\varepsilon>0$, 存在一个函数 $\varphi\in C^\infty(\overline{\Omega}), \sup|\varphi|\leqslant\varepsilon$, 使得 Dirichlet 问题: 在 Ω 中 $Qu=0$, 在 $\partial\Omega$ 上 $u=\varphi$ 是不可解的.

把推论 14.8 和 14.13 与 11.3 节中对特殊情形 (11.7) 的存在性方法的讨论结合起来, 我们就得到下面关于极小曲面方程可解性的 Jenkins-Serrin 判别准则 [JS2].

定理 14.14 设 Ω 是 $\mathbb{R}^n$ 中一个有界 $C^{2,\gamma}$ 区域, $0<\gamma<1$. 那么 Dirichlet 问题: 在 Ω 中 $\mathfrak{M}u=0$, 在 $\partial\Omega$ 上 $u=\varphi$, 对于任意的 $\varphi\in C^{2,\gamma}(\overline{\Omega})$ 是可解的当且仅当 $\partial\Omega$ 的平均曲率 H' 在 $\partial\Omega$ 的每一点上都是非负的.

规定了平均曲率的方程将在第 16 章中进一步研究. 这里我们指明, 定理 14.12 中 b_∞ 与 z 无关的限制可以去掉, 从而推论 14.13 中的条件 (14.85) 能够用

$$H'(y)<\sup_{z\in\mathbb{R}}\frac{n}{n-1}|H(y,z)| \tag{14.86}$$

来代替 (见习题 14.5); 把本节的结果和 15.5 节中的存在定理比较一下也是值得的.

14.5. 连续性估计

第 14.1, 14.2 和 14.3 节的闸函数构造可以使之适应于为方程 (14.1) 的 $C^0(\overline{\Omega})\cap C^2(\Omega)$ 解提供边界连续模的估计. 特别地, 我们注意到如果在这些节中任何一个梯度估计的假设中仅仅假定 $u\in C^0(\overline{\Omega})\cap C^2(\Omega)$, 那么代替 $\sup\limits_{\partial\Omega}|Du|$ 的一个估计, 我们得到量

$$\sup_{\substack{x\in\Omega\\ y\in\partial\Omega}}\frac{|u(x)-u(y)|}{|x-y|}$$

的一个界. 此外, 当我们只假定边值 $\varphi\in C^0(\partial\Omega)$ 时, 仍然会得出边界连续模的估计. 为了证明这一点, 在 $\partial\Omega$ 上固定一点 y, 并对任意的 $\varepsilon>0$, 选 $\delta>0$, 使得当 $|x-y|<\delta$ 时, $|\varphi(x)-\varphi(y)|<\varepsilon$. 然后定义函数 $\varphi^\pm\in C^2(\overline{\Omega})$ 为

$$\varphi^\pm(x)=\varphi(y)\pm\left(\varepsilon+\frac{2\sup|\varphi|}{\delta^2}|x-y|^2\right). \tag{14.87}$$

显然, 在 $\partial\Omega$ 上我们有

$$\varphi^-\leqslant\varphi\leqslant\varphi^+.$$

所以, 如果算子 Q 和函数 $\varphi^\pm$ 满足 14.1, 14.2 和 14.3 节中导出这个估计的任一条件, 我们在 $\mathscr{N}\cap\Omega$ 中就得到一个估计

$$\varphi^-+w^-\leqslant u\leqslant\varphi^++w^+, \tag{14.88}$$

其中 $w^{\pm}$ 是有关的闸函数而 $\mathscr{N}$ 是 y 的某个邻域. 因为在我们前面所有的闸函数构造中, 有 $w^{+}=-w^{-}=w$, 从 (14.88) 就得到在 $\mathscr{N}\cap\Omega$ 中,

$$|u(x)-\varphi(y)|\leqslant\varepsilon+w(x)+\frac{2\sup|\varphi|}{\delta^2}|x-y|^2. \tag{14.89}$$

所以我们能够断言下面的连续性估计.

定理 14.15 设 $u,\varphi\in C^0(\overline{\Omega})\cap C^2(\Omega)$ 满足在 Ω 中 $Qu=0$, 在 $\partial\Omega$ 上 $u=\varphi$. 假定算子 Q 和区域 Ω 或者满足定理 14.1, 推论 14.3, 推论 14.5, 推论 14.7, 或者满足定理 14.9 的结构和几何条件. 那么 u 在 $\partial\Omega$ 上的连续模能用 φ 在 $\partial\Omega$ 上的连续模, $\sup\limits_{\partial\Omega}|\varphi|,\sup\limits_{\Omega}|u|,\Omega$ 和 Q 的系数来估计.

14.6. 附录: 边界曲率和距离函数

设 Ω 是 $\mathbb{R}^n$ 中的一个区域, 其边界 $\partial\Omega$ 非空.距离函数d 定义为

$$d(x)=\operatorname{dist}(x,\partial\Omega). \tag{14.90}$$

易证 d 是一致 Lipschitz 连续的. 设 $x,y\in\mathbb{R}^n$, 选择 $z\in\partial\Omega$, 使 $|y-z|=d(y)$. 则

$$d(x)\leqslant|x-z|\leqslant|x-y|+d(y),$$

所以, 交换 x 和 y, 我们有

$$|d(x)-d(y)|\leqslant|x-y|. \tag{14.91}$$

设 $\partial\Omega\in C^2$. 对于 $y\in\partial\Omega$, 令 $\boldsymbol{\nu}(y)$ 和 $T(y)$ 分别表示 $\partial\Omega$ 上 y 点处的单位内法向和超切平面.$\partial\Omega$ 在固定点 $y_0\in\partial\Omega$ 处的曲率确定如下: 通过坐标的旋转, 可设坐标轴 x_n 位于 $\boldsymbol{\nu}(y_0)$ 的方向. 于是在 y_0 的某个邻域 $\mathscr{N}=\mathscr{N}(y_0)$ 中, $\partial\Omega$ 由 $x_n=\varphi(x')$ 给出, 其中 $x'=(x_1,\ldots,x_{n-1}),\varphi\in C^2(T(y_0)\cap\mathscr{N})$ 以及 $D\varphi(y_0')=0$. 因此 $\partial\Omega$ 在 y_0 处的曲率可以用在 y_0' 处的 Hesse 矩阵 $[D^2\varphi]$ 的正交不变量来描述. $[D^2\varphi(y_0')]$ 的特征值 $\kappa_1,\ldots,\kappa_{n-1}$ 就称为 $\partial\Omega$ 在 y_0 处的主曲率, 对应的特征向量称为 $\partial\Omega$ 在 y_0 处的主方向.$\partial\Omega$ 在 y_0 处的平均曲率由下式给出:

$$H(y_0)=\frac{1}{n-1}\sum\kappa_i=\frac{1}{n-1}\Delta\varphi(y_0'). \tag{14.92}$$

再通过一次坐标旋转, 我们可假设 $x_1,\ldots,x_{n-1}$ 轴位于 y_0 处 $\kappa_1,\ldots,\kappa_{n-1}$ 所对应的主方向上. 我们把这样的坐标系称为 y_0 点的主坐标系. 上面说到的 Hesse 矩阵 $[D^2\varphi(y_0')]$, 在 y_0 点的主坐标系中, 由下式给出:

$$[D^2\varphi(y_0')]=\operatorname{diag}[\kappa_1,\ldots,\kappa_{n-1}]. \tag{14.93}$$

在点 $y=(y',\varphi(y'))\in\mathscr{N}\cap\partial\Omega$ 处的单位内法向 $\overline{\boldsymbol{\nu}}(y')=\boldsymbol{\nu}(y)$ 由下式给出:

$$\begin{aligned}\nu_i(y)&=\frac{-D_i\varphi(y')}{\sqrt{1+|D\varphi(y')|^2}},\quad i=1,\ldots,n-1\\ \nu_n(y)&=1/\sqrt{1+|D\varphi(y')|^2}.\end{aligned}\tag{14.94}$$

因此, 在点 y_0 处的主坐标系中, 我们有

$$D_j\overline{\boldsymbol{\nu}}_i(y_0')=-\kappa_i\delta_{ij},\quad i,j=1,\ldots,n-1.\tag{14.95}$$

对于 $\mu>0$, 我们令 $\Gamma_\mu=\{x\in\overline{\Omega}|d(x)<\mu\}$. 下面的引理阐明了 Γ_μ 中距离函数 d 的光滑性与边界 $\partial\Omega$ 的光滑性之间的关系.

引理 14.16 设 Ω 是有界区域, $\partial\Omega\in C^k,k\geqslant 2$. 则存在一个依赖于 Ω 的正常数 μ, 使得 $d\in C^k(\Gamma_\mu)$.

证明 Ω 的条件蕴涵着 $\partial\Omega$ 满足一致内部球条件. 即对于每一点 $y_0\in\partial\Omega$, 存在一个依赖于 y_0 的球 B, 使得 $\overline{B}\cap(\mathbb{R}^n-\Omega)=y_0$, 球 B 的半径以某个正常数为下界, 我们取此下界为 μ. 容易证明, μ^{-1} 也是 $\partial\Omega$ 主曲率的界. 此外, 对于每一点 $x\in\Gamma_\mu$, 存在唯一的点 $y=y(x)\in\partial\Omega$, 使得 $|x-y|=d(x)$. 点 x 和 y 有关系

$$x=y+\boldsymbol{\nu}(y)d.\tag{14.96}$$

我们来说明, 方程 (14.96) 确定了 y 和 d 是 x 的 C^{k-1} 函数. 对于一个固定点 $x_0\in\Gamma_\mu$, 令 $y_0=y(x_0)$, 并选择 y_0 处的一个主坐标系. 定义一个从 $\mathscr{U}=(T(y_0)\cap\mathscr{N}(y_0))\times\mathbb{R}$ 到 $\mathbb{R}^n$ 中的映射 $\boldsymbol{g}=(g^1,\ldots,g^n)$ 为

$$\boldsymbol{g}(y',d)=y+\boldsymbol{\nu}(y)d,\quad y=(y',\varphi(y')).$$

显然 $\boldsymbol{g}\in C^{k-1}(\mathscr{U})$,$\boldsymbol{g}$ 在 $(y_0',d(x))$ 处的 Jacobi 矩阵由下式给出:

$$[D\boldsymbol{g}]=\operatorname{diag}[1-\kappa_1 d,\ldots,1-\kappa_{n-1}d,1].\tag{14.97}$$

因为 $\boldsymbol{g}$ 在 $(y_0',d(x_0))$ 处的 Jacobi 行列式为

$$\det[D\boldsymbol{g}]=(1-\kappa_1 d(x_0))\cdots(1-\kappa_{n-1}d(x_0))>0,\tag{14.98}$$

(因为 $d(x_0)<\mu$), 由逆映射定理可知, 对于某个邻域 $\mu=\mu(x_0)$, 映射 y' 是属于 $C^{k-1}(\mu)$ 的. 由 (14.96), 对于 $x\in\mu$, 我们有 $Dd(x)=\boldsymbol{\nu}(y(x))=\boldsymbol{\nu}(y'(x))\in C^{k-1}(\mu)$. 因此 $d\in C^k(\mu)$, 于是 $d\in C^k(\Gamma_\mu)$. □

在接近边界 $\partial\Omega$ 的点处,d 的 Hesse 矩阵的表达式是引理 14.16 的证明的一个直接结果.

引理 14.17 设 Ω 和 μ 满足引理 14.16 的条件, 又设 $x_0 \in \Gamma_\mu, y_0 \in \partial\Omega$, 使得 $|x_0 - y_0| = d(x_0)$. 那么用 y_0 处的主坐标系表示, 我们有

$$[D^2 d(x_0)] = \operatorname{diag}\left[\frac{-\kappa_1}{1-\kappa_1 d}, \ldots, \frac{-\kappa_{n-1}}{1-\kappa_{n-1}d}, 0\right]. \tag{14.99}$$

证明 因为

$$Dd(x_0) = \boldsymbol{\nu}(y_0) = (0, 0, \ldots, 1).$$

我们有 $D_{in}d(x_0) = 0, i = 1, \ldots, n$. 对于另外的导数 $(i, j = 1, 2, \ldots, n-1)$, 由 (14.95) 和 (14.97), 得到

$$D_{ij}d(x_0) = D_j\nu_i \circ y(x_0) = D_k\overline{\nu}_i(y_0)D_jy_k(x_0) = \begin{cases} \dfrac{-\kappa_i}{1-\kappa_i d}, & \text{若 } i = j, \\ 0, & \text{若 } i \neq j. \end{cases} \qquad \square$$

注意, 引理 14.17 的结论和几何上这样一个明显的命题等价: $\partial\Omega$ 在 y_0 处的主曲率圆和通过 x_0 的平行曲面在 x_0 处的主曲率圆是同心的.

平均曲率

现在我们来推导 C^2 超曲面 $\mathfrak{S}$ 的平均曲率公式, 用 Ω 的已知表示式表出. 设 $y_0 \in \mathfrak{S}, \mathscr{N}$ 是 y_0 的一个邻域, $\mathfrak{S}$ 由 $\psi(x) = 0$ 给出, 这里 $\psi \in C^2(\mathscr{N})$, 并且在 $\mathscr{N}$ 中 $|D\psi| > 0$. 在点 $y \in \mathfrak{S} \cap \mathscr{N}$ 处,$\mathfrak{S}$ 的单位法向量 (指向 ψ 的正方向) 由下式给出:

$$\boldsymbol{\nu} = \frac{D\psi}{|D\psi|}. \tag{14.100}$$

令 $\kappa_1, \ldots, \kappa_{n-1}$ 是 $\mathfrak{S}$ 在 y_0 处的主曲率. 于是在 y_0 处的主坐标系中, 可以证明:

$$\begin{aligned} D_i\left(\frac{D_j\psi}{|D\psi|}\right) &= -\kappa_i\delta_{ij}, \quad i, j = 1, \ldots, n-1, \\ D_i\left(\frac{D_n\psi}{|D\psi|}\right) &= 0, \quad i = 1, \ldots, n. \end{aligned} \tag{14.101}$$

因此在 y_0 处, 矩阵 $[D_j(D_i\psi/|D\psi|)]$ 关于原始坐标的特征值便是 $-\kappa_1, \ldots, -\kappa_{n-1}, 0$, 因而 $\mathfrak{S}$ 在 y_0 处的平均曲率由下式给出:

$$H(y_0) = \frac{-1}{n-1}\left(D_i\left[\frac{D_i\psi}{|D\psi|}\right]\right)_{x=y_0}. \tag{14.102}$$

特别地, 如果 $\mathfrak{S}$ 是 n 个变量的函数 $u \in C^2(\Omega)$ 在 $\mathbb{R}^{n+1}$ 中的图像, 即 $\mathfrak{S}$ 由 $x_{n+1} = u(x_1, \ldots, x_n)$ 定义, 那么 $\mathfrak{S}$ 在点 $x_0 \in \Omega$ 处的平均曲率为

$$H(x_0) = \frac{1}{n}\left(D_i\left[\frac{D_iu}{\sqrt{1+|Du|^2}}\right]\right)_{x=x_0}. \tag{14.103}$$

如果对所有的 $x_0 \in \Omega$, 有 $H(x_0)=0$, 那么 $\mathfrak{S}$ 就称为极小曲面.

注意, 我们从 (14.101) 还可以得到下面这个在 x_0 处的主曲率的平方和公式:

$$\mathscr{C}^2=\sum_{i=1}^{n}\kappa_i^2(x_0)=\sum_{i,j=1}^{n}D_i\nu_jD_j\nu_i(x_0), \tag{14.104}$$

其中

$$\nu_i=\frac{D_iu}{\sqrt{1+|Du|^2}},\quad i=1,\ldots,n.$$

最后, $\mathfrak{S}$ 在 x_0 的 Gauss 曲率由下式给定

$$K(x_0)=\prod_{i=1}^{n}\kappa_i=\det[D_i\nu_j]=\frac{\det D^2u}{(1+|Du|^2)^{(n+1)/2}}. \tag{14.105}$$

评注

我们处理边界梯度估计的许多基本内容在 Bernstein 关于两个变量的方程的早期工作 [BE1, 2, 3, 4, 5, 6] 中已经介绍了. 实际上, 为了类似的目的, Bernstein 采用了诸如 (14.4) 中的 ψ 那样的辅助函数而且也考虑了非存在性的方程. Leray[LR] 继续了 Bernstein 关于两个变量的工作, Leray 还考虑了在区域 Ω 中 Dirichlet 问题的可解性和边界 $\partial\Omega$ 的几何性质之间的关系. Finn 证明了凸性是两个变量的极小曲面方程的 Dirichlet 问题可解性的必要充分条件 [FN2,4].

多于两个变量的方程的第一个引人注目的结果是由 Jenkins 和 Serrin [JS2], (见定理 14.14), 和 Bakel'man [BA5, 6] 证明的. 最后 Serrin [SE3] 发展了包括许多有趣例子的一般理论, 第 14.3 和 14.4 节的结果就是属于他的. 在第 14.3 节的讲解中我们已经从 [TR5] 中采用了某些比较次要的修改.

习题

14.1. 假定在定理 14.6 的假设中 a_∞^{ij}, b_∞ 不依赖于 x 而且 $\varphi\equiv 0$. 证明当去掉 (14.50) 中对 Λ 的限制后, 估计式 (14.52) 仍然成立.

14.2. 假定只有 Q 的系数 b 是按 (14.43) 来分解的. 证明假如在 (14.50) 中取 $a_0^{ij}=0$ 而且用不等式

$$\kappa(y)\geqslant \pm b_\infty(y,\varphi(y),\pm\boldsymbol{\nu}) \tag{14.106}$$

来代替不等式 (14.51), 其中 $\kappa(y)$ 是 $\partial\Omega$ 在 y 点的最小主曲率, 那么定理 14.6 的结果仍然成立.

14.3. 仍只假定 Q 的系数 b 按 (14.43) 分解. 证明假如在 (14.59) 中取 $a_0^{ij}=0$ 而且用

$$\kappa(y)>\pm b_\infty(y,\varphi(y),\pm\boldsymbol{\nu}) \tag{14.107}$$

来代替 (14.60), 那么定理 14.9 的结果仍然成立.

14.4. 证明用迹 $\mathscr{T}$ 来代替最大特征值 Λ 可以加强习题 14.2 和 14.3 的结果, 并把这些结果和定理 14.5 进行比较.

14.5. 推导第 14.4 节末的断言 (见 [SE3]).

第 15 章 梯度的内部和全局内估计

本章我们主要关心的是推导形为

$$Qu = a^{ij}(x,u,Du)D_{ij}u + b(x,u,Du) = 0 \tag{15.1}$$

的拟线性椭圆型方程的 $C^2(\Omega)$ 解的梯度的先验估计, 用边界 $\partial\Omega$ 上的梯度和解的大小来表示出. 所得到的估计使第 11.3 节中所述的存在性方法的第 Ⅲ 步容易实现. 与第 10, 13 和 14 章的估计相结合, 就产生一大类拟线性椭圆型方程的存在性定理, 这类方程既包括一致椭圆型方程, 也包括类似于规定了平均曲率的方程 (10.7) 形式的方程. 因为本章的方法涉及方程 (15.1) 的微分, 所以我们的假设一般来说要求系数 a^{ij}, b 的导数满足结构条件. 在 15.4 节中我们将看到, 对于散度形式的方程, 这些导数的条件可以稍稍放宽, 在那里使用不同类型的论证是适宜的.

在本章中我们还将考虑内梯度的先验估计的推导. 这种估计导致只规定连续边值的 Dirichlet 问题的存在性定理. 平均曲率型方程内梯度的界将在第 16 章中讨论.

15.1. 梯度的最大值原理

我们从相对简单的假设下一个梯度估计开始, 这也可以作为下节所用一般技巧的一个说明. 假定算子 Q 的主系数可以写成

$$a^{ij}(x,z,p) = a_*^{ij}(p) + \frac{1}{2}(p_i c_j(x,z,p) + c_i(x,z,p)p_j), \tag{15.2}$$

其中 $a_*^{ij} \in C^1(\mathbb{R}^n), c_i \in C^1(\Omega \times \mathbb{R} \times \mathbb{R}^n), i, j = 1, \ldots, n$, 而矩阵 $[a_*^{ij}]$ 是非负的. 下面是这种分解的例子:

(i) 若 Q 是椭圆型的, 其主系数 a^{ij} 只依赖于 p, 则显然可以取 $a_*^{ij} = a^{ij}$ 和 $c_i = 0$;

(ii) 与形为

$$\int_\Omega F(x, u, |Du|)dx \tag{15.3}$$

的重积分相对应的 Euler-Lagrange 方程可写成

$$\begin{aligned} &\Delta u + \{(|Du|D_{tt}F/DF) - 1\}|Du|^{-2} D_i u D_j u D_{ij} u \\ &\quad + (|Du|^2 D_{tz} F + D_i u D_{tx_i} F - |Du| D_z F)/D_t F = 0, \end{aligned} \tag{15.4}$$

其中 $F \in C^2(\Omega \times \mathbb{R} \times \mathbb{R}), D_t F \neq 0, t = |p|$, 所以, 只要 $c_i \in C^1(\Omega \times \mathbb{R} \times \mathbb{R}^n), i = 1, \ldots, n$, 则分解 (15.2) 成立, 其中

$$a_*^{ij} = \delta^{ij}, \quad c_i = \{(|p|D_{tt}F/D_t F) - 1\}|p|^{-2} p_i.$$

(iii) 在两个变量的特殊情形, 可记

$$a^{ij} = (\mathscr{T} - \mathscr{E}^*)\delta^{ij} + \frac{1}{2}(p_i d_j + d_i p_j), \tag{15.5}$$

其中

$$\begin{aligned} \mathscr{T} &= [a^{ij}] \text{ 的迹 } = a^{11} + a^{22}, \\ \mathscr{E}^* &= \mathscr{E}/|p|^2 = a^{ij} p_i p_j / |p|^2, \\ d_1 &= [(a^{11} - a^{22})p_1 + 2a^{12} p_2]/|p|^2, \\ d_2 &= [2a^{12} p_1 + (a^{22} - a^{11}) p_2]/|p|^2. \end{aligned}$$

因此对于 $n = 2$, 方程 (15.1) 等价于方程

$$\Delta u + c_i D_j u D_{ij} u + b^* = 0, \tag{15.6}$$

其中 $c_i = d_i/(\mathscr{T} - \mathscr{E}^*), b^* = b/(\mathscr{T} - \mathscr{E}^*)$; 对于方程 (15.6), 带有 $a_*^{ij} = \delta^{ij}$ 的分解 (15.2) 显然是成立的.

我们处理梯度界的基本思想可一直追溯到 Bernstein 的工作 [BE1], 涉及方程关于 $x_k, k = 1, \ldots, n$ 的求导, 接着乘上 $D_k u$ 再对 k 求和. 然后把最大值原理应用到所得到的函数 $v = |Du|^2$ 的方程上去. 根据 (15.2), 我们可以把方程 (15.1) 写成形式

$$a_*^{ij}(Du) D_{ij} u + \frac{1}{2} c_i(x, u, Du) D_i v + b(x, u, Du) = 0.$$

假定解 $u \in C^3(\Omega)$, 那么通过对 x_k 求导我们得到

$$a_*^{ij} D_{ijk}u + D_{pl}a_*^{ij} D_{lk}uD_{ij}u + \frac{1}{2}(c_i D_{ik}v + D_k c_i D_i v) \\ + D_{pl}bD_{lk}u + D_k u D_z b + D_{x_k} b = 0.$$

乘以 $D_k u$ 并对 k 求和, 于是有

$$\begin{aligned} &- 2a_*^{ij} D_{ik}uD_{jk}u + a^{ij} D_{ij}v \\ &+ (D_{p_i}a_*^{lj} D_{lj}u + D_{p_i}b + D_k u D_k c_i)D_i v + 2\delta b v = 0, \end{aligned} \tag{15.7}$$

其中 δ 是作用在 $C^1(\Omega \times \mathbb{R} \times \mathbb{R}^n)$ 上的微分算子, 定义为

$$\delta = D_z + |p|^{-2} p_i D_{x_i}. \tag{15.8}$$

其次应用 Schwarz 不等式的下列推论:

$$\begin{aligned} a_*^{ij} D_{ik}uD_{jk}u &\geqslant (a_*^{ij} D_{ij}u)^2/[a_*^{ij}] \text{ 的迹} \\ &= \left(b + \frac{1}{2}c_i D_i v\right)^2 \Big/ [a_*^{ij}] \text{ 的迹}, \end{aligned} \tag{15.9}$$

因此得到

$$a_*^{ij} D_{ij}v + B_i D_i v \geqslant 2\left(\frac{b^2}{\mathscr{T}_*} - v\delta b\right), \tag{15.10}$$

其中 $\mathscr{T}_* = [a_*^{ij}]$ 的迹而

$$B_i = D_{p_i}a_*^{lj} D_{lj}u + D_{p_i}b + D_k u D_k c_i - 2\mathscr{T}_*^{-1} b c_i - \frac{1}{2}\mathscr{T}_*^{-1} c_i c_j D_j v.$$

因此, 如果在 $\Omega \times \mathbb{R} \times \mathbb{R}^n$ 中不等式

$$|p|^2 \delta b \leqslant \frac{b^2}{\mathscr{T}_*} \tag{15.11}$$

成立, 我们就从古典最大值原理 (定理 3.1) 直接得到 $\sup\limits_{\Omega} v = \sup\limits_{\partial\Omega} v$. 为了把这个结果推广到 $C^2(\Omega)$ 解, 我们把方程 (15.7) 写成散度形式

$$\begin{aligned} &- 2a_*^{ij} D_{ik}uD_{jk}u + D_i(a^{ij} D_j v) + (D_{p_i}a_*^{lj} D_{lj}u - D_j a^{ij} \\ &+ D_k u D_k c_i)D_i v + 2D_k(bD_k u) - 2\Delta u b = 0, \end{aligned}$$

对于所有的 $\eta \in C_0^1(\Omega)$, 它具有相应的积分形式 (见方程 (13.17))

$$\begin{aligned} &2\int_\Omega \eta a_*^{ij} D_{ik}uD_{jk}u dx + \int_\Omega (a^{ij} D_j v + 2bD_i u)D_i \eta dx \\ &- \int_\Omega \{(D_{p_i}a_*^{lj} D_{lj}u - D_j a^{ij} + D_k u D_k c_i)D_i v\}\eta dx \\ &+ \int_\Omega 2b\eta \Delta u dx = 0. \end{aligned} \tag{15.12}$$

与在第 13.3 节中一样的逼近论证表明, 对于 $u \in C^2(\Omega)$, 方程 (15.12) 仍然是对的. 对 $\int_\Omega 2b\eta\Delta u dx$ 分部积分, 然后按前面对 $C^3(\Omega)$ 解的情形进行, 我们得到弱的不等式

$$D_i(a^{ij}D_jv) + (B_i - D_ja^{ij})D_iv \geqslant 2(b^2/\mathscr{T}_* - v\delta b) \tag{15.13}$$

对于 $v \in C^1(\overline{\Omega})$ 成立, 并从最大值原理 (定理 8.1) 得到估计 $\sup\limits_\Omega v = \sup\limits_{\partial\Omega} v$.

所以我们已证明了下面的梯度最大值原理.

定理 15.1 设 $u \in C^2(\Omega) \cap C^1(\overline{\Omega})$ 在有界区域 Ω 中满足方程 (15.1), 并假定 Q 在 Ω 中是椭圆型的, 其系数满足 (15.2) 和 (15.11). 那么有估计

$$\sup_\Omega |Du| = \sup_{\partial\Omega} |Du|. \tag{15.14}$$

从上面的证明中显然可见, 在定理 15.1 的假设中只需要条件 (15.2) 和 (15.11) 对 $|z| \leqslant \sup\limits_\Omega |u|$ 成立. 此外, 如果它们对于 $|p| \geqslant L$ (L 是某个常数) 也成立, 那么代替 (15.14), 我们得到估计

$$\sup_\Omega |Du| \leqslant \max\{\sup_\Omega |Du|, L\}. \tag{15.15}$$

在区域 $\Omega_L = \{x \in \Omega | |Du| > L\}$ 中应用定理 15.1 即得估计 (15.15).

注意当把定理 15.1 用到前面提到的例 (ii) 和 (iii) 时, 其中 $a_*^{ij} = \delta^{ij}$, 条件 (15.11) 化为

$$|p|^2\delta b \leqslant \frac{b^2}{n}. \tag{15.16}$$

特别地, 如果 $b = 0$, 我们得到一个梯度最大值原理.

15.2. 一般情形

本节中采用的技巧基本上是上节利用辅助函数的技巧的一种修改. 开始时假定 u 是方程 (15.1) 的 $C^2(\Omega)$ 解, 令 $m = \inf\limits_\Omega u, M = \sup\limits_\Omega u$, 又设 ψ 是 $C^3[\overline{m}, \overline{M}]$ $(m = \psi(\overline{m}), M = \psi(\overline{M}))$ 中一个严格增函数. 用 $u = \psi(\overline{u})$ 定义函数 $\overline{u}$, 因而

$$\begin{aligned}
D_iu &= \psi' D_i\overline{u}, \\
D_{ij}u &= \psi'' D_i\overline{u}D_j\overline{u} + \psi' D_{ij}\overline{u},
\end{aligned}$$

我们有方程 (也见 (14.4))

$$\psi' a^{ij}(x, u, Du)D_{ij}\overline{u} + b(x, u, Du) + \frac{\psi''}{(\psi')^2}\mathscr{E}(x, u, Du) = 0. \tag{15.17}$$

现在记 $v=|Du|^2, \overline{v}=|D\overline{u}|^2$, 并把算子 $D_k u D_k$ 作用到方程 (15.17) 上. 由此得到

$$
\begin{aligned}
&-a^{ij}D_{ik}\overline{u}D_{jk}\overline{u}+\frac{1}{2}a^{ij}D_{ij}\overline{v}+\frac{1}{2(\psi')^2}\Big(\psi' D_{pl}a^{ij}D_{ij}\overline{u}+D_{pl}b+ \\
&\frac{\psi''}{(\psi')^2}D_{pl}\mathscr{E}\Big)D_l v+\left(\psi'\delta a^{ij}D_{ij}\overline{u}+\delta b+\frac{\psi''}{(\psi')^2}\delta\mathscr{E}\right)\overline{v} \\
&-\frac{\psi''}{(\psi')^2}\left(b+\frac{\psi''}{(\psi')^2}\mathscr{E}\right)\overline{v}+\frac{1}{\psi'}\left[\frac{\psi''}{(\psi')^2}\right]'\mathscr{E}\overline{v}=0.
\end{aligned}
\tag{15.18}
$$

其次, 设 $\overline{\delta}$ 是作用在 $C^1(\Omega\times\mathbb{R}\times\mathbb{R}^n)$ 上的算子, 定义为

$$
\overline{\delta}=p_iD_{p_i}, \tag{15.19}
$$

并引进函数

$$
\omega=\frac{\psi''}{(\psi')^2}\in C^1[\overline{m},\overline{M}], \tag{15.20}
$$

借助于关系式

$$
D_l v=2\psi''\overline{v}D_l\overline{u}+(\psi')^2D_l\overline{v},
$$

我们得到下列方程:

$$
\begin{aligned}
&-a^{ij}D_{ik}\overline{u}D_{jk}\overline{u}+\frac{1}{2}a^{ij}D_{ij}\overline{v}+\frac{1}{2}(\psi' D_{p_i}a^{jk}D_{jk}\overline{u}+D_{p_i}b \\
&+\omega D_{p_i}\mathscr{E})D_i\overline{v}+\psi'\overline{v}(\omega\overline{\delta}a^{ij}+\delta a^{ij})D_{ij}\overline{u} \\
&+\left\{\frac{\omega'}{\psi'}\mathscr{E}+\omega^2(\overline{\delta}-1)\mathscr{E}+\omega(\delta\mathscr{E}+(\overline{\delta}-1)b)+\delta b\right\}\overline{v}=0.
\end{aligned}
\tag{15.21}
$$

把它和方程 (15.17) 结合起来可以进一步推广方程 (15.21). 设 r 和 s 是 $\Omega\times\mathbb{R}\times\mathbb{R}^n$ 上的任意数量函数, 用 $\overline{v}(\omega(r+1)+s)$ 乘方程 (15.17) 再加到 (15.21) 上去, 得到方程

$$
\begin{aligned}
&-a^{ij}D_{ik}\overline{u}D_{jk}\overline{u}+\frac{1}{2}a^{ij}D_{ij}\overline{v}+\frac{1}{2}(\psi' D_{p_i}a^{jk}D_{jk}\overline{u}+D_{p_i}b \\
&+\omega D_{p_i}\mathscr{E})D_i\overline{v}+\psi'\overline{v}(\omega(\overline{\delta}+r+1)a^{ij}+(\delta+s)a^{ij})D_{ij}\overline{u} \\
&+\left\{\frac{\omega'}{\psi'}\mathscr{E}+\omega^2(\overline{\delta}+r)\mathscr{E}+\omega((\delta+s)\mathscr{E}+(\overline{\delta}+r)b)\right. \\
&\left.+(\delta+s)b\right\}\overline{v}=0.
\end{aligned}
\tag{15.22}
$$

这里把主系数 a^{ij} 写成下列形式是合适的:

$$
a^{ij}(x,z,p)=a_*^{ij}(x,z,p)+\frac{1}{2}[p_ic_j(x,z,p)+c_i(x,z,p)p_j], \tag{15.23}
$$

其中 $a_*^{ij}, c_i\in C^1(\Omega\times\mathbb{R}\times(\mathbb{R}^n-\{0\}))$ 而 $[a_*^{ij}]$ 是正定对称矩阵. 显然, 带有正定的 $[a_*^{ij}]$ 的分解 (15.2) 是 (15.23) 的一个特殊情形. 此外, 简单地选取 $a_*^{ij}=a^{ij}$ 和

$c_i=0$, 可以把任何椭圆型算子 Q 的主系数写成形式 (15.23). 实在对于我们应用于一致椭圆型方程的意图来说, 取非平凡的 c_i 是什么也得不到的. 但是对于极小曲面算子, 一个形为 (15.23) 的分解, 其中矩阵 $[a_*^{ij}]$ 与单位矩阵成比例, 对于我们推导全局梯度界来说是决定性的.

回到方程 (15.22), 把关系式 (15.23) 代入, 得到

$$
\begin{aligned}
&-a_*^{ij}D_{ik}\overline{u}D_{jk}\overline{u}+\frac{1}{2}a^{ij}D_{ij}\overline{v}+\frac{1}{2}\{\psi'D_{p_i}a^{jk}D_{jk}\overline{u}-\psi'c_jD_{ij}\overline{u}\\
&+v[\omega(\overline{\delta}+r+1)+\delta+s+1]c_i+D_{p_i}b+\omega D_{p_i}\mathscr{E}\}D_i\overline{v}\\
&+\psi'\overline{v}[\omega(\overline{\delta}+r+1)a_*^{ij}+(\delta+s)a_*^{ij}]D_{ij}\overline{u}\\
&+\Big\{\frac{\omega'}{\psi'}\mathscr{E}+\omega^2(\overline{\delta}+r)\mathscr{E}+\omega[(\delta+s)\mathscr{E}+(\overline{\delta}+r)b]\\
&+(\delta+s)b\Big\}\overline{v}=0.
\end{aligned}
\tag{15.24}
$$

由 Cauchy 不等式 (7.6) 我们能估计

$$
\begin{aligned}
&\psi'\overline{v}[\omega(\overline{\delta}+r+1)a_*^{ij}+(\delta+s)a_*^{ij}]D_{ij}\overline{u}\\
\leqslant{}&\lambda_*\sum|D_{ij}\overline{u}|^2+\frac{v\overline{v}}{4\lambda_*}\sum|[\omega(\overline{\delta}+r+1)+\delta+s]a_*^{ij}|^2\\
\leqslant{}&a_*^{ij}D_{ik}\overline{u}D_{jk}\overline{u}+\frac{v\overline{v}}{4\lambda_*}\sum|[\omega(\overline{\delta}+r+1)+\delta+s]a_*^{ij}|^2,
\end{aligned}
$$

其中 λ_* 表示矩阵 $[a_*^{ij}]$ 的最小特征值. 由此把它代入 (15.24), 我们最终得到不等式

$$
a^{ij}D_{ij}\overline{v}+B_iD_i\overline{v}+2G\mathscr{E}\overline{v}\geqslant 0,\tag{15.25}
$$

其中系数 B_i 和 G 由下式给出:

$$
\begin{aligned}
B_i&=\psi'(D_{p_i}a^{jk}D_{jk}\overline{u}-c_jD_{ij}\overline{u})+v[\omega(\overline{\delta}+r+1)\\
&\quad+\delta+s+1]c_i+D_{p_i}b+\omega D_{p_i}\mathscr{E},\\
G&=\frac{\omega'}{\psi'}+\alpha\omega^2+\beta\omega+\gamma,
\end{aligned}
\tag{15.26}
$$

而

$$
\begin{aligned}
\alpha&=\frac{1}{\mathscr{E}}\left((\overline{\delta}+r)\mathscr{E}+\frac{|p|^2}{4\lambda_*}\sum|(\overline{\delta}+r+1)a_*^{ij}|^2\right),\\
\beta&=\frac{1}{\mathscr{E}}\left((\delta+s)\mathscr{E}+(\overline{\delta}+r)b+\frac{|p|^2}{2\lambda_*}[(\overline{\delta}+r+1)a_*^{ij}]\times[(\delta+s)a_*^{ij}]\right),\\
\gamma&=\frac{1}{\mathscr{E}}\left[\frac{|p|^2}{4\lambda_*}\sum|(\delta+s)a_*^{ij}|^2+(\delta+s)b\right].
\end{aligned}
\tag{15.27}
$$

为了得到解 u 的全局梯度的界, 需要这样来选择函数 ψ, r 和 s, 使得对充分大的 L,

$$G \leqslant 0, \quad x \in \Omega \text{ 而 } |Du(x)| \geqslant L. \tag{15.28}$$

因为, 如果 (15.28) 得到满足, 则从弱最大值原理 (定理 3.1) 得到

$$\sup_{\Omega_L} \overline{v} = \sup_{\partial\Omega_L} \overline{v} \quad (\Omega_L = \{x \in \Omega \,|\, |Du(x)| \geqslant L\}),$$

由此得

$$\sup_{\Omega} |Du| \leqslant \max\left\{\left[\frac{\max \psi'}{\min \psi'}\right] \sup_{\partial\Omega} |Du|, L\right\}. \tag{15.29}$$

我们在这里暂时离开一下主题来观察下述事情, 即如果只假定解 u 属于 $C^2(\Omega)$, 估计式 (15.29) 还应保持正确. 因为, 这时方程 (15.18) 应当继续对所有的 $\eta \geqslant 0, \in C_0^1(\Omega)$ 以如下的弱形式成立:

$$\begin{aligned}&\int_\Omega \eta a^{ij} D_{ik}\overline{u} D_{jk}\overline{u} dx + \frac{1}{2}\int_\Omega a^{ij} D_i\overline{v} D_j \eta dx \\ &+\frac{1}{2}\int_\Omega \left\{D_j a^{ij} D_i \overline{v} - \frac{1}{(\psi')^2}(\psi' D_{p_i} a^{jk} D_{jk}\overline{u} + D_{p_i} b + \omega D_{p_i}\mathscr{E}) D_i v\right\}\eta dx \\ &-\int_\Omega \left\{\psi' \delta a^{ij} D_{ij}\overline{u} + \delta b - \omega(b + \omega\mathscr{E}) + \frac{\omega'}{\psi'}\mathscr{E}\right\}\overline{v}\eta dx = 0\end{aligned} \tag{15.30}$$

(见第 13.3 或 14.1 节). 对于 $u \in C^3(\Omega)$ 情形, 应用上述同样的论证, 我们从 (15.30) 推出不等式 (15.25) 的弱形式, 即

$$\int_\Omega \{a^{ij} D_i \overline{v} D_j \eta + (D_j a^{ij} - B_i) D_i \overline{v}\eta - 2G\mathscr{E}\overline{v}\eta\} dx \leqslant 0 \tag{15.31}$$

对于所有的非负 $\eta \in C_0^1(\Omega)$ 成立. 于是估计式 (15.29) 是弱最大值原理 (定理 8.1) 的一个推论.

为了保证不等式 (15.28) 对某 ψ, r 和 s 得到满足, 我们来考虑 Q 的系数的条件. 为了保证 α, β 和 γ 是上有界的, 我们施加以结构条件

$$\begin{aligned}(\overline{\delta} + r + 1)a_*^{ij}, (\delta + s)a_*^{ij} &= O\left[\frac{\sqrt{\lambda_*\mathscr{E}}}{|p|}\right], \quad \text{当 } |p| \to \infty \text{ 时}, \\ \overline{\delta}\mathscr{E}, \delta\mathscr{E}, (\overline{\delta} + r)b, (\delta + s)b &\leqslant O(\mathscr{E}), \quad \text{当 } |p| \to \infty \text{ 时}.\end{aligned} \tag{15.32}$$

这里极限行为被理解为对于 $(x, z) \in \Omega \times [m, M]$ 是一致的. 现在定义数

$$a, b, c = \varlimsup_{|p| \to \infty} \sup_{\Omega \times [m,M]} \alpha, \beta, \gamma, \tag{15.33}$$

因而不等式 (15.28) 由 Riccati 微分不等式

$$\chi'(z) + a\chi^2(z) + b\chi(z) + c + \varepsilon \leqslant 0 \tag{15.34}$$

推出, (15.34) 对某个正数 ε, 在区间 $[m, M]$ 上成立. 为了从解 χ 得到辅助函数 ψ, 我们利用关系式 $\chi = \omega \circ \psi^{-1}$. 这证明了对于任意的 a, b 和 c, 不等式 (15.34) 是不可解的, 除非 $\underset{\Omega}{\operatorname{osc}}\, u = M - m$ 充分小 (见习题 15.1). 但是当 $a \leqslant 0, c \leqslant 0$ 或者 $b \leqslant -2\sqrt{|ac|}$ 时不等式是可解的. 现在我们考虑两个重要的情形 $a \leqslant 0, c \leqslant 0$. ($b \leqslant -2\sqrt{|ac|}$ 的情形在习题 15.2 中留给读者.) 令 $\varphi(z) = \psi' \circ \psi^{-1}(z)$, 以稍稍简化我们的计算. 于是, 如果 χ 满足不等式 (15.34), 我们就能用下列关系式确定 φ:

$$\frac{\varphi'}{\varphi} = \chi.$$

(i) $a \leqslant 0$. 如果严格不等式 $a < 0$ 成立, 且如果选 ε 使得 $c + \varepsilon > 0$, 则二次方程

$$a\chi^2 + b\chi + c + \varepsilon = 0$$

有一正实根 $\chi = \kappa$, 在这种情形取 $\chi = \kappa$, 不等式 (15.34) 是可解的. 从而得到 $(\log \varphi)' = \kappa$, 所以我们可选

$$\varphi(z) = e^{\kappa z}.$$

另一方面, 如果 $a = 0$, 取

$$\chi(z) = \frac{|c + \varepsilon|}{|b| + \varepsilon} e^{2(|b|+\varepsilon)(M-z)},$$

不等式 (15.34) 就是可解的, 在这种情形下我们可以取

$$\varphi(z) = \exp\left\{-\frac{|c + \varepsilon|}{2(|b| + \varepsilon)^2} e^{2(|b|+\varepsilon)(M-z)}\right\}.$$

(ii) $c \leqslant 0$. 若 $c < 0$, 与 (i) 一样, 对某个 $\kappa > 0$, 可取 $\varphi(z) = e^{\kappa z}$. 若 $c = 0$, 对于充分小的 ε, 取

$$\chi(z) = e^{A(m-z-1)}, \quad 其中\ A = |a| + |b| + 1,$$

就能解出不等式 (15.34), 这时可以取

$$\varphi(z) = \exp\left\{-\frac{1}{A} e^{A(m-z-1)}\right\}.$$

注意在上面考虑的情形中, φ 是单调增加的, 因此在估计式 (15.29) 中我们有 $\max \psi' = \varphi(M), \min \psi' = \varphi(m)$.

因此, 本节的推导可建立下面的定理.

定理 15.2 设 $u \in C^2(\Omega) \cap C^1(\overline{\Omega})$ 在有界区域 Ω 中满足方程 (15.1). 假定在 Ω 中算子 Q 是椭圆型的, 而且存在数量乘子 r 和 s, 使得结构条件 (15.32) 和条件 $a \leqslant 0$ 或者 $c \leqslant 0$ (数 a 和 c 由 (15.27) 和 (15.33) 定义) 一起得到满足. 那么我们有估计

$$\sup_{\Omega} |Du| \leqslant C, \tag{15.35}$$

其中 C 依赖于 (15.32) 中的量 $\underset{\Omega}{\operatorname{osc}}\, u$ 和 $\sup_{\partial\Omega} |Du|$.

我们研究某些重要的特殊情形来说明定理 15.2 的应用.

(i) 一致椭圆型方程. 如果 Q 在 Ω 中是一致椭圆型的, 即当 $|p| \to \infty$ 时 $a^{ij} = O(\lambda)$, 若还有当 $|p| \to \infty$ 时, 函数 $b = O(\mathscr{E}) = O(\lambda|p|^2)$, 那么条件 (15.32) (其中 $a_*^{ij} = a^{ij}, c_i = 0, r = s = 0$) 常被叫做自然条件 (见 [LU4]). 如果要求当 $|p| \to \infty$ 时,

$$\delta a^{ij} = o(\lambda), \quad \delta b = o(\lambda|p|^2), \tag{15.36}$$

来稍稍地限制一下这些条件, 则 $c \leqslant 0$, 由此方程 $Qu = 0$ 的 $C^2(\Omega)$ 解满足一个先验的全局梯度的界. 我们将在下一节说明限制 (15.36) 是不必要的.

(ii) 规定了平均曲率的方程. 把方程 (10.7) 写成形式

$$\Delta u - \frac{D_i u D_j u}{(1 + |Du|^2)} D_{ij} u - nH(x)\sqrt{1 + |D|u^2} = 0, \tag{15.37}$$

其中 $H \in C^1(\overline{\Omega})$, 我们能选

$$a_*^{ij} = \delta^{ij}, \quad c_i = -\frac{p_i}{1 + |p|^2}, \quad r = -1 \text{ 和 } s = 0,$$

所以通过计算我们有

$$\alpha = -1 + \frac{2}{1 + |p|^2}, \quad \beta = \frac{nH(x)\sqrt{1 + |p|^2}}{|p|^2},$$
$$\gamma = -\frac{np_i D_i H (1 + |p|^2)^{3/2}}{|p|^4},$$

由此

$$a = -1, \quad b = 0, \quad c = n \sup_{\Omega} |DH|.$$

因此, 根据定理 15.2 中 $a < 0$ 的情形, 对于 $C^2(\Omega)$ 解, 全局梯度的界是成立的. 特别是利用 (15.29) 我们能够推得估计

$$\sup_{\Omega} |Du| \leqslant c_1 + c_2 n \sup_{\Omega} |H| + c_3 \sup_{\partial\Omega} |Du| \cdot \exp(c_4 n \sup_{\Omega} |DH| \underset{\Omega}{\operatorname{osc}}\, u), \tag{15.38}$$

其中 c_1, c_2, c_3 和 c_4 是常数.

(iii) $a_*^{ij} = \delta^{ij}$ 的方程. 就像在上节中证明的那样, 如果方程 (15.1) 是形为 (15.3) 的重积分的 Euler-Lagrange 方程, 或如果维数 $n = 2$, 那么我们能够取 $a_*^{ij} = \delta^{ij}$. 利用 (15.27), 在这些情形中我们得到

$$\begin{aligned}\alpha &= \frac{1}{\mathscr{E}}(\overline{\delta}+r)\mathscr{E} + \frac{(r+1)^2}{4}\frac{|p|^2}{\mathscr{E}},\\ \beta &= \frac{1}{\mathscr{E}}[(\delta+s)\mathscr{E} + (\overline{\delta}+r)b] + \frac{(r+1)s}{2}\frac{|p|^2}{\mathscr{E}},\\ \gamma &= \frac{1}{\mathscr{E}}(\delta+s)b + \frac{s^2}{4}\frac{|p|^2}{\mathscr{E}}.\end{aligned} \tag{15.39}$$

选择特殊的值 $r = -1, s = 0$, 我们有

$$\begin{aligned}\alpha &= \frac{1}{\mathscr{E}}(\overline{\delta}-1)\mathscr{E},\\ \beta &= \frac{1}{\mathscr{E}}[\delta\mathscr{E} + (\overline{\delta}-1)b],\\ \gamma &= \frac{1}{\mathscr{E}}\delta b.\end{aligned}$$

注意每当

$$a_*^{ij}(p) = a_*^{ij}(p/|p|)$$

时一定有同样的公式出现, 因为在这些情形中我们有 $\overline{\delta}a_*^{ij} = 0$.

15.3. 梯度的内估计

方程 (15.1) 的 $C^2(\Omega)$ 解的梯度内估计也能从方程 (15.24) 推演出来. 设 $B = B_R(y)$ 是一个严格位于 Ω 中的球, 又设 η 是 $C^2(\overline{B})$ 中的函数, 使得在 $\overline{B}$ 中 $0 \leqslant \eta \leqslant 1$, 在 ∂B 上 $\eta = 0, \eta(y) = 1$ 而在 B 中 $\eta > 0$. 我们下面将要用到的这种函数的一个典型例子是

$$\eta(x) = \left(1 - \frac{|x-y|^2}{R^2}\right)^{\beta'}, \quad \beta' \geqslant 1. \tag{15.40}$$

现在我们考虑由下式定义的函数 w:

$$w = \eta\overline{v}.$$

显然 $w \in C^1(\overline{B}), w(y) = \overline{v}(y)$, 在 ∂B 上 $w = 0$, 而且 w 的导数为

$$\begin{aligned}D_i w &= \eta D_i\overline{v} + \overline{v}D_i\eta,\\ D_{ij}w &= \eta D_{ij}\overline{v} + D_i\overline{v}D_j\eta + D_i\eta D_j\overline{v} + \overline{v}D_{ij}\eta.\end{aligned}$$

注意为保证二阶导数 $D_{ij}w$ 的存在, 我们要求 $u \in C^3(\Omega)$; 然而利用方程 (15.24) 的弱形式可以避免这种限制. 用 η 乘方程 (15.24) 并且替换 $\overline{v}$, 就得到方程

$$\begin{aligned}
&-\eta a_*^{ij} D_{ik}\overline{u} D_{jk}\overline{u} + \frac{1}{2}a^{ij}D_{ij}w + \frac{1}{2}\left(B_i - \frac{2}{\eta}a^{ij}D_j\eta\right)D_iw \\
&+\psi' w[\omega(\overline{\delta}+r+1)+(\delta+s)]a_*^{ij}D_{ij}\overline{u} \\
&+\left\{\frac{\omega'}{\psi'}\mathscr{E} + \omega^2(\overline{\delta}+r)\mathscr{E} + \omega[(\delta+s)\mathscr{E} + (\overline{\delta}+r)b]\right. \\
&\left.+(\delta+s)b + \frac{1}{\eta^2}a^{ij}D_i\eta D_j\eta - \frac{1}{2\eta}a^{ij}D_{ij}\eta - \frac{1}{2\eta}B_iD_j\eta\right\}w = 0,
\end{aligned} \tag{15.41}$$

其中 B_i 由 (15.26) 给出. 在这一点上, 我们可以进一步引进数量乘子 $t_i, i = 1, \ldots, n$. 因为, 如果 $t_i, i = 1, \ldots, n$ 是 $\Omega \times \mathbb{R} \times \mathbb{R}^n$ 上的任意数量函数, 利用方程 (15.17) 并令 $\partial_i = D_{p_i}$, 我们可记

$$\begin{aligned}
B_i &= \psi'[(\partial_i + t_i)a^{jk}D_{jk}\overline{u} - c_jD_{ij}\overline{u}] + v[\omega(\overline{\delta}+r+1) \\
&\quad +(\delta+s+1)]c_i + (\partial_i+t_i)b + \omega(\partial_i+t_i)\mathscr{E} \\
&= \psi'(\partial_i+t_i)a_*^{ik}D_{jk}\overline{u} - \frac{v}{2\eta}D_j\eta(\partial_i+t_i)c_j \\
&\quad +\frac{(\psi')^2}{2\eta}(\partial_i+t_i)c_jD_jw + v[\omega(\overline{\delta}+r+1)+(\delta+s+1)]c_i \\
&\quad +(\partial_i+t_i)b + \omega(\partial_i+t_i)\mathscr{E}.
\end{aligned}$$

所以, 代入方程 (15.41), 我们有

$$\begin{aligned}
&-\eta a_*^{ij}D_{ik}\overline{u}D_{jk}\overline{u} + \frac{1}{2}a^{ij}D_{ij}w + \frac{1}{2}\widetilde{B}_iD_iw \\
&+\psi' w[\omega(\overline{\delta}+r+1)+(\delta+s)+(\widetilde{\delta}+t)]a_*^{ij}D_{ij}\overline{u} \\
&+\left\{\frac{\omega'}{\psi'}\mathscr{E} + \omega^2(\overline{\delta}+r)\mathscr{E} + \omega[(\delta+\widetilde{\delta}+s+t)\mathscr{E} + (\overline{\delta}+r)b\right. \\
&-\frac{v}{2\eta}D_i\eta(\overline{\delta}+r+1)c_i] + (\delta+\widetilde{\delta}+s+t)b \\
&-\frac{v}{2\eta}D_i\eta(\delta+\widetilde{\delta}+s+t+1)c_i \\
&\left.+\frac{1}{\eta^2}a^{ij}D_i\eta D_j\eta - \frac{1}{2\eta}a^{ij}D_{ij}\eta\right\}w = 0,
\end{aligned} \tag{15.42}$$

其中

$$\begin{aligned}
\widetilde{\delta} &= -\frac{1}{2\eta}D_i\eta\partial_i, \\
t &= -\frac{t_i}{2\eta}D_i\eta, \\
\widetilde{B}_i &= B_i - \frac{2}{\eta}a^{ij}D_j\eta - \frac{v}{2\eta}D_j\eta(\partial_j+t_j)c_i.
\end{aligned} \tag{15.43}$$

那么代替不等式 (15.25), 我们得到不等式

$$a^{ij}D_{ij}w+\widetilde{B}_iD_iw+2\widetilde{G}\mathscr{E}w\geqslant 0, \tag{15.44}$$

其中 $\widetilde{G}$ 由

$$\widetilde{G}=\frac{\omega'}{\psi'}+\widetilde{\alpha}\omega^2+\widetilde{\beta}\omega+\widetilde{\gamma} \tag{15.45}$$

给出, 而

$$\begin{aligned}
&\widetilde{\alpha}=\alpha,\\
&\widetilde{\beta}=\beta+\frac{1}{\mathscr{E}}\Big\{-\frac{|p|^2}{2\eta}D_i\eta(\widetilde{\delta}+r+1)c_i+(\widetilde{\delta}+t)\mathscr{E}\\
&\qquad+\frac{|p|^2}{2\lambda_*}[(\widetilde{\delta}+r+1)a_*^{ij}][(\widetilde{\delta}+t)a_*^{ij}]\Big\},
\end{aligned}$$

$$\begin{aligned}
\widetilde{\gamma}=\gamma+\frac{1}{\mathscr{E}}\Big\{&\frac{|p|^2}{4\lambda_*}\sum|(\widetilde{\delta}+t)a_*^{ij}|^2+(\widetilde{\delta}+t)b\\
&-\frac{v}{2\eta}D_i\eta(\delta+\widetilde{\delta}+s+t+1)c_i+\frac{1}{\eta^2}a^{ij}D_i\eta D_j\eta\\
&-\frac{1}{2\eta}a^{ij}D_{ij}\eta+\frac{|p|^2}{2\lambda_*}[(\delta+s)a_*^{ij}][(\widetilde{\delta}+t)a_*^{ij}]\Big\}.
\end{aligned} \tag{15.46}$$

除非在函数 η 和 Q 的系数之间存在特殊关系, 否则我们需要附加更多结构条件以保证系数 $\widetilde{\beta}$ 和 $\widetilde{\gamma}$ 的行为类似于 β 和 γ. 所以除结构条件 (15.32) 之外, 我们假定, 对于某个 $\theta>0$ 和 $i,j,k=1,\ldots,n$, 以下条件成立, 当 $|p|\to\infty$ 时

$$\begin{aligned}
|p|^\theta(\partial_k+t_k)a_*^{ij}&=O(\sqrt{\lambda_*\mathscr{E}}/|p|),\\
|p|^{2\theta}\Lambda,|p|^\theta(\partial_i+t_i)\mathscr{E},|p|^\theta(\partial_i+t_i)b&=O(\mathscr{E}),\\
|p|^\theta(\widetilde{\delta}+r+1)c_i,|p|^\theta(\delta+s+1)c_i,|p|^{2\theta}(\partial_i+t_i)c_i&=O(\mathscr{E}/|p|^2).
\end{aligned} \tag{15.47}$$

跟在 (15.32) 中一样, 极限行为理解为对于 $(x,z)\in\Omega\times(m,M)$ 是一致的.

利用 (15.47) 和 (15.40) 定义的函数 η, 其中的 $\beta_1=2/\theta$, 我们对于充分大的 $|Du|$ 得到估计

$$\begin{aligned}
|\beta-\widetilde{\beta}|&\leqslant\frac{C|D\eta|}{\eta|Du|^\theta}\leqslant\frac{C\beta_1}{Rw^{1/\beta_1}},\\
|\gamma-\widetilde{\gamma}|&\leqslant C\left\{\frac{|D\eta|^2}{\eta^2|Du|^{2\theta}}+\frac{|D\eta|}{\eta|Du|^\theta}\right\}\leqslant C\left\{\frac{\beta_1^2}{R^2w^{2/\beta_1}}+\frac{\beta_1}{Rw^{1/\beta_1}}\right\},
\end{aligned}$$

其中 C 依赖 n 和 (15.32), (15.47) 中的量. 因此, 利用前一节的考虑我们代替 (15.29) 的估计

$$|Du(y)|\leqslant C(1+R^{-1/\theta}), \tag{15.48}$$

只要或者 $a \leqslant 0$, 或者 $c \leqslant 0$, 或者 $b \leqslant -2\sqrt{ac}$, 或者 $\operatorname*{osc}_{B_R(y)} u$ 小于某个依赖 a, b, c 的常数 (a, b, c 是由 (15.27), (15.33) 定义的常数). 此外显然可以用任意与 Ω 相交的球代替球 $B = B_R(y)$, 因此对于任意 $y \in \Omega$ 得到同样的估计, 相应的 C 还依赖 $\sup_{\partial\Omega \cap B} |Du|$. 注意借助 (15.30) 而非 (15.18), 上面的考虑还可以应用到 $C^2(\Omega)$ 解. 因此我们得到下列估计.

定理 15.3 设 $u \in C^2(\Omega)$ 在区域 Ω 满足 (15.1). 假定算子 Q 是椭圆型的, 并且存在数值乘子 $r, s, t_i, i = 1, \ldots, n$ 使得结构条件 (15.32) 和 (15.47) 成立. 如果条件 $a \leqslant 0, c \leqslant 0, b \leqslant -2\sqrt{ac}$ 中任何一个成立, 那么对于任意 $y \in \Omega$ 和 $B = B_R(y)$ 有估计

$$|Du(y)| \leqslant C(1 + R^{-1/\theta}), \tag{15.49}$$

这里 C 依赖 (15.32), (15.47) 中的量 $\operatorname*{osc}_{B\cap\Omega} u$ 和 $\sup_{B\cap\partial\Omega} |Du|$. 如果 a, b 和 c 是任意的, 估计 (15.49) 仍然对于依赖 a, b, c 和 u 在 y 的连续模的充分小的 R 成立.

对于一致椭圆型方程, 在自然条件下, 对于解的连续模的估计 (从而对于梯度估计) 从 9.7 节的考虑推出. 事实上, 我们有下列估计, 在某种意义下推广了推论 9.25.

引理 15.4 设 $u \in W^{2,n}(\Omega)$ 在 Ω 内满足不等式

$$|Lu| \leqslant \lambda(\mu_0 |Du|^2 + f), \tag{15.50}$$

其中算子 L 由 $Lu = a^{ij} D_{ij} u$ 给定, 满足 (9.47), $\mu_0 \in \mathbb{R}$, 并且 $f \in L^n(\Omega)$. 则对于任意球 $B_0 = B_{R_0}(y) \subset \Omega$ 和 $R \leqslant R_0$, 我们有

$$\operatorname*{osc}_{B_R(y)} u \leqslant C \left(\frac{R}{R_0}\right)^{\alpha} (\operatorname*{osc}_{B_0} u + R\|f\|_{n;\Omega}), \tag{15.51}$$

其中 C 和 α 依赖 $n, \Lambda/\lambda$ 和 $\mu_0 M, M = |u|_{0;\Omega}$.

证明 首先假定 $u \geqslant 0$ 在 Ω 内满足

$$Lu \leqslant \lambda(\mu_0 |Du|^2 + f), \tag{15.52}$$

其中 $\mu_0 > 0, f \geqslant 0$, 并且令

$$w = \frac{1}{\mu_0}(1 - e^{-\mu_0 u}),$$

那么就推出在 Ω 内有

$$Lw \leqslant f,$$

于是弱 Harnack 不等式 (定理 9.22) 对于 w 是适用的. 但是因为

$$w \leqslant u \leqslant e^{\mu_0 M} w,$$

弱 Harnack 不等式 (9.48) 对于 u 也是满足的, 其中常数 C 还依赖 $\mu_0 M$. 于是 Hölder 估计 (15.51) 成立. □

结合定理 15.3 和引理 15.4, 我们在以下条件, 对于某个 $\theta > 0$, 当 $|p| \to \infty$ 时有

$$\begin{aligned} \Lambda, (\overline{\delta} + r + 1)a^{ij}, (\delta + s)a^{ij}, |p|^\theta(\partial_k + t_k)a^{ij} = O(\lambda), \\ b, |p|^\theta(\partial_i + t_i)b = O(\lambda|p|^2), (\overline{\delta} + r)b, (\delta + s)b \leqslant O(\lambda|p|^2). \end{aligned} \tag{15.53}$$

定理 15.5 设 $u \in C^2(\Omega)$ 在区域 Ω 内满足 (15.1), 并且假定算子 Q 满足带乘子 $r, s, t_i, i = 1, \ldots, n$ 的结构条件 (15.53). 则对于任意点 $y \in \Omega$ 我们有

$$|Du(y)| \leqslant C(1 + d_y^{-1/\theta}), \tag{15.54}$$

其中 C 依赖 n, (15.53) 中的量 $|u|_{0;\Omega}$, 而 $d_y = \operatorname{dist}(y, \partial\Omega)$. 如果 $u \in C^2(\Omega) \cap C^1(\overline{\Omega})$, 我们还有

$$|Du(y)| \leqslant C, \tag{15.55}$$

其中 C 还依赖 $\sup\limits_{\partial\Omega}|Du|$.

15.4. 散度形式的方程

设 $u \in C^2(\Omega)$ 在区域 Ω 中满足散度形式方程

$$Qu = \operatorname{div} \mathbf{A}(x, u, Du) + B(x, u, Du) = 0. \tag{15.56}$$

则在第 13.1 节中已经证明导数 $D_k u, k = 1, \ldots, n$, 满足线性散度形式的方程

$$\int_\Omega (\overline{a}^{ij} D_j D_k u + f_k^i) D_i \zeta dx = 0, \quad \forall \zeta \in C_0^1(\Omega), \tag{15.57}$$

其中

$$\begin{aligned} &\overline{a}^{ij}(x) = D_{p_j} A^i(x, u(x), Du(x)), \\ &f_k^i(x) = \delta_k A^i(x, u(x), Du(x)) + \delta^{ik} B(x, u(x), Du(x)), \\ &\delta_k = p_k D_z + D_{x_k}. \end{aligned} \tag{15.58}$$

为了继续进行, 我们假定 Q 在如下意义下是椭圆型的, 即对所有的 $\xi \in \mathbb{R}^n$, $(x,z,p) \in \Omega \times \mathbb{R} \times \mathbb{R}^n$,

$$\begin{aligned}\overline{a}^{ij}(x,z,p)\xi_i\xi_j &= D_{p_j}A^i(x,z,p)\xi_i\xi_j \\ &\geqslant \nu(|z|)(1+|p|)^\tau|\xi|^2,\end{aligned} \tag{15.59}$$

其中 τ 是某个实数, 而 ν 是 $\mathbb{R}$ 上一个正的非增函数. 那么, 在附加结构条件: 当 $|p| \to \infty$ 时

$$|p|D_z\mathbf{A}, \quad D_x\mathbf{A}, \quad B = o(|p|)(1+|p|)^\tau \tag{15.60}$$

之下, 对于非一致椭圆型算子 Q 能够获得全局梯度的界. 为了证明这一点, 我们令 $M = \sup\limits_\Omega |u|, M_1 = \sup\limits_\Omega |Du|$ 而且把最大值原理 (定理 8.16) 应用到区域 $\widetilde{\Omega} = \{x \in \Omega \,|\, |Du(x)| > M_1/2\sqrt{n}\}$ 中的方程 (15.57) 上. 于是得到, 对于 $q > n, k = 1, \ldots, n$,

$$\begin{aligned}\sup_{\widetilde{\Omega}} |D_k u| \leqslant &\sup_{\partial\widetilde{\Omega}} |D_k u| \\ &+ C(2\sqrt{n})^{|\tau|}\|(1+|Du|)^{-\tau} f_k^i\|_q,\end{aligned} \tag{15.61}$$

其中 $C = C(n, \nu(M), q, |\Omega|)$. 取 $q = \infty$ 并利用条件 (15.60). 因此有

$$M_1 = \sup_\Omega |Du| \leqslant C(\sup_{\partial\Omega} |Du| + \sigma(M_1)), \tag{15.62}$$

其中当 $t \to \infty$ 时 $\sigma(t) = o(t)$. 因此, 得到 M_1 的一个先验估计.

定理 15.6 设 $u \in C^2(\Omega)$ 在有界区域 Ω 中满足方程 (15.56), 并假定满足结构条件 (15.59), (15.60). 那么有估计

$$\sup_\Omega |Du| \leqslant C(1 + \sup_{\partial\Omega} |Du|), \tag{15.63}$$

其中 C 依赖于 $n, \tau, \nu(M)$ 和 (15.60) 中的量.

条件 (15.60) 要求方程 (15.1) 中的系数 b 满足当 $|p| \to \infty$ 时 $b = o(\lambda|p|)$. 为了放松这个条件, 我们必须或者对系数矩阵 $D_p\mathbf{A}$ 施加诸如一致椭圆性这样的附加条件, 或者假定解 u 在 $\partial\Omega$ 上等于零 (见习题 15.4, 15.5). 注意, 全局梯度界的存在性通过估计式 (15.61) 化为函数 $(1+|Du|)^{-\tau} f_k^i$ 的适当的积分估计的存在性. 在现阶段我们不去更进一步地追求全局界, 将转而考虑一致椭圆型方程的梯度内估计. 假定算子 Q 在如下意义下在 Ω 中是一致椭圆型的, 即对所有的 $(x,z,p) \in \Omega \times \mathbb{R} \times \mathbb{R}^n$,

$$|D_p\mathbf{A}(x,z,p)| \leqslant \mu(|z|)(1+|p|)^\tau, \tag{15.64}$$

其中 μ 是 $\mathbb{R}$ 上正的非减函数. 今后我们还将假定 $\tau > -1$, 在这种情况下条件 (15.59), (15.64) 分别蕴涵不等式

$$\begin{aligned}&p\cdot\mathbf{A}(x,z,p)-p\cdot\mathbf{A}(x,z,0)\geqslant\frac{\nu}{\tau+1}|p|^{\tau+2},\\&|A^i(x,z,p)-A^i(x,z,0)|\leqslant\frac{\mu}{\tau+1}(1+|p|)^{\tau+1}, i=1,\ldots,n.\end{aligned}\tag{15.65}$$

最后, 代替 (15.60), 我们将取更一般的条件: 对所有的 $(x,z,p)\in\Omega\times\mathbb{R}\times\mathbb{R}^n$,

$$\begin{aligned}g(x,z,p)&=(1+|p|)|D_z\mathbf{A}|+|D_x\mathbf{A}|+|B|\\&\leqslant\mu(|z|)(1+|p|)^{\tau+2}.\end{aligned}\tag{15.66}$$

对于散度结构算子, 条件 (15.59), (15.64), (15.66) 可视为是自然的. 在这些条件下一个先验内梯度界的推导分三步来完成:

(i) 化为 L^p 估计. 在 (15.57) 中用 $\zeta D_k u$ 代替检验函数 ζ, 并将所得方程对 k 求和. 令 $v=|Du|^2$, 于是得到

$$\int_\Omega\zeta\overline{a}^{ij}D_{ik}uD_{jk}udx+\int_\Omega\left(\frac{1}{2}\overline{a}^{ij}D_jv+D_kuf_k^i\right)D_i\zeta dx+\int_\Omega\zeta f_k^iD_{ik}udx=0.$$

因此, 根据 Young 不等式 (7.6), 有

$$\int_\Omega(\overline{a}^{ij}D_jv+2D_kuf_k^i)D_i\zeta dx\leqslant\frac{1}{2}\int_\Omega\zeta\lambda^{-1}\sum(f_k^i)^2dx\tag{15.67}$$

对一切非负的 $\zeta\in C_0^1(\Omega)$ 成立. 所以, 令

$$\overline{v}=\int_0^v(1+\sqrt{t})^\tau dt,$$

我们可以把 (15.67) 写作

$$\int_\Omega(\widetilde{a}^{ij}D_j\overline{v}+2D_kuf_k^i)D_i\zeta dx\leqslant\frac{1}{2}\int_\Omega\zeta\lambda^{-1}\sum(f_k^i)^2dx,\tag{15.68}$$

其中

$$\widetilde{a}^{ij}=\overline{a}^{ij}(1+|Du|)^{-\tau}.$$

于是, 线性方程弱下解的内估计 (定理 8.17) 可以应用于不等式 (15.68). 所以, 利用 (15.66), 对于任何球 $B_{2R}=B_{2R}(y)\subset\Omega$ 和 $q>n$, 我们得到估计

$$\sup_{B_R(y)}\overline{v}\leqslant C\{R^{-n/2}\|\overline{v}\|_{L^2(B_{2R})}+\|(1+|Du|)^{\tau+4}\|_{L^{q'}(B_{2R})}\},$$

其中 $C = C(n, \nu(M), \mu(M), \tau, q, \operatorname{diam}\Omega), M = \sup\limits_{B_{2R}(y)} |u|$. 因此, 对于充分大的 p, 我们有

$$\sup_{B_R(y)} v \leqslant C\left(n, \nu(M), \mu(M), \tau, \operatorname{diam}\Omega, R^{-n}\int_{B_{2R}(y)} v^p dx\right). \tag{15.69}$$

(ii) 化为 Hölder 估计. 现在需要利用方程 (15.57) 的弱形式, 即

$$Q(u,\varphi) = \int_\Omega (A^i(x,u,Du)D_i\varphi - B(x,u,Du)\varphi)dx = 0, \tag{15.70}$$
$$\forall \varphi \in C_0^1(\Omega).$$

从 (15.65) 我们看到, 函数 $\mathbf{A}$ 对于 $(x,z,p) \in \Omega \times \mathbb{R} \times \mathbb{R}^n$ 满足不等式

$$\begin{aligned} &|\mathbf{A}(x,z,p)| \leqslant \mu_1(|z|)(1+|p|)^{\tau+1}, \\ &p \cdot \mathbf{A}(x,z,p) \geqslant \nu_1(|z|)|p|^{\tau+2} - \mu_1(|z|), \end{aligned} \tag{15.71}$$

其中 μ_1 和 ν_1 分别是依赖于 τ, μ, ν 和 $\sup\limits_\Omega |\mathbf{A}(x,u,0)|$ 的正非减和正非增函数. 把检验函数

$$\varphi = \eta^2[u - u(y)]$$

代入 (15.70), 其中 $\eta \in C_0^1(B_{2R}), B_{2R} = B_{2R}(y) \subset \Omega$. 于是利用 (15.66) 和 (15.71) 我们得到

$$\begin{aligned} \nu_1 \int_\Omega \eta^2 |Du|^{\tau+2} dx \leqslant\ & \mu_1 \int_\Omega \eta^2 dx + \mu \int_\Omega \eta^2 |u(x) - u(y)|(1+|Du|)^{\tau+2} dx \\ & + 2\mu_1 \int_\Omega |\eta D\eta||u(x)-u(y)|(1+|Du|^{\tau+1})dx \\ \leqslant\ & \mu_1 \int_\Omega \eta^2 dx + 4(\mu+\mu_1)2^\tau \omega(R) \int_\Omega \eta^2(1+|Du|^{\tau+2})dx \\ & + \mu_1\omega(R) \int_\Omega (1+|Du|)^\tau |D\eta|^2 dx, \end{aligned}$$

其中

$$\omega(R) = \sup_{B_{2R}} |u(x) - u(y)|.$$

因此, 若取 R 足够小以保证

$$\omega(R) \leqslant \frac{\nu_1 2^{-\tau}}{8(\mu+\mu_1)},$$

我们就有

$$\int_\Omega \eta^2 |Du|^{\tau+2} dx \leqslant C \int_\Omega (\eta^2 + \omega(R)(1+|Du|)^\tau |D\eta|^2) dx, \tag{15.72}$$

其中 $C=C(\mu,\mu_1,\nu_1,\tau)$. 现在我们用

$$\eta v^{(\beta+1)/2}, \quad \beta>0$$

来代替 (15.72) 中的函数 η, 便得到估计

$$\int_\Omega \eta^2|Du|^{2\beta+\tau+4}dx \leqslant C\int_\Omega \{|Du|^{2(\beta+1)}(\eta^2+\omega(R)(1+|Du|)^\tau|D\eta|^2) \quad (15.73)$$
$$+(\beta+1)^2\omega(R)(1+|Du|)^\tau\eta^2 v^{\beta-1}|Dv|^2\}dx.$$

为了估计上面不等式的最后一项, 我们在不等式 (15.67) 中选取

$$\zeta=\eta^2v^\beta.$$

于是, 利用条件 (15.59), (15.64) 和 (15.66), 我们得到

$$\begin{aligned}&\beta\nu\int_\Omega(1+|Du|)^\tau\eta^2v^{\beta-1}|Dv|^2dx\\&\leqslant C\int_\Omega\{(1+|Du|)^\tau\eta v^\beta|D\eta||Dv|+(1+|Du|)^{\tau+3}\\&\quad\times(\eta v^\beta|D\eta|+\beta\eta^2v^{\beta-1}|Dv|)+\eta^2(1+|Du|)^{\tau+4}v^\beta\}dx,\end{aligned}$$

其中 $C=C(\mu,\nu)$. 所以, 由 Young 不等式 (7.6),

$$\begin{aligned}&\int_\Omega(1+|Du|)^\tau\eta^2v^{\beta-1}|Dv|^2dx\\&\leqslant C\int_\Omega(1+|Du|)^{2\beta+\tau+2}(\eta^2(1+|Du|)^2+|D\eta|^2)dx,\end{aligned}$$

其中 $C=C(\mu,\nu,\beta)$. 因此, 若 $\omega(R)$ 充分小, 代入 (15.73), 就得到

$$\begin{aligned}&\int_\Omega\eta^2(1+|Du|)^{2\beta+\tau+4}dx\\&\leqslant C\int_\Omega(\eta^2(1+|Du|)^{2(\beta+1)}+|D\eta|^2(1+|Du|)^{2\beta+\tau+2})dx,\end{aligned}$$

其中 $C=C(\mu,\nu,\beta,\tau)$. 用 $\eta^{(2\beta+\tau+4)/2}$ 代替 η 并利用 Young 不等式 (7.6), 则得

$$\int_\Omega[\eta(1+|Du|)]^{2\beta+\tau+4}dx\leqslant C,$$

其中 $C=C(\mu,\nu,\mu_1,\nu_1,\beta,\tau,\sup|D\eta|)$. 特别地, 如果在 $B_R(y)$ 上 $\eta\equiv 1$ 而且 $|D\eta|\leqslant 2/R$, 则对任何 $p\geqslant 1$, 有

$$\int_{B_R(y)}(1+|Du|)^pdx\leqslant C, \quad (15.74)$$

其中 $C = C(\mu, \nu, \mu_1, \nu_1, p, \tau, R^{-1})$. 结合估计式 (15.69) 和 (15.74), 对于任何球 $B_0 = B_{R_0}(y) \subset \Omega$ 和 $0 < \alpha < 1$, 我们得到估计

$$|Du(y)| \leqslant C, \tag{15.75}$$

其中 $C = C(n, \tau, \nu, \mu, \nu_1, \mu_1, \alpha, [u]_{\alpha,y})$, 而

$$[u]_{\alpha,y} = \sup_{B_0} \frac{|u(x) - u(y)|}{|x - y|^\alpha};$$

即内部梯度界的推导化为 u 的内部 Hölder 估计的存在性. 在这里我们说明为了完成证明, 事实上只要估计 u 的连续模就够了. 而且, 若结构条件 (15.66) 已加强, 使得当 $|p| \to \infty$ 时, $g = o(|p|^{\tau+2})$, 上述考虑就产生一个不依赖于 u 的连续模的内部梯度的界. 这时我们还能够把 Q 的一致椭圆性减弱为允许: 当 $|p| \to \infty$ 时 $D_{p_j} A^i = O(|p|^{\tau+\sigma}), i, j = 1, \ldots, n$, 其中 $\sigma < 1$ (见习题 15.6).

(iii) 方程 (15.66) 的弱解的 Hölder 估计. 我们把不等式 (15.71) 和 (15.66) 中关于 B 的条件一起写成形式

$$\begin{aligned} &|\mathbf{A}(x, z, p)| \leqslant a_0 |p|^{m-1} + \chi^{m-1}, \\ &p \cdot \mathbf{A}(x, z, p) \geqslant \nu_0 |p|^m - \chi^m, \\ &|B(x, z, p)| \leqslant b_0 |p|^m + \chi^m, \end{aligned} \tag{15.76}$$

其中 $m = \tau + 2 > 1$ 而 a_0, b_0, ν_0 和 χ 是可能依赖于 $M = \sup\limits_\Omega |u|$ 的正常数. 那么我们有下面的 Hölder 估计.

定理 15.7 设 $u \in C^1(\Omega)$ 是区域 Ω 中方程 (15.56) 的一个弱解, 并假定 Q 满足结构条件 (15.76). 那么对于任何球 $B_0 = B_{R_0}(y) \subset \Omega$ 及 $R \leqslant R_0$, 我们有估计

$$\operatorname*{osc}_{B_R(y)} u \leqslant C(1 + R_0^{-\alpha} M_0) R^\alpha, \tag{15.77}$$

其中 $C = C(n, a_0, b_0, \nu_0, \chi, R_0, m, M_0)$ 和 $\alpha = \alpha(n, a_0, b_0, \nu_0, m, M_0)$ 是正常数, 而 $M_0 = \sup\limits_{B_0} |u|$.

证明 定理 15.7 可以用本质上和定理 8.22 所用的同一方法导出, 或用换一种方法即遵循习题 8.6 中所述的方法导出. 这里我们不介绍全部细节. 在定理 8.22 的证明中, 本质的要点是弱 Harnack 不等式 (定理 8.18). 令

$$k = \chi(R + R^{m/(m-1)}),$$

对于方程 (15.56) 的非负弱上解, 我们得到类似的弱 Harnack 不等式

$$R^{-n/p} \|u\|_{L^p(B_{2R}(y))} \leqslant C(\inf_{B_R(y)} u + k), \tag{15.78}$$

其中 $C = C(n, a_0, b_0, \nu_0, m, M_0, p)$ 而 $1 \leqslant p < n/(n-m)^+$. 假如在不等式 $Q(u,\varphi) \geqslant 0$ 中取

$$\varphi = \eta^m \overline{u}^\beta \exp(-b_0 \overline{u}), \quad \beta < 0$$

作为检验函数来代替 (8.48) 中的检验函数, 并利用 $p = m$ 的 Sobolev 不等式 (7.26) 代替 $p = 2$ 的 Sobolev 不等式, (15.77) 的证明就能够以定理 8.22 的证明为模式. 从弱 Harnack 不等式到 Hölder 估计 (15.77) 的过渡可以按照定理 8.22 的证明来完成. 注意 $m > n$ 的情形可以从 Sobolev 不等式 (定理 7.17) 直接处理.□

把定理 15.7 和我们以前的估计 (15.75) 结合起来, 最终就得到下面的梯度内估计.

定理 15.8 设 $u \in C^2(\Omega)$ 在区域 Ω 中满足方程 (15.57), 并假定 $\tau > -1$ 的结构条件 (15.60), (15.64) 和 (15.66) 得到满足, 那么对于任何 $y \in \Omega$, 我们有估计

$$|Du(y)| \leqslant C, \tag{15.79}$$

其中 C 依赖于 $n, \tau, \nu(M_0), \mu(M_0), \sup\limits_{\Omega} |\mathbf{A}(x,u,0)|, M_0, M_0/d$, 而 $M_0 = \sup\limits_{B_d(y)} |y|$, $d = \operatorname{dist}(y, \partial\Omega)$.

应用与定理 8.29 的证明相类似的论证, 我们能够从内估计 (15.79) 和边界 Lipschitz 估计, 定理 14.1 推得下面的全局估计.

定理 15.9 设 $y \in C^2(\Omega) \cap C^0(\overline{\Omega})$ 在有界区域 Ω 中满足方程 (15.57), 并假定满足 $\tau > -1$ 的结构条件 (15.60), (15.64) 和 (15.66). 那么我们有估计

$$\sup_{\Omega} |Du| \leqslant C, \tag{15.80}$$

其中 C 依赖于 $n, \tau, \nu(M), \mu(M), \sup\limits_{\Omega} |\mathbf{A}(x,u,0)|, \partial\Omega, |\varphi|_2$, 而 $M = \sup\limits_{\Omega} |u|$.

15.5. 存在定理选讲

这里不可能介绍由第 10, 13, 14 和 15 章结果的组合所能推出的古典 Dirichlet 问题存在定理的全貌, 只能选列一些结果, 希望这些结果能作为理论适用范围的一个说明.

(i) 一般形式 (15.1) 的一致椭圆型方程. 假定结构条件

$$
\begin{aligned}
&a^{ij}, \bar{\delta} a^{ij} = O(\lambda), \\
&\delta a^{ij} = o(\lambda), \\
&b = O(\lambda |p|^2), \\
&\bar{\delta} b \leqslant O(\lambda |p|^2), \\
&\delta b \leqslant o(\lambda |p|^2),
\end{aligned}
\tag{15.81}
$$

当 $|p| \to \infty$ 时关于 $x \in \Omega$ 和有界的 z 是一致成立的. 那么根据定理 10.3, 13.8, 14.1, 15.2 和 15.5, 我们有

定理 15.10 设 Ω 是 $\mathbb{R}^n$ 中的有界区域, 并假定算子 Q 在 $\overline{\Omega}$ 上是椭圆型的, 其系数 $a^{ij}, b \in C^1(\overline{\Omega} \times \mathbb{R} \times \mathbb{R}^n)$ 满足结构条件 (15.81) 或 (15.53) 以及条件 (10.10) (或 (10.36)). 那么若 $\partial\Omega \in C^{2,\gamma}, \varphi \in C^{2,\gamma}(\overline{\Omega}), 0 < \gamma < 1$, 则 Dirichlet 问题: 在 Ω 中 $Qu = 0$, 在 $\partial\Omega$ 上 $u = \varphi$ 存在一个解 $u \in C^{2,\gamma}(\overline{\Omega})$.

一般说来, 若在定理 15.10 的假设中不假定条件 (10.10) (或 (10.36)), 那么只要问题 (13.42) 的解族在 Ω 中一致有界, Dirichlet 问题: 在 Ω 中 $Qu = 0$, 在 $\partial\Omega$ 上 $u = \varphi$ 就是可解的. 注意, 根据定理 10.1, 若系数 a^{ij} 不依赖于 z 而系数 b 满足 $D_z b \leqslant 0$, 解就是唯一的. 这时 (15.81) 中的条件 $\delta a^{ij} = o(\lambda), \delta b \leqslant o(\lambda |p|^2)$ 应该被条件 $D_x a^{ij} = O(\lambda), D_x b = O(\lambda |p|^2)$ 所蕴涵.

(ii) 散度形式 (15.56) 的一致椭圆型方程. 这里我们假定结构方程

$$
\begin{aligned}
&|p|^\tau \leqslant O(\lambda), \\
&D_p \mathbf{A} = O(|p|^\tau), \\
&|p| D_z \mathbf{A}, D_x \mathbf{A}, B = O(|p|^{\tau+2}),
\end{aligned}
\tag{15.82}
$$

当 $|p| \to \infty$ 时关于 $x \in \Omega$ 和有界的 z 是一致的 $\tau > -1$. 那么根据定理 10.9, 13.8, 14.1 和 15.9, 我们有

定理 15.11 设 Ω 是 $\mathbb{R}^n$ 中的有界区域, 并假定算子 Q 在 $\overline{\Omega}$ 上是椭圆型的, 其系数 $A^i \in C^{1,\gamma}(\overline{\Omega} \times \mathbb{R} \times \mathbb{R}^n), i = 1, \ldots, n, B \in C^\gamma(\overline{\Omega} \times \mathbb{R} \times \mathbb{R}^n), 0 < \gamma < 1$ 满足结构条件 (15.82) 以及定理 10.9 关于 $\alpha = \tau + 2$ 的假设. 那么若 $\partial\Omega \in C^{2,\gamma}, \varphi \in C^{2,\gamma}(\overline{\Omega})$, 则 Dirichlet 问题: 在 Ω 中 $Qu = 0$, 在 $\partial\Omega$ 上 $u = \varphi$ 存在一个解 $u \in C^{2,\gamma}(\overline{\Omega})$.

为了从定理 10.9, 14.1 和 15.9 中的估计推得定理 15.11, 我们在定理 13.8 中

取 Dirichlet 问题族:

$$\begin{aligned} &Q_\sigma u = \operatorname{div}\{\sigma \mathbf{A} + (1-\sigma)(1+|Du|^2)^{\tau/2}Du\} + \sigma B = 0, \\ &u = \sigma\varphi \text{ 在 } \partial\Omega \text{ 上}, 0 \leqslant \sigma \leqslant 1. \end{aligned} \tag{15.83}$$

注意由 (13.42) 给出的族不一定要满足定理 10.9 的假设. 就像上述情形中那样, 若我们不假定特殊最大值原理诸如定理 10.9 那样的假设, 则只要 (15.83) 那样的有关问题族的解在 Ω 上一致有界, Dirichlet 问题: 在 Ω 中 $Qu=0$, 在 $\partial\Omega$ 上 $u=\varphi$ 就是可解的. 注意, 假如系数 $\mathbf{A}$ 与 z 无关, 或者系数 B 与 p 无关, 并且假定 B 是 z 的非增函数, 则根据定理 10.7, 问题 $Qu=0$, 在 $\partial\Omega$ 上 $u=\varphi$ 的解就是唯一的.

具有系数 $a^{ij}\in C^1(\Omega\times\mathbb{R})$ 的形为

$$Qu = a^{ij}(x,u)D_{ij}u + b(x,u,Du) \tag{15.84}$$

的方程可以写成散度形式 (15.57), 其中

$$\begin{aligned} &A^i(x,z,p) = a^{ij}(x,z)p_j, \\ &B(x,z,p) = b(x,z,p) - D_z a^{ij}(x,z)p_i p_j - D_{x_i}a^{ij}(x,z)p_j. \end{aligned}$$

所以, 利用定理 10.3, 13.8, 14.1 和 15.9, 我们有

定理 15.12 设 Ω 是 $\mathbb{R}^n$ 中的有界区域, 并设由 (15.84) 给出的算子 Q 在 $\overline{\Omega}$ 上是椭圆型的, 其系数

$$a^{ij}\in C^1(\overline{\Omega}\times\mathbb{R}), \quad b\in C^\gamma(\overline{\Omega}\times\mathbb{R}\times\mathbb{R}^n), \quad 0<\gamma<1$$

满足当 $|p|\to\infty$ 时 $b=O(|p|^2)$, 关于 $x\in\Omega$ 和有界的 z 是一致的, 以及条件 (10.10) (或 (10.36)). 那么若 $\partial\Omega\in C^{2,\gamma}, \varphi\in C^{2,\gamma}(\overline{\Omega})$, 则 Dirichlet 问题: 在 Ω 中 $Qu=0$, 在 $\partial\Omega$ 上 $u=\varphi$ 存在一个解 $u\in C^{2,\gamma}(\overline{\Omega})$.

(iii) 在一般区域中的非一致椭圆型方程. 现在假定方程 (15.1) 的系数能够按照 (15.23) 分解, 使得下列结构条件得到满足:

$$\begin{aligned} &|p|a^{ij}, \quad b = O(\mathscr{E}), \\ &\overline{\delta} a_*^{ij} = O(\sqrt{\lambda_*\mathscr{E}}/|p|), \\ &\delta a_*^{ij} = o(\sqrt{\lambda_*\mathscr{E}}/|p|), \\ &\overline{\delta} b \leqslant O(\mathscr{E}), \\ &\delta b \leqslant o(\mathscr{E}), \end{aligned} \tag{15.85}$$

当 $|p|\to\infty$ 时关于 $x\in\Omega$ 和有界的 z 是一致的. 那么结合定理 10.3, 13.8, 14.1 和 15.2, 我们有

定理 15.13 设 Ω 是 $\mathbb{R}^n$ 中的有界区域, 其系数 $a^{ij}, b \in C^1(\overline{\Omega} \times \mathbb{R} \times \mathbb{R}^n)$ 满足结构条件 (15.85) 以及条件 (10.10) (或 (10.36)). 那么若 $\partial\Omega \in C^{2,\gamma}, \varphi \in C^{2,\gamma}(\overline{\Omega}), 0 < \gamma < 1$, 则 Dirichlet 问题: 在 Ω 中 $Qu = 0$, 在 $\partial\Omega$ 上 $u = \varphi$ 存在一个解 $u \in C^{2,\gamma}(\overline{\Omega})$.

定理 15.13 显然是定理 15.10 的推广, 而且定理 15.10 后面的附注在这里还是恰当的. 注意, 当形为 (15.2) 的一个分解成立时, 我们有 $\delta a_*^{ij} = 0$, 此外, 若 $a_*^{ij}(p) = a_*^{ij}(p/|p|)$, 我们还有 $\overline{\delta} a_*^{ij} = 0$.

(iv) 在凸区域上的非一致椭圆型方程. 现在我们假定分解 (15.2) 成立, 且

$$\begin{aligned} &b = o(|p|\Lambda), \\ &\delta b \leqslant O(b^2/|p|^2\mathscr{T}_*), \quad \mathscr{T}_* = [a_*^{ij}] \text{ 的迹}, \end{aligned} \tag{15.86}$$

当 $|p| \to \infty$ 时, 对于 $x \in \Omega$ 和有界的 z 是一致的. 那么从定理 13.8, 15.1 和推论 14.5, 我们有

定理 15.14 设 Ω 是 $\mathbb{R}^n$ 中一致凸区域, 并设算子 Q 在 $\overline{\Omega}$ 中是椭圆型的, 其系数 $a^{ij}, b \in C^1(\overline{\Omega} \times \mathbb{R} \times \mathbb{R}^n)$ 满足结构条件 (15.86). 那么若 $\partial\Omega \in C^{2,\gamma}, \varphi \in C^{2,\gamma}(\overline{\Omega}), 0 < \gamma < 1$, 则只要对某个固定的 $x_0 \in \Omega$ 问题

$$\begin{aligned} &Q_\sigma u = a^{ij}(x, u, Du)D_{ij}u + \sigma b(\sigma x + (1-\sigma)x_0, \sigma u, Du) = 0, \\ &u = \sigma\varphi \text{ 在 } \partial\Omega \text{ 上}, \quad 0 \leqslant \sigma \leqslant 1 \end{aligned} \tag{15.87}$$

的 $C^{2,\gamma}(\overline{\Omega})$ 解族在 Ω 中一致有界, Dirichlet 问题: 在 Ω 中 $Qu = 0$, 在 $\partial\Omega$ 上 $u = \varphi$ 就存在一个解 $u \in C^{2,\gamma}(\overline{\Omega})$.

当用定理 15.6 来代替上面的定理 15.1 时, 类似的做法就能得出散度形式 (15.57) 的非一致椭圆型方程的一个存在定理. 我们假定 (15.56) 中的系数 A^i 和 B 对于某个 $\tau \in \mathbb{R}$ 满足条件

$$\begin{aligned} &|p|^\tau \leqslant O(\lambda), \\ &|p|D_z\mathbf{A}, D_x\mathbf{A}, B = o(|p|^{\tau+1}), \end{aligned} \tag{15.88}$$

当 $|p| \to \infty$ 时对于 $x \in \Omega$ 和有界的 z 是一致的. 那么我们有

定理 15.15 设 Ω 是 $\mathbb{R}^n$ 中的一致凸区域, 并设算子 Q 在 $\overline{\Omega}$ 上是椭圆型的, 其系数 $A^i \in C^{1,\gamma}(\overline{\Omega} \times \mathbb{R} \times \mathbb{R}^n), i = 1, \ldots, n, B \in C^\gamma(\overline{\Omega} \times \mathbb{R} \times \mathbb{R}^n), 0 < \gamma < 1$, 满足结构条件 (15.88). 那么若 $\partial\Omega \in C^{2,\gamma}, \varphi \in C^{2,\gamma}(\overline{\Omega})$, 则只要问题 (13.42) 的 $C^{2,\gamma}(\overline{\Omega})$ 解族在 Ω 中是一致有界, Dirichlet 问题: 在 Ω 中 $Qu = 0$, 在 $\partial\Omega$ 上 $u = \varphi$ 就存在一个解 $u \in C^{2,\gamma}(\overline{\Omega})$.

(v) 带有边界曲率条件的问题. 现在考虑既按 (14.43) 又按 (15.23) 来分解的那些算子. 特别地, 我们将假定

$$\begin{aligned} a^{ij}(x,z,p) &= \Lambda a^{ij}_{\infty}(x,p/|p|) + a^{ij}_0(x,z,p) \\ &= a^{ij}_*(x,z,p/|p|) + \frac{1}{2}[p_i c_j(x,z,p) + c_i(x,z,p)p_j], \\ b(x,z,p) &= |p|\Lambda b_{\infty}(x,z,p/|p|) + b_0(x,z,p), \end{aligned} \tag{15.89}$$

其中 $a^{ij}_{\infty} \in C^1(\overline{\Omega} \times B_1(0)), a^{ij}_*, b_{\infty} \in C^1(\overline{\Omega} \times \mathbb{R} \times B_1(0)), i,j = 1,\ldots,n$, 矩阵 $[a^{ij}_{\infty}], [a^{ij}_*]$ 是非负且对称的, 而 b_{∞} 关于 z 是非增的. 我们将施加下列结构条件

$$\begin{aligned} &\overline{\delta}\mathscr{E} \leqslant \mathscr{E} + o(\mathscr{E}), \\ &\delta\mathscr{E}, \delta b, (\overline{\delta} - 1)b_0 \leqslant O(\mathscr{E}), \\ &\delta a^{ij}_* = O(\sqrt{\mathscr{E}}/|p|), \\ &a^{ij}_0 = o(\Lambda), \\ &b_0 = o(|p|), \end{aligned} \tag{15.90}$$

当 $|p| \to \infty$ 时对于 $x \in \Omega$ 和有界的 z 是一致的. 那么根据定理 13.8, 14.9 和 15.2 我们有

定理 15.16 设 Ω 是 $\mathbb{R}^n$ 中的有界区域, 并设算子 Q 在 $\overline{\Omega}$ 中是椭圆型的, 其系数 $a^{ij}, b \in C^1(\overline{\Omega} \times \mathbb{R} \times \mathbb{R}^n)$ 满足结构条件 (15.89), (15.90). 那么若 $\partial\Omega \in C^{2,\gamma}, \varphi \in C^{2,\gamma}(\overline{\Omega}), 0 < \gamma < 1$, 而且在每点 $y \in \partial\Omega$ 处不等式

$$\mathscr{K}^+ > b_{\infty}(y, \varphi(y), \boldsymbol{\nu}), \quad \mathscr{K}^- > -b_{\infty}(y, \varphi(y), -\boldsymbol{\nu}) \tag{15.91}$$

成立, 其中 $\boldsymbol{\nu}$ 是 y 点处的单位内法向, 以及由 (14.44) 给出的 $\mathscr{K}^+$, $\mathscr{K}^-$ 是非负的, 由此推出只要问题 (13.42) 的 $C^{2,\gamma}(\overline{\Omega})$ 解族在 Ω 中一致有界, Dirichlet 问题: 在 Ω 中 $Qu = 0$, 在 $\partial\Omega$ 上 $u = \varphi$ 就是可解的.

为了在 (15.91) 中允许非严格的不等式, 我们需要加强结构条件 (15.90), 使得

$$\begin{aligned} &\overline{\delta}\mathscr{E} \leqslant \mathscr{E} + o(\mathscr{E}), \\ &1, \delta\mathscr{E}, \delta b, \overline{\delta} b_0 \leqslant O(\mathscr{E}), \\ &\delta a^{ij}_* = O(\sqrt{\mathscr{E}}/|p|), \\ &a^{ij}_0 = O(\mathscr{E}/|p|), \\ &b_0 = O(\mathscr{E}), \end{aligned} \tag{15.92}$$

当 $|p| \to \infty$ 时对于 $x \in \Omega$ 和有界的 z 是一致的. 那么根据定理 13.8, 14.6, 15.2 我们有

定理 15.17 设 Ω 是 $\mathbb{R}^n$ 中的有界区域, 并设算子 Q 在 $\overline{\Omega}$ 中是椭圆型的, 其系数 $a^{ij}, b \in C^1(\overline{\Omega} \times \mathbb{R} \times \mathbb{R}^n)$ 满足结构条件 (15.89), (15.92). 那么若 $\partial\Omega \in C^{2,\gamma}, \varphi \in C^{2,\gamma}(\overline{\Omega}), 0 < \gamma < 1$, 以及在每点 $y \in \partial\Omega$ 处不等式

$$\begin{aligned} \mathscr{K}^+ &\geqslant b_\infty(y, \varphi(y), \boldsymbol{\nu}), \\ \mathscr{K}^- &\geqslant -b_\infty(y, \varphi(y), -\boldsymbol{\nu}), \quad \mathscr{K}^\pm \geqslant 0 \end{aligned} \tag{15.93}$$

成立, 由此推出只要问题 (13.42) 的 $C^{2,\gamma}(\overline{\Omega})$ 解族在 Ω 中一致有界, Dirichlet 问题: 在 Ω 中 $Qu = 0$, 在 $\partial\Omega$ 上 $u = \varphi$ 就是可解的.

15.6. 连续边值的存在定理

借助于内估计 (定理 15.3 和 15.6), 上节的某些存在定理能被推广到只假定函数 φ 在 $\partial\Omega$ 上连续时仍成立. 基本方法是用函数 $\varphi_m \in C^{2,\gamma}(\Omega)$ 在 $\partial\Omega$ 上一致逼近函数 φ, 并对函数 $u_m \in C^{2,\gamma}(\overline{\Omega})$ 解 Dirichlet 问题: 在 Ω 中 $Qu_m = 0$, 在 $\partial\Omega$ 上 $u_m = \varphi_m$. 内估计 (定理 15.3 和定理 15.8) 结合导数的内部 Hölder 估计 (定理 13.1 或 13.3) 以及 Schauder 内估计 (定理 6.2) 保证了序列 $\{u_m\}$ 的一个子序列以及它的一阶、二阶导数在 Ω 的紧子集上一致收敛到一个函数 $u \in C^{2,\gamma}(\Omega), u$ 在 Ω 中满足 $Qu = 0$. 连续模的估计 (定理 14.15) 保证了 $u \in C^0(\overline{\Omega}) \cap C^2(\Omega)$, 而且在 $\partial\Omega$ 上 $u = \varphi$. 为了使这种做法行得通, 我们还要求 $\{u_m\}$ 是一致有界的, 即我们需要一个像在第 10 章那样的最大值原理. 用 $C^{2,\gamma}$ 区域来逼近区域 Ω, 通过定理 14.15 我们还可以去掉限制 $\partial\Omega \in C^{2,\gamma}$. 现在我们来叙述两个通过这种方法可以得到的一般区域的存在定理. 在第 16.3 节中我们将考虑极小曲面方程和规定了平均曲率的方程的类似结果.

定理 15.18 设 Ω 是 $\mathbb{R}^n$ 中的有界区域, 在边界 $\partial\Omega$ 的每一点处满足外部球条件. 设 Q 是 Ω 中的一个椭圆型算子, 其系数 $a^{ij}, b \in C^1(\Omega \times \mathbb{R} \times \mathbb{R}^n)$ 满足定理 15.3 (或 15.5) 和 14.1 的假设以及条件 (10.10) (或 (10.36)). 那么对于任何函数 $\varphi \in C^0(\partial\Omega)$, Dirichlet 问题: 在 Ω 中 $Qu = 0$, 在 $\partial\Omega$ 上 $u = \varphi$ 存在一个解 $u \in C^0(\overline{\Omega}) \cap C^2(\Omega)$.

对于散度形式 (15.57) 的方程, 我们有

定理 15.19 设 Ω 是 $\mathbb{R}^n$ 中的有界区域, 在边界 $\partial\Omega$ 的每一点处满足外部球条件. 设 Q 是一个散度结构算子, 其系数 $A^i \in C^{1,\gamma}(\Omega \times \mathbb{R} \times \mathbb{R}^n), i = 1, \ldots, n, B \in C^\gamma(\Omega \times \mathbb{R} \times \mathbb{R}^n), 0 < \gamma < 1$, 满足定理 15.8 的假设, 以及定理 10.9 对 $\alpha = \tau + 2$ 的假设. 那么对任何函数 $\varphi \in C^0(\partial\Omega)$, Dirichlet 问题: 在 Ω 中 $Qu = 0$, 在 $\partial\Omega$ 上 $u = \varphi$ 存在一个解 $u \in C^0(\overline{\Omega}) \cap C^{2,\gamma}(\Omega)$.

评注

在第 15.1 和 15.2 节中介绍的梯度估计的最大值原理方法中的主要思想可追溯到 Bernstein [BE 3, 6]. 为了得到一致椭圆型方程的全局和内梯度估计, Ladyzhenskaya [LA] 和 Ladyzhenskaya 和 Ural'tseva [LU 2,4] 从本质上发展了 Bernstein 的方法. 后来 Serrin [SE 3] 由于利用了形为 (15.2) 的表示, 把这些结果推广到包括与规定了平均曲率的方程 (10.7) 具有类似特征的方程. 定理 15.2 和 15.3 非常接近于 [LU 5, 6] 中的结果 (也见 [IV 1, 2]), 虽然和定理 15.1 一起它们在 [SE 4] 中的陈述是类似的. 不用乘子 r, s, t, [LU 5, 6] 中的作者们指出, 他们的假设只要被等价于给定算子的一个算子满足就行了. 我们的讨论与 [LU 5, 6] 和 [SE 4] 中的处理不同, 我们考虑 $C^2(\Omega)$ 解来代替 $C^3(\Omega)$ 解. 还有, 我们的证明和结果对于空间 $C^{0,1}(\overline{\Omega}) \cap W^{2,2}(\Omega)$ 中的解仍然有效.

散度结构方程的解的全局梯度界的定理 15.6 应属于 Trudinger [TR 3], 而关于一致椭圆型散度结构方程的定理 15.7, 15.8 和 15.9 中的估计应属于 Ladyzhenskaya 和 Ural'tseva [LU 1, 2]. 定理 15.8 的我们的证明在某些方面不同于 [LU 2] 中的证明. 对于非一致椭圆型的, 散度结构的方程的进一步梯度估计见 [IO], [OS 1, 2]. 在第 15.5 和 15.6 节中的某些存在定理在文献中已经有了确切的阐述, 例如参看 [LU 4], [SE 3]. 评述性文章 [ED] 对进行存在性论证的各个方面提供了一个清楚的说明. 我们还要指出上述的许多存在性定理可以推广到 $C^{1,\alpha}$ 边界数据, $0 < \alpha < 1$ (参见 [LB 1]).

最后我们注意引理 15.4 正面解决了一个长期悬而未决的问题, 即单自然条件 (即 (15.53) 中 $\theta = 1, r = s = t_i = 0$ 的情形) 对于内部和全局梯度估计是充分的 (见 [LU 7], [TR 12]).

习题

15.1. 证明: 假如 $\underset{\Omega}{\operatorname{osc}}\, u$ 充分小, 则定理 15.2 对于正的 a 和 c 仍然成立.

15.2. 证明: 假如 $b < -2\sqrt{ac}$, 则定理 15.2 和 15.3 对于正的 a 和 c 仍然成立.

15.3. 证明: 如果结构条件 (15.60) 代之以

$$|p| D_z \boldsymbol{A}, D_x \boldsymbol{A}, B = o(|p|^\gamma), \quad \text{当 } |p| \to \infty \text{ 时}, \tag{15.94}$$

其中 $\gamma = \tau + 1 + (\tau + 2)/n$, 假如 $\tau > -1$ 且在 $\partial\Omega$ 上 $u = 0$, 则定理 15.6 仍然成立.

15.4. 证明: 如果结构条件 (15.60) 代之以

$$|p| D_z \boldsymbol{A}, D_x \mathbf{A}, B = o(|p|^\gamma), \quad \text{当 } |p| \to \infty \text{ 时}, \tag{15.95}$$

其中 $\gamma = \tau + 1 + 1/n$, 假如 $\tau \leqslant -1$, 且在 $\partial\Omega$ 上 $u = 0$, 则定理 15.6 仍然成立.

15.5. 证明: 假如结构条件 (15.60),

$$D_p\mathbf{A} = o(|p|^{\tau+\sigma}), \tag{15.64$'$}$$

$$g = O(|p|^{\tau+2}), \tag{15.66$'$}$$

对于 $\tau > -1, \sigma < 1$ 成立, 则对于方程 (15.56) 的 $C^2(\Omega)$ 解, 内梯度的界是正确的.

15.6. 在有界凸区域 $\Omega \subset \mathbb{R}^n$ 内考虑 Dirichlet 问题

$$在\ \Omega\ 内\ \varepsilon\Delta u + g(Du) = f(x),\ 在\ \partial\Omega\ 上\ u = 0, \tag{15.96}$$

其中 $\varepsilon > 0, g \in C^1(\mathbb{R}^n), f \in C^1(\overline{\Omega})$, 当 $|p| \to \infty$ 时 $\sqrt{|p|}/g = O(1)$, 并且对于所有 $x \in \Omega, g(0) \leqslant f(x)$. 利用定理 15.1 和线型闸函数推出对于充分小的 ε 在空间 $C^{0,1}(\overline{\Omega}) \cap C^2(\Omega)$ 问题 (15.96) 的唯一可解性. 通过令 $\varepsilon \to 0$ 证明存在一阶 Dirichlet 问题

$$在\ \Omega\ 内几乎处处\ g(Du) = f(x),\ 在\ \partial\Omega\ 上\ u = 0 \tag{15.97}$$

存在一个 $C^{0,1}(\overline{\Omega})$ 解, 利用适当的逼近证明上述关于 f 和 g 的条件可以换为 $g \in C^0(\mathbb{R}^n)$, 当 $|p| \to \infty$ 时 $g \to \infty, f \in L^\infty(\Omega)$, 对于所有 $x \in \Omega, g(0) \leqslant f(x)$. 对于满足外部球条件的任意区域求一个类似的结果. 在某种意义下如此得到的 (15.97) 的解是唯一的 (参见 [LP 3, 5]).

第 16 章　平均曲率型方程

在这一章里, 我们把注意力集中在这样两个问题上: 一个是规定平均曲率的方程

$$\mathfrak{M}u = (1+|Du|^2)\Delta u - D_iuD_juD_{ij}u = nH(1+|Du|^2)^{3/2}, \tag{16.1}$$

另一个是两个变量的这类方程. 我们主要的兴趣是解的导数的内估计. 将会看到, 我们不仅能建立这些方程的解的梯度内估计, 而且还能建立强二阶导数的估计, 这种二阶导数的估计是由方程的非线性所引起的, 这也是它们不同于一致椭圆型方程 (如 Laplace 方程) 的地方. 特别是我们知道 $\mathbb{R}^2$ 中极小曲面方程的 $C^2(\mathbb{R}^2)$ 解必定是线性函数, 这是 Bernstein 的一个经典结果, 我们将推广这个结果 (定理 16.12).

这一章中处理梯度内估计的方法, 在很大程度上是不同于第 15 章的 (尽管这与 15.4 节中的散度形式的情形有某些共同的特色). 方程 (16.1) 的解的梯度内估计, 即定理 16.5 是通过考察 $\mathbb{R}^{n+1}$ 中的超曲面上的切向梯度 (tangential gradient) 和 Laplace 算子来得到的, 这个超曲面乃是解 u 的图像. 超曲面上的基本估计是在 16.1 节中给出的.

在 16.4 节中, 我们研究了两个变量的规定平均曲率的方程的一般类型. 在 16.4 节中, 通过 $\mathbb{R}^3$ 中曲面间的拟保角映射的处理, 导出了一阶和二阶导数的内估计 (定理 16.20 和 16.21), 而这个拟保角映射是 12.1 节的推广.

这一章的 16.4 到 16.8 节, 以及 16.1 节的一部分, 都是同 L. M. Simon 合作写成的, 这些内容本质上都是他的贡献.

16.1. $\mathbb{R}^{n+1}$ 中的超曲面

$\mathbb{R}^{n+1}$ 中的一个子集 $\mathfrak{S}$ 称为 $\mathbb{R}^{n+1}$ 中的 C^k 超曲面, 是指 $\mathfrak{S}$ 能局部地表示为 $\mathbb{R}^n$ 中一个开子集上的 C^k 函数的图像. 这里, 我们的兴趣是 C^2 超曲面, 为简便, 我们假定 $\mathfrak{S}$ 能全局地表示成一个 C^2 函数的等高面 (level surface), 也就是存在一个 $\mathbb{R}^{n+1}$ 的开子集 $\mathscr{U}$ 和一个函数 $\Phi \in C^2(\mathscr{U})$, 在 $\mathscr{U}$ 上 $D\Phi \neq 0$, 使得

$$\mathfrak{S} = \{x \in \mathscr{U} | \Phi(x) = 0\}. \tag{16.2}$$

就本章的应用而言, $\mathfrak{S}$ 总是函数 $u \in C^2(\Omega)$ 的图像, 其中 Ω 是 $\mathbb{R}^n$ 中的一个区域. 对于这种情形, 我们可取 $\mathscr{U} = \Omega \times \mathbb{R}$, 以及

$$\Phi = x_{n+1} - u(x'), \quad x' = (x_1, \ldots, x_n) \in \Omega. \tag{16.3}$$

当 $\mathfrak{S}$ 由 (16.2) 给出时, $\mathfrak{S}$ 的法线 $\boldsymbol{\nu}$ (指向 Φ 增加的方向) 为

$$\boldsymbol{\nu} = \frac{D\Phi}{|D\Phi|}.$$

设 $g \in C^1(\mathscr{U})$, g 在 $\mathfrak{S}$ 上的*切向梯度* δg 定义为

$$\delta g = Dg - (\boldsymbol{\nu} \cdot Dg)\boldsymbol{\nu}. \tag{16.4}$$

对于任一点 $y \in \mathfrak{S}$, 切向梯度 $\delta g(y)$ 是梯度 $Dg(y)$ 在 $\mathfrak{S}$ 的点 y 处的切平面上的投影. 显然

$$\boldsymbol{\nu} \cdot \delta g = 0, \tag{16.5}$$

$$|\delta g|^2 = |Dg|^2 - |\boldsymbol{\nu} \cdot Dg|^2, \tag{16.6}$$

因此

$$|\delta g| \leqslant |Dg|, \tag{16.7}$$

$$\text{当 } D_{n+1} g \equiv 0 \text{ 时}, \ |\nu_{n+1}||Dg| \leqslant |\delta g|. \tag{16.8}$$

而且, δg 只依赖于 g 在 $\mathfrak{S}$ 上的值是很明显的. 因为, 假设 $\overline{g} \in C^1(\mathscr{U})$ 在 $\mathfrak{S}$ 上满足 $g = \overline{g}$. 于是 $D(g - \overline{g}) = k\boldsymbol{\nu}$, 其中 k 为某个常数, 因此

$$\delta(g - \overline{g}) = k\boldsymbol{\nu} - k\nu = 0.$$

其次, 根据 14.6 节中的公式 (14.102), 我们有

$$\delta_i \nu_i = D_i \left[\frac{D_i \Phi}{|D\Phi|}\right] - \nu_i \nu_j D_j \nu_i = -nH - \frac{1}{2}\nu_j D_j |\nu|^2 = -nH,$$

其中 H 表示 $\mathfrak{S}$ 关于 $\boldsymbol{\nu}$ 的平均曲率. 因此有公式

$$H = -\frac{1}{n}\delta_i\nu_i. \tag{16.9}$$

下面的引理给出了微分算子 δ 的分部积分公式.

引理 16.1 设 dA 是 $\mathfrak{S}$ 的面积元素, 则对所有 $g \in C_0^1(\mathscr{U})$ 有

$$\int_{\mathfrak{S}} \delta g dA = -n\int_{\mathfrak{S}} gH\boldsymbol{\nu} dA. \tag{16.10}$$

证明 我们先对 $\mathfrak{S}$ 是 C^2 函数的图像的情形建立公式 (16.10), 然后借助单位分解来得到一般情形的公式. 为此, 假设 Φ 是由 (16.3) 给出, 因而在点 $(x, u(x)) \in \mathfrak{S}$ 上, 有

$$\begin{aligned}
&\nu_i = -\frac{D_i u}{v}, \quad i = 1, \ldots, n, \\
&\nu_{n+1} = \frac{1}{v}, \\
&H = \frac{1}{n}D_i\left[\frac{D_i u}{v}\right], \\
&dA = v dx,
\end{aligned} \tag{16.11}$$

其中

$$v = \sqrt{1+|Du|^2}.$$

定义 $\widetilde{g} \in C^1(\mathscr{U})$ 满足

$$\widetilde{g}(x, x_{n+1}) = g(x, u(x)),$$

显然, 在 $\mathfrak{S}$ 上 $\widetilde{g} = g$, 因此, $\delta\widetilde{g} = \delta g$. 因而对 $i \leqslant n$ 有

$$\begin{aligned}
\int_{\mathfrak{S}} \delta_i g dA = \int_{\mathfrak{S}} \delta_i \widetilde{g} dA &= \int_{\Omega} (D_i g - \nu_i\nu_j D_i g) v dx \\
&= -\int_{\Omega} \widetilde{g}\left\{D_i v - \sum_{j=1}^{n} D_j(\nu_i\nu_j v)\right\} dx \quad \text{由分部积分}, \\
&= -\int_{\Omega} \widetilde{g}\left\{D_i v - \sum_{j=1}^{n} \nu_j D_j(\nu_i v) + nvH\nu_i\right\} dx \quad \text{由 (16.11)}, \\
&= -n\int_{\Omega} \widetilde{g}H\nu_i v dx - \int_{\Omega} \widetilde{g}\left(\sum_{j=1}^{n} \nu_j D_{ij}u + D_i v\right) dx \\
&= -n\int_{\Omega} \widetilde{g}H\nu_i v dx \quad \text{由 (16.11)}.
\end{aligned}$$

对 $i=n+1$, 我们有

$$\begin{aligned}\int_{\mathfrak{S}}\delta_{n+1}g dA&=\int_{\mathfrak{S}}\delta_{n+1}\widetilde{g}dA=-\int_{\Omega}\nu_{n+1}\sum_{j=1}^{n}\nu_jD_j\widetilde{g}vdx\\&=\int_{\Omega}\widetilde{g}\sum_{j=1}^{n}D_j\nu_jdx=-n\int_{\Omega}\widetilde{g}Hdx\\&=-n\int_{\mathfrak{S}}gH\nu_{n+1}dA.\end{aligned}$$

□

注意, 在引理 16.1 中 $i=n+1$ 的情形与规定平均曲率方程的积分形式是等价的.

对于 $g\in C^2(\mathscr{U})$, g 在 $\mathfrak{S}$ 上的 Laplace-Beltrami 算子定义如下:

$$\Delta g=\delta_i\delta_i g. \tag{16.12}$$

从分部积分公式 (16.10) 和 (16.5), 对所有 $\varphi\in C_0^2(\mathscr{U})$, 我们有

$$\int_{\mathfrak{S}}\varphi\Delta g dA=\int_{\mathfrak{S}}g\Delta\varphi dA=\int_{\mathfrak{S}}-\delta g\cdot\delta\varphi dA. \tag{16.13}$$

现在着手导出关于 $\mathfrak{S}$ 上算子 δ 和 Δ 的一些重要不等式. 这些不等式是定理 2.1 的平均值不等式以及引理 7.14 中的位势型表达式在 $\mathbb{R}^{n+1}$ 中超曲面上的有用的推广. 设 y 是 $\mathfrak{S}$ 上的点, $r=|x-y|,\psi\in C^2(\mathbb{R})$, 通过计算, 我们有

$$\begin{aligned}\delta_i\psi(r)&=(\delta_{ij}-\nu_i\nu_j)\frac{x_j-y_j}{r}\psi'(r),\\\Delta\psi(r)&=\frac{n\psi'(r)}{r}+\left[\frac{\psi''(r)}{r^2}-\frac{\psi'(r)}{r^3}\right](r^2-|\nu_i(x_i-y_i)|^2)\\&\quad+\frac{n\psi'(r)}{r}H\nu_i(x_i-y_i)\\&=\frac{n\psi'(r)}{r}+\left[\psi''(r)-\frac{\psi'(r)}{r}\right]|\delta r|^2\\&\quad+\frac{n\psi'(r)}{r}H\boldsymbol{\nu}\cdot(x-y),\end{aligned} \tag{16.14}$$

按 (16.6), 有

$$|\delta r|^2=1-\frac{|\boldsymbol{\nu}\cdot(x-y)|^2}{r^2}.$$

特别地, 令 χ 为 $C^1(\mathbb{R})$ 中的非负非增函数, 其支集包含在区间 $(-\infty,1)$ 内, 又令

$$\psi(r)=\int_r^{\infty}\tau\chi(\tau/\rho)d\tau,$$

其中 $0<\rho<R$, 球 $B_R(y)\subset\mathscr{U}$. 于是由 (16.14) 得到

$$\begin{aligned}\Delta\psi(r) &= -\{n\chi(r/\rho)+r\chi'(r/\rho)|\delta r|^2/\rho+n\chi(r/\rho)H\boldsymbol{\nu}\cdot(x-y)\}\\ &= \rho^{n+1}D_\rho[\rho^{-n}\chi(r/\rho)]+r\chi'(r/\rho)(1-|\delta r|^2)/\rho\\ &\quad -n\chi(r/\rho)H\boldsymbol{\nu}\cdot(x-y)\\ &\leqslant \rho^{n+1}D_\rho[\rho^{-n}\chi(r/\rho)]-n\chi(r/\rho)H\boldsymbol{\nu}\cdot(x-y).\end{aligned}\tag{16.15}$$

在 $\mathfrak{S}$ 是极小曲面的特殊情形, 即当 $H\equiv 0$ 时, 不等式 (16.15) 简化为

$$\Delta\psi(r)\leqslant\rho^{n+1}D_\rho[\rho^{-n}\chi(r/\rho)].\tag{16.16}$$

关系式 (16.15), (16.16) 在我们的内估计讨论中是基本的. 我们先考察极小曲面, 即 $H\equiv 0$ 的情形, 以此来说明它们的应用. 设 g 是 $L^1(\mathfrak{S})$ 中的非负函数, 并假定对所有非负的 $\varphi\in C^2(\mathscr{U})$ 有

$$\int_{\mathfrak{S}} g\Delta\varphi dA\geqslant 0.\tag{16.17}$$

在 (16.17) 中选取 $\varphi=\psi$, 由 (16.16) 立即得到不等式

$$D_\rho\left[\frac{1}{\rho^n}\int_{\mathfrak{S}} g\chi(r/\rho)dA\right]\geqslant 0,$$

也就是说, 函数

$$I_\chi(\rho)=\frac{1}{\omega_n\rho^n}\int_{\mathfrak{S}} g\chi(r/\rho)dA\tag{16.18}$$

关于 ρ 是非减的. 设 χ 以某种适当的方式逼近于区间 $(-\infty,1)$ 的特征函数, 于是又得到函数

$$I(\rho)=\frac{1}{\omega_n\rho^n}\int_{\mathfrak{S}\cap B_\rho(y)} gdA,\tag{16.19}$$

也是非减的. 因为对于几乎所有 (关于 dA) 的 $y\in\mathfrak{S}$, 有

$$\lim_{\rho\to 0} I(\rho)=g(y),\tag{16.20}$$

于是对于几乎所有的 $y\in\mathfrak{S}$ 以及 $B_R(y)\subset\mathscr{U}$, 我们得到平均值不等式

$$g(y)\leqslant\frac{1}{\omega_n R^n}\int_{\mathfrak{S}\cap B_R(y)} gdA.\tag{16.21}$$

如果函数 $g\in C^2(\mathscr{U})$, 在 $\mathfrak{S}$ 上有 $\Delta g\geqslant 0(=0)$, 那么我们就称 g 在 $\mathfrak{S}$ 上是下调和 (调和) 的. 应用 (16.13), 有

引理 16.2　设 g 是 C^2 极小超曲面 $\mathfrak{S}$ 上的一个非负下调和函数. 那么对于任何一点 $y \in \mathfrak{S}$ 以及球 $B_R(y) \subset \mathscr{U}$, 不等式 (16.21) 成立.

当 $\mathfrak{S}$ 为超平面时, 不等式 (16.21) 就成为 Euclid 空间 $\mathbb{R}^n$ 中非负下调和函数的平均值不等式. 然而要注意, 在这种情形, 我们并不需要假定 g 是非负的. 若 g 是一个正常数, 则从 (16.21) 得到估计

$$A(\mathfrak{S} \cap B_R(y)) \geqslant \omega_n R^n, \tag{16.22}$$

其中 $A(\mathfrak{S} \cap B_R(y))$ 表示 $\mathfrak{S} \cap B_R(y)$ 的面积. 今后, 在无二义时我们将记 $\mathfrak{S}_R(y) = \mathfrak{S} \cap B_R(y)$, 并一般简写为 $\mathfrak{S}_R(y) = \mathfrak{S}_R$.

现在我们转到一般的超曲面 $\mathfrak{S}$ 和 $C^1(\mathscr{U})$ 函数 g 的情形. 虽然, 上面在极小曲面的情形中所采用的方法是可以推广的, 但我们将采用稍微不同的方法来代替上面的方法, 由此给出引理 16.2 的另一个证明. 设 y 是 $\mathfrak{S}$ 上的一点, 并设球 $B_R(y) \subset \mathscr{U}$. 令 χ 是 $C^1[0, \infty)$ 中的一个非负非增函数, 其支集在区间 $[0, R]$ 中. 定义 $\psi \in C^2(\mathscr{U})$ 为

$$\psi(r) = \int_r^\infty \tau\chi(\tau)d\tau,$$

由 (16.15), 我们有

$$\begin{aligned}\Delta\psi(r) &= -\{n\chi(r) + r\chi'(r)|\delta r|^2 + n\chi(r)H\boldsymbol{\nu}\cdot(x-y)\} \\ &= -(n\chi(r) + r\chi'(r)) + r\chi'(r)(1-|\delta r|^2) \\ &\quad -n\chi(r)H\boldsymbol{\nu}\cdot(x-y).\end{aligned} \tag{16.23}$$

于是, 代入 (16.13), 得

$$\begin{aligned}&\int_{\mathfrak{S}}(n\chi(r) + r\chi'(r))gdA - \int_{\mathfrak{S}} r\chi'(r)(1-|\delta r|^2)gdA \\ &= -n\int_{\mathfrak{S}}\chi(r)gH\boldsymbol{\nu}\cdot(x-y)dA + \int_{\mathfrak{S}}\delta\psi\cdot\delta gdA.\end{aligned} \tag{16.24}$$

如果进一步限制 χ, 使当 $r < \varepsilon$ 时,

$$\chi(r) = \varepsilon^{-n} - R^{-n},$$

这里 $0 < \varepsilon < R$, 我们就可以把上面的关系式写成

$$\begin{aligned}&n(\varepsilon^{-n} - R^{-n})\int_{\mathfrak{S}_\varepsilon} gdA + \int_{\mathfrak{S}_R - \mathfrak{S}_\varepsilon}(n\chi(r) + r\chi'(r))gdA \\ &- \int_{\mathfrak{S}_R - \mathfrak{S}_\varepsilon} r\chi'(r)(1-|\delta r|^2)gdA \\ &= -n\int_{\mathfrak{S}_R}\chi(r)gH\nu\cdot(x-y)dA + \int_{\mathfrak{S}_R}\delta\psi\cdot\delta gdA.\end{aligned} \tag{16.25}$$

(16.25) 式启发我们应选择 χ, 使在区间 $[\varepsilon, R)$ 上 $n\chi(r)+r\chi'(r)=$ 常数. 从而, 用下式定义函数 χ_ε:

$$\chi_\varepsilon(r)=\begin{cases}\varepsilon^{-n}-R^{-n}, & 0\leqslant r<\varepsilon,\\ r^{-n}-R^{-n}, & \varepsilon\leqslant r<R,\\ 0, & r\geqslant R.\end{cases}$$

我们还不能直接用 χ_ε 来代替 (16.25) 中的 χ. 然而可以用 $C^1[0,\infty)$ 中的非负非增函数序列 $\{\chi_m\}$ 来代替 χ, 这个序列中的函数的支集都在 $[0,R)$ 内, 其导数一致有界. 更进一步要求 $\{\chi_m\}$ 一致收敛到 χ_ε, 导数序列 $\{\chi_m'\}$ 逐点收敛到函数

$$\chi'_{\varepsilon(r)}=\begin{cases}0, & 0\leqslant r<\varepsilon,\\ -nr^{-(n+1)}, & \varepsilon\leqslant r<R,\\ 0, & r\geqslant R,\end{cases}$$

于是, 从公式 (16.25) 可以得到

$$\begin{aligned}&(\varepsilon^{-n}-R^{-n})\int_{\mathfrak{S}_\varepsilon}gdA+\int_{\mathfrak{S}_R-\mathfrak{S}_\varepsilon}gr^{-n}(1-|\delta r|^2)dA \qquad (16.26)\\ =&R^{-n}\int_{\mathfrak{S}_R-\mathfrak{S}_\varepsilon}gdA-(\varepsilon^{-n}-R^{-n})\int_{\mathfrak{S}_\varepsilon}gH\boldsymbol{\nu}\cdot(x-y)dA\\ &-\int_{\mathfrak{S}_R-\mathfrak{S}_\varepsilon}g(r^{-n}-R^{-n})H\nu\cdot(x-y)dA\\ &+\frac{1}{n}\int_{\mathfrak{S}_R}\delta\psi_\varepsilon(r)\cdot\delta gdA,\end{aligned}$$

其中

$$\psi_\varepsilon(r)=\int_r^R\tau\chi_\varepsilon(\tau)d\tau.$$

令 ε 趋于零, 于是我们有

$$\begin{aligned}&g(y)+\frac{1}{\omega_n}\int_{\mathfrak{S}_R}\frac{(1-|\delta r|^2)}{r^n}gdA\\ =&\frac{1}{\omega_nR^n}\int_{\mathfrak{S}_R}gdA-\frac{1}{\omega_n}\int_{\mathfrak{S}_R}g(r^{-n}-R^{-n})H\boldsymbol{\nu}\cdot(x-y)dA \qquad (16.27)\\ &+\frac{1}{n\omega_n}\int_{\mathfrak{S}_R}\delta\psi(r)\cdot\delta gdA,\end{aligned}$$

其中

$$\psi(r)=\int_r^R\tau(\tau^{-n}-R^{-n})d\tau.$$

这时, 引理 16.2 就是恒等式 (16.27) 和 (16.13) 的一个直接推论. 应用不等式

$$\begin{aligned}|H\boldsymbol{\nu}\cdot(x-y)| &\leqslant r^{-2}|\boldsymbol{\nu}\cdot(x-y)|^2+\frac{1}{4}H^2r^2\\ &=1-|\delta r|^2+\frac{1}{4}H^2r^2,\end{aligned} \tag{16.28}$$

我们可以从 (16.27) 得到估计

$$\begin{aligned}g(y)\leqslant &\frac{1}{\omega_nR^n}\int_{\mathfrak{S}_R}g|\delta r|^2dA\\ &+\frac{1}{4\omega_n}\int_{\mathfrak{S}_R}gH^2r^2(r^{-n}-R^{-n})dA\\ &-\frac{1}{n\omega_n}\int_{\mathfrak{S}_R}(r^{-n}-R^{-n})(x-y)\cdot\delta ydA.\end{aligned} \tag{16.29}$$

这样, 我们就证明了引理 16.2 的下述推广.

引理 16.3　设 g 是 $C^1(\mathscr{U})$ 中的一个非负函数, 那么对任一点 $y\in\mathfrak{S}$ 以及球 $B_R(y)\subset\mathscr{U}$, 不等式 (16.29) 成立.

在下一节中将根据引理 16.3 导出梯度的内估计. 注意, 当 $g\in C^2(\mathscr{U})$ 时, 我们可以把 (16.29) 中的最后一项表示成

$$-\frac{1}{n\omega_n}\int_{\mathfrak{S}_R}\psi(r)\Delta gdA.$$

对于本章后面将要讨论的两个变量的方程, 还需要不等式 (16.26) 和 (16.29) 的更进一步的推论. 特别地, 如果我们在不等式 (16.29) 中令 $n=2$, 得

$$\begin{aligned}g(y)\leqslant &\frac{1}{\pi R^2}\int_{\mathfrak{S}_R}g\left(1+\frac{1}{4}H^2R^2\right)dA\\ &+\frac{1}{2\pi}\int_{\mathfrak{S}_R}r(r^{-2}-R^{-2})|\delta g|dA.\end{aligned} \tag{16.30}$$

在 (16.30) 中令 $g\equiv 1$, 我们得到估计

$$1\leqslant\frac{A(\mathfrak{S}_R)}{\pi R^2}+\frac{1}{4\pi}\int_{\mathfrak{S}_R}H^2dA, \tag{16.31}$$

其中 $A(\mathfrak{S}_R)$ 表示 $\mathfrak{S}_R$ 的面积. 因此, 如果 $\mathfrak{S}$ 是 $\mathbb{R}^3$ 中的一个紧致的超曲面 (或者更一般地, 如果 $\mathscr{U}=\mathbb{R}^3$, 当 $R\to\infty$ 时 $A(\mathfrak{S}_R)=o(R^2)$), 我们就有

$$\int_{\mathfrak{S}}H^2dA\geqslant 4\pi. \tag{16.32}$$

此外, 能够证明当且仅当 $\mathfrak{S}$ 是球面时, (16.32) 中的等号成立 [TR9].

下面用 (16.19) 来定义 I, 从 (16.26) 和 (16.28) 得

$$\begin{aligned}\omega_n I(\varepsilon) &= \varepsilon^{-n}\int_{\mathfrak{S}_\varepsilon} g dA \\ &\leqslant R^{-n}\int_{\mathfrak{S}_R} g|\delta r|^2 dA + \varepsilon^{1-n}\int_{\mathfrak{S}_\varepsilon} g|H|dA \\ &\quad +\frac{1}{4}\int_{\mathfrak{S}_R} gH^2r^2(r^{-n}-R^{-n})dA + \frac{1}{n}\int_{\mathfrak{S}_R}\delta\psi_\varepsilon(r)\cdot\delta g dA.\end{aligned}$$

所以, 应用 Young 不等式 (7.6), 便得估计

$$\begin{aligned}\sup_{(0,R)} I(\rho) \leqslant \frac{1}{\omega_n R^n}\int_{\mathfrak{S}_R} & g[n|\delta r|^2 + |HR|^n + nH^2r^2R^n \\ & \times(r^{-n}-R^{-n})]dA \\ & +\frac{1}{\omega_n}\int_{\mathfrak{S}_R} r(r^{-n}-R^{-n})|\delta g|dA.\end{aligned} \tag{16.33}$$

注意, (16.33) 的最后一项可以用

$$\frac{1}{\omega_n}\int_{\mathfrak{S}_R}\psi(r)(-\Delta g)^+ dA$$

来代替, 这里 $g \in C^2(\mathscr{U})$. 对不等式 (16.33) 的特殊情形 $n=2, g\equiv 1$, 我们得到估计

$$\sup_{(0,R)}\frac{A(\mathfrak{S}_\rho)}{\rho^2} \leqslant \frac{2A(\mathfrak{S}_R)}{R^2} + 3\int_{\mathfrak{S}_R} H^2 dA. \tag{16.34}$$

下面我们来确定

$$J(\rho) = D_\rho\left[\int_{\mathfrak{S}_\rho} g|\delta r|^2 dA\right]$$

的一个估计. 如引理 16.2 的证明中那样选择 χ, 并应用 (16.13) 和 (16.5), 我们有

$$\begin{aligned}D_\rho\left[\int_{\mathfrak{S}}\chi(r/\rho)g|\delta r|^2 dA\right] &= \frac{n}{\rho}\int_{\mathfrak{S}}\chi(r/\rho)[1+H\boldsymbol{\nu}\cdot(x-y)]g dA \\ &\quad -\frac{1}{\rho}\int_{\mathfrak{S}}\delta\psi(r)\cdot\delta g dA.\end{aligned}$$

于是, 当 χ 趋近于区间 $(-\infty,1)$ 的特征函数时, 我们看到对所有的 $\rho\in(0,R)$, $J(\rho)$ 有明确定义, 此外还有

$$\begin{aligned}J(\rho) &\leqslant \frac{1}{\rho}\int_{\mathfrak{S}_\rho}[n|g|(1+|H|r)+r|\delta g|]dA \\ &\leqslant \frac{n}{\rho}\int_{\mathfrak{S}_\rho}|g|dA + \int_{\mathfrak{S}_\rho}(n|Hg|+|\delta g|)dA.\end{aligned} \tag{16.35}$$

特别地, 若 $n=2$, 则对于 $g\equiv 1$, 我们有

$$D_\rho\left[\int_{\mathfrak{S}_\rho}|\delta r|^2dA\right]\leqslant n\left[\frac{A(\mathfrak{S}_\rho)}{\rho}+\int_{\mathfrak{S}_\rho}|H|dA\right] \tag{16.36}$$

$$\leqslant 10\rho\left[\frac{A(\mathfrak{S}_R)}{R^2}+\int_{\mathfrak{S}_R}H^2dA\right]\quad 由\ (16.34).$$

位势型关系式 (16.27), (16.29) 和 (16.30) 有点类似于第 7 章的引理 7.14 和 7.16. 事实上, 对于二维曲面的情形, 我们将用 (16.30) 导出与定理 7.19 的 Morrey 估计相类似的一个结果. 下面这个引理在 16.5 节中求广义拟保角映射的 Hölder 估计时将要用到.

引理 16.4 设 $g\in C^1(\mathscr{U}), n=2$, 又设存在常数 $K>0$ 和 $\beta\in(0,1)$, 使得

$$\int_{\mathfrak{S}_\rho(\overline{y})}|\delta g|dA\leqslant K\rho(\rho/R)^\beta \tag{16.37}$$

对所有 $\overline{y}\in\mathfrak{S}_{R/4}(y)$ 和所有 $\rho\leqslant R/4$ 成立. 则

$$\sup_{x\in\mathfrak{S}^*_\rho(y)}|g(x)-g(y)|\leqslant CK(\rho/R)^\beta\left\{\frac{A(\mathfrak{S}_R)}{R^2}+\int_{\mathfrak{S}_R}H^2dA\right\}, \tag{16.38}$$

其中 C 是常数, $\mathfrak{S}^*_\rho(y)$ 表示包含 y 的 $\mathfrak{S}_\rho(y)$ 的连通分支.

证明 我们先把 (16.30) 写成

$$g(y)\leqslant\frac{1}{\pi}\left\{\int_{\mathfrak{S}_R}g(R^{-2}+H^2/4)dA+\int_0^R\rho^{-2}\int_{\mathfrak{S}_\rho}|\delta g|dAd\rho\right\}, \tag{16.39}$$

并对于 $\rho\leqslant R/4$, 定义

$$g_1=\sup_{\mathfrak{S}^*_\rho(y)}g,\quad g_0=\inf_{\mathfrak{S}^*_\rho(y)}g.$$

如果

$$g_1-g_0\leqslant 6\beta^{-1}K(\rho/R)^\beta,$$

那么取 $C=6\beta^{-1}$, 并根据 (16.34), 引理 16.4 就得证. 如果

$$g_1-g_0>6\beta^{-1}K(\rho/R)^\beta,$$

那么设 N 是使下式成立的最大整数:

$$N\leqslant\beta(g_1-g_0)/6K(\rho/R)^\beta,$$

然后再细分区间 $[g_0,g_1]$ 为 N 个长度 $\geqslant 6\beta^{-1}(\rho/R)^\beta$ 的两两不相交的区间 I_1, $I_2,\ldots,I_N$. 对每一 $j=1,\ldots,N$, 令 ψ_j 是 $C^1(\mathbb{R})$ 中的非负函数, 其支集包含在 I_j

内, 并且 $\max\psi_j = 1, \max\psi_j' \leqslant \beta/2K(\rho/R)^\beta$. (很清楚, 这样的函数是存在的, 因为 I_j 的长度 $\geqslant 6\beta^{-1}K(\rho/R)^\beta$.) 由于 $\mathfrak{S}_\rho^*(y)$ 是连通的, 所以对于每个 $j = 1, 2, \ldots, N$, 存在一点 $x^{(j)} \in \mathfrak{S}_\rho^*(y)$ 使得 $\psi_j[g(x^{(j)})] = 1$. 于是, 把 (16.39) 中的 y 换成 $x^{(j)}$, R 换成 ρ, g 换成 $\psi_j \circ g$, 对所有的 $\rho \leqslant R/4$ 便得到

$$\begin{aligned}1 \leqslant \frac{1}{\pi}&\int_{\mathfrak{S}_\sigma(x^{(j)})}\psi_j(g)(\rho^{-2}+H^2/4)dA\\&+\int_0^\rho \sigma^{-2}\int_{\mathfrak{S}_\sigma(x^{(j)})}|\delta\psi_j\circ g|dAd\sigma.\end{aligned}$$

从而, 应用 (16.37), 便有

$$\begin{aligned}&\int_0^\rho \sigma^{-2}\int_{\mathfrak{S}_\sigma(x^{(j)})}|\delta\psi_j\circ g|dAd\sigma\\&\leqslant \beta R^\beta(2K\rho^\beta)^{-1}\int_0^\rho\sigma^{-2}\int_{\mathfrak{S}_\sigma(x^{(j)})}|\delta g|dAd\sigma\\&\leqslant \beta R^\beta(2K\rho^\beta)^{-1}KR^{-\beta}\int_0^\rho\sigma^{\beta-1}d\sigma=\frac{1}{2}.\end{aligned}$$

然后合并最后两个不等式就给出

$$1 \leqslant \frac{1}{\pi}\int_{\mathfrak{S}(x^{(j)})}\psi_j(g)(\rho^{-2}+H^2/4)dA+\frac{1}{2},$$

于是

$$\begin{aligned}1 &\leqslant \frac{2}{\pi}\int_{\mathfrak{S}_\rho(x^{(j)})}\psi_j(g)(\rho^{-2}+H^2/4)dA\\&\leqslant \frac{2}{\pi}\int_{\mathfrak{S}_{2\rho}(y)}\psi_j(g)(\rho^{-2}+H^2/4)dA.\end{aligned}$$

对 $j = 1, \ldots, N$ 求和, 并注意到 $\sum\psi_j \leqslant 1$, 就得到

$$N \leqslant \frac{2}{\pi}\int_{\mathfrak{S}_{2\rho}(y)}(\rho^{-2}+H^2)dA \leqslant C\left\{\frac{A(\mathfrak{S}_R)}{R^2}+\int_{\mathfrak{S}_R}H^2dA\right\} \text{ 由 (16.34)},$$

由此可知, 估计 (16.38) 成立. □

附注 如果 g 具有紧支集, 在 (16.27) 和 (16.29) 中令 R 趋于无穷, 我们就得到关系式

$$\begin{aligned}&g(y)+\frac{1}{\omega_n}\int_{\mathfrak{S}}\frac{(1-|\delta r|^2)}{r^n}gdA\\&=\frac{1}{\omega_n}\int_{\mathfrak{S}}\frac{H\boldsymbol{\nu}\cdot(x-y)}{r^n}gdA-\frac{1}{n\omega_n}\int_{\mathfrak{S}}\frac{(x-y)\cdot\delta g}{r^n}dA,\\&g(y)\leqslant\frac{1}{4\omega_n}\int_{\mathfrak{S}}gH^2r^{2-n}dA-\frac{1}{n\omega_n}\int_{\mathfrak{S}}\frac{(x-y)\cdot\delta g}{r^n}dA.\end{aligned} \tag{16.40}$$

这些不等式可以用来建立 Sobolev 型嵌入定理 (习题 16.1,16.2). 注意, Sobolev 不等式, 即定理 7.10 已被 Miranda [MD1] 推广到 $\mathbb{R}^{n+1}$ 中的极小超曲面上, 并被 Allard [AA], Michael 和 Simon [MSI] 推广到任意子流形上.

16.2. 梯度的内估计

设 Ω 是 $\mathbb{R}^n$ 中的一个区域, u 是 $C^2(\Omega)$ 中的函数. 如果 $\mathfrak{G}$ 表示 u 在 $\mathbb{R}^{n+1}$ 中的图像, 那么 $\mathfrak{G}$ 在点 $x=(x',u(x'))\in\mathfrak{G}$ 处 (关于上法线) 的平均曲率为

$$H(x')=-\frac{1}{n}D_i\nu_i(x')=\frac{1}{n}D_i\left[\frac{D_iu}{v}\right](x'), \tag{16.41}$$

其中 $v=\sqrt{1+|Du|^2}$.

这一节的目的在于建立用 H 和 $\operatorname{dist}(x',\partial\Omega)$ 来表示的 $Du(x')$ 的估计. 先把关系式 (16.41) 写成对所有 $\varphi\in C_0^1(\Omega)$ 成立的积分的形式

$$\int_\Omega(\boldsymbol{\nu}\cdot D\varphi-nH\varphi)dx'=0. \tag{16.42}$$

用 $D_k\varphi, k=1,2,\ldots,n$ 代替 φ, 并进行分部积分, 便有

$$\int_\Omega(D_k\boldsymbol{\nu}\cdot D\varphi-nD_kH\varphi)dx'=0 \tag{16.43}$$

对所有 $\varphi\in C_0^1(\Omega)$ 成立 (参看方程 (13.3)). 在 (16.43) 中以及今后我们都假定 $H\in C^1(\Omega)$. 现在用 $\nu_k\varphi$ 代替 (16.43) 中的 φ, 其中 $\varphi\in C_0^1(\Omega)$. 于是就得到方程

$$\int_\Omega D_k\nu_iD_i\nu_k\varphi dx'+\int_\Omega(\nu_kD_k\nu_iD_i\varphi-n\nu_kD_kH\varphi)dx'=0, \tag{16.44}$$

对所有的 $\varphi\in C_0^1(\Omega)$ 成立. 根据 (15.4), 通过计算我们有

$$\begin{aligned}\nu_kD_k\nu_i&=-\frac{\nu_k}{v}(\delta_{ij}-\nu_i\nu_j)D_{jk}u=-v(\delta_{ij}-\nu_i\nu_j)D_j\left(\frac{1}{v}\right)\\&=-v\delta_i\nu_{n+1},\quad i=1,2,\ldots,n.\end{aligned}$$

所以, 借助于公式 (14.104), 我们可以把 (16.44) 写成

$$\int_\Omega\mathscr{C}^2\varphi dx'-\int_\Omega v(\delta_i\nu_{n+1}D_i\varphi-n\delta_{n+1}H\varphi)dx'=0, \tag{16.45}$$

其中

$$\mathscr{C}^2=\sum_{i,j=1}^nD_i\nu_jD_j\nu_i=\sum_{i,j=1}^{n+1}(\delta_i\nu_i)^2.$$

其次, 令 $\mathscr{U}=\Omega\times\mathbb{R}$, 并设 $\varphi\in C_0^1(\mathscr{U})$. 在 (16.45) 中用函数

$$\widetilde{\varphi}(x',x_{n+1})=\varphi(x',u(x'))$$

代替 φ, 再应用关系式

$$\sum_{i=1}^{n+1}\delta_i\nu_{n+1}\delta_i\varphi=\sum_{i=1}^{n+1}\delta_i\nu_{n+1}\delta_i\widetilde{\varphi}=\sum_{i=1}^{n}\delta_i\nu_{n+1}D_i\widetilde{\varphi},$$

于是就可以从 (16.45) 得到恒等式

$$\int_{\mathfrak{S}}(\mathscr{C}^2\nu_{n+1}\varphi-\delta_i\nu_{n+1}\delta_i\varphi+n\delta_{n+1}H\varphi)dA=0 \tag{16.46}$$

对所有的 $\varphi\in C_0^1(\mathscr{U})$ 成立. 注意, 在 (16.46) 中的函数 $\boldsymbol{\nu}$ 和 H 是与 x_{n+1} 无关的. 还有, 在 (16.46) 及本节剩下部分中, 我们遵循求和约定: 重复指标表示从 1 到 $n+1$ 的求和. 定义函数 w 为

$$w=\log v=-\log\nu_{n+1}, \tag{16.47}$$

在 (16.46) 中用 φv 代替 φ, 就得到不等式

$$\int_{\mathfrak{S}}(\delta w\cdot\delta\varphi+|\delta w|^2\varphi-n\nu\cdot DH\varphi)dA\leqslant 0, \tag{16.48}$$

对所有非负的 $\varphi\in C_0^1(\mathscr{U})$ 成立. 不等式 (16.48) 是不等式

$$\Delta w\geqslant|\delta w|^2-n\boldsymbol{\nu}\cdot DH \tag{16.49}$$

的弱形式. 特别地, 若 $\mathfrak{S}$ 是极小曲面, 即函数 u 在 Ω 上满足极小曲面方程, 于是 w 在 $\mathfrak{S}$ 上是弱下调和的, 因此引理 16.2 对于 w 是适用的. 在一般的情形下, 对于每一点 $y'\in\Omega$, 只要 $R<\operatorname{dist}(y',\partial\Omega), y=(y',u(y'))$, 就可应用引理 16.3 得到

$$\begin{aligned}w(y')\leqslant\frac{1}{\omega_nR^n}\int_{\mathfrak{S}_R(y)}wdA+\frac{1}{4\omega_n}\int_{\mathfrak{S}_R(y)}wH^2r^2\\ \times(r^{-n}-R^{-n})dA+\frac{1}{\omega_n}\int_{\mathfrak{S}_R(y)}\psi(r)\boldsymbol{\nu}\cdot DHdA,\end{aligned} \tag{16.50}$$

其中 ψ 由 (16.27) 给出. 令

$$\begin{aligned}H_0&=\sup_{\Omega}|H|,\\ H_1&=\sup_{\Omega}(\boldsymbol{\nu}\cdot DH)^+\leqslant\sup_{\Omega}|DH|,\end{aligned} \tag{16.51}$$

从 (16.50) 我们有

$$\begin{aligned}
w(y') &\leqslant \frac{1}{\omega_n R^n}\int_{\mathfrak{S}_R} wdA + \frac{H_0^2}{4\omega_n}\int_{\mathfrak{S}_R} wr^2(r^{-n}-R^{-n})dA \\
&\quad + \frac{H_1}{\omega_n}\int_{\mathfrak{S}_R}\psi(r)dA \\
&= \frac{1}{\omega_n R^n}\int_{\mathfrak{S}_R} wdA + \frac{nH_0^2}{4\omega_n}\int_0^R \rho^{-n-1}\int_{\mathfrak{S}_R} wr^2 dAd\rho \\
&\quad + \frac{H_1}{\omega_n}\int_0^R \rho(\rho^{-n}-R^{-n})A(\mathfrak{S}_\rho)d\rho \ (\text{根据 Fubini 定理}) \\
&\leqslant \frac{1}{\omega_n R^n}\int_{\mathfrak{S}_R} wdA + \frac{nH_0^2}{4\omega_n}\int_0^R \rho^{1-n}\int_{\mathfrak{S}_\rho} wdAd\rho \\
&\quad + \frac{H_1}{\omega_n}\int_0^R \rho^{1-n}A(\mathfrak{S}_\rho)d\rho.
\end{aligned} \tag{16.52}$$

于是 w 的估计和 Du 的估计就可以化为当 $0<\rho\leqslant R$ 时 $A(\mathfrak{S}_\rho)$ 和 $\int_{\mathfrak{S}_\rho} wdA$ 的估计.

$A(\mathfrak{S}_\rho)$ 的估计.

不失一般性, 假设 $3R<\operatorname{dist}(y',\partial\Omega), y'=0$ 及 $u(y')=0$. 对于 $\rho\leqslant R$, 我们定义函数 u_ρ 为

$$u_\rho = \begin{cases} \rho, & u\geqslant\rho, \\ u, & -\rho\leqslant u<\rho, \\ -\rho, & u<-\rho, \end{cases}$$

将检验函数

$$\varphi=\eta u_\rho$$

代入积分恒等式 (16.42) 中, 这里 η 是满足: 当 $|x'|<\rho$ 时 $\eta\equiv 1$, 当 $|x'|>2\rho$ 时 $\eta\equiv 0$ 以及 $|D\eta|\leqslant 1/\rho$ 的一致 Lipschitz 连续函数. 注意, 恒等式 (16.42) 显然对所有的 $\varphi\in W_0^{1,1}(\Omega)$ 成立, 因此对所有支集在 Ω 中的一致 Lipschitz 连续函数 φ, (16.42) 也成立. 于是有

$$\int_{|x'|,|u|<\rho}\frac{|Du|^2}{v}dx' \leqslant \rho\int_{|x'|<2\rho}(|D\eta|+n|H|\eta)dx'.$$

因此

$$\begin{aligned}
A(\mathfrak{S}_\rho) &= \int_{|x'|^2+u^2<\rho^2} vdx' \leqslant \int_{|x'|,|u|<\rho} vdx' \\
&\leqslant C(n)\left\{\rho^n+\rho\int_{|x'|<2\rho}|H|\eta dx'\right\}\leqslant C(n)\rho^n(1+H_0R).
\end{aligned} \tag{16.53}$$

$\int_{\mathfrak{S}_\rho} wdA$ 的估计.

现在把

$$\varphi = \eta w(u_\rho + \rho)$$

代入 (16.42), 其中 η 如上. 由此得

$$\begin{aligned}&\int_{|x'|,|u|<\rho} \frac{w|Du|^2}{v} dx' \\ &\leqslant 2\rho \int_{|x'|<2\rho,u>-\rho} (w|D\eta| + \eta|Dw| + n|Hw\eta|)dx'.\end{aligned}$$

为了估计 $\int \eta|Dw|dx'$, 我们在不等式 (16.48) 中用 φ^2 代替 φ, 于是对所有 $\varphi \in C_0^1(\Omega \times \mathbb{R})$, 有

$$\int_{\mathfrak{S}} \varphi^2|\delta w|^2 dA \leqslant -2\int_{\mathfrak{S}} \varphi\delta w \cdot \delta\varphi dA + n\int_{\mathfrak{S}} \varphi^2 \boldsymbol{\nu} \cdot DH dA.$$

应用 Cauchy 不等式 (7.6) 得到

$$\int_{\mathfrak{S}} \varphi^2|\delta w|^2 dA \leqslant 4\int_{\mathfrak{S}} |\delta\varphi|^2 dA + 2nH_1 \int_{\mathfrak{S}} \varphi^2 dA.$$

特别地, 选择 φ 使得

$$\varphi = \eta\tau(x_{n+1}),$$

其中 $0 \leqslant \tau \leqslant 1$, 在 $(-\rho, \sup\limits_{|x'|<2\rho} u)$ 中 $\tau \equiv 1$, 在 $(-2\rho, \rho + \sup\limits_{|x'|<2\rho} u)$ 之外 $\tau \equiv 0, |\tau'| < 2/\rho, \eta$ 如上. 那么, 我们有

$$\int_{\mathfrak{S}} \varphi^2|\delta w|^2 dA \leqslant (8\rho^{-2} + 2nH_1)A(\mathfrak{S} \cap \operatorname{supp}\varphi).$$

应用 (16.8), 于是可得出

$$\begin{aligned}&\int_{|x'|<2\rho,u>-\rho} \eta|Dw|dx' \leqslant \int_{\mathfrak{S}} \varphi(\delta w)dA \\ &\leqslant (8\rho^{-2} + 2nH_1)^{1/2} A(\mathfrak{S} \cap \operatorname{supp}\varphi) \quad \text{由 Schwarz 不等式}, \\ &\leqslant (8 + 2nH_1R^2)^{1/2}\rho^{-1} \int_{|x'|<2\rho,u>-2\rho} v\ dx'.\end{aligned}$$

因为 $w \leqslant v$, 我们也有

$$\int_{|x'|<2\rho,u>-\rho} wdx' \leqslant \int_{|x'|<2\rho,u>-\rho} v\ dx'.$$

所以, 余下的只是估计 $\int vdx'$, 对此, 在 (16.42) 中取

$$\varphi = \eta \max\{u + 2\rho, 0\}$$

即可办到, 其中, 当 $|x'| < 2\rho$ 时 $\eta \equiv 1$, 当 $|x'| > 3\rho$ 时 $\eta \equiv 0$, 且 $|D\eta| \leqslant 1/\rho$. 因此得

$$\int_{|x'|<2\rho, u>-2\rho} vdx' \leqslant C(n)\rho^n(1 + H_0R)(1 + \rho^{-1} \sup_{|x'|<3\rho} u).$$

所以, 结合上面几个估计, 便有

$$\begin{aligned}\int_{\mathfrak{S}} wdA &\leqslant \int_{|x'|,|u|<\rho} wvdx' \\ &\leqslant C(n)\rho^n(1 + H_0R)(1 + H_1R^2)^{1/2}(1 + \rho^{-1}\sup_{\Omega} u).\end{aligned} \tag{16.54}$$

综合估计式 (16.52), (16.53) 以及 (16.54), 再取其指数便求得所要的梯度内估计.

定理 16.5 设 Ω 是 $\mathbb{R}^n$ 中的一个区域, u 是 $C^2(\Omega)$ 中的函数. 则对于任一点 $y' \in \Omega$, 有估计

$$|Du(y')| \leqslant C_1 \exp\{C_2 \sup_{\Omega}(u - u(y'))/d\}, \tag{16.55}$$

其中 $d = \operatorname{dist}(y', \partial\Omega), C_1 = C_1(n, dH_0, d^2H_1), C_2 = C_2(n, dH_0, d^2H_1), (H_0, H_1$ 由 (16.51) 给出).

作为定理 16.5 的一个直接的推论, 我们有下面的关于非负函数的内估计.

推论 16.6 设 Ω 是 $\mathbb{R}^n$ 中的一个区域, u 是 $C^2(\Omega)$ 中的一个非负函数. 则对任一点 $y' \in \Omega$, 有估计

$$|Du(y')| \leqslant C_1 \exp\{C_2 u(y')/d\}, \tag{16.56}$$

其中 C_1, C_2 和 d 与定理 16.5 中相同.

有趣的是, 估计 (16.55) 和 (16.56) 的指数形式是不能改进的. 这在二维极小曲面的情形是显然的, 见 [FN4] 中的例子. 在下一节中我们要把定理 16.5 应用到具有连续边值的极小曲面和规定平均曲率方程的 Dirichlet 问题上去. 对于极小曲面方程的另一个应用将在习题 16.4 中讨论. 我们指出以下事实来结束这一节: 对于高阶导数的内估计现在可以从定理 16.5, 定理 12.1 的 Hölder 估计, 定理 6.2 的 Schauder 内估计以及习题 6.1 推出.

推论 16.7 设 Ω 是 $\mathbb{R}^n$ 中的一个区域, u 是 $C^2(\Omega)$ 中的一个函数, 其图像的平均曲率 $H \in C^k(\Omega), k \geqslant 1$. 则 $u \in C^{k+1}(\Omega)$, 并且对于任一点 $y \in \Omega$ 及多重指标 $\beta, |\beta| = k+1$, 有估计

$$|D^\beta u(y)| \leqslant C, \tag{16.57}$$

其中 $C = C(n, k, |H|_{k;\Omega}, d, \sup|u|), d = \operatorname{dist}(y, \partial\Omega)$.

16.3. 在 Dirichlet 问题中的应用

在这一节里我们研究具有连续边界数据的极小曲面和规定平均曲率方程的 Dirichlet 问题的可解性. 关于极小曲面方程, 我们有定理 14.14 的下述推广.

定理 16.8 设 Ω 是 $\mathbb{R}^n$ 中的 C^2 有界区域, 则 Dirichlet 问题: 在 Ω 中 $\mathfrak{M}u = 0$, 在 $\partial\Omega$ 上 $u = 0$, 对任意 $\varphi \in C^0(\partial\Omega)$ 可解当且仅当边界 $\partial\Omega$ 的平均曲率处处非负.

证明 我们先假设对某个 $\alpha > 0, \partial\Omega \in C^{2,\alpha}$, 并设 $\partial\Omega$ 的平均曲率处处非负. 令 $\{\varphi_m\}$ 是 $C^{2,\alpha}(\overline{\Omega})$ 中的一个函数序列, 在边界 $\partial\Omega$ 上一致收敛到 φ. 根据定理 14.14, Dirichlet 问题:

$$\text{在 } \Omega \text{ 中 } \mathfrak{M}u_m = 0, \quad \text{在} \partial\Omega \text{ 上 } u_m = \varphi_m$$

于 $C^{2,\alpha}(\overline{\Omega})$ 内是唯一可解的, 从比较原理 (定理 10.1), 当 $m_1, m_2 \to \infty$ 时, 我们有

$$\sup_\Omega |u_{m_1} - u_{m_2}| \leqslant \sup_{\partial\Omega} |\varphi_{m_1} - \varphi_{m_2}| \to 0.$$

于是序列 $\{u_m\}$ 在 Ω 上一致收敛到某个函数 $u \in C^0(\overline{\Omega})$, 并且在 $\partial\Omega$ 上 $u = \varphi$. 应用推论 16.7 以及 Arzela 定理可得 $u \in C^2(\Omega)$, 以及在 Ω 中 $\mathfrak{M}u = 0$. 对于 C^2 区域 Ω 的结果, 可以用 $C^{2,\alpha}$ 区域逼近 Ω 来得到. 定理 16.8 的非存在性部分是定理 14.14 的直接推论. □

非齐次方程 (16.1) 的存在性结果取决于解的适当的最大值原理的建立. 综合定理 13.8, 推论 14.8 和定理 15.2, 我们首先可以得到下面这个关于光滑边界数据的基本结果 (也可参看定理 15.15).

定理 16.9 设 Ω 是 $\mathbb{R}^n$ 中的有界区域, 对某 $\alpha, 0 < \alpha < 1, \partial\Omega \in C^{2,\alpha}$, 又设 $\varphi \in C^{2,\alpha}(\overline{\Omega}), H \in C^1(\overline{\Omega})$. 假设 $\partial\Omega$ 的平均曲率 H', 对每一点 $y \in \partial\Omega$ 满足

$$H'(y) \geqslant \frac{n}{n-1}|H(y)|. \tag{16.58}$$

如果 Dirichlet 问题:

$$\begin{aligned}&\text{在 }\Omega\text{ 中 }\mathfrak{M}u=\sigma nH(x)(1+|Du|^2)^{3/2},\\&\text{在 }\partial\Omega\text{ 上 }u=\sigma\varphi\end{aligned} \tag{16.59}$$

的解族在 Ω 内一致有界, 那么存在唯一的函数 $u\in C^{2,\alpha}(\overline{\Omega})$, 在 Ω 中满足方程 (16.1), 在 $\partial\Omega$ 上 $u=\varphi$.

条件 (16.58) 的必要性由推论 14.13 所证实. 现在我们来建立可解性的进一步的必要条件. 即由方程 (16.1) 的积分形式 (16.42), 对任何 $\eta\in C_0^1(\Omega)$ 我们有

$$\left|\int_\Omega H\eta dx\right|\leqslant\frac{1}{n}\int_\Omega|\boldsymbol{\nu}\cdot D\eta|dx\leqslant\frac{1}{n}\sup_\Omega\frac{|Du|}{\sqrt{1+|Du|^2}}\int_\Omega|D\eta|dx,$$

于是, 记

$$1-\varepsilon_0=\sup_\Omega\frac{|Du|}{\sqrt{1+|Du|^2}},$$

我们便得到

$$\left|\int_\Omega H\eta dx\right|\leqslant\frac{(1-\varepsilon_0)}{n}\int_\Omega|D\eta|dx \tag{16.60}$$

对于所有的 $\eta\in C_0^1(\Omega)$ 和某 $\varepsilon_0>0$ 成立. 但是, 从定理 10.10 的证明中显然可见, 条件 (16.60) 对于保证方程 (16.1) 的 $C^1(\overline{\Omega})$ 解 u 的先验估计 $\sup\limits_\Omega|u|$ 成立也是充分的. 因此, 由定理 16.9 我们有下面强的存在定理.

定理 16.10 设 Ω 是 $\mathbb{R}^n$ 中的一个有界区域, 对某个 $\alpha,0<\alpha<1,\partial\Omega\in C^{2,\alpha}$. 又设 $\varphi\in C^{2,\alpha}(\overline{\Omega}),H\in C^1(\overline{\Omega})$ 且满足 (16.58) 和 (16.60), 则 Dirichlet 问题:

$$\text{在 }\Omega\text{ 中 }\mathfrak{M}u=nH(1+|Du|^2)^{3/2},\quad\text{在 }\partial\Omega\text{ 上 }u=\varphi$$

对于 $u\in C^{2,\alpha}(\overline{\Omega})$ 是唯一可解的. 此外, 如果我们仅假定 $\varphi\in C^0(\partial\Omega)$, 那么这个问题对于 $u\in C^0(\overline{\Omega})\cap C^2(\Omega)$ 是唯一可解的.

注意条件

$$\int_\Omega|H^\pm|^n dx<\omega_n, \tag{16.61}$$

蕴涵条件 (16.60) (参看 (10.35)). 一个比 (16.61) 更一般的条件由 [GT2] 给出. 定理 16.10 的第二个结论可用定理 16.8 从定理 14.14 推出的同样方法从第一个结论推出. 注意, 如果我们只要求 $u\in C^0(\overline{\Omega})\cap C^2(\Omega)$, 那么函数 H 仅需满足 $\varepsilon_0=0$ 的条件 (16.60).

当函数 H 在 Ω 中是常数时, 定理 16.10 中的条件 (16.60) 就是多余的了. 为了证明这一点, 我们假设 (16.58) 成立, 并设 Ω_1 为 Ω 的一个子集, 它是由 Ω 中

在 $\partial\Omega$ 上有唯一最近点的点组成. 然后, 检查引理 14.16 和 14.17 的证明可得: 在 Ω_1 中

$$\Delta d \leqslant -n|H|,$$

其中 $d(x) = \operatorname{dist}(x, \partial\Omega)$. 现在, 对于 $u \in C^0(\overline{\Omega}) \cap C^2(\Omega), x \in \Omega_1$, 令

$$v(x) = \sup_{\partial\Omega}|u| + \frac{e^{\mu\delta}}{\mu}(1 - e^{-\mu d(x)}),$$

其中 $\delta = \operatorname{diam}\Omega, \mu = 1 + n|H|$. 从而得到

$$\begin{aligned}\mathfrak{M}v &= [-\mu + (1 + |Dv|^2)\Delta d]e^{\mu(\delta-d)} \\ &\leqslant -[\mu + n|H|(1 + |Dv|^2)]e^{\mu(\delta-d)} \\ &\leqslant -n|H|(1 + |Dv|^2)^{3/2},\end{aligned}$$

所以函数 v 是方程 (16.1) 在开集 Ω_1 中的一个上解. 因此, 若函数 u 在 Ω 中满足 (16.1), 那么由比较原理 (定理 10.1), $w = u - v$ 在 $\overline{\Omega}$ 中的最大值将在 $\partial\Omega$ 上或在 $\Omega - \Omega_1$ 中达到. 现设 y 是 $\Omega - \Omega_1$ 中的一点, γ 是 y 到 $\partial\Omega$ 的直线段, 且垂直于 $\partial\Omega$. 如果 w 在 γ 上的最大值在 y 点达到, 那么必有 $Du(y) \neq 0$, 并且 u 在 γ 的最大值也在该点达到. 这表明 w 不可能在 $\Omega - \Omega_1$ 上取到最大值. 于是我们有估计

$$\sup_{\Omega}|u| \leqslant \sup_{\partial\Omega}|u| + (e^{\mu\delta} - 1)/\mu. \tag{16.62}$$

综合 (16.62), 定理 16.9 以及推论 14.13, 我们就得到平均曲率为常数的方程的下述存在定理.

定理 16.11 设 Ω 是 $\mathbb{R}^n$ 中的一个 C^2 有界区域. 则 Dirichlet 问题: 在 Ω 内 $\mathfrak{M}u = nH(1 + |Du|^2)^{3/2}$, 在 $\partial\Omega$ 上 $u = \varphi$ 对任何 $\varphi \in C^0(\partial\Omega)$ 和常数 H 可解当且仅当 $\partial\Omega$ 的平均曲率 H' 在 $\partial\Omega$ 上处处满足

$$H' \geqslant n|H|/(n-1).$$

16.4. 两个自变量的方程

这一章至此已讨论过规定平均曲率方程, 特别是极小曲面方程. 在两个自变量的情形, 我们将考察稍较一般的方程类型. 我们将研究如下形式的方程:

$$Qu = a^{ij}(x, u, Du)D_{ij}u + b(x, u, Du) = 0, \tag{16.63}$$

其中 $x=(x_1,x_2)\in\Omega,\Omega$ 是 $\mathbb{R}^2$ 中的一个域, $a^{ij},b,i,j=1,2$ 是 $\Omega\times\mathbb{R}\times\mathbb{R}^2$ 上给定的实值函数, 并且对于所有的 $(x,z,p)\in\Omega\times\mathbb{R}\times\mathbb{R}^2$ 和所有的 $\xi=(\xi_1,\xi_2)\in\mathbb{R}^2$ 成立

$$|\xi|^2-\frac{(p\cdot\xi)^2}{1+|p|^2}\leqslant a^{ij}(x,z,p)\xi_i\xi_j\leqslant\gamma\left[|\xi|^2-\frac{(p\cdot\xi)^2}{1+|p|^2}\right], \tag{16.64}$$

此外, 对所有 $(x,z,p)\in\Omega\times\mathbb{R}\times\mathbb{R}^2$, 有

$$|b(x,z,p)|\leqslant\mu\sqrt{1+|p|^2}. \tag{16.65}$$

其中 γ 和 μ 是两个固定的常数.

注意, 极小曲面方程 $\mathfrak{M}u=0$ 能写成 (16.63) 的形式, 这时

$$a^{ij}(x,z,p)=\delta^{ij}-\frac{p_ip_j}{1+|p|^2},\quad b=0;$$

在这种情形下, (16.64) 和 (16.65) 对于 $\gamma=1$ 和 $\mu=0$ 成立. 更一般地, 作为一个椭圆参数泛函 (elliptic parametric functional)(见 16.8 附录) 的非参数 Euler 方程而产生的任一方程也是 (16.63), (16.64), (16.65) 形式的. 除了这些例子以外, 我们把 (16.63), (16.64), (16.65) 类型的方程, 称之为*平均曲率型方程*, 这是自然的也是有趣的, 因为它们完全可以用下面的方式来描述:

假设 u 是 $C^2(\Omega)$ 中的一个函数, 其图像为

$$\mathfrak{S}=\{(x,z)\in\mathbb{R}^3|x\in\Omega,z=u(x)\}.$$

设 κ_1,κ_2 是 $\mathfrak{S}$ 的*主曲率*(见 14.6 节), 那么当且仅当在 $\mathfrak{S}$ 的每一点上 κ_1,κ_2 适合方程

$$\alpha_1\kappa_1+\alpha_2\kappa_2+\beta=0 \tag{16.63$'$}$$

时才存在实值函数 a^{ij},b 使得 (16.63), (16.64), (16.65) 成立, (16.63)$'$ 中的 α_1,α_2 和 β 满足

$$1\leqslant\alpha_i\leqslant\gamma,\quad i=1,2, \tag{16.64$'$}$$

$$|\beta|\leqslant\mu. \tag{16.65$'$}$$

为了说明这种表示是合理的, 我们设 d 是 $\mathfrak{S}$ 的距离函数, 其定义如下: 对于 $X=(x,z)\in\Omega\times\mathbb{R}$, 令

$$d(X)=\operatorname{dist}(X,\mathfrak{S})\quad 若\ z>u(x),$$
$$d(X)=-\operatorname{dist}(X,\mathfrak{S})\quad 若\ z<u(x).$$

因为 d 属于 C^2 (见引理 14.16), 并且当 $x\in\Omega$ 时 $d(x,u(x))\equiv0$, 于是根据链式法则, 我们有等式

$$D_id(X)+D_iu(x)D_3d(X)=0,$$

$$
\begin{aligned}
&D_{ij}d(X)+D_iu(x)D_{3j}d(X)+D_ju(x)D_{3i}d(X) \\
&+D_iu(x)D_ju(x)D_{33}d(X)+D_3d(X)D_{ij}u(x)=0,
\end{aligned}
\tag{16.66}
$$

$i,j=1,2$, 其中 $X=(x,u(x))$. 因为 $D_3d(X)=v^{-1}, v=\sqrt{1+|Du(x)|^2}$, 于是, (16.63) 蕴涵着

$$
\sum_{i,j=1}^{3}a_*^{ij}(x)D_{ij}d(X)+v^{-1}b_*(x)=0,
\tag{16.67}
$$

其中 $b_*(x)=b(x,u(x),Du(x)), 3\times 3$ 阶的矩阵 $[a_*^{ij}(x)]$ 是这样定义的:

$$
\begin{aligned}
&a_*^{ij}(x)=a^{ij}(x,u(x),Du(x)),\quad i,j=1,2,\\
&a_*^{i3}(x)=a_*^{3i}(x)=\sum_{j=1}^{2}D_ju(x)a_*^{ij}(x),\quad i=1,2,\\
&a_*^{33}(x)=\sum_{i,j=1}^{2}D_iu(x)D_ju(x)a_*^{ij}(x).
\end{aligned}
$$

注意, 最后这些关系式等价于

$$
\sum_{j=1}^{3}a_*^{ji}(x)\nu_j=\sum_{j=1}^{3}a_*^{ij}(x)\nu_j=0,\quad i=1,2,3,
$$

其中 $\nu=v^{-1}(-Du(x),1)(=Dd(X))$ 是 $\mathfrak{S}$ 的单位上法向量 (upward unit normal). 其次, 我们设 $\mathbf{q}$ 是把坐标系变成 X 处的主坐标系的等距变换矩阵 (见 14.6 节), 因而 $\mathbf{q}^t[D_{ij}d(x)]\mathbf{q}=\operatorname{diag}[\kappa_1,\kappa_2,0]$, 这里 κ_1,κ_2 是 $\mathfrak{S}$ 在 X 处的主曲率. 由此 (16.67) 可以表示成 (16.63)′ 形式, 其中 α_1,α_2 是 $\mathbf{q}^t[a_*^{ij}(x)]\mathbf{q}$ 的主对角线的头两个元素, $\beta=v^{-1}b_*(x)$. 由 (16.65) 可以看出 (16.65)′ 是对的. 为检验 (16.64)′, 我们首先注意

$$
\sum_{i,j=1}^{3}a_*^{ij}(x)\xi_i\xi_j=\sum_{i,j=1}^{2}a_*^{ij}(x)(\xi_i+\xi_3D_iu(x))(\xi_j+\xi_3D_ju(x)),\xi\in\mathbb{R}^3,
$$

然后由 (16.64) 推知

$$
\begin{aligned}
&|\xi'|^2\leqslant\sum_{i,j=1}^{3}a_*^{ij}(x)\xi_i\xi_j\leqslant\gamma|\xi'|^2,\\
&\xi'=\xi-(\boldsymbol{\nu}\cdot\xi)\boldsymbol{\nu},\quad \boldsymbol{\nu}=v^{-1}(-Du(x),1).
\end{aligned}
$$

从这里很容易得到 (16.64)′.

为了证明相反的蕴涵关系, 我们假设 (16.63)′, (16.64)′ 和 (16.65)′ 在 $X = (x, u(x)) \in \mathfrak{S}$ 上成立, 设 $[a_*^{ij}(x)] = \mathbf{q}\mathrm{diag}\,[\alpha_1, \alpha_2, 0]\mathbf{q}^t, \mathbf{q}$ 如上, 再设 $b_*(x) = v\beta$. 从而 (16.67) 成立, 又因为我们还有关系式

$$\sum_{j=1}^{3} a_*^{ij}(x)\nu_j = 0, \quad i = 1, 2, 3,$$

应用 (16.66), 便产生

$$\sum_{i,j=1}^{2} a_*^{ij}(x)D_{ij}u + b_*(x) = 0.$$

然后我们对于 $i, j = 1, 2$ 定义

$$a^{ij}(x, z, p) = \begin{cases} a_*^{ij}(x), & \text{若 } z = u(x), p = Du(x), \\ \delta_{ij} - \dfrac{p_i p_j}{1 + |p|^2}, & \text{其他}, \end{cases}$$

$$b(x, z, p) = \begin{cases} b_*(x), & \text{若 } z = u(x), p = Du(x), \\ 0, & \text{其他}. \end{cases}$$

这样一来, (16.63), (16.64), (16.65) 就很容易检验.

这里给出的 (16.63), (16.64), (16.65) 形式方程的讨论在很多方面与第 12 章中对两个自变量的一致椭圆型方程的讨论相类似; 与第 12 章中一样, 我们将从考察拟保角映射开始, 然而在这里与其考虑 $\mathbb{R}^3$ 中曲面间的映射倒不如考虑平面中的映射更为必要. 还有, 与第 12 章一样, 主要结果是拟保角映射的 Hölder 估计. 这种一般估计的一个特别的结果是 (16.63), (16.64), (16.65) 解 u 的图像的单位法向的 Hölder 估计. 应用这个结果便可得到 u 的图像的主曲率和 u 的梯度的先验估计. (16.63), (16.64), (16.65) 形式方程理论的最引人注目的结果之一就是 Bernstein 的经典的定理的如下推广:

定理 16.12 设 $u \in C^2(\mathbb{R}^2)$ 在整个 $\mathbb{R}^2$ 上满足方程 (16.63), 且 $b \equiv 0$, 并设在 $\Omega = \mathbb{R}^2$ 上 (16.64) 成立. 那么 u 是一个线性函数.

我们在下面将会看到, 这个定理也是 u 的图像的单位法向的 Hölder 估计的一个推论.

16.5. 拟保角映射

在这节中, 我们将研究 C^2 超曲面 $\mathfrak{S}, \mathfrak{T} \subset \mathbb{R}^3$ 之间的映射. 假定曲面 $\mathfrak{S}$ 和 $\mathfrak{T}$ 是定向的, 即假定存在单位法向量 $\boldsymbol{\nu}, \boldsymbol{\mu}$, 它们分别在整个 $\mathfrak{S}, \mathfrak{T}$ 上定义且连续. 为了在下节中应用, 假设 $\mathfrak{S}$ 和 $\mathfrak{T}$ 是用形如 (16.2), (16.3) 的表示式给定的图像.

$\mathbb{R}^3$ 的点表示为 $X=(x_1,x_2,x_3)$.$Y=(y_1,y_2,y_3)$ 总表示 $\mathfrak{S}$ 的一个固定点，对于 $\rho>0$, 令 $\mathfrak{S}_\rho(Y)=\mathfrak{S}\cap B_\rho(Y)$. R 表示这样一个固定的正常数，使得 $\mathfrak{S}_R(Y)\subset\subset\mathfrak{S}$. 我们常用 $\mathfrak{S}_\rho$ 作为 $\mathfrak{S}_\rho(Y)$ 的缩写.

我们将需要 Stokes 定理的经典形式: 如果 $\mathbf{v}=(v_1,v_2,v_3)$ 是定义在 $\mathfrak{S}$ 的一个邻域中的一个 C^1 向量函数, 并设 $\mathscr{G}\subset\subset\mathfrak{S}$ 使得 $\partial\mathscr{G}$ 是由简单闭 C^1 曲线的一个有限并集组成, 则

$$\int_{\mathscr{G}}\boldsymbol{\nu}\cdot\operatorname{curl}\mathbf{v}dA\equiv\int_{\mathscr{G}}\boldsymbol{\nu}\cdot D\times\mathbf{v}dA=\int_{\partial\mathscr{G}}v_idx_i\equiv\int_{\partial\mathscr{G}}\boldsymbol{t}\cdot\mathbf{v}ds,\tag{16.68}$$

这里 A 表示 $\mathfrak{S}$ 上的曲面面积, $\partial\mathscr{G}$ 是适当定向的, s 表示 $\partial\mathscr{G}$ 上的弧长, 而 $\boldsymbol{t}$ 是 $\partial\mathscr{G}$ 的单位切向量. 在这节中我们仍遵循约定重复指标蕴涵从 1 到 3 求和. 如果在 (16.68) 中取 $\mathbf{v}=fDg$, 这里 f,g 分别是定义在 $\mathfrak{S}$ 的一个邻域中的 C^1 和 C^2 函数, 那么由于算子恒等式 $D\times D=0$, 我们从 (16.68) 得到

$$\int_{\mathscr{G}}\boldsymbol{\nu}\cdot Df\times DgdA=\int_{\partial\mathscr{G}}fdg\equiv\int_{\partial\mathscr{G}}f\frac{dg}{ds}ds,$$

这里, $\dfrac{dg}{ds}\equiv\boldsymbol{t}\cdot Dg$ 是 g 在 $\boldsymbol{t}$ 方向的方向导数. 因为这里出现的仅仅是 f,g 的一阶导数, 所以容易看出, 若 f 和 g 都只是 C^1 函数, 上面的恒等式成立. 注意, 由于对 $a,b\in\mathbb{R}^3$ 有向量恒等式 $a\times a=0,a\cdot a\times b=0$, 故在 $\mathfrak{S}$ 上有

$$\boldsymbol{\nu}\cdot Df\times Dg=\boldsymbol{\nu}\cdot\delta f\times\delta g,$$

这里, δ 是用 (16.4) 定义在 $\mathfrak{S}$ 上的切向梯度算子. 因此对 $\mathfrak{S}$ 上的任意 C^1 函数 f,g, 我们有恒等式

$$\int_{\mathscr{G}}\boldsymbol{\nu}\cdot\delta f\times\delta gdA=\int_{\partial\mathscr{G}}fdg\equiv\int_{\partial\mathscr{G}}f\frac{dg}{ds}ds.\tag{16.69}$$

关于 $\mathfrak{T}$ 我们的基本假设是: 存在一向量函数 $\boldsymbol{\omega}=(\omega_1,\omega_2,\omega_3)$, 它在 $\mathfrak{T}$ 的某个邻域中是 C^1 的, 且使得在 $\mathfrak{T}$ 上

$$\sup_{\mathfrak{T}}|\boldsymbol{\omega}|+\sup_{\mathfrak{T}}|D\boldsymbol{\omega}|\leqslant\Lambda_0,\quad\boldsymbol{\mu}\cdot D\times\boldsymbol{\omega}\equiv1,\tag{16.70}$$

这里 Λ_0 是一个常数. 在子集 $\mathscr{G}\subset\mathfrak{T}$ 上应用 Stokes 公式 (16.68) (用 μ 代替 $\boldsymbol{\nu}$ 和用 $\boldsymbol{\omega}$ 代替 $\mathbf{v}$), 那么我们有

$$A(\mathscr{G})=\int_{\partial\mathscr{G}}\omega_idx_i,\tag{16.71}$$

即子集 $\mathscr{G}\subset\mathfrak{T}$ 的面积可以表示成遍布于 $\partial\mathscr{G}$ 上的一个边界积分.

这里一个特别有趣的例子是当 $\mathfrak{T}$ 是单位球面的上半球面 $\{X=(x_1,x_2,x_3)\,||X|=1,x_3>0\}$ 的情况. 这时, 取 $\boldsymbol{\mu}(X)=X$, 我们有 (16.70), 其中

$$\boldsymbol{\omega}(X)=(-x_2/(1+x_3),x_1/(1+x_3),0).$$

值得指出的是 (虽然在这里不需要), 如果 $\mathfrak{L}$ 是 $\mathbb{R}^3$ 中的一个任意的, 连通的, 定向的紧 C^2 曲面, $\mathfrak{R}\subset\mathfrak{L}$ 是内部非空的紧集, 且如果取

$$\mathfrak{T}=\mathfrak{L}-\mathfrak{R},$$

则总存在一个满足 (16.70) 的向量场 $\boldsymbol{\omega}$. 这个论断的一个证明包含微分形式和 de Rham 上同伦群理论的一个简单应用; 读者可参考 [SI6] 中的讨论.

现在考察映射

$$\boldsymbol{\varphi}=(\varphi_1,\varphi_2,\varphi_3):\mathfrak{S}\to\mathfrak{T},$$

在如下意义下它是 C^1 的: 每个 φ_i (作为从 $\mathfrak{S}$ 到 $\mathbb{R}$ 的一个映射) 有到 $\mathfrak{S}$ 的某邻域中去的一个 C^1 延拓 $\widetilde{\varphi}_i$. 我们想要引进 φ 的拟保角性概念, 但是要做到这一点, 首先需要定义 $\boldsymbol{\varphi}$ 的正负号的面积伸缩因子 $J(\boldsymbol{\varphi})$. 即用

$$J(\boldsymbol{\varphi})=\boldsymbol{\nu}\cdot\delta(\omega_i\circ\boldsymbol{\varphi})\times(\delta\varphi_i)\tag{16.72}$$

在 $\mathfrak{S}$ 上定义 $J(\boldsymbol{\varphi}),J(\boldsymbol{\varphi})$ 的这个定义容易这样诱导出来: 令 $\mathscr{E}$ 是 $\mathfrak{S}$ 的这样一个区域, 使得 $\partial\mathscr{E}$ 是一个简单的光滑曲线, 并假定 $\boldsymbol{\varphi}$ 是在 $\mathfrak{T}$ 的某开子集 (此开子集包含 $\boldsymbol{\varphi}(\mathscr{E})$) 中具有 C^1 逆的一对一映射. 假设曲线 $\partial\mathscr{E}$ 和 $\partial\boldsymbol{\varphi}(\mathscr{E})$ 是适当定向的, 我们可应用 (16.69) 和 (16.71) 给出

$$\begin{aligned}A(\boldsymbol{\varphi}(\mathscr{E}))&=\int_{\partial\varphi(\mathscr{E})}\omega_i dx_i=\pm\int_{\partial\mathscr{E}}\omega_i\circ\boldsymbol{\varphi}d\varphi_i\\&=\pm\int_{\mathscr{E}}\boldsymbol{\nu}\cdot(\delta\boldsymbol{\omega}_i\circ\boldsymbol{\varphi})\times(\delta\varphi_i)dA,\end{aligned}$$

此处 “+” 号或 “–” 号按 $\boldsymbol{\varphi}$ 在 $\mathscr{E}$ 上是保持方向还是反向而定. 这个恒等式显然诱导出定义 (16.72).

关于 $J(\boldsymbol{\varphi})$ 的一个重要事实 (在直观上是明显的) 是, 在下述意义下它是坐标独立的: 如果 P,Q 是 $\mathbb{R}^3$ 中的线性等距,

$$\det P=\det Q=1,$$

且若定义

$$\begin{aligned}&\widetilde{\mathfrak{S}}=\{P(X-Y)|X\in\mathfrak{S}\},\quad \widetilde{\mathfrak{T}}=\{Q(x-\varphi(Y))|X\in\mathfrak{T}\},\\&\widetilde{\boldsymbol{\nu}}=P\circ\boldsymbol{\nu}\circ P^{-1},\quad \widetilde{\boldsymbol{\mu}}=Q\circ\boldsymbol{\mu}\circ Q^{-1},\quad \widetilde{\boldsymbol{\omega}}=Q\circ\boldsymbol{\omega}\circ Q^{-1},\quad \widetilde{\boldsymbol{\varphi}}=Q\circ\boldsymbol{\varphi}\circ P^{-1},\end{aligned}$$

则

$$\boldsymbol{\nu}\cdot(\delta\omega_i\circ\boldsymbol{\varphi})\times(\delta\varphi_i)(Y)=\widetilde{\boldsymbol{\nu}}\cdot(\widetilde{\delta}\widetilde{\omega}_i\circ\widetilde{\boldsymbol{\varphi}})\times(\widetilde{\delta}\widetilde{\varphi}_i)(0),\tag{16.73}$$

其中 $\widetilde{\delta}$ 表示 $\widetilde{\mathfrak{S}}$ 上的切向梯度算子. 关系式 (16.73) 是容易验明的, 只要先将等距 P,Q 用正交矩阵表示, 然后利用线性代数的两个基本事实, 即如果 A,B 是 3×3 矩阵, 则 $\det AB=\det A\det B$, 而如果 A 有行 a,b,c, 则 $\det A=a\cdot b\times c$. 也可以用 (16.70) 来验明: 在 $\widetilde{\mathfrak{T}}$ 上 $\widetilde{\boldsymbol{\mu}}\cdot D\times\widetilde{\boldsymbol{\omega}}\equiv1$. 如果选择上述等距 P,Q, 使得

$$\widetilde{\boldsymbol{\nu}}(0)=\widetilde{\boldsymbol{\mu}}(0)=(0,0,1),$$

并引进新的坐标

$$(\zeta,\zeta_3)=(\zeta_1,\zeta_2,\zeta_3)=P(X-Y),$$

那么 $\widetilde{\mathfrak{S}}$ 在 0 的附近可表示成形式

$$\zeta_3=\widetilde{u}(\zeta),\quad \zeta\in\mathscr{U},$$

其中 $\mathscr{U}$ 是 $0\in\mathbb{R}^2$ 的一个邻域, 而 $\widetilde{u}$ 是使得 $D\widetilde{u}(0)=0$ 的一个 $C^2(\mathscr{U})$ 函数. 于是, 由向量 $\widetilde{\delta}_j\widetilde{\boldsymbol{\varphi}}(0),j=1,2,3$ 在 0 点与 $\widetilde{\mathfrak{T}}$ 相切这个事实, 我们还有

$$\widetilde{\delta}_j\widetilde{\varphi}_3(0)=(0,0,1)\cdot\widetilde{\delta}_j\widetilde{\boldsymbol{\varphi}}(0)=\widetilde{\boldsymbol{\mu}}(0)\cdot\widetilde{\delta}_j\widetilde{\varphi}(0)=0,\quad j=1,2,3.$$

即我们有

$$\widetilde{\delta}\widetilde{\varphi}_3(0)=0.$$

因而, 若

$$\boldsymbol{\psi}:\mathscr{U}\to\mathbb{R}^2$$

是由下式定义:

$$\boldsymbol{\psi}(\zeta)=[\widetilde{\varphi}_1(\zeta,\widetilde{u}(\zeta)),\widetilde{\varphi}_2(\zeta,\widetilde{u}(\zeta))],\quad \zeta\in\mathscr{U},$$

则在下述意义下, 在 0 的附近 $\boldsymbol{\psi}$ 逼近 $\widetilde{\varphi}$: 当 $|\zeta|\to0$ 时,

$$|(\boldsymbol{\psi}(\zeta),0)-\widetilde{\boldsymbol{\varphi}}(\zeta,\widetilde{u}(\zeta))|=o(|\zeta|),\quad \zeta\in\mathscr{U}.$$

此外, 利用 (16.73) 连同定义 $\widetilde{\delta}=D-\widetilde{\boldsymbol{\nu}}(\widetilde{\boldsymbol{\nu}}\cdot D)$, 我们容易验明

$$J(\boldsymbol{\varphi})(Y)=D_1\psi_1(0)D_2\psi_2(0)-D_1\psi_2(0)D_2\psi_1(0);\tag{16.74}$$

即 $J(\boldsymbol{\varphi})(Y)$ 刚好是 $\boldsymbol{\psi}$ 在 0 处的 Jacobi 行列式. 由此可见

$$|\delta\boldsymbol{\varphi}(Y)|^2=|\widetilde{\delta}\widetilde{\boldsymbol{\varphi}}(0)|^2=|D\boldsymbol{\psi}(0)|^2.\tag{16.75}$$

基于 (16.74), (16.75), 用和 (12.2) 相似的方法做如下定义是合理的. 也就是, 如果在每一点 $X \in \mathfrak{S}$, 有

$$|\delta\varphi(X)|^2 \leqslant 2KJ(\varphi)(X) + K', \tag{16.76}$$

就说映射 φ 是从 $\mathfrak{S}$ 到 $\mathfrak{T}$ 中的一个 (K, K')-*拟保角映射*. 这里, K, K' 是实常数 $(K' \geqslant 0)$, 且 $|\delta\boldsymbol{\varphi}(X)|^2 = \sum_{i=1}^{3} |\delta\varphi_i(X)|^2$. 这里要着重指出, 在上面没有假定 K 是正的 (见 (12.2)). 注意, 当 $K' = 0$ 时, 我们必有 $|K| \geqslant 1$, 除非 $\delta\boldsymbol{\varphi} \equiv 0$.

在开始证明拟保角映射的主要 Hölder 连续性结果之前, 需要作进一步的准备; 也就是, 若 g 是 $\mathfrak{S}_R$ 上的一个任意 C^1 函数, 则

$$\int_{\partial\mathfrak{S}_\rho} gds = D_\rho \int_{\mathfrak{S}_\rho} g|\delta r|dA \tag{16.77}$$

对几乎所有的 $\rho \in (0, R)$ 成立, 这里 r 是相对于 Y 的径向距离函数, 定义为

$$r(X) = |X - Y|, \quad X \in \mathbb{R}^3.$$

事实上, 公式 (16.77) 是重要的*余面积公式*(co-area formula) (见 [FE]) 的一个特殊情况. 我们来证明 (16.77). 首先要指出 (16.77) 的左边对几乎所有的 $\rho \in (0, R)$ 有意义, 因为根据 Sard 定理 [SB], 对几乎所有的 $\rho \in (0, R)$, 我们可写

$$\partial\mathfrak{S}_\rho = \overline{\mathfrak{S}}_\rho \cap \{X \in \mathbb{R}^3 || X - Y| = \rho\} = \bigcup_{j=1}^{n(\rho)} \Gamma_\rho^{(j)}, \tag{16.78}$$

这里 $\Gamma_\rho^{(j)}$ 是简单闭 C^2 曲线, 而 $n(\rho)$ 是一个正整数. 实际上, Sard 定理保证, 对几乎所有的 $\rho \in (0, R)$, 切向梯度 δr 在 $\partial\mathfrak{S}_\rho$ 的点上不为零; 它的几何解释是曲面 $\mathfrak{S}$ 和球面 $\{x \in \mathbb{R}^3 || X - Y| = \rho\}$*非切向地相交*, 这就说明为什么 (16.78) 成立. 现在取某个固定的 $\rho \in (0, R)$, 使得在 $\partial\mathfrak{S}_\rho$ 上 $\delta r \neq 0$, 并令 $\varepsilon > 0$ 充分小, 保证在 $\overline{\mathscr{G}}$ 上 $\delta r \neq 0$, 这里 $\mathscr{G} = \mathfrak{S}_\rho - \mathfrak{S}_{\rho-\varepsilon}$. 现在我们要应用 Stokes 定理 (16.68); $\partial\mathscr{G}$ 的适当定向的单位切向用 $\boldsymbol{t} = \boldsymbol{\nu} \times \delta r/|\delta r|$ (在 $\partial\mathfrak{S}_\rho$ 上) 和 $\boldsymbol{t} = -\boldsymbol{\nu} \times \delta r/|\delta r|$ (在 $\partial\mathfrak{S}_{\rho-\varepsilon}$ 上) 给出. 令 $\mathbf{F}$ 表示向量函数 $\boldsymbol{\nu} \times \delta r/|\delta r|$ 到 $\mathbb{R}^3$ 的某一包含 $\overline{\mathscr{G}}$ 的开子集的一个 C^1 延拓, 则在 (16.68) 中取

$$\mathbf{v} = \frac{1}{\varepsilon}(r - \rho + \varepsilon)g\mathbf{F},$$

并注意在 $\partial\mathfrak{S}_{\rho-\varepsilon}$ 上 $\mathbf{v}=0$, 就得到

$$\begin{aligned}\int_{\partial\mathfrak{S}_\rho} g ds &= \int_{\partial\mathscr{G}} \frac{1}{\varepsilon}(r-\rho+\varepsilon) g\mathbf{F}\cdot\boldsymbol{t}\, ds\\ &= \int_{\mathfrak{S}_\rho-\mathfrak{S}\rho-\varepsilon} \frac{1}{\varepsilon}(r-\rho+\varepsilon)\boldsymbol{\nu}\cdot(gD\times\mathbf{F}+Dg\times\mathbf{F})dA\\ &\quad+\frac{1}{\varepsilon}\int_{\mathfrak{S}_\rho-\mathfrak{S}_{\rho-\varepsilon}} g\boldsymbol{\nu}\cdot Dr\times\mathbf{F}dA.\end{aligned}$$

因为在 $\mathfrak{S}_\rho-\mathfrak{S}_{\rho-\varepsilon}$ 上, 有

$$\begin{aligned}\boldsymbol{\nu}\cdot Dr\times\mathbf{F} &= (\boldsymbol{\nu}\times Dr)\cdot(\boldsymbol{\nu}\times\delta r/|\delta r|)\\ &= |\boldsymbol{\nu}\times\delta r|^2/|\delta r| = |\delta r|,\end{aligned}$$

于是有,

$$\begin{aligned}\int_{\partial\mathfrak{S}_\rho} g ds &= \int_{\mathfrak{S}_\rho-\mathfrak{S}_{\rho-\varepsilon}} \frac{1}{\varepsilon}(r-\rho+\varepsilon)\boldsymbol{\nu}\cdot(gD\times\mathbf{F}+Dg\times\mathbf{F})dA\\ &\quad+\frac{1}{\varepsilon}\left\{\int_{\mathfrak{S}_\rho} g|\delta r|dA-\int_{\mathfrak{S}_{\rho-\varepsilon}} g|\delta r|dA\right\},\end{aligned}$$

又因为在 $\mathfrak{S}_\rho-\mathfrak{S}_{\rho-\varepsilon}$ 上有

$$0\leqslant\frac{r-\rho+\varepsilon}{\varepsilon}\leqslant 1,$$

于是令 $\varepsilon\to 0$, 我们就有 (16.77).

主要 Hölder 估计是积分 $\mathfrak{D}(\rho;Z)$ 的估计的一个推论, 其中

$$\mathfrak{D}(\rho;Z)=\int_{\mathfrak{S}_\rho(Z)}|\delta\varphi|^2dA$$

是对 $Z\in\mathfrak{S}$ 及 $\rho>0$ 定义的 (参看第 12 章中用到的 Dirichlet 积分).

下面的引理应同不等式 (12.8) 相比较, 它给出 $\mathfrak{D}(R/2;Y)$ 的界. 在引理的陈述中及往后, Λ_1 表示这样的常数:

$$A(\mathfrak{S}_{3R/4}(Y))\leqslant\Lambda_1(3R/4)^2. \tag{16.79}$$

在 $\mathfrak{S}$ 是一个具有 (K,K')- 拟保角 Gauss 映射的图像的情况下, 下面一节将证明可以求得 Λ_1 的界, 用 K 和 $K'R^2$ 表示.

引理 16.13 假设 φ 是从 $\mathfrak{S}$ 到 $\mathfrak{T}$ 中的 (K,K')- 拟保角 C^1 映射. 则

$$\mathfrak{D}(R/2;Y)\leqslant C, \tag{16.80}$$

其中 $C=C(\Lambda_0,K,K'R^2,\Lambda_1)$.

证明　设 $\Gamma_\rho^{(j)}, j=1,\ldots,n(\rho)$, 如同在 (16.78) 中一样, 且假定 $\Gamma_\rho^{(j)}$ 是为了在 $\mathfrak{S}_\rho$ 上使用 (16.68) 而适当定向的. 那么, 利用 $J(\boldsymbol{\varphi})$ 的定义 (16.72), 并结合 (16.69), 就得到恒等式

$$\int_{\mathfrak{S}_\rho} J(\boldsymbol{\varphi})dA = \sum_{j=1}^{n(\rho)} \int_{\Gamma_\rho^{(j)}} \omega_i \circ \boldsymbol{\varphi} \frac{d\varphi_i}{ds} ds \tag{16.81}$$

对几乎所有的 $\rho \in (0,R)$ 成立. 这个恒等式在下面给出 $\mathfrak{D}(\rho;Z)$ 的主估计的定理的证明中将起关键作用. 眼下, 我们结合不等式

$$\left|\frac{d\varphi_i}{ds}\right| \leqslant |\delta\varphi_i|, \quad i=1,2,3,$$

只要用 Schwarz 不等式, 则对几乎所有的 $\rho \in (0,R)$, 从 (16.81), (16.70) 及 (16.77) 导出不等式

$$\begin{aligned}\left|\int_{\mathfrak{S}_\rho} J(\boldsymbol{\varphi})dA\right| &\leqslant (\sup_{\mathfrak{T}} |\boldsymbol{\omega}|) \int_{\partial\mathfrak{S}_\rho} |\delta\boldsymbol{\varphi}|ds \\ &\leqslant \Lambda_0 \left(\int_{\partial\mathfrak{S}_\rho} |\delta\boldsymbol{\varphi}|^2 ds\right)^{1/2} \left(\int_{\partial\mathfrak{S}_\rho} ds\right)^{1/2} \\ &= \Lambda_0 \left(D_\rho \int_{\mathfrak{S}_\rho} |\delta r||\delta\boldsymbol{\varphi}|^2 dA\right)^{1/2} \left(D_\rho \int_{\mathfrak{S}_\rho} |\delta r| dA\right)^{1/2}.\end{aligned}$$

因而, 由于 $|\delta r| \leqslant |Dr| = 1$, 故对几乎所有的 $\rho \in (0, 3R/4)$, 从 (16.76) 得到

$$\mathfrak{D}(\rho) \leqslant 2\Lambda_0|K|(f'(\rho)\mathfrak{T}'(\rho))^{1/2} + \Lambda_1 K' R^2,$$

这里用 $\mathfrak{D}(\rho)$ 作为 $\mathfrak{D}(\rho;Y)$ 的缩写, 且

$$f(\rho) = A(\mathfrak{S}_\rho(Y)).$$

注意, 由于 $f(\rho)$ 和 $\mathfrak{D}(\rho)$ 关于 ρ 是非减的, 所以 $f'(\rho)$ 和 $\mathfrak{D}'(\rho)$ 对几乎所有的 $\rho \in (0,R)$ 存在. 在上述不等式两边同时平方就得到

$$\mathfrak{D}^2(\rho) \leqslant 8(\Lambda_0 K)^2 f'(\rho)\mathfrak{D}'(\rho) + 2(K'\Lambda_1 R^2)^2.$$

现若设

$$g(\rho) = f(\rho) + \rho R \quad (\text{因此 } g'(\rho) \geqslant R),$$

又设

$$\mathfrak{E}(\rho) = \mathfrak{D}(\rho) + \rho/R,$$

那么, 为了证明先前的不等式蕴涵一个形如

$$\mathfrak{E}^2(\rho) \leqslant Cg'(\rho)\mathfrak{E}'(\rho)$$

的不等式对几乎所有的 $\rho \in (R/4, R/2)$ 成立 (其中 $C = C(\Lambda_0, K, K'R^2, \Lambda_1)$) 就是一件相当简单的事情. 这又可写作

$$-\frac{d}{d\rho}\left(\frac{1}{\mathfrak{E}(\rho)}\right) \geqslant \frac{1}{Cg'(\rho)}. \tag{16.82}$$

利用 Hölder 不等式及 g 的单调性, 我们有

$$\begin{aligned}\left(\frac{R}{4}\right)^2 &= \left(\int_{R/2}^{3R/4} d\rho\right)^2 \leqslant \left(\int_{R/2}^{3R/4} g'(\rho)d\rho\right)\left(\int_{R/2}^{3R/4} \frac{d\rho}{g'(\rho)}\right) \\ &\leqslant (g(3R/4) - g(R/2)) \int_{R/2}^{3R/4} \frac{d\rho}{g'(\rho)},\end{aligned}$$

所以

$$\int_{R/2}^{3R/4} \frac{d\rho}{g'(\rho)} \geqslant \frac{(R/4)^2}{g(3R/4) - g(R/2)} > \frac{(R/4)^2}{g(3R/4)}.$$

因此在 $(R/2, 3R/4)$ 上积分 (16.82), 并利用最后这个不等式, 就得到

$$\frac{1}{\mathfrak{E}(R/2)} - \frac{1}{\mathfrak{E}(3R/4)} \geqslant \frac{(R/4)^2}{Cg(3R/4)},$$

所以

$$\mathfrak{E}(R/2) \leqslant \frac{C}{R^2}[A(\mathfrak{S}_{3R/4}(Y)) + R^2].$$

利用 (16.79) 就得到我们所期望的结果 (16.80). □

下面的定理包含了 $\mathfrak{D}(\rho; Z)$ 的主估计. 在定理的陈述及其后, Λ_2 表示满足下式的常数:

$$\int_{\mathfrak{S}_{R/2(Y)}} H^2 dA \leqslant \Lambda_2, \tag{16.83}$$

其中 $H = (\kappa_1 + \kappa_2)/2$ 是 $\mathfrak{S}$ 的平均曲率.

定理 16.14 假设 φ 是从 $\mathfrak{S}$ 到 $\mathfrak{T}$ 中的一个 (K, K') 拟保角 C^1 映射. 则对所有的 $Z \in \mathfrak{S}_{R/4}(Y)$ 及所有的 $\rho \in (0, R/4)$, 有

$$\mathfrak{D}(\rho; Z) \leqslant C(\rho/R)^\alpha, \tag{16.84}$$

这里, C 和 α 是仅依赖于 $\Lambda_0, K, K'R^2, \Lambda_1$ 和 Λ_2 的正常数.

证明 在证明中, 我们设 $\mathfrak{S}_\rho = \mathfrak{S}_\rho(Z), \mathfrak{D}(\rho) = \mathfrak{D}(\rho; Z)$, 这里 $Z \in \mathfrak{D}_{R/4}(Y)$, 且用 r 表示径向距离函数, 定义为

$$r(X) = |X - Z|, \quad X \in \mathbb{R}^3.$$

我们取 $\rho \in (0, R/4)$ 使得 δr 在 $\partial\mathfrak{S}_\rho$ 上绝不为零, 因而可以假定 (16.77) 和 (16.78) 成立. 因为曲线 $\Gamma_\rho^{(j)}$ 是闭的, 我们有

$$\int_{\Gamma^{(j)}} \frac{d\varphi_i}{ds} ds = 0; \quad (\Gamma^{(j)} = \Gamma_\rho^{(j)}),$$

因此, 如果设 X_j 表示 $\Gamma_\rho^{(j)}$ 的初始点 (对应弧长 $s = 0$), 那么 (16.81) 右端的积分可写成

$$\int_{\Gamma^{(j)}} (\omega_i \circ \boldsymbol{\varphi} - \omega_i \circ \boldsymbol{\varphi}(X_j)) \frac{d\varphi_i}{ds} ds.$$

因此 (16.81) 给出

$$\begin{aligned}
\left| \int_{\mathfrak{S}_\rho} J(\boldsymbol{\varphi}) dA \right| &\leqslant \sum_{j=1}^{n(\rho)} \left\{ \sup_{\Gamma^{(j)}} |\boldsymbol{\omega} \circ \boldsymbol{\varphi} - \boldsymbol{\omega} \circ \boldsymbol{\varphi}(X_j)| \int_{\Gamma^{(j)}} \left| \frac{d\boldsymbol{\varphi}}{ds} \right| ds \right\} \\
&\leqslant \sum_{j=1}^{n(\rho)} \left\{ \int_{\Gamma^{(j)}} \left| \frac{d\boldsymbol{\omega} \circ \boldsymbol{\varphi}}{ds} \right| ds \int_{\Gamma^{(j)}} \left| \frac{d\boldsymbol{\varphi}}{ds} \right| ds \right\} \\
&\leqslant \sum_{j=1}^{n(\rho)} \left\{ \int_{\Gamma^{(j)}} |\delta \boldsymbol{\omega} \circ \boldsymbol{\varphi}| ds \int_{\Gamma^{(j)}} |\delta \boldsymbol{\varphi}| ds \right\} \\
&\leqslant \sup_{\mathfrak{T}} |D\boldsymbol{\omega}| \sum_{j=1}^{n(\rho)} \left(\int_{\Gamma^{(j)}} |\delta \boldsymbol{\varphi}| ds \right)^2 \\
&\leqslant \Lambda_0 \left(\sum_{j=1}^{n(\rho)} \int_{\Gamma^{(j)}} |\delta \boldsymbol{\varphi}| ds \right)^2 \quad \text{由 (16.70)} = \Lambda_0 \left(\int_{\partial\mathfrak{S}_\rho} |\delta \boldsymbol{\varphi}| ds \right)^2 \\
&\leqslant \Lambda_0 \left(\int_{\partial\mathfrak{S}_\rho} |\delta \boldsymbol{\varphi}|^2 |\delta r|^{-1} ds \right) \left(\int_{\partial\mathfrak{S}_\rho} |\delta r| ds \right) \quad \text{由 Schwarz 不等式} \\
&= \Lambda_0 \left(D_\rho \int_{\mathfrak{S}_\rho} |\delta \varphi|^2 dA \right) \left(D_\rho \int_{\mathfrak{S}_\rho} |\delta r|^2 dA \right) \quad \text{由 (16.77)} \\
&\leqslant C \Lambda_0 \rho \mathfrak{D}'(\rho) \quad \text{由 (16.36)}
\end{aligned}$$

这里 $C = C(\Lambda_1, \Lambda_2)$. 因此, 根据 (16.76) 我们有

$$\mathfrak{D}(\rho) \leqslant C|K|\Lambda_0 \rho \mathfrak{D}'(\rho) + C'K'\rho^2$$

对几乎所有的 $\rho \in (0, R/4)$ 成立, 由于 (16.34), 这里 $C' = C'(\Lambda_1, \Lambda_2)$. 现在定义 $\mathfrak{G}(\rho) = \mathfrak{D}(\rho) + (\rho/R)^2$, 于是不难看出, 上面的不等式蕴涵着如下不等式

$$\mathfrak{G}(\rho) \leqslant C\rho\mathfrak{G}'(\rho),$$

这里 $C = C(\Lambda_0, K, K'R^2, \Lambda_1, \Lambda_2)$. 最后这个不等式可写作

$$\frac{d}{d\rho}\log\mathfrak{G}(\rho) \geqslant (C\rho)^{-1},$$

且因为 $\mathfrak{G}(\rho)$ 关于 ρ 是增加的, 进行积分可得

$$\log(\mathfrak{G}(\rho)/\mathfrak{G}(R/4)) \leqslant C^{-1}\log(4\rho/R), \quad \rho \leqslant R/4.$$

于是

$$\mathfrak{G}(\rho) \leqslant 4^\alpha \mathfrak{G}(R/4)(\rho/R)^\alpha, \rho \leqslant R/4,$$

这里 $\alpha = C^{-1}$. 因为 $\mathfrak{S}_{R/4}(Z) \subset \mathfrak{S}_{R/2}(Y)$, 我们必有

$$\mathfrak{G}(R/4) \leqslant \mathfrak{D}(R/2; Y) + 1/6,$$

因此由 (16.80) 就得到我们所要的估计. □

利用推广了的 Morrey 估计 (引理 16.4), 现在我们可以最终地从定理 16.14 导出关于 (K, K')- 拟保角映射的 Hölder 估计.

定理 16.15 假设 φ 是从 $\mathfrak{S}$ 到 $\mathfrak{T}$ 中的一个 (K, K') 拟保角 C^1 映射. 则

$$\sup_{X \in \mathfrak{S}^*_\rho(Y)} |\boldsymbol{\varphi}(X) - \boldsymbol{\varphi}(Y)| \leqslant C(\rho/R)^\alpha, \quad \rho \in (0, R/4), \tag{16.85}$$

这里 C 和 α 是仅依赖于 $\Lambda_0, K, K'R^2, \Lambda_1, \Lambda_2$ 的正常数, 而 $\mathfrak{S}^*_\rho(Y)$ 是 $\mathfrak{S}_\rho(Y)$ 包含 Y 的连通分支.

证明 令 Z 是 $\mathfrak{S}_{R/4}(Y)$ 的任意一点, 依 Hölder 不等式及估计 (16.84) 和 (16.34), 我们有

$$\int_{\mathfrak{S}_\rho(Z)} |\delta p_i| dA \leqslant (CC')^{1/2}\rho(\rho/R)^{\alpha/2},$$
$$\rho \in (0, R/4), \quad i = 1, 2, 3,$$

这里, C 和 α 如同在 (16.84) 中一样, 而 $C' = C'(\Lambda_1, \Lambda_2)$. 因此, 取 $K = (CC')^{1/2}, \beta = \alpha/2$, 引理 16.4 的假设满足. 定理得证. □

16.6. 具有拟保角 Gauss 映射的图像

在这节中, $\mathfrak{S}$ 表示 $C^2(\Omega)$ 函数 u 的图像 $\{(x,z)\in\mathbb{R}^3|x\in\Omega,z=u(x)\}$, y 表示 Ω 的一个固定点, 并假定 Ω 包含圆域

$$B_R(Y)=\{x\in\mathbb{R}^2|\ |x-y|<R\},$$

Y 表示 $\mathfrak{S}$ 的点 $(y,y_3)(y_3=u(y))$, 如同在 16.4 节中一样, $\boldsymbol{\nu}$ 表示在 $\Omega\times\mathbb{R}$ 上由

$$\boldsymbol{\nu}(x,z)\equiv\boldsymbol{\nu}(x)=\left(-\frac{Du(x)}{v},\frac{1}{v}\right),\quad v=\sqrt{1+|Du|^2},$$
$$x\in\Omega,\quad z\in\mathbb{R}$$

定义的向上单位法向函数, $\mathfrak{S}$ 的 Gauss 映射 $\boldsymbol{G}$ 把 $\mathfrak{S}$ 映到上半球面

$$\mathfrak{T}=\{X=(x_1,x_2,x_3)\in\mathbb{R}^3|\ |X|=1,x_3>0\},$$

$\boldsymbol{G}$ 的定义为: 在每一点 $(x,x_3)\in\mathfrak{S}$,

$$\boldsymbol{G}(x,x_3)=\boldsymbol{\nu}(x,x_3).\tag{16.86}$$

其他记号和术语同 16.4 和 16.5 节.

首先要明显地得到当 $\boldsymbol{\varphi}=\boldsymbol{G}$ 时的量 $|\delta\boldsymbol{\varphi}|^2$ 和 $J(\boldsymbol{\varphi})$. 如果像 16.5 节那样建立新坐标, 那么这是相当直截了当的. 在这种情况下, 函数 $\boldsymbol{\psi}$ 定义为

$$\boldsymbol{\psi}(\zeta)=-(1+|D\widetilde{u}(\zeta)|^2)^{-1/2}D\widetilde{u}(\zeta),\quad \zeta\in\mathscr{U},$$

从而由 (16.74) 和 (16.75) 得到

$$J(\boldsymbol{G})(Y)=D_{11}\widetilde{u}(0)D_{22}\widetilde{u}(0)-(D_{12}\widetilde{u}(0))^2,$$
$$|\delta\boldsymbol{G}|^2(Y)=(D_{11}\widetilde{u}(0))^2+2(D_{12}\widetilde{u}(0))^2+(D_{22}\widetilde{u}(0))^2.$$

然而根据 14.6 节我们有

$$\begin{aligned}J(\boldsymbol{G})(Y)&=\kappa_1\kappa_2,\\|\delta\boldsymbol{G}|^2(Y)&=\kappa_1^2+\kappa_2^2,\end{aligned}\tag{16.87}$$

这里 κ_1,κ_2 是 $\mathfrak{S}$ 在 Y 处的主曲率. 在 (16.87) 中出现的乘积 $\kappa_1\kappa_2$ 称为 $\mathfrak{S}$ 的Gauss 曲率; 它在曲面论研究中是极端重要的几何不变量.

利用恒等式 (16.87), 并回想到定义 (16.76), 就看出, $\boldsymbol{G}$ 是 (K,K') 拟保角的当且仅当在 $\mathfrak{S}$ 的每一点上, 主曲率 κ_1,κ_2 满足

$$\kappa_1^2+\kappa_2^2\leqslant 2K\kappa_1\kappa_2+K'.\tag{16.88}$$

这样我们就看出, 为什么拟保角映射的研究是与平均曲率型方程的研究有关的; 因为把 (16.63)′ 平方就得到等式

$$\frac{\alpha_1}{\alpha_2}\kappa_1^2+\frac{\alpha_2}{\alpha_1}\kappa_2^2=-2\kappa_1\kappa_2+\frac{\beta^2}{\alpha_1\alpha_2}.$$

即是说, 由于 (16.64)′ 和 (16.65)′,我们推得 (16.63), (16.64), (16.65) 的一个解 u 的图像的 Gauss 映射是一个 (K,K') 拟保角映射, 其中

$$K=-\gamma,\quad K'=\gamma\mu^2. \tag{16.89}$$

因而, 在这节中关于具有拟保角 Gauss 映射的图像所建立的结果可以全部应用于 (16.63), (16.64), (16.65) 的解的图像上去.

我们最终希望定理 16.15 应用到 Gauss 映射 $\boldsymbol{G}$ 上, 但首先必须讨论常数 Λ_0,Λ_1 和 Λ_2 的合适选择. 在 16.5 节中我们已经看到, 可取

$$\boldsymbol{\omega}(X)=\left(-\frac{x_2}{1+x_3},\frac{x_1}{1+x_3},0\right).$$

于是容易验明常数 Λ_0 的合适选择是 $\Lambda_0=4$. 其次根据引理 16.13 和 (16.87) 我们注意到, 若 $\boldsymbol{G}$ 是 (K,K') 拟保角的, 则有

$$\int_{\mathfrak{S}_{R/2}(Y)}(\kappa_1^2+\kappa_2^2)dA\leqslant C,$$

这里 $C=C(K,K'R^2,\Lambda_1)$. 这样, 因为

$$\kappa_1^2+\kappa_2^2\geqslant\frac{1}{2}(\kappa_1+\kappa_2)^2=2H^2,$$

我们可取 $\Lambda_2=\dfrac{C}{2}$, C 同上. 下面的引理表明我们可选 Λ_1 使之仅依赖于 K 和 $K'R^2$.

引理 16.16 设 $\boldsymbol{G}$ 是 (K,K') 拟保角的. 则

$$|\mathfrak{S}_{\rho/2}(Z)|\leqslant C\rho^2 \tag{16.90}$$

对每个满足 $\mathfrak{S}_\rho(Z)\subset\mathfrak{S}_R(Y)$ 的 $Z\in\mathfrak{S}$ 及 $\rho>0$ 成立, 其中 $C=C(K,K'R^2)$.

证明 我们证明的出发点是恒等式 (16.44). 借助公式 (14.104), 对所有的 $\eta\in C_0^1(\Omega)$ 它可写成形式

$$\int_\Omega(\kappa_1^2+\kappa_2^2)\eta dx+\int_\Omega(\nu_kD_k\nu_iD_i\eta-2\nu_kD_kH\eta)dx=0,$$

这里, 对 $x \in \Omega$, 我们记 $H(x) = H(x, u(x)), \kappa_i(x) = \kappa_i(x, u(x))$. 如果 $\eta \in C_0^2(\Omega)$, 分部积分, 就得到

$$\int_\Omega (\kappa_1^2 + \kappa_2^2 - 4H^2)\eta dx = \int_\Omega (\nu_i \nu_k D_{ik}\eta - 4H\nu_i D_i \eta) dx,$$

因此, 由于 $H = (\kappa_1 + \kappa_2)/2$, 对所有的 $\eta \in C_0^2(\Omega)$ 有

$$-2\int_\Omega \kappa_1 \kappa_2 \eta dx = \int_\Omega (\nu_i \nu_k D_{ik}\eta - 2(\kappa_1 + \kappa_2)\nu_i D_i \eta) dx.$$

用 η^2 代替 η, 依 (16.88) 我们就有

$$\int_\Omega (\kappa_1^2 + \kappa_2^2)\eta^2 dx \leqslant |K| \int_\Omega (|D^2\eta^2| + 2|\kappa_1 + \kappa_2||D\eta^2|) dx + K' \int_\Omega \eta^2 dx.$$

因为我们可写

$$4K(\kappa_1 + \kappa_2)\eta|D\eta| \leqslant \frac{1}{2}(\kappa_1^2 + \kappa_2^2)\eta^2 + (4KD\eta)^2,$$

而这就给出

$$\frac{1}{2}\int_\Omega (\kappa_1^2 + \kappa_2^2)\eta^2 dx \leqslant \int_\Omega \{C(|D\eta|^2 + \eta|D^2\eta|) + K'\eta^2\} dx,$$

这里 $C = C(K)$. 现在令 $\rho > 0$ 和 $Z = (z, u(z))$, 使得 $B_\rho(z) \subset \Omega$, 并选择 η, 使得在 Ω 中有 $0 \leqslant \eta \leqslant 1$, 以及

$$\eta = \begin{cases} 1, & \text{在 } B_{\rho/2}(z) \text{ 上}, \\ 0, & \text{在 } \Omega - B_\rho(z) \text{ 上}, \end{cases}$$

$$|D\eta| \leqslant c/\rho, \quad |D^2\eta| \leqslant c/\rho^2,$$

这里 c 是绝对常数.(显然, 这样的函数 η 是存在的.) 那么, 因为 $K' \leqslant K'R^2/\rho^2$, 即得

$$\int_\Omega (\kappa_1^2 + \kappa_2^2)\eta^2 dx \leqslant C, \tag{16.91}$$

这里 $C = C(K, K'R^2)$. 因此, 利用 Hölder 不等式就有

$$\int_\Omega |H\eta| dx \leqslant \left(\int_\Omega (H\eta)^2 dx\right)^{1/2} |B_\rho(z)|^{1/2} \leqslant (C\pi)^{1/2}\rho.$$

现在从 (16.53) 就得到引理. □

如果 $\boldsymbol{G}$ 是 (K, K') 拟保角的, 则从引理 16.16, 定理 16.15, 以及我们先前选定的 Λ_0, Λ_1, 可以导出

$$\sup_{X \in \mathfrak{S}_\rho^*(Y)} |\boldsymbol{\nu}(X) - \boldsymbol{\nu}(Y)| \leqslant C(\rho/R)^\alpha, \quad \rho \in (0, R). \tag{16.92}$$

这里 C 和 α 是仅依赖于 $K, K'R^2$ 的正常数. 值得指出的是, 我们与其对所有 $\rho \in (0, R)$ 来推断 (16.92), 还不如像定理 16.15 中一样对 $\rho \in (0, R/4)$ 来推断 (16.92). 我们之所以能做到这点是因为 $|\boldsymbol{\nu}| = 1$ (这意味着形如 (16.92) 的不等式对于 $\rho \in (R/4, R)$ 成立是平凡的).

估计式 (16.92) 可用来求得 $\mathfrak{S}$ 的某些更强的正则性结果. 我们先用 (16.92) 导出关于 $\mathfrak{S}$ 的局部非参数表示式的某些事实. 令 P 是 $\mathbb{R}^3$ 的一个线性等距, 使得

$$\widetilde{\boldsymbol{\nu}}(0) = P\boldsymbol{\nu}(y, y_3) = (0, 0, 1),$$

并令

$$\widetilde{\mathfrak{S}} = \{(\zeta, \xi_3) \in \mathbb{R}^3 | (\zeta, \zeta_3) = P(x - y, x_3 - y_3), (x, x_3) \in \mathfrak{S}^*_{\theta R}(Y)\},$$

这里 $\theta \in (0, 1)$. 因为 $\mathfrak{S}$ 是一个 C^2 曲面, 我们当然知道: 对充分小的 θ, 存在 $0 \in \mathbb{R}^2$ 的一个邻域 $\mathscr{U}$, 及一个 $C^2(\mathscr{U})$ 函数 $\widetilde{u}, D\widetilde{u}(0) = 0$, 且

$$\widetilde{\mathfrak{S}} = \widetilde{u} \text{ 的图像 } = \{(\zeta, \zeta_3) \in \mathbb{R}^3 | \zeta \in \mathscr{U}, \zeta_3 = \widetilde{u}(\zeta)\}. \tag{16.93}$$

此外, 记

$$\widetilde{\boldsymbol{\nu}}(\zeta) = (1 + |D\widetilde{u}(\zeta)|^2)^{-1/2}(-D\widetilde{u}(\zeta), 1), \quad \zeta \in \mathscr{U}.$$

依 (16.92) 我们有

$$|\widetilde{\boldsymbol{\nu}}(\xi) - \widetilde{\boldsymbol{\nu}}(0)| \leqslant C\theta^\alpha, \quad \zeta \in \mathscr{U},$$

这里 C, α 同 (16.92) 中一样. 因此

$$\begin{aligned}(1 + |D\widetilde{u}(\zeta)|^2)^{-1}|D\widetilde{u}(\zeta)|^2 + [(1 + |D\widetilde{u}(\zeta)|^2)^{-1/2} - 1]^2 \\ \leqslant (C\theta^\alpha)^2, \quad \zeta \in \mathscr{U},\end{aligned}$$

这就蕴涵

$$|D\widetilde{u}(\zeta)| \leqslant [1 - (C\theta^\alpha)^2]^{-1/2} C\theta^\alpha < \frac{1}{2}, \tag{16.94}$$

只要其中 θ 使得

$$C\theta^\alpha < \frac{1}{3}. \tag{16.95}$$

由于 (16.94), 我们可以断定上述类型的表示式对任何满足 (16.95) 的 θ 均成立. 这可从如下事实推得: 如果 $\theta \in (0, 1)$ 使得 (16.93), (16.95) 成立, 那么利用 $\mathfrak{S}$ 的光滑性以及 (16.94), 我们可以延拓 $\widetilde{u}$, 使得一个形如 (16.93) 的表示式成立, 其中用 $\mathfrak{S}^*_{(\theta+\varepsilon)R}(Y)(\varepsilon > 0)$ 代替 $\mathfrak{S}^*_{\theta R}(Y)$. 为了后面参阅, 我们还要指出 (16.94) 蕴涵着

$$B_{\theta R/2}(0) \subset \mathscr{U}. \tag{16.96}$$

现在我们可以证明下面引理所给出的非平凡连通性.

引理 16.17 设 G 是 (K,K') 拟保角的. 则存在一个仅依赖于 $K,K'R^2$ 的常数 $\theta\in(0,1)$, 使得 $\mathfrak{S}_\rho(Y)$ 对每个 $\rho<\theta R$ 是连通的.

证明 在证明中, 我们将设 $C_1,C_2,\ldots$ 表示仅依赖于 $K,K'R^2$ 的常数. 对 $\sigma>0,\widetilde{B}_\sigma$ 表示开球 $\{X\in\mathbb{R}^3||X-Y|<\sigma\}$. 设 $\theta\in(0,1)$ 满足 (16.95), $\rho=\theta R/2,\beta\in\left(0,\dfrac{1}{4}\right)$, 定义 $\mathfrak{G}_\beta$ 是 $\mathfrak{S}_{\rho/2}(Y)$ 的那样一些连通分支的集合, 这些连通分支与球 $\widetilde{B}_{\beta\rho}$ 相交. 对每一 $\mathscr{G}\in\mathfrak{G}_\beta$, 可以找出 $Z\in\mathscr{G}\cap\widetilde{B}_{\rho/4}$, 使得

$$\mathscr{G}\subset\mathfrak{S}_\rho^*(Z),$$

因此, 在引理前面的讨论中用 Z 代替 Y, 用 $R/2$ 代替 R, 我们就看出: $\mathscr{G}$ 可以表示成 (16.93), (16.94) 的形式. 利用关于每个 $\mathscr{G}\in\mathfrak{G}_\beta$ 的这种非参数表示, 并利用 $\mathfrak{G}_\beta$ 中没有两个元素可以相交这个事实, 可见所有连通分支 $\mathscr{G}\in\mathfrak{G}_\beta$ 的并集被包含在两张平行平面 π_1,π_2 之间的一个有界区域中, 其中

$$\operatorname{dis}(\pi_1,\pi_2)\leqslant C_1(\beta+\theta^\alpha)\rho, \tag{16.97}$$

这里 α 同 (16.92) 中一样.

我们现在的目标是证明: 对于适当选取的仅依赖于 K 和 $K'R^2$ 的 β 和 θ, 在 $\mathfrak{G}_\beta$ 中仅存在一个元素 (就是 $\mathfrak{S}^*_{\rho/2}(Y)$). 实际上, 假设存在两个不同的元素 $\mathscr{G}_1,\mathscr{G}_2\in\mathfrak{G}_\beta$. 显然可以选择 $\mathscr{G}_1,\mathscr{G}_2$, 使它们在下述意义下是相邻的: 在 $\mathscr{G}_1,\mathscr{G}_2$ 及 $\partial\widetilde{B}_{\rho/2}$ 所包围的体积 $\mathscr{V}$ 中不包含其他的元素 $\mathscr{G}\in\mathfrak{G}_\beta$. 因此 $\mathscr{V}\cap\widetilde{B}_{\beta\rho}$ 或者由图像 $\mathfrak{S}$ 上方的全部点组成, 或者由图像 $\mathfrak{S}$ 下方的全部点组成; 于是明显的是: 如果在 $\mathscr{G}_1$ 上的单位法向 $\boldsymbol{\nu}$ 指向 $\mathscr{V}$ 的外部 (内部), 那么在 $\mathscr{G}_2$ 上也是指向 $\mathscr{V}$ 的外部 (内部). 此外, 根据 (16.97) 我们有

$$\begin{aligned}&\mathscr{V}\text{ 的体积 }=|\mathscr{V}|\leqslant C_2(\beta+\theta^\alpha)\rho^3,\\&(\overline{\mathscr{V}}\cap\partial\widetilde{B}_{\rho/2})\text{ 的面积 }=A(\overline{\mathscr{V}}\cap\partial\widetilde{B}_{\rho/2})\leqslant C_3(\beta+\theta^\alpha)\rho^2.\end{aligned} \tag{16.98}$$

于是, $\mathscr{V}$ 上的散度定理的一个应用给出

$$\int_{\mathscr{G}_1}\boldsymbol{\nu}\cdot\boldsymbol{\nu}dA+\int_{\mathscr{G}_2}\boldsymbol{\nu}\cdot\boldsymbol{\nu}dA=\pm\left\{\int_{\mathscr{V}}\operatorname{div}\boldsymbol{\nu}dxdx_3-\int_{\partial\widetilde{B}_{\rho/2\cap\mathscr{V}}}\boldsymbol{\eta}\cdot\boldsymbol{\nu}dA\right\},$$

这里 $\boldsymbol{\eta}$ 是 $\partial\widetilde{B}_{\rho/2}$ 的单位外法向. 依 (16.11) 和 (16.98), 这给出

$$A(\mathscr{G}_1)+A(\mathscr{G}_2)\leqslant 2\int_{\mathscr{V}}|H(x)|dxdx_3+C_3(\beta+\theta^\alpha)\rho^2.$$

依 (16.98) 和 (16.91), 还有

$$\begin{aligned}\int_{\mathscr{V}}|H(x)|dxdx_3 &\leqslant \left(\int_{\mathscr{V}}H^2(x)dxdx_3\right)^{1/2}|\mathscr{V}|^{1/2}\\ &\leqslant \left(\int_{\widetilde{B}_{\rho/2}}H^2(x)dxdx_3\right)^{1/2}\{C_2(\beta+\theta^\alpha)\rho^3\}^{1/2}\\ &\leqslant (C_4\rho)^{1/2}\{C_2(\beta+\theta^\alpha)\rho^3\}^{1/2}\\ &\leqslant \sqrt{C_4C_2(\beta+\theta^\alpha)}\rho^2.\end{aligned}$$

因此, 若 $\beta+\theta^\alpha<1$, 我们就有

$$A(\mathscr{G}_1)+A(\mathscr{G}_2)\leqslant C_5\sqrt{\beta+\theta^\alpha}\rho^2. \tag{16.99}$$

另一方面, 利用与 (16.93), (16.94) 中同样的一个非参数表示式, 就推断出

$$A(\mathscr{G})\geqslant C_6\rho^2 \tag{16.100}$$

对每一个 $\mathscr{G}\in\mathfrak{G}_\beta$ 成立; 这里 $C_6>0$ 是一个绝对常数. (因为 $\mathfrak{S}^*_{\rho/4}(Z)\subset\mathscr{G}$, 我们可从 (16.94) 导出 (16.100) 对 (例如) $C_6=\pi/64$ 成立.) 如果选择 β,θ 充分小 (但仅依赖于 K 和 $K'R^2$), 那不等式 (16.99) 和 (16.100) 显然是矛盾的. 于是对于 β,θ 的这种选择, 有

$$\mathfrak{S}_{\beta\rho}(Y)=\mathfrak{S}\cap\widetilde{B}_{\beta\rho}=\mathfrak{S}_{\rho/2}(Y)\cap\widetilde{B}_{B\rho}=\mathfrak{S}^*_{\rho/2}(Y)\cap\widetilde{B}_{\beta\rho}.$$

然而利用 $\mathfrak{S}^*_{\rho/2}(Y)$ 的形如 (16.93), (16.94) 的一个表示式, $\mathfrak{S}^*_{\rho/2}(Y)\cap\widetilde{B}_{\beta\rho}$ 显然是连通的. 于是, $\mathfrak{S}_{\beta\rho}(Y)=\mathfrak{S}_{\beta\theta R/2}(Y)$ 是连通的. 由于 β,θ 仅依赖于 $K,K'R^2$, 就得到引理. □

由于上面的连通性结果, 当 $\rho\leqslant\theta R$ 时在 (16.92) 中我们可以用 $\mathfrak{S}_\rho(Y)$ 代替 $\mathfrak{S}^*_\rho(Y)$. 可是, 因为 $|\nu|=1$, 形如 (16.92) 的不等式对 $\rho>\theta R$ 是平凡的. 因此我们有下面的定理.

定理 16.18 *假设 $\boldsymbol{G}$ 是 (K,K') 拟保角的. 则*

$$\sup_{X\in\mathfrak{S}_\rho(Y)}|\boldsymbol{\nu}(X)-\boldsymbol{\nu}(Y)|\leqslant C(\rho/R)^\alpha,\quad \rho\in(0,R), \tag{16.101}$$

其中 C 和 α 是仅依赖于 $K,K'R^2$ 的正常数.

附注 (i) 估计式 (16.101) 蕴涵着

$$|\boldsymbol{\nu}(X)-\boldsymbol{\nu}(\overline{X})|\leqslant 2^\alpha C(|X-\overline{X}|/R)^\alpha \tag{16.102}$$

对所有的 $X,\overline{X}\in\mathfrak{S}_{R/4}(Y)$ 成立. 这可通过在 (16.101) 中用 $\overline{X}$ 代替 Y 和用 $R/2$ 代替 R 看出.

(ii) 如果 $K'=0,\Omega=\mathbb{R}^2$, 则可在 (16.101) 中令 $R\to\infty$, 从而表明在 $\mathfrak{S}$ 上有 $\boldsymbol{\nu}(X)\equiv\boldsymbol{\nu}(Y)$ 成立. 即是说, 我们有下面的推论.

推论 16.19 假设 $\boldsymbol{G}$ 是 $(K,0)$- 拟保角的, 且 $\Omega=\mathbb{R}^2$. 则 u 是一个线性函数.

注意推论 16.19 可以在 (16.84) 中令 $R\to\infty$ 而直接导出, 而无需首先证明 (16.101), 甚至 (16.92). 可是我们仍然需要引理 16.16, 为的是证明 Λ_1 可以选择得仅依赖于 K.

16.7. 对平均曲率型方程的应用

这里 $\mathfrak{S}$ 表示 (16.63), (16.64), (16.65) 的解 u 的图像. 其他术语与 16.4 ~ 16.6 节中一样.

我们首先指出, 因为 Gauss 映射 $\boldsymbol{G}$ 自动地是 (K,K')- 拟保角的, 其中 K,K' 与 (16.89) 中一样, 我们从上面的推论 16.19 可直接导出定理 16.12.

其次, 我们希望证明: 若对系数 a^{ij},b 加上适当的 Hölder 条件, 定理 16.18 蕴涵 $\mathfrak{S}$ 的主曲率 κ_1,κ_2 的一个界. 为使这种条件便于描述, 我们首先定义

$$a^{3i}(x,z,p)=a^{i3}(x,z,p)=\sum_{j=1}^{2}p_ja^{ij}(x,z,p),\quad i=1,2,$$

$$a^{33}(x,z,p)=\sum_{i,j=1}^{2}p_ip_ja^{ij}(x,z,p),\quad (x,z,p)\in\Omega\times\mathbb{R}\times\mathbb{R}^2,$$

用此把矩阵 $[a^{ij}]$ 扩充为一个 3×3 矩阵 (见 16.4 节中的方法).

对所有的 $(x,z,p)\in\Omega\times\mathbb{R}\times\mathbb{R}^2$, 定义

$$\begin{aligned}a_*^{ij}(X,\boldsymbol{\nu})&=a^{ij}(x,z,p),\quad i,j=1,2,3,\\ b_*(X,\boldsymbol{\nu})&=(1+|p|^2)^{-1/2}b(x,z,p),\end{aligned}$$

用此, 将 a^{ij},b 用 $X=(x,z)\in\Omega\times\mathbb{R}$ 及 $\boldsymbol{\nu}=(1+|p|^2)^{-1/2}(-p,1)$ 来表示也是方便的. 注意到这些定义在集合 $(\Omega\times\mathbb{R})\times\{\zeta\in\mathbb{R}^3||\zeta|=1,\zeta_3>0\}$ 上给出 a_*^{ij},b_*. (当方程 (16.63) 作为椭圆参数变分问题的非参数 Euler 方程出现时, 我们在附录 16.8 中证明函数 a_*^{ij},b_* 的出现是相当自然的.) 我们现在假定函数 a_*^{ij},b_* 对所有 $X,\overline{X}\in\Omega\times\mathbb{R}$ 及所有 $\boldsymbol{\nu},\overline{\boldsymbol{\nu}}\in\{\zeta\in\mathbb{R}^3||\zeta|=1,\zeta_3>0\}$ 满足 Hölder 条件:

$$\begin{aligned}|a_*^{ij}(X,\boldsymbol{\nu})-a_*^{ij}(\overline{X},\overline{\boldsymbol{\nu}})|&\leqslant\mu_1\{(|X-\overline{X}|/R)^\beta+|\boldsymbol{\nu}-\overline{\boldsymbol{\nu}}|^\beta\},\\ |b_*(X,\boldsymbol{\nu})-b_*(\overline{X},\overline{\boldsymbol{\nu}})|&\leqslant\mu_2\{(|X-\overline{X}|/R)^\beta+|\boldsymbol{\nu}-\overline{\boldsymbol{\nu}}|^\beta\},\end{aligned}\tag{16.103}$$

这里 μ_1, μ_2 及 $\beta \in (0,1)$ 是常数.

定理 16.20 假设 (16.63), (16.64), (16.65) 及 (16.103) 成立. 如果 κ_1, κ_2 是 $\mathfrak{S}$ 在 Y 处的主曲率, 那么我们就有

$$\kappa_1^2 + \kappa_2^2 \leqslant C/R^2, \tag{16.104}$$

其中 $C = C(\gamma, \mu R, \mu_1, \mu_2 R, \beta)$.

证明 选择 θ 充分小以保证 $\mathfrak{S}_{\theta R}(Y)$ 是连通的 (引理 16.17), 且当 (16.95) (因此也有 (16.94)) 成立时, 可以表示成 (16.93) 的形式. 把 16.4 节中的讨论同时应用于 $\mathfrak{S}$ 和 (16.93) 的变换曲面 $\widetilde{\mathfrak{S}}$, 则推出 $\widetilde{u}$ 在 $\mathscr{U}$ 上满足方程

$$\widetilde{a}^{ij}(\zeta) D_{ij}\widetilde{u} + \widetilde{b}(\zeta) = 0, \tag{16.105}$$

这里

$$|\xi|^2 - \frac{(D\widetilde{u}\cdot\xi)^2}{1+|D\widetilde{u}|^2} \leqslant \widetilde{a}^{ij}\xi_i\xi_j \leqslant \gamma\left[|\xi|^2 - \frac{(D\widetilde{u}\cdot\xi)^2}{1+|D\widetilde{u}|^2}\right]$$

对所有 $\zeta \in \mathbb{R}^2$ 成立, 且

$$|\widetilde{b}| \leqslant \mu\sqrt{1+|D\widetilde{u}|^2}.$$

因此, 依 (16.94), 对所有的 $\zeta \in B = B_{\theta R/2}(0)$ 我们有

$$\begin{aligned} &|\xi|^2/2 \leqslant \widetilde{a}^{ij}(\zeta)\xi_i\xi_j \leqslant \gamma|\xi|^2, \\ &|\widetilde{b}(\zeta)| \leqslant 2\mu. \end{aligned} \tag{16.106}$$

根据 (16.103), (16.102) 和 16.4 节中的讨论, 还推出我们可以假设成立 Hölder 估计

$$\begin{aligned} &|\widetilde{a}^{ij}(\zeta) - \widetilde{a}^{ij}(\widetilde{\zeta})| \leqslant C(|\zeta - \widetilde{\zeta}|/R)^{\alpha\beta}, \\ &\zeta, \widetilde{\zeta} \in B, i, j = 1, 2, \\ &|\widetilde{b}(\zeta) - \widetilde{b}(\widetilde{\zeta})| \leqslant C(|\zeta - \widetilde{\zeta}|/R)^{\alpha\beta}, \zeta, \widetilde{\zeta} \in B. \end{aligned} \tag{16.107}$$

此外, 从 (16.94) 及 $\widetilde{u}(0) = 0$ 的事实, 显然有

$$\sup_B |\widetilde{u}| \leqslant R. \tag{16.108}$$

于是, 利用 Schauder 内估计 (定理 6.2), 连同 (16.106), (16.107) 和 (16.108), 我们推出

$$|\widetilde{u}|^*_{2,\alpha;\beta} \leqslant C\{R + \mu R^2 + R^{2+\alpha\beta}\mu_2 R^{-\alpha\beta}\} \leqslant CR,$$

其中 $C=C(\gamma,\mu R,\mu_1,\mu_2 R,\beta)$. 特别地, 我们有

$$\sum_{i,j=1}^{2}|D_{ij}\widetilde{u}(0)|\leqslant C/R,$$

于是, 根据 (16.87) 就得到定理. □

Hölder 估计 (16.101) 也可用来求得 (16.63), (16.64), (16.65) 的解 u 的梯度估计. 下面的定理处理齐次的情形, 其系数上不加光滑性或连续性限制.

定理 16.21 *假设 (16.63), (16.64) 成立, $b\equiv 0$, 并假设函数 $a^{ij}(x,u,Du)$, $i,j=1,2$, 在 Ω 上可测. 则*

$$|Du(y)|\leqslant C_1\exp(C_2 m_R/R), \tag{16.109}$$

其中 $m_R=\sup\limits_{B_R(y)}(u-u(y)), C_1=C_1(\gamma), C_2=C_2(\gamma)$.

证明 正如在定理 16.20 中一样, 假定 θ 充分小, 以保证 $\mathfrak{S}_{\theta_R}(Y)$ 是连通的, 并保证表示式 (16.93), (16.94) 成立. 注意, 因为 $b\equiv 0$, 我们可选择 θ 仅依赖于 γ. 在这里还可假定 P 的矩阵 $[p_{ij}]$ 选得使 $p_{32}=0$. 因此有

$$(1+|Du(x)|^2)^{-1/2}=(1+|D\widetilde{u}(\zeta)|^2)^{-1/2}(p_{31}D_1\widetilde{u}(\zeta)-p_{33}). \tag{16.110}$$

现在 (因为 $b\equiv 0$), 方程 (16.105) 可写成形式:

$$\alpha D_{11}\widetilde{u}+2\beta D_{12}\widetilde{u}+D_{22}\widetilde{u}=0,$$

这里 $\boldsymbol{\alpha}=\widetilde{\alpha}_{11}/\widetilde{\alpha}_{22}, \beta=\widetilde{\alpha}_{12}/\widetilde{\alpha}_{22}$. 现在用 $p_{31}D_1\varphi$ 去乘这个方程的两端, 这里 $\varphi\in C_0^2(\mathscr{U})$, 并在 $\mathscr{U}$ 上积分. 利用关系式

$$\int_{\mathscr{U}}D_{22}\widetilde{u}D_1\varphi d\zeta=-\int_{\mathscr{U}}D_2\widetilde{u}D_{12}\varphi d\zeta=\int_{\mathscr{U}}D_{21}\widetilde{u}D_2\varphi d\zeta,$$

且记

$$\psi=p_{31}D_1\widetilde{u}-p_{33},$$

于是得到

$$\int_{\mathscr{U}}(\alpha D_1\psi D_1\varphi+2\beta D_2\psi D_1\varphi+D_2\psi D_2\varphi)d\zeta=0.$$

即是说, ψ 是一致椭圆型方程

$$D_1(\alpha D_1\psi+2\beta D_2\psi)+D_2(D_2\psi)=0$$

在 $\mathscr{U}$ 上的一个弱解. 此外, 依 (16.110), 在 $\mathscr{U}$ 上我们有 $\psi > 0$. 因此可以对 ψ 应用定理 8.20 中的 Harnack 不等式, 于是给出

$$\sup_{B_{\theta R/2(0)}} \leqslant C \inf_{B_{\theta R/2(0)}} \psi, \tag{16.111}$$

这里 $C = C(\gamma)$. 然而, 由于 (16.110) 及 (16.94), 我们知道在 $\mathscr{U}$ 上有

$$(1+|Du(x)|^2)^{-1/2} \leqslant \psi(\zeta) \leqslant 2(1+|Du(x)|^2)^{-1/2},$$

因而在 $\Omega \times \mathbb{R}$ 上定义 v 为

$$v(x,z) = (1+|Du(x)|^2)^{1/2}, \quad x \in \Omega, \quad z \in \mathbb{R},$$

我们从 (16.111) 就导出

$$\sup_{x \in \mathfrak{S}_{\theta R/2}} v(X) \leqslant C \inf_{X \in \mathfrak{S}_{\theta R/2}} v(X),$$

其中 $C = C(\gamma)$. 改变 Y, 显然可见, 存在一个仅依赖于 γ 的数 $\chi \in \left(0, \dfrac{1}{2}\right)$, 使得

$$v(X_1) \leqslant Cv(X_2), \tag{16.112}$$

对满足 $|X_1 - X_2| \leqslant \chi R$ 和 $x^{(1)}, x^{(2)} \in B_{R/2}(y)$ 的无论怎样的 $X_1 = (x^{(1)}, u(x^{(1)}))$ 及 $X_2 = (x^{(2)}, u(x^{(2)}))$ 成立. 现在设

$$B_{2R}^+(y) = \{x \in B_{\chi R} | u(x) > u(y)\},$$

又设 $Y_1 = (y^{(1)}, u(y^{(1)})), Y_2 = (y^{(2)}, u(y^{(2)}))$ 使得 $y^{(1)}, y^{(2)} \in \overline{B_{\chi R}^+}(y)$, 且

$$|Du(y^{(1)})| = \sup_{B_{\chi R}^+(y)} |Du|, \quad |Du(y^{(2)})| = \inf_{B_{\chi R}^+(y)} |Du|.$$

在 $\mathfrak{S} \cap (\overline{B_{\chi R}^+}(y) \times \mathbb{R})$ 中取点列 $X_1, \ldots, X_N$, 使得

$$|X_{i+1} - X_i| < \chi R, \quad i = 1, \ldots, N-1,$$

且使得 $X_1 = Y_1, X_N = Y_2$. 重复应用 (16.111), 显然蕴涵

$$v(Y_1) \leqslant C^N v(Y_2);$$

即

$$\sup_{B_{\chi R}^+(y)} \sqrt{1+|Du|^2} \leqslant C^N \inf_{B_{\chi R}^+(y)} \sqrt{1+|Du|^2}.$$

然而, 我们显然可选择 N, 以使

$$N \leqslant C(m_R/R+1),$$

这里 $C=C(\gamma)$. 因此得到

$$\sup_{B^+_{\chi R}(y)} \sqrt{1+|Du|^2} \leqslant \{C_1 \exp(C_2 m_R/R)\} \inf_{B^+_{\chi R}(y)} \sqrt{1+|Du|^2},$$

这里 $C_1=C_1(\gamma), C_2=C_2(\gamma)$. 最后, 利用事实

$$\inf_{B^+_{\chi R}(y)} |Du| \leqslant \chi^{-1} m_R/R,$$

(见习题 16.5) 就得到定理 16.21. □

$\boldsymbol{\nu}$ 的 Hölder 估计也可用到非齐次情况中去导出 u 的一个梯度估计, 然而在这种情况下, 对上面引入的函数 a^{ij}_*, b_* 加上 Lipschitz 限制是必要的. 感兴趣的读者可查阅 [SI4].

16.8. 附录: 椭圆型参数泛函

设 Ω 是 $\mathbb{R}^2$ 中的一个有界区域. 考察由下式定义的泛函 I:

$$I(\mathbf{Y}) = \int_\Omega G(x, \mathbf{Y}, D_1\mathbf{Y}, D_2\mathbf{Y})dx, \tag{16.113}$$

其中 $\mathbf{Y}=(Y_1,Y_2,Y_3):\overline{\Omega}\to\mathbb{R}^3$ 是 C^1 映射. $G(x,X,p)$ 是关于 $(x,X,p)\in\mathbb{R}^2\times\mathbb{R}^3\times\mathbb{R}^6$ 的一个给定的连续函数. (当然在这里 $D_i\mathbf{Y}=(D_iY_1,D_iY_2,D_iY_3), i=1,2$). 现在考察在 $\mathbb{R}^2$ 的微分同胚保持定向的情况下, I 保持不变的可能性; 也就是, 每当 $\boldsymbol{\psi}$ 是一个具有正的 Jacobi 行列式的从 $\mathbb{R}^2$ 到自身上的微分同胚的时候, 我们应有

$$\begin{aligned}&\int_{\Omega'} G(\zeta, \widetilde{\mathbf{Y}}(\zeta), D_1\widetilde{\mathbf{Y}}(\zeta), D_2\widetilde{\mathbf{Y}}(\zeta))d\zeta\\ =&\int_\Omega G(x, \mathbf{Y}(x), D_1\mathbf{Y}(x), D_2\mathbf{Y}(x))dx,\end{aligned}$$

这里 $\Omega'=\psi(\Omega), \widetilde{\mathbf{Y}}=\mathbf{Y}\circ\psi^{-1}$. 简单的计算 (见 [MY5], p.349) 表明, 对所有这样的微分同胚 $\boldsymbol{\psi}$ 及区域 Ω, 这件事成立当且仅当存在 $\mathbb{R}^3\times\mathbb{R}^3$ 上的一个实值函数 F, 使得

$$G(x,X,p)=F(X,P), (x,X,P)\in\mathbb{R}^2\times\mathbb{R}^3\times\mathbb{R}^6, \tag{16.114}$$

这里

$$P = (p_3p_5 - p_2p_6, p_1p_6 - p_3p_4, p_2p_4 - p_1p_5),$$
$$F(X, \lambda q) = \lambda F(X, q), (X, q) \in \mathbb{R}^3 \times \mathbb{R}^3, \lambda > 0. \tag{16.115}$$

需要特别指出, (16.114) 蕴涵着 $G(x, X, p)$ 可不依赖于 x; 就是, 对于 $(x, X, p) \in \mathbb{R}^2 \times \mathbb{R}^3 \times \mathbb{R}^6, G(x, X, p) = G(0, X, p)$. 在 $p = (D_1\mathbf{Y}, D_2\mathbf{Y})$ ($\mathbf{Y}$ 是从 $\overline{\Omega}$ 到 $\mathbb{R}^3$ 中的一个 C^1 映射) 的情况下, P 为

$$P = (D_1Y_3 \cdot D_2Y_2 - D_1Y_2 \cdot D_2Y_3, D_1Y_1 \cdot D_2Y_3 - D_1Y_3 \cdot D_2Y_1,$$
$$D_1Y_2 \cdot D_2Y_1 - D_1Y_1 \cdot D_2Y_2).$$

正如大家所知道的, 在 $\mathbf{Y}$ 是一对一的, 且对每个 $x \in \Omega$, Jacobi 矩阵 $[D_jY_i(x)]$ 的秩是 2 的情况下, 这个恒等式可以写成

$$P = \chi \boldsymbol{\nu},$$

这里 $\boldsymbol{\nu}$ 是嵌入曲面 $\mathfrak{S} = \{\mathbf{Y}(x) | x \in \Omega\}$ 的单位法向量, 而 χ 是映射 $\mathbf{Y}$ 的面积伸缩因子. 假定我们用单位法向量 $\boldsymbol{\nu}$ 给 $\mathfrak{S}$ 定向, 使得 $\chi > 0$, 那么可写

$$I(\mathbf{Y}) = \int_{\mathfrak{S}} F(X, \boldsymbol{\nu}(X)) dA(X);$$

也即, 我们可完全用定向曲面 $\mathfrak{S}$ 来表示 $I(\mathbf{Y})$, 且与用来表示 $\mathfrak{S}$ 的特殊映射 $\mathbf{Y}$无关. 通过这样的讨论使我们要去研究泛函 J, 它是对任何在 $\mathbb{R}^3$ 中有有限面积的光滑定向曲面 $\mathfrak{S}$ 定义的,

$$J(\mathfrak{S}) = \int_{\mathfrak{S}} F(X, \boldsymbol{\nu}(X)) dA(X), \tag{16.116}$$

这个泛函具有性质: 每当 $\mathbf{Y}$ 是从 Ω 到 $\mathbb{R}^3$ 中的一个一对一 C^1 映射, 且在每一点 $x \in \Omega$, 使得 $[D_jY_i]$ 的秩为 2; 而当 $\mathfrak{S} = \{\mathbf{Y}(x) | x \in \Omega\}$ 时, 就有 $J(\mathfrak{S}) = I(\mathbf{Y})$.

如果 F 满足 (16.115), 我们就称形如 (16.116) 的泛函为*参数泛函*. 泛函 J 称为椭圆型的, 如果 F 在 $\mathbb{R}^3 \times (\mathbb{R}^3 - \{0\})$ 上是 C^2 的, 且如果凸性条件

$$D_{q_iq_j}F(X, q)\xi_i\xi_j \geqslant |q|^{-1}|\xi'|^2, \tag{16.117}$$
$$\xi' = \xi - \left(\xi \cdot \frac{q}{|q|}\right)\frac{q}{|q|},$$

对所有 $X \in \mathbb{R}^3, q \in \mathbb{R}^3 - \{0\}$ 及 $\xi \in \mathbb{R}^3$ 成立. 由齐性条件 (16.115) 我们看到, 除一个纯量因子外, (16.117) 是 F 的可能凸性条件中最强的.

如果我们现在研究由

$$\mathfrak{S} = \{(x, u(x)) \in \mathbb{R}^2 | x \in \Omega\}$$

给出的一个非参数曲面 $\mathfrak{S}$, 这里 $u \in C^2(\overline{\Omega})$, 取 $\boldsymbol{\nu}$ 是单位下法向 $(Du, -1)/\sqrt{1+|Du|^2}$, 那么, 我们有

$$J(\mathfrak{S}) = \int_\Omega F(x, u(x), Du(x), -1)dx.$$

注意, 我们在这里用到了关系式 $dA = \sqrt{1+|Du|^2}dx$. 右边的表达式可看作一个对任何 $u \in C^2(\overline{\Omega})$ 定义的非参数泛函. 关于这个非参数泛函的 Euler-Lagrange 方程是

$$\sum_{i=1}^{2} D_i[D_{q_i}F(x, u, Du, -1)] - D_{X_3}F(x, u, Du, -1) = 0.$$

利用链式法则和齐性条件 (16.115), 容易验证这个方程可写成形式

$$Qu = a^{ij}(x, u, Du)D_{ij}u + b(x, u, Du) = 0,$$

这里,

$$a^{ij}(x, u, Du) = vD_{q_iq_j}F(x, u, Du, -1), i, j = 1, 2, \tag{16.118}$$

$$b(x, u, Du) = v\sum_{i=1}^{3} D_{q_ix_i}F(x, u, Du, -1), \tag{16.119}$$

其中, $v = \sqrt{1+|Du|^2}$. 利用 (16.115), (16.117) 不难验证 (16.64), (16.65) 对依赖于 F 的常数 γ 和 μ 是成立的. 也就是说, 关于椭圆型参数泛函的非参数 Euler-Lagrange 方程是一个平均曲率型的方程.

最后, 我们要指出, 从现在的角度来看, 16.7 节中引入的函数 a_*^{ij}, b_* 有一个自然的解释. 事实上, 在 a^{ij}, b 由 (16.118), (16.119) 给出的情况下, 容易验明 a_*^{ij}, b_* 可用下式给出:

$$a_*^{ij}(X, \boldsymbol{\nu}) = D_{q_iq_j}F(X, \boldsymbol{\nu}), \quad i, j = 1, 2, 3,$$

$$b_*(X, \boldsymbol{\nu}) = \sum_{i=1}^{3} D_{q_iX_i}F(X, \boldsymbol{\nu});$$

此外, 若 $F \in C^3(\mathbb{R}^3 \times (\mathbb{R}^3 - \{0\}))$, 则对于用 F 确定的 μ_1, μ_2 来说, 条件 (16.103) 是自动成立的.

评注

关于极小曲面方程的梯度内估计 (定理 16.5), 在两个变量的情形是由 Finn [FN2] 发现的, 而一般情况是由 Bombieri, De Giorgi 及 Miranda [BDM] 解决的. 一般的规定平均曲率方程 (16.1) 的梯度内估计由 Ladyzhenskaya 和 Ural'tseva [LU6] 最先建立. [BDM] 和 [LU6] 这两篇文章的方法取决于 Federer 和 Fleming(见 [FE]) 的等周不等式和所得的一个 Sobolev 不等式 (见 [MD1] 和 [LU6]). 我们对定理 16.5 的推导, 以及在 16.1 节中有关的预备材料, 取自 Michael 和 Simon 的 [MSI] 和 Trudinger 的 [TR 6, 8]. 使用类似于经典位势理论的方法这个关键想法是受 Michael 对 [MD1] 中的 Sobolev 不等式的一个简化 (未发表) 以及后来在 [MSI] 和 [TR 6, 8] 中的运用所启发. 分部积分公式 (引理 16.1) 是属于 Morrey [MY 3] 的. 平均值不等式 (引理 16.2) 是属于 Michael 和 Simon[MSI] 的, 它的推广 (引理 16.3) 本质上是在 [TR 8] 中给出的.Morrey 估计对超曲面的推广 (引理 16.4) 是在 [SI 4] 中给出的. 16.2 节中的方法 (用它我们从位势型不等式 (引理 16.3) 得到了梯度内估计), 摘引自 [TR 6, 8].

关于在光滑边界数据情况下的存在定理 16.9 和 16.11 是 Serrin [SE 4] 建立的. 定理 16.10 本质上出自 Giaquinta [GI]. 注意 16.3 节的结果可以用 10.5 节中所述的变分方法得到. 近年来, 与此关联的变分问题已在有界变差函数空间中加以研究 (例如见 [BG 2], [GE], [GI], [MD5]). 规定平均曲率方程的进一步研究见 [TE].

在 16.4 节中平均曲率型方程的论述是根据 [SI 4,6]. 二维平均曲率型方程的开拓性工作是 Finn [FN 1,2] 给出的, 他处理的是 $a^{ij}(x,z,p) \equiv a^{ij}(p), b \equiv 0$ 的情况.Finn 称他处理的方程是 "极小曲面型方程", 且对系数矩阵提出了与 (16.64) 稍许不同 (然而是等价) 的结构条件. 第一个梯度估计是在 [FN 1,2] 中得到的. 对于比 [FN 2] 中所研究的方程更特殊的方程类 (事实上, 是一个形如 (16.63) 的方程, $b \equiv 0$, 而 a^{ij} 如同在 (16.118) 中一样, 是对适合 $F(X,p) \equiv F(0,p)$ 的某个 F 给出的) 的更精细的结果 (包括一个类似于定理 16.21 的不等式) 是 Jenkins 和 Serrin [JS 1] 得到的. 不等式 (16.112) 似乎是新的. 类似于定理 16.20 中的一个曲率估计最初是由 Heinz [HE 1] 对极小曲面方程得到的, 尔后为 E.Hopf [HO 4] 和 R.Osserman [OR 1] 所加强. Jenkins [JE] 及 Jenkins-Serrin [JS 1] 对形如 (16.63) 型的方程 (其中 $b \equiv 0$, 而 a^{ij} 有形式 (16.118), 其中 $F(X,p) \equiv F(0,p)$) 得到了类似的曲率估计. 在 [HO 4], [OR 1], [JE] 及 [JS 1] 中的估计事实上得到的是更强的形式

$$(1+|Du(y)|^2)(\kappa_1^2+\kappa_2^2)(y) \leqslant C/R^2. \tag{16.120}$$

对于在 [JE] 和 [JS 1] 中所处理的特殊方程类, 正如在 [SI 4] 中所表明的, 第 4 节

到第 7 节中的方法可加以改进, 使之也给出形如 (16.120) 的不等式. 在 $b \neq 0$ 的情况下, 容易证明类似于 (16.120) 的估计一般是不成立的. 当 $b \neq 0$ 时, 就作者所知, 在这里和在 [SI 4] 中得到的那些结果之前, 唯有的曲率估计是 Spruck [SP] 对常平均曲率方程得到的结果. 也应当提及在 [OM 1], [JE], [JS 1] 和 [SI 6] 中对特殊的参数曲面类所得到的结果.

推论 16.19 的一般的 Bernstein 型的结果解决了 Osserman [OR 2] 第 137 页上提出的一个问题; 这样的结果在极小曲面方程的情况下是众所周知的 (且存在多种证明) (如见 [NT]); 对于在 [JE] 中处理过的方程类, Jenkins 用在 (16.120) 中令 $R \to \infty$ 的方法也得到这样的结果. 极小曲面方程的 Bernstein 定理能否搬到 $\mathbb{R}^n (n > 2)$ 上去的问题, 给高维极小曲面的研究提供了巨大的动力. Simons [SM] 利用 Fleming [FL] 和 De Giorgi [DG 2] 的某些思想, 终于证明在 $n \leqslant 7$ 的情形答案是肯定的. Bombieri,De Giorgi 及 Giusti 在 [BDG] 中证明, 在 $n > 7$ 的情形, 答案是否定的. 当 $n \leqslant 7$ 时, L. Simon [SI 5] 证明, 在定理 16.20 中所建立的那种类型的曲率估计对于极小曲面方程也成立, 而这就蕴涵了 $n \leqslant 7$ 时的 Bernstein 定理.

关于二维极小曲面的一个详尽叙述, 读者可查阅书 [NT]. 对于高维理论的近期发展, 参见 [SI 7,8], [GT 5].

习题

16.1. 证明: 在引理 16.2 推导中的函数 χ 选择时如用某数 $a < n$ 代替 n, 那么得到的不是 (16.27) 和 (16.40), 而是关系式:

$$\begin{aligned}
&\left(1 - \frac{a}{n}\right) \int_{\mathfrak{S}_R} r^{-\alpha} g dA + \frac{\alpha}{n} \int_{\mathfrak{S}_R} r^{-\alpha} (1 - |\delta r|^2) g dA \qquad (16.121) \\
&= R^{-\alpha} \int_{\mathfrak{S}_R} g dA + \int_{\mathfrak{S}_R} (r^{-\alpha} - R^{-\alpha}) g H \boldsymbol{\nu} \cdot (x - y) dA \\
&- \frac{1}{n} \int_{\mathfrak{S}_R} (r^{-\alpha} - R^{-\alpha})(x - y) \cdot \delta g dA, \quad g \in C^1(\mathscr{U}).
\end{aligned}$$

$$\begin{aligned}
&\left(1 - \frac{\alpha}{n}\right) \int_{\mathfrak{S}} r^{-\alpha} g dA + \frac{\alpha}{n} \int_{\mathfrak{S}} r^{-\alpha} (1 - |\delta r|^2) g dA \qquad (16.122) \\
&= \int_{\mathfrak{S}} r^{-\alpha} g H \boldsymbol{\nu} \cdot (x - y) dA - \frac{1}{n} \int_{\mathfrak{S}} r^{-\alpha} (x - y) \cdot \delta g dA, \quad g \in C^1(\mathscr{U}).
\end{aligned}$$

16.2. 利用 (16.40) 和 (16.121) 对 $g \in C_0^1(\mathscr{U})$ 导出下述 Sobolev 不等式: 对 $p < n/(n-1), H \equiv 0$ 有

$$\left[\int_{\mathfrak{S}} |g|^p dA\right]^{1/p} \leqslant C(n,p)(\operatorname{diam} \mathscr{U})^{1-n} [A(\mathfrak{S})]^{1/p} \int_{\mathfrak{S}} |\delta g| dA, \qquad (16.123)$$

这里 $C(n,p) = \dfrac{1}{n\omega_n}\left[\dfrac{n}{n-(n-1)p}\right]^{1/p}$; 对 $n=2$ 有

$$\left[\int_{\mathfrak{S}} |g|^2 dA\right]^{1/2} \leqslant \frac{1}{\sqrt{\pi}}\int_{\mathfrak{S}} (|\delta g| + |Hg|) dA \tag{16.124}$$

(注意, 在 [MSI] 中 (16.123) 是对 $p = \dfrac{n}{n-1}$ 建立的).

16.3. 设 g 是 C^2 超曲面 $\mathfrak{S} \subset \mathbb{R}^{n+1}$ 上的一个非负下调和函数. 导出平均值不等式 (16.21) 的下述推广:

$$g(y) \leqslant \begin{cases} \dfrac{1}{\pi R^2}\displaystyle\int_{\mathfrak{S}_R} g dA + \dfrac{1}{4\pi}\displaystyle\int_{\mathfrak{S}_R} gH^2 dA, & n=2. \\ \dfrac{1 + C(n)[H_0 R + (H_0 R)^n]}{\omega_n R^n}\displaystyle\int_{\mathfrak{S}_R} g dA, n>2, H_0 = \sup_{\mathfrak{S}} |H|. \end{cases}$$

16.4. 利用推论 16.6 和 Harnack 不等式 (定理 8.28), 证明: 如果在 $\mathbb{R}^n$ 中极小曲面方程的一个解被一个线性函数从上界定, 那么这个解本身必是线性的.

16.5. 导出在定理 16.21 的证明中用到的不等式

$$\inf_{B^+_{\chi R}(y)} |Du| \leqslant \chi^{-1} m_R / R.$$

16.6. 利用 (16.60) 证明在定理 16.5 和推论 16.6 中的常数 C_1 和 C_2 仅须依赖于 n 和 $d^2 H_1$.

16.7. 采用第 2 章所述的 Perron 方法, 证明条件 (16.60) 对于保证规定平均曲率方程: $\mathfrak{M}u = H(1+|Du|^2)^{3/2}$ 在区域 Ω 中存在一个古典解是充分的. 证明当 $\varepsilon_0 = 0$ 时的条件 (16.60) 对于古典解的存在性是必要的. [GT 3] 中得到这个条件也是充分的.

第 17 章 完全非线性方程

在这一章里我们考虑对于某些完全非线性的, 即非线性的但非拟线性的, 椭圆型方程的古典 Dirichlet 问题的可解性; 在 $\mathbb{R}^n$ 的区域 Ω 上的一般二阶方程能够写成形式

$$F[u] = F(x, u, Du, D^2u) = 0, \tag{17.1}$$

其中的 F 是在 $\Gamma = \Omega \times \mathbb{R} \times \mathbb{R}^n \times \mathbb{R}^{n\times n}$ 上的实函数, 而 $\mathbb{R}^{n\times n}$ 表示实对称 $n \times n$ 矩阵的 $n(n+1)/2$ 维空间. 我们通常用 $\gamma = (x, z, p, r)$ 表示 Γ 内的点, 其中 $x \in \Omega, z \in \mathbb{R}, p \in \mathbb{R}^n, r \in \mathbb{R}^{n\times n}$. 当 F 是变量 r 的仿射函数时, 方程 (17.1) 称为拟线性的; 否则, 它就称为完全非线性的. 如果 F 对于变量 r 是可微的, 下列定义推广了第 10 章的定义.

算子 F 在 Γ 的子集 $\mathscr{U}$ 内是椭圆型的, 如果由

$$F_{ij}(\gamma) = \frac{\partial F}{\partial r_{ij}}(\gamma), \quad i, j = 1, \ldots, n$$

给定的矩阵对于所有的 $\gamma = (x, z, p, r) \in \mathscr{U}$ 是正定的. 用 $\lambda(\gamma)$ 和 $\Lambda(\gamma)$ 分别表示 $[F_{ij}(\gamma)]$ 的最小和最大特征值, 我们说 F 在 $\mathscr{U}$ 内是一致椭圆型的 (严格椭圆型的), 如果 $\Lambda/\lambda(1/\lambda)$ 在 $\mathscr{U}$ 内是有界的. 如果 F 在整个集 Γ 内是椭圆型的 (一致椭圆型的, 严格椭圆型的), 那么简单说在 Ω 内 F 是椭圆型的 (一致椭圆型的, 严格椭圆型的). 如果 $u \in C^2(\Omega)$, 并且在映射 $x \mapsto (x, u(x), Du(x), D^2u(x))$ 的值域上 F 是椭圆型的 (一致椭圆型的, 严格椭圆型的), 我们就说相对于 u 算子 F 是椭圆型的 (一致椭圆型的, 严格椭圆型的).

例 (i) Monge-Ampère 方程:

$$F[u] = \det D^2 u - f(x) = 0. \tag{17.2}$$

这里 $F_{ij}(\gamma)$ 是 r_{ij} 的代数余子式, 仅对于正定矩阵 r, F 是椭圆型的. 对应地, 仅对于在 Ω 的每一个点是一致凸的函数 $u \in C^2(\Omega)$, (17.2) 是椭圆型的, 而为了这样的解存在, 我们必须还得有 f 是正的.

(ii) 指定 Gauss 曲率方程: 设 $u \in C^2(\Omega)$, 并且假定 u 的图在点 $(x, u(x)), x \in \Omega$, 有 Gauss 曲率 $K(x)$. 由此推出 (参见 14.6 节) u 满足方程

$$F[u] = \det D^2 u - K(x)(1 + |Du|^2)^{(n+2)/2} = 0, \tag{17.3}$$

再一次仅仅对于一致凸的 $u \in C^2(\Omega)$ 是椭圆型的. 更一般地, 例 (i) 和 (ii) 可以合并成 Monge-Ampère 型方程类,

$$F[u] = \det D^2 u - f(x, u, Du) = 0, \tag{17.4}$$

其中 f 是在 $\Omega \times \mathbb{R} \times \mathbb{R}^n$ 上的正函数.

(iii) Pucci 方程: 对于 $0 < \alpha \leqslant 1/n$, 用 $\mathscr{L}_\alpha$ 表示形式如

$$Lu = a^{ij}(x) D_{ij} u$$

的线性一致椭圆型算子的集, 对于所有 $x \in \Omega, \xi \in \mathbb{R}^n$, 其有界可测系数满足

$$a^{ij}\xi_i\xi_j \geqslant \alpha|\xi|^2, \quad \sum a^{ii} = 1.$$

用

$$M_\alpha[u] = \sup_{L \in \mathscr{L}_\alpha} Lu, \quad m_\alpha[u] = \inf_{L \in \mathscr{L}_\alpha} Lu. \tag{17.5}$$

定义最大和最小算子 M_α, m_α. 算子 M_α 和 m_α 是完全非线性的, 并且由 $M_\alpha[-u] = -m_\alpha[u]$ 相关联. 此外, 经过简单的计算得到公式

$$\begin{aligned} M_\alpha[u] &= \alpha \Delta u + (1 - n\alpha)\mathscr{C}_n(D^2 u), \\ m_\alpha[u] &= \alpha \Delta u + (1 - n\alpha)\mathscr{C}_1(D^2 u), \end{aligned}$$

其中 $\mathscr{C}_1(r)$ 和 $\mathscr{C}_n(r)$ 分别是矩阵 r 的最小和最大特征值. 我们能够对于给定的 f, 在区域 Ω 考虑极值方程

$$M_\alpha[u] = f; \quad m_\alpha[u] = f. \tag{17.6}$$

虽然函数 $\mathscr{C}_1(r)$ 和 $\mathscr{C}_n(r)$ 不是可微的, 椭圆型的概念容易推广到涵盖这种情形, 方程 (17.6) 事实上是一致椭圆型的 (见后).

(iv) Bellman 方程: 当前一个例子中的族 $\mathscr{L}_\alpha$ 用线性椭圆型算子的任意的族替换时, 我们就得到对于随机控制问题中的最优成本的 Bellman 方程 (参见 [KV2]). 特别地, 让我们考虑以属于一个集合 V 的参数 ν 标记其元素的族 $\mathscr{L}$. 假定每个 $L_\nu \in \mathscr{L}$ 有形式

$$L_\nu u = a_\nu^{ij}(x)D_{ij}u + b_\nu^i D_i u + c_\nu u, \tag{17.7}$$

其中对于每个 $i, j = 1, \ldots, n, \nu \in V, a_\nu^{ij}, b_\nu^i, c_\nu$ 是 Ω 上的实函数. Bellman 方程现在就取形式

$$F[u] = \inf_{\nu \in V}(L_\nu u - f_\nu) = 0. \tag{17.8}$$

有几种推广椭圆型概念到不可微的 F 的方式, 如单调性或逼近 (参见习题 17.1). 就我们的目的来说, 只需推广到对于变量 r 是 Lipschitz 的那种函数. 这时我们称算子 F 在 Γ 的一个子集 $\mathscr{U}$ 内是椭圆型的, 如果矩阵 $[F_{ij}] = [\partial F/\partial r_{ij}]$ 在 $\mathscr{U}$ 内存在时是正定的, F 在 $\mathscr{U}$ 内是一致椭圆型的, 如果最大和最小特征值的比值 Λ/λ 在 $\mathscr{U}$ 内是有界的. 我们指出对于几乎所有的 $r \in \mathbb{R}^{n\times n}$ 矩阵 $[F_{ij}]$ 存在. 按照这些定义, 我们推出, Bellman 方程 (17.8) 在 Ω 内是椭圆型的, 如果对于每个 $x \in \Omega, \nu \in V$, 对于所有 $\xi \in \mathbb{R}^n$,

$$\lambda(x)|\xi|^2 \leqslant a_\nu^{ij}(x)\xi_i\xi_j \leqslant \Lambda(x)|\xi|^2, \tag{17.9}$$

其中的 λ 和 Λ 是正函数. 此外, 如果 $\Lambda/\lambda \leqslant L^\infty(\Omega)$, Bellman 方程在 Ω 内是一致椭圆型的.

17.1. 最大值原理和比较原理

在第 10 章对于一般形式的拟线性方程推导出的最大值原理和比较原理容易推广到完全非线性方程. 我们将建立比较原理的下列形式.

定理 17.1 设 $u, v \in C^0(\overline{\Omega}) \cap C^2(\Omega)$ 满足在 Ω 内 $F[u] \geqslant F[v]$, 在 $\partial\Omega$ 上 $u \leqslant v$, 其中

(i) 函数 F 对于在 Γ 内的变量 z, p, r 是连续可微的;

(ii) 算子对于形式如 $\theta u + (1-\theta)v (0 \leqslant \theta \leqslant 1)$ 的所有函数是椭圆型的;

(iii) 函数 F 对于每个 $(x, p, r) \in \Omega \times \mathbb{R}^n \times \mathbb{R}^{n\times n}$ 是 z 的非增函数.

则在 Ω 内 $u \leqslant v$.

证明 记

$$\begin{aligned}
w &= u - v,\\
u_\theta &= \theta u + (1-\theta)v,\\
a^{ij}(x) &= \int_0^1 F_{ij}(x, u_\theta, Du_\theta, D^2u_\theta)d\theta,\\
b^i(x) &= \int_0^1 F_{p_i}(x, u_\theta, Du_\theta, D^2u_\theta)d\theta,\\
c(x) &= \int_0^1 F_z(x, u_\theta, Du_\theta, D^2u_\theta)d\theta,
\end{aligned}$$

即得

$$\begin{aligned}
\text{在 } \Omega \text{ 内} \quad Lw &= a^{ij}D_{ij}w + b^iD_iw + cw\\
&= F[u] - F[v] \geqslant 0.
\end{aligned}$$

此外, 条件 (i), (ii) 和 (iii) 蕴涵 L 满足最大值原理的条件 (定理 3.1), 因此在 Ω 内 $u \leqslant v$. □

在定理 17.1 中较弱的条件显然是可能的. 另外, 根据强最大值原理 (定理 3.5), 我们有或者在 Ω 内 $u < v$, 或者 u 和 v 恒等. 对于 Dirichlet 问题的唯一性结果直接从定理 17.1 推出.

推论 17.2 设 $u, v \in C^0(\overline{\Omega}) \cap C^2(\Omega)$ 满足在 Ω 内 $F[u] = F[v]$, 在 $\partial\Omega$ 上 $u = v$, 并且假定定理 17.1 的条件 (i) 至 (iii) 成立. 则在 Ω 内 $u \equiv v$.

针对完全非线性方程的对于解和梯度的最大值原理, Hölder 估计, 经常可以直接从对于拟线性方程的相应结果推断出来. 如果 $u \in C^2(\Omega)$, 我们可以把算子 $F[u]$ 写成形式

$$\begin{aligned}
F[u] &= F(x, u, Du, D^2u) - F(x, u, Du, 0) + F(x, u, Du, 0) \qquad (17.10)\\
&= a^{ij}(x, u, Du)D_{ij}u + b(x, u, Du),
\end{aligned}$$

其中

$$\begin{aligned}
a^{ij}(x, z, p) &= \int_0^1 F_{ij}(x, z, p, \theta D^2u(x))d\theta,\\
b(x, z, p) &= F(x, z, p, 0).
\end{aligned}$$

特别地, 定义

$$
\begin{aligned}
\mathscr{E}(x,z,p,r) &= F_{ij}(x,z,p,r)p_ip_j,\\
\mathscr{E}^* &= \mathscr{E}/|p|^2,\\
\mathscr{D}(x,z,p,r) &= \det F_{ij}(x,z,p,r),\\
\mathscr{D}^* &= \mathscr{D}^{1/n},
\end{aligned}
$$

我们就从定理 10.3 和 10.4 得到以下定理.

定理 17.3 设 F 在 Ω 内是椭圆型的, 并且假定存在非负常数 μ_1 和 μ_2, 使得

$$\frac{F(x,z,p,0)\operatorname{sign} z}{\mathscr{E}^*(\text{或 }\mathscr{D}^*)} \leqslant \mu_1|p|+\mu_2, \quad \forall (x,z,p,r)\in\Gamma. \tag{17.11}$$

如果 $u\in C^0(\overline{\Omega})\cap C^2(\Omega)$ 在 Ω 内满足 $F[u]\geqslant 0(=0)$, 那么我们有

$$\sup_{\Omega} u(|u|) \leqslant \sup_{\partial\Omega} u^+(|u|) + C\mu_2, \tag{17.12}$$

其中 $C=C(\mu_1,\operatorname{diam}\Omega)$.

对于 Monge-Ampère 型方程, 一个类似于定理 10.5 的最大值原理能够直接从引理 9.4 推断出来.

定理 17.4 设 F 由 (17.4) 给定, 并且假定存在非负函数 $g\in L^1_{\text{loc}}(\mathbb{R}^n), h\in L^1(\Omega)$ 和常数 N, 使得

$$|f(x,z,p)| \leqslant \frac{h(x)}{g(p)}, \quad \forall x\in\Omega, \quad |z|\geqslant N, \quad p\in\mathbb{R}^n; \tag{17.13}$$

$$\int_{\Omega} h dx < \int_{\mathbb{R}^n} g(p)dp \equiv g_\infty. \tag{17.14}$$

如果 $u\in C^0(\overline{\Omega})\cap C^2(\Omega)$ 在 Ω 内满足 $F[u]\geqslant 0(=0)$, 那么我们有

$$\sup_{\Omega} u(|u|) \leqslant \sup_{\partial\Omega} u^+(|u|) + C\operatorname{diam}\Omega + N, \tag{17.15}$$

其中 C 仅依赖于 g 和 h. 特别地, 如果 F 由 (17.2) 给定, 我们有

$$\sup_{\Omega} u(|u|) \leqslant \sup_{\partial\Omega} u^+(|u|) + \frac{\operatorname{diam}\Omega}{(\omega_n)^{1/n}}\left(\int_{\Omega}|f|\right)^{1/n}; \tag{17.16}$$

而如果 F 由 (17.3) 给定, 则估计 (17.15) 对于常数 $C=C(n,K_0)$ 成立, 只要

$$K_0 = \int_{\Omega} |K(x)| < \omega_n. \tag{17.17}$$

为了结束这一节, 我们指出前面的经过及其证明还可以推广到不可微函数 F. 特别地, 我们得到比较原理 (定理 17.1) 的一个一般化.

定理 17.5 设 $u, v \in C^0(\overline{\Omega}) \cap C^2(\Omega)$ 满足在 Ω 内 $F[u] \geqslant F[v]$, 在 $\partial\Omega$ 上 $u \leqslant v$, 其中

(i) 函数 F 对于在 Γ 内的变量 z, p, r 是局部一致 Lipschitz 的;

(ii) F 在 Ω 内是椭圆型的;

(iii) 函数 F 对于每个 $(x, p, r) \in \Omega \times \mathbb{R}^n \times \mathbb{R}^{n\times n}$ 是 z 的非增函数;

(iv) $|F_p|/\lambda$ 在 Γ 内是局部有界的.

则在 Ω 内 $u \leqslant v$.

17.2. 连续性方法

第 11 章的拓扑方法不足以胜任对于完全非线性椭圆型方程或非线性边值问题的处理. 对于这些问题, 我们将使用连续性方法 (定理 5.2) 的一个非线性说法. 特别说来, 连续性方法需要把给定的问题嵌入到以一个有界闭区间, 比如说 $[0,1]$, 标记的问题的族中. 要指出对应于可解问题的 $[0,1]$ 的子集 S 是非空的, 闭的和开的, 从而是整个区间. 跟第 11 章的拟线性情形一样, 线性理论仍然是至关重要的, 但是在现在的情形, 它被用到算子的 Fréchet 导数, 以便证明可解集 S 的开性.

我们从抽象的泛函分析的形式化表述开始. 设 $\mathfrak{B}_1$ 和 $\mathfrak{B}_2$ 是 Banach 空间, 而 F 是从开集 $\mathfrak{U} \subset \mathfrak{B}_1$ 到 $\mathfrak{B}_2$ 内的一个映射. 映射 F 称为在一个元素 $u \in \mathfrak{B}_1$ 是 Fréchet 可微的, 如果存在一个有界线性映射 $L: \mathfrak{B}_1 \to \mathfrak{B}_2$, 使得当在 $\mathfrak{B}_1$ 中 $h \to 0$ 时

$$\|F[u+h] - F[u] - Lh\|_{\mathfrak{B}_2}/\|h\|_{\mathfrak{B}_1} \to 0. \tag{17.18}$$

线性映射 L 称为 F 在 u 的 Fréchet 导数 (或微分), 用 F_u 表示. 当 $\mathfrak{B}_1, \mathfrak{B}_2$ 是 Euclid 空间 $\mathbb{R}^n$, $\mathbb{R}^m$ 时, Fréchet 导数和通常的微分概念一致, 并且对于无穷维情形的基本理论能够模仿有限维情形的理论来建立, 在高等微积分里通常就是这样处理的 (例如参见 [DI]). 特别地, 显然从 (17.18) 看出, F 在 u 的 Fréchet 可微性蕴涵 F 在 u 是连续的, 并且 Fréchet 导数由 (17.18) 唯一确定. 我们称 F 在 u 是连续可微的, 如果 F 在 u 的一个邻域内是 Fréchet 可微的, 并且所得的映射

$$v \mapsto F_v \in E(\mathfrak{B}_1, \mathfrak{B}_2)$$

在 u 是连续的. 这里 $E(\mathfrak{B}_1, \mathfrak{B}_2)$ 表示从 $\mathfrak{B}_1$ 到 $\mathfrak{B}_2$ 的有界线性映射的 Banach

空间, 其范数由下式给定,

$$\|L\| = \sup_{\substack{v\in\mathfrak{B}_1\\ v\neq 0}} \frac{\|Lv\|_{\mathfrak{B}_2}}{\|v\|_{\mathfrak{B}_1}}.$$

链式法则对于 Fréchet 微分法成立, 即如果 $F:\mathfrak{B}_1\to\mathfrak{B}_2, G:\mathfrak{B}_2\to\mathfrak{B}_3$ 分别在 $u\in\mathfrak{B}_1, F[u]\in\mathfrak{B}_2$ 是 Fréchet 可微的, 那么复合映射 $G\circ F$ 在 $u\in\mathfrak{B}_1$ 是可微的, 并且

$$(G\circ F)_u = G_{F[u]}\circ F_u. \tag{17.19}$$

中值定理在下述意义下也成立: 如果 $u,v\in\mathfrak{B}_1, F:\mathfrak{B}_1\to\mathfrak{B}_2$ 在 $\mathfrak{B}_1$ 中连结 u 和 v 的线段 γ 上是可微的, 则

$$\|F[u]-F[v]\|_{\mathfrak{B}_2}\leqslant K\|u-v\|_{\mathfrak{B}_1}, \tag{17.20}$$

其中

$$K=\sup_{w\in\gamma}\|F_w\|.$$

借助这些基本性质, 我们可以导出一个对于 Fréchet 可微映射的隐函数定理. 设 $\mathfrak{B}_1,\mathfrak{B}_2$ 和 X 是 Banach 空间, 而 $G:\mathfrak{B}_1\times X\to\mathfrak{B}_2$ 在点 $(u,\sigma)(u\in\mathfrak{B}_1,\sigma\in X)$ 是 Fréchet 可微的. 在 (u,σ) 的偏 Fréchet 导数 $G^1_{(u,\sigma)}(h), G^2_{(u,\sigma)}(k)$ 是分别从 $\mathfrak{B}_1$,X 到 $\mathfrak{B}_2$ 的对于 $h\in\mathfrak{B}_1$, $k\in X$ 由

$$G_{(u,\sigma)}(h,k)=G^1_{(u,\sigma)}(h)+G^2_{(u,\sigma)}(k)$$

定义的有界线性映射. 我们陈述以下形式的隐函数定理.

定理 17.6 设 $\mathfrak{B}_1,\mathfrak{B}_2$ 和 X 是 Banach 空间, 而 G 是从 $\mathfrak{B}_1\times X$ 的一个开子集到 $\mathfrak{B}_2$ 内的映射. 设 (u_0,σ_0) 是 $\mathfrak{B}_1\times X$ 内的一个点, 满足:

(i) $G[u_0,\sigma_0]=0$;

(ii) G 在 (u_0,σ_0) 是连续可微的;

(iii) 偏 Fréchet 导数 $L=G^1_{(u_0,\sigma_0)}$ 是可逆的.

则存在 σ_0 在 X 内的一个邻域 $\mathscr{N}$, 使得方程 $G[u,\sigma]=0$ 对于每一个 $\sigma\in\mathscr{N}$ 是可解的, 其解 $u=u_\sigma\in\mathfrak{B}_1$.

定理 17.6 可以通过归结为压缩映射原理 (定理 5.1) 来证明. 事实上, 方程 $G[u,\sigma]=0$ 等价于方程

$$u=Tu\equiv u-L^{-1}G[u,\sigma],$$

根据 (17.19) 和 (17.20), 对于充分小的 δ 和充分接近于 σ_0 的 σ, 在 $\mathfrak{B}_1$ 中一个闭球 $\overline{B}=\overline{B}_\delta(u_0)$ 内算子 T 将是压缩映射 (对于细节参见 [DI]). 可以进一步指出由

对于 $\sigma \in \mathscr{N}, \sigma \to u_\sigma, u_\sigma \in \overline{B}, G[u_\sigma, \sigma] = 0$ 定义的映射 $F: X \to \mathfrak{B}_1$ 在 σ_0 是可微的, 其 Fréchet 导数

$$F_{\sigma_0} = -L^{-1} G^2_{(u_0, \sigma_0)}.$$

为了应用定理 17.6 我们假定 $\mathfrak{B}_1$ 和 $\mathfrak{B}_2$ 是 Banach 空间, 而 F 是从开集 $\mathfrak{U} \subset \mathfrak{B}_1$ 到 $\mathfrak{B}_2$ 内的一个映射. 设 ψ 是 $\mathfrak{U}$ 内的一个固定元素, 对于 $u \in \mathfrak{U}$ 和 $t \in \mathbb{R}$, 由

$$G[u, t] = F[u] - tF[\psi]$$

定义映射 $G: \mathfrak{U} \times \mathbb{R} \to \mathfrak{B}_2$. 设 S 和 E 是由

$$\begin{aligned} S &= \{t \in [0,1] | G[u,t] = 0 \quad \text{对于某个 } u \in \mathfrak{U}\}, \\ E &= \{u \in \mathfrak{U} | G[u,t] = 0 \quad \text{对于某个 } t \in [0,1]\} \end{aligned} \tag{17.21}$$

定义的 $[0,1]$ 和 $\mathfrak{B}_1$ 的子集. 显然 $1 \in S, \psi \in E$, 故 S 和 E 不是空集. 以下我们假定 F 在 E 上是连续可微的, 其 Fréchet 导数 F_u 是可逆的. 从隐函数定理 (定理 17.6) 推知集合 S 在 $[0,1]$ 内是开集. 因此, 我们得到连续性方法的下列变化了的形式.

定理 17.7 *方程 $F[u] = 0$ 对于 $u \in \mathfrak{U}$ 是可解的, 只要集 S 是 $[0,1]$ 内的闭集.*

现在我们考察定理 17.7 对于完全非线性方程 Dirichlet 问题的应用. 我们假设方程 (17.1) 中的函数 F 属于 $C^{2,\alpha}(\overline{\Omega})$, 而作为 Banach 空间, 对于某个 $\alpha \in (0,1)$ 取 $\mathfrak{B}_1 = C^{2,\alpha}(\overline{\Omega}), \mathfrak{B}_2 = C^{\alpha}(\overline{\Omega})$, 通过计算就进一步发现 F 有连续 Fréchet 导数 F_u, 它由

$$F_u h = Lh = F_{ij}(x) D_{ij} h + b^i(x) D_i h + c(x) h \tag{17.22}$$

给定, 其中

$$\begin{aligned} F_{ij}(x) &= F_{ij}(x, u(x), Du(x), D^2 u(x)), \\ b^i(x) &= F_{p_i}(x, u(x), Du(x), D^2 u(x)), \\ c(x) &= F_z(x, u(x), Du(x), D^2 u(x)) \end{aligned}$$

(参见习题 17.2). 我们不能给期望映射 F_u 在 $C^{2,\alpha}(\overline{\Omega})$ 的所有元素上是可逆的, 所以我们相应地限制在子空间 $\mathfrak{B}_1 = \{u \in C^{2,\alpha}(\overline{\Omega}) |$ 在 $\partial\Omega$ 上 $u = 0\}$ (在 6.3 节已经使用). 线性算子 L 对于任何 $u \in C^{2,\alpha}(\overline{\Omega})$ 将是可逆的, 只要 L 对于 u 是椭圆型的, 在 Ω 内 $c \leqslant 0$, 并且 $\partial\Omega \in C^{2,\alpha}$(定理 6.14). 根据定理 17.7, Dirichlet 问题的可解性就归结为在空间 $C^{2,\alpha}(\overline{\Omega})$ 中先验估计的建立.

定理 17.8 设 Ω 是 $\mathbb{R}^n$ 中的有界区域, 其边界 $\partial\Omega \in C^{2,\alpha}, 0 < \alpha < 1$. $\mathfrak{U}$ 是空间 $C^{2,\alpha}(\overline{\Omega})$ 的一个开集, 而 ϕ 是 $\mathfrak{U}$ 中的一个函数. 令 $E = \{u \in \mathfrak{U} |$ 对于某个 $\sigma \in [0,1], F[u] = \sigma F[\phi]$, 在 $\partial\Omega$ 上 $u = \phi\}$, 假定 $F \in C^{2,\alpha}(\overline{\Gamma})$, 还假定

(i) 对于每个 $u \in E$, 在 Ω 内 F 是严格椭圆型的;

(ii) 对于每个 $u \in E$, 在 Ω 内 $F_z(x, u, Du, D^2u) \leqslant 0$;

(iii) E 在 $C^{2,\alpha}(\overline{\Omega})$ 内是有界的;

(iv) $\overline{E} \subset \mathfrak{U}$.

则 Dirichlet 问题: 在 Ω 内 $F[u] = 0$, 在 $\partial\Omega$ 上 $u = \phi$ 在 $\mathfrak{U}$ 内是可解的.

证明 用 $u - \phi$ 替换 u, 能够把问题归结为零边值问题. 通过取 $\psi \equiv 0$ 定义映射 $G : \mathfrak{B}_1 \times \mathbb{R} \to \mathfrak{B}_2$, 即令

$$G[u, \sigma] = F[u + \phi] - \sigma F[\phi].$$

则从定理 17.7 及定理 17.8 陈述之前的说明推知给定的 Dirichlet 问题是可解的, 只要集合 S 是闭的. 而 S (以及 E) 的闭性容易从 E 的有界性 (以及假设 (iv)) 通过 Arzela-Ascoli 定理推出. □

当特殊化到拟线性方程的情形时, 定理 17.7 比定理 11.8 弱一些. 对于拟线性情形, 对于某个 $\beta \in (0, 1)$, 根据 Schauder 理论, 在 $C^{1,\beta}(\overline{\Omega})$ 中的估计将蕴涵在 $C^{2,\alpha}(\overline{\Omega})$ 中的估计.$F \in C^2(\overline{\Gamma})$ 这个要求能够减弱 (习题 17.3), 但是为了保证所渴望的 F 的 Fréchet 可微性, 我们将需要比定理 11.8 的更光滑的系数假设.

定理 17.8 把完全非线性方程 Dirichlet 问题的可解性归结为一系列的导数的估计, 这些步骤推广了第 11 章中所描述的拟线性情形的存在性证明过程中的步骤 I 至 IV. 完全非线性一般来说更难以处理, 因为二阶导数的估计是不可或缺的. 在随后几节中, 我们将对于包括本章开头的例子在内的不同类型的方程建立二阶导数的估计. 在某些情形下, 对于定理 17.7 直接应用这些估计是不充分的, 必须进行某些修改. 特别地, 在 Bellman 方程 (17.8) 中的函数 F 的非光滑性通过逼近克服. 对于一致椭圆型方程我们将取 $\mathfrak{U} = C^{2,\alpha}(\overline{\Omega})$ (因此假设 (iv) 成为多余的), 而对于 Monge-Ampère 型方程, $\mathfrak{U}$ 将是一致凸函数的子集, 而假设 (iv) 由函数 f 的正性所保证. 虽然对于本章中的应用算子族

$$F[u, \sigma] = F[u] - \sigma F[\phi], \quad \sigma \in [0, 1]$$

已经足够, 我们禁不住还是要指出, 显然它能够用任何族

$$F[u, \sigma] = F(x, u, Du, D^2u; \sigma)$$

替换, 其中 $F \in C^2(\overline{\Gamma} \times [0, 1]), F[u, 0] = F[u]$, Dirichlet 问题: 在 Ω 内 $F[u, 1] = 0$, 在 $\partial\Omega$ 上 $u = \phi$ 是可解的.

17.3. 两个变量的方程

对于两个变量的完全非线性方程, 在 12.2 节和 13.2 节的 Hölder 梯度估计能够把定理 17.8 假设 (iii) 所需要的先验估计归结为 $C^2(\overline{\Omega})$ 估计. 为确认这一事实, 我们假设 $u \in C^3(\Omega)$ 是 (17.1) 在 Ω 内的一个解, 对于变量 x_k 微分得到方程

$$F_{ij}D_{ijk}u + F_{p_i}D_{ik}u + F_zD_ku + F_{x_k} = 0, \tag{17.23}$$

其中的偏导数 $F_{ij}, F_{p_i}, F_z, F_{x_k}$ 的自变量是 x, u, Du, D^2u. 令 $w = D_ku, f = F_{x_k}(x, u, Du, D^2u)$, 沿用前一节的记号, 我们可以把 (17.23) 写成

$$Lw = a^{ij}D_{ij}w + b^iD_iw + cw = -f.$$

因此, 如果 F 相对于 u 是椭圆型的, u 的一阶导数将是 Ω 内的一个线性椭圆型方程的解. 相应地, 取 $n = 2$, 并且设对于所有 $\xi \in \mathbb{R}^2, \lambda, \Lambda, \mu$ 满足

$$\begin{gathered}0 < \lambda|\xi|^2 \leqslant F_{ij}(x, u, Du, D^2u)\xi_i\xi_j \leqslant \Lambda|\xi|^2, \\ |F_p, F_z, F_x(x, u, Du, D^2u)| \leqslant \lambda\mu,\end{gathered} \tag{17.24}$$

根据定理 12.4 或 13.3 我们有

定理 17.9 设 $u \in C^3(\Omega)$ 在 $\Omega \subset \mathbb{R}^2$ 满足 $F[u] = 0$, 这里 $F \in C^1(\Gamma)$, F 对于 u 是椭圆型的, 并且满足 (17.24). 则对于任意 $\Omega' \subset\subset \Omega$, 我们有估计

$$[D^2u]_{\alpha;\Omega'} \leqslant \frac{C}{d^\alpha}\{|D^2u|_{0;\Omega} + \mu d(1 + |Du|_{1;\Omega})\}, \tag{17.25}$$

其中的 C 和 α 仅依赖 Λ/λ 和 $d = \operatorname{dist}(\Omega', \partial\Omega)$.

为了导出对应的全局估计, 我们开始先回到一般 $n \geqslant 2$ 情形, 并且假设 $\partial\Omega \in C^3, u \in C^3(\Omega) \cap C^2(\overline{\Omega})$ 并且在 $\partial\Omega$ 上 $u = \phi$, 这里的 $\phi \in C^3(\overline{\Omega})$. 让我们固定一个点 $x_0 \in \partial\Omega$, 并把 $\partial\Omega$ 在中心是 x_0 的一个球 $B = B(x_0)$ 内的部分展平, 为此取从 B 到开集 $D \subset \mathbb{R}^n$ 的一对一映射, 使得

$$\begin{aligned}&\psi(B \cap \Omega) \subset \mathbb{R}^n_+ = \{x \in \mathbb{R}^n | x_n > 0\}, \\ &\psi(B \cap \partial\Omega) \subset \partial\mathbb{R}^n_+ = \{x \in \mathbb{R}^n | x_n = 0\}, \\ &\psi \in C^3(B), \quad \psi^{-1} \in C^3(D).\end{aligned}$$

写下

$$y = \psi(x), \quad w = D_{y_k}u = \frac{\partial x_l}{\partial y_k}D_lu,$$

则有

$$w = D_{y_k}\varphi \text{ 在 } B \cap \partial\Omega \text{ 上}, \quad k = 1, \ldots, n-1.$$

利用 (17.23) 我们得到在 $B \cap \Omega$ 内的方程

$$\begin{aligned} & F_{ij}D_{ij}w + F_{p_i}D_iw + F_zw \\ = & 2F_{ij}D_i\left(\frac{\partial x_l}{\partial y_k}\right)D_{jl}u + F_{ij}D_{ij}\left(\frac{\partial x_l}{\partial y_k}\right)D_lu + F_{p_i}D_i\left(\frac{\partial x_l}{\partial y_k}\right)D_lu \\ & -F_{x_l}\left(\frac{\partial x_l}{\partial y_k}\right). \end{aligned} \tag{17.26}$$

因此, 如果 $n = 2$ 并且定理 17.9 的假设满足, 从 12.1 和 12.2 节或 13.1 和 13.2 节的论证, 我们推断出 Dw 在 x_0 的一个邻域内的 $k = 1$ 情形的 Hölder 估计. 同时对于任意 $D' \subset\subset D, y_0 \in D^+ \cap D', R \leqslant d/3$, 这里 $d = \text{dist}\,(D' \cap D^+, \partial D)$, 我们有

$$\int_{B_R \cap D^+} |D_y^2 w|^2 dy \leqslant CR^{n-2+2\alpha}\{(1+\mu)(1+|Du|_{1;\Omega}) + |D^3\phi|_{0;\Omega}\}^2,$$

其中 $\alpha = \alpha(\Lambda/\lambda, \psi) > 0$, 而 $C = C(\Lambda/\lambda, \text{diam}\,\Omega)$, 利用 $k = 2$ 时的方程 (17.26), 我们得到

$$\int_{B_R \cap D^+} |D_y^3 u|^2 dy \leqslant CR^{n-2+2\alpha}\{(1+\mu)(1+|Du|_{1;\Omega}) + |D^3\phi|_{0;\Omega}\}^2, \tag{17.27}$$

由定理 7.19 的 Morray 估计推出所希望的全局 Hölder 估计.

定理 17.10 设 $u \in C^3(\Omega) \cap C^2(\overline{\Omega})$ 满足在 $\Omega \subset \mathbb{R}^2$ 内 $F[u] = 0$, 在 $\partial\Omega$ 上 $u = \phi$, 其中 $F \in C^1(\Gamma)$, F 相对于 u 是椭圆型的, $\partial\Omega \in C^3, \phi \in C^3(\overline{\Omega})$, 并且 (17.24) 是满足的. 则我们有

$$[D^2u]_{\alpha;\Omega} \leqslant C\{(1+\mu)(1+|u|_{2;\Omega}) + |\phi|_{3;\Omega}\} \tag{17.28}$$

其中的 α 和 C 仅依赖 Λ/λ 和 Ω.

作为定理 17.10 (以及引理 17.16 的正则性结果) 的推论, 定理 17.8 的假设 (iii) 中的 $C^{2,\alpha}(\overline{\Omega})$ 空间能够换成 $C^2(\overline{\Omega})$, 只要 $\partial\Omega \in C^3, \phi \in C^3(\overline{\Omega})$. 对于某些方程所必需的二阶导数的估计, 类似于在第 12 章中一阶导数的估计, 可以通过内插来获得. 实际上, 让我们假设下列结构条件: 对于所有非零 $\xi \in \mathbb{R}^2, (x, z, p, r) \in \Gamma$,

$$\begin{aligned} & 0 < \lambda|\xi|^2 \leqslant F_{ij}(x, z, p, r)\xi_i\xi_j \leqslant \Lambda|\xi|^2, \\ & |F_p, F_z(x, z, p, r)| \leqslant \mu\lambda, \\ & |F_x(x, z, p, r)| \leqslant \mu\lambda(1 + |p| + |r|), \end{aligned} \tag{17.29}$$

其中的 λ 是 $|z|$ 的非减函数, 而 Λ 和 μ 是 $|z|$ 的非增函数. 则估计 (17.25) 和 (17.28) 当 $\lambda = \lambda(M), \Lambda = \Lambda(M), \mu = \mu(M)$ 时是有效的, 其中的 $M = |u|_{0;\Omega}$. 因此, 借助引理 6.32 和 6.35 中的内插不等式, 我们能够通过 M 估计范数 $|u|^*_{2,\alpha;\Omega}, |u|_{2,\alpha;\Omega}$.

定理 17.11　*设 $u \in C^3(\Omega)$ 满足在 $\Omega \subset \mathbb{R}^2$ 内 $F[u]=0$, 并且假设结构条件 (17.29) 成立. 则有内部估计*

$$|u|^*_{2,\alpha;\Omega} \leqslant C, \tag{17.30}$$

其中 $\alpha > 0$ 仅依赖 Λ/λ, 而 C 依赖 $\Lambda/\lambda, \mu$ 和 $|u|_{0;\Omega}$. 此外, 如果 $u \in C^3(\overline{\Omega}), \partial\Omega \in C^3$, 并且在 $\partial\Omega$ 上 $u = \phi, \phi \in C^3(\overline{\Omega})$, 我们有全局估计

$$|u|_{2,\alpha;\Omega} \leqslant C, \tag{17.31}$$

其中 $\alpha > 0$ 依赖 Λ/λ 和 Ω, 而 C 依赖 $\Lambda/\lambda, \mu, \Omega$ 和 $|u|_{0;\Omega}$.

这里我们注意到, 定理 17.8, 17.9 和 17.10 的假设能够减弱, 以致允许 $F \in C^{0,1}(\Gamma), u \leqslant W^{3,2}(\Omega)$ 和 $\phi \in W^{3,2}(\Omega) \cap C^{2,\beta}(\overline{\Omega})$ (此时结构条件 (17.24), (17.28) 分别在 Ω, Γ 几乎处处成立). 方程 (17.1) 的微分借助链式法则 (定理 7.8) 的推广而得以施行. 结构条件 (17.29) 也可以减弱到对应于对于拟线性方程的自然条件 (参见评注).

通过组合定理 17.3, 17.8 和 17.11, 我们得到对于 Dirichlet 问题的存在性定理.

定理 17.12　*设 Ω 是 $\mathbb{R}^2$ 内的一个有界区域, 其边界 $\partial\Omega \in C^3$, 又设 $\phi \in C^3(\overline{\Omega})$. 假定算子 F 满足条件在 Γ 内 $F_z \leqslant 0$, 还满足结构条件 (17.29). 则古典 Dirichlet 问题: 在 Ω 内 $F[u]=0$, 在 $\partial\Omega$ 上 $u=\phi$ 是唯一可解的, 并且对于所有 $0<\alpha<1$, 解 $u \in C^{2,\alpha}(\overline{\Omega})$.*

我们指出为了直接应用定理 17.8, 我们需要更光滑的 F; 定理 17.12 的完善通过 F 的逼近和估计 (17.31) 得以实现. 类似的逼近还得到 17.5 节所研究的 Bellman-Pucci 型方程的存在性定理.

17.4.　对于二阶导数的 Hölder 估计

本节我们推导对于完全非线性方程的解的二阶导数的 Hölder 估计, 关键的假设是函数 F 是变量 r 的凹 (或凸) 函数. 这个限制, 在前一节的两个变量的情形不是必需的, 足够让我们处理 Monge-Ampère 和 Bellman-Pucci 型方程. 为了举例说明方法的主要特征, 我们首先考虑特殊形式的方程

$$F(D^2u) = g, \tag{17.32}$$

其中的 $F \in C^2(\mathbb{R}^{n\times n})$,$g \in C^2(\Omega)$, 而 $u \in C^4(\Omega)$. 我们假定

(i) F 相对于 u 是严格椭圆型的, 于是存在正的常数 λ 和 Λ, 使得对于所有 $\xi \in \mathbb{R}^n$,

$$\lambda|\xi|^2 \leqslant F_{ij}(D^2u)\xi_i\xi_j \leqslant \Lambda|\xi|^2; \tag{17.33}$$

(ii) F 相对于 u 是凹的, 其意义是 F 在 D^2u 的值域上是一个凹函数.

设 γ 是 $\mathbb{R}^n$ 内的任意的单位向量, 在方向 γ 微分方程 (17.32) 两次我们就得到

$$\begin{aligned} &F_{ij}D_{ij\gamma}u = D_\gamma g, \\ &F_{ij}D_{ij\gamma\gamma}u + F_{ij,kl}D_{ij\gamma}uD_{kl\gamma}u = D_{\gamma\gamma}g, \end{aligned} \tag{17.34}$$

其中的

$$[F_{ij,kl}] = \left[\frac{\partial^2 F}{\partial r_{ij}\partial r_{kl}}\right]$$

根据 F 的凹性是半正定的. 因此函数 $w = D_{\gamma\gamma}u$ 在 Ω 内满足微分不等式

$$F_{ij}D_{ij}w \geqslant D_{\gamma\gamma}g. \tag{17.35}$$

我们现在援引 9.7 节的 Harnack 不等式. 设 B_R 和 B_{2R} 是 Ω 内半径分别为 R 和 $2R$ 的同心球, 对于 $s = 1, 2$ 令

$$M_s = \sup_{B_{sR}} w, \quad m_s = \inf_{B_{sR}} w.$$

对函数 $M_2 - w$ 应用定理 9.22, 我们得到

$$\begin{aligned} \left\{R^{-n}\int_{B_R}(M_2-w)^p\right\}^{1/p} &\leqslant C\{M_2 - M_1 + R\|(D_{\gamma\gamma}g)^-\|_{n;B_{2R}}\} \\ &\leqslant C\{M_2 - M_1 + R^2|D^2g|_{0;\Omega}\}. \end{aligned} \tag{17.36}$$

为了从 (17.36) 推导出一个 Hölder 估计, 我们需要一个 $-w$ 的对应的不等式, 通过把 (17.32) 考虑为在 u 的二阶导数之间的一个函数关系得到这样的不等式. 作为开始, 再次利用 F 的凹性, 对于任意 $x, y \in \Omega$ 我们有

$$\begin{aligned} F_{ij}(D^2u(y))(D_{ij}u(x) - D_{ij}u(y)) &\geqslant F(D^2u(x)) - F(D^2u(y)) \\ &= g(x) - g(y). \end{aligned} \tag{17.37}$$

现在我们借助下列矩阵结果 (取自 [MW]) 获得 u 的纯二阶导数之间的一个关系.

引理 17.13　设 $0<\lambda<\Lambda$, 用 $S[\lambda,\Lambda]$ 表示其特征值位于区间 $[\lambda,\Lambda]$ 的 $\mathbb{R}^{n\times n}$ 内的正定矩阵的集. 则存在仅依赖 n,λ 和 Λ 的单位向量 $\gamma_1,\dots,\gamma_N\in\mathbb{R}^n$ 和正数 $\lambda^*<\Lambda^*$, 使得任何矩阵 $\mathscr{A}=[a^{ij}]\in S[\lambda,\Lambda]$ 能够写成形式

$$\mathscr{A}=\sum_{k=1}^{N}\beta_k\gamma_k\otimes\gamma_k,\quad 即\ a^{ij}=\sum_{k=1}^{N}\beta_k\gamma_{ki}\gamma_{kj},\tag{17.38}$$

其中 $\lambda^*\leqslant\beta_k\leqslant\Lambda^*, k=1,\dots,n$. 此外, 可以使选择的方向 $\gamma_1,\dots,\gamma_N$ 包含坐标轴方向 $e_i, i=1,\dots,n$ 以及方向 $(1/\sqrt{2})(e_i\pm e_j), i<j, i,j=1,\dots,n$.

引理 17.13 的证明推迟到本节末尾. 把引理 17.13 应用到矩阵 F_{ij}, 从 (17.37) 我们得到不等式

$$\sum_{k=1}^{N}\beta_k(w_k(y)-w_k(x))\leqslant g(y)-g(x),\tag{17.39}$$

其中 $w_k=D_{\gamma_k\gamma_k}u, \beta_k=\beta_k(y)$ 满足

$$0<\lambda^*\leqslant\beta_k\leqslant\Lambda^*,$$

向量 $\gamma_1,\dots,\gamma_N$ 和数 λ^*,Λ^* 仅依赖 n,λ 和 Λ. 令

$$M_{sk}=\sup_{B_{sR}}w_k,\quad m_{sk}=\inf_{B_{sR}}w_k,\quad s=1,2;k=1,\dots,N,$$

则有每一个函数 w_k 满足 (17.36), 对于每个固定的 l, 在 $k\neq l$ 上求和, 并且利用 L^p 范数的三角不等式, 我们得到

$$\begin{aligned}\left\{R^{-n}\int_{B_R}\left[\sum_{k\neq l}(M_{2k}-w_k)\right]^p\right\}^{1/p}&\leqslant N^{1/p}\sum_{k\neq l}\left\{R^{-n}\int_{B_R}(M_{2k}-w_k)^p\right\}^{1/p}\\&\leqslant C\left\{\sum_{k\neq l}(M_{2k}-M_{1k})+R^2|D^2g|_{0;\Omega}\right\}\\&\leqslant C\{\omega(2R)-\omega(R)+R^2|D^2g|_{0;\Omega}\},\end{aligned}$$

其中对于 $s=1,2$,

$$\omega(sR)=\sum_{k=1}^{N}\underset{B_{sR}}{\operatorname{osc}}\,w_k=\sum_{k=1}^{N}(M_{sk}-m_{sk}).$$

根据 (17.39), 对于 $x\in B_{2R}, y\in B_R$ 我们有

$$\beta_l(w_l(y)-w_l(x))\leqslant g(y)-g(x)+\sum_{k\neq l}\beta_k(w_k(x)-w_k(y)),$$

于是有

$$w_l(y) - m_{2k} \leqslant \frac{1}{\lambda^*}\left\{3R|Dg|_{0;\Omega} + \Lambda^* \sum_{k\neq l}(M_{2k} - w_k)\right\};$$

因此,

$$\begin{aligned}&\left\{R^{-n}\int_{B_R}(w_l - m_{2l})^p\right\}^{1/p} \\ &\leqslant C\{\omega(2R) - \omega(R) + R|Dg|_{0;\Omega} + R^2|D^2 g|_{2;\Omega}\},\end{aligned} \tag{17.40}$$

其中的 C 仍然仅依赖 n, λ, Λ. 在 (17.36) 中令 $w = w_l$, 加到 (17.40) 上, 并且对 $l = 1, \ldots, N$ 求和, 我们就得到

$$\omega(2R) \leqslant C\{\omega(2R) - \omega(R) + R|Dg|_{0;\Omega} + R^2|D^2 g|_{0;\Omega}\},$$

因此对于 $\delta = 1 - 1/C$ 有

$$\omega(R) \leqslant \delta\omega(2R) + R|Dg|_{0;\Omega} + R^2|D^2 g|_{0;\Omega}.$$

对于函数 $w_k(k = 1, \ldots, N)$ 的 Hölder 估计现在从引理 8.23 推出, 利用引理 17.13 的结论的后面部分的断言, 我们得到 D^2u 的 Hölder 估计: 对于任何球 $B_{R_0} \subset \Omega$ 和 $R \leqslant R_0$,

$$\operatorname*{osc}_{B_R} D^2u \leqslant C\left(\frac{R}{R_0}\right)^\alpha \left\{\operatorname*{osc}_{B_{R_0}} D^2u + R_0|Dg|_{0;\Omega} + R_0^2|D^2g|_{0;\Omega}\right\}, \tag{17.41}$$

其中的 C 和 α 是仅依赖于 n, λ 和 Λ 的常数.

用内部 Hölder 范数, 估计 (17.41) 可以表示成形式

$$|u|^*_{2,\alpha;\Omega} \leqslant C(|u|^*_{2;\Omega} + |g|^*_{2;\Omega}), \tag{17.42}$$

其中的 C 和 α 仅依赖于 n, λ 和 Λ.

我们现在转向一般情形 (17.1) 在 $F \in C^2(\Gamma)$ 时的讨论. 对应于条件 (i) 和 (ii) 我们假定:

(i)′ F 相对于 u 是严格椭圆型的, 于是存在正的常数 λ 和 Λ, 使得对于所有 $\xi \in \mathbb{R}^n$,

$$\lambda|\xi|^2 \leqslant F_{ij}(x, u, Du, D^2u)\xi_i\xi_j \leqslant \Lambda|\xi|^2; \tag{17.43}$$

(ii)′ F 在 D^2u 的值域上相对于 r 是凹的.

我们再一次沿单位向量 γ 的方向微分 (17.1) 两次得到方程

$$
\begin{aligned}
&F_{ij}D_{ij\gamma}u+F_{p_i}D_{i\gamma}u+F_zD_\gamma u+\gamma_iF_{x_i}=0,\\
&F_{ij}D_{ij\gamma\gamma}u+F_{ij,kl}D_{ij\gamma}uD_{kl\gamma}u+2F_{ij,p_k}D_{ij\gamma}uD_{k\gamma}u\\
&\quad+2F_{ij,z}D_{ij\gamma}uD_\gamma u+2\gamma_kF_{ij,x_k}D_{ij\gamma}u+F_{p_i}D_{i\gamma\gamma}u\\
&\quad+F_{p_ip_j}D_{i\gamma}uD_{j\gamma}u+2F_{p_iz}D_{i\gamma}uD_\gamma u+2\gamma_jF_{p_i,x_j}D_{i\gamma}u\\
&\quad+F_zD_{\gamma\gamma}u+F_{zz}(D_\gamma u)^2+2\gamma_iF_{zx_i}D_\gamma u+\gamma_i\gamma_jF_{x_ix_j}=0.
\end{aligned}\tag{17.44}
$$

利用 F 的凹性, 我们得到替换 (17.35) 的微分不等式

$$
F_{ij}D_{ij\gamma\gamma}u\geqslant -A_{ij\gamma}D_{ij\gamma}u-B_\gamma,\tag{17.45}
$$

其中

$$
\begin{aligned}
A_{ij\gamma}&=2F_{ij,p_k}D_{k\gamma}u+2F_{ij,z}D_\gamma u+2\gamma_kF_{ij,x_k}+\gamma_jF_{p_i},\\
B_\gamma&=F_{p_ip_j}D_{i\gamma}uD_{j\gamma}u+2F_{p_i}zD_{i\gamma}uD_\gamma u+2\gamma_jF_{p_i,x_j}D_{i\gamma}u\\
&\quad+F_zD_{\gamma\gamma}u+F_{zz}(D_\gamma u)^2+2\gamma_iF_{zx_i}D_\gamma u+\gamma_i\gamma_jF_{x_ix_j}.
\end{aligned}
$$

(17.45) 中 u 的三阶导数的估计类似于 (定理 13.6 中) Hölder 梯度估计的推导中 u 的二阶导数. 首先我们根据引理 17.13 完整陈述选择向量 $\gamma_1,\dots,\gamma_N$, 并且应用到矩阵 $[F_{ij}]$. 令

$$
\begin{aligned}
M_2&=\sup_\Omega|D^2u|,\\
h_k&=\frac12\left(1+\frac{D_{\gamma_k\gamma_k}u}{1+M_2}\right),\quad k=1,\dots,N
\end{aligned}
$$

(如果有必要, 我们用 Ω 的子区域替换 Ω, 以保证 M_2 的有限性). 从 (17.45) 我们得到

$$
-F_{ij}D_{ij}h_k\leqslant C(A_0|D^3u|+B_0)/(1+M_2),\tag{17.46}
$$

其中的 $C=C(n)$, 而

$$
\begin{aligned}
A_0&=\sup_\Omega\{|F_{rp}||D^2u|+|F_{rz}||Du|+|F_{rx}|+|F_p|\},\\
B_0&=\sup_\Omega\{|F_{pp}||D^2u|^2+|F_{pz}||D^2u||Du|+|F_{px}||D^2u|\\
&\quad+|F_z||D^2u|+|F_{zz}||Du|^2+|F_{zx}||Du|+|F_{xx}|\},
\end{aligned}
$$

其中 $F_{rp}=[F_{ij,p_k}]_{i,j,k=1,\dots,n}$ 等是在 (x,u,Du,D^2u) 取值的. 现在我们用 h_k 乘 (17.46) 并且从 1 至 N 求和则得

$$
\sum_{k=1}^N F_{ij}D_ih_kD_jh_k-\frac12F_{ij}D_{ij}v\leqslant C(A_0|D^3u|+B_0)/(1+M_2),\tag{17.47}
$$

其中

$$v = \sum_{k=1}^{N} (h_k)^2.$$

根据对于 γ_k 的选择, 我们能够估计

$$\begin{aligned} |D^3 u|^2 &= \sum_{i,j,l=1}^{n} |D_{ijl} u|^2 \\ &\leqslant 4(1+M_2)^2 \sum_{k=1}^{N} |Dh_k|^2, \end{aligned}$$

而由椭圆型条件 (17.43),

$$\sum_{k=1}^{N} F_{ij} D_i h_k D_j h_k \geqslant \lambda \sum_{k=1}^{N} |Dh_k|^2.$$

因此, 对于 $\varepsilon \in (0,1)$, 令

$$w = w_k = h_k + \varepsilon v, \quad k = 1, \ldots, N,$$

组合 (17.46) 和 (17.47),

$$\varepsilon\lambda \sum_{k=1}^{N} |Dh_k|^2 - \frac{1}{2} F_{ij} D_{ij} w \leqslant C \left\{ A_0 \left(\sum_{1}^{N} |Dh_k|^2 \right)^{1/2} + \frac{B_0}{1+M_2} \right\};$$

利用 Cauchy 不等式由此即得

$$F_{ij} D_{ij} w \geqslant -\lambda \overline{\mu}, \tag{17.48}$$

其中

$$\overline{\mu} = \frac{C(n)}{\lambda} \left(\frac{A_0^2}{\lambda\varepsilon} + \frac{B_0}{1+M_2} \right).$$

我们现在准备好了再次应用 Harnack 不等式 (定理 9.22). 设 B_R 和 B_{2R} 是在 $\Omega' \subset\subset \Omega$ 内的同心球, 并且对于 $s = 1, 2, k = 1, \ldots, N$, 引入记号

$$\begin{aligned} W_{ks} &= \sup_{B_{sR}} w, \\ M_{ks} &= \sup_{B_{sR}} h_k, \\ m_{ks} &= \inf_{B_{sR}} h_k, \\ \omega(sR) &= \sum_{k=1}^{N} \operatorname*{osc}_{B_{sR}} h_k = \sum_{k=1}^{N} (M_{ks} - m_{ks}). \end{aligned}$$

对函数 $W_{k2}-w_k$ 应用定理 9.22 即得

$$\Phi_{p,R}(W_{k2}-w_k)\equiv\left\{\frac{1}{|B_R|}\int_{B_R}(W_{k2}-w_k)^p\right\}^{1/p}\leqslant C\{W_{k2}-W_{k1}+\overline{\mu}R^2\}, \quad (17.49)$$

其中的 p 和 C 是仅依赖 n 和 Λ/λ 的正的常数. 利用不等式

$$W_{k2}-w_k\geqslant M_{k2}-h_k-2\varepsilon\omega(2R),$$
$$W_{k2}-w_{k1}\leqslant M_{k2}-M_{k1}+2\varepsilon\omega(2R),$$

我们能够从 (17.49) 推出对于函数 h_k 的类似的不等式; 正是

$$\Phi_{p,R}(M_{k2}-h_k)\leqslant C\{M_{k2}-M_{k1}+\varepsilon\omega(2R)+\overline{\mu}R^2\}. \quad (17.49)'$$

固定某个 l, 对于 $k\neq l$ 求和即得

$$\begin{aligned}\Phi_{p,r}\left(\sum_{k\neq l}(M_{k2}-h_k)\right)&\leqslant N^{1/p}\sum_{k\neq l}(M_{k2}-h_k) \quad (17.50)\\&\leqslant C\{(1+\varepsilon)\omega(2R)-\omega(R)+\overline{\mu}R^2\},\end{aligned}$$

其中跟前面一样 $C=C(n,\Lambda/\lambda)$. 为了补偿对于函数 $-h_k$ 没有对应于 (17.48) 的不等式这一不足, 我们再次求助于方程 (17.1), 于是利用 F 的凹性 (条件 (ii)′), 我们有

$$\begin{aligned}&F_{ij}(y,u(y),Du(y),D^2u(y))(D_{ij}u(y)-D_{ij}u(x))\\&\leqslant F(y,u(y),Du(y),D^2u(x))-F(y,u(y),Du(y),D^2u(y))\\&=F(y,u(y),Du(y),D^2u(x))-F(x,u(x),Du(x),D^2u(x))\\&\leqslant D_0|x-y|,\end{aligned}$$

其中

$$\begin{aligned}D_0=\sup_{x,y\in\Omega}\{&|F_x(y,u(y),Du(y),D^2u(x))|\\&+|F_z(y,u(y),Du(y),D^2u(x))||Du(y)|\\&+|F_p(y,u(y),Du(y),D^2u(x))||D^2u(y)|\}.\end{aligned}$$

现在根据引理 17.13 和 γ_k 的选择,

$$\begin{aligned}&F_{ij}(y,u(y),Du(y),D^2u(y))(D_{ij}u(y)-D_{ij}u(x))\\&=\sum_{k=1}^N\beta_k(y)(D_{\gamma_k\gamma_k}u(y)-D_{\gamma_k\gamma_k}u(x))\\&=2(1+M_2)\sum_{k=1}^N\beta_k(h_k(y)-h_k(x)),\end{aligned}$$

其中

$$0 < \lambda^* \leqslant \beta_k \leqslant \Lambda^*, \quad k = 1, \ldots, N,$$

并且 $\lambda^*/\lambda, \Lambda^*/\lambda$ 仅依赖 n 和 Λ/λ. 因此, 对于 $x \in B_{2R}, y \in B_R$,

$$\sum_{k=1}^{N} \beta_k(h_k(y) - h_k(x)) \leqslant C\lambda\widetilde{\mu}R,$$

其中

$$\widetilde{\mu} = \frac{D_0}{\lambda(1 + M_2)};$$

故对于固定的 l,

$$\begin{aligned} h_l(y) - m_{l2} &\leqslant \frac{1}{\lambda^*}\left\{C\lambda\widetilde{\mu}R + \Lambda^* \sum_{k \neq l}(M_{k2} - h_k(y))\right\} \\ &\leqslant C\left\{\widetilde{\mu}R + \sum_{k \neq l}(M_{k2} - h_k(y))\right\}, \end{aligned}$$

其中 $C = C(n, \Lambda/\lambda)$. 因此根据 (17.50), 对于 $l = 1, \ldots, N$,

$$\phi_{p,R}(h_l - m_{l2}) \leqslant C\{(1 + \varepsilon)\omega(2R) - \omega(R) + \overline{\mu}R + \overline{\mu}R^2\},$$

其中 $C = C(n, \Lambda/\lambda)$. 把 $l = k$ 时的上述不等式和 $(17.49)'$ 相加, 再对于 k 求和, 我们就得到

$$\omega(2R) \leqslant C\{(1 + \varepsilon)\omega(2R) - \omega(R) + \widetilde{\mu}R + \overline{\mu}R^2\};$$

因此当 $\delta = 1 - 1/C$ 时有

$$\omega(R) \leqslant \delta\omega(2R) + C\{\varepsilon\omega(2R) + \widetilde{\mu}R + \overline{\mu}R^2\}.$$

最后选定 $\varepsilon = (1 - \delta)/2C$ 我们又得到振幅估计

$$\omega(R) \leqslant \overline{\delta}\omega(2R) + C(\widetilde{\mu}R + \overline{\mu}R^2),$$

其中 $0 < \overline{\delta} < 1$, 并且 $\overline{\delta}, C$ 仅依赖 n 和 Λ/λ. 所希望的 Hölder 估计现在直接从引理 8.23 推出. 即对于任意球 $B_{R_0} \subset \Omega' \subset\subset \Omega$ 和 $R \leqslant R_0$, 我们有

$$\operatorname*{osc}_{B_R} D^2u \leqslant C\left(\frac{R}{R_0}\right)^{\alpha}(1 + M_2)(1 + \widetilde{\mu}R_0 + \overline{\mu}R_0^2), \tag{17.51}$$

其中 C 和 α 是仅依赖 n 和 Λ/λ 的正的常数. 所得到的内部估计确切地阐述在以下定理中.

定理 17.14　设 $u \in C^4(\Omega)$ 在 Ω 内满足 $F[u]=0$, 其中 $F \in C^2(\Gamma), F$ 相对于 u 是椭圆型的并且满足 (i)′ 和 (ii)′. 则对于任意 $\Omega' \subset\subset \Omega$, 我们有

$$[D^2u]_{\alpha;\Omega'} \leqslant C, \tag{17.52}$$

其中 α 仅依赖于 n, λ 和 Λ, 而 C 此外还依赖 $|u|_{2;\Omega}, \operatorname{dist}(\Omega', \partial\Omega)$ 和 F 的除 F_{rr} 之外的二阶导数.

估计 (17.52) 的更明晰的形式由 (17.51) 提供, 它明确呈现了常数 C 对于 $|u|_{2;\Omega}$ 和 F 的导数的依赖关系. 在关于 F 的凹性的进一步的假设之下, 在 (17.46) 中的许多项可以去掉. 举例说, 当 F 对于 z, p 和 r 是联合凹的, 我们可以在 (17.45) 中取

$$\begin{aligned} A_{ij\gamma} &= 2\gamma_k F_{ij,x_k} + \gamma_j F_{p_i}, \\ B_\gamma &= 2\gamma_j F_{p_i,x_j} D_{i\gamma}u + F_z D_{\gamma\gamma}u + 2\gamma_i F_{z,x_i} D_\gamma u + \gamma_i\gamma_j F_{x_ix_j}, \end{aligned}$$

随之在 (17.46) 中取

$$\begin{aligned} A_0 &= \sup_\Omega\{|F_{rx}| + |F_p|\}, \\ B_0 &= \sup_\Omega\{|F_{px}||D^2u| + |F_z||D^2u| + |F_{zx}||Du| + |F_{xx}|\}. \end{aligned}$$

故在下列结构条件下: 对于所有非零 $\xi \in \mathbb{R}^n, (x,z,p,r) \in \Gamma$,

$$\begin{aligned} &0 < \lambda|\xi|^2 \leqslant F_{ij}(x,z,p,r)\xi_i\xi_j \leqslant \Lambda|\xi|^2 \\ &|F_p|, |F_z|, |F_{rx}|, |F_{px}|, |F_{zx}| \leqslant \mu\lambda, \\ &|F_x|, |F_{xx}| \leqslant \mu\lambda(1+|p|+|r|), \end{aligned} \tag{17.53}$$

其中 λ 是 $|z|$ 的非增函数, 而 Λ 和 μ 是 $|z|$ 的非减函数, 我们可以从 (17.51) 推导出推广 (17.42) 的内部估计

$$|u|^*_{2,\alpha} \leqslant C(1+|u|^*_2),$$

其中 α 仅依赖 $n, \Lambda/\lambda$, 而 C 此外还依赖 μ, $\operatorname{diam}\Omega$. 借助内部内插不等式 (引理 6.32), 我们就得到下列内部估计.

定理 17.15　设 $u \in C^4(\Omega)$ 在 $\Omega \subset \mathbb{R}^n$ 内满足 $F[u]=0$, 假定 F 相对于 z, p, r 是凹的 (凸的), 并且满足结构条件 (17.53). 则有内部估计

$$|u|^*_{2,\alpha;\Omega} \leqslant C, \tag{17.54}$$

其中 $\alpha > 0$ 仅依赖于 n 和 $\Lambda(M)/\lambda(M), C$ 此外还依赖 $\mu(M), \operatorname{diam}\Omega$, 其中的 $M = |u|_{0;\Omega}$.

我们指出估计 (17.54) 实际上能够在对应拟线性方程的自然条件的更一般的假设之下被证明 (参见评注). 我们以引理 17.13 的证明结束本节.

引理 17.13 的证明 用 $\mathbb{R}_+^{n\times n}$ 表示 $\mathbb{R}^{n\times n}$ 中的正定矩阵的锥, 我们可以把任何 $\mathscr{A}\in\mathbb{R}_+^{n\times n}$ 表示成形式

$$\mathscr{A}=\sum_{k=1}^{n'}\gamma_k\otimes\gamma_k, \tag{17.55}$$

其中 $n'=n(n+1)/2=\dim\mathbb{R}^{n\times n}, \gamma_k\in\mathbb{R}^n, k=1,\ldots,n'$, 而双向量矩阵 $\gamma_k\otimes\gamma_k=[\gamma_{k_i}\gamma_{k_j}]$ 是线性无关的. 为了确信这一事实, 我们注意到 $\mathbb{R}_+^{n\times n}$ 中的任何两个矩阵是合同的, 特别地说, 每个 $\mathscr{A}\in\mathbb{R}_+^{n\times n}$ 合同于矩阵 $\mathscr{A}_0$, 其对角和非对角元素分别是 n 和 1, 即

$$\mathscr{A}_0=\sum_{i=1}^{n}e_i\otimes e_i+\sum_{\substack{i,j=1\\ i<j}}^{n}(e_i+e_j)\otimes(e_i+e_j),$$

于是 (17.55) 通过适当的基变换推出. 因此形式为

$$U(\gamma_1,\ldots,\gamma_{n'})=\left\{\sum_{k=1}^{n'}\beta_k\gamma_k\otimes\gamma_k|\beta_k>0,k=1,\ldots,n'\right\}$$

(其中 $\gamma_k\otimes\gamma_k$ 是线性无关的) 的集合的族形成 $S(\lambda,\Lambda)\subset\mathbb{R}_+^{n\times n}$ 的一个开覆盖, 因为 $S(\lambda,\Lambda)$ 是紧的, 所以存在一个有限子覆盖. 相应地, 存在单位向量的一个仅依赖 λ,Λ 和 n 的有限集 $\gamma_1,\ldots,\gamma_N$, 使得 $\mathscr{A}\in S(\lambda,\Lambda)$ 可以写成

$$\mathscr{A}=\sum_{k=1}^{N}\beta_k\gamma_k\otimes\gamma_k,$$

其中 $\beta_k\geqslant 0$. 为了得到引理的断言, 我们注意到, 一开始我们就能够应用上面的程序到矩阵

$$\mathscr{A}-\lambda^*\sum_{k=1}^{N}\gamma_k\otimes\gamma_k\in S(\lambda/2,\Lambda),$$

其中的 λ^* 足够小 ($\lambda^*=\lambda/2N$ 就够了). 注意我们能够取 $\Lambda^*=\Lambda$. 一个类似的考虑表明任何特殊的单位向量集都可以包含在诸 γ_k 之中. □

17.5. 一致椭圆型方程的 Dirichlet 问题

在这一节我们阐明前一节的内部估计事实上足够证明一致椭圆型方程的某些类型的 Dirichlet 问题的可解性, 其中包括 Bellman-Pucci 型. 因为这些估计是

对于 C^4 解建立的, 我们首先需要一个正则性结果, 它关联到定理 17.8 所申明的连续性方法的假设.

引理 17.16　设 $u \in C^2(\Omega)$ 在 Ω 内满足 $F[u]=0$, 其中的 F 相对于 u 是椭圆型的. 若 $F \in C^k(\Gamma), k \geqslant 1$, 则对于所有 $p<\infty$ 我们有 $u \in W_{\mathrm{loc}}^{k+2,p}(\Omega)$; 若 $F \in C^{k,\alpha}(\Gamma), 0<\alpha<1$, 则我们有 $u \in C^{k+2,p}(\Omega)$.

证明　我们利用类似于定理 6.17 证明的差商推理. 我们固定一个坐标向量 $e_i, 1 \leqslant i \leqslant n$, 并且引入记号

$$
\begin{aligned}
v(x) &= u(x+he_l), \quad h \in \mathbb{R} \\
w &= \Delta_l^h u = \frac{1}{h}(u-v), \\
u_\theta &= \theta u + (1-\theta)v, \quad 0 \leqslant \theta \leqslant 1, \\
a^{ij}(x) &= \int_0^1 F_{ij}(x+\theta h, u_\theta, Du_\theta, D^2u_\theta)d\theta, \\
b^i(x) &= \int_0^1 F_{p_i}(x+\theta h, u_\theta, Du_\theta, D^2u_\theta)d\theta, \\
c(x) &= \int_0^1 F_z(x+\theta h, u_\theta, Du_\theta, D^2u_\theta)d\theta, \\
f(x) &= \int_0^1 F_{x_l}(x+\theta h, u_\theta, Du_\theta, D^2u_\theta)d\theta.
\end{aligned}
$$

如果我们固定一个子区域 $\Omega' \subset\subset \Omega$, 并且取充分小的 h, 差商将在 Ω' 内满足线性方程

$$
Lw = a^{ij}D_{ij}w + b^iD_iw + cw = -f, \tag{17.56}
$$

这个方程还是椭圆型的, 具有在 Ω' 内一致连续的系数. 内部 L^p 估计 (定理 9.11) 则带来对于 $\|D^2w\|_{p;\Omega''}$ 的不依赖 h 的界, 其中 $\Omega'' \subset\subset \Omega'$, 因此根据引理 7.24 我们得出对于任意 $p<\infty$ 有 $u \in W_{\mathrm{loc}}^{3,p}(\Omega)$ 的结论. 进而由 Sobolev 嵌入定理推出对于所有 $\alpha<1$ 有 $u \in C^{2,\alpha}(\Omega)$. 因此, 如果对于某个 $\alpha \in (0,1)$ 有 $F \in C^{1,\alpha}(\Gamma)$, 我们就可以把 Schauder 正则性结果 (定理 6.17) 用到方程 (17.56) 上, 从而得到 $u \in C^{3,\alpha}(\Omega)$. 注意如果一开始我们假定: 对于某个 $\beta>0, u \in C^{2,\beta}(\Omega)$, 就不需要利用 L^p 理论来得到这个结果. 就此证明了当 $k=1$ 时的引理 17.16. 进一步的正则性通过直接迭代或自助过程推出. □

借助引理 17.16 我们确信 17.3 和 17.4 节的估计对于 (17.1) 的 $C^2(\Omega)$ 解将会成立. 在 17.4 节的情形, 我们将注意到对于给出的证明 $u \in W_{\mathrm{loc}}^{4,n}(\Omega)$ 就足够了. 为了克服全局 $C^{2,\alpha}(\overline{\Omega})$ 估计的缺失, 我们在边界 $\partial\Omega$ 附近如下修改函数 F. 设 $\{\eta_m\}$ 是在 Ω 内满足 $0 \leqslant \eta \leqslant 1$ 的 $C_0^2(\Omega)$ 中的函数序列, 当 $d(x,\partial\Omega) \geqslant 1/m$

时 $\eta_m(x)=1$, 代替 F 我们考虑由

$$F_m[u]=\eta_m F[u]+(1-\eta_m)\Delta u \tag{17.57}$$

给定的算子 F_m. 如果 F 满足定理 17.14 和 17.15 的假设, 那么 F_m 也满足, 只是结构常数可能依赖 η_m. 由此我们得到方程 $F_m[u]=0$ 的解的内部 $C^{2,\alpha}(\Omega)$ 估计, 其形式类似于定理 17.14 和 17.15 所给的估计. 但是在 $\partial\Omega$ 附近 $F_m[u]=\Delta u$, 故对于适当光滑的边界数据, $\partial\Omega$ 附近的 $C^{2,\alpha}(\Omega)$ 估计从 Schauder 理论特别是引理 6.5 推出. 通过这个程序我们现在能够建立以下存在性结果.

定理 17.17 设 Ω 是 $\mathbb{R}^n$ 内的有界区域, 在其每一个边界点满足外球条件, 假定函数 $F\in C^2(\Gamma)$ 相对于 z,p,r 是凹的 (或凸的), 相对于 z 是非增的, 并且满足结构条件 (17.53). 那么, 古典 Dirichlet 问题: 在 Ω 内 $F[u]=0$, 在 $\partial\Omega$ 上 $u=\phi$, 在 $C^2(\Omega)\cap C^0(\overline{\Omega})$ 内对于任何 $\phi\in C^0(\partial\Omega)$ 是唯一可解的.

证明 首先考虑光滑边界数据的情形, 即对于某个 $0<\beta<1, \partial\Omega\in C^{2,\beta}, \phi\in C^{2,\beta}(\overline{\Omega})$. 鉴于定理之前的讨论, 我们考虑逼近 Dirichlet 问题

$$\text{在 } \Omega \text{ 内 } F_m[u]=0, \quad \text{在 } \partial\Omega \text{ 上 } u=\phi, \tag{17.58}$$

其中的 F_m 由 (17.57) 给定. 为了运用连续性方法 (定理 17.8), 我们需要对于某个 $\alpha>0$ 对于问题

$$\text{在 } \Omega \text{ 内 } F_m[u]-tF_m[\phi]=0, \quad \text{在 } \partial\Omega \text{ 上 } u=\phi, \quad 0\leqslant t\leqslant 1 \tag{17.59}$$

在 $C^{2,\alpha}(\overline{\Omega})$ 中的解的先验估计. 现在方程 (17.59) 仍然关于 t 一致地满足定理 17.14 的假设; 因此, 对于任意解 $u\in C^{2,\beta}(\overline{\Omega})$ 和 $\Omega'\subset\subset\Omega$ 有估计

$$|u|_{2,\alpha;\Omega'}\leqslant C,$$

其中的 α 仅依赖 $n,\lambda(M),\Lambda(M)$, 而 C 除这些之外还依赖 $\mu(M),\Omega,\Omega',\phi,\eta_m$ 和 $M=|u|_{0;\Omega}$. 因为在 $\partial\Omega$ 附近 $F_m[u]=\Delta u$, 所以根据引理 6.5 得到当 $\Omega'=\Omega$ 时的相应的全局估计, 此时 C 此外还依赖 $\partial\Omega$ 和 β. 跟着我们观察到条件 $F_z\leqslant 0$ 结合 (17.53) 蕴涵 (17.11), 那里的 $\mu_1=\mu_2=\mu(0)$, 于是根据定理 17.3, $M=|u|_{0;\Omega}$ 关于 t 和 m 是一致有界的. 因此, 根据定理 17.8, 我们得到 Dirichlet 问题 (17.58) 的唯一解 $u=u_m\in C^{2,\beta}(\overline{\Omega})$ 的存在性. 因为对于 $\operatorname{dist}(x,\partial\Omega)\geqslant 1/m$ 的点有 $F_m[u]=F[u]$, 由内部估计 (定理 17.15) 我们得到 $\{u_m\}$ 的一个子序列 (连同其一阶和二阶导数) 到在 Ω 内方程 $F[u]=0$ 的一个解 $u\in C^{2,\beta}(\Omega)$ 的 (在 Ω 的一个紧子集上的一致) 收敛性. 但是鉴于表达式 (17.10), 对于拟线性方程的闸函数考虑, 特别是定理 14.15, 可以应用到 Dirichlet 问题 (17.58), 作为结果我们得到

$u \in C^{0,1}(\Omega)$, 并且在 $\partial\Omega$ 上 $u = \phi$. 到连续的 ϕ 和满足外部球条件的区域 Ω 的推广类似地推出. □

通过逼近, 定理 17.17 中的条件 $F \in C^2(\Gamma)$ 能够减弱, 使得出现在结构条件 (17.53) 的导数仅需要在弱的意义下存在 (参见习题 17.4). 此外, 稍微推广上述论证即可涵盖一致椭圆型 Bellman 方程 (17.8). 事实上必要的修改能够更一般地予以说明. 设 $F^1, \ldots, F^m$ 是形式如 (17.1) 的算子, 又设 $G \in C^2(\mathbb{R}^m)$ 是一个凹函数, 其导数对于某个常数 K 满足

$$1 \leqslant \sum_{\nu=1}^{m} D_\nu G \leqslant K. \tag{17.60}$$

现在用

$$F[u] = G(F^1[u], \ldots, F^m[u]).$$

定义另一个算子 F. 如果 $u \in C^4(\Omega)$, 并且 $F^1, \ldots, F^m$ 都满足定理 17.14 的假设 (i)′ 和 (ii)′, 通过微分, 替换 (17.44), 我们得到的是

$$\begin{aligned}
&\sum_{\nu=1}^{m} D_\nu G D_\gamma F^\nu = 0, \\
&\sum_{\nu=1}^{m} D_\nu G D_{\gamma\gamma} F^\nu + \sum_{\nu,\tau=1}^{m} D_{\nu\tau} G D_\gamma F^\nu D_\gamma F^\tau = 0,
\end{aligned}$$

于是利用 G 的凹性, 我们有

$$\sum_{\nu=1}^{m} D_\nu G D_{\gamma\gamma} F^\nu \geqslant 0.$$

因此, 17.4 节的对于导数 DF, D^2F 进行的分析分别换成对于 $\sum_{\nu=1}^{m} D_\nu G DF^\nu$, $\sum_{\nu=1}^{m} D_\nu G D^2 F^\nu$ 进行的分析. 利用 (17.60) 我们特别地得到定理 17.14 的估计适用于算子 F, 只要算子 $F_\nu, \nu = 1, \ldots, m$, 满足结构假设, 而 Λ 和 μ 分别用 $K\Lambda, K\mu$ 替换. 存在性结果 (定理 17.17) 类似地得以推广. Bellman-Pucci 型方程则能够通过逼近来处理. 具体地说就是, 对于 $y \in \mathbb{R}^m$ 定义

$$G_0(y) = \inf_{\nu=1,\ldots,m} y_\nu.$$

对于 $h > 0$, 令 G_h 是由

$$G_h(y) = h^{-n} \int_{R^m} \rho\left(\frac{y - \overline{y}}{h}\right) G_0(\overline{y}) d\overline{y}$$

给定的 G_0 的光滑化, 其中 ρ 是 $\mathbb{R}^m$ 上的光滑核. 因为 G_0 是凹的, 容易推出 G_h 也是凹的. 再者我们有

$$\sum_{\nu=1}^{m} D_\nu G_h = 1,$$

故 (17.60) 当 $K=1$ 时成立. 于是如果 $F^1,\ldots,F^m,\Omega$ 和 ϕ 满足定理 17.17 的假设, 古典 Dirichlet 问题:

$$\text{在 } \Omega \text{ 内 } F[u] = G_h(F^1[u],\ldots,F^m[u]) = 0, \quad \text{在 } \partial\Omega \text{ 上 } u=\phi$$

是唯一可解的, 其解 $u=u_h$ 满足估计

$$|u|^*_{2,\alpha;\Omega} \leqslant C,$$

其中的 α 和 C 仅依赖 $n,\lambda,\Lambda,\mu,\phi$ 和 Ω, 还满足在 $\partial\Omega$ 上的依赖同样的量的连续模估计. 通过逼近, 所得结果推广到极限情形 $h=0$, 因为上面的估计不依赖 m, 上述估计也可推广到算子的可数族的情形. 于是我们就有了定理 17.17 的以下推广.

定理 17.18 设 Ω 是 $\mathbb{R}^n$ 内的有界区域, 在其每一个边界点满足外球条件, 假定函数 $F^1,F^2,\ldots\in C^2(\Gamma)$ 关于 z,p,r 是凹的, 相对于 z 是非增的, 并且一致地满足结构条件 (17.53). 那么古典 Dirichlet 问题,

$$\text{在 } \Omega \text{ 内 } F[u] = \inf\{F^1[u],F^2[u],\ldots\} = 0, \quad \text{在 } \partial\Omega \text{ 上 } u=\phi \tag{17.61}$$

在 $C^2(\Omega)\cap C^0(\overline{\Omega})$ 内对于任何 $\phi\in C^0(\partial\Omega)$ 是唯一可解的.

我们注意到定理 17.18 适用于 Bellman 方程 (17.8), 只要指标集 V 是可数的, 并且算子 L_ν 和 f_ν 对于所有 $\xi\in\mathbb{R}^n,\nu\in V$ 满足条件

$$\begin{aligned}&\lambda|\xi|^2 \leqslant a^{ij}_\nu \xi_i\xi_j \leqslant \Lambda|\xi|^2, \qquad (17.62)\\ &|a^{ij}_\nu|_{2;\Omega},|b^i_\nu|_{2;\Omega},|c_\nu|_{2;\Omega},|f_\nu|_{2;\Omega} \leqslant \mu\lambda,\\ &c_\nu \leqslant 0,\end{aligned}$$

其中 λ,Λ 和 μ 是正的常数. 此外显然我们能够允许某种类型的非可数集, 例如一个可分度量空间, 对于每一个 $x\in\Omega$, 在该空间上映射 $\nu\mapsto a^{ij}_\nu(x),b^i_\nu(x),c_\nu(x),f_\nu(x)$ 是连续的. 特别地, 只要 $f\in C^2(\Omega)\cap L^\infty(\Omega)$, 定理 17.18 也涵盖了 Pucci 方程 (17.6).

17.6. Monge-Ampère 方程的二阶导数估计

本节我们的注意力转向形式为

$$\det D^2u = f(x, u, Du) \tag{17.63}$$

的方程. 正如前面所指出的, 方程 (17.63) 仅当 Hesse 矩阵 D^2u 是正定的 (或负定的) 时才是椭圆型的, 因此限制我们的注意力到凸解 u 和正的 f 是顺理成章的. 把方程写成形式

$$F(D^2u) = \log\det D^2u = g(x, u, Du), \tag{17.64}$$

其中 $g = \log f$, 经过计算我们有

$$\begin{aligned} F_{ij} &= u^{ij}, \\ F_{ij,kl} &= -u^{ik}u^{jl} = -F_{ik}F_{jl}, \end{aligned} \tag{17.65}$$

其中的 $[u^{ij}]$ 表示 D^2u 的逆矩阵.F 在 $\mathbb{R}^{n\times n}$ 中的半负定矩阵的锥上是凹的, 方程 (17.64) 在关于任何凸 $C^2(\Omega)$ 解在 Ω 的紧子集上是一致椭圆型的. 如果 $g \in C^2(\Omega\times\mathbb{R}\times\mathbb{R}^n)$, 我们就能够应用 17.4 节的结果以便得到对于解的二阶导数内部 Hölder 估计, 随之当 g 适当光滑时通过引理 17.16 得到高阶的估计. 我们现在考虑问题对于解的二阶导数的内部和全局估计的问题, 所用的方法让我们回想起第 15 章中对于非一致椭圆型方程的梯度估计的处理.

首先让我们指出从方程 (17.44) 我们得知 (17.64) 的解的任何纯二阶导数 $D_{\gamma\gamma}u$ 满足方程

$$F_{ij}D_{ij\gamma\gamma}u = F_{ik}F_{jl}D_{ij\gamma}uD_{kl\gamma}u + D_{\gamma\gamma}g, \tag{17.66}$$

又因为 u 是凸的, 我们还有 $D_{\gamma\gamma}u > 0$. 为了估计 $D_{\gamma\gamma}u$, 我们取正的函数 $\eta \in C^2(\Omega), h \in C^2(\mathbb{R}^n)$, 令

$$w = \eta h(Du)D_{\gamma\gamma}u,$$

则有

$$\begin{aligned} \frac{D_iw}{w} &= \frac{D_i\eta}{\eta} + (\log h)_{p_k}D_{ik}u + \frac{D_{i\gamma\gamma}u}{D_{\gamma\gamma}u}, \\ \frac{D_{ij}w}{w} &= \frac{D_iwD_jw}{w^2} + \frac{D_{ij}\eta}{\eta} - \frac{D_i\eta D_j\eta}{\eta^2} \\ &\quad +(\log h)_{p_kp_l}D_{ik}uD_{jl}u + (\log h)_{p_k}D_{ijk}u \\ &\quad +\frac{D_{ij\gamma\gamma}u}{D_{\gamma\gamma}u} - \frac{D_{i\gamma\gamma}uD_{j\gamma\gamma}u}{(D_{\gamma\gamma}u)^2}. \end{aligned}$$

因此利用 (17.66) 我们得到

$$
\begin{aligned}
(\eta h)^{-1}F_{ij}D_{ij}w \geqslant D_{\gamma\gamma}u\bigg\{&\frac{F_{ij}D_{ij}\eta}{\eta}-\frac{F_{ij}D_i\eta D_j\eta}{\eta^2} \\
&+(\log h)_{p_kp_l}F_{ij}D_{ik}uD_{jl}u+(\log h)_{p_k}F_{ij}D_{ijk}u\bigg\} \\
&+F_{ik}F_{jl}D_{ij\gamma}uD_{kl\gamma}u-\frac{1}{D_{\gamma\gamma}u}F_{ij}D_{i\gamma\gamma}uD_{j\gamma\gamma}u+D_{\gamma\gamma}g.
\end{aligned}
\tag{17.67}
$$

一个显然合适的函数 h 由下式给定,

$$h(p)=e^{\beta|p|^2/2},\quad \beta>0.$$

因为我们有

$$(\log h)_{p_k}=\beta p_k,\quad (\log h)_{p_kp_l}=\beta\delta_{kl},$$

所以由 (17.65) 得

$$(\log h)_{p_kp_l}F_{ij}D_{ik}uD_{jl}u=\beta F_{ij}D_{ik}uD_{jk}u=\beta\Delta u.$$

以下我们假设

$$|Dg(x,u,Du)|,\quad |D^2g(x,u,Du)|\leqslant\mu, \tag{17.68}$$

则有

$$
\begin{aligned}
&D_{\gamma\gamma}u(\log h)_{p_k}F_{ij}D_{ijk}u+D_{\gamma\gamma}g \\
=\,&\beta D_kuD_{\gamma\gamma}u(g_{x_k}+g_zD_ku+g_{p_i}D_{ik}u)+g_{\gamma\gamma}+2g_{\gamma z}D_\gamma u+2g_{\gamma p_i}D_{i\gamma}u \\
&+g_{zz}(D_\gamma u)^2+2g_{zp_i}D_\gamma uD_{i\gamma}u+g_{p_ip_j}D_{ik}uD_{jk}u \\
&+g_zD_{\gamma\gamma}u+g_{p_i}D_{i\gamma\gamma}u \\
\geqslant\,& g_{p_i}\left(\frac{D_iw}{w}-\frac{D_i\eta}{\eta}\right)D_{\gamma\gamma}u-C\{1+|D^2u|^2+\beta(1+|D^2u|)\},
\end{aligned}
$$

其中 C 依赖 $\mu,\sup\limits_{\Omega}|Du|$.

为了处理 (17.67) 其他的项, 我们把 $w=w(x,\gamma)$ 看作 $\Omega\times\partial B_1(0)$ 上的函数, 并且假定 w 在点 $y\in\Omega$ 和方向 γ 取最大值. 那么导数 $D_{\gamma\gamma}u(y)$ 将是 Hesse 矩阵 $D^2u(y)$ 的最大特征值, 通过坐标轴的旋转我们能够假设 $D^2u(y)$ 呈对角形式, 并且 γ 是某个坐标轴方向. 对于全局估计我们取 $\eta\equiv1$, 从而 (17.67) 中涉及 η 的项不复存在. 从 (17.65) 推出, 在点 y 有

$$\frac{1}{D_{\gamma\gamma}u}F_{ij}D_{i\gamma\gamma}uD_{j\gamma\gamma}u\leqslant F_{ik}F_{jl}D_{ij\gamma}uD_{kl\gamma}u,$$

于是选 β 充分大, 我们就得到 $D_{\gamma\gamma}u(y)$ 的仅依赖 n, μ 和 $|Du|_{0,\Omega}$ 的界.

内部情形的估计是更加精致的, 因为 η 不能选取任意的截断函数 (因为有 $F_{ij}D_{ij}\eta$ 这一项). 这是我们将假设 u 在 $\partial\Omega$ 上连续地取零值, 并且选取 $\eta = -u$, 于是在 Ω 内 $\eta > 0$, 且有

$$F_{ij}D_{ij}\eta = -F_{ij}D_{ij}u = -n.$$

此外因为 $Dw(y) = 0$, 在点 y 我们有

$$\begin{aligned}\frac{F_{ij}D_i\eta D_j\eta}{\eta^2} &= \frac{\sum F_{ii}|D_i\eta|^2}{\eta^2} \\ &= \frac{|D_\gamma u|^2}{u^2 D_{\gamma\gamma}u} + \sum_{i\neq\gamma} F_{ii}\left(\frac{D_{i\gamma\gamma}u}{D_{\gamma\gamma}u} + D_i u D_{ii}u\right)^2 \\ &\leqslant \frac{|D_\gamma u|^2}{u^2 D_{\gamma\gamma}u} + \sum_{i\neq\gamma} F_{ii}\left(\frac{D_{i\gamma\gamma}u}{D_{\gamma\gamma}u}\right)^2 - \frac{2\beta|Du|^2}{u}.\end{aligned}$$

现在由于在坐标系的选取在 y 有

$$\begin{aligned}&\frac{1}{D_{\gamma\gamma}u}\left\{\sum_{i\neq\gamma} F_{ii}(D_{i\gamma\gamma}u)^2 + F_{ij}D_{i\gamma\gamma}uD_{j\gamma\gamma}u\right\} \\ &= \sum_{i\neq\gamma} F_{\gamma\gamma}F_{ii}(D_{i\gamma\gamma}u)^2 + \sum_{i=1}^{n} F_{\gamma\gamma}F_{ii}(D_{i\gamma\gamma}u)^2 \\ &\leqslant \sum_{i,j=1}^{n} F_{ii}F_{jj}(D_{ij\gamma}u)^2 \\ &= F_{ik}F_{jl}D_{ij\gamma}uD_{kl\gamma}u.\end{aligned}$$

考虑到微分不等式 (17.67) 中各项的上述估计, 我们得到

$$D_{\gamma\gamma}u(y) \leqslant C\left(1 - \frac{1}{u(y)}\right),$$

其中 $C = C(n, \mu, |Du|_{0;\Omega})$. 因此

$$\sup_{\Omega} w \leqslant C, \tag{17.69}$$

其中 $C = C(n, \mu|Du|_{1;\Omega})$.

最后, 为了从下估计 $\eta = -u$, 由 u 的凸性对于任意 $x \in \Omega$ 我们有

$$\frac{u(x)}{\operatorname{dist}(x, \partial\Omega)} \leqslant \frac{\inf u}{\operatorname{diam}\Omega}. \tag{17.70}$$

我们确切地阐述二阶导数的估计如下.

定理 17.19 设 $u \in C^2(\Omega)$ 为 (17.63) 在区域 Ω 的一个凸函数解, 其中 $f \in C^2(\Omega\times\mathbb{R}\times\mathbb{R}^n)$ 在 Ω 内是正的, 并且 $g = \log f$ 满足 (17.68). 如果 $u \in C^2(\overline{\Omega})$, 那么有

$$\sup_{\Omega}|D^2u| \leqslant C, \tag{17.71}$$

其中 C 依赖 $n, \mu, |u|_{1;\Omega}$ 和 $\partial\Omega|D^2u|$. 如果 $u \in C^{0,1}(\overline{\Omega})$, 并且 u 在 $\partial\Omega$ 上是常数, 那么对于任何 $\Omega' \subset\subset \Omega$, 我们有

$$\sup_{\Omega'}|D^2u| \leqslant \frac{C}{d_{\Omega'}}, \tag{17.72}$$

其中 C 依赖于 $n, \mu, |u|_{1;\Omega}, \operatorname{diam}\Omega$ 以及 $d_{\Omega'} = \operatorname{dist}(\Omega', \partial\Omega)$.

当 $f^{1/n}$ 是关于 p 的凸函数时, 估计 (17.71) 可以用更简单的方法推导出来, 并且推广到更一般的函数 F 以及解未必凸的情形 (参见习题 17.5).

方程 (17.64) 的解在边界 $\partial\Omega$ 上的二阶导数的估计容易从方程 (17.26) 推出. 如果我们假设 Ω 是一致凸的, $\partial\Omega \in C^3$, 而且在 $\partial\Omega$ 上 $u = \phi$, 这里的 $\phi \in C^3(\overline{\Omega})$, 那么 (17.26) 右端的第一项根据 (17.65) 变成

$$\begin{aligned} 2F_{ij}D_i\left(\frac{\partial x_l}{\partial y_k}\right)D_{jl}u &= 2\delta_{il}D_i\left(\frac{\partial x_l}{\partial y_k}\right) \\ &= 2D_i\left(\frac{\partial x_i}{\partial y_k}\right). \end{aligned} \tag{17.73}$$

对于导数 $D_{y_ky_n}u(x_0)(k \neq n)$ 则可从定理 14.4 或推论 14.5 推出. 余下的导数 $D_{y_ny_n}u(x_0)$ 则可直接从方程 (17.64) 估计. 因为关于在 x_0 的一个主坐标系, 当取 $\phi \equiv 0$ 时我们有

$$\det D^2u = |D_nu|^{n-2}\prod_{i=1}^{n-1}\kappa_i\left\{|D_nu|D_{nn}u - \sum_{i=1}^{n-1}\frac{(D_{in}u)^2}{\kappa_i}\right\}, \tag{17.74}$$

其中 $\kappa_1, \ldots, \kappa_{n-1}$ 是在 x_0 的主曲率, 利用 (17.70) 我们就推断出 $D_{nn}u(x_0)$ 的一个界. 因此我们证明了下列二阶导数全局估计.

定理 17.20 设 $u \in C^3(\overline{\Omega})$ 是在 Ω 内方程 (17.64) 的一个凸解, 其中 $f \in C^2(\Omega\times\mathbb{R}\times\mathbb{R}^n)$ 是正的, 而 $\partial\Omega \in C^3$ 是一致凸的. 则

$$\sup_{\Omega}|D^2u| \leqslant C, \tag{17.75}$$

其中 C 依赖 $n, |u|_{1;\Omega}, f, \partial\Omega$ 且在 $\partial\Omega$ 上 $u = 0$.

我们这里提一提定理 17.20 的证明还可以推广到更一般的函数 F, 其解可能是非凸的 (参见习题 17.6 和 17.7).

17.7. Monge-Ampère 型方程的 Dirichlet 问题

前一节的考虑把 Monge-Ampère 型方程的古典 Dirichlet 问题的可解性归结为 C^1 估计的建立. 对于两个变量的方程, 我们能够利用对于二阶导数的全局 Hölder 估计 (定理 17.10) 直接通过连续性方法解决该问题的可解性. 对于高维情形, 还存在仅需要内部二阶导数估计的步骤, 但是这些步骤比 17.5 节 (参见评注) 对于一致椭圆型情形所使用的方法更复杂. 在下一节, 我们将论述最近建立的对于二阶导数的全局 Hölder 估计, 这种估计使我们能够按照两个变量的路子处理一般情形.

(17.63) 中的函数 f 的增长的限制来源于对于梯度估计的考虑. 对于在一个区域 Ω 内的凸函数 u, 我们显然有

$$\sup_{\Omega}|Du| = \sup_{\partial\Omega}|Du|, \tag{17.76}$$

故 (17.63) 的凸解的梯度估计归结为仅仅在边界上的估计. 跟拟线性情形一样, 这样的估计容易凭借闸函数构造来得到. 确切地说, 让我们假设以下结构条件, 对于 $\partial\Omega$ 的某个邻域 $\mathscr{N}$ 内的所有的 $x, z \in \mathbb{R}, |p| \geqslant \mu(|z|)$,

$$0 \leqslant f(x,z,p) \leqslant \mu(|z|)d_x^{\beta}|p|^{\gamma}, \tag{17.77}$$

其中 $d_x = \operatorname{dist}(x,\partial\Omega), \mu$ 是非减的, 而 $\beta = \gamma - n - 1 \geqslant 0$. 那么我们有以下梯度估计.

定理 17.21 *设 $u \in C^0(\overline{\Omega}) \cap C^2(\Omega)$ 和 $\phi \in C^2(\Omega) \cap C^{0,1}(\overline{\Omega})$ 在一致凸区域 Ω 内是凸函数, 并且满足*

$$\text{在 } \Omega \text{ 内 } \det D^2u = f(x,u,Du), \quad \text{在 } \partial\Omega \text{ 上} u = \phi. \tag{17.78}$$

则我们有

$$\sup_{\Omega}|Du| \leqslant C, \tag{17.79}$$

其中 C 依赖 $n, \mu, \beta, \mathscr{N}, \Omega, |u|_{0;\Omega}$ 和 $|\phi|_{1;\Omega}$.

证明 设 $B = B_R(y)$ 是在点 $x_0 \in \partial\Omega$ 的区域 Ω 的包围球面, 令

$$w = \phi - \psi(d),$$

其中 $d(x) = \operatorname{dist}(x,\partial B)$, 而 ψ 由 (14.11) 给定, ν 和 k 待定. 利用在 x_0 的对于

∂B 的主坐标系, 我们可以估计

$$\begin{aligned}\det D^2 w &\geqslant \det(-D^2\psi)\\ &= -\psi''\left(\frac{\psi'}{|x-y|}\right)^{n-1}\\ &\geqslant -\psi''\left(\frac{\psi'}{R}\right)^{n-1}.\end{aligned}$$

而与此同时根据结构条件 (17.77), 我们就有

$$\begin{aligned}f(x,u(x),Dw) &\leqslant 2^\gamma \mu(M) d^\beta (\psi')^\gamma\\ &= 2^\gamma \mu(M)(\psi')^{n+1}(d\psi')^\beta,\end{aligned}$$

只要 $x\in\mathscr{N}, \psi'(d)\geqslant \mu(M)+|D\phi|$, 其中 $M=|u|_{0;\Omega}$. 取 $\nu=1+2^\gamma R^{n-1}\mu$, 使得 $d\psi'\leqslant 1$, 再按照 (14.14) 选取 k 和 a(μ 换成 $\mu+|D\phi|$), 使得 $\{x\in\Omega | d<a\}\subset\mathscr{N}$, 我们看出凸函数 w 将是 (17.63) 在 x_0 的下闸函数, 根据比较原理 (定理 17.1) 我们得到对于 $d\leqslant a$ 有

$$\frac{u(x)-u(x_0)}{|x-x_0|}\geqslant -C,$$

其中 C 依赖 $n,\beta,\mu,|D\phi|_{0;\Omega},M,\mathscr{N}$ 和 R. 利用 u 的凸性对于所有 $x\in\Omega, x_0\in\partial\Omega$ 我们有

$$\frac{u(x)-u(x_0)}{|x-x_0|}\leqslant |D\phi|_{0;\Omega},$$

估计 (17.79) 随之推出. □

我们指出 Monge-Ampère 型方程 (17.2) 对于有界的 f 被定理 17.21 涵盖, 而规定 Gauss 曲率方程仅当曲率 K 是 Lipschitz 连续的并且在 $\partial\Omega$ 上取零值. 综合定理 17.4, 17.8, 17.10, 17.20 和 17.21, 我们得到对于两个变量的 Monge-Ampère 型方程的以下存在性定理.

定理 17.22 设 Ω 是 $\mathbb{R}^2$ 内的一致凸区域, 其边界 $\partial\Omega\in C^3$. 假定 f 是 $C^2(\overline{\Omega}\times\mathbb{R}\times\mathbb{R}^2)$ 内的正的函数, 满足 $f_z\geqslant 0$ 和结构条件 (17.13), (17.14) 以及当 $n=2,\beta=0$ 时的 (17.77). 古典 Dirichlet 问题

$$\text{在 }\Omega\text{ 内 } \det D^2 u = f(x,u,Du), \quad \text{在 }\partial\Omega\text{ 上 } u=0 \tag{17.80}$$

对于所有 $\alpha<1$ 有解 $u\in C^{2,\alpha}(\overline{\Omega})$.

证明 根据定理 17.8 只需对于 Dirichlet 问题

$$\text{在 }\Omega\text{ 内 } F[u]=\frac{\det D^2 u}{f(x,u,Du)}-1=\sigma F(\phi), \quad \text{在 }\partial\Omega\text{ 上 } u=0, 0\leqslant\sigma\leqslant 1$$

的解在空间 $C^{2,\alpha}(\overline{\Omega})(\alpha > 0)$ 内有一致估计, 其中 $\phi \in C^2(\overline{\Omega})$ 是一致凸的并且在 $\partial\Omega$ 上取零值 (参见习题 17.8). 当定理 17.4 中的量 g_∞ 是无穷时, 这样的估计直接从定理 17.4, 17.10, 17.20 和 17.21 推出. 否则我们可能要选择一个新的 ϕ 以保证 $F[\phi] \leqslant 0$ (例如把 ϕ 换成以下 Dirichlet 问题的解, 在 Ω 内 $\det D^2u = \inf f$, 在 $\partial\Omega$ 上 $u = 0$). □

对于高维 Monge-Ampère 方程我们有类似于定理 17.22 的以下结果, 它是 17.8 节 (定理 17.26) 全局估计的一个推论.

定理 17.23　设 Ω 是 $\mathbb{R}^n$ 内的一致凸区域, 其边界 $\partial\Omega \in C^4$. 假定 f 是 $C^2(\overline{\Omega} \times \mathbb{R} \times \mathbb{R}^n)$ 内的函数, 满足 $f_z \geqslant 0$ 和结构条件 (17.13), (17.14) 以及当 $\beta = 0$ 时的 (17.77). 古典 Dirichlet 问题 (17.80) 对于所有 $\alpha < 1$ 有解 $u \in C^{3,\alpha}(\overline{\Omega})$.

我们在这里指出定理 17.20, 17.22 和 17.23 可以推广到一般边值 $\varphi \in C^4(\overline{\Omega})$ (参见 [IC2], [CNS]).

利用定理 17.20 的内部二阶导数估计, 上述存在性定理能够推广到更一般的函数 f.

定理 17.24　设 Ω 是 $\mathbb{R}^n$ 内的一致凸区域. 假定 f 是 $C^2(\overline{\Omega} \times \mathbb{R} \times \mathbb{R}^n)$ 内的正的函数, 满足 $f_z \geqslant 0$ 和结构条件 (17.13), (17.14) 和 (17.77). 则古典 Dirichlet 问题 (17.80) 对于所有 $\alpha < 1$ 有解 $u \in C^{3,\alpha}(\Omega) \cap C^{0,1}(\overline{\Omega})$.

证明　设 $\{f_m\}$ 是 $C^2(\Omega \times \mathbb{R} \times \mathbb{R}^n)$ 内有界的正的函数, 满足条件: $0 < f_m \leqslant f, f_z \geqslant 0$, 当 $|z| + |p| \leqslant m$ 时 $f_m = f$, 又设 $\{\Omega_l\}$ 是递增序列 Ω 的一致凸的 C^4 子区域, 满足条件 $\Omega_l \subset\subset \Omega, \cup\Omega_l = \Omega$. 根据定理 17.22 和 17.23, 对于每个 m 存在 Dirichlet 问题

$$\text{在 } \Omega_l \text{ 内 } \det D^2u_{ml} = f_m(x, u_{ml}, Du_{ml}), \quad \text{在 } \partial\Omega_l \text{ 上 } u_{ml} = 0$$

的一致凸解的序列 $\{u_{ml}\}$. 利用定理 17.4, 17.21 和定理 17.14, 17.19 的内部估计, 我们得到连同一阶和二阶导数在 Ω 的紧子集上一致收敛到 Dirichlet 问题

$$\text{在 } \Omega \text{ 内 } \det D^2u_m = f_m(x, u_m, Du_m), \quad \text{在 } \partial\Omega \text{ 上 } u_m = 0$$

的解 u_m. 而再次根据定理 17.4, 17.21, 我们推出对于充分大的 $m, u_m = u$ 是 (17.80) 的一个解. □

对于规定 Gauss 曲率方程 (17.3) 我们从定理 17.24 得到

推论 17.25　设 Ω 是 $\mathbb{R}^n$ 内的一致凸区域, 而 K 是 $C^2(\Omega) \cap C^{0,1}(\overline{\Omega})$ 中的一个正的函数, 满足

$$\text{在 } \partial\Omega \text{ 上 } K = 0, \quad \int_\Omega K < \omega_n. \tag{17.81}$$

则存在唯一的凸函数 $u \in C^2(\Omega) \cap C^{0,1}(\overline{\Omega})$, 使得在 $\partial\Omega$ 上 $u = 0$, 并且它的图在每个点 $x \in \Omega$ 的 Gauss 曲率是 K.

推论 17.25 中的两个条件在某种意义下是必要的. 事实上, 假定在一般 Monge-Ampère 方程 (17.4) 中函数 f 满足

$$f(x,z,p) \geqslant \frac{h(x)}{g(p)}, \quad \forall (x,z,p) \in \Omega \times \mathbb{R} \times \mathbb{R}^n, \tag{17.82}$$

其中 h 和 g 是分别在 $L^1(\Omega)$ 和 $L^1_{\text{loc}}(\mathbb{R}^n)$ 中的正函数. 如果 $u \in C^2(\Omega)$ 是在区域 Ω 内的 (17.4) 的凸解, 那么它的法映射 χ 同 Du 一致, 并且是一对一的. 因此, 由积分我们得

$$\begin{aligned}\int_{\chi(\Omega)} g(p)dp &= \int_\Omega g(Du)\det D^2u \\ &\geqslant \int_\Omega h,\end{aligned}$$

于是条件

$$\int_\Omega h \leqslant g_\infty = \int_{\mathbb{R}^n} g(p)dp \tag{17.83}$$

对于凸解 u 的存在性是必要的. 进而严格不等式

$$\int_\Omega h < g_\infty \tag{17.84}$$

对于其法映射的像不是整个 $\mathbb{R}^n$ 的解 u 的存在性是必要的,特别是有一解 $u \in C^{0,1}(\overline{\Omega})$.

关于 (17.81) 中的另一个条件我们做注释如下. 当且仅当在 $\partial\Omega$ 上 $K = 0$, 通过推广内部估计 (定理 17.19) 我们能够在推论 17.25 中允许任意非零边值 $\phi \in C^2(\overline{\Omega})$ [TU]. 条件 (17.81) 类似于对于规定平均曲率方程 (16.1) 的条件 (16.58), (16.60).

17.8. 二阶导数全局 Hölder 估计

在这一节对于 Monge-Ampère 型方程我们考虑与定理 17.14 的内部二阶导数 Hölder 估计类似的全局估计. 所用的方法自动包含适用于一般形式的方程 (17.1), 只要加强定理 17.14 中的假设 (ii)′, 要求对于某个正数 λ_0 和所有对称矩阵 $\xi \in \mathbb{R}^{n\times n}$

$$-F_{ij,kl}(x,u,Du,D^2u)\xi_{ij}\xi_{kl} \geqslant \lambda_0|\xi|^2. \tag{17.85}$$

根据 (17.65) 我们明白当 Monge-Ampère 型方程写成 (17.65) 的形式时满足 (17.85), 其中 $\lambda_0 = (\sup\limits_\Omega \mathscr{C}_n)^{-2}$, 这里 $\mathscr{C}_n$ 表示 D^2u 的最大特征值. 因为对于全

局二阶导数 Hölder 估计的假设通过线性理论保证更强的三阶导数的估计, 相应地如下表述我们的结果是恰如其分的.

定理 17.26 设 Ω 是 $\mathbb{R}^n$ 内的一个有界区域, 其边界 $\partial\Omega \in C^4$, 又设 $\phi \in C^4(\overline{\Omega})$. 假定 $u \in C^3(\overline{\Omega}) \cap C^4(\Omega)$ 满足: 在 Ω 内 $F[u]=0$, 在 $\partial\Omega$ 上 $u=\phi$, 其中 $F \in C^2(\overline{\Gamma}), F$ 关于 u 是椭圆型的, 并且满足 (i)$'$, (ii)$'$ 以及 (17.85). 则有估计

$$\sup_{\Omega}|D^3u| \leqslant C, \tag{17.86}$$

其中 C 依赖 $n, \lambda, \Lambda, \lambda_0, \partial\Omega, |\varphi|_{4;\Omega}, |u|_{2;\Omega}$ 以及 F 的一阶和二阶导数.

证明 用 γ 表示 $\mathbb{R}^n$ 内的一个单位向量, 在 (17.43) 中利用 (17.85), 不等式 (17.44) 就改进为

$$\begin{aligned} F_{ij}D_{ij\gamma\gamma}u &\geqslant -A_{ij\gamma}D_{ij\gamma}u - B_\gamma + \lambda_0|D^2D_\gamma u|^2 \\ &\geqslant -C, \end{aligned} \tag{17.87}$$

第二个不等式由 Cauchy 不等式推出, 其中 C 依赖 n, λ_0 和 (17.46) 中的 A_0, B_0. 现在我们固定一个点 $x_0 \in \partial\Omega$, 并且假定 $B_R(y)$ 是在 x_0 的一个外球. 对于导数 $D_{\gamma\gamma}u$ 的连续模, 凭借标准的闸函数推理, 例如在 6.3 节附注 3 中所描述的, 能够在边界 (通过它们在 $\partial\Omega$ 上的迹) 进行估计. 像那里所指出的, 由

$$w(x) = \tau(R^{-\sigma} - |x-y|^\sigma)$$

给定的 (6.45) 中的函数 w 在 Ω 内对于依赖 λ, Λ 和 R 的充分大的 τ, σ 满足

$$F_{ij}D_{ij}w \leqslant -1.$$

因此, 如果 $\varepsilon \geqslant 0$ 并且当 $x \in \partial\Omega, |x-x_0| < \delta$ 时

$$|D_{\gamma\gamma}u(x) - D_{\gamma\gamma}u(x_0)| \leqslant \varepsilon,$$

我们就从 (17.87) 和古典最大值原理 (定理 3.1) 得到估计: 对于任意 $x \in \Omega$,

$$\begin{aligned} D_{\gamma\gamma}u(x) - D_{\gamma\gamma}u(x_0) &\leqslant \varepsilon + Cw + 2\sup_{\partial\Omega}|D_{\gamma\gamma}u||x-x_0|^2/\delta^2 \\ &\leqslant \varepsilon + C|x-x_0|, \end{aligned} \tag{17.88}$$

其中 C 依赖 $n, \lambda, \Lambda, \lambda_0, A_0, B_0, |u|_{2;\Omega}, \operatorname{diam}\Omega, R$ 和 δ. 现在根据引理 17.13 并且利用方程 (17.1) 本身, 跟在定理 17.14 的证明一样, 我们从 (17.88) 得到估计: 对于任意 $x \in \Omega$,

$$|D^2u(x) - D^2u(x_0)| \leqslant \varepsilon + C|x-x_0|, \tag{17.89}$$

其中 C 此外还依赖定理 17.14 的证明中的 D_0.

估计 (17.89) 把在 $\partial\Omega$ 上的二阶导数的连续模的估计归结为在 $\partial\Omega$ 上它们的迹的相应的估计. 利用在边界上的弱 Harnack 不等式也能够建立一个类似的结果, 并且证明中不需要条件 (17.85).

为了往下推进我们再次使用 (17.88) 来获得单侧三阶导数的估计. 不失一般性我们可以假设 u 在 $\partial\Omega$ 上取零值, 并且 $\partial\Omega$ 在 $x_0 \in \partial\Omega$ 的一个邻域内是平的, 换句话说, 对于某个 $\delta > 0$,

$$B^+ = \Omega \cap B_\delta(x_0) \subset \mathbb{R}^n_+,$$
$$T = \partial\Omega \cap B_\delta(x_0) \subset \partial\mathbb{R}^n_+.$$

之所以如此, 是因为 (17.1) 的形式, (17.85) 以及定理 17.8 的假设 (i), (ii), 在把 u 换成 $u-\phi$ 和进行 C^4 坐标变换 ψ 时仍然保持. 新的常数 λ, Λ 和 λ_0 自然将依赖 ψ (特别是 $D\psi$) 以及它们原来的值. 因此, 限制 γ 为 $\partial\mathbb{R}^n_+$ 的切方向, 则在有 T 上 $D_{\gamma\gamma}u = 0$, 根据 (17.88) 对于 $x \in B^+$ 我们有

$$D_{\gamma\gamma}u(x) - D_{\gamma\gamma}u(x_0) \leqslant C|x - x_0|,$$

因此

$$D_{\gamma\gamma n}u(x_0) \geqslant -C, \tag{17.90}$$

这里 C 依赖 $|\phi|_{4;\Omega}$ 和 ψ 以及 (17.88) 中的量. 令

$$h = D_n u + k|x|^2,$$

则当 k 充分大时 ($k \geqslant C$), 对于 $x \in T, |x - x_0| \leqslant \delta/2$ 有

$$D_{\gamma\gamma}h(x) \geqslant 0;$$

即函数 h 在 $\partial\Omega \cap B_{\delta/2}(x_0)$ 有凸的迹. 同时我们从微分后的方程 (17.23) 确信 h 满足一个一致椭圆型方程, 特别有

$$|F_{ij}D_{ij}h| \leqslant C,$$

其中 C 依赖定理 17.26 表述中的量. 上述的函数 h 的性质通过下述精彩的引理被应用. 其证明我们推迟到本节最后.

引理 17.27 设 $u \in C^2(B^+) \cap C^0(B^+ \cup T)$ 在 B^+ 内满足

$$Lh = a^{ij}D_{ij}h \leqslant f, \tag{17.91}$$

其中 L 在 B^+ 内是一致椭圆型的, 并且 f/λ 是有界的. 如果 $h|_T$ 是凸的, 那么对于任意 $x,y\in T\cap B_{\delta/2}(x_0)$ 和 $i=1,\ldots,n-1$ 有估计

$$|D_ih(x)-D_ih(y)|\leqslant\frac{C}{1+|\log|x-y||},\tag{17.92}$$

其中 C 仅依赖 $n,\sup\Lambda/\lambda,\sup f/\lambda,\delta$ 和 $\sup|Dh|$.

引理 17.27 提供对于限制在 T 上的二阶导数 $D_{in}u$ 在 x_0 的连续模的一个估计. 对于非切向二阶导数 $D_{nn}u$ 的类似估计直接从 (17.1) 本身推出. 而后估计 (17.89) 就产生在边界点 x_0 的整个 Hesse 矩阵通过定理 17.26 表述中所指定的量表达的连续模的估计, 而此估计继而蕴涵微分后的方程 (17.23) 的主系数的连续模的估计. 然后利用对于任何 $p<\infty$ 的 L^p 理论, 特别是定理 9.13, 得到对于三阶导数 $D_{ijk}u(i,j=1,\ldots,n,k=1,\ldots,n-1)$ 在 x_0 的一个邻域内的 L^p 估计. 接着类似地对于余下的三阶导数估计 $D_{nnn}u$ 的估计再次从 (17.23) 推出. 利用 Morrey 估计 (定理 7.19) 我们得到对于任何指数 $\alpha<1$, 在点 x_0 的对于 D^2u 的 Hölder 估计. 结合内部估计 (定理 17.14) 跟在定理 8.29 的证明中一样我们最后推断出对于任何 $\alpha<1$ 的在 $C^{2,\alpha}(\overline{\Omega})$ 中的估计. 为了完成定理 17.26 的证明, 我们简单地对于微分后的方程 (17.23) 应用 Schauder 理论, 就得到 $\alpha<1$ 的全局 $C^{3,\alpha}(\overline{\Omega})$ 估计. □

引理 17.27 的证明　因为 $h|_T$ 是凸的, 导数 $D_ih,i=1,\ldots,n-1$, 在 T 上几乎处处存在, 并且只需对于这样的点 x,y 证明 (17.92). 对于所有 x,y 的结果从凸性和连续性推出.

我们可以假定 $x=0$, 并且在减去一个仿射函数之后,

$$h(0)=0=D_ih(0),\quad i=1,\ldots,n-1.\tag{17.93}$$

在坐标轴旋转之后我们可以进而假设

$$D_1h(y)=\alpha\geqslant 0,\quad D_ih(y)=0,\quad i=2,\cdots,n-1,$$

其中 $\alpha\leqslant\sup|Dh|\leqslant C$. 在下面我们使用同一个字母表示仅依赖引理陈述中的常数的常数. 我们希望证明

$$\alpha\leqslant\frac{C}{|\log|y||},\tag{17.94}$$

这里的 $|y|$ 是充分小的, 由此将推出 (17.92). 因为 $\alpha=0$ 蕴涵了所希望的结果, 我们可以假设 $\alpha>0$.

对于 $x\in\mathbb{R}^n$, 记 $x=(x',x_n)=(x_1,\ldots,x_{n-1},x_n)$, 从 h 在 T 上的凸性我们有 $h(x',0)\geqslant 0$ 和

$$h(x',0)\geqslant h(y',0)+\alpha(x_1-y_1)=\alpha(x_1-\beta),\tag{17.95}$$

其中 β 由上面的等式定义. 在此关系中取 $x'=0$ 和 $x'=y'$ 即得

$$0 \leqslant \beta \leqslant y_1. \tag{17.96}$$

考虑函数

$$\begin{aligned} w(x', x_n) = & \frac{\alpha}{2}[(x_1-\beta)^2+x_n^2]^{1/2}+\frac{\alpha}{2}(x_1-\beta) \\ & -\alpha\gamma x_n \log[(x_1-\beta)^2+x_n^2]^{1/2} - D(x_n+|x'|^2-Ex_n^2). \end{aligned} \tag{17.97}$$

在适当选取仅依赖引理的正的常数 $\gamma, \varepsilon<1$ 和 $D, E>1$ 之后, 将会确信 w 提供了一个闸函数, 具有性质

$$Lw \geqslant f \geqslant Lh \quad 在\ B_\varepsilon^+ (=B_\varepsilon^+(0))\ 内 \tag{17.98}$$

和

$$w \leqslant h, \quad 在\ \partial B_\varepsilon^+\ 上. \tag{17.99}$$

暂时假定 w 中的常数能够如此选取, 我们根据最大值原理断定

$$在\ B_\varepsilon^+\ 内\ w \leqslant h.$$

因为 $h(0)=w(0)=0$, 在 (17.97) 中令 $x'=0$, 除以 x_n, 并令 $x_n \to 0$, 我们有

$$D_n w(0) \leqslant \liminf_{x_n \to 0} \frac{h(0, x_n)}{x_n} \leqslant \sup |Dh| \leqslant C,$$

或

$$-\alpha\gamma \log\beta - D \leqslant C.$$

从 (17.96) 推出

$$\alpha \leqslant \frac{C+D}{\gamma|\log\beta|} \leqslant \frac{C+D}{\gamma|\log|y'||},$$

这就证明了 (17.94).

留下的就是确定 w 中的常数. 令 $\rho=[(x_1-\beta)^2+x_n^2]^{1/2}$, 我们由直接计算得到

$$L\rho \geqslant \frac{\lambda}{\rho}$$

和

$$|L(x_n \log\rho)| \leqslant \frac{6\Lambda}{\rho},$$

于是对于 $0<\gamma \leqslant \dfrac{1}{12}\inf \lambda/\Lambda$ 我们有

$$L(\rho/2-\gamma x_n \log\rho) \geqslant 0.$$

现在选择常数 E 充分大 ($\geqslant (1/2)\sup f/\lambda + n\sup\Lambda/\lambda$) 和 $D \geqslant 1$, 我们能够使 (17.98) 满足.

为了建立 (17.99), 我们首先注意到在 $x_n = 0$ 上此不等式成立. 这是因为

$$\begin{aligned} w(x', 0) &= \alpha(x_1 - \beta)^+ - D|x'|^2 \\ &= \begin{cases} \alpha(x_1 - \beta) - D|x'|^2 \leqslant h(x', 0), & \text{若 } x_1 \geqslant \beta \text{ (根据 (17.95))}, \\ -D|x'|^2 \leqslant 0 \leqslant h(x', 0), & \text{若 } x_1 \leqslant \beta. \end{cases} \end{aligned}$$

而在 ∂B_ε^+ 的半球面部分 S, 我们有 $x_n + |x'|^2 - Ex_n^2 \geqslant (1/2)\varepsilon^2$, 只要 ε 充分小 (依赖 E 的选取). 因为在 w 中的其他的项当 $\varepsilon < 1$ 时被 $\sup|Dh|$ 控制, 一个充分大的 D 使得在 S 上

$$w \leqslant -C \leqslant \inf h,$$

这就完成了 (17.94) 的证明.

最后, 我们注意到若 $|x - y| \leqslant \varepsilon$, 则 (17.94) 蕴涵 (17.92), 而如果在 $B_{\delta/2}^+$ 内 $|x - y| > \varepsilon$, 则由 $|Dh| \leqslant C$ 得到同一个不等式. □

上述证明几乎直接引用自 [CNS].

另一个方法

上面所陈述的处理全局二阶导数 Hölder 估计的方法属于 Caffarelli, Nirenberg 和 Spruck [CNS], 但是正如我们就要指出的那样, 对于边界上的混合切法向二阶导数的估计还可以容易地从定理 9.3.1 推出. 此外, 属于 Krylov [KV5] 的这个方法还给出对于 Bellman 方程 (17.8) 的全局正则性. 事实上我们有定理 17.26 的更强的变体.

定理 17.26′ 设 Ω 是 $\mathbb{R}^n$ 内的一个有界区域, 其边界 $\partial\Omega \in C^3$, 又设 $\phi \in C^3(\overline{\Omega})$. 假定 $u \in C^3(\overline{\Omega}) \cap C^4(\Omega)$ 满足: 在 Ω 内 $F[u] = 0$, 在 $\partial\Omega$ 上 $u = \phi$, 其中 $F \in C^2(\overline{\Gamma})$, F 关于 u 是椭圆型的, 并且满足 (i)′, (ii)′. 则有估计

$$|u|_{2,\alpha;\Omega} \leqslant C,$$

其中的 α 仅依赖 n, λ 和 Λ, 而 C 此外还依赖 $|u|_{2;\Omega}$ 以及 F 的除 F_{rr} 之外的一阶和二阶导数.

证明 按照定理 17.26 证明的思路情况归结到在平的边界部分 T 考虑导数 $D_{in}u, i = 1, \ldots, n-1$. 但是现在代替考虑法向导数 $D_n u$ 满足的微分不等式 (17.91) 和应用引理 17.27, 我们考虑切向导数 $h = D_k u, k = 1, \ldots, n-1$ 在 Ω 内所满足的一致椭圆型方程

$$a^{ij}D_{ij}u = f_k,$$

并且应用定理 9.31. 随即不依赖微分后的方程 (17.23) 的主系数的连续模推出 D^2u 的全局 Hölder 估计. □

这里我们做以下注释. 利用估计 (9.68) 的特殊形式 (17.51), 我们能够避免在定理 17.26 证明的开始用的闸函数推理 (参见习题 13.1, 那里的 u 换成 $(D_1u,\ldots,D_{n-1}u)$, 或参见 [TR14]). 还有稍微修改定理 17.26 的现在的证明能够去掉限制 (17.85). 为了确认这一断言, 我们记得纯二阶导数 $v=D_{\gamma\gamma}u=\gamma_i\gamma_jD_{ij}u,\gamma\in\partial\mathbb{R}_n^+$, 在 B^+ 内满足形式为

$$F_{ij}D_{ij}v+C_{ij}D_{ij\gamma}u\geqslant -C$$

的一致椭圆型微分不等式. 根据微分后的方程 (17.23) 我们可以假设 $C_{in}=0,i=1,\ldots,n$. 系数 C_{ij} 和常数 C 将是有界的, 其界依赖定理 17.26 的表述中的量 (λ_0 除外). 现在我们把 v 看作在区域 $\Omega^*=B^+\times\{\gamma\in\partial\mathbb{R}_+^n||\gamma|<2\}\subset\mathbb{R}^{2n-1}$ 内 x 和 γ 二者的函数, 并且扩展上述算子, 使得在 Ω^* 内

$$\tilde{L}v=F_{ij}D_{ij}v+\frac{1}{2}C_{ij}D_{i\gamma_j}v+K_0\sum_{i=1}^{n-1}D_{\gamma_i\gamma_i}v\geqslant -C,$$

其中 K_0 如此选择, 使得在 Ω^* 内 $\tilde{L}$ 是一致椭圆型的. 适当延拓闸函数推广 w 到 Ω^*, 例如对于常数 τ' 和 $|\overline{\gamma}|=1$ 定义

$$w(x,\gamma)=w(x)+\tau'|\gamma-\overline{\gamma}|^2,$$

我们又可以推断出三阶导数的单边的界 (17.90), 定理 17.26 证明的余下的部分自动进行下去.

作为定理 17.26 的推论, 我们能够推导出定理 17.17, 17.18 中的 Dirichlet 问题的解当边界数据适当光滑时的全局光滑性. 事实上, 如果 F 满足结构条件 (17.53), 我们能够通过内插把 (17.86)$'$ 中的常数对于 $|u|_{2;\Omega}$ 的依赖性换成对于 $|u|_{0;\Omega}$ 的依赖性, 此外这个估计关于在 17.5 节论述的 Dirichlet 问题 (17.61) 的逼近将是一致的. 这样代替定理 17.18 我们就得到

定理 17.18$'$ 设 Ω 是 $\mathbb{R}^n$ 内的有界区域, 其边界 $\partial\Omega\in C^3$, 又设 $\phi\in C^3(\overline{\Omega})$. 假定函数 $F^1,F^2,\ldots\in C^2(\overline{\Gamma})$ 对于 z,p,r 是凹的, 关于 z 是非增的, 并且一致地满足结构条件 (17.53). 则古典 Dirichlet 问题 (17.61) 对于某个仅依赖 n,λ 和 Λ 的正数 α 在 $C^{2,\alpha}(\overline{\Omega})$ 内是唯一可解的.

17.9. 非线性边值问题

前面应用到 17.2 节中的 Dirichlet 问题的连续性方法也容易推广到其他边值问题. 而第 11 章的不动点方法, 即使在拟线性情形, 也是不适用的, 因为一般不可能构造类似于 11.2, 11.4 节的算子 T 的紧算子.

我们首先考虑形式如

$$\begin{aligned} F[u] &= F(x,u,Du,D^2u) = 0 \quad \text{在 } \Omega \text{ 内}, \\ G[u] &= F(x,u,Du) = 0 \qquad\quad \text{在 } \partial\Omega \text{ 上}, \end{aligned} \tag{17.100}$$

其中 F 和 G 分别是集合 $\Gamma = \Omega \times \mathbb{R} \times \mathbb{R}^n \times \mathbb{R}^{n\times n}$ 和 $\Gamma' = \partial\Omega \times \mathbb{R} \times \mathbb{R}^n$ 上的实函数, 情形

$$G(x,z,p) = z - \varphi(x) \tag{17.101}$$

对应本著作中讨论过的 Dirichlet 问题, 在 Ω 内 $F[u]=0$, 在 $\partial\Omega$ 上 $u=\varphi$. 如果 $\partial\Omega \in C^1, G \in C^1(\Gamma')$, 边界算子 G 称为斜的, 如果对于所有 $(x,z,p) \in \Gamma'$

$$\frac{\partial G}{\partial p}(x,z,p)\cdot \boldsymbol{\nu}(x) > 0, \tag{17.102}$$

其中 $\boldsymbol{\nu}$ 是 $\partial\Omega$ 的外法向量, 而如果对于所有 $x \in \partial\Omega$ 和某个函数 $u \in C^1(\overline{\Omega})$

$$\frac{\partial G}{\partial p}(x,u(x),Du(x))\cdot \boldsymbol{\nu}(x) > 0, \tag{17.103}$$

那么说 G 关于 u 是斜的. 为了应用连续性方法我们将假设对于某个 $\alpha \in (0,1)$, $F \in C^{2,\alpha}(\overline{\Gamma}), G \in C^{3,\alpha}(\Gamma')$, 并且取

$$\mathfrak{B}_1 = C^{2,\alpha}(\overline{\Omega}), \quad \mathfrak{B}_2 = C^{\alpha}(\overline{\Omega}) \times C^{1,\alpha}(\partial\Omega)$$

作为我们的 Banach 空间. 再用

$$P[u] = [F[u], G[u]]$$

定义一个映射 $P : \mathfrak{B}_1 \to \mathfrak{B}_2$, 它在 $\mathfrak{B}_1$ 上有用

$$P_u h = (Lh, Gh) \quad h \in \mathfrak{B}_1 \tag{17.104}$$

定义的连续的 Fréchet 导数, 其中 L 由 (17.22) 定义, 而

$$Nh = \gamma(x)h + \beta^i(x)D_i h,$$

这里

$$\gamma(x) = G_z(x, u(x), Du(x)),$$
$$\beta^i(x) = G_{p_i}(x, u(x), Du(x)).$$

那么由定理 6.31 中的对于线性斜导数问题的 Schauder 理论推知 P_u 是有界可逆的, 如果 F 关于 u 是严格椭圆型的, 而 G 对于 u 是斜的, $c(=L1) \leqslant 0, \gamma \geqslant 0$, 并且在 Ω 内 $c \not\equiv 0$ 或在 $\partial\Omega$ 上 $\gamma \not\equiv 0$. 根据定理 17.7, 相应地我们有定理 17.8 的以下推广.

定理 17.28 设 Ω 是 $\mathbb{R}^n$ 中的 $C^{2,\alpha}$ 区域, $0 < \alpha < 1$. $\mathfrak{U}$ 是空间 $C^{2,\alpha}(\overline{\Omega})$ 的一个开集, 而 $\psi \in \mathfrak{U}$. 令

$$E = \{u \in \mathfrak{U} |\ \text{对于某个}\ \sigma \in [0,1], P[u] = \sigma P[\psi]\}, \tag{17.105}$$

假定 $F \in C^{2,\alpha}(\overline{\Gamma}), G \in C^{3,\alpha}(\Gamma')$, 还假定

(i) 对于每个 $u \in E, F$ 在 Ω 内是严格椭圆型的;

(ii) G 或者是形式如 (17.101) 的, 或者对于每个 $u \in E$, 在 $\partial\Omega$ 上是斜的;

(iii) 对于每个 $u \in E$, 在 Ω 内 $F_z(x, u, Du, D^2u) \leqslant 0, G_z(x, u, Du) \geqslant 0$, 并且这些量不恒等于零;

(iv) E 在 $C^{2,\alpha}(\overline{\Omega})$ 内是有界的;

(v) $\overline{E} \subset \mathfrak{U}$.

则 Dirichlet 问题 (17.100) 在 $\mathfrak{U}$ 内是可解的.

与 17.2 节末的注释相类似的注释在这里依然适合, 也就是说, (17.105) 中的边值问题的族可以换为更普遍的族, 其中的问题 $P[u;\sigma] = 0$ 光滑依赖 σ,$P[u;1] = P[u]$, 并且 $P[u;0] = 0$ 在 $\mathfrak{U}$ 内是可解的. 自然对于每个 $\sigma \in [0,1]$ 算子 $u \mapsto P[u;\sigma]$ 必须满足像对 P 那样的假设.

我们现在指出对于拟线性算子

$$F[u] = Qu = a^{ij}(x, u, Du)D_{ij}u + b(x, u, Du), \tag{17.106}$$

定理 17.28 的条件 (iv) 能够减弱到仅要求对于某个 $\delta > 0$ 集 E 在 $C^{1,\delta}(\overline{\Omega})$ 中的有界性. 受此影响拟线性方程的存在性推理过程就简化为第 11 章中的 Dirichlet 问题所需要的那种类型的先验估计.

为了这种简化我们需要下列引理.

引理 17.29 F 是一个形式为 (17.106) 的线性算子, 其系数 $a^{ij}, b \in C^\alpha(\Omega \times \mathbb{R} \times \mathbb{R}^n)$, 而 G 是形式为 (17.100) 的有界算子, $G, G_p \in C^{1,\alpha}(\partial\Omega \times \mathbb{R} \times \mathbb{R}^n)$,$0 <$

$\alpha < 1$. 假设 F 在 Ω 内是严格椭圆型的, G 在 $\partial\Omega$ 上是斜的. 还假定存在序列 $\{u_m\} \subset C^{2,\alpha}(\overline{\Omega}), \{f_m\} \subset C^{\alpha}(\overline{\Omega}), \{\varphi_m\} \subset C^{1,\alpha}(\overline{\Omega})$, 使得

(i) $P[u_m] = (f_m, \varphi_m)$;

(ii) $\{u_m\}, \{f_m\}, \{\varphi_m\}$ 分别在 $C^{1,\alpha}(\overline{\Omega}), C^{\alpha}(\overline{\Omega}), C^{1,\alpha}(\partial\overline{\Omega})$ 一致有界;

(iii) $\{u_m\}, \{f_m\}, \{\varphi_m\}$ 分别一致收敛于 u, f, φ.

则 $u \in C^{2,\alpha}(\overline{\Omega})$ 并且 $P[u] = (f, \varphi)$.

证明 令 $v = u_m - u_k$, 其中 m 和 k 是正整数. 则 v 是线性问题

$$\text{在 } \Omega \text{ 内 } Lv = g, \quad \text{在 } \partial\Omega \text{ 上 } Nv = \psi$$

的解, 其中

$$\begin{aligned} Lu &= \overline{a}^{ij} D_{ij} u, \quad Nu = \beta^i D_i u, \\ \overline{a}^{ij} &= a^{ij}(x, u_m, Du_m), \quad \beta^i = \int_0^1 G_{p_i}(x, u_m, Du_k + t(Du_m - D_{u_k}))dt, \\ g &= f_m - f_k + b(x, u_k, Du_k) - b(x, u_m, Du_m) \\ &\quad + (a^{ij}(x, u_k, Du_k) - a^{ij}(x, u_m, Du_m))D_{ij}u_k, \\ \psi &= \varphi_m - \varphi_k + G(x, u_k, Du_k) - G(x, u_m, Du_m). \end{aligned}$$

由引理的假设得估计

$$\begin{aligned} |g|_{\alpha\delta} &\leqslant \varepsilon(m,k)(1 + K_1 + K_2) + CK_1, \\ |\psi|_{1,\alpha\delta} &\leqslant \varepsilon(m,k)(1 + K_1 + K_2), \\ |\beta|_{\alpha\delta} &\leqslant C, [\beta]_{1,\alpha\delta} \leqslant C(1 + K_1 + K_2) \end{aligned}$$

当 $m, k \to \infty$ 时 $\varepsilon \to 0$, C 不依赖 m, k, 而

$$K_1 = \max\{|D^2 u_m|_0, |D^2 u_k|_0\}, \quad K_2 = \max\{[D^2 u_m]_{\alpha\delta}, [D^2 u_k]_{\alpha\delta}\}.$$

利用习题 6.11 修改过的定理 6.30 的估计, 我们得到

$$[v]_{2,\alpha\delta} \leqslant C(1 + K_1) + \varepsilon(m,k)K_2,$$

再利用定理 6.35 的内插不等式即得

$$[v]_{2,\alpha\delta} \leqslant C + \left(\frac{1}{4} + \varepsilon\right) K_2, \tag{17.107}$$

其中 C 仍然不依赖 m, k, 并且当 $m, k \to \infty$ 时 $\varepsilon \to 0$. (17.107) 蕴涵 $[u_m]_{2,\alpha\delta}$ 的有界性. 若不然, 则对于某个 m 和 k,

$$K_2 = [u_m]_{2,\alpha\delta} > 4[u_k]_{2,\alpha\delta} \geqslant 4C, \quad \varepsilon(m,k) < \frac{1}{4}. \tag{17.108}$$

因此

$$[v]_{2,\alpha\delta} \geqslant \frac{3}{4}K_2,$$

由 (17.107) 即得

$$\frac{3}{4}K_2 \leqslant C + \frac{1}{2}K_2,$$

即 $K_2 \leqslant 4C$, 此与 (17.108) 矛盾. 于是 $[u_m]_{2,\alpha\delta}$ 有不依赖 m 的某个界, 故 $u \in C^{2,\alpha\delta}(\overline{\Omega})$, 并且 $P[u] = (f, \varphi)$. 最后通过类似于上面的推理我们断言还有 $u \in C^{2,\alpha}(\overline{\Omega})$. □

结合引理 17.29 定理 17.7, 我们即得适合于拟线性算子的定理 17.28 的变体.

定理 17.30 设 Ω 是 $\mathbb{R}^n$ 中的 $C^{2,\alpha}$ 区域, $0<\alpha<1$. Q 在 Ω 内是严格椭圆型的, 其系数 $a^{ij}, b \in C^2(\overline{\Omega}\times\mathbb{R}\times\mathbb{R}^n)$, $G \in C^3(\partial\Omega\times\mathbb{R}\times\mathbb{R}^n)$ 在 $\partial\Omega$ 上是斜的. 还假定 $a_z^{ij}=0, b_z \leqslant 0, G_z \geqslant 0$, 并且对于每一个 $u \in C^{2,\alpha}(\overline{\Omega}), b_z(x,u(x),Du(x)) \neq 0$ 或 $G_z(x,u(x),Du(x)) \neq 0$. 如果对于某个函数 $\psi \in C^{2,\alpha}(\overline{\Omega})$, 某个 $\delta > 0$, 集

$$E = \left\{ u \in C^{2,\alpha}(\overline{\Omega}) | \exists \sigma \in [0,1] \begin{cases} Qu = \sigma Q\psi & \text{在 } \Omega \text{ 内} \\ G[u] = \sigma G[\psi] & \text{在 } \partial\Omega \text{ 上} \end{cases} \right\} \tag{17.109}$$

在 $C^{1,\delta}(\overline{\Omega})$ 内是有界的, 那么边值问题: 在 Ω 内 $Qu=0$, 在 $\partial\Omega$ 上 $G[u]=0$ 在 $C^{2,\alpha}(\overline{\Omega})$ 内是唯一可解的.

正如前面所指出的, 问题的其他族可以用在 (17.109) 中, 例如, 我们能够考虑与定理 11.4 中的对于 Dirichlet 问题所使用的族相类似的族. 即

$$\begin{aligned} Q_\sigma u &= a^{ij}(x,u,Du)D_{ij}u + \sigma b(x,u,Du) = 0 \quad \text{在 } \Omega \text{ 内}, \\ G_\sigma u &= \sigma G(x,u,Du) + (1-\sigma)u = 0 \quad \text{在 } \partial\Omega \text{ 上}. \end{aligned} \tag{17.110}$$

一个典型的斜边值问题是对于椭圆型散度结构方程的余法向导数边值问题, 其形式是

$$\begin{aligned} Qu &= \operatorname{div} A(x,u,Du) + B(x,u,Du) = 0 \quad \text{在 } \Omega \text{ 内}, \\ Gu &= A(x,u,Du)\cdot\boldsymbol{\nu}(x) + \varphi(x,u) = 0 \quad \text{在 } \partial\Omega \text{ 上}. \end{aligned} \tag{17.111}$$

这是在第 10 章提出的确定规定接触角的毛细管曲面的问题, 它提供了余法向导数边值问题的一个有趣的特殊例子. 对于这个例子以及对于满足定理 15.11 那样的条件的一致椭圆型的 Q, 相关的先验估计已经被证明, 故适当的存在性定理可以从定理 17.30 推断出来. 对于进一步的细节建议读者参考诸如 [LU4], [UR], [GE3], [LB2, 3] 等文献.

评注

许多作者讨论两个变量的完全非线性方程, 其中包括 Lewy [LW1], Nirenberg [NI1], Pogorelov [PG1] 和 Heinz [HE2], 其中大部分关注集中在 Monge-Ampère 型方程和相关的几何问题, 例如通过规定的 Gauss 曲率确定凸曲面的 Minkowski 问题. Pucci 的极值算子在 [PU2] 中引进, 与之相关的 Dirichlet 问题也是在两个变量的情形求解的.

高维 Monge-Ampère 型方程首先由 Aleksandrov [AL1] 和 Bakelman [BA1] 利用多面体逼近在广义意义下求解, 并在 [BA2, 4] 中有进一步的发展, 其中包含了主要存在性定理 (定理 17.24) 的广义解变体. Monge-Ampère 型方程 (17.2) 的广义解能够定义为一个凸函数, 其法映射是绝对连续的, 并且具有密度 f. 广义解的 (在充分光滑的边界条件下的) 内部正则性由 Pogorelov [PG2, 3, 4, 5] 和 Cheng 与 Yau [CY1, 2] 建立, 他们的证明中的本质要素是 Pogorelov 的内部二阶导数的界和 Calabi [CL] 的内部三阶导数的界. 这些作者就这样得到了对于 Monge-Ampère 型方程的定理 17.24. 17.6 节中我们对于二阶导数的讨论使用的是 Pogorelov 方法 (其中包含了 L. M. Simon 涉及函数 h 的一个建议) .

研究完全非线性一致椭圆型方程的主要动力来源于随机控制理论, 例如 Bellman 方程 (17.8) 是被与随机微分方程关联的控制问题的 (充分光滑的) 最优费用函数所满足的. 这个方程的第一个意义重大的论述是由 Krylov 用概率论方法做出的, 并且被叙述在他的书 [KV2] 中. 偏微分方程方法随后被许多作者所发展, 其中有: Brezis 和 Evans [BV] 推导了对于两算子情形的 $C^{2,\alpha}$ 估计; Evans 和 Friedman [EF] 对于常系数情形 (参见 [LD]); P. -L. Lions [LP4], Evans 和 Lions [EL1] 对于一般一致椭圆型情形. 在文章 [LP4], [EL1] 中建立了在条件 (17.62) 之下的 Dirichlet 问题强解的存在性, 使用的是一个基于用椭圆型组逼近和先验 $C^{1,1}(\overline{\Omega})$ 界的灵巧的方法.

P. -L. Lions 在 [LP8, 9] 中全面论述了 (有可能是退化的) Bellman 方程及其与随机控制理论和 Bellman 动力规划方法的关系, 并且在 [LP10] 中有所讨论 (关于一阶 Hamilton-Jacobi 方程, 参见 [LP7]).

完全非线性椭圆型方程的古典解的理论伴随着内部二阶导数的 Hölder 估计的发现实质性地向前推进, 而这些估计是由 Evans [EV2, 3] 和 Krylov [KV4] 贡献的, 他们基本上证明了 17.4 和 17.5 节的结果. 17.4 和 17.5 节的这些论述沿用了 Trudinger [TR13] 所做的简化. 而为了方便, 我们在 17.3 和 17.4 节通过内插推导一阶和二阶导数的界, 这些结果在更一般的类似于拟线性的结构条件下也成立 [TR13, 14]. 特别地, 我们可以把 (17.29) 和 (17.53) 中的导数条件换成下列条件,

$$|F(x,z,p,0)| \leqslant \mu\lambda(1+|p|^2), \qquad (17.29)'$$
$$|F_x|,|F_z|,|F_p| \leqslant \widetilde{\mu}\lambda(1+|r|);$$
$$(1+|p|)|F_p|,|F_z|,|F_x| \leqslant \mu\lambda(1+|p|^2+|r|), \qquad (17.53)'$$
$$|F_{rx}|,|F_{rz}|,|F_{rp}| \leqslant \widetilde{\mu}\lambda,$$
$$|F_{xx}|,|F_{xz}|,|F_{xp}|,|F_{zz}|,|F_{zp}|,|F_{pp}| \leqslant \widetilde{\mu}\lambda(1+|r|),$$

其中 μ 关于 $|z|$ 是非减的, $\tilde{\mu}$ 关于 $|z|+|p|$ 是非减的 (而 (17.53) 中 F 关于 p 和 z 的凹性取消了).

近来高维 Monge-Ampère 型方程的研究再次兴旺起来. P.-L.Lions [LP 5, 6] 发展了针对古典解的偏微分方程方法, 这种方法结合早先 Bakelman 的考察得到关于 $C^0(\overline{\Omega})\cap C^2(\Omega)$ 解的定理 17.24. Lions 方法的基础是用定义在 $\mathbb{R}^n$ 上的问题的逼近. Cheng 和 Yau [CY3, 4] 提出了一个风格类似的方法, 其基础是用具有无限边值的问题来逼近. 另外, Krylov [KV3] 贡献了一个以概率论为基础的方法. 而全局正则性, 曾经是连续性方法的直接应用的障碍, 最终被 Caffarelli, Nirenberg 和 Spruck [CNS] 以及 Krylov [KV5, 6] 解决, 他们分别发现了定理 17.26 和 17.26′, 并且因此建立了针对 Monge-Ampère 型方程 (17.2) 的堪称完美的定理 17.23. 文章 [CNS] 还把对于一般 Monge-Ampère 型方程的 Dirichlet 问题的可解性化简为全局下解的存在性, 由此容易推出定理 17.23 中的 $\beta=0,\gamma=n$ 这种情形. Caffarelli, Nirenberg 和 Spruck [CNS] 的工作以及 Ivochkina [IC2, 3] 的工作包含了一般边值 $\phi\in C^4(\overline{\Omega})$ 的情形. 在 [TU] 中, 定理 17.24 被推广到允许边界数据 $\partial\Omega\in C^{1,1},\phi\in C^{1,1}(\overline{\Omega})$.

关于 Bellman 方程的解的存在性的定理 17.18′ 属于 Krylov [KV5]. 17.8 节所使用的应用方向 γ 作为变量的想法出现在 Krylov 在 [KV4] 中对于内部二阶导数估计的论述当中. 定理 17.18′ 还可以推广到涵盖诸如 (17.29)′(17.53)′ 那样的结构条件 (参见 [TR13, 14], [CKNS]).

定理 17.30 中的非线性边值问题到先验估计的归结属于 Fiorenza [FI2] (另外参见 Ladyzhenskaya 和 Ural'tseva [LU4]). 在我们的论述中采用了 Lieberman [LB2] 对于引理 17.29 证明所做的某些简化, 不过, Lieberman 的工作的主旨是用其他泛函分析方法代替连续性方法, 以便在定理 17.28 中允许比条件 (iii) 更弱的假设. 对于完全非线性方程的斜边值问题近来被许多作者探讨, 其中包括: Lions 和 Trudinger [LPT], [TR14] 对于 Bellman 方程, Lieberman 和 Trudinger [LBT], [TR14] 对于一般非线性边条件以及 Lions, Trudinger 和 Urbas [LTU] 对于 Monge-Ampère 型方程.

习题

17.1. 证明: 如果算子 (17.1) 在点 $\gamma \in \Gamma$ 是椭圆型的, 那么函数 F 在 γ 关于 r 是严格增加的. 也就是说, 存在一个正数 ε, 使得对于所有非零的半正定矩阵 $\eta \in \mathbb{R}^{n\times n}$, 只要 $|\eta| < \varepsilon$ 就有

$$F(x,z,p,r) < F(x,z,p,r+\eta). \tag{17.112}$$

17.2. 证明: 对于任何 $\alpha \leqslant 1$, 若 $F \in C^{2,\alpha}(\overline{\Gamma})$, 则由 (17.1) 给定的算子 F 作为从 $C^{2,\alpha}(\overline{\Omega})$ 到 $C^{0,\alpha}(\overline{\Omega})$ 的映射是 Fréchet 可微的.

17.3. 比习题 17.2 更一般地, 证明: 对于任何 $\alpha, \beta \leqslant 1, \gamma < \alpha\beta, F$ 作为从 $C^{2,\alpha}(\overline{\Omega})$ 到 $C^{0,\alpha\gamma}(\overline{\Omega})$ 的映射是 Fréchet 可微的, 如果 F 关于 z, p, r 是可微的, 并且 $F, F_z, F_p, F_r \in C^{\beta}(\overline{\Gamma})$.

17.4. 证明定理 17.17 仍然成立, 如果条件 $F \in C^2(\Gamma)$ 替换成 (17.53) 中的导数的存在性, 并且其中的导数是在第 7 章意义下的弱导数.

17.5. 设 $u \in C^2(\overline{\Omega}) \cap C^4(\Omega)$ 是区域 $\Omega \subset \mathbb{R}^n$ 内的方程

$$F(D^2u) = g(x) \tag{17.113}$$

的一个下解, 其中 $F \in C^2(\mathbb{R}^{n\times n})$,$g \in C^2(\overline{\Omega})$,$F$ 关于 u 是椭圆型的, $\mathrm{tr}\,[F_{ij}(D^2u)] \geqslant 1$, 并且 F 关于 D^2u 是凹的. 证明

$$\sup_{\Omega} |D^2u| \leqslant C(\sup_{\partial\Omega} |D^2u| + \sup_{\Omega} |D^2g|), \tag{17.114}$$

其中 $C = C(n)$.

17.6. (a) $F \in C^1(\mathbb{R}^{n\times n})$ 在正交变换下是不变的. 证明对于任何 $r \in \mathbb{R}^{n\times n}$, 矩阵 $F'(r)$ 和 r 可交换.

(b) 假定习题 17.5 的条件加强如下, F 在正交变换下是不变的, 对于 $r \geqslant 0$ 是凹的, 并且 $\det[F_{ij}(D^2u)] \geqslant 1$. 还假定区域 Ω 是一致凸的, 其边界 $\partial\Omega \in C^3$, 并且在 $\partial\Omega$ 上 $u = 0$. 证明: 如果解 u 是凸的, 那么

$$\sup_{\partial\Omega} |D^2u| \leqslant C, \tag{17.115}$$

其中 C 依赖 $n, |g|_{1;\Omega}, |u|_{1;\Omega}$ 和 $\partial\Omega$.

17.7. (a) 设 $F \in C^1(\mathbb{R}^{n\times n})$ 在正交变换下是不变的, $k, l \in \{1, \ldots, n\}$, 考虑极坐标变换

$$\begin{aligned} x_k &= a + r\sin\theta, \\ x_l &= b - r\cos\theta, \end{aligned} \tag{17.116}$$

其中 a, b 是常数. 如果 $u \in C^3(\Omega)$ 在 Ω 内满足方程 (17.113), 证明在 $\Omega \cap \{r > 0\}$ 内

$$F_{ij} D_{ij} \left(\frac{\partial u}{\partial \theta}\right) = \frac{\partial g}{\partial \theta}. \tag{17.117}$$

(b) 设 Ω 是 $\mathbb{R}^n$ 内的 C^3 区域. 假定 $0 \in \partial\Omega$, 并且 $\partial\Omega$ 在 0 的内法向沿 x_n 轴. 如果 $u \in C^1(\overline{\Omega})$ 并且在 $\partial\Omega$ 上 $u = 0$, 证明在 0 的一个邻域内,

$$\left|\frac{\partial u}{\partial \theta}\right| \quad \text{或} \quad \left|\frac{\partial u}{\partial x_k}\right| \leqslant C|x_k|^2,$$

θ 由 (17.116) 给定, a, b 适当选取, 并且 $l = n$, 而 C 依赖 $\partial\Omega$ 和 $|u|_{1;\Omega}$. 相应地证明在习题 17.6 中, u 的凸性的假设能够取消 (参见 [IC1]).

17.8. Ω 是 $\mathbb{R}^n$ 内的 C^2 一致凸区域. 证明存在一个一致凸函数 $u \in C^2(\overline{\Omega})$ 并且在 $\partial\Omega$ 上取零值.

17.9. 证明: 若 f 是正的, 则方程

$$F[u] = (\Delta u)^2 - |D^2u|^2 = f(x) \tag{17.118}$$

关于任何解 u (或解的负值) 是椭圆型的. 利用习题 17.5, 17.7 的结果, 结合定理 17.14, 17.26, 证明对于 (17.118) 的 Dirichlet 问题是可解的, 只要区域 $\Omega \in C^3$ 是一致凸的, 边值是零, 而且正的 $f \in C^2(\overline{\Omega})$. 我们这里指出此结果能够推广到其边界有正平均曲率的更一般的区域 Ω.

17.10. 设 $F \in C^1(\Omega \times \mathbb{R} \times \mathbb{R}^n \times \mathbb{R}^{n\times n})$ 在某个点 $x_0 \in \Omega$ 满足

$$F(x_0, 0, 0, 0) = 0, \quad F_r(x_0, 0, 0, 0) > 0.$$

利用隐函数定理 (定理 17.6) 证明, 在 x_0 的某个邻域 $\mathscr{N}$ 内存在方程 (17.1) 的一个 $C^2(\mathscr{N})$ 解, 使得 $u(x_0) = Du(x_0) = 0$. (提示: 取 $x_0 = 0, t \in \mathbb{R}$, 做变量替换 $x = ty, u = t^2v$.)

参考书目

Adams, R. A.

[AD] Sobolev Spaces. New York: Academic Press 1975.

Agmon, S.

[AG] Lectures on Elliptic Boundary Value Problems. Princeton, N. J. : Van Nostrand 1965.

Agmon, S., A. Douglis, and L. Nirenberg

[ADN 1] Estimates near the boundary for solutions of elliptic partial differential equations satisfying general boundary conditions. I. Comm. Pure Appl. Math. **12**, 623–727 (1959).

[ADN 2] Estimates near the boundary for solutions of elliptic partial differential equations satisfying general boundary conditions. II. Comm. Pure Appl. Math. **17**, 35–92 (1964).

Aleksandrov, A. D.

[AL 1] Dirichlet's problem for the equation Det $\|Z_{ij}\| = \phi$. Vestnik Leningrad Univ. **13**, no. 1, 5–24 (1958) [Russian].

[AL 2] Certain estimates for the Dirichlet problem. Dokl. Akad. Nauk. SSSR **134**, 1001–1004 (1960) [Russian]. English Translation in Soviet Math. Dokl. **1**, 1151–1154 (1960).

[AL 3] Uniqueness conditions and estimates for the solution of the Dirichlet problem. Vestnik Leningrad Univ. **18**, no. 3, 5–29 (1963) [Russian]. English Translation in Amer. Math. Soc. Transl. (2) **68**, 89–119 (1968).

[AL 4] Majorization of solutions of second-order linear equations. Vestnik Leningrad Univ. **21**, no 1, 5–25 (1966) [Russian]. English Translation in Amer. Math. Soc. Transl. (2) **68**, 120–143 (1968).

[AL 5] Majorants of solutions and uniqueness conditions for elliptic equations. Vestnik Leningrad Univ. **21**, no. 7, 5–20 (1966) [Russian]. English Translation in Amer. Math. Soc. Transl. (2) **68**, 144–161 (1968).

[AL 6] The impossibility of general estimates for solutions and of uniqueness conditions for linear equations with norms weaker than in L_n. Vestnik Leningrad Univ. **21**, no. 13, 5–10 (1966) [Russian]. English Translation in Amer. Math. Soc. Transl. (2) **68**, 162–168 (1968).

Alkhutov, Yu. A.

[AK] Regularity of boundary points relative to the Dirichlet problem for second order elliptic equations. Mat. Zametki **30**, 333–342 (1981) [Russian]. English Translation in Math. Notes **30**, 655-661 (1982).

Allard, W.

[AA] On the first variation of a varifold. Ann. of Math. (2) **95**, 417–491 (1972).

Almgren, F. J.

[AM] Some interior regularity theorems for minimal surfaces and an extension of Bernstein's theorem. Ann. of Math. (2) **84**, 277–292 (1966).

Aubin, T.

[AU 1] Équations du type Monge-Ampère sur les variétés kählériennes compactes. C. R. Acad. Sci. Paris **283**, 119–121 (1976).

[AU 2] Problèmes isopérimètriques et espaces de Sobolev. J. Differential Geometry **11**, 573–598 (1976).

[AU 3] Équations du type Monge-Ampère sur les varietes kählériennes compactes. Bull. Sci. Math. **102**, 63–95 (1978).

[AU 4] Équations de Monge-Ampère réelles. J. Funct. Anal. **41**, 354–377 (1981).

Bakel'man, I. YA.

[BA 1] Generalized solutions of the Monge-Ampère equations. Dokl. Akad. Nauk. SSSR **114**, 1143–1145 (1957) [Russian].

[BA 2] The Dirichlet problem for equations of Monge-Ampère type and their n-dimensional analogues. Dokl. Akad. Nauk SSSR **126**, 923–926 (1959) [Russian].

[BA 3] Theory of quasilinear elliptic equations. Sibirsk. Mat. Ž. **2**, 179–186 (1961) [Russian].

[BA 4] Geometrical methods for solving elliptic equations. Moscow: Izdat. Nauka 1965 [Russian].

[BA 5] Mean curvature and quasilinear elliptic equations. Sibirsk. Mat. Ž. **9**, 1014–

1040 (1968) [Russian]. English Translation in Siberian Math. J. **9**, 752–771 (1968).

[BA 6] Geometric problems in quasilinear elliptic equations. Uspehi Mat. Nauk. **25**, no. 3, 49–112 (1970) [Russian]. English Translation in Russian Math. Surveys **25**, no. 3, 45–109 (1970).

[BA 7] The Dirichlet problem for the elliptic n-dimensional Monge-Ampère equations and related problems in the theory of quasilinear equations, Proceedings of Seminar on Monge-Ampère Equations and Related Topics, Istituto Nazionale di Alta Matematica, Rome 1–78 (1982).

Bernstein, S.

[BE 1] Sur la généralisation du problème de Dirichlet. I. Math. Ann **62**, 253–271 (1906).

[BE 2] Méthode générale pour la résolution du problème de Dirichlet. C. R. Acad. Sci. Paris **144**, 1025–1027 (1907).

[BE 3] Sur la généralisation du problème de Dirichlet II. Math. Ann. **69**, 82–136 (1910).

[BE 4] Conditions nécessaires et suffisantes pour la possibilité du problème de Dirichlet. C. R. Acad. Sci. Paris **150**, 514–515 (1910).

[BE 5] Sur les surfaces définies au moyen de leur courbure moyenne et totale. Ann. Sci. École Norm. Sup. **27**, 233–256 (1910).

[BE 6] Sur les équations du calcul des variations. Ann. Sci. École Norm. Sup. **29**, 431–485 (1912).

Bers, L., and L. Nirenberg

[BN] On linear and non-linear elliptic boundary value problems in the plane. In: Convegno Internazionale sulle Equazioni Lineari alle Derivate Parziali, Trieste, pp. 141–167. Rome: Edizioni Cremonese 1955.

Bers, L., and M. Schechter

[BS] Elliptic equations. In: Partial Differential Equations, pp. 131–299. New York: Interscience 1964.

Bliss, G. A.

[BL] An integral inequality. J. London Math. Soc. **5**, 40–46 (1930).

Bombieri, E.

[BM] Variational problems and elliptic equations. In: Proceedings of the International Congress of Mathematicians, Vancouver 1974, Vol. 1, 53–63. Vancouver: Canadian Mathematical Congress 1975.

Bombieri, E., E. De Giorgi, and E. Giusti

[BDG] Minimal cones and the Bernstein problem. Invent. Math. **7**, 243–268 (1969).

Bombieri, E., E. De Giorgi, and M. Miranda

[BDM] Una maggiorazione a priori relativa alle ipersuperfici minimali non parametriche. Arch. Rational Mech. Anal. **32**, 255–267 (1969).

Bombieri, E., and E. Giusti

[BG 1] Harnack's inequality for elliptic differential equations on minimal surfaces. Invent. Math. **15**, 24–46 (1972).

[BG 2] Local estimates for the gradient of non-parametric surfaces of prescribed mean curvature. Comm. Pure Appl. Math. **26**, 381–394 (1973).

Bony, J. M.

[BY] Principe du maximum dans les espaces de Sobolev. C. R. Acad. Sci. Paris **265**, 333–336 (1967).

Bouligand, G., G. Giraud, and P. Delens

[BGD] Le problème de la derivée oblique en théorie du potentiel. Actualités Scientifiques et Industrielles 219. Paris: Hermann 1935.

Brandt, A

[BR 1] Interior estimates for second-order elliptic differential (or finite-difference) equations via the maximum principle. Israel J. Math. **7**, 95–121 (1969).

[BR 2] Interior Schauder estimates for parabolic differential- (or difference-) equations via the maximum principle. Israel J. Math. **7**, 254–262 (1969).

Brezis, H., and L. C. Evans

[BV] A variational inequality approach to the Bellman-Dirichlet equation for two elliptic operators. Arch. Rational Mech. Anal. **71**, 1–13 (1979).

Browder, F. E.

[BW 1] Strongly elliptic systems of differential equations. In: Contributions to the Theory of Partial Differential Equations, pp. 15–51. Princeton, N. J. : Princeton University Press 1954.

[BW 2] On the regularity properties of solution of elliptic differential equations. Comm. Pure Appl. Math. **9**, 351–361 (1956).

[BW 3] Apriori estimates for solutions of elliptic boundary value problems, I, II, III. Neder. Akad. Wetensch. Indag. Math. **22**, 149–159, 160–169 (1960), **23**, 404–410 (1961).

[BW 4] Problèmes non-linéaires. Séminaire de Mathématiques Supérieures, No. 15 (Été, 1965). Montreal, Que. : Les Presses de I'Université de Montreal 1966.

[BW 5] Existence theorems for nonlinear partial differential equations. In: Proceedings of Symposia in Pure Mathematics, Volume XVI;pp. 1–60. Providence, R. I. : American Mathematical Society 1970.

Caccioppoli, R.

[CA 1] Sulle equazioni ellittiche a derivate parziali con n variabili indipendenti. Atti Accad. Naz. Lincei Rend. Cl. Sci. Fis. Mat. Natur. (6) **19**, 83–89 (1934).

[CA 2] Sulle equazioni ellittiche a derivate parziali con due variabili indipendenti, e sui problemi regolari di calcolo delle variazioni. I. Atti Accad. Naz. Lincei Rend. Cl. Sci. Fis. Mat. Natur. (6) **22**, 305–310 (1935).

[CA 3] Sulle equazioni ellittiche a derivate parziali con due variabili indipendenti. e sui problemi regolari di calcolo delle variazioni. II. Atti Accad. Naz. Lincei Rend. Cl. Sci. Fis. Mat. Natur. (6) **22**, 376–379 (1935).

[CA 4] Limitazioni integrali per le soluzioni di un'equazione lineare ellittica a derivate parziali. Giorn. Mat. Battaglini (4) **4** (80), 186–212 (1951).

Caffarelli, L., L. Nirenberg, and J. Spruck

[CNS] The Dirichlet problem for nonlinear second order elliptic equations, I. Monge-Ampère equations. Comm. Pure Appl. Math. **37**, 369–402 (1984).

Caffarelli, L., J. Kohn, L. Nirenberg, and J. Spruck

[CKNS] The Dirichlet problem for nonlinear second-order elliptic equations II. Comm. Pure Appl. Math. **38**, 209–252 (1985).

Calabi, E.

[CL] Improper affine hyperspheres of convex type and a generalization of a theorem by K. Jörgens. Michigan Math. J. **5**, 105–126 (1958).

Calderon, A. P., and A. Zygmund

[CZ] On the existence of certain singular integrals. Acta Math. **88**, 85–139 (1952).

Campanato, S.

[CM 1] Proprietà di inclusione per spazi di Morrey. Ricerche Mat. **12**, 67–86 (1963).

[CM 2] Equazioni ellittiche del II^0 ordine e spazi $\mathscr{L}^{(2,\lambda)}$. Ann. Mat. Pura Appl. (4) **69**, 321–381 (1965).

[CM 3] Sistemi ellittici in forma divergenza. Regolarità all' interno. Quaderni della Scuola Norm. Sup. di Pisa (1980).

Campanato, S., and G. Stampacchia

[CS] Sulle maggiorazioni in L^p nella teoria delle equazioni ellittiche. Boll. Un. Mat. Ital. (3) **20**, 393–399 (1965).

Cheng, S. Y., and S. T. Yau

[CY 1] On the regularity of the Monge-Ampère equation det $(\partial^2 u/\partial x_i \partial x_j) = F(x,u)$. Comm. Pure Appl. Math. **30**, 41–68 (1977).

[CY 2] On the regularity of the solution of the n-dimensional Minowski problem. Comm. Pure Appl. Math. **19**, 495–516 (1976).

[CY 3] On the existence of a complete Kähler metric on non-compact complex manifolds and the regularity of Fefferman's equation. Comm. Pure Appl. Math. **33**, 507–544 (1980).

[CY 4] The real Monge-Ampère equation and affine flat structures. Proc. 1980 Beijing Symposium on Differential Geometry and Differential Equations. Vol. I, 339–370 (1982). Editors, S. Chern, W. T. Wu.

Chicco. M.

[CI 1] Principio di massimo forte per sottosoluzioni di equazioni ellittiche di tipo variazionale. Boll. Un. Mat. Ital (3) **22**, 368–372 (1967).

[CI 2] Semicontinuità delle sottosoluzioni di equazioni ellittiche di tipo variazionale. Boll. Un. Mat. Ital. (4) **1**, 548–553 (1968).

[CI 3] Principio di massimo per soluzioni di problemi al contorno misti per equazioni ellittiche di tipo variazionale. Boll. Un. Mat. Ital. (4) **3**, 384–394 (1970).

[CI 4] Solvability of the Dirichlet problem in $H^{2,p}(\Omega)$ for a class of linear second order elliptic partial differential equations, Boll. Un. Mat. Ital. (4) **4**, 374–387 (1971).

[CI 5] Sulle equazioni ellittiche del secondo ordine a coefficienti continui. Ann. Mat. Pura Appl. (4) **88**, 123–133 (1971).

Cordes, H. O.

[CO 1] Über die erste Randwertaufgabe bei quasilinearen Differentialgleichungen zweiter. Ordnung in mehr als zwei Variablen. Math. Ann. **131**, 278–312 (1956).

[CO 2] Zero order a priori estimates for solutions of elliptic differential equations. In: Proceedings of Symposia in Pure Mathematics, Volume IV, pp. 157–166. Providence. R. I. : American Mathematical Society 1961.

Courant, R., and D. Hilbert

[CH] Methods of Mathematical Physics. VolumesI, II. New York: Interscience 1953, 1962.

De Giorgi, E.

[DG 1] Sulla differenziabilità e l'analiticità delle estremali degli integrali multipli regolari. Mem. Accad. Sci. Torino Cl. Sci. Fis. Mat. Natur. (3) **3**, 25–43 (1957).

[DG 2] Una estensione del teorema di Bernstein. Ann. Scuola Norm. Sup. Pisa (3) **19**, 79–85 (1965).

Delanoë, P.

[DE 1] Équations du type Monge-Ampère sur les variétés Riemanniennes compactes I J. Funct Anal. **40**, 358–386 (1981).

[DE 2] Équations du type Monge-Ampère sur les variétés Riemanniennes compactes II. J. Funct Anal. **41**, 341–353 (1981).

Dieudonné, J.

[DI] Foundations of Modern Analysis. New York: Academic Press, 1960.

Douglas, J., T. Dupont and J. Serrin

[DDS] Uniqueness and comparison theorems for nonlinear elliptic equations in divergence form. Arch. Rational Mech. Anal. **42**, 157–168 (1971).

Douglis, A., and L. Nirenberg

[DN] Interior estimates for elliptic systems of partial differential equations. Comm. Pure Appl. Math. **8**, 503–538 (1955).

Dunford, N., and J. T. Schwartz

[DS] Linear Operators, Part I. New York: Interscience 1958.

Edmunds, D. E.

[ED] Quasilinear second order elliptic and parabolic equations. Bull. London Math, Soc. **2**, 5–28 (1970).

Edwards, R. E.

[EW] Functional Analysis: Theory and Applications. New York: Holt, Rinehart and Winston 1965.

Egorov. Yu. V., and V. A. Kondrat'ev

[EK] The oblique derivative problem. Mat. Sb. (N. S.) **78** (120), 148–176 (1969) [Russian]. English Translation in Math USSR Sb. 7, 139–169 (1969).

Emmer, M.

[EM] Esistenza, unicità e regolarità nelle superfice di equilibrio nei capillari. Ann. Univ. Ferrara **18**. 79–94 (1973).

Evans, L. C.

[EV 1] A convergence theorem for solutions of non-linear second order elliptic equations. Indiana University Math. J. **27**, 875–887 (1978).

[EV 2] Classical solutions of fully nonlinear, convex, second order elliptic equations. Comm. Pure Appl. Math. **25**, 333–363 (1982).

[EV 3] Classical solutions of the Hamilton-Jacobi Bellman equation for uniformly elliptic operators. Trans. Amer. Math. Soc. **275**, 245–255 (1983).

[EV 4] Some estimates for nondivergence structure, second order equations. Trans. Amer. Math. Soc. **287**, 701–712 (1985).

Evans, L. C., and A. Friedman

[EF] Optimal stochastic switching and the Dirichlet problem for the Bellman equation. Trans Amer. Math. Soc. **253**. 365–389 (1979).

Evans, L. C., and P. L. Lions

[EL 1] Résolution des équations de Hamilton-Jacobi-Bellman pour des opérateurs uniformément elliptiques. C. R. Acad. Sci. Paris, **290**, 1049–1052 (1980).

[EL 2] Fully non-linear second order elliptic equations with large zeroth order coefficient. Ann. Inst. Fourier (Grenoble) **31**, fasc. 2, 175–191 (1981).

Fabes, E. B., C. E. Kenig, and R. P. Serapioni

[FKS] The local regularity of solutions of degenerate elliptic equations. Comm. Part. Diff. Equats. 7, 77–116 (1982).

Fabes, E. B., and D. W. Stroock

[FS] The L^p-integrability of Green's functions and fundamental solutions for elliptic and parabolic equations. Duke Math. J. **51**, 997–1016 (1984).

Federer, H.

[FE] Geometric Measure Theory. Berlin-Heidelberg-New York: Springer-Verlag 1969.

Fefferman, C., and E. Stein

[FS] H^p spaces of several variables. Acta Math. **129**, 137–193 (1972).

Finn. R.

[FN 1] A property of minimal surfaces. Proc. Nat. Acad. Sci. U. S. A., **39**, 197–201 (1953).

[FN 2] On equations of minimal surface type. Ann. of Math. (2) **60**, 397–416 (1954).

[FN 3] New estimates for equations of minimal surface type. Arch. Rational Mech. Anal. **14**, 337–375 (1963).

[FN 4] Remarks relevant to minimal surfaces, and to surfaces of prescribed mean curvature. J. Analyse Math. **14**, 139–160 (1965).

Finn, R., and D. Gilbarg

[FG 1] Asymptotic behavior and uniqueness of plane subsonic flows. Comm. Pure Appl. Math. **10**, 23–63 (1957)

[FG 2] Three-dimensional subsonic flows, and asymptotic estimates for elliptic partial differential equations. Acta Math. **98**, 265–296 (1957).

Finn, R., and J. Serrin

[FS] On the Hölder continuity of quasi-conformal and elliptic mappings. Trans. Amer. Math. Soc. **89**, 1–15 (1958).

Fiorenza, R.

[FI 1] Sui problemi di derivata obliqua per le equazioni ellittiche. Ricerche Mat. **8**, 83–110 (1959).

[FI 2] Sui problemi di derivata obliqua per le equazioni ellittiche quasi lineari. Ricerche Mat. **15**, 74–108 (1966).

Fleming. W.

[FL] On the oriented Plateau problem. Rend. Circ. Mat. Palermo (2) **11**, 69–90 (1962).

Friedman, A.

[FR] Partial Differential Equations. New York: Holt, Rinehart and Winston 1969.

Friedrichs, K. O.

[FD 1] The identity of weak and strong extensions of differential operators. Trans. Amer. Math. Soc. **55**, 132–151 (1944).

[FD 2] On the differentiability of the solutions of linear elliptic differential equations. Comm. Pure Appl. Math. **6**, 299–326 (1953).

Gårding, L.

[GA] Dirichlet's problem for linear elliptic partial differential equations. Math. Scand. **1**, 55–72 (1953).

Gariepy, R., and W. P. Ziemer

[GZ 1] Behaviour at the boundary of solutions of quasilinear elliptic equations. Arch. Rational Mech. Anal. **56**, 372–384 (1974).

[GZ 2] A regularity condition at the boundary for solutions of quasilinear elliptic equations. Arch. Rational Mech. Anal. **67**, 25–39 (1977).

Gerhardt, C.

[GE 1] Existence, regularity, and boundary behaviour of generalized surfaces of prescribed mean curvature. Math. Z. **139**, 173–198 (1974).

[GE 2] On the regularity of solutions to variational problems in BV (Ω). Math. Z. **149**, 281–286 (1976).

[GE 3] Global regularity of the solutions to the capillarity problem. Ann. Scuola Norm. Sup. Pisa (4) **3**, 157–175 (1976).

[GE 4] Boundary value problems for surfaces of prescribed mean curvature. J. Math. Pures et Appl. **58**, 75–109 (1979).

Giaquinta, M.

[GI 1] On the Dirichlet problem for surfaces of prescribed mean curvature. Manuscripta Math. **12**, 73–86 (1974).

[GI 2] Multiple Integrals in the Calculus of Variations and Nonlinear Elliptic Systems, Annals of Math. Studies 105. Princeton Univ. Press, Princeton, 1983.

Gilbarg, D.

[GL 1] Some local properties of elliptic equations. In: Proceedings of Symposia in Pure Mathematics, Volume IV, pp. 127–141. Providence, R. I. : American Mathematical Society 1961.

[GL 2] Boundary value problems for nonlinear elliptic equations in n variables. In: Nonlinear Problems, pp. 151–159. Madison, Wis. : University of Wisconsin Press 1963.

Gilbarg, D., and L. Hörmander

[GH] Intermediate Schauder estimates. Arch. Rational Mech. Anal. **74**, 297–318 (1980).

Gilbarg. D., and J. Serrin

[GS] On isolated singularities of solutions of second order elliptic differential equations. J. Analyse Math. **4**, 309–340 (1955/56).

Giraud, G.

[GR 1] Sur le problème de Dirichlet généralisé (deuxième mémoire). Ann. Sci. École Norm. Sup. (3) **46**, 131–245 (1929).

[GR 2] Généralisation des problèmes sur les opérations du type elliptiques. Bull. Sci. Math. (2) **56**, 248–272, 281–312, 316–352 (1932).

[GR 3] Sur certains problèmes non linéaires de Neumann et sur certains problèmes non linéaires mixtes. Ann. Sci. École Norm. Sup. (3) **49**, 1–104, 245–309 (1932).

[GR 4] Équations à integrales principales d'ordre quelconque. Ann., Sci. Ecole Norm. Sup. **53** (36) 1–40 (1936).

Giusti. E.

[GT 1] Superfici cartesiane di area minima. Rend. Sem. Mat. Fis. Milano **40**, 3–21 (1970).

[GT 2] Boundary value problems for non-parametric surfaces of prescribed mean curvature. Ann. Scuola Norm. Sup. Pisa (4) **3**, 501–548 (1976).

[GT 3] On the equation of surfaces of prescribed mean curvature. Invent. Math. **46**, 111–137 (1978).

[GT 4] Equazioni ellittiche del secondo ordine. Bologna: Pitagora Editrice 1978.

[GT 5] Minimal Surfaces and Functions of Bounded Variation. Boston: Birkhäuser, 1984.

Greco, D.

[GC] Nuove formole integrali di maggiorazione per le soluzioni di un'equazione lineare di tipo ellittico ed applicazioni alla teoria del potenziale. Ricerche Mat, **5**, 126–149 (1956).

Günter, N. M.

[GU] Potential Theory and its Applications to Basic Problems of Mathematical Physics. New York: Frederick Ungar Publishing Co. 1967.

Gustin, N.

[GN] A bilinear integral identity for harmonic functions. Amer. J. Math. **70**, 202–220 (1948).

Hardy, G. H., and J. E. Littlewood

[HL] Some properties of fractional integrals. I. Math. Z. **27**, 565–606 (1928).

Hardy. G. H., J. E. Littlewood, and G. Polya

[HLP] Inequalities. 2nd ed., Cambridge: Cambridge University Press 1952.

Hartman. P.

[HA] On the bounded slope condition. Pacific J. Math. **18**, 495–511 (1966).

Hartman, P. and L. Nirenberg

[HN] On spherical image maps whose Jacobians do not change sign. Amer. J. Math. **81**, 901–920 (1959).

Hartman, P., and G. Stampacchia

[HS] On some non-linear elliptic differential-functional equations. Acta Math. **115**, 271–310 (1966).

Heinz, E.

[HE 1] Über die Lösungen der Minimalflächengleichung. Nachr. Akad. Wiss. Göttingen. Math. Phys. Kl. Ⅱa, 51–56 (1952).

[HE 2] On elliptic Monge-Ampère equations and Weyl's imbedding problem. Analyse Math. **7**, 1–52 (1959).

[HE 3] Interior gradient estimates for surfaces $z = f(x, y)$ with prescribed mean curvature. J. Differential Geometry **5**, 149–157 (1971).

Helms, L. L.

[HL] Introduction to potential theory. New York: Wiley-Interscience 1969.

Hervé, R. -M.

[HR] Recherches axiomatiques sur la théorie des fonctions surharmoniques et du potentiel. Ann. Inst. Fourier (Grenoble) **12**, 415–571 (1962).

Hervé, R. -M., and M. Hervé

[HH] Les fonctions surharmoniques associées à un opérateur elliptique du second ordre à coefficients discontinus. Ann. Inst. Fourier (Grenoble) **19**, fasc. 1, 305–359 (1969).

Hilbert, D.

[HI] Über das Dirichletsche Prinzip. Jber. Deutsch. Math. -Verein. **8**, 184–188 (1900).

Hildebrandt, S.

[HD] Maximum principles for minimal surfaces and for surfaces of continuous mean curvature. Math. Z. **128**, 253–269 (1972).

Hopf, E.

[HO 1] Elementare Bemerkungen über die Lösungen partieller Differentialgleichungen zweiter Ordnung vom elliptischen Typus. Sitz. Ber. Preuss. Akad. Wissensch. Berlin, Math. -Phys. Kl. **19**, 147–152 (1927).

[HO 2] Zum analytischen Charakter der Lösungen regulärer zweidimensionaler Variationsprobleme. Math. Z. **30**, 404–413 (1929).

[HO 3] Über den funktionalen, insbesondere den analytischen Charakter der Lösungen elliptischer Differentialgleichungen zweiter Ordnung. Math. Z. **34**, 194–233 (1932).

[HO 4] On S. Bernstein's theorem on surfaces $z(x, y)$ of nonpositive curvature. Proc. Amer. Math. Soc. **1**, 80–85 (1950).

[HO 5] A remark on linear elliptic differential equations of second order. Proc. Amer. Math. Soc. **3**, 791–793 (1952).

[HO 6] On an inequality for minimal surfaces $z = z(x, y)$. J. Rational Mech. Anal. **2**, 519–522 (1953).

Hörmander. L.

[HM 1] Pseudo-differential operators and non-elliptic boundary problems. Ann. of Math. (2) **83**, 129–209 (1966).

[HM 2] Hypoelliptic second order differential equations. Acta Math. **119**, 147–161 (1967).

[HM 3] The boundary problems of physical geodesy. Arch. Rational Mech. Anal. **62**, 1–52 (1976).

Ivanov, A. V.

[IV 1] Interior estimates of the first derivatives of the solutions of quasi-linear nonuniformly elliptic and nonuniformly parabolic equations of general form. Zap. Naučn. Sem. Leningrad. Otdel. Mat. Inst. Steklov. (LOMI) **14**, 24–47 (1969) [Russian]. English Translation in Sem. Math. V. A. Steklov Math. Inst. Leningrad **14**, 9–21 (1971).

[IV 2] The Dirichlet problem for second-order quasi-linear nonuniformly elliptic equations. Zap. Naučn. Sem. Leningrad. Otdel. Mat. Inst. Steklov. (LOMI) **19**, 79–94 (1970) [Russian]. English Translation in Sem. Math. V. A. Steklov Math. Inst. Leningrad **19**, 43–52 (1972).

[IV 3] A priori estimates for solutions of nonlinear second order elliptic equations. Zap. Naŭcn. Sem. Leningrad, Otdel. Mat. Inst. Steklov. (LOMI) **59**, 31–59 (1976) [Russian]. English translation in J. Soviet Math. **10**, 217–240 (1978).

[IV 4] A priori estimates of the second derivatives of solutions to nonlinear second order equations on the boundary of the domain. Zap. Naŭcn. Sem. Leningrad. Otdel. Mat. Inst. Steklov. (LOMI) **69**, 65–76 (1977) [Russian]. English translation in J. Soviet Math. **10**, 44–53 (1978).

Ivočkina, N. M.

[IC 1] The integral method of barrier functions and the Dirichlet problem for equations with operators of Monge-Ampère type. Mat. Sb. (N. S.) **112**, 193–206 (1980) [Russian]. English translation in Math. USSR Sb. **40**, 179–192 (1981).

[IC 2] An a priori estimate of $\|u\|^2_{C(\Omega)}$ for convex solutions of Monge-Ampère equations, Zap. Nauchn. Sem. Leningr. Otdel. Mat. Inst. Steklova (LOMI) **96**, 69–79 (1980).

[IC 3] Classical solvability of the Dirichlet problem for the Monge-Ampère equation, Zap. Nauchn. Sem. Leningr. Otdel. Mat. Inst. Steklova (LOMI) **131**, 72–79 (1983).

Ivočkina, N. M., and A. P. Oskolkov

[IO] Nonlocal estimates for the first derivatives of solutions of the first boundary problem for certain classes of nonuniformly elliptic and nonuniformly parabolic equations and systems. Trudy Mat. Inst. Steklov **110**, 65–101 (1970) [Russian]. English Translation in Proc. Steklov Inst. Math. **110**, 72–115 (1970).

Jenkins, H.

[JE] On 2-dimensional variational problems in parametric form. Arch. Rational Mech. Anal. **8**, 181–206 (1961).

Jenkins, H., and J. Serrin

[JS 1] Variational problems of minimal surface type I. Arch. Rational Mech. Anal. **12**, 185–212 (1963).

[JS 2] The Dirichlet problem for the minimal surface equation in higher dimensions. J. Reine Angew. Math. **229**, 170–187 (1968).

John. F., and L. Nirenberg

[JN] On functions of bounded mean oscillation. Comm. Pure Appl. Math. **14**, 415–426 (1961).

Kamynin L. I., and B. N. Himčenko

[KH] Investigations on the maximum principle. Dokl. Akad. Nauk SSSR **240**, 774–777 (1978) [Russian]. English Translation in Soviet Math. Dokl. **19**, 677–681 (1978).

Kellogg. O. D.

[KE 1] On the derivatives of harmonic functions on the boundary. Trans. Amer. Math. Soc. **33**, 486–510 (1931).

[KE 2] Foundations of Potential Theory. New York: Dover 1954.

Kinderlehrer, D., and G. Stampacchia

[KST] An introduction to variational inequalities and their applications. New York: Academic Press (1980).

Kohn, J. J.

[KJ] Pseudo-differential operators and hypoellipticity. In: Proceedings of Symposia in Pure Mathematics, Volume XXIII, pp. 61–69. Providence, R. I.: American Mathematical Society (1973).

Kondrachov. V. I.

[KN] Sur certaines propriétés des fonctions dans l'espace L^p. C. R. (Doklady)Acad. Sci. URSS (N. S.) **48**, 535–538 (1945).

Korn, A.

[KR 1] Über Minimalflächen, deren Randkurven wenig von ebenen Kurven abweichen. Abhandl. Königl. Preuss. Akad. Wiss., Berlin 1909; Anhang, Abh. 2.

[KR 2] Zwei Anwendungen der Methode der sukzessiven Annäherungen. Schwarz Festschrift. Berlin 1914, 215–229.

Koševel, A. E.

[KO] On boundedness in L^p of derivatives of solutions of elliptic differential equations. Mat. Sb. (N. S.) **38** (80), 359–372 (1956) [Russian].

Krylov, N. V.

[KV 1] On the first boundary value problem for second order elliptic equations, Differents. Uravn. **3**, 315–325 (1967) [Russian]. English Translation in Differential Equations **3**, 158–164 (1967).

[KV 2] Controlled diffusion processes. Berlin-Heidelberg-New York: Springer-Verlag (1980).

[KV 3] On control of a diffusion process up to the time of first exit from a region. Izvestia Akad. Nauk. SSSR **45**, 1029–1048 (1981) [Russian]. English Translation in Math. USSR Izv. **19**, 297–313 (1982).

[KV 4] Boundedly inhomogeneous elliptic and parabolic equations. Izvestia Akad. Nauk. SSSR **46**, 487–523 (1982) [Russian]. English Translation in Math. USSR Izv. **20** (1983).

[KV 5] Boundedly inhomogeneous elliptic and parabolic equations in a domain. Izvestia Akad. Nauk. SSSR **47**, 75–108 (1983) [Russian]. English translation in Math. USSR Izv. **22**, 67–97 (1984).

[KV 6] On degenerate nonlinear elliptic equations. Mat. Sb. (N. S.) **120**, 311–330 (1983) [Russian]. English translation in Math. USSR Sbornik **48**, 307–326 (1984).

Krylov, N. V. and M. V. Safonov

[KS 1] An estimate of the probability that a diffusion process hits a set of positive measure. Dokl. Akad. Nauk. SSSR 245, 253–255 (1979) [Russian]. English translation in Soviet Math. Dokl. **20**, 253–255 (1979).

[KS 2] Certain properties of solutions of parabolic equations with measurable coefficients. Izvestia Akad. Nauk. SSSR **40**, 161–175 (1980) [Russian]. English translation in Math. USSR Izv. **161**, 151–164 (1981).

Ladyzhenskaya, O. A.

[LA] Solution of the first boundary problem in the large for quasi-linear parabolic equations. Trudy Moskov. Mat. Obšč. **7**, 149–177 (1958) [Russian].

Ladyzhenskaya. O. A., and N. N. Ural'tseva

[LU 1] On the smoothness of weak solutions of quasilinear equations in several variables and of variational problems. Comm. Pure Appl. Math. **14**, 481–495 (1961).

[LU 2] Quasilinear elliptic equations and variational problems with several independent variables. Uspehi Mat. Nauk **16**, no. 1, 19–90 (1961) [Russian]. English Translation in Russian Math, Surveys **16**, no, 1, 17–92 (1961).

[LU 3] On Hölder continuity of solutions and their derivatives of linear and quasilinear elliptic and parabolic equations. Trudy Mat. Inst. Steklov. **73**, 172–220 (1964) [Russian]. English Translation in Amer. Math. Soc. Transl. (2) **61**, 207–269 (1967).

[LU 4] Linear and Quasilinear Elliptic Equations. Moscow: Izdat. "Nauka" 1964 [Russian]. English Translation: New York: Academic Press 1968. 2nd Russian ed. 1973.

[LU 5] Global estimates of the first derivatives of the solutions of quasi-linear elliptic and parabolic equations. Zap. Naučn. Sem. Leningrad. Otdel. Mat. Inst. Steklov. (LOMI) **14**, 127–155 (1969) [Russian]. English Translation in Sem. Math. V. A. Steklov Math. Inst. Leningrad **14**, 63–77 (1971).

[LU 6] Local estimates for gradients of solutions of non-uniformly elliptic and parabolic equations. Comm. Pure Appl. Math. **23**, 677–703 (1970).

[LU 7] Hölder estimates for solutions of second order quasilinear elliptic equations in general form. Zap. Nauchn. Sem. Leningr. Otdel. Mat. Inst. Steklova (LOMI) **96**, 161–168 (1980) [Russian]. English translation in J. Soviet Math. **21**, 762–768 (1983).

[LU 8] On Sounds for max $|u_x|$ for solutions of quasilinear elliptic and parabolic equations and existence theorems. Zap. Nauchn. Sem. Leningr. Otdel. Mat. Inst. Steklova (LOMI) **138**, 90–107 (1984).

Landis, E. M.

[LN 1] Harnack's inequality for second order elliptic equations of Cordes type. Dokl. Akad. Nauk SSSR **179**, 1272–1275 (1968) [Russian]. English Translation in Soviet Math. Dokl. **9**, 540–543 (1968).

[LN 2] Second Order Equations of Elliptic and Parabolic Types. Moscow: Nauka, 1971 [Russian].

Landkof, N. S

[LK] Foundations of Modern Potential Theory. New York-Heidelberg-Berlin: Springer-Verlag (1972).

Lax. P. D.

[LX] On Cauchy's problem for hyperbolic equations and the differentiability of solutions of elliptic equations. Comm. Pure Appl. Maths. **8**, 615–633 (1955).

Lax. P. D., and A. M. Milgram

[LM] Parabolic equations. In: Contributions to the Theory of Partial Differential Equations, pp. 167–190. Princeton, N. J. : Princeton University Press 1954.

Lebesgue, H.

[LE] Sur le problème de Dirichlet. Rend. Circ. Mat. Palermo **24**, 371–402 (1907).

Leray. J.

[LR] Discussion d'un problème de Dirichlet. J. Math. Pures Appl. **18**, 249–284 (1939).

Leray. J., et. J. -L. Lions

[LL] Quelques résultats de Višik sur les problèmes elliptiques non linéaires par les méthodes de Minty-Browder. Bull. Soc. Math. France **93**, 97–107 (1965).

Leray, J., et J. Schauder

[LS] Topologie et équations fonctionelles, Ann. Sci. École Norm. Sup. **51**, 45–78 (1934).

Lewy, H.

[LW 1] A priori limitations for solutions of Monge-Ampère equations I, II. Trans. Amer. Math. Soc. **37**, 417–434 (1935); **41**, 365–374 (1937).

Lewy. H., and G. Stampacchia

[LST] On existence and smoothness of solutions of some noncoercive variational inequalities. Arch. Rational Mech. Anal. **41**, 241–253 (1971).

Lichtenstein, L.

[LC] Neuere Entwicklung der Theorie partieller Differentialgleichungen zweiter Ordnung vom elliptischen Typus. In: Enc. d. Math. Wissensch. 2. 3. 2, 1277–1334 (1924). Leipzig: B. G. Teubner 1923–27.

Lieberman, G. M.

[LB 1] The quasilinear Dirichlet problem with decreased regularity at the boundary. Comm. Partial Differential Equations **6**, 437–497 (1981).

[LB 2] Solvability of quasilinear elliptic equations with nonlinear boundary conditions. Trans. Amer. Math. Soc. **273**, 753–765 (1982).

[LB 3] The nonlinear oblique derivative problem for quasilinear elliptic equations. Journal of Nonlinear Analysis **8**, 49–65 (1984).

[LB 4] The conormal derivative problem for elliptic equations of variational type. J. Differential Equations **49**, 218–257 (1983).

Lieberman, G. M., and N. S. Trudinger

[LT] Nonlinear oblique boundary value problems for nonlinear elliptic equations. Trans. Amer. Math. Soc. **296**, 509–546 (1986).

Lions, P.-L.

[LP 1] Problèmes elliptiques du 2ème ordre non sous forme divergence. Proc. Roy. Soc. Edinburgh **84A**, 263–271 (1979).

[LP 2] A remark on some elliptic second order problems. Boll. Un. Mat. Ital. (5) **17A**, 267–270 (1980).

[LP 3] Résolution de problèmes elliptiques quasilinearies. Arch. Rational Mech. Anal. **74**, 335–353 (1980).

[LP 4] Résolution analytique des problèmes de Bellman-Dirichlet. Acta Math., **146**, 151–166 (1981).

[LP 5] Generalized solutions of Hamilton-Jacobi equations. London: Pitman (1982).

[LP 6] Sur les équations de Monge-Ampère 1. Manuscripta Math. **41**, 1–44 (1983).

[LP 7] Sur les équations de Monge-Ampère 2. Arch. Rational Mech. Anal. (1984).

[LP 8] Optimal control of diffusion processes and Hamilton-Jacobi Bellman equations I, II. Comm. Part. Diff. Equats. **8**, 1101–1174, 1229–1276 (1983).

[LP 9] Optimal control of diffusion processes and Hamilton-Jacobi Bellman equations III. In: Collège de France Seminar IV, London: Pitman (1984).

[LP 10] Hamilton-Jacobi-Bellman equations and the optimal control of stochastic systems. Proc. Int. Cong. Math. Warsaw, 1983.

Lions, P.-L., and J. L. Menaldi

[LD] Problèmes de Bellman avec les contrôles dans les coefficients de plus haut degré. C.R. Acad. Sci. Paris **287**, 409–412 (1978).

Lions, P.-L., and N. S. Trudinger

[LPT] Linear oblique derivative problems for the uniformly elliptic Hamilton-Jacobi Bellman equation. Math. Zeit. **191**, 1–15(1986).

Lions P.-L., N. S. Trudinger and J. I. E. Urbas

[LTU] The Neumann problem for equations of Monge-Ampère type. Comm. Pure Appl. Math. **39**, 539–563 (1986).

Littman, W., G. Stampacchia and H. F. Weinberger

[LSW] Regular points for elliptic equations with discontinuous coefficients. Ann. Scuola Norm. Sup. Pisa (3) **17**, 43–77 (1963).

Mamedov, I. T.

[MV 1] On an a priori estimate of the Hölder norm of solutions of quasilinear parabolic equations with discontinuous coefficients. Dokl. Akad. Nauk. SSSR **252**, (1980) [Russian]. English translation in Soviet Math. Dokl. **21**, 872–875 (1980).

[MV 2] Behavior near the boundary of solutions of degenerate second order elliptic equations. Mat. Zametki **30**, 343–352 (1981) [Russian]. English Translation in Math. Notes **30**, 661–666 (1981).

Marcinkiewicz, J.

[MA] Sur l'interpolation d'opérations. C. R. Acad. Sci. Paris **208**, 1272–1273 (1939).

Maz'ya. V. G.

[MZ] Behavior near the boundary of the solution of the Dirichlet problem for a second order elliptic equation in divergence form. Mat. Zametki **2**, 209–220 (1967) [Russian]. English Translation in Math. Notes **2**, 610–619 (1967).

Melin, A., and J. Sjöstrand

[MSJ] Fourier integral operators with complex phase functions and parametrics for an interior boundary value problem. Comm. Part. Diff. Equats. **1**, 313–400 (1976).

Meyers, N. G.

[ME 1] An L^p-estimate for the gradient of solutions of second order elliptic divergence equations. Ann. Scuola Norm. Sup. Pisa (3) **17**, 189–206 (1963).

[ME 2] An example of non-uniqueness in the theory of quasilinear elliptic equations of second order. Arch. Rational Mech. Anal. **14**, 177–179 (1963).

Meyers, N. G., and J. Serrin

[MS 1] The exterior Dirichlet problem for second order elliptic partial differential equations. J. Math. Mech. **9**, 513–538 (1960).

[MS 2] $H = W$. Proc. Nat. Acad. Sci. U. S. A. **51**, 1055–1056 (1964).

Michael, J. H.

[MI 1] A general theory for linear elliptic partial differential equations. J. Differential Equations **23**, 1–29 (1977).

[MI 2] Barriers for uniformly elliptic equations and the exterior cone condition. J. Math. Anal. and Appl. **79**, 203–217 (1981).

Michael, J. H., and L. M. Simon

[MSI] Sobolev and mean-value inequalities on generalized submanifolds of R^n. Comm. Pure Appl. Math. **26**, 361–379 (1973).

Miller, K.

[ML 1] Barriers on cones for uniformly elliptic operators. Ann. Mat. Pura Appl. (4) **76**, 93–105 (1967).

[ML 2] Exceptional boundary points for the nondivergence equation which are regular for the Laplace equation and vice-versa. Ann. Scuola Norm. Sup. Pisa (3) **22**, 315–330 (1968).

[ML 3] Extremal barriers on cones with Phragmèn-Lindelöf theorems and other applications. Ann. Mat. Pura Appl. (4) **90**, 297–329 (1971).

[ML 4] Nonequivalence of regular boundary points for the Laplace and nondivergence equations even with continuous coefficients. Ann. Scuola Norm. Sup. Pisa (3) **24**, 159–163 (1970).

Miranda. C.

[MR 1] Sul problema misto per le equazioni lineari ellittiche. Ann. Mat. Pura Appl. (4) **39**, 279–303 (1955).

[MR 2] Partial Differential Equations of Elliptic Type. 2nd ed., Berlin-Heidelberg-New York: Springer-Verlag 1970.

Miranda, M.

[MD 1] Diseguaglianze di Sobolev sulle ipersuperfici minimali. Rend. Sem. Math. Univ. Padova **38**, 69–79 (1967).

[MD 2] Una maggiorazione integrale per le curvature delle ipersuperfici minimale. Rend. Sem. Mat. Univ. Padova **38**, 91–107 (1967).

[MD 3] Comportamento delle successioni convergenti di frontiere minimali. Rend. Sem. Mat. Univ. Padova **38**, 238–257 (1967).

[MD 4] Un principio di massimo forte per le frontiere minimali e una sua applicazione alla risoluzione del problema al contorno per l'equazione delle superfici di area minima. Rend. Sem. Mat. Univ. Padova **45**, 355–366 (1971).

[MD 5] Dirichlet problem with L^1 data for the non-homogeneous minimal surface equation. Indiana Univ. Math. J. **24**, 227–241 (1974).

Morrey. C. B., Jr.

[MY 1] On the solutions of quasi-linear elliptic partial differential equations. Trans. Amer. Math. Soc. **43**, 126–166 (1938).

[MY 2] Functions of several variables and absolute continuity. II. Duke Math. J. **6**, 187–215 (1940).

[MY 3] Multiple integral problems in the calculus of variations and related topics. Univ. California Publ. Math. (N. S.) **1**, 1–130 (1943).

[MY 4] Second order elliptic equations in several variables and Hölder continuity Math. Z. **72**, 146–164 (1959).

[MY 5] Multiple Integrals in the Calculus of Variations. Berlin-Heidelberg-New York: Springer-Verlag 1966.

Moser. J.

[MJ 1] A new proof of de Giorgi's theorem concerning the regularity problem for elliptic differential equations. Comm. Pure Appl. Math. **13**. 457–468 (1960).

[MJ 2] On Harnack's theorem for elliptic differential equations. Comm. Pure Appl. Math. **14**, 577–591 (1961).

Motzkin, T., and W. Wasow

[MW] On the approximations of linear elliptic differential equations by difference equations with positive coefficients. J. Math. and Phys. **31**, 253–259 (1952).

Nadirašvili, N. S.

[ND] A lemma on the inner derivative, and the uniqueness of the solution of the second boundary value problem for second order elliptic equations. Dokl. Akad. Nauk SSSR **261**, 804–808 (1981) [Russian]. English Translation in Soviet Math. Dokl. **24**, 598–601 (1981).

Nash, J.

[NA] Continuity of solutions of parabolic and elliptic equations. Amer. J. Math. **80**, 931–954 (1958).

Nečas, J.

[NE] Les méthodes directes en théorie des équations elliptiques. Prague: Éditeurs Academia 1967.

Neumann, J. von

[NU] Über einen Hilfssatz der Variationsrechnung. Abh. Math. Sem. Univ. Hamburg **8**, 28–31 (1931).

Nirenberg, L.

[NI 1] On nonlinear elliptic partial differential equations and Hölder continuity. Comm. Pure Appl. Math. **6**, 103–156 (1953).

[NI 2] Remarks on strongly elliptic partial differential equations. Comm. Pure Appl. Math. **8**, 649–675 (1955).

[NI 3] On elliptic partial differential equations. Ann. Scuola Norm. Sup. Pisa (3) **13**, 115–162 (1959).

[NI 4] Elementary remarks on surfaces with curvature of fixed sign. In: Proceedings of Symposia in Pure Mathematics, Volume III. pp. 181–185. Providence, R. I. : American Mathematical Society 1961.

Nitsche, J. C. C.

[NT] Vorlesungen über Minimalflächen. Berlin-Heidelberg-New York: Springer-Verlag 1975.

Novrusov, A. A.

[NO 1] Regularity of boundary points for elliptic equations with continuous coefficients. Vestn. Mosk. Univ. Ser. Mat. Mekh., no. 6, 18–25 (1971) [Russian].

[NO 2] The modulus of continuity of the solution of the Dirichlet problem at a regular boundary point. Mat. Zametki **12**, 67–72 (1972) [Russian]. English translation in Math. Notes 12, no. 1, 472–475 (1973).

[NO 3] Estimates of the Hölder norm of solutions to quasilinear elliptic equations with discontinuous coefficients. Dokl. Akad. Nauk. SSSR **253**, 31–33 (1980) [Russian]. English translation in Soviet Math. Dokl **22**, 25–28 (1980).

[NO 4] Regularity of the boundary points for second order degenerate linear elliptic equations. Mat. Zametki **30**, 353–362 (1981) [Russian]. English Translation in Math. Notes **30**, 666–671 (1982).

Oddson, J. K.

[OD] On the boundary point principle for elliptic equations in the plane. Bull. Amer. Math. Soc. **74**, 666–670 (1968).

Oleinik, O. A.

[OL] On properties of solutions of certain boundary problems for equations of elliptic type. Mat. Sb. (N. S.) **30**, 695–702 (1952) [Russian].

Oleinik. O. A., and Radkevich. E. V.

[OR] Second order equations with non-negative characteristic form. (Mathematical Analysis 1969). Moscow: Itogi Nauki 1971 [Russian]. English Translation: Providence, R. I., Amer. Math Soc. 1973.

Oskolkov. A. P.

[OS 1] On the solution of a boundary value problem for linear elliptic equations in an unbounded domain. Vestnik Leningrad. Univ. **16**, no . 7, 38–50 (1961) [Russian].

[OS 2] A priori estimates of first derivatives of solutions of the Dirichlet problem for nonuniformly elliptic differential equations. Trudy Mat. Inst. Steklov **102**, 105–127 (1967) [Russian]. English Translation in Proc. Steklov Inst. Math. **102**, 119–144 (1967).

Osserman, R.

[OM 1] On the Gauss curvature of minimal surfaces. Trans. Amer. Math. Soc. **96**, 115–128 (1960).

[OM 2] A Survey of Minimal Surfaces. New York: Van Nostrand 1969.

Panejah, B. P.

[PN] On the theory of solvability of a problem with oblique derivative. Mat. Sb. (N. S.) **114** (156), 226–268 (1981) [Russian]. English Translation in Math. USSR Sb. **42**, 197–235 (1981).

Pascali. D.

[PA] Operatori Neliniari. Bucharest: Editura Academiei Republicii Socialiste România 1974.

Perron. O.

[PE] Eine neue Behandlung der Randwertaufgabe für $\Delta u = 0$. Math. Z. **18**, 42–54 (1923).

Piccinini. L. C. and S. Spagnola

[PS] On the Hölder continuity of solutions of second order elliptic equations in two variables. Ann. Scuola Norm. Sup. Pisa (3) **26**, 391–402 (1972).

Pogorelov, A. V.

[PG 1] Monge-Ampère equations of elliptic type. Groningen. Noordhoff (1964).

[PG 2] On a regular solution of the n-dimensional Minowski problem. Dokl. Akad. Nauk SSSR **119**, 785–788 (1971) [Russian]. English Translation in Soviet Math. Dokl. **12**, 1192–1196 (1971).

[PG 3] On the regularity of generalized solutions of the equation det $(\partial^2 u/\partial x_i \partial x_j) = \phi(x_1, \ldots, x_n) > 0$. Dokl. Akad. Nauk SSSR **200**, 543–547 (1971) [Russian]. English Translation in Soviet Math. Dokl. **12**. 1436–1440 (1971).

[PG 4] The Dirichlet problem for the n-dimensional analogue of the Monge-Ampère equation. Dokl. Akad. Nauk SSSR **201**, 790–793 (1971) [Russian]. English Translation in Soviet Math. Dokl. **12**. 1727–1731 (1971).

[PG 5] The Minkowski multidimensional problem. New York: J. Wiley (1978).

Protter, M. H., and H. F. Weinberger

[PW] Maximum Principles in Differential Equations. Englewood Cliffs, N. J. : Prentice-Hall 1967.

Pucci, C.

[PU 1] Su una limitazione per soluzioni di equazioni ellittiche. Boll. Un. Mat. Ital. (3) **21**, 228–233 (1966).

[PU 2] Operatori ellittici estremanti. Ann. Mat. Pura Appl. (4) **72**, 141–170 (1966).

[PU 3] Limitazioni per soluzioni di equazioni ellittiche. Ann. Mat. Pura Appl. (4) **74**, 15–30 (1966).

Radó, T.

[RA] Geometrische Betrachtungen über zweidimensionale reguläre Variationsprobleme. Acta Litt. Sci. Univ. Szeged **2**, 228–253 (1924–26).

Rellich, R.

[RE] Ein Satz über mittlere Konvergenz. Nachr. Akad. Wiss. Göttingen Math. -Phys. Kl., 30–35 (1930).

Riesz, M.

[RZ] Sur les fonctions conjuguées. Math. Z. **27**, 218–244 (1927).

Rodemich, E.

[RO] The Sobolev inequalities with best possible constants. In: Analysis Seminar at California Institute of Technology, 1966.

Royden, H. L.

[RY] Real Analysis. 2nd ed., London: Macmillan 1970.

Safonov, M. V.

[SF] Harnack inequalities for elliptic equations and Hölder continuity of their solutions. Zap. Naučn. Sem. Leningrad. Otdel. Mat. Inst. Steklov. (LOMI) **96**, 272–287 (1980) [Russian]. English translation in J. Soviet Math. **21**, 851–863 (1983).

Schaefer, H.

[SH] Über die Methode der a priori Schranken. Math. Ann. **129**, 415–416 (1955).

Schauder, J.

[SC 1] Der Fixpunktsatz in Funktionalräumen. Studia Math. **2**, 171–180 (1930).

[SC 2] Über den Zusammenhang zwischen der Eindeutigkeit und Lösbarkeit partieller Differentialgleichungen zweiter Ordnung vom elliptischen Typus. Math. Ann. **106**, 661–721 (1932).

[SC 3] Über das Dirichletsche Problem im Großen für nicht-lineare elliptische Differentialgleichungen. Math. Z. **37**, 623–634, 768 (1933).

[SC 4] Über lineare elliptische Differentialgleichungen zweiter Ordnung. Math. Z. **38**, 257–282 (1934).

[SC 5] Numerische Abschätzungen in elliptischen linearen Differentialgleichungen. Studia Math. **5**, 34–42 (1935).

Schulz, F.

[SZ 1] Über die Beschränktheit der zweiten Ableitungen der Lösungen nichtlinearer elliptischer Differentialgleichungen. Math. Z. **175**, 181–188 (1980).

[SZ 2] A remark on fully nonlinear, concave elliptic equations. Proc. Centre for Math. Anal. Aust. Nat. Univ. **8**, 202–207 (1984).

Serrin, J.

[SE 1] On the Harnack inequality for linear elliptic equations. J. Analyse Math. **4**, 292–308 (1955/56).

[SE 2] Local behavior of solutions of quasi-linear elliptic equations. Acta Math. **111**, 247–302 (1964).

[SE 3] The problem of Dirichlet for quasilinear elliptic differential equations with many independent variables. Philos. Trans. Roy. Soc. London Ser. A **264**, 413–496 (1969).

[SE 4] Gradient estimates for solutions of nonlinear elliptic and parabolic equations. In: Contributions to Nonlinear Functional Analysis, pp. 565–601. New York: Academic Press 1971.

[SE 5] Nonlinear elliptic equations of second order. Lecture notes (unpublished), Symposium on Partial Differential Equations at Berkeley, 1971.

Simon, L. M.

[SI 1] Global estimates of Hölder continuity for a class of divergence-form elliptic equations. Arch. Rational Mech. Anal. **56**, 253–272 (1974).

[SI 2] Boundary regularity for solutions of the non-parametric least area problem. Ann. of Math. **103**, 429–455 (1976).

[SI 3] Interior gradient bounds for non-uniformly elliptic equations. Indiana Univ. Math. J. **25**, 821–855 (1976).

[SI 4] Equations of mean curvature type in 2 independent variables. Pacific J. Math. **69**, 245–268 (1977).

[SI 5] Remarks on curvature estimates for minimal hypersurfaces. Duke Math. J. **43**, 545–553 (1976).

[SI 6] A Hölder estimate for quasiconformal mappings between surfaces in Euclidean space. with application to graphs having quasiconformal Gauss map. Acta Math. (1977).

[SI 7] Survey lectures on minimal submanifolds. In: Seminar on Minimal Submanifolds. Annals of Math. Studies **103**, Princeton (1983).

[SI 8] Lectures on geometric measure theory. Proc. Centre for Mathematical Analysis. Australian Nat. Univ. **3** (1983).

Simons, J.

[SM] Minimal varieties in riemannian manifolds. Ann. of Math. (2) **88**, 62–105 (1968).

Simon, L. M., and J. Spruck

[SS] Existence and regularity of a capillary surface with prescribed contact angle. Arch. Rational Mech. Anal. **61**, 19–34 (1976).

Sjöstrand, J.

[SJ] Operators of principal type with interior boundary conditions. Acta Math. **130**, 1–51 (1973).

Slobodeckii, L. M.

[SL] Estimate in $\mathrm{L_p}$ of solutions of elliptic systems. Dokl. Akad. Nauk SSSR **123**, 616–619 (1958) [Russian].

Sobolev, S. L.

[SO 1] On a theorem of functional analysis. Mat. Sb. (N. S.) **4** (46), 471–497 (1938) [Russian]. English Translation in Amer. Math. Soc. Transl. (2) **34**, 39–68 (1963).

[SO 2] Applications of Functional Analysis in Mathematical Physics. Leningrad: Izdat. Leningrad. Gos. Univ. 1950[Russian]. English Translation: Translations of Mathematical Monographs, Vol. 7. Providence, R. I. : American Mathematical Society 1963.

Spruck, J.

[SP] Gauss curvature estimates for surfaces of constant mean curvature. Comm. Pure Appl. Math. **27**, 547–557 (1974).

Stampacchia, G.

[ST 1] Contributi alla regolarizzazione delle soluzioni dei problemi al contorno per equazioni del secondo ordine ellittiche. Ann. Scuola Norm. Sup. Pisa (3) **12**, 223–245 (1958).

[ST 2] I problemi al contorno per le equazioni differenziali di tipo ellittico. In: Atti VI Congr. Un. Mat. Ital. (Naples, 1959), pp. 21–44. Rome: Edizioni Cremonese 1960.

[ST 3] Problemi al contorno ellittici, con dati discontinui, dotati di soluzioni hölderiane. Ann. Mat. Pura Appl. (4) **51**, 1–37 (1960).

[ST 4] Le problème de Dirichlet pour les équations elliptiques du second ordre à coefficients discontinues. Ann. Inst. Fourier (Grenoble) **15**. fasc. 1, 189–258 (1965).

[ST 5] Équations elliptiques du second ordre à coefficients discontinues. Séminaire de Mathématiques Supérieures, No. 16 (Été, 1965). Montreal, Que. : Les Presses de I'Université de Montréal 1966.

Stein, E.

[SN] Singular integrals and differentiability properties of functions. Princeton: Princeton University Press (1970).

Sternberg, S.

[SB] Lectures on Differential Geometry. Englewood Cliffs, N. J. : Prentice-Hall 1964.

Talenti, G.

[TA 1] Equazione lineari ellittiche in due variabili. Le Matematiche **21**, 339–376 (1966).

[TA 2] Best constant in Sobolev inequality. Ann. Mat. Pura Appl. **110**, 353–372 (1976).

[TA 3] Elliptic equations and rearrangements. Ann. Scuola Norm. Sup. Pisa (4) **3**, 697–718 (1976).

[TA 4] Some estimates of solutions to Monge-Ampère type equations in dimension two. Ann. Scuola Norm. Sup. Pisa (4) **8**, 183–230 (1981).

Temam, R.

[TE] Solutions généralisées de certaines équations du type hypersurface minima. Arch. Rational Mech. Anal. **44**, 121–156 (1971).

Trudinger, N. S.

[TR 1] On Harnack type inequalities and their application to quasilinear elliptic equations. Comm. Pure Appl. Math. **20**, 721–747 (1967).

[TR 2] On imbeddings into Orlicz spaces and some applications. J. Math. Mech. **17**, 473–483 (1967).

[TR 3] Some existence theorems for quasi-linear, non-uniformly elliptic equations in divergence form. J. Math. Mech. **18**, 909–919 (1968/69).

[TR 4] On the regularity of generalized solutions of linear, non-uniformly elliptic equations. Arch. Rational Mech. Anal. **42**, 50–62 (1971).

[TR 5] The boundary gradient estimate for quasilinear elliptic and parabolic differential equations. Indiana Univ. Math. J. **21**, 657–670 (1972).

[TR 6] A new proof of the interior gradient bound for the minimal surface equation in n dimensions. Proc. Nat. Acad. Sci. U. S. A. **69**. 821–823 (1972).

[TR 7] Linear elliptic operators with measurable coefficients. Ann. Scuola Norm. Sup. Pisa (3) **27**, 265–308 (1973).

[TR 8] Gradient estimates and mean curvature. Math. Z. **131**, 165–175 (1973).

[TR 9] A sharp inequality for subharmonic functions on two-dimensional manifolds. Math. Z. **133**, 75–79 (1973).

[TR 10] On the comparison principle for quasilinear divergence structure equations. Arch. Rational Mech. Anal. **57**, 128–133 (1974).

[TR 11] Maximum principles for linear, non-uniformly elliptic operators with measurable coefficients. Math. Z. **156**, 291–301 (1977).

[TR 12] Local estimates for subsolutions and supersolutions of general second order elliptic quasilinear equations. Invent. Math. **61**, 67–79 (1980).

[TR 13] Fully nonlinear, uniformly elliptic equations under natural structure conditions. Trans. Amer. Math. Soc. **28**, 217–231 (1983).

[TR 14] Boundary value problems for fully nonlinear elliptic equations. Proc. Centre for Math. Anal. Aust. Nat. Univ. **8**, 65–83 (1984).

[TR 15] On an interpolation inequality and its application to nonlinear elliptic equations. Proc. Amer. Math. Soc. **95**, 73–78 (1985).

Trudinger, N. S., and J. Urbas

[TU] On the Dirichlet problem for the prescribed Gauss curvature equation, Bull. Australian Math. Soc. **278**, 751–770 (1983).

Ural'tseva, N.

[UR] The solvability of the capillarity problem. Vestnik Leningrad. Univ. no. **19**, 54–64 (1973) [Russian]. English Translation in Vestnik Leningrad Univ. 6, 363–375 (1979).

Wahl. W. von

[WA] Über quasilineare elliptische Differentialgleichungen in der Ebene. Manuscripta Math. **8**, 59–67 (1973).

Weinberger, H. F.

[WE] Symmetrization in uniformly elliptic problems. In: Studies in Mathematical Analysis and Related Topics, pp. 424–428. Stanford, Calif. : Stanford University Press 1962.

Widman, K. -O.

[WI 1] Inequalities for the Green function and boundary continuity of the gradient of solutions of elliptic differential equations. Math. Scand. **21**, 17–37 (1967).

[WI 2] A quantitative form of the maximum principle for elliptic partial differential equations with coefficients in L_∞. Comm. Pure Appl. Math. **21**, 507–513 (1968).

[WI 3] On the Hölder continuity of solutions of elliptic partial differential equations in two variables with coefficients in L_∞. Comm. Pure Appl. Math. **22**, 669–682 (1969).

Wiener, N.

[WN] The Dirichlet problem. J. Math. and Phys. **3**, 127–146 (1924).

Williams, G. H.

[WL] Existence of solutions for nonlinear obstacle problems. Math. Z. **154**, 51–65 (1977).

Winzell, B.

[WZ 1] The oblique derivative problem, I. Math. Ann. **229**, 267–278 (1977).

[WZ 2] The oblique derivative problem, II. Ark. Mat. **17**, 107–122 (1979).

Yau, S. T.

[YA] On the Ricci curvature of a compact Kähler manifold and the complex Monge-Ampère equation. Comm. Pure Appl. Math. **31**, 339–411 (1978).

Yosida, K.

[YO] Functional Analysis. 4th ed., Berlin-Heidelberg-New York: Springer-Verlag 1974.

后　记

本书贡献于椭圆型二阶偏微分方程，重点是线性和拟线性方程的 Dirichlet 问题. 它的 1983 年的第二版适时地包含了关于完全非线性椭圆型方程的引导性的一章，这是由于 Krylov-Safonov 的 Hölder 估计近来开创了高维理论. 该估计扮演了大约四分之一世纪前 De Giorgi-Nash 的 Hölder 估计在高维拟线性理论中的类似的作用. 完全非线性理论及其对于随机最优化和几何的丰富运用在本书第二版问世后蓬勃发展，这决不会令人吃惊.

我们简短评述一下某些主要的进展.

粘性解　对于一阶方程的粘性解的概念由 Crandall 和 Lions([LP5], [CL], [CIL]) 引进，Jensen 把这一概念推广到二阶方程，在突破性进展激发下得到引人注目的推论，这一概念使得用半凹半凸函数逼近成为可能. 粘性下解的概念关联着在 2.8 和 6.3 节引进的下调和函数的概念. 使用第 17 章的术语，如果 $F \in C^0(\Gamma)$ 关于 $r \in \mathbb{R}^{n\times n}$ 是单调递增的，我们称 $u \in C^0(\Omega)$ 是方程 (17.1) 的在 Ω 内的粘性下解 (上解)，如果对于每个点 $y \in \Omega$ 和在 Ω 内满足 $u \leqslant v(\geqslant v)$ 和 $u(y) = v(y)$ 的函数 $v \in C^2(\Omega)$，我们有 $F[v](y) \geqslant 0(\leqslant 0)$. 容易确信对于线性椭圆型方程 $Lu = f$，这个概念同 6.3 节中的一致. 而且结合 Jensen 的比较原理的推广 Ishii [IS] 证明 Perron 过程结合 Jensen [JEN] 的比较原理的推广能够用于推断 Dirichlet 问题粘性解的存在性. 说明性著作 [CIL], [FLS] 叙述了这一理论在诸多方面的广泛应用.

一致椭圆型方程　17.4 和 17.8 节的二阶导数 Hölder 估计被 Safonov [SE2], [SF4] 和 Caffarelli [CAF] 所改进，他们用的是从特殊情形 (17.32) 出发的扰动论证. 作为副产品，许多作者得到了对于线性方程的 Schauder 估计的更简单的证明, 其中特别包括 "L^∞-Campanato" 方法 [SF4], [KV9].Caffarelli 还推导了当 $p > n$ 时对于二阶导数的 L^p 估计 (参见 [CC]).[KV7], [TR16] 则涵盖了基本理论.

非一致椭圆型方程 Monge-Ampère 方程和 Gauss 曲率方程是由基本对称函数确定的 Hesse 和曲率方程的特殊情形. 著作 [CNS2, 3], [IC4], [KV7, 8], [TR17] 论述古典 Dirichlet 问题.

拟线性方程 拟线性方程二维情形的论述源自定理 12.4 中的 Morrey 的梯度估计. 通过指出推论 9.24 中的 Hölder 估计中的指数能够任意小, Safonov [SF3] 断定这个方法不能推广到高维.

最后我们指出 Korevaar[KOR] 证明对于最小曲面和规定平均曲率方程的内部梯度的界能够从最大值原理沿着 15.3 的思路推导出来. 所得到的界不如定理 16.5 中的精细.

参考文献

[CC] Cabré, X., and L. Caffarelli, Fully nonlinear elliptic equations. Amer. Math. Soc. Colloquium Publications **43** (1995).

[CAF] Caffarelli, L., Interior a priori estimates for solutions of fully non-linear equations. Ann. Math. **130**, 189–213 (1989).

[CNS 2] Caffarelli, L., L. Nirenberg and J. Spruck, The Dirichlet problem for nonlinear second order equations III, Functions of the eigenvalues of the Hessian. Acta Math. **155**, 261–301 (1985).

[CNS 3] Caffarelli, L., L. Nirenberg and J. Spruck, The Dirichlet problem for nonlinear second order equations V, The Dirichlet problem for Weingarten surfaces. Comm. Pure Appl. Math. **41**, 47–70 (1988).

[CIL] Crandall, M. G., H. Ishii and P.-L. Lions, User's guide to viscosity solutions of second order partial differential equations. Bull. Amer. Math. Soc. **27**, 1–67 (1992).

[CL] Crandall, M. G., and P-L. Lions, Viscosity solutions of Hamilton-Jacobi equations. Trans. Amer. Math. Soc. **277**, 1–42 (1983).

[FLS] Fleming, W. H., and H. M. Soner, Controlled Markov processes and viscosity solutions. New York: Springer 1993.

[IS] Ishii, H., On uniqueness and existence of viscosity solutions of fully nonlinear second order PDE's. Comm. Pure Appl. Math. **42**, 14–45 (1989).

[IC 4] Ivočkina, N. M., The Dirichlet problem for the curvature equation of order m, Algebra; Analiz **2**, 192–217 (1990) [Russian]. English translation: Leningrad Math. J. **2**, 631–654 (1991).

[JEN] Jensen, R., The maximum principle for viscosity solutions of fully nonlinear second order partial differential equations. Arch. Rat. Mech. Anal. **101**, 1–27 (1988).

[KOR] Korevaar, N., An easy proof of the interior gradient bound for solutions to the prescribed mean curvature equation, In: Nonlinear Functional Analysis and its Applications. Proc. Symp. Pure Math. **45**, (2), 81–90. Providence: Amer. Math. Soc. 1986.

[KV 7] Krylov, N. V., Nonlinear elliptic and parabolic equations of the second order. Moscow: Nauka 1985 [Russian]. English translation: Dordrecht: Reidel 1987.

[KV 8] Krylov, N. V., On the general notion of fully nonlinear second-order elliptic equations. Trans. Amer. Math. Soc. **347**, 857–895 (1995).

[KV 9] Krylov, N. V., Lectures on elliptic and parabolic equations in Hölder spaces. Providence: Amer. Math. Soc. 1996.

[SF 2] Safonov, M. V., On the classical solution of Bellman's elliptic equation. Dokl. Akad. Nauk SSSR **278**, 810–813 (1984) [Russian]. English translation: Soviet Math. Dokl. **30**, 482–485 (1984).

[SF 3] Safonov, M. V., Unimprovability of estimates of Hölder constants for solutions of linear elliptic equations with measurable coefficients. Mat. Sb. **132**, 275–288 (1987) [Russian]. English translation: Math. USSR Sbornik **60**, 269–281 (1988).

[SF 4] Safonov, M. V., Nonlinear elliptic equations of second order. Lecture Notes, Univ. Firenze 1991.

[TR 16] Trudinger, N. S., Lectures on nonlinear elliptic equations of the second order. Lectures in Mathematical Sciences, Univ. of Tokyo 1995.

[TR 17] Trudinger, N. S., On the Dirichlet problem for Hessian equations. Acta Math. **175**, 151–164 (1995).

内容索引

B

C

D

F

G

H

J

L

M

N

P

Q

R

S

T

W

X

Y

Z

记号索引

空间和它们的范数及拟范数

其他记号 (也可参看第 1章)

反盗版举报电话 （010）58581999 58582371 58582488
反盗版举报传真 （010）82086060
反盗版举报邮箱 dd@hep.com.cn
通信地址 北京市西城区德外大街 4 号
高等教育出版社法律事务与版权管理部
邮政编码 100120